제과제빵

기능검정

월간 파티시에 편저

BnCworld

책 머리에

우리의 식생활 문화는 날로 고급화, 전문화되어 가고 있습니다. 그중에서도 빵과 과자는 우리 생활 속에 이미 널리 보급되어 있을 뿐만 아니라 매우 친숙한 식생활 문화의 한 패턴으로 확고히 자리 매김 되었습니다. 따라서 이제 빵과 과자는 식품산업의 한 분야로서 뿐만 아니라 국민 건강 차원에서도 매우 중요한 위치를 차지하고 있습니다. 그것은 바로 제과업계의 각 분야에서 열정을 가지고 있는 5만여 현장종사자들의 노력의 결과라 하겠습니다.

제과제빵 산업의 발전과 일반인들의 관심 고조로 인해 국가기능검정자격 취득자도 시행초기와는 비교가 안될 정도로 늘어나고 있습니다. 제과제빵 국가기술가격취득자의 이와 같은 증가는 그만큼 우리 생활 속에 제과제빵 기술이 보편적인 기능으로 자리 잡아가고 있음을 보여주는 것이며, 제과제빵에 대한 일반인의 인식 또한 크게 개선되고 있음을 시사해주는 현상이라고 할 수 있을 것입니다.

본서는 이와 같이 인기직종으로 자리매김한 제과제빵기능사의 자격을 좀 더 쉽게, 그리고 기본 지식이 충실히 다져진 기능인이 되어 취득할 수 있도록 제과제빵의 기본 이론과 필기 문제, 실기 문제를 모두 아우르는 한 권의 책으로 기획되었습니다.

본서의 특징은 다음과 같습니다.

1. 국가직무능력표준(NCS)과 한국산업인력공단의 출제기준에 따라 내용을 서술하되 본문에 '보충설명'란을 두어 상세한 이해를 돕고자 하였고, 문제에도 별도의 '해설'란을 두어 답의 원인을 밝혀주었습니다.
2. 각 장의 소단원마다 '기초력 확인문제'를 삽입, 그 단원의 내용을 섭렵한 후 즉시 테스트해 볼 수 있도록 함으로써 학습의 효율성을 높였습니다.
3. 각 장의 말미에 정리한 '단원종합문제'를 통해 '기초력 확인문제'에서 다룰 수 없었던 좀더 깊이 있고 응용력 있는 문제들을 중점적으로 다루었습니다.
4. 부록으로 최근 출제된 필기시험 기출문제를 자세한 해설과 함께 수록함으로써 시험에 대비하는 응시생들의 출제 경향 파악과 적응력을 높이고자 하였습니다.

이상과 같은 특징으로 본서가 출간된 후 업계 관련인사 여러분과 기능검정 응시자들로부터 큰 호응과 지도편달이 있었습니다. 본서가 꾸준히 사랑받을 수 있도록 애써 주신 각 제과 관련 교육기관 원장님들과 일선 선생님들, 그리고 기능검정의 관문을 먼저 통과한 기술인 여러분께 깊은 감사의 말씀을 드립니다. 아무쪼록 제과제빵 기능검정을 준비하는 모든 분들의 건투를 빕니다.

발행인 장 상 원

목 차

책 머리에
NCS 및 출제기준 안내 · · · · · · · · · · 8

제1장 제빵이론

제1절 반죽과 빵의 제법

1. 빵의 분류 · · · · · · · · · · · · · · 25
2. 제빵법 · · · · · · · · · · · · · · 26
   기초력 확인문제 · · · · · · · · · · 39
3. 제빵순서 · · · · · · · · · · · · · · 43
4. 빵의 노화와 부패 · · · · · · · · · · 67
   기초력 확인문제 · · · · · · · · · · 69
5. 제빵실제 · · · · · · · · · · · · · · 76
   기초력 확인문제 · · · · · · · · · · 83

제2절 제품평가

1. 제품평가 · · · · · · · · · · · · · · 84
2. 빵의 결점과 원인 · · · · · · · · · · 86
   기초력 확인문제 · · · · · · · · · · · 91

단원종합문제 · · · · · · · · · · · · · 92

제2장 제과이론

제1절 과자와 과자 반죽의 분류

1. 과자의 분류 · · · · · · · · · · · · · 109
2. 과자 반죽의 분류 · · · · · · · · · · 110
   기초력 확인문제 · · · · · · · · · · 112

제2절 제과순서

1. 반죽법 결정 · · · · · · · · · · · · · 113
2. 배합표 만들기 · · · · · · · · · · · · 113
3. 재료계량 · · · · · · · · · · · · · · 116
4. 과자 반죽 만들기 · · · · · · · · · · 116
5. 성형 · 팬닝 · · · · · · · · · · · · · 119
6. 굽기 또는 튀기기 · · · · · · · · · · 122
7. 마무리(충전 · 장식) · · · · · · · · · · 123
8. 포장 · · · · · · · · · · · · · · · · 129
   기초력 확인문제 · · · · · · · · · · 129

제3절 제품별 제과법

1. 반죽형 반죽 과자 · · · · · · · · · · 130
   기초력 확인문제 · · · · · · · · · · 135
2. 거품형 반죽 과자 · · · · · · · · · · 137
   기초력 확인문제 · · · · · · · · · · 141
3. 유지층 반죽 과자 · · · · · · · · · · 143
   기초력 확인문제 · · · · · · · · · · 145
4. 무팽창 반죽 과자 · · · · · · · · · · 146
   기초력 확인문제 · · · · · · · · · · 154
5. 튀김과자－도넛 · · · · · · · · · · · 155
6. 슈 · · · · · · · · · · · · · · · · · 158
7. 냉과 · · · · · · · · · · · · · · · · 159
   기초력 확인문제 · · · · · · · · · · 161

제4절 제품평가(결점과 원인)

1. 제품의 평가 기준 · · · · · · · · · · 162
2. 제품 평가시 감점요인 · · · · · · · · 163
3. 반죽형 반죽 케이크 · · · · · · · · · 163
4. 거품형 반죽 케이크 · · · · · · · · · 165
5. 퍼프 페이스트리 · · · · · · · · · · · 167
6. 파이 · · · · · · · · · · · · · · · · 168
7. 쿠키 · · · · · · · · · · · · · · · · 170
8. 도넛 · · · · · · · · · · · · · · · · 172

단원종합문제 · · · · · · · · · · · · · 174

제3장 생산 및 제품 관리

제1절 생산관리의 개요

1. 생산관리와 기업활동 · · · · · · · · · 201
2. 생산관리의 기능 · · · · · · · · · · · 201

3. 생산관리 조직의 편성 · · · · · · · · 202
4. 생산계획과 제품 · · · · · · · · · · · 202

제2절 생산관리의 체계
1. 생산준비 · · · · · · · · · · · · · · 204
2. 생산량관리 · · · · · · · · · · · · · 204
3. 품종 · 품질관리 · · · · · · · · · · · 204
4. 원가관리 · · · · · · · · · · · · · · 204
5. 손실관리 · · · · · · · · · · · · · · 207
6. 자재 · 운반 · 외주관리 · · · · · · · · 208
7. 설비관리 · · · · · · · · · · · · · · 209
8. 작업환경 관리 · · · · · · · · · · · · 209
9. 제품의 저장 · 유통 · · · · · · · · · · 211
기출 및 예상문제 · · · · · · · · · · · 212

제4장 재료학

제1절 탄수화물
1. 단당류 · · · · · · · · · · · · · · · 217
2. 이당류 · · · · · · · · · · · · · · · 218
3. 다당류 · · · · · · · · · · · · · · · 219
기초력 확인문제 · · · · · · · · · · · 220

제2절 유지
1. 지방산과 글리세린 · · · · · · · · · · 220
2. 지방의 화학적 반응 · · · · · · · · · 221
3. 지방의 안정화 · · · · · · · · · · · · 222
4. 제과 · 제과용 유지의 특성 · · · · · · 222
기초력 확인문제 · · · · · · · · · · · 223

제3절 단백질
1. 아미노산 · · · · · · · · · · · · · · 224
2. 단백질의 분류 · · · · · · · · · · · · 224
3. 밀가루의 단백질 · · · · · · · · · · · 225
기초력 확인문제 · · · · · · · · · · · 226

제4절 효소
1. 효소의 분류 · · · · · · · · · · · · · 227
2. 효소의 성질 · · · · · · · · · · · · · 228
3. 효소와 이스트, 빵과의 관계 · · · · · 228
기초력 확인문제 · · · · · · · · · · · 229

제5절 밀가루
1. 밀알의 구조 · · · · · · · · · · · · · 231
2. 제분 · · · · · · · · · · · · · · · · 231
3. 밀가루의 성분 · · · · · · · · · · · · 233
4. 표백-숙성과 밀가루 개량제 · · · · · 234
5. 밀가루 성분 특성실험 · · · · · · · · 234
기초력 확인문제 · · · · · · · · · · · 235

제6절 기타가루
1. 호밀가루 · · · · · · · · · · · · · · 236
2. 대두분 · · · · · · · · · · · · · · · 237
3. 활성 및 글루텐 · · · · · · · · · · · 238
4. 기타 · · · · · · · · · · · · · · · · 238
기초력 확인문제 · · · · · · · · · · · 239

제7절 감미제
1. 자당 · · · · · · · · · · · · · · · · 239
2. 포도당과 물엿 · · · · · · · · · · · · 241
3. 맥아와 맥아시럽 · · · · · · · · · · · 241
4. 당밀 · · · · · · · · · · · · · · · · 242
5. 유당(젖당) · · · · · · · · · · · · · · 242
6. 기타 감미제 · · · · · · · · · · · · · 243
7. 감미제의 기능 · · · · · · · · · · · · 243
기초력 확인문제 · · · · · · · · · · · 244

제8절 우유와 유제품
1. 우유의 성분 · · · · · · · · · · · · · 245
2. 우유제품 · · · · · · · · · · · · · · 246
기초력 확인문제 · · · · · · · · · · · 247

제9절 계란과 난제품
1. 계란의 구조와 구성 · · · · · · · · · 248
2. 계란 제품 · · · · · · · · · · · · · · 249
기초력 확인문제 · · · · · · · · · · · 250

제10절 유지제품
1. 제품별 특성 · · · · · · · · · · · · · 251
2. 계면활성제 · · · · · · · · · · · · · 253
3. 제과 · 제빵시 유지의 기능 · · · · · · 253
기초력 확인문제 · · · · · · · · · · · 254

제11절 이스트
1. 이스트 일반 · · · · · · · · · · · · · 256
2. 제품과 취급 방법 · · · · · · · · · · 257
기초력 확인문제 · · · · · · · · · · · 258

제12절 물과 이스트 푸드
1. 물 · · · · · · · · · · · · · · · · 259
2. 이스트 푸드 · · · · · · · · · · · · · 260
기초력 확인문제 · · · · · · · · · · · 262

제13절 팽창제, 안정제, 향료, 향신료
1. 팽창제 · · · · · · · · · · · · · · 263
2. 안정제 · · · · · · · · · · · · · · 264
3. 초콜릿 · · · · · · · · · · · · · · 265
4. 향료 및 향신료 · · · · · · · · · · 268
기초력 확인문제 · · · · · · · · · · · 270

단원종합문제 · · · · · · · · · · · · · 272

제5장 영양학

제1절 탄수화물(당질)
1. 탄수화물이란 · · · · · · · · · · · · 285
2. 당질의 분류 · · · · · · · · · · · · · 285
3. 당질의 기능 · · · · · · · · · · · · · 288
4. 당질의 대사 · · · · · · · · · · · · · 289
5. 당질의 공급원 · · · · · · · · · · · · 289
기초력 확인문제 · · · · · · · · · · · 289

제2절 지질
1. 지질이란 · · · · · · · · · · · · · · 290
2. 지질의 분류 · · · · · · · · · · · · · 290
3. 필수 지방산 · · · · · · · · · · · · · 293
4. 지질의 기능 · · · · · · · · · · · · · 293
5. 지질의 대사 · · · · · · · · · · · · · 293
기초력 확인문제 · · · · · · · · · · · 294

제3절 단백질
1. 단백질이란 · · · · · · · · · · · · · 295
2. 단백질의 분류 · · · · · · · · · · · · 295
3. 필수 아미노산 · · · · · · · · · · · · 296
4. 단백질의 기능 · · · · · · · · · · · · 297
5. 단백질의 성질 · · · · · · · · · · · · 297
6. 단백질의 대사 · · · · · · · · · · · · 297
7. 단백질의 공급원 · · · · · · · · · · · 298
기초력 확인문제 · · · · · · · · · · · 298

제4절 무기질
1. 무기질이란 · · · · · · · · · · · · · 299
2. 중요 무기질 · · · · · · · · · · · · · 300
3. 산 · 알칼리의 평형 · · · · · · · · · · 302
기초력 확인문제 · · · · · · · · · · · 302

제5절 비타민
1. 비타민이란 · · · · · · · · · · · · · 303
2. 비타민의 분류 · · · · · · · · · · · · 303
3. 중요 비타민 · · · · · · · · · · · · · 304
기초력 확인문제 · · · · · · · · · · · 307

제6절 효소
1. 효소란 · · · · · · · · · · · · · · · 308
기초력 확인문제 · · · · · · · · · · · 310

제7절 영양생리
1. 영양소의 소화와 흡수 · · · · · · · · 311
2. 에너지 대사 · · · · · · · · · · · · · 315
3. 한국인의 영양 소요량 · · · · · · · · 316
4. 질병과 영양 · · · · · · · · · · · · · 317
기초력 확인문제 · · · · · · · · · · · 318

단원종합문제 · · · · · · · · · · · · · 321

제6장 식품위생

제1절 식품위생 개요
1. 식품위생이란 · · · · · · · · · · · · 333
2. 식품행정의 실천방안 · · · · · · · · · 333
기초력 확인문제 · · · · · · · · · · · 334

제2절 식품의 부패와 미생물
1. 부패란 · · · · · · · · · · · · · · · 334
2. 미생물이란 · · · · · · · · · · · · · 336
기초력 확인문제 · · · · · · · · · · · 338

제3절 소독과 살균
1. 소독이란 · · · · · · · · · · · · · · 339
2. 살균이란 · · · · · · · · · · · · · · 339
3. 방부란 · · · · · · · · · · · · · · · 340
4. 소독 · 살균법 · · · · · · · · · · · · 340
기초력 확인문제 · · · · · · · · · · · 341

제4절 기생충병과 전염병
1. 기생충병이란 · · · · · · · · · · · · 342
2. 전염병이란 · · · · · · · · · · · · · 343
기초력 확인문제 · · · · · · · · · · · 344

제5절 식중독
1. 식중독이란 · · · · · · · · · · · · · 345
2. 식중독의 분류 및 종류 · · · · · · · · 345
3. 식중독 예방대책 · · · · · · · · · · · 348
기초력 확인문제 · · · · · · · · · · · 349

제6절 식품첨가물
1. 식품첨가물이란 · · · · · · · · · · · 351
2. 사용목적 · · · · · · · · · · · · · · 351
3. 분류 · · · · · · · · · · · · · · · · 351
4. 종류 및 용도 · · · · · · · · · · · · 352
기초력 확인문제 · · · · · · · · · · · 354

제7절 식품의 감별법과 위생적 관리
1. 식품감별법이란 · · · · · · · · · · · 355
2. 식품의 위생적 관리 · · · · · · · · · 356
3. 식품위생 행정 및 법규 · · · · · · · · 357
기초력 확인문제 · · · · · · · · · · · 358

단원종합문제 · · · · · · · · · · · · · 359

제7장 제과 · 제빵기능검정 실기문제

제빵기능사
검정 실기 문제 · · · · · · · · · · · · · 369
제빵 공정시 공통주의사항 · · · · · · · 410

제과기능사
검정 실기 문제 · · · · · · · · · · · · · 411
제과 공정시 공통주의사항 · · · · · · · 452

부록 : 제과 · 제빵기능검정 필기시험 기출문제
2006년도
제과필기 (4월 2일 시행) · · · · · · · · · 455
제과필기 (10월 1일 시행) · · · · · · · · 459
제빵필기 (1월 22일 시행) · · · · · · · · 463
제빵필기 (7월 16일 시행) · · · · · · · · 467

2007년도
제과필기 (4월 1일 시행) · · · · · · · · 471
제과필기 (9월 16일 시행) · · · · · · · · 475
제빵필기 (1월 28일 시행) · · · · · · · · 479
제빵필기 (7월 15일 시행) · · · · · · · · 483

2008년도
제과필기 (3월 30일 시행) · · · · · · · · 487
제과필기 (10월 5일 시행) · · · · · · · · 491
제빵필기 (2월 3일 시행) · · · · · · · · 495
제빵필기 (7월 13일 시행) · · · · · · · · 499
제빵필기 (10월 5일 시행) · · · · · · · · 503

2009년도
제과필기 (1월 18일 시행) · · · · · · · · 507
제과필기 (3월 29일 시행) · · · · · · 511
제빵필기 (3월 29일 시행) · · · · · · · · 515
제빵필기 (7월 12일 시행) · · · · · · · · 519

2011년도
제과필기 (10월 9일 시행) · · · · · · · · 523
제빵필기 (7월 31일 시행) · · · · · · · · 527

국가직무능력표준(NCS) 능력단위와 관련항목

[제과직종 NCS 능력단위]

능력단위명	수준	능력단위요소	기능수준	본서관련항목
과자류제품 개발	4	제품 기획하기	기능장 이상	P109 제1절
		제품 제조하기		P113 제2절
		제품 평가하기		P162 제4절
과자류제품 재료혼합	2	반죽형 반죽하기	기능사 이상	P110 (1)
		거품형 반죽하기		P111 (2)
		퍼프 페이스트리 반죽하기		P143 3
		부속물 제조하기		P123 7
		다양한 반죽하기		P116 4
과자류제품 반죽정형	2	케이크류 정형하기	기능사 이상	P130 제3절
		쿠키류 정형하기		P150 (2)
		퍼프 페이스트리 정형하기		P143 3
		다양한 정형하기		P119 5
과자류제품 반죽익힘	2	반죽 굽기	기능사 이상	P122 6
		반죽 튀기기		P155 5
		반죽 찌기		
과자류제품 포장	2	과자류제품 냉각하기	기능사 이상	P130 제3절
		과자류제품 마무리하기		P130 제3절
		과자류제품 장식하기		P123 7
		과자류제품 포장하기		P129 8
과자류제품 저장유통	2	과자류제품 실온 · 냉장저장하기	기능사 이상	P211 9
		과자류제품 냉동저장하기		
		과자류제품 유통하기		
과자류제품 품질관리	4	품질기획하기	기능장 이상	P201 제3장 생산관리
		품질검사하기		
		품질개선하기		
		공정 안전관리하기		
과자류제품 위생안전관리	3	개인 위생안전관리하기	기능사 이상	제6장 식품위생 관련항목
		환경 위생안전관리하기		
		기기 위생안전관리하기		
		식품 위생안전관리하기		
과자류제품 재료구매관리	4	재료 구매관리하기	기능장 이상	별도교재 신베이커리경영론 참조
		설비 구매관리하기		
매장관리	4	인력관리하기	기능장 이상	별도교재 신베이커리경영론 참조
		판매관리하기		
		고객관리하기		
베이커리경영	5	생산관리하기	기능장 이상	별도교재 신베이커리경영론 참조
		마케팅관리하기		
		매출손익 관리하기		

과자류제품 생산작업준비	2	개인위생 점검하기	기능사 이상	P356 (1)
		작업환경 점검하기		P209 8
		기기 · 도구 점검하기		P209 7
		재료계량하기		공통사항 P420~421
초콜릿제품 만들기	3	초콜릿제품 재료 준비하기	산업기사 이상	P115 (4) (별도교재 초콜릿테크닉 참조)
		초콜릿제품 부속물 만들기		
		초콜릿제품 정형하기		
		초콜릿제품 마무리하기		
찹쌀떡 화과자 만들기	3	찹쌀떡반죽 만들기	산업기사 이상	별도교재 합격제과기능장 참조
		앙금 싸기		
		장식용 양갱 만들기		
		완성하기		
장식케이크 만들기	3	케이크시트 만들기	산업기사 이상	P137 (1)
		아이싱크림 만들기		P123 7
		아이싱하기		P123 7
		크림 짜기		P123 7
		완성하기		P123 7
무스케이크 만들기	3	무스케이크 재료 준비하기	산업기사 이상	P159 7
		무스케이크 혼합물 만들기		
		무스케이크 정형하기		
		무스케이크 완성하기		

[제빵직종 NCS 능력단위]

능력단위명	수준	능력단위요소	기능수준	본서관련항목
빵류제품 개발	4	제품 기획하기	기능장 이상	제빵이론 제1절, 제2절
		제품 제조하기		
		제품 평가하기		
빵류제품 반죽발효	2	1차 발효하기	기능사 이상	P52 (6)
		2차 발효하기		P60 (12)
		다양한 발효하기		P26 2. 제빵법
빵류제품 반죽정형	2	반죽 분할 · 둥글리기	기능사 이상	P56 (7)(8)
		중간발효하기		P58 (9)
		반죽 성형 · 패닝하기		P59(11)
빵류제품 반죽익힘	2	반죽 굽기	기능사 이상	P62 (9) P122 6
		반죽 튀기기		
		다양한 익히기		
빵류제품 마무리	2	빵류제품 충전하기	기능사 이상	P76 5. 제빵실제
		빵류제품 토핑하기		P76 5. 제빵실제
		빵류제품 냉각 · 포장하기		P65 (14)(16)
냉동빵 가공	2	냉동반죽하기	기능사 이상	P37 (9)
		냉동보관하기		P211 (4)
		해동 · 생산하기		
빵류제품 품질관리	4	품질기획하기	기능장 이상	제3장 생산 및 제품 관리 해당항목
		품질검사하기		
		품질개선하기		
		공정안전관리하기		

빵류제품 위생안전관리	3	개인 위생안전관리하기	기능사 이상	제6장 식품위생 해당항목
		환경 위생안전관리하기		
		기기 위생안전관리하기		
		식품 위생안전관리하기		
빵류제품 재료구매관리	4	재료 구매관리하기	기능장 이상	별도교재 신베이커리경영론 참조
		설비 구매관리하기		
매장관리	4	인력관리하기	기능장 이상	별도교재 신베이커리경영론 참조
		판매관리하기		
		고객관리하기		
베이커리경영	5	생산관리하기	기능장 이상	별도교재 신베이커리경영론 참조
		마케팅관리하기		
		매출손익 관리하기		
빵류제품 생산작업준비	2	개인위생 점검하기	기능사 이상	제과부분 동일 제3장 생산 및 제품 관리 해당항목
		작업환경 점검하기		
		기기 · 도구 점검하기		
		재료 계량하기		
빵류제품 스트레이트 반죽	2	스트레이트법 반죽하기	기능사 이상	P26 (1)
		비상스트레이트법 반죽하기		P54 4)①
빵류제품 스펀지 도우 반죽	2	스펀지 반죽하기	기능사 이상	P28 (2)
		본반죽하기		P54 4)②
빵류제품 특수 반죽	2	사우어 도우법 반죽하기	기능사 이상	P37 (8)
		액종법 반죽하기		P30 (3)
페이스트리 만들기	3	페이스트리 반죽하기	산업기사 이상	P77 (3)
		페이스트리 1차발효하기		
		페이스트리 정형하기		
		페이스트리 2차발효하기		
		페이스트리 완성하기		
조리빵 만들기	3	조리빵 반죽하기	기능사 이상	P78 (4)
		조리빵 1차발효하기		
		조리빵 충전물 · 토핑물 만들기		
		조리빵 정형하기		
		조리빵 2차발효하기		
		조리빵 완성하기		
고율배합빵 만들기	3	고율배합빵 반죽하기	산업기사 이상	P77~ (3)(5)(10)
		고율배합빵 1차발효하기		
		고율배합빵 정형하기		
		고율배합빵 2차발효하기		
		고율배합빵 굽기		
저율배합빵 만들기	3	저율배합빵 반죽하기	기능사 이상	P80~ (7)(8)(9)
		저율배합빵 1차발효하기		
		저율배합빵 정형하기		
		저율배합빵 2차발효하기		
		저율배합빵 굽기		

국가 자격별 출제기준과 실기 공개문제 품목

[제과기능사 필기 출제기준]

직무분야	식품가공	중직무분야	제과 · 제빵	자격종목	제과기능사	적용기간	2020.1.1.~2022.12.31.
○ 직무내용 : 제과제품을 제공하기 위한 체계적인 기술과 생산계획을 수립하여 생산, 판매, 위생 및 관련 업무를 실행하는 직무이다.							
필기검정방법	객관식			문제수	60	시험시간	1시간

필기 과목명	문제수	주요항목	세부항목	세세항목
과자류 재료, 제조 및 위생관리	60	1. 과자류제품 재료혼합	1. 재료 준비 및 계량	1. 배합표 작성 및 점검 2. 재료 준비 및 계량 3. 재료의 성분 및 특징 4. 기초재료과학 5. 재료의 영양학적 특성
			2. 반죽 및 반죽 관리	1. 반죽법의 종류 및 특징 2. 반죽의 결과 온도 3. 반죽의 비중
			3. 충전물 · 토핑물 제조	1. 재료의 특성 및 전처리 2. 충전물 · 토핑물 제조 방법 및 특징
		2. 과자류제품 반죽정형	1. 팬닝	1. 분할 팬닝 방법
			2. 성형	1. 제품별 성형 방법 및 특징
		3. 과자류제품 반죽익힘	1. 반죽 익히기	1. 반죽 익히기 방법의 종류 및 특징 2. 익히기 중 성분 변화의 특징 3. 관련 기계 및 도구
		4. 과자류제품 포장	1. 과자류제품의 냉각 및 포장	1. 과자류제품의 냉각방법 및 특징 2. 장식 재료의 특성 및 제조방법 3. 제품 포장의 목적 4. 포장재별 특성과 포장방법 5. 제품관리
		5. 과자류제품 저장 유통	1. 과자류제품의 저장 및 유통	1. 저장방법의 종류 및 특징 2. 과자류제품의 유통 · 보관방법 3. 과자류제품의 저장 · 유통 중의 변질 및 오염원 관리방법
		6. 과자류제품 위생안전관리	1. 식품위생 관련 법규 및 규정	1. 식품위생법 관련 법규 2. HACCP, 제조물책임법 등의 개념 및 의의 3. 식품첨가물
			2. 개인위생관리	1. 개인 위생 관리 2. 식중독의 종류, 특성 및 예방방법 3. 감염병의 종류, 특징 및 예방방법
			3. 환경위생관리	1. 작업환경 위생관리 2. 소독제 3. 미생물의 종류와 특징 및 예방방법 4. 방충 · 방서 관리

			4. 공정 점검 및 관리	1. 공정의 이해 및 관리 2. 공정별 위해요소 파악 및 예방
		7. 과자류제품 생산작업 준비	1. 작업환경 점검	1. 작업환경 및 작업자 위생 점검
			2. 기기안전관리	1. 설비 및 기기의 종류 2. 설비 및 기기의 위생 · 안전 관리

[제과기능사 실기 출제기준]

직무분야	식품가공	중직무분야	제과 · 제빵 · 떡 제조	자격종목	제과기능사	적용기간	2020.1.1.~2022.12.31.

○ 직무내용 : 제과제품을 제공하기 위한 체계적인 기술과 생산계획을 수립하여 판매, 생산, 위생 및 관련 업무를 실행하는 직무이다.
○ 수행준거 :
1. 제품개발을 통해 결정된 제품별 배합표에 따라 재료를 계량하고, 제품종류에 맞는 반죽방법으로 반죽하며, 충전물을 제조할 수 있다.
2. 작업 지시서에 따라 정한 크기로 나누어 원하는 제품모양으로 만드는 일련의 과정으로 다양한 과자류제품을 분할 팬닝하고 성형할 수 있다.
3. 성형을 거친 반죽을 작업 지시서에 따라 굽기, 튀기기, 찌기 과정을 통해 익힐 수 있다.
4. 외부환경으로부터 제품을 보호하기 위해 냉각, 장식, 포장할 수 있다.
5. 제과에 사용되는 재료, 반제품, 완제품의 품질이 변하지 않도록 실온, 냉장, 냉동저장하고 매장에 적시에 제품을 제공할 수 있다.
6. 완제품의 위생적이고 안전한 제조를 위해서 개인, 환경, 기기, 공정의 위생안전관리를 수행할 수 있다.
7. 제품 생산 시작 전에 개인위생, 작업장 환경, 기기 · 도구에 대한 점검과 제품 생산에 필요한 재료를 계량할 수 있다.

실기검정방법	작업형	시험시간	3시간 정도

실기 과목명	주요항목	세부항목	세세항목
제과 실무	1. 과자류제품 재료혼합	1. 재료 계량하기	1. 최종제품 규격서에 따라 배합표를 점검할 수 있다. 2. 제품별 배합표에 따라 재료를 준비할 수 있다. 3. 제품별 배합표에 따라 재료를 계량할 수 있다. 4. 제품별 배합표에 따라 정확한 계량여부를 확인할 수 있다.
		2. 반죽형 반죽하기	1. 반죽형 반죽제조 시 제품별로 배합표에 따라 재료를 확인할 수 있다. 2. 반죽형 반죽제조 시 재료의 특성에 따라 전처리를 할 수 있다. 3. 반죽형 반죽제조 시 작업지시서에 따라 해당제품의 반죽을 할 수 있다. 4. 반죽형 반죽제조 시 작업지시서에 따라 반죽온도, 재료온도, 비중 등을 관리할 수 있다.
		3. 거품형 반죽하기	1. 거품형 반죽제조 시 제품별로 배합표에 따라 재료를 확인할 수 있다. 2. 거품형 반죽제조 시 재료의 특성에 따라 전처리를 할 수 있다. 3. 거품형 반죽제조 시 작업지시서에 따라 해당제품의 반죽을 할 수 있다. 4. 거품형 반죽제조 시 작업지시서에 따라 반죽온도, 재료온도, 비중 등을 관리할 수 있다.
		4. 퍼프 페이스트리 반죽하기	1. 퍼프 페이스트리 반죽제조 시 제품별로 배합표에 따라 재료를 확인할 수 있다. 2. 퍼프 페이스트리 반죽제조 시 작업지시서에 따라 전처리를 할 수 있다. 3. 퍼프 페이스트리 반죽제조 시 작업지시서에 따라 반죽을 할 수 있다. 4. 퍼프 페이스트리 반죽제조 시 작업지시서에 따른 작업장온도, 유지온도, 반죽온도 등을 관리할 수 있다.

		5. 충전물 제조하기	1. 충전물 제조 시 작업지시서에 따라 재료를 확인할 수 있다. 2. 충전물 제조 시 재료의 특성에 따라 전처리를 할 수 있다. 3. 충전물 제조 시 작업지시서에 따라 해당제품의 충전물을 만들 수 있다. 4. 충전물 제조 시 작업지시서의 규격에 따라 충전물의 품질을 점검할 수 있다.
		6. 다양한 반죽하기	1. 다양한 제품 반죽 시 제품별로 배합표에 따라 재료를 확인할 수 있다. 2. 다양한 제품 반죽 시 작업지시서에 따라 전처리를 할 수 있다. 3. 다양한 제품 반죽 시 작업지시서에 따라 반죽을 할 수 있다. 4. 다양한 제품 반죽 시 작업지시서의 규격에 따른 해당제품 반죽의 품질을 점검할 수 있다.
	2. 과자류제품 반죽정형	1. 분할 팬닝하기	1. 분할 팬닝 시 제품에 따른 팬, 종이 등 필요기구를 사전에 준비할 수 있다. 2. 분할 팬닝 시 작업지시서의 분할방법에 따라 반죽 양을 조절할 수 있다. 3. 분할 팬닝 시 작업지시서에 따라 해당제품의 분할 팬닝을 할 수 있다. 4. 분할 팬닝 시 작업지시서에 따른 적정여부를 확인할 수 있다.
		2. 쿠키류 성형하기	1. 쿠키류 성형 시 작업지시서에 따라 정형에 필요한 기구, 설비를 준비할 수 있다. 2. 쿠키류 성형 시 작업지시서에 따라 정형방법을 결정할 수 있다. 3. 쿠키류 성형 시 제품의 특성에 따라 분할하여 정형할 수 있다. 4. 쿠키류 성형 시 작업지시서의 규격여부에 따라 정형 결과를 확인할 수 있다.
		3. 퍼프 페이스트리 성형하기	1. 퍼프 페이스트리 성형 시 작업지시서에 따라 정형에 필요한 기구, 설비를 준비할 수 있다. 2. 퍼프 페이스트리 성형 시 작업지시서에 따라 반죽상태에 따른 정형방법을 결정할 수 있다. 3. 퍼프 페이스트리 성형 시 제품의 특성에 따라 분할하여 정형 할 수 있다. 4. 퍼프 페이스트리 성형 시 작업지시서의 규격여부에 따라 정형결과를 확인할 수 있다.
		4. 다양한 성형하기	1. 다양한 제품 성형 시 작업지시서에 따라 정형에 필요한 기구, 설비를 준비할 수 있다. 2. 다양한 제품 성형 시 작업지시서에 따라 정형방법을 결정할 수 있다. 3. 다양한 제품 성형 시 제품의 특성에 따라 분할, 정형할 수 있다. 4. 다양한 제품 성형 시 작업지시서의 규격여부에 따라 정형결과를 확인할 수 있다.
	3. 과자류제품 반죽익힘	1. 반죽 굽기	1. 굽기 시 작업지시서에 따라 오븐의 종류를 선택할 수 있다. 2. 굽기 시 작업지시서에 따라 오븐 온도, 시간, 습도 등을 설정할 수 있다. 3. 굽기 시 제품특성에 따라 오븐 온도, 시간, 습도 등에 대한 굽기 관리를 할 수 있다. 4. 굽기완료 시 작업지시서에 따라 적합하게 구워졌는지 확인할 수 있다.
		2. 반죽 튀기기	1. 튀기기 시 작업지시서에 따라 튀김류의 품질, 온도, 양 등을 맞출 수 있다. 2. 튀기기 시 작업지시서에 따라 양면이 고른 색상을 갖고 익도록 튀길 수 있다. 3. 튀기기 시 제품특성에 따라 제품이 서로 붙거나 기름을 지나치게 흡수되지 않도록 튀김관리를 할 수 있다. 4. 튀김 완료시 작업지시서에 따라 적합하게 튀겨졌는지 확인할 수 있다.

		3. 반죽 찌기	1. 찌기 시 작업지시서에 따라 찜기의 종류를 선택할 수 있다. 2. 찌기 시 작업지시서에 따라 스팀 온도, 시간, 압력 등을 설정할 수 있다. 3. 찌기 시 제품특성에 따라 스팀 온도, 시간, 압력 등에 대한 찌기관리를 할 수 있다. 4. 찌기완료 시 작업지시서에 따라 적합하게 익었는지 확인할 수 있다.
	4. 과자류제품 포장	1. 과자류제품 냉각하기	1. 제품 냉각 시 작업지시서에 따라 냉각방법을 선택할 수 있다. 2. 제품 냉각 시 작업지시서에 따라 냉각환경을 설정할 수 있다. 3. 제품 냉각 시 설정된 냉각환경에 따라 냉각할 수 있다. 4. 제품 냉각 시 작업지시서에 따라 적합하게 냉각되었는지 확인할 수 있다.
		2. 과자류제품 장식하기	1. 제품 장식 시 제품의 특성에 따라 장식물, 장식방법을 선택할 수 있다. 2. 제품 장식 시 장식방법에 따라 장식조건을 설정할 수 있다. 3. 제품 장식 시 설정된 장식조건에 따라 장식할 수 있다. 4. 제품 장식 시 제품의 특성에 적합하게 장식되었는지 확인할 수 있다.
		3. 과자류제품 포장하기	1. 제품 포장 시 제품의 특성에 따라 포장방법을 선택할 수 있다. 2. 제품 포장 시 포장방법에 따라 포장재를 결정할 수 있다. 3. 제품 포장 시 선택된 포장방법에 따라 포장할 수 있다. 4. 제품 포장 시 제품의 특성에 적합하게 포장되었는지 확인할 수 있다. 5. 제품 포장 시 제품의 유통기한, 생산일자를 표기할 수 있다.
	5. 과자류제품 저장유통	1. 과자류제품 실온냉장저장하기	1. 실온 및 냉장보관 재료와 완제품의 저장 시 위생안전 기준에 따라 생물학적, 화학적, 물리적 위해요소를 제거할 수 있다. 2. 실온 및 냉장보관 재료와 완제품의 저장 시 관리기준에 따라 온도와 습도를 관리할 수 있다. 3. 실온 및 냉장보관 재료의 사용 시 선입선출 기준에 따라 관리할 수 있다. 4. 실온 및 냉장보관 재료와 완제품의 저장 시 작업편의성을 고려하여 정리 정돈할 수 있다.
		2. 과자류제품 냉동저장하기	1. 냉동보관 재료, 반제품, 완제품의 저장 시 위생안전 기준에 따라 생물학적, 화학적, 물리적 위해요소를 제거할 수 있다. 2. 냉동보관 재료, 반제품, 완제품의 저장 시 관리기준에 따라 온도와 습도를 관리할 수 있다. 3. 냉동보관 재료의 사용 시 선입선출 기준에 따라 관리할 수 있다. 4. 냉동보관 재료, 반제품, 완제품의 저장 시 작업편의성을 고려하여 정리 정돈할 수 있다.
		3. 과자류제품 유통하기	1. 제품 유통 시 식품위생 법규에 따라 안전한 유통기간 설정 및 적정한 표시를 할 수 있다. 2. 제품 유통을 위한 포장 시 포장기준에 따라 파손 및 오염이 되지 않도록 포장할 수 있다. 3. 제품 유통 시 관리 온도기준에 따라 적정한 온도를 설정할 수 있다. 4. 제품 공급 시 배송조건을 고려하여 고객이 원하는 시간에 맞춰 제공할 수 있다.
	6. 과자류제품 위생안전관리	1. 개인 위생안전관리하기	1. 식품위생법에 준해서 개인위생안전관리 지침서를 만들 수 있다. 2. 식품위생법에 준한 작업복, 복장, 개인건강, 개인위생 등을 관리할 수 있다. 3. 식품위생법에 준한 개인위생으로 발생하는 교차오염 등을 관리할 수 있다. 4. 식중독의 발생 요인과 증상 및 대처방법에 따라 개인위생에 대하여 점검 관리할 수 있다.

		2. 환경 위생안전관리하기	1. 작업환경 위생안전관리 시 식품위생법규에 따라 작업환경 위생안전관리 지침서를 작성할 수 있다. 2. 작업환경 위생안전관리 시 지침서에 따라 작업장주변 정리 정돈 및 소독 등을 관리 점검할 수 있다. 3. 작업환경 위생안전관리 시 지침서에 따라 제품을 제조하는 작업장 및 매장의 온 · 습도관리를 통하여 미생물 오염원인, 안전위해 요소 등을 제거할 수 있다. 4. 작업환경 위생안전관리 시 지침서에 따라 방충, 방서, 안전 관리를 할 수 있다. 5. 작업환경 위생안전관리 시 지침서에 따라 작업장 주변 환경을 관리할 수 있다.
		3. 기기 안전관리하기	1. 기기관리 시 내부안전규정에 따라 기기관리 지침서를 작성할 수 있다. 2. 기기관리 시 지침서에 따라 기자재를 관리 할 수 있다. 3. 기기관리 시 지침서에 따라 소도구를 관리 할 수 있다. 4. 기기관리 시 지침서에 따라 설비를 관리 할 수 있다.
		4. 공정 안전관리하기	1. 공정관리 시 내부공정관리규정에 따라 공정관리 지침서를 작성할 수 있다. 2. 공정관리 지침서에 따라 제품설명서를 작성할 수 있다. 3. 공정관리 지침서에 따라 제빵공정도 및 작업장 평면도 등 공정흐름도를 작성할 수 있다. 4. 공정관리 지침서에 따라 제과공정별 생물학적, 화학적, 물리적 위해요소를 도출할 수 있다. 5. 공정관리 지침서에 따라 제과공정별 중요관리점을 도출할 수 있다. 6. 공정관리 지침서에 따라 굽기, 냉각 등 공정에 대해 한계기준, 모니터링, 개선조치 등이 포함된 관리계획을 작성할 수 있다. 7. 공정별로 작성된 관리계획에 따라 굽기, 냉각 등 공정을 관리할 수 있다. 8. 공정관리 한계기준 이탈 시 적절한 개선조치를 취할 수 있다.
	7. 과자류제품 생산작업 준비	1. 개인위생 점검하기	1. 위생복 작용지침서에 따라 위생복을 착용할 수 있다. 2. 두발, 손톱, 손을 청결하게 할 수 있다. 3. 목걸이, 반지, 귀걸이, 시계를 착용할 수 없다.
		2.. 작업환경 점검하기	1. 작업실 바닥을 수분이 없이 청결하게 할 수 있다. 2. 작업대를 청결하게 할 수 있다. 3. 작업실의 창문의 청결상태를 점검할 수 있다.
		3. 기기 · 도구 점검하기	1. 작업지시서에 따라 사용할 믹서를 청결히 준비할 수 있다. 2. 작업지시서에 따라 사용할 도구를 준비할 수 있다. 3. 작업지시서에 따라 사용할 팬을 준비할 수 있다. 4. 작업지시서에 따라 오븐을 예열할 수 있다.

[제빵기능사 필기 출제기준]

직무분야	식품가공	중직무분야	제과 · 제빵	자격종목	제빵기능사	적용기간	2020.1.1.~2022.12.31.
○ 직무내용 : 빵류제품을 제공하기 위한 체계적인 기술과 생산계획을 수립하여 판매, 생산, 위생 및 관련 업무를 실행하는 직무이다.							
필기검정방법	객관식		문제수	60	시험시간	1시간	

필기 과목명	문제수	주요항목	세부항목	세세항목
빵류 재료, 제조 및 위생관리	60	1. 빵류제품 재료혼합	1. 재료 준비 및 계량	1. 배합표 작성 및 점검 2. 재료 준비 및 계량 3. 재료의 성분 및 특징 4. 기초재료과학 5. 재료의 영양학적 특성
			2. 반죽 및 반죽 관리	1. 반죽법의 종류 및 특징 2. 반죽의 결과온도 3. 반죽의 비중
			3. 충전물 · 토핑물 제조	1. 재료의 특성 및 전처리 2. 충전물 · 토핑물 제조 방법 및 특성
		2. 빵류제품 반죽발효	1. 반죽 발효 관리	1. 발효 조건 및 상태 관리
		3. 빵류제품 반죽정형	1. 분할하기	1. 반죽 분할
			2. 둥글리기	1. 반죽 둥글리기
			3. 중간발효	1. 발효 조건 및 상태 관리
			4. 성형	1. 성형하기
			5. 팬닝	1. 팬닝 방법
		4. 빵류제품 반죽익힘	1. 반죽 익히기	1. 반죽 익히기 방법의 종류 및 특징 2. 익히기 중 성분 변화의 특징 3. 관련 기계 및 도구
		5. 빵류제품 마무리	1. 빵류제품의 냉각 및 포장	1. 빵류제품의 냉각방법 및 특징 2. 장식 재료의 특성 및 제조방법 3. 제품 포장의 목적 4. 포장재별 특성과 포장방법 5. 제품관리
			2. 빵류제품의 저장 및 유통	1. 저장방법의 종류 및 특징 2. 빵류제품의 유통 · 보관방법 3. 빵류제품의 저장 · 유통 중의 변질 및 오염원 관리방법
		6. 빵류제품 위생안전관리	1. 식품위생 관련 법규 및 규정	1. 식품위생법 관련 법규 2. HACCP, 제조물책임법 등의 개념 및 의의 3. 식품첨가물
			2. 개인위생관리	1. 개인 위생 관리 2. 식중독의 종류, 특성 및 예방방법 3. 감염병의 종류, 특징 및 예방방법
			3. 환경위생관리	1. 작업환경 위생관리 2. 소독제 3. 미생물의 종류와 특징 및 예방방법 4. 방충 · 방서 관리

			4. 공정 점검 및 관리	1. 공정의 이해 및 관리 2. 공정별 위해요소 파악 및 예방
		7. 빵류제품 생산작업 준비	1. 작업환경 점검	1. 작업환경 및 작업자 위생 점검
			2. 기기안전관리	1. 설비 및 기기의 종류 2. 설비 및 기기의 위생 · 안전 관리

[제빵기능사 실기 출제기준]

직무분야	식품가공	중직무분야	제과 · 제빵 · 떡 제조	자격종목	제빵기능사	적용기간	2020.1.1.~2022.12.31.

○ 직무내용 : 빵류제품을 제공하기 위한 체계적인 기술과 생산계획을 수립하여 판매, 생산, 위생 및 관련 업무를 실행하는 직무이다.
○ 수행준거 : 1. 제품개발을 통해 결정된 제품별 배합표에 따라 재료를 계량하고 여러 가지 제조방법에 따라 반죽을 만들 수 있다
2. 빵의 종류에 따라 부피와 풍미를 결정하는 것으로 1차 발효하기, 2차 발효하기, 다양한 발효를 할 수 있다.
3. 발효된 반죽을 미리 정한 크기로 나누어 원하는 제품 모양으로 만드는 과정으로 분할, 둥글리기, 중간발효, 성형, 팬닝을 수행할 수 있다.
4. 식감과 풍미가 좋아지도록 제품의 특성에 적합한 온도로 익히기를 할 수 있다.
5. 빵의 특성에 따라 충전을 하거나 토핑을 하여 제품을 냉각, 포장 및 진열할 수 있다.
6. 완제품의 위생적이고 안전한 제조를 위해서 개인, 환경, 기기, 공정의 위생안전관리를 수행할 수 있다.
7. 생산 시작 전에 개인위생, 작업장 환경, 기기 · 도구에 대한 점검과 제품 생산에 필요한 재료를 계량할 수 있다.

실기검정방법	작업형	시험시간	4시간 정도

실기과목명	주요항목	세부항목	세세항목
제빵 실무	1. 빵류제품 재료혼합	1. 재료 계량하기	1. 재료계량준비 시 생산량에 따라 배합표를 조정할 수 있다. 2. 재료계량 시 제품에 따라 배합표를 기준으로 재료를 정확하게 계량할 수 있다. 3. 재료계량 시 재료의 손실을 최소화할 수 있다. 4. 재료계량준비, 계량 시 제품에 따라 사용재료를 전처리할 수 있다.
		2. 스트레이트법 혼합하기	1. 스트레이트법 반죽 준비 시 지침서에 따라 사용수(水)의 온도를 계산할 수 있다. 2. 스트레이트법 반죽 시 제품특성에 따라 반죽기의 속도를 조절할 수 있다. 3. 스트레이트법 반죽 시 제품특성에 따라 반죽온도를 조절할 수 있다. 4. 스트레이트법 반죽 완료 시 제품특성에 따라 혼합정도의 적절성을 점검할 수 있다.
		3. 스펀지법 혼합하기	1. 스펀지법 반죽 준비 시 지침서에 따라 사용수(水)의 온도를 계산할 수 있다. 2. 스펀지법 반죽 시 제품특성에 따라 반죽기의 속도를 조절할 수 있다. 3. 스펀지법 반죽 시 제품특성에 따라 스펀지 발효상태를 확인할 수 있다. 4. 스펀지법 반죽 시 제품특성에 따라 반죽온도를 조절할 수 있다. 5. 스펀지법 반죽 완료 시 제품특성에 따라 혼합정도의 적절성을 점검할 수 있다.
		4. 다양한 혼합하기	1. 다양한 혼합 시 각종 제빵법에 따라 반죽할 수 있다. 2. 다양한 혼합 시 작업환경에 따라 반죽온도를 계산하여 혼합할 수 있다. 3. 다양한 혼합 시 제품특성에 따라 반죽온도를 조절할 수 있다. 4. 다양한 혼합 시 제품특성에 따라 스펀지 발효상태를 확인할 수 있다. 5. 다양한 혼합 완료 시 제품특성에 따라 혼합정도의 적절성을 점검할 수 있다.

	2. 빵류제품 반죽발효	1. 1차 발효하기	1. 1차 발효 시 제품별 발효조건을 기준으로 발효할 수 있다. 2. 1차 발효 시 반죽 온도의 차이에 따라 발효시간을 조절할 수 있다. 3. 1차 발효 시 발효조건에 따라 발효시간을 조절할 수 있다. 4. 1차 발효 시 팽창정도에 따라 발효완료시점을 찾을 수 있다.
		2. 2차 발효하기	1. 2차 발효 시 제품별 발효조건에 맞게 발효할 수 있다. 2. 2차 발효 시 반죽 분할량과 정형모양에 따라 발효시점을 확인할 수 있다. 3. 2차 발효 시 빵을 굽는 오븐 조건에 따라 2차 발효를 조절할 수 있다. 4. 2차 발효 시 빵의 특성에 따라 면포, 덧가루를 사용할 수 있다.
		3. 다양한 발효하기	1. 다양한 발효 시 반죽의 종류에 따라 발효조건에 맞게 발효할 수 있다. 2. 다양한 발효 시 발효의 분류에 따라 온도 및 시간을 조절할 수 있다. 3. 다양한 발효 시 제품에 따라 펀칭, 발효할 수 있다.
	3. 빵류제품 반죽정형	1. 반죽 분할 및 둥글리기	1. 반죽분할 시 제품 기준중량을 기반으로 계량하여 분할할 수 있다. 2. 반죽분할 시 제품특성을 기준으로 신속, 정확하게 분할할 수 있다. 3. 반죽둥글리기 시 반죽크기에 따라 둥글리기 할 수 있다. 4. 반죽둥글리기 시 실내온도와 반죽상태를 고려하여 둥글리기 할 수 있다.
		2. 중간 발효하기	1. 중간발효 시 제품특성을 기준으로 실온 또는 발효실에서 발효할 수 있다. 2. 중간발효 시 반죽크기에 따라 반죽의 간격을 유지하여 중간발효할 수 있다. 3. 중간발효 시 반죽이 마르지 않도록 비닐 또는 젖은 헝겊으로 덮어 관리할 수 있다. 4. 중간발효 시 제품특성에 따라 중간발효시간을 조절할 수 있다.
		3. 반죽 성형 팬닝하기	1. 성형작업 시 밀대를 이용하여 가스빼기를 할 수 있다. 2. 손으로 성형 시 제품의 특성에 따라 말기, 꼬기, 접기, 비비기를 할 수 있다. 3. 성형작업 시 충전물과 토핑물을 이용하여 싸기, 바르기, 짜기, 넣기를 할 수 있다. 4. 팬닝작업 시 비용적을 계산하여 적정량을 팬닝할 수 있다. 5. 팬닝작업 시 발효율과 사용할 팬을 고려하여 적당한 간격으로 팬닝할 수 있다.
	4. 빵류제품 반죽익힘	1. 반죽 굽기	1. 굽기 시 빵의 특성에 따라 발효상태, 충전물, 반죽물성에 적합한 시간과 온도를 결정할 수 있다. 2. 반죽을 오븐에 넣을 시 팽창상태를 기준으로 충격을 최소화하여 굽기를 할 수 있다. 3. 굽기 시 온도편차를 고려하여 팬의 위치를 바꾸어 골고루 구워낼 수 있다. 4. 굽기 시 반죽의 발효상태와 토핑물의 종류를 고려하여 구워낼 수 있다.
		2. 반죽 튀기기	1. 튀기기 시 반죽 표피의 수분량을 고려하여 건조시켜 튀겨낼 수 있다. 2. 튀기기 시 반죽의 발효상태를 고려하여 튀김온도와 시간, 투입시점을 조절할 수 있다. 3. 튀기기 시 제품의 품질을 고려하여 튀김기름의 신선도를 확인할 수 있다. 4. 튀기기 시 제품특성에 따라 모양과 색상을 균일하게 튀겨낼 수 있다.
		3. 다양한 익히기	1. 다양한 익히기 시 제품특성에 따라 익히는 방법을 결정할 수 있다. 2. 찌기 시 제품특성에 따라 찌기온도와 시간을 조절할 수 있다. 3. 찌기 시 제품의 크기와 생산량에 따라 찜통의 용량을 조절할 수 있다. 4. 데치기 시 발효상태와 생산량에 따라 온도와 용기의 용량을 조절하여 생산할 수 있다.

	5. 빵류제품 마무리	1. 빵류제품 충전하기	1. 충전물 선택 시 영양성분을 고려하여 맛과 영양을 극대화 할 수 있다. 2. 충전물 생산 시 제품의 특성을 고려하여 충전물을 생산할 수 있다. 3. 충전물 사용 시 제품과 재료의 특성을 고려하여 충전물을 사용, 관리할 수 있다. 4. 충전물 사용 완료 시 정확한 비율과 사용량을 기반으로 완제품을 만들 수 있다.
		2. 빵류제품 토핑하기	1. 토핑물 선택 시 영양성분을 고려하여 맛과 영양을 극대화 할 수 있다. 2. 토핑물 생산 시 제품의 특성을 고려하여 토핑물을 생산할 수 있다. 3. 토핑물 사용 시 제품과 재료의 특성을 고려하여 토핑물을 사용, 관리할 수 있다. 4. 토핑물 사용 완료 시 정확한 비율과 사용량을 기반으로 완제품을 만들 수 있다.
		3. 빵류제품 냉각포장하기	1. 포장, 진열 시 제품 특성과 포장재, 진열대를 고려하여 제품의 신선도를 유지, 관리할 수 있다. 2. 포장, 진열 시 제품 특성과 포장재, 진열대를 고려하여 제품을 위생적으로 유지, 관리할 수 있다. 3. 진열관리 시 제품특성에 따라 제품을 더욱 돋보이게 진열할 수 있다. 4. 제품을 진열관리 시 판매시간 및 매출 추이를 기반으로 재고 관리를 할 수 있다.
	6. 빵류제품 위생안전관리	1. 개인 위생안전관리하기	1. 식품위생법에 준해서 개인위생안전관리 지침서를 만들 수 있다. 2. 식품위생법에 준한 작업복, 복장, 개인건강, 개인위생 등을 관리할 수 있다. 3. 식품위생법에 준한 개인위생으로 발생하는 교차오염 등을 관리할 수 있다. 4. 식중독의 발생 요인과 증상 및 대처방법에 따라 개인위생에 대하여 점검 관리할 수 있다.
		2. 환경 위생안전관리하기	1. 작업환경 위생안전관리 시 식품위생법규에 따라 작업환경 위생안전관리 지침서를 작성할 수 있다. 2. 작업환경 위생안전관리 시 지침서에 따라 작업장주변 정리 정돈 및 소독 등을 관리 점검할 수 있다. 3. 작업환경 위생안전관리 시 지침서에 따라 제품을 제조하는 작업장 및 매장의 온 · 습도관리를 통하여 미생물 오염원인, 안전위해요소 등을 제거할 수 있다. 4. 작업환경 위생안전관리 시 지침서에 따라 방충, 방서, 안전 관리를 할 수 있다. 5. 작업환경 위생안전관리 시 지침서에 따라 작업장 주변 환경을 점검 관리할 수 있다.
		3. 기기 안전관리하기	1. 기기관리 시 내부안전규정에 따라 기기관리 지침서를 작성할 수 있다. 2. 기기관리 시 지침서에 따라 기자재를 관리할 수 있다. 3. 기기관리 시 지침서에 따라 소도구를 관리할 수 있다. 4. 기기관리 시 지침서에 따라 설비를 관리할 수 있다.
		4. 공정 안전관리하기	1. 공정관리 시 내부공정관리규정에 따라 공정관리 지침서를 작성할 수 있다. 2. 공정관리 지침서에 따라 제품설명서를 작성할 수 있다. 3. 공정관리 지침서에 따라 제빵공정도 및 작업장 평면도 등 공정흐름도를 작성할 수 있다. 4. 공정관리 지침서에 따라 제과공정별 생물적, 화학적, 물리적 위해요소를 도출할 수 있다. 5. 공정관리 지침서에 따라 제과공정별 중요관리점을 도출할 수 있다. 6. 공정관리 지침서에 따라 발효, 굽기, 냉각 등 공정에 대해 한계기준, 모니터링, 개선조치 등이 포함된 관리계획을 작성할 수 있다. 7. 공정별로 작성된 관리계획에 따라 발효, 굽기, 냉각 등 공정을 관리할 수 있다. 8. 공정관리 한계기준 이탈 시 적절한 개선조치를 취할 수 있다.

	7. 빵류제품 생산작업 준비	1. 개인위생 점검하기	1. 위생복 작용지침서에 따라 위생복을 착용할 수 있다. 2. 두발, 손톱, 손을 청결하게 할 수 있다. 3. 목걸이, 반지, 귀걸이, 시계를 착용할 수 없다.
		2. 작업환경 점검하기	1. 작업실 바닥을 수분이 없이 청결하게 할 수 있다. 2. 작업대를 청결하게 할 수 있다. 3. 작업실의 창문의 청결상태를 점검할 수 있다.
		3. 기기 · 기구 점검하기	1. 작업지시서에 따라 사용할 믹서를 청결히 준비할 수 있다. 2. 작업지시서에 따라 사용할 도구를 준비할 수 있다. 3. 작업지시서에 따라 사용할 팬을 준비할 수 있다. 4. 작업지시서에 따라 오븐을 예열할 수 있다.

[제과기능장 실기공개 문제 품목과 출제기준]

'21년도 제과기능장 실기시험 변경 안내

- 변경사유 : 국가기술자격법 시행규칙 개정 및 출제기준 변경
- 적용시기 : '21년 1월 1일 이후 시험부터(기능장 제69회 실기시험부터 적용)
- 주요 변경사항
  - 실기방법 : ('20년도) 작업형 → ('21년도) 복합형[작업형+필답형]

<table>
<tr><th></th><th>변경전</th><th>변경후</th></tr>
<tr><td rowspan="2">작업형 시험
(1일)</td><td>• 과제명 : 제빵 및 제과
• 작업시간 : 6시간
• 배점 : 100점
• 주요 과제 : 1) 제빵 2) 제과</td><td>• 과제명 : 제빵 및 제과
• 작업시간 : 6시간
• 배점 : 80점
• 주요 과제 : 1) 제빵 2) 제과</td></tr>
<tr><td colspan="2">• 작업형 : 공개문제 중 1개 과제 선정
– 공개문제 확인 방법 : 「'21년도 제과기능장 실기시험 공개문제 안내」 참고,
큐넷 〉 자료실 〉 공개문제 〉 '제과기능장' 검색</td></tr>
<tr><td rowspan="2">필답형 시험
(2일)</td><td>–</td><td>• 필답시간 : 1시간
• 배점 : 20점
• 문제수 : 10문제 내외</td></tr>
<tr><td colspan="2">• 필답형 : '주관식 서술형(계산형, 단답형, 서술형)'으로써, 출제기준에 의거하여 제과제빵 실무 관련 문제가 출제됨(제조 · 품질 · 위생안전 · 베이커리경영 등)
– 출제기준 확인 방법 : 큐넷 〉 자료실 〉 출제기준 〉 '제과기능장' 검색

〈 필답형 참고 예시 〉
• 총반죽 무게를 계산하시오.
• 생산 인원을 계산하시오.
• 손익분기점을 계산하시오.
• 제빵에서 이스트의 역할을 3가지 쓰시오.
• HACCP 적용 시 생물학적 위해요소의 정의를 쓰시오.
• 반죽온도가 정상보다 낮을 때 제품에 미치는 영향을 3가지 쓰시오.

※ 수험자는 전과정에 응시하여야 하며, 전과정에 응시하지 않은 경우와 필답형이 0점인 경우는 실격처리 됩니다.
– 작업형과 필답형 중 한 개 분야라도 응시하지 않을 경우 실격
– 필답형 득점이 0점인 경우 실격(득점 예시 : 작업형 60점 + 필답형 0점 = 총점 60점
☞ 총점은 60점이나 필답형 득점이 0점이므로 실격 처리됨)</td></tr>
</table>

※ 2일간 시행

'21년도 제과기능장 실기시험 공개문제 안내

- 적용시기 : '21년 1월 1일 이후 시험부터(기능장 제69회 실기시험부터 적용)
- 2021년도 제과기능장 공개문제 참고사항
  - 공개문제는 수험준비를 위한 참고사항이며, 실제 출제 시에는 과제별 상세 요구사항 등이 변경될 수 있음을 알려드립니다 (과제명의 변경은 없음).
    예시 : 치수, 주제, 글자모양 등 변경 가능
  - 시험당일 공개문제 중 1가지가 무작위로 선정되어 시행됩니다.
  - 수험자 유의사항을 참고하여 지참준비물 외의 수험자가 필요한 제과제빵용 소도구, 전기도구(건전지용) 등을 지참할 수 있으며, 시험당일 감독위원에게 사용가능 여부를 확인받은 후 사용하여야 합니다.
  - 요구사항 외의 제조 방법 및 채점기준 등은 비공개 사항임을 참고하시기 바랍니다.
  ※ 단순 맞춤법, 문장순화를 위한 내용은 별도의 공지 없이 수정될 수 있습니다.

- **공개문제 목록**

번호	제빵	제과
1	통밀바게트	1/2케이크
2	통밀베이글	초콜릿스펀지케이크
3	프랑스빵	초콜릿데커레이션케이크
4	데니시페이스트리	초콜릿무스케이크
5	빵블랑	초콜릿무스케이크
6	통밀베이글	뉴욕치즈케이크
7	탕종식빵	초콜릿케이크
8	오토리즈바게트	초콜릿무스케이크
9	프랑스빵(에피, 푸가스)	초콜릿스펀지케이크
10	푸가스	커피스펀지케이크
11	좁프	화이트초콜릿케이크
12	치아바타	오페라케이크
13	브레첼	초콜릿케이크

[제과기능장 필기 출제기준]

직무 분야	식품가공	중직무분야	제과 · 제빵	자격 종목	제과기능장	적용 기간	2021.1.1.~2025.12.31.
○ 직무내용 : 제과 · 제빵은 고객가치에 부합하는 고품질의 과자류 · 빵류 제품을 제공하기 위해 효율적이고 체계적인 기술과 생산계획을 수립하여 경영, 판매, 생산, 위생 및 관련 업무를 실행하는 직무이다.							

필기검정방법	객관식	문제수	60	시험시간	1시간

실기과목명	문제수	주요항목	세부항목	세세항목
제과 · 제빵이론, 재료과학, 식품위생학, 영양학 및 그밖에 제과 · 제빵에 관한 사항	60	1. 제과이론	1. 재료혼합	1. 배합표 작성과 배합률 조정 2. 반죽과 믹싱 3. 반죽온도 및 비중
			2. 반죽정형	1. 성형 2. 패닝
			3. 반죽익힘	1. 굽기 2. 튀김 3. 찜
			4. 제품마무리	1. 아이싱 및 토핑 2. 충전물 및 기타 3. 장식 및 포장
			5. 과자류제조 이론	1. 반죽형 케이크 제조이론 2. 거품형 케이크 제조이론 3. 시퐁형 및 기타 과자류 제조이론 4. cold / hot 디저트 5. 화과자
			6. 공예	1. 초콜릿공예 2. 설탕공예 등
			7. 제품의 특징	1. 제품의 물리화학적인 특성 및 형태 2. 제품평가 및 관리
			8. 기기 및 장비	1. 제과기기 2. 도구, 장비
		2. 제빵이론	1. 재료혼합	1. 배합표 작성과 배합률 조정 2. 반죽과 믹싱 3. 반죽온도 조절
			2. 반죽발효	1. 1차 발효 2. 2차 발효
			3. 반죽정형	1. 성형(분할, 둥글리기, 중간발효, 휴지, 정형 등) 2. 비용적 및 패닝
			4. 반죽익힘	1. 굽기 2. 튀김 3. 찜
			5. 마무리	1. 냉각 및 포장
			6. 빵류제조 이론	1. 식빵류(곡물, 건포도 등) 제조이론 2. 과자빵류 제조이론 3. 하스(Hearth) 브레드류 제조이론 4. 건강빵 제조이론 5. 기타 빵류 제조이론
			7. 냉동반죽	1. 냉동반죽
			8. 제품의 특징	1. 제품의 물리화학적인 특성 및 형태
			9. 제품평가 및 관리	1. 제품평가 및 관리
			10. 제빵기기 및 도구, 장비	1. 제빵기기 및 도구, 장비

		3. 재료과학 및 영양학	1. 제과 · 제빵 기초과학 및 영양학	1. 탄수화물 2. 지방 3. 단백질 4. 효소 5. 비타민 6. 무기질 7. 건강과 대사
			2. 밀가루 및 가루제품	1. 밀가루 및 가루제품
			3. 감미제	1. 감미제
			4. 유지, 유지제품 및 계면활성제	1. 유지, 유지제품 및 계면활성제
			5. 우유 및 유제품	1. 우유 및 유제품
			6. 달걀 및 달걀제품	1. 달걀 및 달걀제품
			7. 이스트	1. 이스트
			8. 팽창제	1. 팽창제
			9. 물	1. 물
			10. 코코아 및 초콜릿	1. 코코아 및 초콜릿
			11. 과실류 및 주류	1. 과실류 및 주류
			12. 향료 및 향신료	1. 향료 및 향신료
			13. 안정제	1. 안정제
			14. 물리화학적 시험	1. 물리화학적 시험
			15. 기타 재료	1. 기타 재료
		4. 식품위생학	1. 식중독	1. 세균성 식중독 2. 자연독 식중독 3. 화학적 식중독 4. 곰팡이독소 5. 알레르기 식중독
			2. 감염병	1. 경구 감염병 2. 인수공통 감염병 3. 기생충병
			3. 식품첨가물	1. 식품첨가물의 특징 및 조건 2. 식품첨가물의 사용기준
			4. 식품위생관련법규	1. 식품위생관련법규
			5. 식품위생안전관리	1. HACCP, 식품안전, 제조물책임법 등의 개념
			6. 포장 및 용기위생	1. 포장재별 특성과 위생 2. 용기별 특성과 위생
			7. 소독과 살균	1. 소독과 살균
		5. 제과 · 제빵 현장실무	1. 작업계획서 작성	1. 작업계획서 작성
			2. 제품품질 및 공정관리	1. 제품품질 및 공정관리
			3. 베이커리 경영	1. 구매 및 검수, 판매, 재고, 노무등의 생산관리 2. 원가관리 3. 신제품개발 4. 제품구성하기 5. 제품표현방식 고려하기 6. 배합표 관리하기

※ 제과기능장 실기 출제기준과 공개문제는 Q-net 자료실에서 확인할 수 있습니다.
※ 제과산업기사 · 제빵산업기사는 2021년 중 발표, 2022년부터 시행 예정임.

일러두기

본서는 문교부 제정 〈외래어 표기법〉(1987. 11)에 의거 외래어를 표기하고 있습니다. 물론 일선 제과업체와 교육기관 등에서 사용하고 있는 용어와 다소 차이가 있을 수 있지만, 이는 용어 통일을 위해 문교부안을 수용하는 것이 원칙상 옳다는 판단에 따른 것입니다.

같은 뜻이면서 표기법상 기존 표기와 차이가 있는 용어들은 다음과 같습니다.

단, 주석산크림은 주석산칼륨이 원칙인데, 이들은 전자의 표기가 이미 정착된 것처럼 보여 관용대로 적었습니다.

본서의 '외래어 표기법'에 따른 표기	'기존'에 통용되는 표기	본서의 '외래어 표기법'에 따른 표기	'기존'에 통용되는 표기
글루탐산	글루타민산	아밀라아제	아밀라제
글리세린	글리세롤	아세트산	초산
더치 빵	더취 빵	아스코르브산	아스콜빈산, 아스코르빈산
데니시 페이스트리	데니쉬 페스트리	알칼리	알카리
도	도우	알코올	알콜
도넛	도우넛, 도너츠	에인젤 푸드 케이크	엔젤 후드 케익
리놀레산	리놀레인산	옐로 레이어 케이크	옐로우 레이어 케익
리놀렌산	리놀레닌산	오븐 라이즈	오븐 라이스
리신	라이신	인베르타아제	인벌타제
마들렌	마드렌, 마드레느	초콜릿	초콜(코)렛, 초컬릿
말타아제	말타제	치마아제	찌마제
메티오닌	메치오닌	카더먼	카다몬
바바루아	바바로아(와)	카세인	카제인
반죽	생지(기자, 生地)	캐러멜	캬라멜
벤조산	안식향산	케이크	케익, 케익
볼	보울	크래커	크랙카
브롬산칼륨	취소산칼륨	클린 업	크린 업
비스킷	비스켓	테트로도톡신	데트로톡신
소르브산	솔빈산	트레오닌	스레오닌
시엠시	씨엠씨	페이스트리	페스트(츄)리
시폰 케이크	쉬폰 케익	풀먼 브레드	풀만 브레드
아라키돈산	아락키돈산		

제1장 제빵이론

제1절 반죽과 빵의 제법

◇◇ 보충설명 ◇◇

1. 개요－빵의 분류

빵은 밀가루와 물을 주재료로 삼아 반죽하고 발효시킨 뒤 익힌 것이다. 익히는 방법 중 가장 흔히 쓰는 방법이 굽기이고, 찜이나 튀김이 그 뒤를 잇는다. 좀더 자세히 말하면 밀가루, 이스트, 소금, 물을 위주로 하고 제품에 따라서 당류, 유제품, 계란, 식용유지, 그밖의 부재료 식품첨가물을 배합하여 만든 반죽을 발효시켜 구운 것이다.

이와 같이 만드는 방법과 배합하는 재료의 차이 등에 따라 빵을 분류하면 크게 다음의 4가지로 구분할 수 있다.

(1) 빵의 일반적인 분류

식빵 ─┬ 틀구이빵 : 전밀빵, 호밀빵, 건포도식빵, 옥수수식빵 등
　　　│ (틴 브레드)
　　　├ 직접구이빵 : 프랑스빵, 이탈리아빵, 독일빵 등
　　　│ (하스 브레드)
　　　└ 철판구이빵 : 소프트 롤

과자빵 ┬ 단팥빵, 크림빵, 잼빵 등
　　　└ 스위트 롤, 데니시 페이스트리 등

특수빵 ┬ 찐빵 : 중화만주
　　　├ 튀김 : 도넛류
　　　└ 2번 구운 빵 : 러스크류, 브라운 앤 서브 롤

조리빵 ── 샌드위치, 피자, 햄버거, 카레빵 등

☞ 과자빵 : 설탕이나 유지를 많이 넣어 만든 빵.

☞ 특수빵 : 일반적으로 오븐에서 구운 빵 이외의 찐빵 튀김류 또는 2번 구운 빵의 총칭.

☞ 조리빵 : 각종 부식을 조합한 빵.

(2) 팽창제 사용 유무에 따른 분류

① 발효빵

② 무발효빵

③ 속성빵(Quick Bread) : 화학 팽창제 사용

(3) 가열 형태에 따른 분류

① 오븐에 구운 빵

② 기름에 튀긴 빵

③ 스팀에 찐 빵

(4) 틀 사용 유무에 따른 분류

① 형틀 사용빵 : 틀이나 철판을 사용해 구운 제품

② 하스 브레드(Harth Bread) : 틀이나 철판을 사용하지 않고 오븐에 직접 닿게 하여 구운 제품

2. 제빵법

빵은 반죽을 만들고 발효시켜 원하는 모양을 뜬 뒤에 구워 내면 된다. 이때 빵 반죽을 어떻게 만드느냐에 따라 발효시키는 방법과 굽기 온도가 조금씩 달라진다. 그래서 흔히 만드는 방법을 기준으로 하여 제빵법을 구분짓는다. 기본적인 방법이 스트레이트법 · 스펀지법 · 액체발효법이고, 그밖에 이들을 변형시킨 방법이 있다.

〈그림〉 각종 제빵법의 공정도

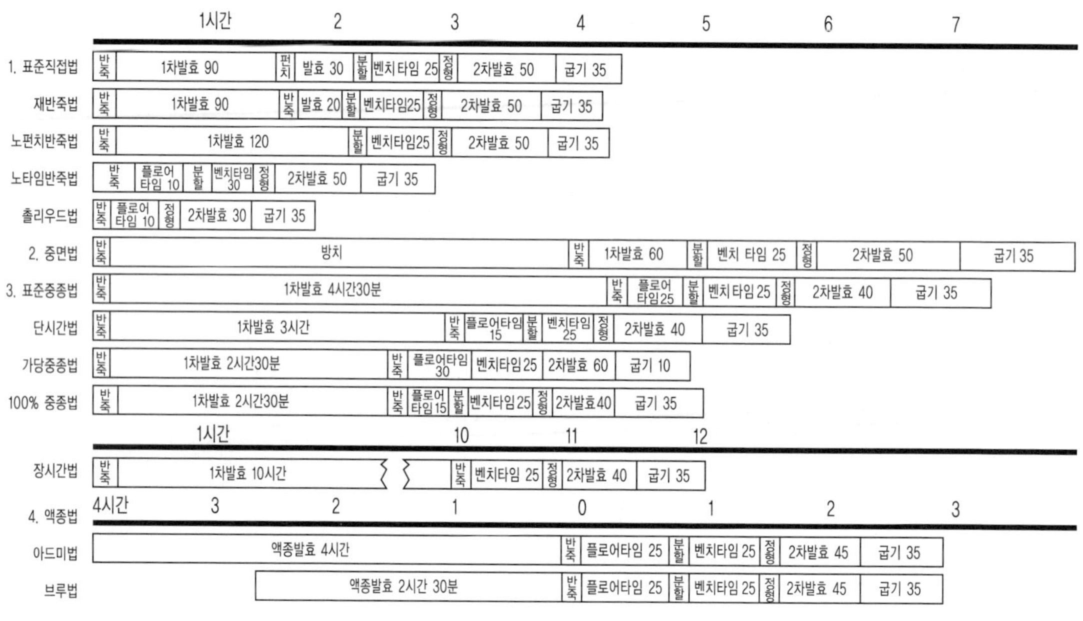

주) 이 도표는 배합, 공장규모에 따라 공정과 시간이 달라질 수 있다.

(1) 스트레이트법(straight dough method)

준비한 빵 반죽의 재료를 모두 믹서에 넣고 한번에 반죽하는 방법. 반죽온도는 27°C로 유지하고 발효시간은 3시간 사이로 잡는다. 쇼트닝은 반죽

하기 시작하여 3분쯤 지났을 때 반죽에 넣으면 밀가루의 수화(水化)에 도움이 된다.

※ 스트레이트법의 장 · 단점(스펀지법과 비교)

장 점	단 점
① 제조 공정 시간 단축	① 발효 내구성이 약함
② 작업시 제조장 및 설비가 간단	② 반죽 잘못시 반죽 수정 불가능
③ 노동력 절감	③ 제품의 부피가 작음
④ 짧은 발효시간으로 발효 손실 감소	④ 제품의 결이 고르지 못함
	⑤ 노화가 빠름

따라서 스트레이트법은 소규모 제과점에서 이용하기에 알맞은 제빵법이다.

〈종류〉 표준 스트레이트법, 비상 스트레이트법, 재반죽법, 노타임 반죽법, 후염법 등.

기본제조공정

재료 계량 → 반죽 → 1차발효 → 분할 → 둥글리기 → 중간발효 → 정형 → 팬닝 → 2차발효 → 굽기 → 냉각 → 포장

① 재료 계량 : 미리 작성한 배합표대로 재료의 무게를 정확히 계량한다.

② 반죽 : 반죽시간 15~25분간, 반죽온도 25~28°C(보통 27°C)

③ 1차발효 : 온도 27°C, 상대습도 75~80%인 발효실에서 1~3시간 발효시킨다. 반죽온도가 정상보다 0.5°C 높을 경우는 10~15분 발효가 빨리 된다.

④ 분할 : 1차발효가 완료된 반죽을 반죽통에서 꺼내어 원하는 양만큼 저울을 사용해 정확히 나눈다. 덧가루나 오일은 되도록 적게 사용하며, 발효가 계속 진행되지 않도록 20분내에 분할을 완료한다.

⑤ 둥글리기 : 분할된 반죽을 표면에 매끄럽게 둥글리기를 하면서 발효 중 생성된 큰 기포를 제거한다.

⑥ 중간발효 : 상대습도 75%, 온도28~29°C 되는 조건에서 15~20분 정도 발효시킨다.

⑦ 정형 : 중간발효가 완료된 반죽을 틀에 넣기 전에 모양을 내거나 충전물을 넣는다.

⑧ 팬닝 : 정형한 반죽의 마무리 부분이 밑으로 향하도록 틀에 넣는다.

⑨ 2차발효 : 온도 35~43°C, 상대습도 85~90%인 발효실에서 30분~1시간동안 발효시킨다.

⑩ 굽기 : 오븐의 온도(200°C 전후)와 굽는 시간은 반죽의 크기에 따라 다르다. 큰 빵은 낮은 온도에서 길게, 작은 빵은 높은 온도에서 짧게 굽는다.

☞ 흔히 직접 반죽법 또는 스트레이트법이라고 부른다.

☞ 1차발효 완료점을 판단하는 방법
- 반죽의 부피가 처음의 3.5배로 부푼 상태.
- 반죽을 들어올리면 실 모양 같은 직물구조(섬유질 상태)를 보일 때.
- 손가락에 밀가루를 묻혀 반죽을 눌렀을 때 조금 오므라드는 상태. 많이 오므라들면 발효가 덜 된 상태이고, 누른 자국이 그대로 남으면 지친 상태라고 판단한다.

※ 가스빼기(펀치, punch) : 발효한 반죽에 압력을 주어 가스를 빼는 일.
단, 반죽량이 소량일 때에는 생략해도 괜찮다.

⑪ 냉각 : 갓 구워 낸 빵의 온도를 35~40°C로 식힌다.

⑫ 포장

〈배합표〉

재 료	사용범위(%)	통상사용(%)	비 고
밀가루	100	100	단백질 11% 이상인 강력분
물	56~68	60~66	
이스트	1.5~5.0	2~3	생이스트
이스트 푸드	0~0.5	0.1~0.2	완충형
소금	1.5~2.25	1.75~2.0	정제소금
설탕	0~8	4~6	정백당
유지	0~5	3~4	
탈지분유	0~8	3~5	

(2) 스펀지법(Sponge dough method)

☞ 중종반죽법 또는 스펀지법이라고 부른다.

한꺼번에 모든 재료를 넣고 반죽하는 스트레이트법과 달리, 2번에 걸쳐서 반죽하는 방법. 먼저 밀가루(일부 또는 전부), 물, 이스트, 이스트 푸드를 섞어 적어도 2시간 이상 발효시킨 뒤, 이것(스펀지, sponge)을 나머지 재료와 함께 섞어 반죽한다. 이렇게 만들어진 반죽을 스펀지와 구별하여 도(dough, 본반죽)라 한다. 본반죽은 스트레이트법으로 만든 반죽에 해당한다.

스펀지법을 스트레이트법과 비교했을 때의 단점은 ① 발효 손실이 크고 ② 제조 공정이 복잡하여 설비비와 노동력이 많이 든다는 점이다. 반면 장점은 ① 잘못된 공정을 수정할 수 있는 기회가 있고 ② 이스트의 사용량이 20%가량 줄며 ③ 발효 정도가 커서 빵의 조직과 속결, 부피가 좋고 ④ 빵의 저장성이 높다는 점이다.

〈종류〉 ① 스펀지에 첨가하는 밀가루량을 기준으로 한 70% 스펀지법(표준), 100% 스펀지법.

② 스펀지에 첨가하는 설탕량을 기준으로 한 무가당 스펀지법(표준), 가당 스펀지법(보통 3~5% 첨가).

③ 스펀지 발효 시간을 기준으로 한 4시간 스펀지법(표준), 단시간 스펀지법(2시간), 장시간 스펀지법(8시간), 오버나이트 스펀지법(12~24시간)

④ 스펀지를 발효시키는 발효실 온도를 기준으로 한 상온 스펀지법(표준), 저온 스펀지법(냉장)이 있다.

기본제조공정

재료 계량 → 스펀지 만들기 → 스펀지발효 → 본반죽 만들기 → 플로어 타임 → 분할 → 둥글리기 → 중간발효(벤치 타임) → 정형 · 팬닝 → 2차발효 → 굽기 → 냉각 → 포장

① 재료계량 : 미리 작성한 배합표대로 재료의 무게를 달고, 스펀지용 재료와 본반죽용 재료를 구분해 둔다.

② 스펀지 만들기 : 반죽시간 4~6분, 반죽온도 22~26˚C.

③ 스펀지 발효 : 온도 27˚C, 상대습도 75~80%인 발효실에서 3~5시간 발효시킨다. 이때 스펀지의 온도가 5~5.5˚C 올라간다.

④ 본반죽 만들기 : 위의 스펀지와 본반죽용 재료를 한데 넣고 섞는다. 흔히 8~12분간 반죽하여 반죽온도를 25~29˚C(보통 27˚C)로 맞춘다.

☞ 보통 24˚C

☞ 스펀지발효 완료점
- 반죽의 부피가 처음의 4~5배로 부푼 상태.
- 수축 현상이 일어나 반죽 중앙이 오목하게 들어가는 현상(드롭, drop)이 생길 때.
- pH가 4.8을 나타낸다. 이때 반죽 표면의 상태를 보면 유백색을 띠며, 핀 홀(pin hole)이 생긴다. 발효하기 전의 pH는 5.5, 이스트의 활력이 최대인 산도는 4.7.

스펀지의 발효상태(발효시간 산도에 따른 반죽 상태)

발효시간	온도상승	산도(pH)	반 죽 상 태
$1\frac{1}{2}$시간 (전체의 1/3)	1.1˚C (2˚F)	pH 5.35	질기고 탄력있는 직물구조.
3시간 (전체의 2/3)	4.5˚C (8˚F)	pH 4.9	끈적거리고 부드럽다. 부드럽고 가는 사상구조.
$4\frac{1}{2}$시간 (완전 발전)	5.6˚C (10˚F)	pH 4.8	가볍고 유연한 직물구조. 질거거나 저항감이 없다.
지친반죽	6.4˚C ($11\frac{1}{2}$˚F)	pH 4.5	습하고 탄력성이 없다. 찢어진다.

※ 발효 초기에 pH 5.5쯤에서 스펀지의 발효가 끝나면 pH 4.8로 떨어진다. 이스트의 활력이 가장 활발해지는 산도는 pH 4.7.

〈순서〉 스펀지에 마른 재료를 넣고 섞는다 → 액체재료를 넣는다 → 2단계(클린업단계)에서 유지를 넣는다.

〈반죽 완료점〉 반죽이 부드러우면서 잘 늘어나고 약간 처지는 상태.

⑤ 플로어 타임 : 발효시간 20~40분. 플로어 타임은 반죽시간과 관련되어, 흔히 반죽시간이 길어질수록 플로어 타임도 길어진다. 또, 스펀지에 사용한 밀가루 양과도 관계가 있어, 그 양이 많을수록 시간은 짧아진다.

☞ 스펀지 밀가루와 플로어 타임의 관계

스펀지 밀가루량	플로어 타임
60%	40분
70%	30분
80%	20분

※플로어 타임을 주는 이유 : 본반죽을 끝냈을 때 약간 처져 있는 반죽을 팽팽하게 만들어 분할하기 쉽게 하기 위함.

⑥ 분할

⑦ 둥글리기

⑧ 중간발효 : 발효시간 10~15분.

⑨ 정형 · 팬닝

⑩ 2차발효 : 온도 35~43˚C, 상대습도 85~90%인 발효실에서 발효시킨다.

⑪ 굽기

⑫ 냉각

⑬ 포장

〈일반 식빵 배합계〉 (단위 : %)

스펀지(Sponge)	본반죽(Dough)
밀가루=60~100 물*=스펀지 밀가루의 55~60 이스트=1~3 이스트 푸드=0~0.75	밀가루=40~0 물*=전체 밀가루의 60~66 이스트=0~2(추가) 소금=1.75~2.25 탈지분유=2~4 설탕=3~8 유지=2~7

▶ 스펀지의 물*은 스펀지의 밀가루를 기준삼아 계산한다. 즉 스펀지의 밀가루가 80%, 물이 55%라면 실제 물 사용량은 44%(=80×0.55)이다.

▶ 본반죽의 물*은 전체 밀가루 사용량(100%)을 기준으로 한 물의 총량이다. 전체 물 사용량이 60%일 때 본반죽용 물은 16%(=60−스펀지용 물 44)이다.

〈표〉 스트레이트법과 스펀지법의 장 · 단점 비교

	스트레이트법	스펀지법
장점	· 한 번에 반죽이 끝나므로 힘이 덜 든다. · 전체의 발효시간이 짧아 발효 손실이 적다. · 반죽 내구력이 좋다.	· 이스트 사용량을 20% 줄여도 된다. · 비교적 빵의 부피가 크고, 속결과 촉감이 부드럽다. · 발효시간을 약간 지나쳐도 본반죽 단계에서 조절할 수 있다. · 발효 내구성이 강하다. · 노화가 지연된다.
단점	· 일정한 발효시간이 정확히 지켜져야 하기 때문에 시간적인 융통성을 발휘할 수 없다. · 제품의 결이 두껍고 고르지 못하며, 노화가 빠르다.	· 2번에 걸쳐서 반죽을 해야 하기 때문에 노동력, 전력, 시간이 많이 든다. · 발효 손실이 크다.

(3) 액체발효법

액종을 이용한 제빵법. 이스트, 설탕, 소금, 이스트 푸드, 맥아에 물을 넣어 섞고 완충제로서 탈지분유 또는 탄산칼슘을 넣어 pH 4.2~5.0의 액종을 만든다. 그리고 나서 본반죽을 만든다.

액종법으로 만든 반죽은 발효시간이 짧아 발효에 따른 글루텐의 숙성과 향(풍미)을 기대할 수 없다. 그러므로 어느 정도 기계적인 힘으로 숙성시켜야 하고, 합리적으로 액종을 관리해야 한다. 스펀지법과 비교했을 때 액종법의 장 · 단점은 다음과 같다.

☞ 스펀지에 분유나 소금을 쓰면 분유가 완충작용을, 소금이 삼투압 작용을 일으켜 발효가 억제된다.

☞ 스펀지에 수분 배합량을 늘리면 반죽의 숙성 속도가 빨라진다. 밀가루량의 55%가 바람직하다.

☞ 스펀지에 밀가루를 많이 쓰면 ① 스펀지의 발효시간은 길어지고 본반죽의 발효시간인 플로어 타임은 짧아진다 ② 본반죽의 반죽시간은 짧아지며, 반죽의 신장성이 좋아진다 ③ 부피가 크고 기공막이 얇으며 조직이 부드러워 품질이 좋아진다 ④ 풍미가 강해진다.

☞ 스펀지용 밀가루의 사용량을 바꾸는 이유 : ① 밀가루의 품질이 바뀌었을 때 ② 발효시간을 조절하기 위해 ③ 빵의 품질을 개선시키기 위해

☞ 액종(液種) : 스펀지법의 스펀지(中種)와 같은 역할을 하는 액체 발효종.

☞ 액종의 종류
퍼멘트(fement) : 완충제로 탈지 분유를 넣어 만든 액종. 아드미법에 쓰는 발효액/브루(brew) : 완충제로 탄산칼슘을 넣어 만든 액종/리퀴드 스펀지(liquid sponge) : 암

장　　　점	단　　　점
1. 대형의 발효통(탱크)과 펌프를 이용하여 한번에 많은 양을 발효시킬 수 있다. 2. 발효 손실에 따른 생산 손실을 줄일 수 있다. 3. 하나의 액종을 대량생산하여 같은 품질의 완제품을 대량으로 생산할 수 있다. 4. 단백질 함량이 적어 발효 내구력이 약한 밀가루로 빵을 생산하는데 사용할 수 있다.	1. 산화제 사용량이 늘어난다. 2. 기계적 발전이 떨어지므로 반죽을 숙성시키기 위해 환원제가 필요하다. 3. 연화제가 필요하다.

플로법에 쓰는 발효액/브로스(broth) : 도 메이커법에 쓰는 발효액.

기본제조공정

재료 계량 → 액종 만들기 → 본반죽 만들기 → (이하 스펀지법과 같다.)

① 재료 계량 : 미리 작성한 배합표대로 재료의 무게를 달고, 액종용 재료와 본반죽용 재료를 구분해 둔다.

② 액종 만들기 : 액종용 재료를 한데 넣고 섞어서 30°C에서 2~3시간 발효시킨다.

③ 본반죽 만들기 : 믹서에 위의 액종과 본반죽용 재료를 넣고 반죽한다. 반죽온도 28~32°C.

④ 플로어 타임 : 발효시간 15분.

⑤ 분할

⑥ 둥글리기

⑦ 중간발효

⑧ 정형 · 팬닝

⑨ 2차발효 : 온도 35~43°C, 상대습도 85~95%인 발효실에서 발효시킨다.

⑩ 굽기

⑪ 냉각

⑫ 포장

액종

재　료	사용범위(%)
물	30
이스트	2~3
설탕	3~4
이스트 푸드	0.1~0.3
분유	0~4

본반죽

재　료	사용범위(%)
액종	35
밀가루	100
물	32~34
설탕	2~5
소금	1.5~2.25
유지	3~6

☞ 액종의 배합 재료 중 분유와 그밖의 완충제(탄산칼슘, 염화암모늄)는 발효하는 동안에 생기는 유기산과 작용하여 반죽의 산도를 조절하는 역할을 한다. 액종의 적정 산도(pH)는 4.2~5.0, 이 점이 액종의 발효점이다

〈종류〉 ① 아드미법 : 아드미(ADMI : 미국 분유 협회)가 개발한 액종법. 이때 쓰는 액종을 퍼멘트라 한다.

② 브루법 : 완충제로 탄산칼슘을 배합해 넣는 액종법. 플라이슈만법이라고도 한다. 이때 쓰는 액종을 브루(brew)라 한다.

☞ 암 플로법(Am Flow process)과 도 메이커법(Domaker proess)은 퍼멘트, 브루를 이용한 액종법을 더 진전시킨 방법으로서, 기계의 힘을 빌어 반죽하는 연속반죽법 중의 하나이다.

(4) 연속식 제빵법(Continuous dough mixing system)

액종법을 더욱 진전시킨 방법으로, 각각의 공정이 자동화된 기계의 움직임에 따라 연속 진행된다. 즉, 액체발효법으로 발효시킨 액종과 본반죽용 재료를 예비 혼합기에 모아서 고루 섞은 뒤 반죽기, 분할기로 보내면 연속해서 반죽, 분할, 팬닝이 이뤄진다.

연속식 제빵법은 일반적인 스트레이트법이나 스펀지법과 달리, 일시적으로 설비 투자액이 많이 드는 연속식 기계를 들여 놓아야 하는 단점이 있다. 반면 장점은 ① 믹서 발효실, 분할기, 라운더, 중간발효기, 정형기, 연결 컨베이어를 따로 둘 필요가 없어 설비와 설비 공간이 줄고, ② 기계가 자동으로 움직이므로 노동력이 1/3로 줄며, ③ 발효 손실이 적다는 점이다.

☞ 연속식 제빵법은 대규모 공장에서 단일 품목을 대량으로 생산하기에 알맞은 방법이다.

☞ 본반죽은 볼(bowl)에서 간단히 섞은 뒤 익스트루더(ex- truder)라는 관속을 통과시켜 만든다. 관 속의 나선형 도구가 반죽을 밀어냄으로써 숙성시킨다. 이러한 방법을 기계적 숙성법이라 한다.

☞ 발효 손실은 일반 공정에서 1.2%인데 반해, 연속식 제빵 공정에서는 0.8%이다.

기본제조공정

재료 계량 → 액체 발효기 → 열교환기 → 산화제 용액기 → 쇼트닝 온도 조절기 → 밀가루 급송장치 → 예비 혼합기 → 반죽기 → 분할기 → 팬닝 → 2차발효 → 굽기 → 냉각 → 포장

① 재료 계량 : 배합표에 나타난 대로 숫자를 누르면 자동으로 계량되며 필요한 재료가 각 공정마다 자동으로 들어간다.

② 액체 발효기 : 액종용 재료를 넣어 섞고 온도를 30°C로 조절한다.

③ 열교환기 : 위의 발효기에서 발효한 액종을 통과시켜 온도를 30°C로 조절한 뒤 예비 혼합기로 보낸다.

④ 산화제 용액기 : 브롬산칼륨, 인산칼슘, 이스트 푸드 등 산화제를 녹여 예비 혼합기로 보낸다.

⑤ 쇼트닝 온도 조절기 : 쇼트닝 플레이크를 녹여 예비 혼합기로 보낸다.

⑥ 밀가루 급송장치 : 액체발효종에 사용하고 남은 밀가루를 예비 혼합기로 보낸다.

⑦ 예비 혼합기 : 액체발효종, 산화제 용액, 쇼트닝, 밀가루를 받아 고르게 섞는다. 그리고 반죽기로 보낸다.

⑧ 반죽기(디벨로퍼) : 3~4기압에서 고속으로 회전하면서 반죽에 글루텐을 형성한다. 그리고 즉시 분할기로 보낸다.

⑨ 분할기

⑩ 팬닝

⑪ 2차발효

☞ 산화제를 쓰는 이유
: 반죽을 숙성시키기 위함. 반죽기로 30~60분간 반죽하다 보면 공기가 부족하여 숙성이 잘 되지 않는다.

☞ 액종에 밀가루의 사용량을 늘리면,
· 액종의 물리적 성질이 향상된다.
· 빵의 부피가 커진다.
· 반죽의 발효 내구성이 좋아진다.
· 본반죽을 발달시키는 데 필

⑫ 굽기
⑬ 냉각
⑭ 포장

〈배합표〉

재 료	전 체(%)	액 종(%)
밀가루	100	5~70
물	60~70	60~70
이스트	2.25~3.25	2.25~3.25
탈지분유	1~4	1~4
설탕	4~10	—
이스트 푸드	(0~0.5)	(0~0.5)
인산칼슘	0.1~0.5	0.1~0.5
브롬산칼륨	50ppm	50ppm
영양강화제	1정	—
쇼트닝	3~4	—

(5) 비상반죽법(Emergency dough method)

표준 스트레이트법 또는 스펀지법을 변형시킨 방법. 기본적으로 표준 반죽법을 따르면서, 표준보다 반죽시간을 늘리고 발효속도를 촉진시켜 전체 공정시간을 줄임으로써 짧은 시간에 제품을 만들어 내는 방법이다. 표준 스트레이트법은 비상 스트레이트법으로, 표준 스펀지법은 비상 스펀지법으로 바꿀 수 있다. 또한 스트레이트법을 비상 스펀지법으로, 스펀지법을 비상 스트레이트법으로 바꿀 수 있다. 이때, 꼭 필요한 조치사항은 다음 6가지이다.

① 1차발효 시간을 줄인다. 즉, 비상 스트레이트법에서 15~30분간, 비상 스펀지법에서는 30분간 발효시킨다.
② 반죽시간을 늘린다. 보통 때보다 20~25%로 늘려 기계적으로 반죽을 발달, 숙성시킨다.
③ 발효속도를 촉진시킨다. 그 방법으로 이스트의 사용량을 25~50% 정도 늘린다.
④ 반죽온도를 29~30℃로 높여 발효속도를 촉진시킨다.
⑤ 반죽의 되기와 반죽의 발달 정도를 조절한다. 그 방법으로 가수량을 1% 늘려 이스트 활성을 높인다.
⑥ 껍질색을 맞추기 위해 설탕 사용량을 1% 줄인다.

한편 선택적 조치 사항은 다음 4가지이다.

① 소금의 사용량을 1.75%로 줄인다.
② 분유의 사용량을 1% 정도 줄인다. 단, 완충작용에 따라 발효속도가 늦어짐을 감안한다.

요한 반죽기의 에너지가 절감된다.
· 산화제의 사용량이 감소된다.
· 빵의 맛과 향이 좋아진다.

☞ 쇼트닝 플레이크 (Shortening Flake)
① 벨로퍼의 반죽 배출시 온도가 평균 41°C이므로 적정 융점의 유지를 사용해야 함.
② 융점=44.7~47.8°C의 쇼트닝 플레이크가 바람직함.
③ 식물성 쇼트닝에 약 6%의 쇼트닝 플레이크를 첨가.

☞ 반죽시간을 늘려야 반죽의 신장성이 높아지고, 그에 따라 가스보유력이 커진다.

☞ 그 결과, 발효속도가 빨라진다.

③ 이스트 푸드의 사용량을 늘린다.

④ 식초를 0.25~0.75% 사용한다.

☞ 그 결과, pH가 낮아진다.

비상반죽법은 보통 때에는 사용하지 않고, ① 반죽이 잘못되어 빨리 새로운 작업에 들어가야 할 때, 또는 ② 갑작스러운 주문에 빠르게 대처해야 할 때 요긴하게 쓸 수 있는 방법이다. 그리고 ③ 공정 시간이 짧아 노동력과 임금이 절약된다. 이러한 장점이 있는 반면, ① 발효시간이 짧기 때문에 빵이 쉽게 노화되고 그래서 오래 보관할 수 없는 단점이 있다. ② 또한 빵의 부피가 고르지 못하고, ③ 이스트 냄새가 남을 수 있다.

〈배합례〉

① 표준 스트레이트법 → 비상 스트레이트법

(단위 : %)

조 건	스트레이트법		→	비상 스트레이트법
밀가루	100			100
물	63	— 늘리기	→	64
이스트	2	— 늘리기	→	3
이스트 푸드	0.2	— 늘리기	→	0.2~(0.5)
설탕	5	— 줄이기	→	4
쇼트닝	4	— 그대로	→	4
탈지분유	3	— 줄이기	→	3~(2)
소금	2	— 줄이기	→	2~(1.75)
식초	0	— (산 첨가)	→	0~(0.75)
반죽온도	27°C	— 높이기	→	30°C
반죽시간	18분	— 늘리기	→	22분
발효시간	2시간	— 줄이기	→	15분~30분

② 표준 스펀지법 → 비상 스펀지법

(단위 : %)

☞ 비상 스펀지법=밀가루는 스펀지에 80%, 본반죽에 20%를 사용하고 물은 스펀지에 39, 본반죽에 24(합이 63) 넣던 것을 1% 늘려 모두 스펀지에 사용한다.

조 건		스펀지법		→	비상 스펀지법
스펀지	밀가루	70			80
	물	39			64
	이스트	2	— 늘리기	→	3
	이스트 푸드	0.2	— 늘리기	→	0.2~0.5
본반죽	밀가루	30			20
	물	23			0
	소금	2	— 줄이기	→	2~1.75
	설탕	6	— 줄이기	→	5
	탈지분유	3	— 줄이기	→	3~2
	쇼트닝	4	— 그대로	→	4
	식초 or 젖산	0	— (산 첨가)	→	0~0.5
스펀지온도		24°C	— 높이기	→	30°C
스펀지 발효시간		3~4시간	— 줄이기	→	30분 이상
반죽시간		12분	— 늘리기	→	15분

③ 표준 스트레이트법 → 비상 스펀지법 (단위 : %)

조 건	스트레이트법		비상 스펀지법	
밀가루	100		80	스펀지
물	63	— 늘리기 →	64	
이스트	2	— 늘리기 →	3	
이스트 푸드	0.2	— 늘리기 →	0.2~0.5	
밀가루			20	본반죽
물			0	
소금	2	— 줄이기 →	2~1.75	
설탕	5	— 줄이기 →	4	
탈지분유	3	— 줄이기 →	3~2	
쇼트닝	4	— 그대로 →	4	
젖산	0	— (산 첨가) →	0~0.5	
반죽온도	27°C	— 높이기 →	스펀지 : 30°C	
반죽시간	18분	— 줄이기 →	15분	
발효시간	2시간	— 줄이기 →	스펀지 : 30분 이상	

④ 표준 스펀지법 → 비상 스트레이트법 (단위 : %)

조 건		스펀지법		비상 스트레이트법
스펀지	밀가루	80		100
	물	44		64
	이스트	2	— 늘리기 →	3
	이스트 푸드	0.2	— 늘리기 →	0.2~0.5
본반죽	밀가루	20		
	물	19		
	설탕	5	— 줄이기 →	4
	탈지분유	3	— 줄이기 →	3~2
	쇼트닝	4	— 그대로 →	4
	소금	2	— 줄이기 →	1.75
반죽온도		스펀지 : 24°C	— 높이기 →	30°C
발효시간		스펀지 : 4시간	— 줄이기 →	1차발효 15~30분
반죽시간		12분	— 늘리기 →	22분

(6) 재반죽법(remixed straght dough method)

스트레이트법의 한 변형으로서 스펀지법의 장점을 받아들이면서 스펀지법보다 짧은 시간에 공정을 마칠 수 있는 방법. 원래의 명칭은 재배합 스트레이트법이다. 모든 재료를 한데 넣고 물만 조금(8%) 남겨 두었다가 발효한

☞ 비상조치법 변경 사항
비상조치법과 관련된 일부 내용(33쪽~35쪽)이 최신이론에 의해 2009년도 이후 변경되었으므로 문제풀이 등에 착오없으시기 바랍니다.
-편집자 주

☞ 장점
1. 공정상 기계내성 양호
2. 스펀지법에 비해 짧은 제조시간
3. 균일한 제품으로 식감이 양호

뒤에 믹서 볼(mixer bowl)에서 나머지 물을 넣고 반죽하는 방법이다. 이렇게 만든 반죽은 스펀지법에서 얻을 수 있는 장점을 갖게 되어 반죽의 기계내성이 좋아진다.

〈배합례〉

재 료	양	공 정
밀가루	100	반죽시간 : 저속에서 4~6분
물	58	반죽온도 : 25~26°C
이스트	2.2	발효실 온도 : 26~27°C
이스트 푸드	0.5	발효시간 : 2~2.5시간
소금	2.0	재반죽 시간 : 중속에서 8~12분
설탕	5	반죽온도 : 28~28.5°C
쇼트닝	4	플로어 타임 : 15~30분
탈지분유	2	2차발효 시간 : 40~50분
재반죽용 물	8~10	온도 : 36~38°C
		굽기온도 : 200~205°C

4. 색상이 양호

(7) 노타임 반죽법(no-time dough method)

발효시간의 길고 짧음에 관계없이 산화제와 환원제의 사용량을 늘리고, 기본적으로 스트레이트법을 따르면서 표준보다 긴 시간 고속으로 반죽하여 전체적인 공정 시간을 줄이는 방법. 소위 무발효 반죽법이라고 한다. 반죽한 뒤에 잠깐 휴지시키는 일 이외에 보통 발효라 할 수 있는 공정을 거치지 않아 제조 시간이 짧다.

노타임 반죽법은 브롬산칼륨, L-시스테인 같은 산화·환원제를 사용하는 화학적 숙성방법이다. 즉, 환원제를 사용하여 반죽시간은 25% 줄이고, 산화제를 사용하여 발효시간을 단축, 이때 산화제는 발효에 따른 글루텐 숙성을 대신한다. 이렇게 하여 만든 반죽은 기계내성이 좋고 부드러우며 흡수율이 좋다. 그리고 빵의 속결이 고르고 치밀하며, 무엇보다 제조시간이 절약되는 장점이 있다. 반면, 반죽의 발효내성이 떨어지고 맛과 향이 좋지 않으며 빵의 질이 불안정한 단점이 있다.

스트레이트법을 노타임 반죽법으로 변경할 때의 조치 사항은 다음의 6가지이다.

① 물 사용량을 약 1~2% 줄인다. 단, 산화제 사용시는 1~3% 늘린다.
② 설탕 사용량을 1% 감소시킨다.
③ 이스트 사용량을 0.5~1% 증가시킨다.
④ 브론산칼륨을 산화제로 30~500ppm을 사용한다.
⑤ L-시스테인을 환원제로 10~70ppm을 사용한다.
⑥ 반죽온도를 27~29°C로 한다.

☞ 산화제의 종류와 역할
- 지효성 작용을 하는 브롬산칼륨과 속효성 작용을 하는 요오드칼륨이 있다.
- 반죽하는 동안 밀가루 단백질의 S-H기를 S-S기로 변화시켜 글루텐의 탄력성과 신장성을 높인다.

☞ 환원제의 종류와 역할
- 엘시스테인(L-cys-tein) : 단백질의 S-S기를 끊는 작용이 빨라 반죽시간을 25% 줄인다. 사용량은 10~70 ppm.
- 프로테아제 : 단백질을 분해하는 효소. 2차발효 중 일부가 작용한다.

(8) 사우어 도우법 (Sour dough method)

호밀빵을 만들 때 사용하는 발효종을 사우어 도우라 한다. 이때 사우어는 '신' '시큼한'의 뜻이며 산성화 된 종반죽의 맛을 나타낸다. 사우어 도우는 이스트의 발달로 일부 기능이 대체되기도 했으나 천연발효종의 이용이 활발해지면서 독일빵을 중심으로 많이 활용되고 있다.

1) 사우어 도우의 제조와 리프레시

① 호밀가루 100g에 물 80g을 섞고 수화가 완료될 때까지 1~2분 정도 혼합한 다음 둥글리기를 하여 용기에 담고, 그 위에 호밀가루를 뿌려 2배로 부풀 때까지 26℃ 실온에서 24~30시간 발효시킨다.

② 1회 차 반죽 100g을 물 80g에 풀어준 다음 새 호밀가루 100g을 섞어 저속으로 3분 정도 믹싱하고, 용기에 담아 2배가 될 때까지 26℃ 실온에서 8~10시간 발효시킨다.

③ 2회 차 반죽 200g을 물 160g에 풀어 새 호밀가루 200g과 섞고 ②와 같은 방법으로 반죽하여 4~6시간 발효시킨다.

④ 3회 차 반죽을 용도에 따라 수분과 호밀가루 비율을 조정해가며 더해 믹싱하고 발효시키는 과정을 4~5회 차까지 반복하여 사우어 도우를 만들어 사용한다.

2) 사우어 도우 빵의 제조

① 사우어 도우와 유지를 제외한 전 재료를 넣고 혼합한 후 수화가 끝나면 사우어 도우를 넣고 저속으로 믹싱한다.

② 반죽이 잘 섞였으면 유지를 넣고 중속으로 얇은 막이 형성될 때까지 믹싱을 완료한 다음 제빵순서에 따라 제품을 완성한다.

☞ 사우어 도우법의 장단점 : 사우어 도우법은 초기에는 빵 반죽을 팽창시키는 용도로 주로 사용했으나 현재는 그 외에도 사우어 도우 발효산물의 효능 이용과 풍미 개선 등을 위해 사용하고 있다. 주로 젖산, 칼슘 락테이트, 펩톤, 펩타이드, 효소 등이 생성되며, 이들은 장내 부패균의 생육 억제, 위산 분비 경감, 칼슘 흡수 향상, 간 기능 개선, 소화흡수 개선 보존성 향상 등의 효능이 있다. 단점으로는 시간이 오래 걸린다는 점과 사우어 도우가 민감하여 주의를 요한다는 점 등이 있다.

(9) 냉동반죽법(Frozen dough method)

1차발효를 끝낸 반죽을 −18~−25°C에 냉동 저장하여 필요할 때마다 꺼내어 쓸 수 있도록 반죽하는 방법. 냉동용 반죽에는 보통 반죽보다 이스트를 2배가량 더 넣는다. 이것을 스트레이트법으로 반죽하고 1차발효시킨 반죽을 분할, 또는 정형하여 급속히 얼린다. 이때 이스트의 안정성은 100일 동안 지속된다.

냉동 반죽을 이용하면 일반 반죽법보다 발효시간이 줄어 전체 제조 시간이 짧아진다. 그리고 빵의 부피가 커지고 결이 고와지며 향기가 좋아지고 빵의 노화가 늦춰진다. 그밖의 장점으로 ① 소비자에게 신선한 빵을 제공할 수 있고 ② 늦은 밤이나 휴일을 대비하여 미리 반죽을 만들어 저장하기 쉬우며 ③ 운송·배달이 쉬운 점을 들 수 있다.

기본제조공정

반죽(스트레이트법) → 1차발효 → 정형 → 해동 → 2차발효 → 굽기
(1차발효 ↗ 냉동 → 정형 / 1차발효 ↘ 냉동 → 정형)

☞ 냉동반죽은 급속 동결한다. 왜냐하면 냉동속도가 빠를수록 반죽 속의 얼음 결정이 작아 제품의 조직을 파괴시키지 않고, 얼린 반죽을 녹여도 제품 속에 수분이 조금밖에 남지 않기 때문이다.

☞ 냉동저장시 반죽 변화

- 이스트 세포가 죽어 가스 발생력이 떨어진다.
- 이스트가 죽음으로써 환원성 물질이 나와 반죽이 퍼진다.
- 가스보유력이 떨어진다.

배합재료의 사용범위

① 밀가루 : 단백질 함량 11.75~13%인 밀가루 사용.
② 물 : 57~63%. 가능한 한 수분을 줄인다.
③ 이스트 : 3.5~5.5%
④ 이스트 푸드 : 0.5%
⑤ 소금 : 1.75~2.5%
⑥ 설탕 : 4~7%
⑦ 쇼트닝 : 4~5%
⑧ SSL(노화방지제) : 0.5%
⑨ 산화제 : 비타민C는 40~80ppm, 브롬산칼륨은 24~30ppm. 단, 전자는 제빵개량제에, 후자는 이스트 푸드에 첨가된 경우가 대부분이므로 이들을 쓸 때는 따로 산화제를 넣을 필요가 없다.
⑩ 반죽 : 반죽을 완전히 발전시키고 조금 되직하게(수분 63%→58%) 만든다. 반죽온도 20°C.
⑪ 발효 : 노타임 반죽법이나 스트레이트법에 따라 발효시간 · 온도를 정한다.
⑫ 냉동저장 : −40°C로 급속 냉동하여 -18°C~-25°C에 보관한다.

(10) 오버나이트 스펀지법(over night sponge dough method)

밤새(12~24시간) 발효시킨 스펀지를 이용하는 방법. 표준 스펀지법에서 2~6시간 발효시키는 스펀지법과 구별된다. 밤새 발효하므로 효소의 작용이 천천히 진행되어 이때 가스가 알맞게 생성되고 반죽이 알맞게 발전된다. 이러한 방법에 따라 만든 반죽은 신장성이 아주 좋고 발효향과 맛이 강하며, 빵은 저장성이 높아진다.

단, 다른 어떤 제조법보다 발효 시간이 길어 발효 손실(3~5%)이 크다.

〈배합표〉

스펀지 재료(%)		본반죽 재료(%)	
밀가루	60	밀가루	40
물*	31	물	32
이스트*	0.25	이스트	2.25
이스트 푸드	0.05	이스트 푸드	0.15
소금	0.35	소금	1.05
		쇼트닝	4
		분유	3
		설탕	5

* 물 : 스펀지 밀가루 양의 50~55%.
* 이스트 : 0.25~0.75%는 스펀지용 밀가루를 기준으로 한 비율.

☞ 물이 많아지면 이스트가 파괴된다.

☞ 이스트의 보통 사용량은 2~3%. 냉동 중 이스트가 죽어 가스발생력이 떨어지므로 이스트의 사용량을 늘린다.

☞ 소금은 반죽의 안정성을 도모한다.

☞ SSL : Sodium Stearyl −2−Lactylate

☞ 냉동 저장시 중 이스트가 죽어 환원성 물질이 나와 반죽이 퍼지게 되므로, 되직하게 만든다.

☞ 저장 온도를 −18°C~−25°C로 잡아야 이스트가 살아남을 수 있다.

☞ 오버나이트 스펀지법은 장시간 발효 스펀지법이라고도 한다.

※ 마스터 스펀지법 :
· 하나의 큰 스펀지를 제조하여 2~4개의 도반죽을 사용한다.
· 재료들은 가장 낮은 %를 사용한다.

☞ 스펀지 온도 : 20~22°C
발효실 온도 : 27°C
발효실 습도 : 75~80%
발효시간을 늘리려면 이스트량을 줄이고, 발효시간을 줄이려면 이스트량을 늘린다.

참고 각 제빵법의 장점과 단점

	장 점	단 점
스트레이트법	· 풍미가 좋다. · 제조 시간, 노동력, 작업 공간이 준다. · 발효 손실이 적다.	· 노화가 빠르다. · 발효에 대한 반죽의 내구력이 없다.
스펀지법	· 부피가 크다. · 저장성이 크다. · 발효향이 짙다. · 반죽의 발효에 대한 내구력이 크다.	· 시설비, 노동력이 많이 든다. · 발효 손실이 크다.
노타임 반죽법	· 제조 시간이 준다. · 발효 손실이 적다. · 생산 관리하기 쉽다. · 냉장 시설이 필요없다. · 에너지가 조금 든다.	· 제품의 질이 고르지 않다. · 저장성, 향이 나쁘다. · 반죽의 발효에 대한 내구력이 없다.
액체발효법	· 대량생산에 적합하다. · 제품의 질이 고르다. · 생산 손실이 적다. · 발효시간이 짧다.	· 산화제 사용량이 늘어난다. · 기계적으로 발전시킬 기회가 줄어 환원제의 사용량이 늘어난다.
냉동반죽법	· 야간, 휴일 작업을 미리 해 둘 수 있다. · 소비자에게 신선한 빵을 제공할 수 있다. · 다품종, 소량 생산이 가능하다.	· 이스트가 죽어 가스발생력이 떨어진다. · 가스보유력이 떨어진다. · 반죽이 퍼지기 쉽다.

☞ 스트레이트법은 스펀지법과 비교한 장 · 단점이다.

기초력 확인문제

1. 스트레이트법으로 식빵 반죽을 만들 때 이상적인 반죽온도와 1차발효실의 습도는?

① 24℃/65~70% ② 27℃/75~80%
③ 35℃/85~90% ④ 43℃/90~95%

해설 반죽을 끝냈을 때의 반죽온도는 25~28℃(보통 27℃).

2. 성형(Dough make-up) 과정의 5가지 공정이 순서대로 된 것은?(기출문제)

① 반죽, 발효, 분할, 둥글리기, 정형
② 분할, 둥글리기, 중간발효, 정형, 팬닝
③ 둥글리기, 중간발효, 정형, 팬닝, 2차발효
④ 중간발효, 정형, 팬닝, 2차발효, 굽기

답 1〉② 2〉②

3. 스트레이트법과 스펀지법의 비교에서 스펀지법의 장점은?(기출문제)
① 발효 손실이 크다
② 노동력, 제조면적이 크다
③ 잘못 되었을 때 공정의 융통성이 있다
④ 발효시간이 짧다

4. 스펀지 도에 분유를 첨가하는 경우 중 거리가 먼 것은?(기출문제)
① 밀가루의 아밀라아제 활성이 클 때
② 저단백질 밀가루일 때
③ 발효시간을 길게 할 때
④ 반죽이 쉽게 지치는 경우

5. 스펀지법에서 스펀지에 사용하는 밀가루의 비율은? (기준 : 전체 밀가루량)
① 0~20%
② 20~40%
③ 40~60%
④ 60~100%

해설 스펀지에 넣을 수 있는 밀가루의 양은 전체의 60~100%. 가장 흔한 비율이 70~80%, 이들을 각각 70% 스펀지법, 80% 스펀지법이라 한다.

6. 스펀지 반죽법에서 스펀지에 사용하는 물의 양은 스펀지 반죽에 사용하는 밀가루의 양에 대해 어느 정도인가?(기출문제)
① 35~40%
② 45~50%
③ 55~60%
④ 65~70%

7. 스펀지법으로 반죽할 때 스펀지의 글루텐 형성에 대한 설명 중 옳은 것은?
① 글루텐을 형성시키지 않는다.
② 정상적으로 발전시킨다.
③ 글루텐을 조금 발달시킨다.
④ 최종 단계까지 발전시킨다.

8. 스펀지법에서 스펀지의 적당한 반죽온도는?(기출문제)
① 10~20℃
② 23~25℃
③ 30~32℃
④ 35~40℃

9. 표준 스펀지법에서 스펀지를 발효시키는 1차발효실의 온도는?
① 24℃
② 27℃
③ 30℃
④ 36℃

10. 표준 스펀지법에서 스펀지를 발효시키는 데 걸리는 알맞은 시간은?
① 1~3시간
② 3~6시간
③ 6~9시간
④ 9~12시간

11. 중종법에서 스펀지의 밀가루 비율을 증가시킴으로써 얻을 수 있는 효과가 아닌 것은?(기출문제)
① 반죽시간 단축
② 기계설비 감소
③ 풍미증가
④ 발효시간 단축

답 3〉③ 4〉③ 5〉④ 6〉③ 7〉① 8〉② 9〉② 10〉② 11〉②

12〉 스펀지법에서 본반죽을 만드는 순서로 올바른 것은?

① 스펀지+액체 재료+유지+마른 재료
② 스펀지+유지+액체 재료+마른 재료
③ 스펀지+마른 재료+유지+액체 재료
④ 스펀지+마른 재료+액체 재료+유지

해설 본반죽 만드는 순서 : ① 스펀지에 마른 재료를 넣고 섞는다. ② ①에 액체재료를 넣고 섞는다. ③ 반죽2단계(클린업 단계)에서 유지를 넣는다.

13. 스펀지법에서 스펀지 믹싱 후 가장 적당한 온도는?(기출문제)

① 12~14℃ ② 17~19℃ ③ 23~25℃ ④ 28~30℃

14. 액체발효법에서 액종을 만드는 필수성분이 아닌 것은?

① 이스트 ② 설탕 ③ 물 ④ 쇼트닝

해설 액종은 물과 이스트, 설탕 또는 포도당, 이스트 푸드, 그리고 완충제를 섞어 pH 5.2로 맞춘 것. 완충제로 분유를 사용하는 ADMI법과, 탄산칼륨을 사용하는 방법이 있다.

15. 액체발효법에서 액종에 분유를 넣는 목적은?

① 영양물질 ② 소포작용 ③ 완충작용 ④ 발효촉진작용

해설 완충작용 : 발효하는 동안에 생기는 유기산과 작용하여 반죽의 산도를 조절하는 일. 완충제로 쓰는 재료는 분유 또는 화학품이다.

16. 액체발효법에서 액종용 재료를 한데 넣어 섞고, 발효시키는 표준온도는?

① 24℃ ② 27℃ ③ 30℃ ④ 36℃

해설 액체발효법에 따르면 액종의 재료를 섞어 30℃에서 2~3시간 발효시킨다.

17. 제빵법 중 스트레이트법에 비하여 스펀지법의 장점이라 할 수 있는 것은?(기출문제)

① 노동력, 설비의 감소 ② 고정 시간의 단축
③ 고정의 융통성 및 부피 증대 ④ 발효 손실의 감소

18. 연속식 제빵법은 연속 기계장치를 통해 기계적으로 반죽하고, 화학품을 첨가하여 숙성시키는 발효방법이다. 전자를 기계적 반죽법, 후자를 화학적 반죽법이라고 한다. 이때, 화학적 숙성을 위해 첨가하는 산화제로 알맞지 않은 것은?

① 브롬산칼륨 ② 인산칼슘 ③ L-시스테인 ④ 이스트 푸드

19. 연속식 제빵법에서 고압 · 고속 회전에 따라 글루텐을 발전시키는 기계 장치는?

① 예비혼합기 ② 반죽기(디벨로퍼)
③ 분할기 ④ 열교환기

답 12〉 ④ 13〉 ③ 14〉 ④ 15〉 ③ 16〉 ③ 17〉 ③ 18〉 ③ 19〉 ②

20. 비상반죽법은 표준 스트레이트 · 스펀지법에서보다 발효시간을 줄인다. 알맞은 시간은?

① 0~15분간 ② 15~30분간
③ 30~45분간 ④ 45~60분간

해설 비상 스트레이트법은 15분 이상, 비상 스펀지법은 30분간 발효시킨다.

21. 스폰지법에서 스폰지의 밀가루 비율을 증가시킴으로써 얻을 수 있는 효과가 아닌 것은?(기출문제)

① 기계설비 감소 ② 풍미의 증가
③ 도우 반죽시간 단축 ④ 도우 발효시간 단축

22. 갑작스럽게 주문이 들어와 빨리 빵을 만들어야 한다. 표준 스트레이트법을 기본으로 하면서 제조시간을 줄이기 위한 조치 사항 중 필수사항은?

① 분유 사용량을 줄인다. ② 소금 사용량을 줄인다.
③ 반죽시간을 늘린다. ④ 이스트 푸드의 사용량을 늘린다.

23. 노타임 반죽법으로 빵을 만들 때 배합재료로 환원제를 쓴다. 다음 중 환원제는 무엇인가?

① 엘시스테인 ② 브롬산칼륨 ③ 이스트 푸드 ④ 인산칼슘

24. 촐리우드법의 특징은?(주관식)

25. 다음 중 냉동반죽이 갖는 특성으로 알맞지 않은 것은?

① 단백질 함량이 높은 밀가루 사용. ② 수분 흡수율이 높다.
③ 이스트 사용량이 많다. ④ 설탕 사용량이 많다.

26. 냉동반죽을 만드는 조건 중 알맞지 않은 것은?

① 완전히 발전시킨다. ② 된반죽을 만든다.
③ 진반죽으로 만든다. ④ 반죽온도를 낮춘다.

해설 반죽온도 20℃.

27. 냉동반죽법을 이용하는 이유로 맞지 않은 것은?

① 소비자에게 직접 판매하기 위해
② 반죽을 만들고 굽는 장소가 달라 운반하기 쉽도록 하기 위해
③ 제조 계획을 간단히 조절하기 위해
④ 수율을 늘리기 위해

28. 냉동반죽을 만들 때 꼭 필요한 재료는?

① 환원제 ② 유화제 ③ 산화제 ④ 보습제

답 20〉 ② 21〉 ① 22〉 ③ 23〉 ① 24〉 기계의 힘을 빌어 숙성시키는 방법, 발효시간이 준다. 25〉 ② 26〉 ③ 27〉 ④ 28〉 ③

29. 냉동반죽을 만드는 재료 중 일반 반죽보다 사용량을 늘려야 하는 것은?
① 물 ② 이스트 ③ 소금 ④ 환원제

30. 다음 중 오버나이트 스펀지법에 대한 설명으로 맞지 않은 것은?
① 10~24시간 발효시킨 스펀지을 이용한다.
② 스펀지 온도를 20~21℃로 맞춘다.
③ 본반죽에 들어가는 이스트의 양은 정상이다.
④ 스펀지에 사용하는 이스트의 양은 전체 밀가루의 0.25~0.75%이다.

해설 하룻밤을 꼬박 지낸 스펀지을 이용하는 방법. 스펀지 온도도 낮고 이스트의 양도 적다.

답 29〉② 30〉③

3. 제빵 순서

기본제조공정

제빵법 결정→배합표 작성→재료 계량→원료의 전처리→반죽→1차발효→분할→둥글리기→중간발효→정형→팬닝→2차발효→굽기→냉각→슬라이스포장

◇◇ 보충설명 ◇◇

(1) 제빵법 결정

제빵법을 결정하는 기준은 제조량, 기계 설비, 노동력, 판매 형태, 소비자의 기호 등이다.

(2) 배합표 작성

배합표란 빵을 만드는 데 필요한 재료의 양을 숫자로 표시한 것. 레시피(recipy)라고도 한다.

1) 배합표의 단위

배합표에 표시하는 숫자의 단위는 %이다. 이것을 응용해서 g 또는 ㎏으로 바꿔 생각할 수 있다. 원래 퍼센트(%, 백분율)는 배합 재료의 전체 비율을 합한 값이 100%임을 나타낸다.

☞ 전체를 100으로 보고 그 안에서 차지하는 비율로 나타내는 백분율을 T%(true%)라고 한다.

보기 ▶

재료	비율
밀가루	55.83(%)
물	34.62
이스트	1.12
이스트 푸드	0.05
소금	1.12
설탕	3.35
쇼트닝	2.23
탈지분유	1.68
합	100(%)

한편 밀가루량을 100%로 보고 각 재료가 차지하는 양을 표시하는 방법도 있다.

보기 ▶

밀가루	100(%)
물	62
이스트	2
이스트 푸드	0.1
소금	2
설탕	6
쇼트닝	4
탈지분유	3
합	179.1(%) … 총 배합률(%)

☞ 이와 같은 백분율을 B%(베이커 백분율, Baker's percent)라 한다.

2) 배합량 계산법

B%로 표시한 배합률과 밀가루 사용량을 알면 나머지 재료의 무게를 구할 수 있다.

공식

각 재료의 무게(g) = 밀가루 무게(g) × 각 재료의 비율(%)

$$\text{밀가루 무게(g)} = \frac{\text{밀가루 비율(\%)} \times \text{총 반죽 무게(g)}}{\text{총 배합률(\%)}}$$

$$\text{총 반죽 무게(g)} = \frac{\text{총 배합률(g)} \times \text{밀가루 무게(g)}}{\text{밀가루 비율(\%)}}$$

연습문제 1. 500g짜리 식빵을 1개 만들고자 한다. B% 배합률에 따라 각 재료의 무게를 계산하면?

풀이) 반죽 무게=식빵 무게 = 500(g)

밀가루 무게=(밀가루 비율×총 반죽 무게)÷총 배합률

=(100×500)÷179.1=279.17≒279(g)

밀가루의 무게가 279(g)이므로 각 재료의 무게는 다음과 같이 구한다.

물 : 62%=279×62÷100 =172.98(g)

이스트 2%=5.58(g) 이스트 푸드 0.1%=0.279(g)

소금 2%=5.58(g) 설탕 6%=16.74(g)

쇼트닝 4%=11.16(g) 탈지분유 3%=8.37(g)

☞ 계산 순서
① 반죽 무게를 구한다.
② 밀가루 무게를 구한다.
③ 각 재료의 무게를 계산한다.

☞ 밀가루+물+탈지분유
=499.858
≒500(g)
※ 옆 배합표는 발효 손실, 굽기 손실, 냉각 손실을 감안하지 않은 결과이다.

연습문제 2. 500g짜리 식빵을 1개 만들고자 한다. B%에 따른 배합표를 만들면? (단, 발효 손실은 1%, 굽기손실은 12%이고 총 배합률은 180%이다. 그리고 밀가루는 소수점 한자리에서, 그밖의 재료는 소수점 두자리에서 반올림 한다.)

풀이) 굽기 전의 반죽 무게=568(g)

발효하기 전의 반죽 무게=574(g)

밀가루 무게=319(g)

밀가루량 319g을 기준으로 하여 각 재료의 배합량을 구하면 다음과 같다.

물 62%=197.8g　　이스트 2%=6.4g
이스트 푸드 0.1%=0.3g　　소금 2%=6.4g
설탕 6%=19.1g　　쇼트닝 4%=12.8g
탈지분유 3%=9.6g

☞88% : 500g=100% : x
☞99% : 568g=100% : x
☞=(100×574)÷180
=318.88≒319

연습문제 3. 600g짜리 식빵을 100개 만들고자 한다. 이때 발효 손실은 1%, 굽기 손실은 12%이고 총 배합률은 180%이다. B%에 따른 배합표를 만들면 다음과 같다.

풀이) 빵의 총 무게=60,000(g)
굽기 전의 반죽 무게=68,182(g)
발효하기 전의 반죽 무게=(100×68,182)÷99 =68,871(g)
반죽의 총 무게가 약 68,871이고 총 배합률이 180이므로,
밀가루 무게=38,262(g)
밀가루량 38,262를 기준으로 하여 각 재료의 배합량을 구하면,

물 62%=23,722g　　이스트 2%=765.2≒765g
탈지분유 3%=1,148g　　소금 2%=765g
설탕 6%=2,295.7≒2,296g　　쇼트닝 4%=1,530.4≒1,530g
이스트 푸드 0.1%=38.2≒38g

☞=600(g)×100(개)
☞=(100×60,000)÷88

☞=(100×68,870)÷180
=38,261.66
≒38,262

(3) 재료 계량

미리 작성한 배합표대로 재료의 양을 정확히 달아서 사용해야 제대로 된 제품이 나올 수 있다. 가루나 덩어리 재료는 저울로 무게를 달고, 액체재료는 메스실린더 같은 부피 측정기구를 이용한다.

1) 저울의 종류

① 판 수동 저울　　② 지시 저울(앉은뱅이 저울)

③ 등비 접시 저울 · 부등비 접시 저울 : 2개의 접시가 있어 한쪽에 무게를 달고자 하는 재료를 얹고 다른 한쪽에 추를 얹어 계량하는 것이 등비 접시 저울이다. 한편 추를 올리고 내리는 불편을 덜기 위해 한쪽에 추를 이동식으로 달아두는 것이 부등비 접시 저울이다.

④ 화학 천평　　⑤ 전자식 저울

2) 부피 측정기의 종류

① 액량계　　② 메스실린더
③ 메스플라스크　　④ 피펫

☞저울 취급 · 사용법
· 움직임이 없고 수평한 곳에 놓은 뒤 저울의 바늘이 원점에 있는지를 확인한다.
· 저울 접시 위에 종이를 깔고 계량 재료를 올려 놓는다.
· 저울의 추에 손때를 묻혀서는 안된다.

(4) 원료의 전처리

1) 가루재료—체친다. 가루상태의 재료, 특히 밀가루를 체쳐 쓰는 이유는,

① 가루 속의 이물질과 덩어리진 것을 거르고
② 이스트가 호흡하는 데 필요한 공기를 넣어 발효가 잘 되도록 하며
③ 2가지 이상의 가루를 골고루 섞기 위함이다.

2) 이스트—밀가루에 잘게 바수어 넣고 혼합하여 사용하거나 물에 녹여 사용한다. 5배의 물(온도 20~25° C)에 교반하여 즉시 사용한다. 이스트는 물을 만나면 활성화된다.

3) 유지—서늘한 곳에 보관하여 사용한다. 35° C이상의 온도에서 오래 두면 용해되거나 변질된다. 유지는 반죽 속에 이겨 넣어야 하므로 웬만큼 유연성이 있어야 한다.

4) 우유—사용 전에 한 번 가열 살균한 뒤 차게 해서 사용한다. 가당 연유를 사용할 때는 설탕의 양을 그만큼 줄인다.

5) 물—반죽 물의 양은 밀가루 단백질의 양과 질에 따라 다소 차이가 있다. 따라서 흡수율 등을 잘 고려해서 정한 다음 반죽온도에 맞게 물 온도를 조절한다.

☞ 가루재료란 밀가루, 탈지분유, 설탕 등을 가리킨다.

☞ 소량의 설탕 또는 이스트 푸드가 밀가루에 고루 퍼지도록 체에 친다.

(5) 반죽(Mixing, kneading)

1) 정의—반죽이란 밀가루, 이스트, 소금, 그밖의 재료에 물을 더해 섞고 치대어 밀가루의 글루텐을 발전시키는 일.

2) 방법—대개 믹서(mixer)를 이용하여 처음에는 저속으로 돌리다가, 밀가루가 충분히 흡수된 뒤에 중 · 고속으로 돌려 빵 반죽을 만든다.

3) 목적

① 배합 재료를 고르게 분산시키고, 밀가루에 물을 충분히 흡수시켜[水化] 밀 단백질을 결합시키기 위함이다.
② 글루텐을 숙성(발전)시켜 반죽의 가소성, 탄력성, 점성을 최적인 상태로 만들기 위함이다.

4) 빵 반죽의 특성

① 물리적 특성 : 빵 반죽은 액체와 고체의 성질을 동시에 지니고 있다. 말하자면 일정한 모양을 유지할 수 있는 고체의 성질, 즉 가소성과 외부의 힘을 받아 변형된 물체가 그 힘이 없어졌을 때 원래대로 되돌아가려는 성질—탄성, 그리고 일정한 모양의 그릇(틀)에 넣어 그 모양으로 만들 수 있는 액체의 성질—점성 또는 유동성을 함께 갖고 있다.
② 화학적 특성 : 반죽은 분자 수준에서 3차원의 종합체인 그물 구조를 이루고 있다. 또한 그물 구조는 상호결합 방식으로 연결된 5가지 유형의 단백질 중합체 고리(chain)로 이루어져 있다. 이 중에서 가장 중요한 것은 공유 S—S결합 이외에 수소 결합이다. 밀 단백질은 -SH기보다 -SS기를 15~20배 더 함유하고 있다. 그래서 -SS기의 함량은 상호 교체 반응속도에 거의 영향을 주지 않는다.

5) 반죽의 발전단계—6단계

☞ 글루텐(gluten)의 역할 : 빵 반죽의 뼈대를 이루며 가스를 품어 모양을 유지한다.

☞ 빵 반죽의 형성 원리 : 밀가루 단백질에 수분이 흡수되면 글루텐이 형성된다. 글루텐은 전분의 표면을 덮는다.
글루텐이란 밀 단백질 중의 글리아딘과 글루테닌이 서로 결합하여 생긴 단백질이다. 밀가루에 물을 더해 반죽하면 물에 녹지 않는 글리아딘과 글루테닌이 수화(水化)하여 지질과 결합한다. 밀가루의 전분과 단백질은 친수성 고분자이므로 물 분자를 흡착하는 성질이 있다. 그 결과 글리아딘과 글루테닌은 물을 충분히 흡수하여 가는 실처럼 연결되어 사상(絲狀)구조를 이룬다. 이것이 평행으로 또는 서로 엇갈려 그물 조직을 만든다. 즉, 밀가루 입자 속에서 서로 떨어져 있던 글리아딘과 글루

① 1단계(혼합단계, pick-up stage)
밀가루와 그밖의 가루재료가 물과 대충 섞이는 단계. 각 재료들이 고르게 퍼져 섞이고 건조한 가루재료에 수분이 흡수된다. 반죽 상태는 진흙과 같다. 이때 믹서는 저속으로 돌린다.

② 2단계(클린업단계, clean-up stage)
물기가 밀가루에 완전히 흡수되어 한 덩어리의 반죽이 만들어지는 단계. 이때 밀가루의 수화가 끝나고 글루텐이 조금씩 결합하기 시작한다. 반죽 표면이 조금 마른 느낌이 들고 믹서의 볼(bowl) 안벽이나 반죽날개에 들러붙지 않는다. 이 단계에서 유지를 넣는다. 데니시 페이스트리, 독일빵 반죽은 여기서 그친다.

③ 3단계(발전단계, development stage)
글루텐의 결합이 급속히 진행되어 반죽의 탄력성이 최대가 되며, 반죽이 건조하고 매끈해진다. 이때 믹서의 최대 에너지가 요구된다. 프랑스빵, 공정이 많은 빵의 반죽은 여기서 그친다.

④ 4단계(최종단계, final stage)
글루텐이 결합하는 마지막 시기. 탄력성과 신장성이 최대이다. 반죽이 부드럽고 윤이 나며, 믹서 볼의 안벽을 치는 소리가 발전단계보다 부드럽게 난다. 이때 믹서의 작동을 멈춘다. 반죽을 조금 떼어내 두 손으로 잡아당기면 찢어지지 않고 얇게 늘어난다. 대개의 빵류 반죽은 여기서 그친다.

⑤ 5단계(늘어지는 단계, let down stage)
글루텐이 결합함과 동시에 다른 한쪽에서 끊기는 단계. 반죽은 탄력성을 잃고 신장성이 커져 고무줄처럼 늘어지며 점성이 많아진다. 흔히 이 단계를 오버 믹싱 단계라 한다. 이때의 반죽은 플로어 타임을 길게 잡아 반죽의 탄력성을 되살리도록 한다. 잉글리시 머핀 반죽은 여기서 그친다.

⑥ 6단계(파괴 단계, break down stage)
글루텐이 더 이상 결합하지 못하고 끊기기만 하는 단계. 반죽이 탄력성은 전혀 없이 축 처지고, 늘이면 곧 끊긴다. 이러한 반죽을 구우면 오븐팽창(스프링)이 일어나지 않아 표피와 속결이 거친 제품이 나온다.

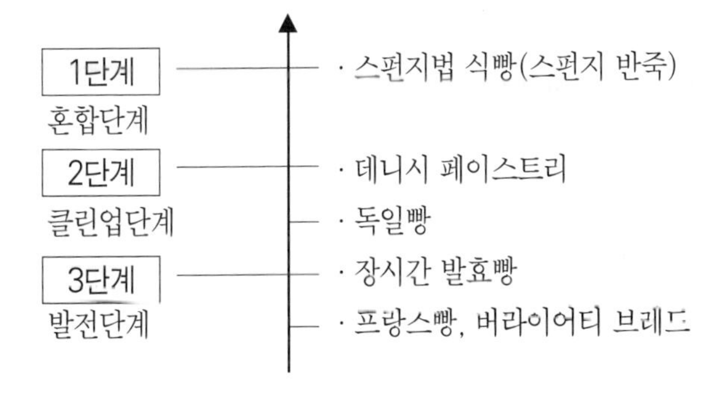

테닌 분자가 물을 매개로 결합하여 글루텐을 만든다. 이렇게 반죽 속에 글루텐을 만들기 위해서 필요한 것은 물 그리고 외부적인 힘(반죽, mixing)이다.

☞ 빵 반죽의 재료 섞는 순서 : ① 가루 재료를 믹서에 넣고 고루 섞는다 ② 이스트를 넣는다 ③ 물을 넣고 믹서를 돌려 반죽한다 ④ 2단계(클린업단계)에서 유지를 넣고 계속 반죽한다.

☞ 최적 · 언더 · 오버믹싱
① 최적 믹싱이란 가장 좋은 상태의 빵을 만들 수 있는 반죽 정도를 가리키는 말이다. 절대적인 기준이 따로 없고 각각의 제품, 제법에 따라 다르다. 예를 들어 강력분을 사용하여 소프트 브레드(soft bread) 반죽을 만들 때 최적 믹싱이라 하면 글루텐의 저항력이 가장 큰 시기를 지나 조금 누그러져 신장성이 잘 나타나는 반죽의 상태를 가리킨다.
② 오버 믹싱(과반죽)이란 최적 믹싱을 지나침을 뜻한다. 아주 오래 반죽하여 반죽의 저항력이 없고 끈적거리며 작업성도 떨어진다. 이러한 반죽으로 빵을 만들면 부피가 작고 속결이 두껍다. 이 단계의 반죽을 지친반죽이라 한다. 그리고 지친 정도가 클수록 플로어 타임을 길게 잡으면 웬만큼 회복시킬 수 있다.
③ 언더 믹싱(반죽 부족)이란 최적 믹싱에 미치지 못함을 뜻한다. 이러한 반죽은 작업성이 떨어지고, 제품의 부피가 작으며 속결이 맑지 않다. 이 단계의 반죽을 어린반죽이라 한다.

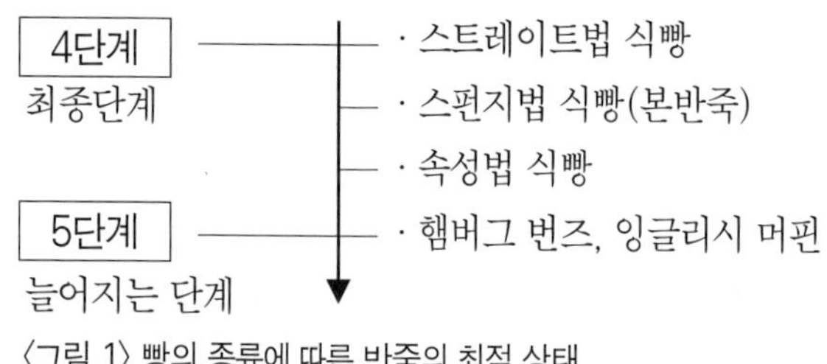

〈그림 1〉 빵의 종류에 따른 반죽의 최적 상태

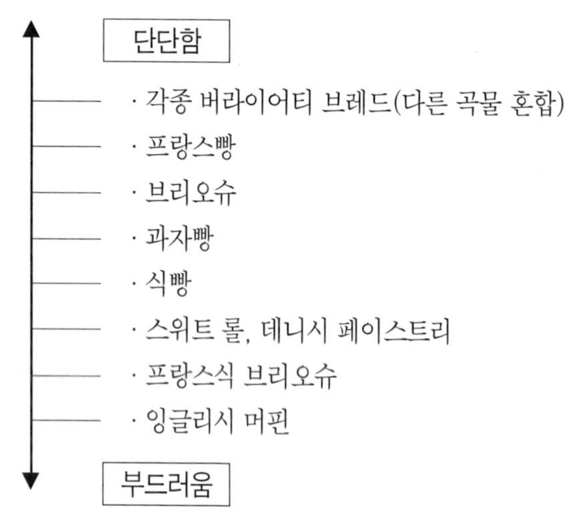

〈그림 2〉 표준적 반죽의 되기(굳기)

6) 반죽시간

빵 반죽으로서 알맞은 상태로 만드는 데 걸리는 시간. 반죽시간은 반죽 온도의 차이 · 반죽의 되기 · 밀가루의 종류 · 소금을 배합하는 시기 · 반죽기의 회전 속도 등에 따라서 짧아지기도 하고 길어지기도 한다.

① 반죽시간에 영향을 미치는 요소

ㄱ. 반죽기의 회전 속도와 반죽량 : 회전 속도가 빠르고 반죽량이 적으면 반죽시간이 짧다. 반대로 속도가 느리고 반죽량이 많으면 시간이 길다.

ㄴ. 소금 : 글루텐 형성을 촉진하여 반죽의 탄력성을 키운다. 그 결과 반죽시간이 는다. 또한 처음에 넣으면 반죽시간이 길어지고, 2단계 이후 넣으면 짧아진다.

ㄷ. 설탕 : 글루텐 결합을 방해하여 반죽의 신장성을 키운다. 따라서 설탕량이 많으면 반죽의 구조가 약해지므로 반죽시간이 늘어난다.

ㄹ. 탈지분유 : 사용량이 많으면 단백질의 구조를 강하게 하여 반죽시간이 길어진다.

ㅁ. 밀가루 : 단백질의 질이 좋고 양이 많으며 숙성이 잘 되었을수록 반죽시간이 길어지고 반죽의 기계내성이 커진다.

ㅂ. 반죽의 되기 : 사용물량이 많아 반죽이 질면 반죽시간이 길고, 반죽이

되면 반죽시간은 짧다.

ㅅ. 스펀지량 · 발효시간 : 스펀지의 배합 비율이 높고 발효시간이 길수록 본반죽의 반죽시간이 짧아진다.

ㅇ. 반죽온도 : 높을수록 반죽시간이 짧아지고 기계내성이 약해진다.

ㅈ. pH : pH 5.0정도에서 글루텐이 가장 질기고 반죽시간이 길어진다. pH 5.5이상이 되면 글루텐이 약해지므로 반죽시간은 짧아진다.

ㅊ. 산화제 · 환원제 : 산화제를 사용하면 반죽시간이 길어지고, 환원제를 사용하면 짧아진다.

ㅋ. 유지 : 유지량이 많고 처음에 넣으면 반죽시간이 길어진다.

② 흡수율에 영향을 미치는 요소

ㄱ. 밀 단백질 : 질 좋고 양이 많을수록 흡수량이 커진다.

ㄴ. 손상 전분 : 자체 중량의 2배 가량의 수분을 흡수한다. 보통 강력분이 4.5~8%의 손상 전분을 갖고 있다. 그런데 그보다 너무 많으면 발효하는 동안 다 흡수되지 못한 수분이 빠져나간다.

ㄷ. 소금 넣는 시기 : 반죽 1단계부터 넣으면 흡수량이 적어지고, 2단계에 넣으면 흡수량이 많다.

ㄹ. 설탕 : 사용량을 5% 늘림에 따라 흡수량이 1%씩 준다.

ㅁ. 탈지분유 : 사용량을 1% 늘림에 따라 흡수량이 0.75~1% 는다.

ㅂ. 물의 종류 : 단물(연수)이면 흡수량이 적어 글루텐의 힘이 약하고, 센물(경수)이면 흡수량이 많아 글루텐이 강하다. 빵 반죽에 알맞은 물은 단물(연수)과 센물(경수)의 중간인 아경수이다.

ㅅ. 제법 : 스펀지법이 스트레이트법보다 흡수율이 더 낮다.

ㅇ. 반죽온도 : 낮을수록 흡수량이 증가된다. 온도가 ±5°C 증감함에 따라 ∓3% 증감한다.

☞ 25°C일 때 64%→30°C에서 61%, 35°C에서 58%.

ㅈ. 유화제 : 유화제 사용량이 많으면 물과 기름의 결합을 좋게하여 흡수율이 증가된다.

③ 배합기의 속도가 반죽과 제품에 미치는 영향

ㄱ. 흡수율 : 고속으로 반죽한 반죽이 저속보다 흡수율이 높다.

ㄴ. 반죽기간 : 고속으로 반죽한 반죽이 저속보다 발전기간이 짧다. 저속으로 반죽하면 각 재료가 잘 섞이기는 하지만, 글루텐이 발전되지 않는다.

ㄷ. 발효시간 : 고속으로 반죽한 것은 발효하는 시간이 짧게 걸린다.

ㄹ. 부피 : 고속으로 반죽한 반죽 제품의 부피가 저속보다 더 크다.

ㅁ. 껍질 특성 : 저속으로 반죽한 제품은 껍질이 딱딱하고 질기다.

7) 반죽온도 조절하기

반죽온도란 반죽이 완성된 직후에 나타내는 온도이다. 반죽온도는 발효를 관리하는 데 중요한 요소이므로, 이스트가 활동하기에 알맞은 온도, 즉 27°C로 맞춰야 한다. 반죽은 반죽기(믹서, mixer)로 반죽하는 동안 기계의 마찰열 때문에 온도가 오른다. 또한 밀가루 · 물의 온도, 작업실 온도에 따라 반죽온도가 바뀐다. 이 중에서 온도조절이 가장 쉬운 것이 물이다. 온도를 높이려면 데우고, 낮추려면 찬물 또는 얼음을 사용하면 된다.

☞ 반죽온도에 영향을 미치는 변수는 마찰열, 밀가루, 물의 온도, 작업실 온도. 빵 반죽의 재료로서 가장 많이 필요한 것이 밀가루와 물. 그밖의 재료는 소량이므로 무시한다. 작업실 온도는 1차발효실의 온도인 24~28°C이고, 습도는 75~80%가 알맞다.

반죽온도 계산하는 방법

스트레이트법

마찰계수=(반죽결과온도×3)—(밀가루 온도+실내 온도+수돗물 온도)

사용할 물 온도=(희망 반죽온도×3)—(밀가루 온도+실내 온도+마찰 계수)

스펀지법

마찰계수=(반죽결과온도×4)—(밀가루 온도+실내 온도+수돗물 온도 +스펀지 온도)

사용할 물 온도=(희망 반죽온도×4)—(밀가루 온도+실내 온도+마찰계수 +스펀지 온도)

$$\text{얼음 사용량} = \frac{\text{물 사용량} \times (\text{수돗물 온도} - \text{사용할 물 온도})}{80 + \text{수돗물 온도}}$$

연습문제 1. 스트레이트법으로 반죽하여 반죽온도를 27°C로 맞추려 한다. 다음과 같은 조건에서 사용할 물의 온도는 몇 °C로 만들어야 하는가? 또, 그와 같은 계산된 온도의 물을 만들기 위해 얼음량은 얼마나 사용하여야 하는가?

조건 ▶ 반죽결과온도 30°C, 희망 반죽온도 27°C, 밀가루 온도 27°C, 실내 온도 28°C, 수돗물 온도 20°C, 사용할 물 양 1,000g.

풀이) 공식 : 사용할 물 온도=희망 반죽온도×3—(밀가루 온도+실내 온도+마찰계수) ……… ①

먼저 마찰계수를 구하면, 마찰계수=15

☞=30×3−(27+28+20)

마찰계수 15를 ①에 대입하면

계산된 온도=11(°C)

☞=27×3−(27+28+15)

수돗물 온도 20°C를 11°C로 낮추기 위해 얼음을 사용한다.

$$\text{얼음 사용량} = \frac{\text{반죽물 양} \times (\text{수돗물 온도} - \text{사용할 물 온도})}{80 + \text{수돗물 온도}}$$

$$= \frac{1{,}000 \times (20 - 11)}{80 + 20} = 90(\text{g})$$

연습문제2. 스펀지법으로 반죽하여 반죽온도를 27°C로 맞추려 한다. 다음과 같은 조건에서 사용할 물의 온도는 몇°C로 맞추어야 하나? 또 이때 얼음 사용량은?

조건 ▶ 실내 온도 30°C, 밀가루 온도 29°C, 수돗물 온도 20°C, 스펀지 온도 30°C, 희망 반죽온도 27°C, 물 사용량 1,000g, 반죽 결과온도 30°C.

풀이) 공식 : 사용할 물 온도=(희망 반죽온도×4)−(밀가루 온도+실내 온도+마찰계수+스펀지 온도) … ①

마찰계수=11

마찰계수 11을 ①에 대입하면, 사용할 물 온도가 8°C.

얼음 사용량=120(g)

8) 믹서(mixer, 반죽기)

① 정의 : 혼합 반죽용 기구.

② 기능 : 배합 재료를 균일하게 혼합시키고 글루텐을 발전시키며 반죽 속에 약간의 공기를 혼입시킨다.

③ 구조 : 크게 몸체, 볼, 회전축 3부분으로 나눈다.

④ 용도에 따라 빵용 믹서(반죽기)와 케이크용 믹서가 있고, 회전축의 위치에 따른 수평믹서와 수직믹서가 있다. 수평믹서는 빵 반죽을 만들기에 알맞다. 회전축이 수평으로 놓여 있어 반죽이 아래위로 움직인다.

9) 반죽의 물리적 실험

밀가루의 흡수 및 발효. 산화 특성을 기록할 수 있도록 고안된 기계를 사용할여 반죽의 물리적 성질을 측정할 수 있다.

① 아밀로그래프(Amylograph) : 온도 변화에 따라 점도에 미치는, 밀가루의 알파-아밀라아제의 효과를 측정하는 기계이다. 일정량의 밀가루와 물을 섞어 25°C에서 90°C까지 1분에 1.5°C씩 올렸을 때 변화하는 혼합물의 점성도를 자동 기록한다. 곡선 높이는 400~600 B.U.가 적당하며, 밀가루의 호화 정도를 알 수 있다.

② 패리노그래프(Farinograph) : 고속 믹서내에서 일어나는 물리적 성질을 기록하여 밀가루의 흡수율, 반죽 내구성 및 시간 등을 측정하는 기계이다. 곡선이 500 B.U.에 도달하는 시간, 떠나는 시간 등으로 밀가루의 특성을 알 수 있다.

③ 레-오-그래프(Rhe-o-graph) : 반죽이 기계적 발달을 할 때 일어나는 변화를 측정하는 기계이다. 밀가루의 흡수율을 계산하는 데 적합하다.

④ 익스텐시그래프(Extensigraph) : 반죽의 신장성에 대한 저항을 측정하는 기계이다. 패리노그래프의 결과를 보안해 주는 것으로서, 밀가루 개량제의 효과를 측정할 수 있다.

⑤ 믹소그래프(Mixograph) : 혼합하는 동안 반죽의 형성 및 밀가루의 흡수율, 글루텐의 발달 정도를 측정하는 기계이다. 글루텐량과 흡수율의 관계를 비롯, 반죽시간, 반죽의 내구성을 알 수 있다.

☞ 믹서의 종류에 따른 반죽 순서(후염법)

ㄱ. 수직믹서

① 30°C 이하의 물($\frac{1}{10}$)에 이스트를 녹인다 ② 남은 물($\frac{9}{10}$)에 설탕, 맥아, 이스트 푸드, 분유를 녹인다 ③ ②와 밀가루($\frac{1}{2}$)를 저속으로 30초간 돌린다 ④ ③의 반죽에 ①과 나머지 밀가루($\frac{1}{2}$)를 넣어 저속으로 30초간 돌린다 ⑤ 2~5분간 반죽하고 쇼트닝을 넣는다 ⑥ 2단계(클린업단계)에 들어서 소금을 넣는다.

ㄴ. 수평믹서

① 가루재료를 섞는다 ② 이스트 용액을 ①에 넣는다 ③ 그밖의 액체재료를 넣고 반죽한다 ④ $\frac{1}{2}$쯤 반죽되면 쇼트닝을 넣고 반죽한다 ⑤ 2단계에 들어서 소금을 넣는다.

⑥ 믹사트론(Mixartron) : 믹서 모터에 전력계를 연결하여 반죽의 상태를 전력으로 환산, 곡선으로 표시하는 장치이다. 새 밀가루의 정확한 반죽 조건을 신속하게 점검할 수 있으며, 균일한 제품을 얻을 수 있다.

(6) 발효(Fermentation)

1) 정의—어떤 물질 속에서 효모, 박테리아, 곰팡이 같은 미생물이 당류를 분해하거나 산화 · 환원시켜 알코올, 산, 케톤을 만드는 생화학적 변화. 그 결과 열이 나고 탄산가스 같은 기체가 발생한다.

빵은 알코올 발효를 통해 만들어진다. 좀더 자세히 말하면, 이스트(효모)는 저분자의 당류를 먹고 사는 생물이기 때문에 고분자의 전분(밀가루) 또는 자당(배합 재료 중의 설탕)을 저분자로 분해하기 위해 탄수화물 분해효소를 이용하여 당류를 분해한다. 그 결과 알코올과 탄산가스가 생성되고, 이 탄산가스가 그물망 모양의 글루텐 막에 막히면서 반죽을 부풀게 하는 것이다.

2) 목적

① 반죽을 부풀리기 위해.

② 빵 특유의 풍미를 내기 위해. 향의 원천은 발효산물.

③ 반죽을 숙성시키기 위해. 즉, 반죽의 신장성(유연하게 잘 늘어나는 성질)을 키우고 반죽의 산화를 촉진하여 반죽을 최적의 숙성 상태를 만들면 가스보유력이 커진다.

3) 과정—발효하는 동안에 이스트의 가스발생력과 반죽의 가스보유력이 평형을 이루어야 발효가 잘 되었다고 할 수 있다.

① 가스발생력에 영향을 주는 요소

ㄱ. 이스트의 양 : 이스트의 양과 가스발생력은 비례하나, 이스트의 양과 발효시간은 반비례한다. 즉, 이스트량이 많으면 발효속도가 빠르고(발효시간이 짧고) 적으면 발효속도가 늦다(발효시간이 길다). 발효시간을 조절하기 위해 이스트량을 가감하는 방법은 다음과 같다.

$$y = \frac{Y \times T}{t}$$

y : 가감하고자 하는 이스트량
t : 조절하고자 하는 발효시간
Y : 기존의 이스트량
T : 기존의 발효시간

연습문제 ▶ 이스트를 2% 사용하였더니 발효시키는 데 120분이 걸렸다. 발효시간을 100분으로 줄이려면 이스트를 얼마나 써야 하는가?

풀이) 공식 : $y = \frac{Y \times T}{t} = \frac{2 \times 120}{100} = 2.4\%$

☞ 발효의 종류 : 알코올 발효, 젖산발효, 아세트산 발효 등.

☞ 알코올 발효 화학식
$C_6H_{12}O_6$(포도당)→
$2CO_2$(탄산가스)
$+2C_2H_5OH$(알코올)
+66cal

☞ 반죽의 숙성 상태가 최적이라 함은 이스트의 가스발생력과 평형을 이루어 반죽이 그 가스를 가장 많이 보유할 수 있는 물리성—탄력성, 점성, 신장성—을 갖춘 상태를 이르는 말.

미숙성 〈 최적 숙성 〈 과숙성
미발효 〈 최적 발효 〈 과발효
↓ ↓
어린반죽 지친반죽

☞ 가스발생력이란 같은 시간 안에 이스트가 얼마만큼의 가스를 만드는가 하는 이스트의 능력.

☞ 이스트는 7°C에서 휴지하고, 10°C부터 활동하기 시작하여 35°C까지 온도가 오름에 따라 더욱 활발해진다. 그 이상부터는 활성이 줄기 시작하여 60°C에서 멎는다. 이스트가 활동하기에 가장 알맞은 온도는 24~28°C.

ㄴ. 당의 양과 종류 : 포도당, 자당(설탕), 과당, 맥아당 등. 당량과 가스발생력 사이의 관계는 당량 3~5%까지 비례하다가 그 이상이 되면 가스발생력이 약해져 발효시간이 길어진다.

ㄷ. 반죽온도 : 반죽온도가 높을수록 가스발생력은 커지고 발효시간은 짧아진다.

0.5°C 오를 때마다 발효시간이 15분씩 줄어든다. 마찬가지로 0.5°C 낮아지면 15분 늘려야 한다.

ㄹ. 반죽의 산도 : 산도가 낮을수록, 즉 반죽이 산성을 띨수록 가스발생력이 커진다. 단, pH 4 이하로 내려가면 오히려 가스발생력이 약해진다.

참고

제품의 pH와 발효 상태의 관계 :
pH 5.0=지친반죽, pH 5.7=정상반죽, pH 6.0 이상=어린반죽

ㅁ. 소금의 양 : 소금은 표준량보다 많아지면 효소의 작용을 억제하기 때문에 가스발생력이 작아진다.

이밖에도 탄수화물과 효소, 이스트 푸드의 양과 종류에 따라 가스발생력이 커지기도 하고 작아지기도 한다.

② 가스보유력

발효하는 동안에 발생한 가스가 빠져나가지 않고 반죽 속에 차 있으려면 그것을 보호할 수 있는 강력한 조직이 필요하다. 그 역할을 하는 것이 반죽의 뼈대를 이루고 있는 밀 단백질이다. 단백질 자체가 질이 좋고 양이 많을수록 가스보유력이 크고, 또 이 단백질의 능력을 향상시키는 반죽시간이 알맞아야 같은 효과를 낼 수 있다.

단백질 이외에 반죽의 산화 정도, 유지의 양과 종류, 이스트의 양, 가수량, 유제품, 계란, 소금, 산화제, 산도 등이 반죽 형성에 도움을 준다.

ㄱ. 산화 정도 : 산화 정도가 낮으면 반죽이 흐르며 가스가 빠져나가고, 높으면 반죽이 잘리고 가스보유력이 낮아진다.

ㄴ. 유지의 양과 종류 : 쇼트닝이 가장 좋다. 표준량 3~4%.

ㄷ. 가수량 : 흡수율이 정상보다 높은 질은 반죽은 가스보유력이 떨어진다.

ㄹ. 이스트량 : 양이 많은 만큼 효소력이 커지므로 보유력도 커진다. 단, 시간이 지날수록 떨어진다.

ㅁ. 유제품 : 유제품이 갖고 있는 단백질이 밀 단백질과 물리적으로 결합하여 가스보유력이 커진다. 반면, 완충작용에 따라 pH가 떨어지지 않아 반죽에 안정성이 부족하다.

ㅂ. 계란 : 노른자의 레시틴이 유화제 역할을 해 보유력이 향상된다.

☞ 당은 이스트의 먹이. 그밖에 질소, 무기질이 이스트의 양분이다.

☞ 이스트가 활동하기에 가장 좋은 산도의 범위는 pH 4.5~5.5(pH 4.7 최적)이다. 이스트의 각 효소가 작용하는 최적의 산도는 아밀라아제 pH 4.5~5, 치마아제 pH 5.0~5.2, 말타아제가 pH 6.6~7.3, 인베르타아제 pH 4.0~5.0이다.

☞ 발효점 : 반죽의 발효 완료점이라고도 하며, 스펀지법의 발효완료점은 pH5.3정도, 스트레이트법의 발효완료점은 pH5.5 정도이다.
일반적으로 최적 발효점은 pH5.7을 기준으로 하며, 이보다 높으면 어린 반죽, 낮으면 지친 반죽으로 본다.

☞ 소금 1%, 설탕 3~5% 이상 사용하면 삼투압 현상이 일어난다.

ㅅ. 소금 : 글루텐의 힘을 키우고 효소의 분해 작용을 억제하기 때문에 가스보유력이 떨어진다.

ㅇ. 반죽온도 : 높을수록 보유력이 떨어진다.

ㅈ. 산도 : pH 5.0~5.5 사이일 때 보유력이 가장 좋다. pH 5 이하에서 급격히 떨어진다.

ㅊ. 산화제 : 알맞은 양을 첨가하면 글루텐의 그물 구조가 조밀해져 가스보유력이 향상된다.

ㅌ. 발효산물 : 발효하는 동안 생긴 산류, 알코올류는 글루텐의 조직을 부드럽게 만들어 반죽의 신장성이 좋아지고 가스보유력이 커진다. 단, 적정량을 넘어서면 글루텐 조직이 약해져 보유력이 떨어진다.

☞ 발효산물 : 탄산가스(이산화탄소), 알코올류, 산 등. 이 중 향에 관계하는 것은 유기산, 에스테르, 알코올, 알데히드.

4) 발효 관리

① 스트레이트법의 1차발효 관리

ㄱ. 발효시간 : 1~3시간

※발효 상태 확인 : 반죽의 부피가 처음의 3~4배 정도 되었을 때.

※반죽에 당이나 유지 함량이 많으면 부피가 작다.

ㄴ. 발효실 조건 : 온도 26~28°C, 습도 75~80%.

ㄷ. 가스빼기(펀치, punch) : 발효하기 시작하여 반죽의 부피가 2.5~3.5배(전체 발효시간의 2/3, 60%가 지난 때) 되었을 때 반죽에 압력을 주어 가스를 빼낸다. 가스빼기를 하는 이유는 반죽온도를 전체적으로 고르게 맞춰 발효속도를 균일하게 하고, 탄산가스를 빼내어 과다한 축적에 따른 나쁜 영향력을 줄이며, 신선한 공기를 불어넣어 이스트의 활성에 자극을 주어 반죽의 산화 · 숙성 정도를 키우기 위함이다.

☞ 이스트의 가스발생력과 반죽의 가스보유력이 평형을 이루어야 제품의 부피, 속결, 조직상태, 껍질색이 원하는 대로 나올 수 있다. 그래서 발효 관리가 필요하다.

☞ 가스빼기할 시점의 반죽은 손가락으로 눌렀다가 떼었을 때 그 자리가 원래의 모양으로 되돌아온다.

☞ 발효정도에 따른 반죽 상태

· 발효과다 상태 : 가스가 많이 차고 탄력이 없어 축축하다.

· 발효부족 상태 : 반죽 조직이 무겁고 조밀하여 저항력이 약하다.

· 적정 발효 상태 : 부드럽고 건조하며, 유연하고 잘 늘어난다.

참고

발효가 지나쳤을 때의 대책 : 다시 믹서에 넣고 반죽한다. 또는 도 브레이커에 넣어 강한 압력을 주고 늘인다.

발효가 덜 되었을 때의 대책 : 둥글리기한 뒤 중간발효(벤치 타임) 시간을 늘린다. 또는 가스빼기한 뒤 중간발효 시킨다.

② 스펀지법의 발효 관리

ㄱ. 스펀지 관리

스펀지 반죽온도 : 23~26.5°C(표준온도 : 24°C)

발효시간 : 무가당 스펀지 반죽은 3~4.5시간, 가당 스펀지 반죽(3~5%당 첨가)은 2시간 30분 안팎.

발효실 조건 : 온도 27°C, 상대습도 75~80%.

☞ 발효하는 동안 스펀지의 온도는 5~5.5°C 오른다. 스펀지 온도 24°C, 발효를 끝낸 스펀지의 온도 29~29.5°C, 5.6°C 이상 오르면 안된다.

ㄴ. 도반죽(본반죽)의 발효 관리(플로어 타임)

발효시간 : 15~45분

(관리항목 : 전체 가수율, 반죽온도, 발효시간, 반죽 정도)

☞ 반죽하는 강도, 본반죽의 굳기, 반죽온도, 스펀지 숙성도의 영향을 받는다.

ㄷ. 본반죽의 발효 상태 확인

처음 반죽 부피의 1.5~2배 정도 부푼다. 쳐져 있던 반죽이 약간 팽팽해질 정도로 부푼다.

③ 발효 손실

발효를 거치기 전보다 발효한 뒤의 반죽 무게가 줄어드는 현상. 원인은 장시간 발효 중에 수분이 증발하고, 탄수화물이 발효에 의해 탄산가스와 알코올로 전환되었기 때문이다. 발효하는 동안에 반죽의 무게는 0.5~4% 감소한다(평균 1~2%). 발효실의 습도가 낮으면 낮을수록 반죽의 수분 증발이 많아져 그만큼 발효 손실이 많아진다.

☞ 발효 손실 요인
1. 배합률 2. 반죽온도 3. 발효시간 4. 발효실 온 · 습도

연습문제 ▶ 190g짜리 빵을 100개 만들고자 한다. 발효 손실 2%, 굽기 손실+냉각 손실 12%, 전체 배합률 181.8%라면 반죽의 무게와 밀가루의 무게(소수점 한자리에서 반올림)는 얼마인가?

풀이) 빵 100개의 무게 = $190 \times 100 = 19{,}000$(g)

$= 19$(kg)

반죽의 무게 = $19 \div 0.88 \div 0.98 = 22.03$(kg)

$$\text{밀가루의 무게} = \frac{\text{밀가루의 비율} \times \text{총 반죽 무게}}{\text{총 배합률}}$$

$$= \frac{100 \times 22.03}{181.8} = 12.118 = 12.1\text{(kg)}$$

5) 발효에 관계하는 효소

효 소	공 급 원	기질 ——→ 분해생성물
알파-아밀라아제	밀가루, 맥아 곰팡이, 박테리아	전분 ——→ 수용성 전분 손상 전분 ——→ 덱스트린
베타-아밀라아제	밀가루, 맥아	덱스트린 ——→ 맥아당
말타아제	이스트	맥아당 ——→ 포도당+포도당
인베르타아제	이스트	설탕(자당) ——→ 포도당+과당
치마아제	이스트	포도당+과당 ——→ 이산화탄소, 알코올, 유기산

6) 가스 생산 측정 방법

① 압력계 방법 : 기압계를 이용하는 방법, 즉, 밀가루에 물과 이스트를 넣고 반죽한 뒤 발생하는 가스를 기압계로 측정한다.

② 부피 측정 방법 : 눈금이 있는 가스 측정 장치를 이용한다. 밀가루에 물과 이스트를 넣고 반죽한 후 발생하는 가스를 가스 측정 장치에 연결하여 시간별로 부피를 측정한다.

(7) 분할(Dividing)

1) 정의—발효시킨 반죽을 미리 정한 무게만큼씩 나누는 일.

2) 방법—수동 분할과 기계 분할이 있다.

① 수동 분할법 : 기계로 분할할 때보다 반죽이 손상되는 정도가 적은 반면, 일일이 사람 손을 거쳐야 하기 때문에 대량 생산에 알맞지 않다. 단백질량이 적거나 질이 낮은 밀가루로 만들 때 손으로 분할한다. 이때 덧가루는 조금 쓸수록 좋다. 많이 쓰면 빵속에 줄무늬가 생긴다.

② 기계 분할법 : 분할 전용 기계를 사용하여 분할하는 방법이다. 분할하는 속도가 빠르고(1분에 12~16회전) 일정한 무게의 반죽을 대량 생산할 수 있어 노동력과 시간이 절약된다. 단, 기계의 물리적인 힘을 받아 글루텐 조직이 파괴된다. 특히 압착단계에서 분할기의 움직임이 느리면 글루텐이 더욱 손상된다.

분할기를 돌릴 때 한 가지 잊어서는 안될 점은 처음에 분할한 반죽과 나중에 분할한 반죽은 숙성도의 차이가 크므로, 단시간내에 분할해야 한다는 점이다. 배합당 식빵류는 15~20분내에, 당함량이 많은 과자빵류는 최대 30분내에 분할해야 한다. 이스트가 가스를 발생함에 따라 반죽의 부피가 커지고 신장 저항성이 커지므로 나중에 분할한 반죽일수록 무게가 가볍고 손상 정도가 크다.

※ 이 과정에서 반죽이 분할기에 달라붙지 않도록 기름을 바른다. 흔히 광물유인 파라핀 용액(유동 파라핀, liquid paraffine)을 사용한다. 단, 이것이 빵에 0.1%(1,500ppm) 이상 남으면 안된다(〈식품위생법 규정〉 참고).

3) 반죽의 손상을 줄이는 방법

① 스트레이트법으로 만든 반죽보다 스펀지법 반죽이 기계내성이 크므로 스펀지법으로 만든다. 그리고 약간 과반죽 상태가 좋다.

② 반죽온도를 낮춘다.

③ 단백질 양이 많고 질 좋은 밀가루로 만든 반죽, 그리고 가수량이 최적의 상태이거나 조금 단단한 반죽이 좋다.

④ 피스톤식 분할기보다 프랑스빵용 가압식 분할기가 더 낫다.

⑤ 분할기의 능력에 맞게 속도를 조절한다. 보통 분할기의 스트로크(주기)는 12~16, 이보다 늦거나 빠르면 반죽의 손상이 커진다.

분할기의 시간당 능력=포켓 수×1분당 스트로크 수×60(분)

4) 분할할 때 주의할 점

① 반죽의 무게를 정확히 달아 분할한다.

② 손으로 분할할 때 분할시간을 잘 맞추고, 반죽온도가 낮아지거나 반죽 거죽이 마르지 않도록 신경을 쓴다.

☞ 분할기의 정밀도를 높이고 오래 쓰려면 정기적으로 윤활유를 넣고 깨끗이 청소하며 기계 상태를 점검하도록 한다.

☞ 윤활유의 허용 기준 1,500ppm(보통 200~1,100ppm) 사용. 무색, 무미, 무취, 무형광.

③ 기계로 분할하면 분할기의 구조에 따라 제품이 크게 달라지므로 유의한다. 가압식 분할기가 더 낫다. 피스톤식 분할기는 반죽 손상이 크고 분할 정도가 부정확하다.

(8) 둥글리기(Rounding)

1) 정의—분할한 반죽을 손으로 또는 전용 기계로 동글동글하게 뭉쳐 둥글리는 일.

2) 목적

① 분할하는 동안 흐트러진 글루텐의 구조와 방향을 정돈하기 위해

② 가스를 반죽 전체에 퍼뜨려 반죽의 기공을 고르게 조절하기 위해

③ 반죽의 잘린 면은 점착성이 있으므로 동글동글 뭉치면서 단면에 다른 반죽 막을 씌워 점성을 줄이기 위해. 그래야 다음 공정인 정형 단계에서 작업하기 쉽다.

④ 중간발효 중 발생하는 가스를 보유할 수 있는 반죽 구조를 만들기 위해

3) 방법—손으로 또는 기계(라운더, rounder)로 할 수 있다. 후자가 전자보다 반죽의 손상 정도가 크다.

4) 라운더의 종류

· 우산형 라운더
· 절구형(사발형) 라운더
· 드럼형 라운더
· 팬 오 맷형 라운더(pan-o-mat type rounder)
· 인테그라형 라운더
· 멀티 맷형 라운더

5) 반죽의 끈적거림을 없애는 방법

① 반죽물을 알맞게 사용(최적의 가수량 지키기).

② 덧가루 사용(라운더에는 덧가루 또는 윤활유 사용).

③ 반죽에 유화제 사용.

④ 반죽의 최적 발효 상태를 유지.

⑤ 분할기에서 라운더로 반죽을 옮기는 컨베이어를 가능한 한 길게 쓴다. 컨베이어는 반죽을 운반하는 기능 이외에 반죽 손상으로 인한 수분의 방출 현상을 막기도 한다. 그래서 반죽 표면의 끈적임을 줄일 수 있다.

6) 둥글리기 할 수 없는 반죽 특성

① 반죽의 가수량이 적은 것.

② 아주 단단한 반죽.

③ 발효가 지나친 반죽.

④ 덧가루, 라운더의 윤활유 사용량이 너무 많은 것.

⑤ 라운더의 용량을 넘는 반죽량.

☞ 둥글리기라 하여 무조건 반죽 전체를 동그란 모양으로 만드는 것이 아니라, 빵의 모양을 예상하여 그에 알맞은 형태로 만드는 일이다. 예를 들어 프랑스 빵의 바게트는 긴 타원형으로, 식빵은 럭비공 모양으로 둥글리듯이.

☞ 반죽의 숙성 정도에 맞춰 둥글리는 강도와 중간발효 시간을 조절하여 일정한 품질의 제품을 얻는다. 예를 들어 과숙성 반죽은 살짝 둥글리고 짧게 중간발효 시키며, 미숙성 반죽은 반대로 작업한다.

☞ 잘 알고 씁시다.

· 덧가루 사용법 : 밀가루, 전분을 덧가루 삼아 최소량만 사용. 많이 쓰면 빵에 줄무늬가 생기고 이음매가 잘 붙지 않아 중간발효 중 벌어진다. 전분은 밀가루보다 훨씬 적은 양으로 반죽의 표피를 건조시킬 수 있어 경제적이고, 덧가루 사용의 역효과가 거의 없어 좋다.

· 덧가루 사용의 역효과 : 밀가루를 썼을 때 나타난다. 끈적거리지 않도록 밀가루를 살짝 뿌리면 오히려 그것이 수분을 흡수하여 더욱 끈적거린다. 그래서 수분의 침투를 막기 위해 밀가루를 가득 뿌리게 된다. 그러면 결국 원하는 제품이 나올 수 없다.

(9) 중간발효(Intermediate proofing, 일명 벤치타임 : bench time)

1) 정의—둥글리기가 끝난 반죽을 정형하기 전에 짧은 시간 동안 발효시키는 일.

2) 목적

① 글루텐의 배열을 제대로 조절하고 가스를 발생시켜 정형하기 쉽도록 하기 위해.

② 분할 · 둥글리기를 거치면서 굳은 반죽을 유연하게 만들기 위해.

③ 반죽 표면에 얇은 막을 만들어 정형할 때 끈적거리지 않도록 하기 위해.

☞ 한마디로 반죽의 탄력성, 유연성을 회복시키고 가스를 생성하여 부풀리게 하기 위함.

3) 발효조건

① 시간 : 10~20분(팽창비율 1.7~2.0)

② 온도 : 27~29°C(보통 실온, 1차발효실 온도와 거의 같다)

③ 습도 : 75% 안팎

☞ 반죽의 크기에 따라 발효시간이 다르다. 같은 반죽이면서 크기가 크면 오랫동안, 작으면 짧게 발효시킨다.

4) 중간발효 시키는 방법

① 작업대 위에 반죽을 올리고, 실온에서 수분이 날라가지 않도록 젖은 헝겊 또는 비닐 종이를 덮어 둔다.

② 캐비닛 발효실에 넣기도 한다.

③ 오버 헤드 프루퍼를 이용하기도 한다. 주로 연속 컨베이어 시스템이 갖추어져 있는 대규모 공장에서 사용할 수 있다.

☞ 습도가 낮으면 반죽 표면이 말라 딱딱해진다. 이대로 구우면 빵속에 줄무늬가 생기거나 단단한 덩어리가 생길 수 있다. 반대로 습도가 높으면 반죽이 끈적거려 덧가루 사용량이 는다.

※ 프루퍼(중간발효기)의 종류 : 오버 헤드 프루퍼, 벤치 상자식, 회전 상자식, 컨베이어식, 벨트식 등.

(10) 정형(Molding)

1) 정의—중간발효를 끝낸 반죽을 틀에 넣기 전에 일정한 모양으로 만드는 일.

2) 방법—손으로 또는 전용 정형기로 정형한다.

밀기 → 말기 → 봉하기

① 손으로 정형하기

ㄱ. 둥글리기하여 발효시킨 반죽을 밀대로 얇게 밀어 펴서 반죽 속의 가스를 뺀다.

ㄴ. 얇게 편 반죽을 돌돌 말아 원통 모양으로 만든다.

ㄷ. 원통 반죽에 압력을 주어 단단히 조이고, 틀에 넣을 최종 형태로 다듬는다.

☞ 반죽두께 : 0.64→0.38→0.15㎝

② 정형기로 정형하기

ㄱ. 반죽을 2~3단 롤러를 통과시켜 얇게 늘인다. 이때 가스가 빠지면서 기공이 반죽 전체에 고루 퍼진다.

ㄴ. 얇게 늘인 반죽을 벨트 컨베이어가 원통 모양으로 감아 넣는다.

ㄷ. 압착판이 반죽의 간격을 밀착시켜 끝부분(이음매)을 꼭꼭 붙인다.

3) 정형기의 종류

① 스트레이트 어웨이 몰더(straight away molder)
② 크로스 그레인 몰더(cross grain molder)
③ 드럼 몰더
④ 트위스트 몰더 등

4) 정형하기에 알맞은 반죽 조건

① 제빵법 : 스트레이트법보다 스펀지법으로 만든 반죽이 좁혀지는 롤러의 힘을 견디기 쉽다.
② 반죽의 굳기 : 부드러운 반죽을 좁은 간격의 롤러에 통과시키면 점착성이 나타나기 쉽다. 단단한 반죽은 반죽 손상이 커지므로 중간발효를 충분히 갖는다.
③ 반죽한 정도 : 어린반죽은 끊어지기 쉽고, 지친반죽은 점착성이 나타나 늘어나기 쉽다. 지친반죽은 플로어 타임을 조금 늘려 반죽의 물리성을 웬만큼 조절할 수 있다.
④ 반죽온도 : 저온, 고온 모두 작업성을 떨어뜨린다. 17~28°C.
⑤ 중간발효 : 발효시간이 짧으면 반죽이 끊어지기 쉽다. 또 너무 길면 롤러를 통과하면서 반죽이 점착성을 띠기 쉽다.
⑥ 산화 정도 : 미숙성 반죽은 몰더를 통과하면서 점성을 조금 띤다. 과숙성 반죽은 단단하고 약해서 끊어지기 쉽다.
⑦ 효소제 : 맥아, 프로테아제, 아밀라아제 같은 효소제를 너무 많이 쓰면 반죽에 점착성이 나타난다.
⑧ 반죽 개량제 : 모노 글리세리드, 레시틴 같은 유화제는 반죽의 점착성을 낮춘다. 또 제일인산칼슘은 반죽을 건조시켜 정형하기 쉽게 만든다.

(11) 팬닝(Panning)

1) 정의—정형이 다 된 반죽을 틀에 채우거나 철판에 나열하는 일.

2) 방법—손으로 팬닝하거나 기계가 자동으로 팬닝한다.

① 스트레이트 팬닝법 : 산형 식빵. 정형기에서 나오는 그대로 틀에 담는다.
② 교차 팬닝법 : U자 · N자 · M자형 팬닝법이 있다. 풀먼 브레드 또는 그밖의 빵에 일반적으로 쓰는 방법. 기공이 조밀하고 속결이 희어 보인다.
③ 트위스트 팬닝법 : 반죽을 꼬아서 틀에 넣는 방법. 버라이어티 브레드를 만들 때 자주 사용한다.
④ 스파이럴 팬닝법 : 스파이럴 몰더와 연결되어 있어, 정형한 반죽이 자동으로 팬닝된다.

3) 올바른 팬닝 요령

① 먼저 정형기에서 나온 반죽의 무게와 상태를 점검한다.
② 반죽의 이음매가 틀의 바닥에 놓이도록 팬닝한다.

☞ 정형기의 기능
ㄱ. 밀어펴서 늘임-롤
ㄴ. 감아넣기-벨트 컨베이어
ㄷ. 압축-압착판(board)

☞ 롤러의 주변 속도=롤러의 원주×회전수

☞ 스트레이트 어웨이 몰더는 한쪽 방향으로만 압연되기 때문에 가스 뺀 반죽 상태가 고르지 못하다. 이러한 결점을 보완한 것이 크로스 그레인 몰더. 한번 시팅롤을 빠져 나온 반죽을 90도 돌려 한번 더 시팅 롤을 통과시킨다. 그러면 반죽 조직이 고르다.

☞ ②와 같이 하지 않으면 2차발효, 굽기를 거치면서 이음매가 벌어진다.

③ 틀이나 철판의 온도를 32°C로 맞춘다(49°C까지도 괜찮다). 너무 차가우면 2차발효 시간이 길어진다.

④ 틀의 크기에 알맞게 반죽을 채워 넣는다. 반죽량과 비교해서 너무 크거나 작은 틀에 넣고 구우면 만족스러운 빵이 나올 수 없다.

반죽의 적정 분할량=틀의 용적÷비용적

4) 새로운 철판·틀의 전처리

① 효과 : ㄱ. 오븐의 복사열 반사 현상을 막아 열 흡수율이 높아진다.
ㄴ. 사용 수명이 길어진다.
ㄷ. 녹이 슬지 않고 빵에 금속 냄새가 배지 않는다.
ㄹ. 이형성이 향상된다.

② 방법 : ㄱ. 철판(틀)을 마른 헝겊으로 깨끗이 닦아 먼지와 기름 성분을 없앤다. 이때 물이 닿아서는 안된다.
ㄴ. 위의 철판을 220°C 오븐에서 1시간 동안 굽는다.
ㄷ. 60°C 이하로 식힌 뒤 이형제를 얇게 바르고 다시 오븐에 넣어 굽는다.
ㄹ. 다시 식혀 기름칠을 한 뒤 보관한다.

5) 팬 오일

① 종류 : 굽기 중 팬에 반죽이 달라붙지 않도록 팬에 이형제를 바르거나 면실유, 대두유, 땅콩기름 등 식물성 기름을 바른다.

② 조건 : ㄱ. 발연점이 높을 것(210°C 이상).
ㄴ. 쉽게 산패하는 지방이 없을 것.

③ 사용량 : 반죽 무게의 0.1~0.2%.
적당량을 넘어서면 바닥 껍질이 두껍고 색이 어둡다. 또한 굽기 중 옆면이 약해져서 자를 때 찌그러지기 쉽다.

(12) 2차발효

1) 정의-성형한 반죽을 40°C 전후의 고온다습한 발효실에 넣고 한 번 더 가스를 포함시키고 반죽의 신장성을 높여 제품 부피의 70~80%까지 부풀리는 일.

2) 목적

① 성형 공정을 거치면서 가스가 빠진 반죽을 다시 부풀리기 위함.

② 빵의 향에 관계하는 발효산물인 알코올, 유기산, 그밖의 방향성 물질을 얻기 위함.

③ 발효산물 중 유기산과 알코올이 글루텐의 신장성과 탄력성을 높여 오븐 팽창이 잘 일어나도록 하기 위함.

④ 바람직한 외형과 식감을 얻기 위함.

⑤ 온도와 습도를 조절하여 이스트의 활성을 촉진시키기 위함.

☞ 틀·철판이 너무 차가우면 2차발효가 더디고 팽창이 고르지 못하다.

☞ 비용적 : 단위 질량을 가진 물체가 차지하는 부피. 단위는 ㎤/g

※ 비용적을 결정하기 위한 틀의 부피 측정법 :
· 틀의 크기를 재서 계산한다(제2장 제2절/4.정형·팬닝 참고)
· 물을 채워 용량을 측정한다.
· 유채씨를 틀 가득 채웠다가 그만큼을 메스실린더로 측정한다.

☞ 단, 실리콘이나 불소로 처리한 철판은 가볍게 데우는 정도로 전처리한다. 이것은 반영구적이어서 기름칠 사용량이 크게 줄어든다.

3) 발효 조건

① 발효실 온도 : 33~54°C(평균 35~38°C).

규정 온도보다 낮으면 발효시간이 길어지고 제품의 겉면이 거칠어진다. 반죽막이 두껍고 기공이 나쁘며 오븐 팽창이 좋지 않다. 반대로 높으면 발효속도가 빨라지고 반죽이 산성을 띠며 잡균이 번식할 염려가 있다. 그리고 반죽 속과 겉의 온도 차가 크므로 속결이 고르지 못하고 표피와 내부가 분리된다.

② 발효실 습도 : 상대습도 65~95%(평균 75~90%).

규정 습도보다 낮으면 발효 중 반죽 상태에서 표피가 말라 껍질이 생긴다. 그 결과 반죽의 부피가 커지지 않고 때로 표피가 찢어지기도 한다. 그리고 표면의 수분이 증발하여 표피와 내부가 분리된다. 또한 껍질색이 고르게 나지 않으며, 제품의 윗면이 솟아오른다. 반대로 높으면 수분이 반죽 표피에 모여들어 껍질이 질겨지고 거칠어진다. 또한 껍질에 기포가 생기고 제품의 윗면이 납작해진다.

③ 발효시간 : 30~65분(이스트 사용량에 따라 조절).

반죽의 가스 발생속도와 발전 정도가 알맞게 이루어지는 시간. 규정 시간보다 짧으면 부피가 작아지고 색이 짙으며 옆면이 터진다. 또, 길면 껍질색이 엷고 기공이 거칠며 저장성이 낮다. 게다가 시간이 길면 산이 많이 생겨서 향이 좋지 않고, 발효 손실도 그만큼 커진다.

4) 2차발효에 영향을 미치는 요소

① 비용적 : 비용적이 작으면 오븐 팽창이 좋고, 크면 좋지 않다. 그러므로 비용적이 작은 반죽은 2차발효 시간이 짧고 오븐 팽창이 크므로 빨리 오븐에 넣는다.

② 밀가루 단백질의 양과 질 : 단백질의 양이 많고 질이 좋은 밀가루를 사용한 반죽일수록 오븐 팽창이 크다. 그러나 단백질이 많을수록 탄력이 강하므로 충분히 발효시킨다.

③ 반죽의 숙성도 : 부족하거나 지친반죽은 오븐 팽창이 좋지 않다. 따라서 최적 숙성을 시킨다.

④ 오븐의 특성과 온도 : 고정오븐은 벽과 천장으로부터 강한 복사열이 나오는 데 비해, 가스오븐은 열 기류를 이용하여 굽기 때문에 오븐 팽창이 커진다. 따라서 가스오븐을 이용할 때는 발효시간을 약간 줄인다.

⑤ 제빵법 : 스트레이트법 〈 70% 스펀지법 〈 100% 스펀지법 순으로 오븐 팽창이 크므로 제빵법에 따라 발효시간을 조절한다.

⑥ 원하는 맛 : 가볍게 잘 끊어지는 맛을 바란다면 발효시간을 조금 늘리고 고온의 오븐에서 굽는다.

⑦ 건포도, 옥수수 알갱이가 들어 있는 반죽 : 발효시간을 조금 줄여 오븐에 넣는다. 보통과 다름없이 발효시키면 속결이 거칠다.

☞ 이때 반죽온도는,
스펀지법 : 27~29℃.
연속식 제빵법 : 39~43℃.

☞ 제품과 제법에 따른 2차발효 조건
· 식빵 · 과자빵 : 38~40℃, 상대습도 85%
· 하스 브레드 : 32℃, 상대습도 75%
· 도넛 : 32℃, 상대습도 65~70%
· 데니시 페이스트리 : 27~32℃, 상대습도 75~80%
· 크루아상, 브리오슈 : 27℃, 상대습도 70~75%

☞ 연속식 제빵법의 반죽은 온도가 높고 기계적 발전이 많으므로 2차발효 시간이 짧다. 보통 55분 이내.

☞ 정상적인 발효 손실은 1~2%. 때에 따라서 0.5~3% 또는 4%까지 발생하기도 한다.

☞ 2차발효의 완료점 판단 기준
· 성형된 반죽의 3~4배 부피로 부풀었을 때.
· 완제품의 70~80%의 부피로 부풀었을 때.
· 손가락으로 눌렀을 때의 반죽의 저항성으로 판단.
· 틀을 이용하는 식빵 등 : 틀 용적에 대한 부피 증가로 판단한다. 예를 들어 풀먼 브레드는 틀의 70~80%, 산형 식빵은 스펀지법일 경우 틀 끝에서 1.0㎝, 스트레이트법일 경우 1.5㎝ 부풀은 높이.
· 과자빵, 버터 롤, 스위트 롤 : 모양, 투명도, 기포의 크기, 촉감으로 판단한다.

5) 발효실의 종류

선반식(캐비닛형), 수동 래크식, 레일 래크식, 모노 레일 래크식, 도르래식, 래크 도르래식, 컨베이어식 등.

(13) 굽기(Baking)

1) 정의—반죽에 뜨거운 열을 주어 가볍고 소화하기 쉬우며 향이 있는 제품으로 바꾸는 일.

2) 목적

① 발효산물인 탄산가스를 열 팽창시켜 빵의 모양을 갖추게 하기 위함.

② 전분을 호화시켜 소화하기 쉬운 제품을 만들기 위함.

③ 껍질에 색을 들이고 향을 내기 위함.

3) 방법

반죽의 배합 정도 · 무게, 정형 방법, 원하는 맛과 속결에 따라 굽는 방법(오븐의 사용법)이 다르다. 예를 들어 식빵을 구울 때 일정 온도, 전반 고온—후반 저온, 전반 저온—후반 고온, 고온 단시간, 저온 장시간 중의 한 방법을 골라서 굽는다.

4) 조건 – ① 오븐의 온도 ② 오븐의 습도 ③ 굽는 시간.

일반적으로 온도가 191~232°C의 오븐에서 제품에 따라 18~35분간 굽는다. 저배합률, 작은 종류의 빵은 높은 온도에서 짧게, 고배합률, 큰 종류의 빵은 낮은 온도에서 긴 시간 동안 굽는다. 한편 풀먼 브레드는 산형 식빵보다 오래 굽고, 호밀빵 · 하드 롤은 232°C에서 증기를 많이 넣고 굽는다. 또 당 함량이 높은 과자빵이나 4~6%의 분유를 넣은 식빵은 낮은 온도에서 굽는다.

5) 굽기 관리 – 굽기 온도와 굽기 시간 조절하기.

① 열이 고르게 분포하도록.

② 습도가 알맞도록.

③ 윗불과 아랫불의 세기가 균형을 이루도록.

④ 열이 손실되지 않도록.

6) 오븐의 종류

① 형태에 따른 분류 : 필 오븐(고정오븐), 로터리 오븐, 릴 오븐, 터널 오븐, 트레이 오븐, 래크 오븐, 밴드 오븐, 스파이럴 오븐, 서구 다단식 오븐, 네트 오븐 등.

② 열원에 따른 분류 : 전기 · 가스 · 증기 · 증류 · 고주파 · 장작 · 석탄 오븐 등.

③ 가열 방법에 따른 분류 : 직접 가열식 · 간접 가열식 오븐.

7) 굽기 단계

① 1단계 : 부피가 급격히 커지는 단계이다. 반죽의 수분에 녹아 있던 탄산가스가 열을 받아 팽창하여 반죽 전체로 퍼짐으로써 반죽의 부피가

☞ 바람직한 굽기 결과를 얻기 위한 오븐 온도는 196~229℃. 연속식 제빵법으로 만들 때 굽기 1단계는 조금 낮은 온도(199~204°C)에서, 4단계는 221~227°C로 높여 굽는다.

☞ 빵 반죽 1㎏을 빵으로 굽는데 162~500kcal의 열량이 필요하다.

보기▶ 1㎏의 반죽을 굽는데 300kcal가 필요하다면 100㎏의 반죽을 구울 때 소모되는 전기량은?

100×300=30,000kcal

=34.88kwh

(∵1kwh=860kcal)

커진다.

② 2단계 : 표피가 색이 나기 시작하는 단계이다. 수분의 증발과 함께 캐러멜화와 갈변 반응이 일어난다. 오븐 조건을 감안하여 색이 고르게 나도록 틀이나 철판의 위치를 재배치하도록 한다.

③ 3단계 : 중심부까지 열이 전달되어 내용물이 완전히 익고 안정되는 단계이다. 제품의 옆면이 단단해지고 껍질색도 진해진다.

8) 굽기 반응

① 물리적 반응

ㄱ. 2차발효실에서 나와 뜨거운 오븐에 들어간 반죽은 표면에 얇은 수분막이 형성된다.

ㄴ. 반죽 속의 수분에 녹아 있던 가스가 증발된다.

ㄷ. 반죽 속에 포함된 알코올 같은 휘발성 물질이 증발하고 가스가 열 팽창하며 수분이 날아간다.

② 생화학적 반응

ㄱ. 반죽온도가 60°C로 오르기까지 효소의 작용이 활발해지고 휘발성 물질이 증가한다. 글루텐을 프로테아제가 연화시키고, 전분을 아밀라아제가 분해하여 반죽 전체가 부드러워진다. 그래서 결국 반죽의 팽창이 수월해진다.

☞이스트가 활동을 멎는 60°C에 이르기 전까지, 반죽온도가 오름에 따라 발효속도가 빨라져 반죽이 부푼다. 더욱이 이스트는 60°C에서 죽지만, 알파 · 베타-아밀라아제는 그 뒤(79°C)에도 활성을 갖고 있어 발효가 촉진된다.

ㄴ. 반죽온도가 60°C에 가까워지면 이스트가 죽기 시작한다. 그와 함께 전분이 호화하기 시작한다.

ㄷ. 글루텐은 74°C부터 굳기 시작하여 빵이 다 구워질 때까지 천천히 계속된다. 전분은 호화하면서 글루텐과 결합하고 있던 수분까지 끌어간다.

ㄹ. 표피 부분이 160°C를 넘어서면 당과 아미노산이 메일라드 반응을 일으켜 멜라노이드를 만든다. 그리고 당의 캐러멜화 반응이 일어나고 전분이 덱스트린으로 분해된다. 이들 반응의 결과, 빵의 향과 껍질색이 든다.

오븐 라이즈 → 오븐 팽창 → 전분 호화 → 글루텐 응고 → 효소 활동 → 향 · 껍질색 생성

③ 오븐 라이즈(oven rise) : 반죽의 내부온도가 아직 60°C에 이르지 않은 상태. 반죽의 온도가 조금씩 오르고, 반죽의 부피가 조금씩 커진다.

☞여전히 이스트가 활동하여 반죽 속에 가스가 만들어지는 단계.

④ 오븐 팽창(oven spring) : 부피가 빠르게 커져 처음 크기의 1/3 정도 부푼다. 반죽온도 49°C.

☞오븐 팽창은 54℃에서 시작하는 전분의 호화현상에 따라 방해를 받는다.

ㄱ. 발효하는 동안 생겨난 수많은 가스세포가 열을 받으면서 압력이 커져 세포벽이 팽창한다.

ㄴ. 탄산가스가 반죽 속에 녹아 있다가 열을 받아 기체로 되면서 팽창을

돕는다.

ㄷ. 끓는점이 낮은 액체가 증발하여 기체로 변화한다. 알코올은 79°C부터 증발한다.

⑤ 전분의 호화(gelatinization) : 반죽온도 54°C부터 밀가루의 전분이 호화하기 시작한다. 전분 입자는 40°C에서 팽윤하기 시작하고 50~65°C에 이르면서 유동성이 크게 떨어진다. 전분 입자는 팽윤하고 호화하면서 반죽 속의 유리수와 단백질과 결합하고 있는 물을 흡수한다. 전분의 호화는 대개 수분과 온도에 달려 있다. 빵 껍질쪽의 전분은 오랜 시간 높은 온도를 받아 내부의 전분보다 많이 호화할 수 있다. 그러나 열에 오래 노출되어 있는 만큼 수분 증발이 일어나 더 이상 호화할 수 없다. 그래서 껍질은 빵속보다 딱딱한 구조를 갖는다.

⑥ 글루텐 응고(coagulation) : 단백질은 반죽온도 74°C에서 굳기 시작하여 굽기 마지막 단계까지 천천히 계속된다. 빵 속의 온도가 60~70°C에 이르면 단백질이 열 변성을 일으키기 시작, 물과의 결합력을 잃는다. 따라서 물이 단백질에서 전분으로 옮아간다.

⑦ 효소의 활동(enzyme activity) : 전분이 호화하기 시작하면서 효소가 활동한다. 온도가 오름에 따라 아밀라아제의 활성화 속도는 가속되고, 적정 온도를 지나치면 바로 활성이 멈추기 시작하여 결국 전분의 분해가 멎는다. 알파-아밀라아제의 변성은 68~95°C, 가장 빠르게 불활성되는 온도 범위와 시간은 68~83°C에서 4분. 베타-아밀라아제의 변성은 52~72°C에서 2~5분 사이.

⑧ 향과 껍질색의 생성 : 향은 주로 껍질부분에서 생성되어 빵 속으로 침투되고 흡수에 의해 보유된다. 향의 원천은 사용재료, 이스트에 의한 발효산물, 기계적 · 화학적 변화, 열 반응 산물 등이다. 즉, 빵의 향은 발효산물인 알코올, 유기산, 에스테르, 알데히드, 케톤류가 발산하는 냄새이고 껍질쪽에서 메일라드 반응과 캐러멜화 반응이 일어나 생성된 향기가 빵 속으로 배어든 결과이다.

9) 굽기 손실

① 정의 : 반죽 상태에서 빵의 상태로 구워지는 동안 무게가 줄어드는 현상.

② 원인 : 발효산물 중 휘발성 물질이 휘발해서 수분이 증발한 탓.

③ 영향을 미치는 요인 : 굽는 온도, 굽는 시간, 제품의 크기 등.

④ 공식

굽기 손실 = DW−BW

DW : dough weight(반죽 무게)
BW : bread weight(빵 무게)

$$굽기\ 손실\ 비율(\%) = \frac{DW-BW}{DW} \times 100$$

☞ 반죽온도가 오르면 전분은 호화하기 시작하여 제1차 호화(60℃ 부근), 제2차 호화(75℃), 제3차 호화(85~100℃)를 거친다. 전분이 완전히 호화하기 위해 필요한 물의 양은 2~3배. 반죽 속에 있는 물의 양은 전분과 같고 전분이 완전히 호화하기에 부족하다. 그래서 단백질과 결합하고 있는 물을 끌어와 쓰게 되면서, 단백질은 수분을 잃고 74℃부터 굳기 시작한다.

☞ 아밀라아제는 적정 온도범위 내에서 10℃ 오름에 따라 활성이 2배로 는다.

☞ 껍질의 갈색화 반응
- 캐러멜화 반응(caramelization): 당류가 열을 받으면 분해되어 캐러멜이 생긴다. 착색물질인 캐러멜이 빵 껍질에 짙은 갈색을 들인다.
- 메일라드 반응(maillard reaction): 당류(환원당 : 포도당, 과당, 맥아당 등을 포함)와 아미노산이 결합하여 갈색 색소인 멜라노이딘을 만드는 반응.

10) 굽기의 실패 원인

원 인	결 과
불충분한 오븐 열 (구워낼 반죽량이 많을 때 열 흡수 전달이 제대로 이뤄지지 않았기 때문)	빵의 부피가 크고 기공이 거칠며, 껍질이 두껍고 색이 옅다. 굽기 손실이 많다.
높은 오븐 열	빵의 부피가 작고 껍질색이 짙으며, 껍질이 부스러지고 옆면이 약해지기 쉽다.
너무 많은 증기	오븐 팽창이 커져 빵의 부피가 크다. 껍질이 질기고 표면에 물집(수포)이 생긴다. ※ 높은 온도에서 증기가 많으면 하스 브레드 같이 바삭바삭한 껍질이 된다.
불충분한 증기	표피에 조개껍질 같은 터짐이 생긴다.(이런 현상을 막기 위해 오븐에 스팀을 주입한다)
높은 압력의 증기	반죽 표면에 수분이 응축되는 것을 막는다. 빵의 부피가 작다.
불충분한 열의 분배 (윗불과 아랫불이 부조화를 이룰 때)	껍질은 잘 구워지고 아래와 옆면은 덜 구워진다. 그래서 슬라이스할 때 찌그러지기 쉽다. 오븐내의 틀 위치에 따라 굽기 상태가 달라진다.
부적당한 틀(철판) 간격	너무 가까우면 열 흡수량이 적어진다. 부피가 클수록 간격을 넓힌다. 450g의 반죽을 구울 때는 2cm의 간격을, 680g인 경우는 2.5cm를 유지한다.
강한 불꽃	껍질색이 너무 마르고 빵속이 덜 익는다.

(14) 냉각(Cooling)

1) 정의－갓 구워낸 뜨거운 빵을 식혀 제품 온도를 상온으로 떨어뜨리는 일.

2) 목적

① 빵이 곰팡이나 그밖의 균의 피해를 입지 않도록.

② 슬라이스하고 포장하기 쉽도록 하기 위함.

갓 구운 빵을 바로 포장하면 포장지 속에서 수분이 응축하여 곰팡이가 쉽게 발생한다. 또, 갓 구워낸 빵의 내부는 습기가 많고 너무 부드럽기 때문에 잘 잘라지지 않는다. 그 결과 제 모양이 흐트러지고 주름이 생길 수 있다. 빵 속의 온도가 35~40°C(수분 함량 38%)일 때 슬라이스하고 포장하기에 알맞다.

3) 냉각 손실－식히는 동안에 수분이 날라감에 따라 무게가 준다. 평균 2%의 무게 감소 현상이 일어난다.

☞ 갓 구워낸 빵은 껍질에 12%, 빵속에 45%의 수분을 품고 있다. 식히면 빵속의 수분이 바깥쪽으로 옮겨가 서로 고른 수분 분포를 나타나게 된다. 식히는 조건은 빵 속의 온도를 35~40°C로, 수분을 38%로 낮춘다.

☞ 냉각 손실은 여름철(고온다습)에 적고 겨울철(저온저습)

4) 방법

① 자연 냉각 : 오븐에서 갓 꺼낸 빵을 실온에 두고 그대로 식기를 기다림. 보통 3~4시간이 걸린다.

② 에어컨디션식 냉각 : 22~25.5°C, 습도 85%로 조절한 냉각 공기를 180~240m/s의 속도로 불어넣는 방법이다. 32°C로 낮추는데 90분 걸린다.

③ 터널(계단)식 냉각 : 빵이 뿜어내는 열을 흡수할 수 있는 공기 배출기를 이용하는 방법이다. 즉, 신선한 공기가 하부에서 상부로 이동하고, 온도가 상승된 공기는 상부에서 배출하면서 빵은 상부에서 하부로 이동하며 냉각되는 것이다. 평균 냉각시간은 2~2.5시간이 걸린다. 시간이 절약되는 장점이 있는 반면, 수분 손실이 많다.

5) 조건—빵 속의 온도를 35~40°C, 수분 함량을 38%로 낮출 수 있는 환경을 만들어야 한다. 한편 증발 손실이 많은 오븐에서 구운 빵은 증발을 줄일 수 있는 냉각 조건이 필요하고, 수분 증발이 적은 오븐에서 구운 빵은 수분 증발이 촉진되는 환경에서 식히도록 한다. 냉각 손실을 낮추고 억제하기 위해 공기를 조절해야 하면, 실온을 20°C 안팎으로 맞추고 포화상태에서 공기를 불어넣는다. 이보다 온도가 낮은 공기는 포화습도를 갖고 있더라도 절대습도가 적기 때문에 뜨거운 빵에 접촉하여 습도가 더욱 떨어진다. 그 결과 수분 손실이 커진다. 그러므로 외부 조건에 따라 공기의 습도가 조절된 상태에서 식히도록 한다.

(15) 슬라이스(Slice)

1) 정의－실온으로 식힌 빵을 일정한 두께로 자르는 일. 또는 번즈 · 롤 등에 칼집을 내는 일.

2) 방법—자름 전용 기계(슬라이서)를 이용한다.

빵이 잘리는 속도는 제품의 유연성과 관계가 깊다. 빵이 부드러울수록 속도가 빠르다. 그밖에 빵이 칼날을 통과하는 속도, 칼날의 각도 등이 속도의 영향을 받는다.

(16) 포장하기(Packing)

1) 정의－어떤 제품의 유통 과정에서 그 제품의 가치와 상태를 보호하기 위해 그에 알맞은 재료 용기에 담는 일.

2) 목적

① 수분이 증발하지 않도록 하기 위해,

② 빵이 미생물에 오염되지 않도록 하기 위해,

③ 포장을 하는 가장 큰 목적은 수분 손실을 막아 빵의 노화를 늦추기 위해.

④ 상품으로서의 가치를 높이기 위함이다.

3) 방법－낱개포장, 속포장, 겉포장

4) 포장재료가 갖추어야 할 조건

① 방수성이 있고 통기성이 없을 것. 통기성이 있는 재료를 쓰면 빵의 향

☞ 식히는 동안에 일어나는 빵의 변화

· 갓 구워낸 빵의 껍질은 고온(평균 130°C) 저습(수분 12%)하고 단단하며 팽팽하여 자르기 어렵다. 한편 빵속은 100°C이고 다습(수분 45%)하며 유연하여 자르면 모양이 변한다.

· 실온에서 몇십 분간 놓아두면 껍질과 빵속의 온도가 같아진다. 껍질부터 식기 시작하고, 내부의 수분이 껍질쪽으로 이동하여 표피를 연화시키고 일부는 증발한다. 내부의 온도가 실온과 엇비슷해지면 껍질층이 부드러워지고 내부가 단단해진다.

☞ 냉각온도 및 속도에 따른 제품 품질의 변화

구분	보존성	향미 순위
46℃, 서냉	최고양호	빈약
36℃, 서냉	중	하
31℃, 서냉	하	최적
31℃, 급냉	최하	최하

☞ 빵을 포장하는 이유는 보기에 좋고 판매하기에 편하도록 하기 위함은 물론, 빵의 저장성을 높이는 데 더 큰 목적이 있다. 냉각온도는 35~40℃. 그보다 낮은 채 포장하면 노화가 빨리 일어나고 껍질이 딱딱해진다. 또 높으면 보존성이 낮고 찌그러지기 쉽다.

이 날아가고 수분이 증발될 수 있다. 또한, 산소가 들어가 빵의 노화를 촉진시킨다.

② 상품가치를 높일 수 있을 것. ③ 단가가 낮을 것.

④ 제품이 파손되지 않도록 막을 수 있을 것.

⑤ 포장기계에 쉽게 적용될 수 있을 것.

⑥ 위생적이어야 할 것.

5) 포장식품의 품질 변화

① 식품 자체의 변화 : 최초 포장된 내용물의 색과 향, 맛이 변하지 않아야 하며, 독성 물질이 생성되어서는 안된다.

② 포장재료의 변화 : 포장 재료의 강도, 내수성, 내산성, 내열성, 내한성, 유연성, 접착성, 수축성, 주광성, 투습성 등의 특성을 잘 선택하여 식품 고유의 특성이 변화되지 않게 한다.

③ 포장 환경 · 저장 조건의 변화 : 포장 환경과 저장 조건이 좋지 않으면 포장식품의 품질이 변할 수 있다. 따라서 습기, 산소, 효소, 온도, 미생물, 해충, 광성, 충격, 금속이온, 마찰 등의 물리적, 생화학적 요인에 주의해야 한다.

☞ 제품과 접촉되어 먹었을 때 유해물질이 함유되지 않도록 위생적이어야 한다.

6) 용기 · 포장 재질

① 합성수지 : 페놀수지, 요소수지, 멜리민수지, 염화비닐수지, 폴리에틸렌, 폴리프로필렌, 플리스티렌 등을 사용.

② 금속제 : 통조림용 광의 재질에 사용. 주석 또는 납의 용출에 주의해야 한다.

③ 유리 : 액체식품용 용기 재질에 사용. 알칼리성분 및 규산의 용출에 주의할 것.

④ 도자기 : 도자기, 옹기류 재질에 사용. 유약, 안료 성분의 납 등의 용출에 주의할 것.

⑤ 셀로판 : 무미, 무취의 투명한 재질로, 찢어지기 쉽다. 알루미늄 단독 또는 종이나 플라스틱에 붙여 사용한다.

⑥ 알루미늄 : 내약품성이 약하고 접이는 부분이 찢어지기 쉽다. 알루미늄 단독 또는 종이나 플라스틱에 붙여 사용한다.

4. 빵의 노화와 부패

(1) 빵의 노화

1) 정의—빵의 껍질과 속결에서 일어나는 물리 · 화학적 변화로서, 빵이 딱딱해지고 맛 · 촉감 · 향이 좋지 않은 방향으로 바뀌는 현상.

2) 현상

① 껍질의 노화(crust staling) : 바삭바삭하던 껍질이 수분을 먹어 부드러워지고 질겨진다. 왜냐하면 빵속의 수분이 차츰 바깥쪽으로 옮겨가

☞ 빵이 신선함을 잃고 단단하게 굳는 노화현상은 곰팡이 · 세균 같은 미생물이 일으키는 부패와는 구별된다.

면서 껍질에 모이기 때문이고, 또 주위의 습기 많은 공기가 껍질에 흡수되었기 때문이다. 빵속의 수분이 껍질로 옮겨진 결과, 껍질은 부드러워지고 빵속은 말라 거칠어진다.

② 빵속의 노화(crumb staling) : 부드럽고 말랑말랑하던 빵속이 굳고 탄력성을 잃어 부스러지기 쉽다. 또한 조직이 거칠고 마른 느낌이 나며, 신선한 풍미를 잃고 이상한 냄새를 풍긴다.

3) 노화 측정법

① 가용성 전분량의 변화
② 빵 내부의 팽윤도 변화(정도로 판단)
③ 내부의 불투명도 커짐
④ 아밀라아제의 작용 속도 변화
⑤ 내부 압축성의 변화
⑥ 패리노그래프 이용

4) 노화 속도

① 오븐에서 꺼내자마자 바로 노화가 일어난다.

② 냉장온도에서 실온사이에 제품을 두면 노화 속도가 빨라져 앞으로 4일 동안 일어날 노화의 반이 하루만에 진행된다.

☞ 보통 실온에 놔두면 4일 동안에 1/2만큼 노화한다.

③ 신선할 때 노화 속도도 빠르다.

④ −18°C 이하에서는 노화 속도가 느려진다.
빵 속의 수분은 −5~−7°C 사이에서 얼기 시작하여 −18~−20°C 사이에서 80% 이상 동결한다. 이러한 조건에서 제품을 보관하면 노화 속도가 아주 느려 수 개월 동안 노화가 일어나지 않는다.

⑤ 저장 온도 −6.6~10°C 사이에서 가장 빠르다. 그러므로 냉동시설이 없는 곳이라면 21~35°C에서 저장함이 더 낫다. 43°C 이상 오르면 노화속도가 느려지지만 미생물이 번식하여 부패할 염려가 있고, 향이 없어지고 빵속 색이 검어진다.

⑥ 제품의 수분 함량이 38% 이상이 되면 노화가 지연된다. 또한 밀가루 단백질의 양과 질이 많고 높을수록, 친수성 콜로이드의 함량이 많을수록 노화가 지연된다. 그밖에 물에 녹지 않고 수분을 흡수하는 펜토산의 함량이 많을수록 노화가 지연되며, 수분 보유력을 높이는 계면 활성제의 첨가 또한 노화 속도를 지연시킨다.

5) 노화의 원인—전분이 변화하고 습도가 바뀐 결과라 여기고 있다.

① 전분의 변화 : 전분이 변화했다 하면 전분 자체가 수분을 잃어 굳고 속결이 거칠어짐을 뜻한다. 굳은 전분은 1~2°C 범위에서 온도가 떨어짐에 따라 차츰 굳는다. 그리고 2°C 이하로 떨어지면 그 속도가 느려진다. 일반적으로 빵류에는 50%의 전분이 있다. 빵이 노화하는 속도는 전분 함량과 관계가 있어, 고율배합 빵이 저율배합 빵보다 노화가 느리다. 전자가 후자보다 전분량이 적다.

② 습도의 변화 : 제품이 수분을 잃으면 속이 마르고 푸석해져 잘 부스러지고 속결이 거칠어진다. 수분은 빵 내부로부터 껍질쪽으로 옮아간다.

포장된 상태에서도 같은 현상이 일어난다. 보통 신선한 빵의 내부 수분 함량은 44~45%, 껍질 12%이다. 그러던 것이 21°C에서 4일간 보관하면 내부의 수분이 31%, 표피가 28%로 된다. 이렇게 수분이 껍질로 옮겨가는 것은 빵속이 노화했음을 뜻한다.

6) 노화를 늦추는 방법

① 저장 온도를 −18°C 이하로, 또는 21~35°C로 유지한다.

② 모노-디-글리세리드 계통의 유화제를 사용한다.

③ 질 좋은 재료를 사용하고 제조 공정을 정확히 지킨다.

④ 반죽에 알파-아밀라아제를 첨가하거나, 물의 사용량을 높여 반죽 중의 수분 함량을 높인다.

⑤ 방습 포장재료로 포장한다.

⑥ 당류를 첨가한다.

(2) 빵의 부패

1) 정의−제품에 곰팡이가 발생하여 썩는 현상.

2) 곰팡이 발생 방지법

① 작업실, 작업 기구, 작업자의 위생 청결히.

② 곰팡이의 발생을 촉진하는 물질을 없앨 것.

③ 곰팡이가 피지 않는 환경에 보관.

④ 보존료 사용.

3) 로프균 발생 방지법−밀가루에 빙초산을 첨가하여 보존한다. 또는 프로피온산나트륨이나 프로피온산칼슘, 젖산(0.1~0.12%), 아세트산(0.05%)을 첨가하기도. 로프균은 공기 속에 떠다니고 밀에 붙어 있어 밀가루에 섞여들 수 있다. 열에 강하여 100~200°C에서도 죽지 않는다. 빵을 보존하는 동안 20°C에서 38~40°C로 갈수록 세력이 왕성해진다. 로프균이 번식하면 빵에 악취가 나고 어두운 색으로 변한다.

노화와 부패의 차이

노화한 빵 : 수분이 이동 · 발산 → 껍질은 눅눅하고 빵속이 푸석하다.

부패한 빵 : 미생물 침입 → 단백질성분이 파괴 → 악취

☞노화에 영향을 주는 재료

재 료	껍질의 신선도	빵속의 신선도
밀가루단백질	+	+
당	+	+
유제품	+	−
소금	±	±
유지	−	+
맥아	+	+
유화제	+	++
덱스트린	+	+

+ : 신선함 보존 개선,
± : 신선함 보존 영향 없음,
− : 신선함 보존 감소

기초력 확인문제

1. 빵 반죽 재료 중 가루재료를 체쳐 쓰는 이유로 적당치 않은 것은?

① 이물질이나 덩어리진 가루를 거르기 위해 ② 2가지 이상의 가루를 고루 섞기 위해
③ 제품에 착색이 잘 되도록 하기 위해 ④ 가루 속에 공기를 불어넣기 위해

해설 가루 재료를 체치면 먼저 가루 속의 이물질과 덩어리진 것이 빠지고, 가루 속에 공기가 들어가 이스트의 호흡에 도움주어 발효가 잘 이루어진다.

2. 총 배합률이 180%인 빵반죽 10kg을 만들 때 밀가루는 얼마나 써야 하는가?

① 5.56kg　② 1,800kg　③ 5,560kg　④ 1.8kg

해설 밀가루의 무게 $= \dfrac{\text{밀가루 \%} \times \text{총 반죽 g}}{\text{총 배합률 \%}}$, 총 반죽 무게 $= \dfrac{\text{총 반죽\%} \times \text{밀가루 무게}}{\text{밀가루 \%}}$

3~6

1,000g짜리 빵을 500개 만들고자 한다.
발효손실 2%, 굽기손실12%, 총 배합률 180%일 때 다음을 구하여라.

3. 빵의 총 무게는?(주관식)

해설 빵의 무게=1개당 무게×개수

4. 분할량은?

① 561.79kg　② 568.18kg　③ 569.18kg　④ 562.79kg

해설 분할 반죽 무게=굽기 전의 반죽 무게

5. 빵 반죽을 만든 재료의 총 무게는?

① 560kg　② 570kg　③ 580kg　④ 590kg

해설 배합 재료의 총 무게=처음의 반죽 무게

6. 밀가루의 사용량은?(주관식)

7. 빵 반죽을 만들 때 제품 성격에 맞춰 알맞게 반죽하는 주된 목적이 아닌 것은?

① 갖은 재료를 골고루 섞기 위해
② 밀가루에 물을 충분히 흡수시키기 위해
③ 반죽의 글루텐을 발전시키기 위해
④ 배합 재료 중의 설탕을 녹이기 위해

8. 반죽의 발전 단계 중 반죽의 탄력성이 가장 뛰어난 단계는?

① 1단계(픽 업 단계)　② 2단계(클린 업 단계)　③ 3단계(발전 단계)　④ 4단계(최종 단계)

9. 제빵에서 사용하는 물로서 가장 적합한 것은?(기출문제)

① 연수(1~60ppm)　② 아연수(61~120ppm)　③ 아경수(121~180ppm)　④ 경수(180ppm이상)

10. 믹싱중 생지 변화에 있어 탄력성이 증가하며 반죽이 강하고 단단해지는 단계는?(기출문제)

① 픽업단계　② 클린업 단계
③ 발전단계　④ 최종단계

답 1〉③　2〉①　3〉500kg　4〉②　5〉③　6〉322kg　7〉④　8〉③　9〉③　10〉③

11. 빵 반죽을 만드는 순서는 다음과 같다.
'마른 재료를 믹서에 넣고 고루 섞은 뒤 이스트를 넣고, 물을 넣어 반죽한다. 그밖의 재료로 유지를 넣는다.' 이때 유지를 넣는 시기는?(기출문제)
① 1단계(픽업 단계) ② 2단계(클린업 단계) ③ 3단계(발전 단계) ④ 4단계(최종 단계)

12. 밀가루의 성분 중 흡수율과 관계가 없는 것은?
① 지방질 ② 단백질 ③ 손상전분 ④ 펜톤산

13~16

실내온도 25℃인 작업실에서 20℃의 밀가루와 19℃의 수돗물 3㎏을 스트레이트법에 따라 반죽하였더니 결과 반죽온도가 29℃를 나타내었다.(이하 주관식)

13. 이때 마찰계수는?

해설 공식=결과 반죽온도×3−(실내온도+밀가루 온도+수온)

14. 반죽온도를 27°C로 낮추려면 사용할 물의 온도를 몇 °C로 조절하여야 하는가?

해설 공식=희망반죽온도×3−(실내온도+밀가루 온도+마찰계수)

15. 반죽물 온도를 13°C로 낮출 때 얼음은 얼마나 사용하면 되는가?

해설 공식 $= \dfrac{\text{수돗물의 양} \times (\text{수온} - \text{계산된 물 온도})}{80 + \text{수온}}$

16. 19°C의 물 3㎏을 13°C로 낮추면 실제 사용한 물의 양은?

해설 공식=13°C의 물 3㎏=19°C의 물+얼음사용량. ∴19°C의 물 3,000(g)−얼음 사용량.

17. 다음은 빵 반죽의 흡수율을 조절하는 방법이다. 그 설명으로 알맞지 않은 것은?
① 반죽온도를 5°C 올리면 흡수율이 3% 준다.
② 탈지분유 사용량을 1% 늘리면 흡수율이 0.75~1% 는다.
③ 설탕 사용량을 5% 늘리면 흡수율이 1% 준다.
④ 경수보다 연수가 더 잘 흡수된다.

해설 반죽온도가 낮을수록 흡수량이 느는데, ±5°C 증감함에 따라 ∓3% 증감한다.

18. 제품의 성격에 맞춰 반죽하기를 끝낸 반죽은 일정 온도 · 습도로 맞춘 발효실에 넣고 발효시킨다. 이렇게 빵 반죽을 발효시키는 목적으로 틀린 것은?
① 반죽을 숙성시키기 위해 ② 반죽의 탄력성을 더욱 키우기 위해

답 11〉② 12〉① 13〉23 14〉13°C 15〉182g 16〉2,818g 17〉④ 18〉②

③ 빵 특유의 향을 내기 위해　　④ 반죽을 부풀리기 위해

해설 반죽하는 일이 글루텐을 강화시켜 반죽의 탄력성을 키우는 것이라면, 발효는 반죽을 산화 숙성시켜 신장성을 키움으로써 발효산물인 탄산 가스를 품을 수 있도록 만든다. 그리고 탄산가스 이외에 알코올류와 산이 만들어져 빵의 향을 결정짓는다.

19. 미생물이 당류를 분해하거나 산화 · 환원시켜 알코올, 산, 케톤을 만드는 발효에는 몇 종류가 있다. 다음 중 일반 식빵을 만드는 발효에 해당하는 것은?
① 젖산 발효　② 아세트산 발효　③ 프로피온산 발효　④ 알코올 발효

해설 알코올 발효 : 효모와 세균이 당류를 분해하여 알코올과 이산화탄소를 만드는 현상. 빵 · 술이 만들어지는 원리. 젖산발효 : 젖산균이 당을 분해하여 젖산을 만드는 현상 요구르트, 치즈, 호밀빵을 만드는 원리. 아세트산 발효 : 아세트산균이 알코올을 산화시켜 아세트산을 만드는 현상. 프로피온산 발효 : 에멘탈, 그뤼에르 치즈를 만드는 발효 현상.

20. 정상적인 발효시 스펀지 반죽의 내부 온도상승으로 알맞은 것은?(기출문제)
① 1~3℃　② 4~6℃　③ 6~8℃　④ 8~10℃

21. 발효하는 동안 빵 반죽 속에서 생기는 물질은?
① 이산화탄소(탄산 가스)와 알코올　② 유기산과 질소
③ 이산화탄소(탄산 가스)와 물　④ 산소와 알코올

해설 포도당→(치마아제)→이산화탄소+알코올+열

22. 제빵용 이스트의 일반적인 저장 온도로 가장 바람직한 것은?(기출문제)
① -10~-1℃　② -5~-1℃　③ 1~5℃　④ 15~20℃

23. 다음 중 이스트의 가스 발생력에 영향을 미치는 요소가 아닌 것은?
① 이스트의 양　② 유지의 양　③ 설탕량　④ 반죽의 산도

해설 이스트의 양 : 많을수록 발효시간이 준다/설탕량 : 5%까지 비례 상승, 그 후부터 반비례/반죽의 산도 : 산도가 낮을수록 커짐. 단, pH4로 떨어지면 약해짐/유지 : 가스보유력에 관여.

24. 이스트 2% 사용시 발효시간이 4시간이었다면 발효시간을 3시간으로 단축시킬 때 이스트의 양은?(기출문제)
① 1.2%　② 2.2%　③ 2.66%　④ 3.66%

25. 다음 중 빵 반죽의 발효속도를 가속시키는 요소로 관계가 없는 것은?
① 충분한 물　② 활성 글루텐 첨가　③ 알맞은 산도　④ 반죽온도 상승

답 19〉④　20〉②　21〉①　22〉③　23〉②　24〉③　25〉②

26. 제빵시 발효점을 확인하는 방법을 설명한 것 중 적당하지 못한 것은?(기출문제)
① 부피가 증가한 상태 확인
② 반죽 내부에 생긴 망상조직 상태 확인
③ 반죽의 현재 온도 확인
④ 손가락으로 눌렀을 때의 탄력성 정도 확인

27. 발효 손실에 영향을 미치는 요소로 알맞지 않은 것은?
① 반죽온도 ② 발효실 온 · 습도
③ 발효시간 ④ 반죽시간

28. 빵 반죽이 발효하는 동안 전분은 맥아당으로 분해된다. 이 분해작용을 일으키는 효소는?
① 베타 아밀라아제 ② 치마아제
③ 말타아제 ④ 인베르타아제

29. 발효한 반죽을 분할기를 이용하여 분할하고자 할 때 반죽이 최대한 상하지 않도록 분할기의 속도를 잘 맞추어야 한다. 그 알맞은 속도(회/분)는?
① 8~10회 ② 12~16회 ③ 18~20회 ④ 22~26회

30. 제빵 작업중 손분할과 기계분할은 가급적 몇 분 내에 완료하는 것이 좋은가?(기출문제)
① 10분 ② 20분 ③ 30분 ④ 40분

해설 분할시간이 길어지면 처음에 분할한 반죽과 나중의 반죽이 숙성면에서 차이를 보인다.

31. 제빵에서 유지는 윤활 작용을 한다. 다음 중 제품의 부피가 가장 큰 유지의 사용 %는?(기출문제)
① 1~3% ② 4~6% ③ 7~10% ④ 11~13%

32. 정형은 엄격히 말하면 분할하고 둥글리기한 반죽을 완제품의 모양으로 마무리하는 공정이다. 다음 중 넓은 의미로 보았을 때 정형 공정에 들어가지 않는 것은?
① 분할 ② 둥글리기 ③ 중간발효 ④ 2차발효

33. 둥글리기 하는 동안 반죽이 끈적거리면 작업하기 어려우므로 덧가루를 묻히면서 작업해야 한다. 덧가루의 사용법으로 알맞은 것은?(실제로 '전분'은 사용하지 않음)
① 전분은 조금만 쓰더라도 덧가루의 역할을 다한다.
② 밀가루는 많이 쓸수록 더 나은 효과가 있다.
③ 밀가루는 조금 쓰면 더 끈적거리므로 가득 뿌리도록 한다.
④ 전분은 밀가루보다 수분을 잘 흡수하므로 그 침투를 막기 위해 가득 뿌린다.

답 26〉③ 27〉④ 28〉① 29〉② 30〉② 31〉② 32〉④ 33〉①

34. 둥글리기를 끝낸 반죽을 짧은 시간 동안 발효시키는 발효를 무엇이라 일컫는가?

① 1차발효 ② 플로어 타임 ③ 중간발효 ④ 2차발효

35. 둥글리기한 반죽을 정형하기 전에 발효시키려고 한다. 이때 알맞은 발효실 온도와 습도는?

① 온도 24~26°C, 상대습도 70%
② 온도 27~29°C, 상대습도 75%
③ 온도 30~32°C, 상대습도 80%
④ 온도 33~36°C, 상대습도 85%

36. 다음 중 둥근형의 식빵 비용적은?(기출문제)

① 1.0~1.3 ② 1.4~1.7 ③ 2.3~2.7 ④ 3.2~3.4

37. 팬닝할 때 틀이나 철판의 온도는 몇 °C로 맞추어야 하는가?

① 17°C ② 24°C ③ 32°C ④ 51°C

38. 팬닝하기 전 흔히 팬 기름을 바른다. 팬 기름이 갖추어야 할 조건은?

① 녹는점이 높을 것
② 가소성이 있을 것
③ 크리밍성이 있을 것
④ 발연점이 높을 것

해설 발연점이란, 유지를 가열할 때 표면에 연기가 발생하는 온도이다. 따라서 틀에 바르는 기름은 발연점이 높아야 빵이 구워지는 동안 연기가 나지 않는다. 그리고 무색, 무취, 무미이고 쉽게 산화하지 않는 유지가 바람직하다.

39. 2차발효의 주요 3대 요인이 아닌 것은?

① 시간 ② 속도 ③ 습도 ④ 온도

40. 2차발효실의 온도와 습도로 가장 알맞은 것은?

① 23~25°C, 60%
② 27~29°C, 60~75%
③ 32~43°C, 75~90%
④ 51~62°C, 90~95%

41. 다음 중 2차발효를 통해 만들어지는 물질이 아닌 것은?

① 이산화탄소(탄산 가스)
② 알코올
③ 유기산
④ 글루텐

42. 오븐 속에서, 전분은 몇 °C부터 호화하기 시작하는가?

① 60°C ② 80°C ③ 85°C 안팎 ④ 95°C

43. 오븐에 넣고 굽기 시작한 반죽의 온도가 (   )°C에 이르기까지 이스트는 계속 활동한다. (   ) 안에 들어갈 알맞은 온도는?(주관식)

해설 이스트는 55°C부터 활기를 잃기 시작하여 60°C에서 죽는다.

답 34〉③ 35〉② 36〉④ 37〉③ 38〉④ 39〉② 40〉③ 41〉④ 42〉① 43〉60°C

44. 2차발효를 마친 반죽을 오븐 속에 넣고 굽는 동안 일어나는 변화로서, 이스트가 내뿜는 가스 때문에 생기는 현상은?

① 오븐 라이즈　② 오븐 팽창　③ 전분 호화　④ 단백질 변성

해설 반죽의 내부 온도가 60°C에 채 이르지 않았을 때 반죽온도가 오름에 따라 가스가 나와 반죽의 부피가 커지는 단계가 오븐 라이즈이다. 오븐 팽창은 반죽의 부피가 급격히 커지는 단계.

45. 전분은 탄수화물의 하나로서, 적정 온도에 이르면 그 분해효소인 아밀라아제의 영향을 받아 작은 단위로 나뉜다. 이것이 전분의 호화 현상이다. 이때 알파 아밀라아제가 활성을 멈추는 온도는?

① 30~40°C　② 40~50°C　③ 50~60°C　④ 65°C 이상

해설 베타 아밀라아제는 57~72°C에서, 알파 아밀라아제는 65~95°C에서 활성을 잃는다. 그러면 곧 전분의 호화가 멎는다.

46. 다음 중 빵을 구울 때 수분을 잃는 굽기손실이 일어나는 현상과 관계가 없는 것은?

① 배합률　② 반죽시간　③ 굽기시간　④ 굽기온도

47. 빵의 향을 결정짓는 요소로 알맞지 않는 것은?

① 저장중 흡수한 냄새　② 발효산물　③ 열반응 산물　④ 배합 재료

해설 배합재료 : 밀가루/발효산물 : 알코올, 유기산, 에스테르, 케톤류 등/열반응 : 캐러멜화 메일라드 반응으로 새로 생긴 향 물질이 껍질에서 속으로 배어듦.

48. 식빵을 갓 구워냈을 때 빵속과 껍질의 수분 함량을 묶은 것 중 알맞은 것은?

① 껍질 50%, 빵속 50%　② 껍질 38%, 빵속 45%

③ 껍질 12%, 빵속 45%　④ 껍질 12%, 빵속 38%

49. 다음 중 노화가 가장 빠른 것은?(기출문제)

① 카스테라　②단과자빵　③ 식빵　④ 건빵

50. 다음 중 빵이 노화했음을 알리는 지표라 할 수 없는 것은?

① 빵속이 굳는다.　② 껍질이 질겨진다.　③ 곰팡이가 피었다.　④ 냄새가 이상하다.

해설 곰팡이가 피는 현상은 부패라 한다.

51. 노화방지를 위해 빵에 넣는 것은?(기출문제)

① 탄산수소나트륨　② 모노-디-글리세라이드　③ 중조　④ 주석산

52. 다음의 물질을 빵 반죽에 배합해 넣으면 곰팡이의 발육 · 성장을 막을 수 있다. 틀린 것은?

① 포도즙　② 비타민 C　③ 프로피온산염　④ 식초

답 44〉 ①　45〉 ④　46〉 ②　47〉 ①　48〉 ③　49〉 ③　50〉 ③　51〉 ②　52〉 ②

5. 제빵실제

(1) 건포도식빵

보통의 식빵 반죽에 건포도를 밀가루 무게의 50% 이상 배합해 만든 빵을 건포도식빵이라고 한다.

1) 건포도의 전처리

건포도는 씨없는 포도를 말린 것이므로 그대로 반죽에 배합하기보다 먼저 물을 흡수시켜 쓰도록 한다.

① 건포도 양의 12% 가량 되는 물(27°C)과 건포도를 버무려 비닐종이에 넣어 4시간 놓아둔다. 가끔씩 뒤섞는다.

② 또는 27°C의 물에 담가 적신 뒤 바로 체에 걸러 물을 빼고 나서 4시간 동안 놔둔다. 이때 물에 푹 담가 두면 건포도 속의 당이 70%나 녹아 나오므로, 버무리는 정도로 그친다.

2) 건포도 저장 방법—온도 7°C 이하, 상대습도 50%인 곳에 보관한다. 저장할 곳이 고온다습하면 저장중 당 결정이 석출된다.

3) 제조 공정

기본제조공정

재료 계량 → 반죽 → 1차발효 → 분할 · 둥글리기 → 중간발효 → 정형 · 팬닝 → 2차발효 → 굽기

① 재료 계량

② 반죽

ㄱ. 마가린과 건포도를 제외한 모든 재료를 믹서볼에 넣고 섞는다.

ㄴ. 클린업단계에서 유지를 넣고 섞는다.

ㄷ. 최종단계에서 전처리한 건포도를 넣고 혼합한다.

③ 1차 발효 : 온도 27°C, 상대습도 80%인 조건에서 70~80분간 발효시킨다.

④ 분할 · 둥글리기 : 215g식 분할해 둥글리기한다.

⑤ 중간발효 : 10~15분간 발효시킨다.

⑥ 정형 · 팬닝 : 반죽을 밀대로 밀어 가스를 제거한 다음 단단하고 둥글게 만다. 그런 다음 틀에 채워 넣는다.

⑦ 2차발효 : 온도 35°C~38°C, 상대습도 85%인 조건에서 50~60분간 발효시킨다.

⑧ 굽기 : 180~200°C에서 35~40분간 굽는다.

4) 공정상 주의할 점

① 건포도를 섞는 시기는 반죽을 완전히 발전시킨 뒤이다. 그 전에 넣으면, ㄱ. 건포도가 조각나서 반죽이 얼룩지고 ㄴ. 반죽이 거칠어져 정형하기 어려우며 ㄷ. 이스트의 활력이 떨어지고 ㄹ. 빵의 껍질색이 어두워진다.

☞ 건포도에 물을 흡수시켜 쓰는 이유

· 빵속이 건조해지지 않도록 하기 위해.

· 건포도가 빵속과 잘 결합되도록 하기 위해.

· 건포도의 향과 맛이 되살아나도록 하기 위해.

· 수율(收率)이 높아지도록 하기 위해. 즉, 물을 흡수시키면 건포도 속의 수분이 15%에서 25%로 늘어나므로 건포도를 10% 더 넣은 효과가 나타난다.

☞ 건포도의 조성 : 고형분 85%, 수분 15%, 당분 70%, 주석산 2%

② 건포도를 넣은 반죽을 밀어펼 때는 조금 느슨하게 작업하여 건포도의 모양이 상하지 않도록 한다.

③ 당 함량이 높으므로 팬닝할 때 팬 기름을 많이 칠한다.

(2) 과자빵

식빵 반죽보다 설탕, 유지, 계란을 더 많이 배합해 만든 빵. 모양이나 충전물의 종류에 따라 각각 다른 이름이 붙는다. 단팥빵, 크림빵, 스위트 롤, 커피 케이크 등이 여기에 속한다.

☞ 커피 케이크 : 커피와 함께 먹는 빵. 스위트 롤과 비슷하며 그보다 고율배합으로 만든다. 충전물과 토핑이 다양하다.

제조 공정

재료 계량 → 반죽 → 1차발효 → 분할 → 정형 → 2차발효 → 굽기

① 재료 계량

② 반죽

ㄱ. 일반적인 스트레이트법(직접 반죽법)으로 하는 방법.

ㄴ. 설탕, 유지, 소금, 탈지분유를 혼합하고 계란을 조금씩 넣으면서 부드러운 크림 상태로 만든 다음 물, 이스트, 밀가루를 넣고 식빵보다 짧게 (3단계까지) 반죽하는 방법이 있다.

③ 1차발효

ㄱ. 스트레이트법 : 온도 27°C, 상대습도 75~80%인 조건에서 90~120분간.

ㄴ. 스펀지법 : 온도 24°C, 상대습도 75~80%인 조건에서 3~4시간(가당 스펀지법의 경우는 2~2.5시간).

④ 분할

스위트 롤 1~2.5㎏, 커피 케이크 240~360g, 과자빵 30~60g.

⑤ 정형

앙금빵–앙금을 싸서 가운데를 살짝 누른다.

크림빵–크림을 싸서 끝 부분에 4~5개 칼집을 낸다.

소보로빵–슈트로이젤(소보로)을 뿌려 얹는다.

스위트 롤–밀어펴기, 막대형, 접기, 꼬기

⑥ 2차발효

온도 33~45°C, 습도 80~85%인 조건에서 20~40분간 발효시킨다. 식빵보다 단위 무게에 대한 표면적이 크기 때문에 수분 · 온도를 잃기 쉬우므로, 과자빵을 발효시킬 때에는 온 · 습도를 좀더 높인다.

☞ 발효시간은 이스트 사용량이 많으면 짧게, 발효실 속의 온 · 습도가 높거나 반죽온도와 작업실 온도가 높아도 짧게 발효시킨다.

⑦ 굽기 : 190~218°C에서 12~15분간.

반죽의 배합률, 반죽의 되기, 숙성 정도, 반죽량의 많고 적음, 정형한 모양, 충전물 · 토핑의 형태와 되기에 따라 굽기 온도가 달라진다.

☞ 타지 않는 범위에서 빨리 구워낸다. 식빵처럼 크기가 큰 빵은 낮은 온도에서 오랫동안 굽는다.

(3) 데니시 페이스트리

과자용 반죽인 퍼프 페이스트리에 이스트를 넣어 발효시키고 롤인용 유지

를 접어 넣어 밀어펴서 구운 제품. 처음에 롤인용 유지로서 가소성이 뛰어난 덴마크 버터를 사용하였다 하여 데니시(Danish, '덴마크의' 뜻)라는 이름을 붙였다.

제조 공정

배합률 조정 → 반죽 → 휴지 → 밀어펴기 → 2차발효→ 굽기

① 배합률 조정 : 식빵과 비교하여 설탕 사용량을 16% 높이고 쇼트닝, 계란 사용량도 같은 비율로 높인다. 롤인용 유지는 반죽 무게의 20~40%를 사용한다.

② 반죽하기 : 반죽 정도가 너무 지나치면 최종 제품의 부피가 커지고 결이 성글어진다. 따라서 전통적인 방법에 따라 1단계(혼합단계, 픽업단계)까지 반죽하거나, 또는 3단계(발전단계)까지 반죽한다.

③ 휴지 : 온도 3~7°C의 냉장고에 30분간 넣어 둔다. 이렇게 함으로써 유지를 굳혀 결형성을 돕고, 반죽의 끈적거림을 막는다.

④ 밀어펴기 : 반죽의 두께가 1.2~1.6㎝인 네모꼴로 밀어편다. 그 표면의 2/3 부분에 유지를 얹고 접어 감싸서 냉장고에 넣어 휴지시킨다. 휴지시킨 반죽을 꺼내어 위의 밀어접는 일을 3~4번 되풀이한다.

⑤ 2차발효 : 온도 32~35°C, 습도 70~75%인 조건에서 75%정도 발효시킨다. 발효실 온도는 롤인용 유지의 녹는점보다 낮게 잡아야 한다. 그렇지 않고 더 높거나, 너무 오랫동안 발효시키면 유지가 녹아 흘러나온다.

⑥ 굽기 : 오븐의 온도가 너무 낮으면 반죽의 부풀림이 크고 껍질이 더디게 만들어져 유지가 녹는다.

☞ 롤인용 유지의 조건 : 버터는 품질이 고급이나 값이 비싸므로 버터에 마가린을 섞어 사용하거나, 경화시킨 식물성 유지(쇼트닝)를 사용한다. 유지의 굳기는 반죽의 되기와 같거나 더 되어야 한다. 유지가 너무 단단하면 밀어펴기 할 때 반죽이 찢어진다. 또 너무 부드러우면 반죽 사이로 흘러나온다. 롤인용 유지로 가장 알맞은 것은 10~30°C에서 밀어펴기에 알맞은 가소성을 지녀야 한다.

(4) 조리빵류

영국의 샌드위치, 미국의 햄버거와 핫 도그, 이탈리아의 피자, 舊소련의 피로슈키 등과 같이 나라마다 특유의 조리빵을 갖고 있다. 그 중에서 피자는 1700년경 이탈리아에서 빵에 토마토를 조미하여 만들기 시작, 이탈리아의 독특한 형태로 발전한 것이다. 그 뒤 이탈리아인이 미국으로 건너가 전파시켜 그곳에서 더욱 발달한 음식이다. 피자의 바닥 껍질의 두께에 따라 얇은 나폴리 피자와 두꺼운 시실리안 피자로 구분된다.

1) 피자 크러스트(껍질반죽)의 재료

① 밀가루 : 강력분을 사용한다. 단백질 함량이 높아야 충전물의 소스가 스며들지 않는다.

② 물 : 반죽의 두께에 따라 사용량이 다르다.(두꺼운 것 > 얇은 것)

③ 유지 : 식물성 기름이나 쇼트닝을 사용한다. 사용량이 부족하면 반죽이 끈적거리고 잘 퍼지지 않는다.

④ 향신료 : 치즈가루, 마늘가루, 양파가루, 오레가노 등을 사용한다.

☞ 조리빵의 종류
- 반죽에 야채 · 햄을 잘라 넣어 구운 빵. 런치 빵, 민스미트 빵 등이 있다.
- 반죽에 충전물을 얹어 말거나 싸는 빵. 소시지 롤, 햄 롤 등이 있다.
- 빵에 조미한 재료를 넣은 것. 햄버거가 대표적이다.

⑤ 기타 : 소금, 이스트, 활성 글루텐, 프로테아제, 옥수수가루 등.

2) 충전물—깔개반죽 위에 얹는 재료는 토마토 소스 · 퓨레 · 페이스트, 얇게 썬 양송이 버섯, 소고기 같은 것, 소시지, 햄 등이다. 기본 재료에 어떤 특색 있는 재료를 얹느냐에 따라 제품의 명칭이 달라진다.

※ 피자 특유의 쫄깃한 맛은 모차렐라 치즈를 사용함으로써 얻어진다. 향신료로 베이실, 오레가노, 후추가루, 마늘가루, 양파가루 등을 사용한다.

(5) 소프트 롤

롤 또는 번(즈)이라 부르는 빵은 무게가 $\frac{1}{2}$파운드(=225g) 이하의 소형 제품이다. 롤에는 소프트 롤과 하드 롤이 있다. 소프트 롤은 껍질이 부드럽고 고율배합으로 만들며, 하드 롤은 껍질이 딱딱하고 저율배합으로 만든다.

〈배합 재료의 사용범위〉

밀가루 100%, 물 60~64%, 이스트 2~5%, 이스트 푸드 0~0.75%, 소금 2%, 설탕 6~16%, 유지 5~10%, 분유 0~6%, 기타 재료로 활성 글루텐을 2%까지 사용한다.

제조 공정

반죽 → 1차발효 → 정형 → 2차발효 → 굽기

※ 몰드 팬 사용시 :

① 반죽 : 4단계(최종단계) 말기에서 5단계(늘어지는 단계)까지 반죽한다. 신장성이 좋아야 정형하기 쉽다. 반죽온도 24~27°C.

② 1차발효 : 반죽이 끈적거리지 않도록 충분히.

③ 정형

④ 2차발효 : 온도 43~46°C, 상대습도 90~95%에서 발효시킨다. 습도가 낮으면 점성이 떨어져 공 모양의 롤이 만들어진다.

⑤ 굽기 : 210~230°C의 오븐에서 짧게(10~12분간) 굽는다.

(6) 프랑스빵

하스 브레드의 하나로서, 설탕, 유지, 계란을 거의 쓰지 않은 빵이다.

〈배합 재료의 사용범위〉

밀가루 100%에 대하여 물을 56~60% 사용하여 되직하게 반죽한다. 이스트의 사용량은 2~2.5%, 소금의 사용량은 1.75~2.25%. 설탕, 유지는 사용하지 않음이 원칙이나, 때에 따라서 소량 사용하기도 한다. 한편, 산화제로 아스코르브산(비타민C)을 사용한다.

제조 공정

반죽 → 1차발효 → 정형 → 2차발효 → 칼집내기 → 굽기

① 반죽 : 기계로 반죽할 때는 3단계(발선단계)까지, 손으로 반죽할 때는 식빵 반죽의 80%까지 발전시킨다.

☞ 하스 브레드란 일정한 모양의 틀을 쓰지 않고 오븐의 구움대 위에 바로 얹어 구운 빵을 가리킨다. 프랑스빵, 이탈리아빵, 독일빵이 이에 속한다.

☞ 프랑스빵 반죽을 만드는 물은 식빵 반죽의 물보다 적어야 한다. 만약 제빵 개량제를 쓴다면(2%) 그 물의 양은 58~62%로 늘려야 한다.

② 1차발효

③ 정형 : 조심스럽게 밀어펴기를 하여 기공을 키운다. 이때 덧가루를 사용하지 않도록 한다. 탄력있는 상태로 단단히 말고 이음매를 꼭꼭 눌러 2차발효 하는 동안에 그 틈새가 벌어지지 않도록 한다.

④ 2차발효 : 상대습도 75%인 발효실에서 건조 발효시킨다.

⑤ 칼집내기 : 발효한 반죽 표면에 비스듬히 칼집을 낸다. 빵의 길이에 따라 칼집을 넣는 갯수가 다르다. 또한 어린반죽은 깊숙이, 지친반죽은 얇게 칼집을 넣는다.

⑥ 굽기 : 오븐에 넣기 전후 동안 2~3번에 나누어 증기를 불어넣으면서 굽는다. 이때 증기를 오랫동안 넣으면 껍질이 질겨져 칼집이 벌어지지 않는다. 프랑스빵 전용 오븐으로 230~250°C에서 25~35분간, 일반 오븐으로는 210~220°C에서 25~35분간 굽는다.

(7) 하드 롤

껍질이 딱딱한 롤빵. 프랑스빵처럼 하스 브레드에 속하지만, 그보다 작고 (40~60g) 조금 더 고배합이다. 포장하지 않은 채 온도 20~25°C, 습도 55~60%인 조건에서 하룻동안 보존할 수 있다.

☞롤 : 소형 빵의 총칭. 롤이란 이름에서 알 수 있듯이 원래 반죽을 길게 늘이고 그 끝에서부터 말아 정형한 빵이었다. 저율배합의 하스 브레드(하드 롤)와 고율배합의 소프트 롤이 있다.

〈배합 재료의 사용범위〉

밀가루 100%에 대하여 물을 50~60% 사용하여 되직한 반죽을 만든다. 이스트, 이스트 푸드, 소금은 물론 설탕, 유지, 계란, 분유 등을 조금씩(2%) 사용한다. 설탕을 3% 이상 쓰면 껍질색이 일찌감치 들어 더 이상 구울 수 없어 빵속이 설 익게 된다. 분유도 같은 이유로 소량 사용한다.

제조 공정

반죽 → 1차발효 → 분할 → 정형 · 팬닝 → 2차발효 → 칼집넣기 → 굽기

① 반죽 : 반죽온도에 따라 다음 두 가지로 나뉜다.

ㄱ. 스트레이트법 : 24~26°C로 반죽.

ㄴ. 스펀지법 : 23°C로 반죽.

② 1차발효 : 발효시간에 따라 다음 두 가지로 나뉜다.

ㄱ. 스트레이트법 : 2~3시간.

ㄴ. 스펀지법 : 4~5시간.

③ 분할하기 : 40~60g으로 나눈다.

④ 정형 · 팬닝 : 동그랗게 만들어 철판에 채워 넣는다.

⑤ 2차발효 : 상대습도 70%, 온도 32°C인 발효실에서 발효시킨다.

⑥ 자르기(칼집넣기) : 윗면 자르기.

⑦ 굽기 : 190~210°C에서 25분간. 오븐에 넣기 전후 2~3번 증기를 넣어 반죽의 오븐 팽창(스프링)을 돕는다.

☞칼집의 모양

(8) 호밀빵

밀가루에 호밀가루를 배합해 만든 빵. 밀가루만으로 만든 흰빵과 비교하여 흑빵이라고도 부른다. 정통 독일식 호밀빵은 밀가루에 최고 90%의 호밀가루를 섞어 만든다.

〈배합 재료의 사용범위〉

ㄱ. 호밀에는 펙틴이 많아 자칫 잘못하면 반죽이 끈적거린다. 그래서 호밀가루만을 쓰기보다 밀가루와 섞어서 사용함으로써 반죽의 뼈대 형성력과 가스보유력을 높인다.

ㄴ. 물 : 호밀은 펙틴이 많아 흡수율이 높다. 그만큼 반죽을 되직하게 만들어야 한다.

ㄷ. 이스트 : 1~2% 사용한다. 많이 넣으면 반죽이 터진다. 호밀가루를 많이 쓸수록 이스트 사용량을 낮춘다.

ㄹ. 소금, 기타 재료 : 소금은 물론 이스트 푸드, 유지, 맥아, 당밀, 분유, 설탕 캐러웨이 시드(Caraway seed), 유산균 등을 소량 사용하기도 한다.

> ☞ 호밀은 밀을 재배하기 어려운 추운 지방(북부 유럽)에서 자란다. 그래서 독일, 舊소련의 호밀빵이 유명하다.

> ☞ 호밀가루는 밀가루와 달리, 글루텐을 형성하는 글루테닌이 적고 글리아딘이 많아 글루텐의 결합이 이루어지지 않는다. 또한 펜톤산이 많아 반죽의 점성이 크다. 그래서 100% 호밀가루를 쓰지 않고 밀가루를 섞어 쓴다. 밀가루의 함량이 많을수록 호밀빵의 색이 밝고, 적을수록 어둡다.

제조 공정

반죽 → 1차발효 → 분할 → 정형 → 2차발효 → 물칠과 자르기 → 굽기

① 반죽 : 밀가루만으로 반죽할 때보다 덜 발전시킨다. 그렇다고 너무 어린반죽을 만들면 기계에 대한 반죽의 적성이 떨어지고 오븐 팽창이 작아진다. 또 너무 반죽하면 끈적거리고 빵의 부피가 작아지며 윗면이 납작해진다.

반죽온도는 흰 식빵보다 낮춘다. 그렇게 해야 끈적거리지 않고 부피가 작아지지 않는다. 그리고 호밀가루를 많이 쓸수록 온도를 낮춘다.

② 1차발효 : 흰 식빵 반죽보다 발효시간을 줄인다.

③ 분할 : 분할기의 피스톤 압력을 높이고 덧가루 사용량을 줄인다.

④ 정형 : 조심스럽게 밀어펴서 꼭꼭 감아 누른다.

⑤ 2차발효 : 흰 식빵보다 짧게.

⑥ 물칠과 자르기 : 발효한 반죽 표면에 물칠을 하고 칼로 금을 긋는다. 자르는 횟수와 깊이는 표면이 벌어지는 정도에 영향을 준다.

⑦ 굽기 : 증기를 넣어 굽다가 터지지 않도록 한다. 밝은 색의 호밀빵은 짧게 굽고, 어두운 색의 호밀빵은 오래 굽는다.

> ☞ 물칠의 재료는 물, 물+전분 또는 물+계란이다. 굽기 전에 위의 재료를 표면에 바르고 구우면 표면의 칼집이 터지지 않을 뿐만 아니라, 껍질이 바삭거리고 윤기가 난다.

(9) 전밀빵

100% 전밀가루로 만든 빵. 전밀가루로 만든 반죽은 작업하기 쉽고, 또 구웠을 때 제품의 크기가 좋다. 전밀빵은 영양소가 골고루 함유되어 있다.

〈배합 재료의 사용범위〉

ㄱ. 물 : 반죽의 뼈대를 약하게 하지 않는 범위내에서 쓴다.

> ☞ 전밀가루 : 밀알 전체를 갈아 만든 가루.

ㄴ. 쇼트닝 : 윤활작용을 높이기 위해 쇼트닝의 사용량을 늘린다.

ㄷ. 소금 : 반죽 초기단계에 넣어 반죽 내구력을 키운다.

ㄹ. 기타 : 반죽의 내구력을 키우기 위해 활성 글루텐과 반죽 개량제를 넣기도.

☞ 전밀을 사용하면 반죽의 내구력이 떨어진다. 그래서 전밀빵을 만들 때에 후염법은 바람직하지 않다.

제조 공정

반죽 → 1차발효 → 분할 → 정형 → 2차발효 → 굽기

① 반죽 : 반죽온도를 낮춘다. 24~26°C.

② 1차발효 : 짧게 발효시킨다. pH는 식빵 반죽보다 높다.

③ 분할

④ 정형

⑤ 2차발효 : 오븐 팽창이 작으므로, 습도를 낮추어 충분히 발효시킨다. 온도 35~41°C, 습도 75~80%인 조건에서 55~70분간.

⑥ 굽기 : 낮은 온도에서 오래 구움으로써(199~213°C에서 25~35분간) 부피를 키우고 껍질색을 잘 들인다.

(10) 브리오슈

버터 등의 유지와 달걀을 50% 이상까지 사용하는 대표적 고율배합 빵이다. 눈사람 모양(브리오슈 아 테트 Brioche a tete)을 비롯해 여러 가지 형태로 만들어지며, 모양에 따라 이름도 각각 달라진다. 설탕양은 10~12% 사이로 조정하면 좋다.

제조 공정

재료계량 → 믹싱 → 1차발효 → 분할 → 팬닝 → 2차발효 → 굽기

① 버터 등의 유지를 제외한 전 재료를 넣고 믹싱한다.

② 글루텐이 85~90% 정도 발전되면 부드럽게 만든 버터를 2번에 나누어 넣고 최종단계까지 믹싱한다. (반죽온도 29℃)

③ 온도 30℃, 습도 75~80%에서 50~60분간 1차 발효.

④ 40g씩 분할해 둥글리기 한 후 10~15분간 중간발효.

⑤ 40g 반죽을 3:1로 나누어 3분량을 바닥으로 브리오슈 틀에 넣고, 반죽 윗부분을 손가락으로 눌러 구멍을 낸 후 1분량을 눈사람 모양으로 올려 넣는다.

⑥ 온도 30℃, 습도 80% 정도에서 30분(가스 보유력이 최대가 될 때까지) 2차 발효.

⑦ 노른자를 바르고 윗불 180℃, 아랫불 190℃에서 15분 정도 굽는다.

기초력 확인문제

1〉 건포도 식빵 제조시 틀린 사항은?(기출문제)

① 팬닝량은 10~20% 증가한다

② 반죽이 완전 발전된 후 건포도를 섞는다

③ 밀어펴기시 가스빼기는 작은 공기까지 완전히 한다

④ 2차발효는 최대한 시킨다

2〉 데니시 페이스트리의 반죽온도로 가장 알맞은 범위는?(기출문제)

① 18~22°C ② 26~28°C ③ 30~31°C ④ 33~35°C

3〉 데니시 페이스트리용 유지가 갖추어야 할 물리적 성질 중 가장 중요한 것은?

① 발연점 ② 산가 ③ 녹는점 ④ 가소성

해설 데니시 페이스트리용 유지는 10~30°C에서 밀어펴기 쉽도록 가소성이 좋아야 한다. 그래야 찢어지거나 부서지지 않는다. 발연점은 튀김기름에 요구되는 것.

4〉 피자를 만들 때 쓰는 토마토 제품으로 알맞지 않은 것은?

① 토마토 페이스트 ② 토마토 케첩 ③ 토마토 소스 ④ 토마토 퓨레

5〉 소위 피자용 치즈라 불리는 것은?

① 크림 치즈 ② 모차렐라 치즈 ③ 코티지 치즈 ④ 파르메장 치즈

6〉 다음은 각국의 대표적인 조리빵이다. 국명과 조리빵이 잘못 짝지어진 것은?

① 이탈리아-피자 ② 영국-샌드위치 ③ 미국-햄버거 ④ 프랑스-피로슈키

7〉 프랑스 빵의 기본 필수재료로 알맞지 않은 것은?

① 분유 ② 소금 ③ 이스트 ④ 밀가루

해설 프랑스 빵은 같은 유럽식 빵의 기본 재료인 밀가루, 물, 이스트, 소금을 위주로 하면서, 설탕과 유지를 소량 사용하기도 한다.

8〉 프랑스 빵을 만드는 데 알맞은 2차발효실의 상대습도는?

① 75~80% ② 80~85% ③ 85~90% ④ 90~95%

9〉 호밀빵 제조에 관한 설명이다. 틀린 것은?(기출문제)

① 글루텐을 충분히 발전시키도록 믹싱한다

② 1차발효 시간은 식빵보다 짧다

③ 성형시 단단히 민다

④ 2차발효는 식빵보다 짧다

답 1〉 ③ 2〉 ① 3〉 ④ 4〉 ② 5〉 ② 6〉 ④ 7〉 ① 8〉 ① 9〉 ①

제2절 제품 평가

◇◇ 보충설명 ◇◇

빵의 평가는 껍질(외부)과 빵속(내부)의 특성을 기준으로 삼아 이루어진다. 빵의 외부 평가 항목은 부피, 껍질색, 균형감, 껍질 특성, 굽기 상태, 터짐성이고 내부 평가 항목은 기공, 조직, 색깔, 향·촉감, 맛이다.

식빵, 페이스트리, 크루아상, 프랑스빵을 평가하는 기준을 예로 들면 다음과 같다.

1. 제품 평가

(1) 식빵류의 평가 기준

평 가 항 목		판 단 기 준
외부	부피	· 양감이 풍부하고 힘이 있다.
	껍질색	· 윤기가 나는 황금갈색. · 전체적으로 색채가 고르다. · 반점이나 얼룩이 없다.
	껍질 특성	· 껍질이 얇고 부드럽다. · 껍질이 벗겨지거나 수포, 줄 무늬가 없다.
	균형감	· 균형 잡힌 모양. · 각 모서리가 너무 각지거나 둥글지 않고 알맞은 각도를 이루고 있다. · 빵의 윗면, 옆면에 움푹 들어간 부분이 없다.
내부	기공	· 크기의 차이가 없이 아주 작은 기공이 전체에 고루 퍼져 있다. · 기공막이 얇다.
	색깔	· 색이 희고 윤기가 있다. · 줄무늬와 얼룩이 없이 깨끗하다.
	촉감	· 부드럽다(너무 부드러워서도 안된다).
	향기	· 은은한 향이 풍긴다. · 자극적이고 시큼한 냄새가 나지 않는다.
	맛	· 밀가루의 담백한 맛이 있다. · 향기로운 단맛이 있다. · 시거나 불쾌한 맛이 없다.

☞옆면이 움푹 들어가는 현상은 동굴현상(그 모양이 동굴과 같다 하여 붙여진 이름)케이브 인(cave-in)이라 한다.

(2) 페이스트리와 크루아상류

평 가 항 목		판 단 기 준
외부	부피	· 양감이 있고 가벼운 느낌이 든다. · 부피가 작으면 잘못된 제품이다.
	색깔	· 황금갈색, 입맛을 돋울 수 있다.
	외관	· 유지층이 이루는 결이 깨끗하고 균형 잡혀 있다.
	표피의 질	· 얇고 유연하다. · 물집(수포)이 없고, 표피가 벗겨지지 않는다.
	보형성	· 손을 대거나 눌렀을 때 찌그러들지 않고 제 모양을 유지한다.
내부	결	· 유지가 만든 층이 깨끗하다. · 가로로 누운 반타원형의 얇은 기공막이 옆으로 이어져 있다.
	색깔	· 각각의 기공막이 황금색~흰색을 띤다. · 유지가 굳어서 생긴 얼룩이 없고, 윤기가 난다.
	풍미	· 밀가루의 담백한 맛과 유지의 맛이 한데 어우러져 있다. 유지 냄새, 신맛, 탄내가 나지 않는다.
	씹는 맛	· 가볍게 씹히는 맛이 있다. · 파삭파삭하여 부스러지거나 딱딱하지 않다.

(3) 프랑스 빵

평 가 항 목		판 단 기 준
외부	부피	· 양감이 있다. · 위로 잘 부풀어 있고 힘이 있다.
	표피의 질	· 윤기가 나고 황금갈색을 띤다. · 표피가 얇고, 칼집이 깨끗이 터졌다. · 표피에 자잘한 균열이 있다.
	균형감	· 가로 길이와 높이의 비율이 5 : 5 또는 4.5 : 5.5일 때 보기 좋다.
내부	기공	· 불규칙한 크기의 기공이 전체에 퍼져 있다. · 얇은 기공막이 있고, 끊어진 형태의 기공이 좋다.
	색깔	· 윤기가 나며, 희고 투명하다.
	씹는 맛	· 입안에서 덩어리지지 않고 파삭거리지 않는다. 결이 하나하나 씹히는 듯하고 부드럽다. · 밀가루의 담백한 맛과 구운 향이 조금 나고 발효냄새가 난다. 강한 풍미는 좋지 않다.

〈표〉 제빵 과정 중 반죽의 결점에 따라 나타나는 현상

제빵 공정	어린반죽	지친반죽
발효	· 수분이 많은 듯 질다 · 탄력적으로 끊어진다	· 표면이 마른다 · 힘없이 끊어진다
분할 · 정형	· 분할 · 정형기에 달라 붙는다 (덧가루 사용량이 늘어난다) · 축 처져 납작해진다 · 정형하기 어렵다	· 되직하여 분할 · 정형하기가 어렵다 · 되직하여 정형하기 전에 찢어진다 · 정형한 뒤에 찢어진다
패닝	· 틀 · 철판에 채워 넣으면 납작해진다 · 끈적끈적하고 물기가 배어 나온다 · 2차발효시 시간 조절이 필요하다	· 틀 · 철판 위에서 울퉁불퉁해진다 · 반죽이 찢긴다 · 2차발효 시간을 줄인다
굽기	· 정상적으로 구울 수 없어 설익기 쉽다	· 색을 들이기 위해 오래 구워야 한다. 그러면 빵이 너무 많이 구워져 마르고 딱딱하다
부피	· 작다	· 작거나 크다
껍질색	· 짙다	· 연하다
브레이크와 슈레드	· 생기지 않는다	· 생기지 않는다
구운색	· 위, 옆, 아랫면이 모두 검다	· 연하다
모양	· 모서리가 각지다 · 옆면이 매끄럽다	· 모서리가 둥글다 · 옆면에 구멍이 있다
껍질의 성질	· 두껍고 거칠다 · 풍선같이 부푼 물집이 있다	· 두꺼워 부서지기 쉽다
결	· 거칠다 · 결의 막이 두껍다	· 결이 거칠고, 큼직한 구멍이 있다 · 결의 막이 두껍거나 얇다
속색깔	· 짙고 어둡다	· 색이 희고, 윤기가 부족하다
조직	· 거칠고 까칠한 느낌이 난다	· 부서질 것처럼 꺼칠한 느낌이 난다
향기	· 설익어 향다운 냄새가 나지 않는다	· 신 냄새가 난다

2. 빵의 결점과 원인

(1) 식빵의 결점과 원인

결 점	원 인	
부피가 작다	· 이스트의 사용량이 부족하거나 지나쳤다 · 오래 되거나 온도가 높은 이스트를 썼다 · 이스트를 녹이는 물이 차거나 뜨거웠다 · 소금의 사용량이 많았다 · 설탕의 사용량이 많았다 · 분유(우유)의 사용량이 많았다 · 효소제나 반죽개량제의 사용량이 많았다 · 쇼트닝의 사용량이 많거나 부족했다	· 이스트 푸드의 사용량이 부족했다 · 오래된 밀가루를 썼다 · 박력 또는 초강력 밀가루를 썼다 · 미숙성 밀가루를 썼다 · 단물(연수) 또는 센물(경수)을 썼다 · 알칼리성 물을 썼다 · 물 흡수량이 적었다

결 점	원 인	
냄새와 맛이 좋지 않다	· 질 낮은 재료를 썼다 · 소금의 사용량이 부족하였다 · 산패한 쇼트닝을 썼다 · 이스트 푸드의 사용량이 많았다 · 단물(연수)을 썼다 · 알칼리성 물을 썼다 · 오래된 사워를 썼다 · 반죽개량제를 많이 썼다 · 보존료의 사용량이 많았다 · 보관을 잘 못한 재료를 썼다 · 지친반죽을 썼다 · 덧가루를 많이 썼다 · 비위생적인 발효실 기구를 그대로 사용했다 · 산패한 기름을 팬 기름으로 이용하였다 · 2차발효 시간이 길었다	· 반죽 정도가 부족하거나 지나쳤다 · 반죽온도가 높거나 낮았다 · 반죽이 질거나 되었다 · 반죽 속도가 빨랐다 · 믹서 용량에 맞지 않은 반죽을 넣고 반죽했다 · 믹서를 너무 차게 식혔다 · 반죽의 분할 무게가 적었다 · 작업실의 실내 온도가 낮았다. 그래서 발효, 분할, 중간발효시 반죽이 식었다 · 틀 · 철판의 온도가 낮거나 높았다 · 틀 · 철판에 기름을 많이 칠했다 · 틀 · 철판의 비용적에 맞지 않은 반죽량 · 오븐의 온도가 초기에 높았다 · 오븐의 증기가 많거나 적었다
부피가 크다	· 이스트의 사용량이 많았다 · 소금의 사용량이 부족하였다 · 저율배합표로 만들었다 · 스펀지의 양이 많았다 · 1차발효 시간이 길었다 · 분할 무게가 많았다	· 정형이 잘못되었다 · 틀 · 철판이 뜨거웠다 · 틀 · 철판의 비용적에 맞지 않은 반죽량 · 팬 기름을 많이 칠하였다 · 2차발효 시간이 길었다 · 오븐의 온도가 낮았다
껍질색이 엳다	· 저율배합표로 만들었다 · 설탕의 사용량이 부족하다 · 단물(연수)을 썼다 · 효소제를 썼다 · 이스트 푸드의 사용량이 많았다 · 말토오스가가 낮은 밀가루를 썼다 · 오래된 밀가루를 썼다 · 반죽이 기계적 손상을 많이 입었다 · 1차발효 시간이 길었다	· 덧가루의 사용량이 많았다 · 중간발효 시간이 길었다 · 틀 · 철판에 기름칠을 많이 했다 · 2차발효실의 습도가 낮았다 · 오븐에 넣을 때 반죽 거죽이 말랐다 · 오븐의 윗불 온도가 낮았다 · 굽기 시간이 짧았다 · 오븐 속의 습도가 낮았다
껍질색이 짙다	· 설탕의 사용량이 많았다 · 분유의 사용량이 많았다	· 껍질이 타고 빵속이 설익었다
빵속에 구멍이 생겼다	· 미숙성한 밀가루를 썼다 · 단단한 쇼트닝을 썼다 · 이스트 푸드의 사용량이 많았다 · 효소제의 사용량이 많거나 부족하였다 · 소금의 사용량이 부족하였다 · 단물(연수) 또는 센물(경수)을 썼다 · 알칼리성 물을 썼다 · 박력 또는 초강력 밀가루를 썼다 · 습기 차거나 덩어리진 밀가루를 썼다 · 쇼트닝이 고루 섞이지 않았다 · 반죽 속도가 빠르다	· 반죽이 되거나 질었다 · 어린반죽 또는 지친반죽을 썼다 · 분할기에 기름칠을 많이 했다 · 덧가루를 많이 썼다 · 정형기 롤러의 온도가 높았다 · 틀 · 철판의 온도가 높았다 · 2차발효 시간이 길었다 · 2차발효실의 온도가 높거나 낮았다 · 2차발효실의 습도가 높았다 · 오븐의 온도가 낮았다

결점	원인	
빵이 터진다	· 반죽 정도가 지나쳤다 · 정형이 잘못되었다	· 2차발효 시간이 짧았다 · 오븐의 온도가 높았다
껍질이 갈라진다	· 효소제의 사용량이 부족하였다 · 지친반죽 또는 어린반죽을 썼다 · 2차발효실의 습도가 높았다	· 오븐의 윗불 온도가 높았다 · 오븐의 온도가 낮았다 · 갓 구워낸 빵을 너무 빨리 식혔다
껍질이 질기다	· 박력 또는 초강력 밀가루를 썼다 · 저율배합표를 썼다 · 질 낮은 밀가루를 썼다 · 어린반죽 또는 지친반죽을 썼다	· 2차발효 시간이 길었다 · 2차발효실의 습도가 낮거나 높았다 · 오븐의 온도가 낮았다 · 오븐의 증기가 많았다
윗면이 납작하고 모서리가 날카롭다	· 미숙성한 밀가루를 썼다 · 소금의 사용량이 부족하였다 · 반죽 정도가 심하였다	· 반죽이 질었다 · 발효실의 습도가 높았다
빵의 모양이 나쁘다	· 정형이 잘못되었다 · 반죽 정도가 지나쳤다 · 1차발효 시간이 짧았다 · 2차발효실의 습도가 높았다	· 오븐의 증기 사용량이 부족하였다 · 오븐의 윗불 온도가 높았다 · 너무 오래 구웠다
껍질 표면에 물집이 생겼다	· 반죽이 질었다 · 발효가 부족하였다 · 정형기의 취급 부주의	· 2차발효실의 습도가 높았다 · 오븐의 윗불 온도가 높았다
껍질이 두껍다	· 쇼트닝의 사용량이 부족하였다 · 효소제의 사용량이 부족하였다 · 설탕 사용량이 부족하였다 · 분유의 사용량이 부족하였다 · 이스트 푸드의 사용량이 많았다 · 지친반죽을 썼다 · 틀 · 철판이 차거나 뜨거웠다	· 반죽량이 틀 · 철판의 비용적에 맞지 않는다 · 2차발효실의 온도가 낮았다 · 2차발효실의 습도가 낮았다 · 오븐의 증기가 부족하였다 · 오븐의 온도가 낮았다
브레이크와 슈레드가 부족하다	· 오래된 밀가루를 썼다 · 효소제의 사용량이 많았다 · 단물(연수)을 썼다 · 이스트 푸드의 사용량이 부족하였다 · 반죽이 질었다 · 발효시간이 짧거나 길었다	· 2차발효 시간이 길었다 · 2차발효실의 온도가 높았다 · 2차발효실의 습도가 낮았다 · 오븐의 증기가 부족하였다 · 오븐의 온도가 높았다
빵속의 색깔이 어둡다	· 질 낮은 밀가루를 썼다 · 표백 정도가 지나친 밀가루를 썼다 · 이스트 푸드의 사용량이 많았다 · 맥아의 사용량이 많았다 · 반죽의 신장성이 부족하였다 · 지친반죽을 썼다 · 반죽이 단단하였다	· 틀·철판에 기름을 많이 칠하였다 · 반죽량이 틀 · 철판의 비용적에 맞지 않다 · 틀 · 철판의 온도가 높았다 · 오븐의 온도가 낮았다 · 틀 · 철판의 비용적에 맞지 않은 반죽량 · 틀 · 철판의 모양이 똑바르지 않았다 · 2차발효 시간이 길었다

결　점	원　　인	
빵에 곰팡이가 빨리 핀다	· 불결한 곳에 보관하였던 재료를 썼다 · 충분히 굽지 않았다 · 식히기, 자르기, 포장이 위생적으로 · 이루어지지 않았다	· 비위생적인 작업 도구를 썼다 · 취급 제조자의 위생상태가 나빴다
자르기 어렵다	· 빵을 덜 식혔다	· 슬라이서의 칼날이 무디거나 잘못 끼워져 있다
옆면의 껍질색이 옅다	· 틀 간격을 좁혀 구웠다 · 오븐의 아랫불이 약했다	· 새로 쓰기 시작한 틀 · 철판을 전처리하지 않고 썼다
옆면이 움푹 들어 갔다	· 지친반죽을 썼다 · 틀 · 철판에 기름을 많이 칠하였다 · 틀 · 철판의 비용적에 맞지 않다 · 새로 쓰기 시작한 틀 · 철판을 전처리하지 않고 썼다	· 2차발효 시간이 길었다 · 오븐의 아랫불 온도가 낮았다 · 오븐 속의 열이 고루 퍼지지 않아 설익었다
빵의 표면이 세로로 갈라지면서 흠이 생겼다.	· 스펀지의 발효시간이 길었다 · 반죽이 되직하였다 · 덧가루를 많이 썼다 · 팬닝이 잘 이루어지지 않았다	· 틀 · 철판에 반죽을 채울 때 반죽과 반죽 사이에 기름이 묻었다 · 2차발효실의 습도가 높았다
빵의 밑바닥이 움푹 들어갔다	· 반죽 정도가 부족하거나 심하다 · 반죽이 질었다 · 믹서의 회전 속도가 느렸다 · 틀 · 철판이 뜨거웠다	· 틀 · 철판에 기름을 칠하지 않았다 · 틀 바닥에 수분이 있었다 · 2차발효실의 습도가 높았다 · 굽기의 초기 온도가 높았다
껍질색이 좋지 않다	· 저율배합표를 사용했다 · 효소제의 사용량이 부족하였다 · 소금의 사용량이 부족하였다 · 이스트 푸드의 사용량이 많았다.	· 지친반죽을 썼다 · 덧가루의 사용량이 많았다 · 2차발효실의 온도가 높았다 · 오븐 속의 증기가 부족하였다
껍질에 반점이 생겼다	· 배합 재료가 고루 섞이지 않았다 · 분유가 잘 녹지 않았다 · 덧가루의 사용량이 많았다	· 2차발효실에서 수분이 응축하였다 · 굽기 전에 설탕의 일부가 표면에 나왔다
기공이 거칠고 조직이 좋지 않다	· 센물(경수)을 썼다 · 이스트 푸드의 사용량이 많거나 부족했다 · 유지의 사용량이 부족하였다	· 산화제의 사용량이 부족하였다 · 반죽이 질거나 되직하였다 · 1차발효 시간이 짧았다
빵속에 줄무늬기 생겼다	· 증기 압력이 높았다 · 밀가루를 체쳐 쓰지 않았다 · 반죽 개량제의 사용량이 많았다 · 반죽하는 동안에 마른재료가 고루 섞이지 않았다 · 표면이 마른 스펀지를 썼다	· 반죽이 되직하였다 · 덧가루의 사용량이 많았다 · 분할기에 기름을 많이 썼다 · 정형기의 롤러 조절이 잘못되었다 · 틀 · 철판에 기름칠을 많이 하였다 · 2차발효실의 습도가 낮았다

(2) 과자빵의 결점과 원인

결 점	원 인	
껍질색이 엷다	· 배합 재료가 부족하였다 · 반죽온도가 높아 반죽의 숙성 정도가 지나쳤다	· 발효시간이 길었다 · 오븐에 넣기 전에 이미 반죽 거죽이 말랐다 · 덧가루의 사용량이 많았다
껍질색이 짙다	· 질 낮은 밀가루를 썼다 · 반죽온도가 낮았다 · 숙성이 덜 된 반죽을 그대로 정형하였다	· 발효하는 동안 반죽온도가 떨어졌다 · 2차발효실의 습도가 낮았다
껍질에 흰 반점이 생겼다	· 반죽온도가 낮았다 · 발효하는 동안 반죽이 식었다	· 숙성이 덜 된 반죽을 그대로 정형하였다 · 2차발효 뒤에 찬공기를 오래 쐬었다
빵의 바닥이 거칠다	· 이스트의 사용량이 많았다 · 반죽 정도가 부족하였다	· 2차발효실의 온도가 높았다
빵의 허리가 낮다	· 이스트의 사용량이 낮았다 · 반죽 정도가 지나쳤다 · 숙성이 덜 된 반죽을 그대로 썼다 · 정형할 때 지나치게 눌렀다	· 2차발효 시간이 길었다 · 오븐의 온도가 낮았다 · 오븐의 아랫불 온도가 낮았다
옆면에 주름이 잡힌다	· 반죽이 질었다 · 중간발효 시간이 짧았다	· 철판 위에 놓은 반죽의 간격이 좁았다 · 오븐의 온도가 높아서 빨리 꺼내었다
틀에서 떼어낸 자리가 말끔하지 않다	· 저율배합표를 사용, 더욱이 당량이 모자랐다	· 반죽 정도가 부족하였다 · 반죽이 질다
빵속이 설익었다	· 이스트의 사용량이 부족하였다 · 반죽온도가 낮았다 · 숙성이 덜 된 반죽을 그대로 썼다 · 반죽이 식었다	· 충전물의 양이 많았다 · 2차발효 시간이 짧았다 · 오븐의 온도가 높아 빨리 꺼내었다
껍질이 두껍다	· 설탕의 사용량이 부족하였다 · 박력 밀가루를 썼다 · 유지의 사용량이 부족하였다	· 반죽이 되었다 · 덧가루의 사용량이 많았다 · 스펀지가 숙성하는 데 시간이 오래 걸렸다
껍질의 탄력성이 작다	· 박력 밀가루를 썼다 · 유지의 사용량이 부족하였다 · 반죽 정도가 부족하였다	· 반죽이 되었다 · 2차발효 시간이 길었다 · 오븐의 온도가 낮았다
풍미가 부족하다	· 재료의 배합이 조화를 이루지 못하였다 · 저율배합표 사용 · 반죽온도가 낮았다	· 과숙성 반죽을 썼다 · 2차발효실의 온도가 높았다
빵 껍질에 물집이 생겼다	· 이스트의 사용량이 부족하였다 · 반죽 정도가 지나쳤다 · 숙성이 덜 된 반죽을 그대로 썼다	· 가스빼기가 부족하였다 · 2차발효실의 습도가 높았다

결 점	원 인	
노화가 빠르다	· 박력 밀가루를 썼다 · 설탕, 유지의 사용량이 부족하였다	· 2차발효 시간이 길었다 · 오븐의 온도가 낮았다
빵속이 건조하다	· 설탕의 사용량이 부족하였다 · 스펀지의 발효시간이 길었다 · 반죽이 되었다 · 오븐의 온도가 낮아 오래 구웠다	· 물 사용량이 부족하였다 · 반죽 정도가 부족하였다 · 오븐의 온도가 낮거나 높았다 · 보관중 빵이 바깥 공기에 닿았다

기초력 확인문제

1〉 빵의 평가에 가장 중요한 기준은?(기출문제)

① 맛 ② 향 ③ 색 ④ 부피

2〉 빵의 제품평가에서 품질을 측정하는 요소가 아닌 것은?

① 부피 ② 브레이크 ③ 속결 ④ 점도

3〉 오븐 팽창이 일어난 결과 빵의 한 면 또는 두 면에 발생하여 옆면과 윗껍질의 거리로 측정되는 것은?

① 브레이크 ② 결 ③ 기공벽(막) ④ 조직

4〉 빵의 부피가 생각보다 크게 나왔다. 그 이유는?

① 오래된 밀가루를 사용했기 때문
② 소금 사용량이 부족했기 때문
③ 반죽온도가 낮았기 때문
④ 소금 사용량이 많았기 때문

5〉 지나친 발효상태가 제품에 미치는 영향을 잘못 설명한 것은?(기출문제)

① 부피가 크다
② 향이 강하다
③ 껍질이 두껍다
④ 팬흐름이 적다

6〉 식빵의 껍질색이 엳게 나온 이유로 알맞지 않은 것은?

① 1차발효가 지나쳤기 때문
② 오븐의 온도가 낮았기 때문
③ 설탕이 적은 배합이었기 때문
④ 2차발효실의 습도가 높았기 때문

7〉 구워낸 식빵의 밑면이 움푹 패였다. 그 이유가 아닌 것은?(기출문제)

① 반죽이 부족하다
② 윗불 온도가 높았다
③ 반죽이 질었다
④ 배합 비율이 낮았다

답 1〉 ① 2〉 ④ 3〉 ① 4〉 ② 5〉 ④ 6〉 ④ 7〉 ④

단원종합문제

1. 장시간 발효과정을 거치지 않고 배합 후 정형하여 2차발효를 하는 제법은?(기출문제)
   ① 재반죽법 ② 스트레이트법
   ③ 노타임법 ④ 스펀지법

2. 표준 스트레이트법에서 최종 반죽시 바람직한 온도는?(기출문제)
   ① 25℃ ② 27℃
   ③ 29℃ ④ 30℃

3. 효율적인 공정관리를 위하여 오븐과 가장 가까운 곳에 두어야 하는 것은?
   ① 믹서 ② 중간발효기
   ③ 2차발효기 ④ 성형기

4. 같은 양을 생산하는 데 공장면적을 가장 조금 차지하는 제빵법은?
   ① 스트레이트법 ② 스펀지법
   ③ 액체발효법 ④ 연속식 반죽법

5. 스트레이트법은 다른 제빵법과 달리 1차발효시 처음 부피의 2.5~3배가 되었을 때 가스를 뺀다. 다음 중 가스빼기를 하는 이유가 아닌 것은?
   ① 이스트의 활동을 활성화 시키기 위해서
   ② 반죽 속에 산소를 공급하여 반죽의 산화 숙성을 촉진하기 위해
   ③ 반죽온도를 전체적으로 고르게 유지하기 위해
   ④ 1차발효 뒤의 분할 공정에서 반죽을 분할하기 쉬운 상태로 만들기 위해

6. 다음 스트레이트법 중 스펀지법과 가장 비슷한 성격을 지닌 것은?
   ① 비상 반죽법 ② 재반죽법
   ③ 노타임 반죽법 ④ 후염법

7. 다음 중 스트레이트법에 속하지 않는 방법은?
   ① 비상 스트레이트법 ② 노타임 반죽법
   ③ 액체발효법 ④ 재반죽법

8. 후염법으로 반죽을 만들려고 한다. 소금을 넣는 알맞은 시기는?
   ① 1단계(픽 업) 이후 ② 2단계(클린 업) 이후
   ③ 3단계(발전) 이후 ④ 4단계(최종) 이후

◇◇해 설◇◇

4. 연속식 제빵법 : 액체발효법을 더욱 진전시킨 방법. 각각의 공정이 자동 기계의 움직임에 따라 연속 진행된다. 자동기계를 쓰기 때문에 갖가지 설비와 설비공간, 노동력이 줄고 발효손실이 적다. 반면 일시적이나마 많은 돈을 들여 연속식 기계를 들여 놓아야 하는 단점이 있다.
5. 가스빼기란, 스트레이트법으로 반죽을 만들어 1차발효 시키는 동안 반죽속의 가스를 빼는 일. 가스빼기를 하면 이스트의 활동이 활발해져 발효속도가 촉진되고, 반죽온도가 균일해지며 반죽의 산화 숙성이 진전된다.
6. 재반죽법 : 처음에 90%의 물을 넣어 반죽하고 발효시킨 뒤, 나머지 물을 넣고 다시 반죽하여 발효시키는 방법.
7. 액체발효법은 스펀지법의 스펀지와 같은 역할을 하는 액체 발효종을 이용하여 2번에 걸쳐 반죽하는 방법이다.

9. 제빵법 중에서 후염법에 대한 설명으로 틀리는 사항은?
① 반죽시간이 준다. ② 2단계 이후에 소금을 넣는다.
③ 수분흡수가 빠르다. ④ 반죽의 유동성이 커진다.

10. 스펀지의 발효가 끝날 쯤 반죽 표면에 나타나는 변화가 아닌 것은?
① 반죽색이 우유빛으로 변한다. ② 바늘 구멍이 생긴다.
③ 표면이 마른다. ④ 윤기가 난다.

11. 스펀지에 사용하는 밀가루의 양에 따라 스펀지를 분류하면 다음과 같다. 다른 조건이 같을 때 빵의 부피가 가장 큰 빵을 만드는 방법은?
① 60% 스펀지법 ② 80% 스펀지법
③ 90% 스펀지법 ④ 100% 스펀지법

12. 스펀지법에서 스펀지에 사용하는 밀가루의 사용비율을 바꿀 경우가 아닌 것은?
① 발효시간을 바꾸고자 할 때 ② 저장성을 높이고자 할 때
③ 작업량을 바꾸고자 할 때 ④ 밀가루 품질이 바뀌었을 때

13. 스트레이트법과 비교해서 스펀지법이 더 이로운 점이 아닌 것은?
① 발효손실이 적다. ② 저장성이 높다.
③ 부피가 크다. ④ 이스트의 사용량이 준다.

14. 스펀지법에서 스트레이트법보다 절약되는 이스트의 양(%)은?
① 10~15% ② 20~25%
③ 30~35% ④ 40~45%

15. 일반적인 스펀지법으로 식빵을 만들 때 생지반죽(Duogh Mixing)의 가장 적당한 온도는?(기출문제)
① 17℃ ② 27℃
③ 37℃ ④ 47℃

16. 스펀지에 사용하는 밀가루가 다음과 같을 때 본반죽의 발효시간(플로어 타임)이 가장 길어지는 것은?
① 60% ② 70%
③ 80% ④ 100%

— 17~18 —

80% 스펀지법으로 빵을 만들고자 한다.
전체 밀가루의 양은 1,000g, 전체 가수율은 63%이다.

17. 스펀지에 44%의 물을 스펀지에 사용했다면 스펀지 밀가루의 몇 %에 해당하는가?

8~9. 소금은 글루텐의 형성을 촉진하여 반죽의 탄력성을 키운다. 그 결과 반죽시간이 는다.
반죽시간을 줄이고자 할 때 후염법을 쓴다. 즉, 소금을 처음부터 넣어 반죽하지 않고 2단계 이후에 넣는다. 이 방법에 따르면 반죽시간이 줄고 밀가루의 흡수가 촉진된다.

10. 스펀지의 발효점은 스펀지가 부풀어 처음 부피의 4~5배로 되는 시점. 이때 반죽은 가볍고 부드러우며 표면이 마르다. 그리고 우유 빛을 띠고 바늘 구멍이 생긴다.

11~12. 스펀지에 쓰는 밀가루량을 늘릴수록 ① 스펀지의 발효시간은 길게, 본반죽의 발효시간은 짧게 ② 본반죽의 반죽시간을 줄인다 ③ 반죽의 신장성이 좋아진다 ④ 품질이 좋아진다(부피 증대, 얇은 세포막, 부드러운 조직) ⑤ 풍미가 강해진다.

13. 스펀지법의 장점 : 이스트의 사용량이 20% 가량 줄고 빵의 조직과 속결, 부피가 좋고 빵의 저장성이 높으며 잘못된 공정을 수정할 기회가 있다는 점.
단점 : 발효손실이 크고 설비비와 노동력이 많이 필요한 점.

16. 스펀지에 밀가루를 조금 쓸수록 본반죽의 발효시간이 길다.

17. 80% 스펀지법이므로 전체 밀가루량의 80% 사용. ∴스펀지 밀가루 $= 1,000(g) \times \frac{80}{100} = 800(g)$.

① 50% ② 55%
③ 60% ④ 65%

18. 본반죽에 사용한 물의 양은?
① 190g ② 380g
③ 570g ④ 630g

19. 액체발효법에서 액종의 발효점을 찾는 기준은?
① 거품 ② pH
③ 시간 ④ 부피

20. 연속식 제빵법과 관련이 없는 사항은?
① 반죽기 ② 예비 혼합기
③ 성형기 ④ 액체발효법으로 발효시키기

21. 완충제를 넣은 액종을 쓰고 기계적인 힘으로 숙성시키는 제빵법은?
① 비상 반죽법 ② 촐리우드법
③ 액체발효법 ④ 연속식 반죽법

22. 연속식 제빵법에서 화학약품으로 산화제를 쓰는 이유는?
① 반죽의 물리적 성질을 높이기 위해
② 빵의 맛과 향을 높이기 위해
③ 발효를 촉진시키기 위해
④ 액체발효종을 발효시키는 동안 생기는 거품을 없애기 위해

23. 다음 중 표준 스트레이트법 또는 표준 스펀지법 대신 비상 반죽법을 사용하는 이유가 아닌 것은?
① 제품의 저장성을 높이기 위해
② 기계가 고장이 나서 정상 작업을 할 수 없을 때
③ 갑작스러운 주문에 신속히 대처하기 위해
④ 제조시간을 줄이기 위해

24. 빵의 포장 온도로 적당한 것은?(기출문제)
① 24℃ ② 35~40℃
③ 45℃ ④ 50℃

25. 표준 스트레이트법의 반죽온도가 27℃이다. 비상 스트레이트법의 반죽온도는?
① 24℃ ② 27℃
③ 30℃ ④ 33℃

26. 표준 스트레이트법을 비상 반죽법으로 바꾸고자 한다. 이때 이스트 사

18. 스펀지에 쓰는 물은 스펀지 밀가루의 (x)%.
※ 스펀지용 물=
스펀지 밀가루 $\times \frac{x}{100}$
$440=800\times\frac{x}{100}$
※ 본반죽용 물(x)=전체 반죽 물−스펀지용 물,
전체 반죽 물의 양=전체 밀가루 양×가수율=1,000 $\times\frac{63}{100}$=630(g),
x=630 - 440.
19. 액종은 발효한다 해도 스트레이트법이나 스펀지법의 반죽처럼 부피가 커지지 않는다. 그래서 액종의 발효완료점은 액종의 산도(pH)로 판단한다. pH 4.2~5.0이 그 점이다.
20. 연속식 제빵법은 기계를 쓰므로 성형기(몰더)가 따로 필요치 않다.
22. 꽉 막힌 반죽기 안에서 30~60분 숙성시키는 동안 공기가 부족해지므로 반죽이 산화하지 않아 숙성되지 않는다. 곧 산화제는 반죽이 숙성하도록 돕는 물질이다.
23. 비상 반죽법에 따라 만든 빵은 반죽의 발효시간이 짧았기 때문에 쉬 노화되어 오래 보관할 수 없다.

25. 발효속도를 촉진하기 위해 (발효시간을 줄여야 하므로) 반죽온도를 높여 30~31℃를 유지하고, 이스트와 이스트 푸드의 사용량을 늘린다.
26. 비상 반죽법은 발효속도를

용량은 얼마인가? (단, 표준 이스트 사용량은 2%)

① 2% ② 4%

③ 6% ④ 8%

촉진하여 전체 제조 시간을 줄이는 방법. 이 때 이스트 사용량은 2배로 늘린다.

27. 60% 스펀지법을 비상 스펀지법으로 바꾸고자 한다. 이때 비상 스펀지에 들어가는 밀가루는 몇 %인가?

① 60% ② 70%

③ 80% ④ 100%

28. 표준 스트레이트법에서 비상 스펀지법으로 바꿀 경우의 필수적 조치사항이 아닌 것은?(기출문제)

① 소금을 1.75%까지 줄인다 ② 플로어 타임을 10분으로 한다

③ 설탕을 1% 줄인다 ④ 1차발효시간을 15~30분으로 한다

29. 표준 스트레이트법에서 설탕을 6% 사용하였다. 이 배합을 비상반죽법으로 바꾸려면 설탕은 몇 % 사용해야 하는가?

① 그대로 6% ② 5%

③ 4% ④ 7%

29. 1% 줄이기.

30. 고속으로 돌릴 수 있는 반죽기를 이용하여, 반죽을 기계의 물리적인 힘으로 발전 숙성시키는 제빵법은?

① 액체발효법 ② 연속식 제빵법

③ 촐리우드법 ④ 비상 반죽법

30. 촐리우드법은 고속으로 돌릴 수 있는 반죽기를 이용하여, 화학적인 발효에 따른 반죽의 숙성 대신 기계적으로 반죽을 숙성시키는 방법. 초고속 기계로 반죽하기 때문에 제조 시간은 줄지만, 제품의 풍미가 떨어진다.

31. 다음 제빵법 중 이스트의 발효작용에 의존하지 않고, 화학 약품 또는 기계의 물리적 힘을 빌어 반죽을 숙성시키는 방법은?

① 스펀지법–액종반죽법 ② 액종반죽법–연속식 제빵법

③ 연속식 제빵법–촐리우드법 ④ 촐리우드법–노타임 반죽법

32. 산화제, 환원제를 모두 써서 반죽을 발전 · 숙성시키는 제빵법은?

① 스트레이트법 ② 스펀지법

③ 비상반죽법 ④ 노타임 반죽법

32. 노타임 반죽법 : 화학적 약품–산화제, 환원제–의 사용량을 늘리고, 표준 직접반죽법보다 오래 고속으로 반죽하여 전체적인 공정시간을 줄이는 방법. 환원제는 반죽시간을 줄이고, 산화제는 글루텐의 탄력성과 신장성을 높이는 역할을 한다.

33. 스폰지 케이크 반죽을 할 때 더운 방법은 계란과 설탕을 몇 도로 만든 후 믹싱하는가?(기출문제)

① 27℃ ② 43℃

③ 57℃ ④ 63℃

34. 다음 중 발효손실이 가장 많은 제빵법은?

① 스트레이트법 ② 스펀지법

③ 비상 스트레이트법 ④ 오버 나이트 스펀지법

34. 12~24시간 발효. 발효시간이 길므로 발효손실이 크다.

35. 빵 반죽을 냉동시켜 저장할 때 반죽 속에서 일어나는 현상이 아닌 것은?

① 이스트 세포가 일부 죽는다.
② 반죽의 글루텐이 약해진다.
③ 갈변반응이 가속된다.
④ 얼음 결정이 생긴다.

36. 다음날이 휴일이어서 노동력이 부족해짐을 대비하여 전날 반죽을 만들어 냉동 · 냉장하고자 한다. 반죽을 얼릴 때 급속냉동법을 이용하는데 그 이유는?

① 큰 얼음 결정을 만들기 위함이다.
② 밀가루의 수화를 돕기 위함이다.
③ 얼음 결정을 최대한 작게 만들기 위함이다.
④ 나중에 녹이기 쉽도록 하기 위함이다.

37. 500g짜리 빵을 만드는 데 총손실이 10%일 때 분할 무게는?(기출문제)

① 510g	② 556g
③ 570g	④ 580g

38. 빵 반죽을 600g씩 분할하여 구웠다. 빵 1개의 무게는?(단, 굽기손실이 12%일 때)

① 522g	② 528g
③ 534g	④ 540g

39. 반죽 재료의 총량이 1,800g이고 이들 재료로 반죽하여 발효시킨 뒤 4덩이로 분할하려 한다. 이때 한 덩이의 분할 무게는?(단, 발효손실은 2%)

① 437g	② 441g
③ 445g	④ 450g

40. 600g짜리 빵 10개를 만들려고 할 때 발효손실 2%, 굽기 및 냉각손실이 12%면 반죽해야 할 반죽의 총 무게는?(기출문제)

① 6.17kg	② 6.42kg
③ 6.95kg	④ 7.86kg

41. 500g짜리 식빵을 800개 만들고자 한다. 반죽하기에 앞서 다음과 같이 배합표를 작성할 때 (　　) 안의 ①~⑩에 들어가야 할 알맞은 수치는?(단, 발효손실 2%, 굽기손실 13%. 밀가루 kg미만은 올려서, 다른 재료는 소숫점 두 자리까지)

35. 냉동저장시 반죽의 변화 : ① 이스트 세포가 죽어 가스 발생력이 떨어진다 ② 냉장중 이스트가 죽어 환원성 물질이 나오므로 반죽이 퍼진다 ③ 글루텐이 약해져 가스보유력이 떨어진다.

36. 냉동 속도가 빠를수록 반죽 속의 얼음 결정이 작아 제품의 조직을 파괴시키지 않는다. 그리고 그 반죽을 녹여도 수분이 많이 남지 않는다.

39. 처음의 반죽무게=1,800g
발효한 뒤의 반죽무게=1,764g
∴ 1,764g을 441g씩 4덩어리로 나눈다.

재료	비율(%)	무게(kg)
강력분	100	(②)
물	64	(③)
이스트	1.8	(④)
이스트 푸드	0.2	(⑤)
소금	2	(⑥)
설탕	5	(⑦)
쇼트닝	4	(⑧)
탈지분유	3	(⑨)
계	(①)	(⑩)

41. 빵의 총량=0.5kg×800
=400kg
분할 중량=400÷0.87
=495.77(kg)
재료 총 배합량=459.77÷0.98=469.15(kg)
밀가루 무게=$469.15\times\frac{100}{180}$
=260.64(kg)≒261kg
총 배합률=180.0%
총 배합량=469.80kg

42. 다음 중 비상 스트레이트법에서 반죽온도로 맞는 것은?(기출문제)

① 24℃ ② 27℃
③ 30℃ ④ 32℃

43. 다음 반죽의 발전 단계 중, 반죽의 상태로 보아 반죽기에 힘을 더 주게 되는 것은?

① 1단계(픽업단계) ② 2단계(클린업단계)
③ 3단계(발전단계) ④ 4단계(최종단계)

43. 반죽의 탄력성이 클수록 반죽기 작동에 힘이 많이 들어간다.

44. 빵 반죽은 밀가루가 물을 흡수하여 만든 글루텐을 뼈대로 삼고 있다. 다음 반죽의 배합 재료 중 밀가루의 수화를 가장 더디게 만드는 것은?

① 설탕 ② 분유
③ 쇼트닝 ④ 손상전분 함량

44. 유지는 밀가루에 물이 웬만큼 흡수된 뒤에 넣는다. 처음부터 유지를 넣어 섞으면 밀가루가 물기를 먹는 데 시간이 많이 걸려, 결국 반죽시간이 길어지기 때문이다.

45. 스트레이트법으로 반죽할 때 반죽시간에 가장 적은 영향을 주는 재료는?

① 밀가루 ② 이스트 푸드
③ 소금 ④ 쇼트닝

45. 반죽시간의 길고 짧음에 영향을 주는 요소는 재료, 반죽온도, 흡수율, pH 등. 재료 중에서 이스트 푸드는 반죽시간과 관계가 없다.

46. 다음 설명 중 제빵에 분유를 사용해야 하는 경우는?(기출문제)

① 단백질 함량이 낮거나 단백질의 질이 좋지 않을 때
② 표피 색깔이 너무 빨리 날 때
③ 디아스타제 대신 사용하고자 할 때
④ 이스트 푸드 대신 사용하고자 할 때

47. 다음 중 빵 반죽을 만들 때 밀가루의 흡수율이 높아지는 경우에 해당하는 것이 아닌 것은?

① 반죽온도 낮음 ② 탈지분유 사용
③ 설탕 사용량 늘림 ④ 경수 사용

48. 식빵 배합에서 소맥분 대비 4%의 탈지분유를 사용할 때 다음 중 틀린 것은?(기출문제)

① 발효를 촉진시킨다
② 믹싱 내구성을 높인다
③ 표피색을 진하게 한다
④ 흡수율을 증가시킨다

49. 가수율이 부족한 반죽의 특성으로 알맞지 않은 설명은?

① 수율(收率)이 낮다. ② 둥글리기가 어렵다.
③ 빵의 노화가 늦다. ④ 부피가 작다.

50. 스트레이트법으로 식빵을 만들고자 한다. 물 사용량은 1,000g이고 수도물 온도가 20℃일 때 사용할 물의 온도를 -5℃로 낮추려면 얼음을 얼마나 사용하여야 하는가?

① 120g ② 150g
③ 250g ④ 313g

51. 다음 중 믹싱 시간이 가장 긴 제품은?(기출문제)

① 프랑스빵 ② 잉글리시 머핀
③ 햄버거 번즈 ④ 식빵

52. 빵 반죽을 만들다 보니 적정 시간을 놓쳐 버렸다. 이렇게 오버 믹싱된 반죽으로 정상적인 빵을 만들기 위한 조치사항으로 틀린 것은?

① 1차발효 온도를 낮춘다. ② 환원제를 쓴다.
③ 1차발효 시간을 줄인다. ④ 성형시간을 줄인다.

53. 알코올 발효가 활발히 일어날 수 있는 반죽의 산도는?

① pH 2~4 ② pH 4~6
③ pH 6~8 ④ pH 8~10

54. 다음 제빵 재료 중 발효에 영향을 주지 않는 재료는?

① 쇼트닝 ② 밀가루
③ 소금 ④ 이스트

55. 이스트를 2.4% 사용한 반죽은 120분간 발효시켜야 했다. 이와 같은 효과를 내면서 90분간 발효시키려면 이스트를 몇 % 써야 하는가?

① 1.7% ② 2.4%
③ 2.6% ④ 3.2%

56. 설탕과 소금을 무한정 늘린다고 해서 발효가 계속 활발해지지는 않는다. 발효를 방해하기 시작하는 사용범위는?

50. 얼음 사용량 = 물 사용량 × $\frac{\text{(수돗물 온도-계산된 물온도)}}{\text{80+수도물 온도}}$

53. 발효현상이 일어나기에 알맞은 조건 : 발효 주체인 미생물, 발효 대상물인 당류, 미생물이 활동하기에 알맞은 환경(수분 온도 산도). 알코올 발효에 작용하는 미생물은 효모(이스트)인데, 효모는 수분이 있고 온도 27℃ 산도 4~6에서 활성이 최대이다. 이스트는 5~7℃에서 발효 정지, 30℃ 이상에서 산류를 만드는 균이 번식하므로 27~29℃가 적정온도이다. 또, pH 4~6인 약산성 물질에서 활성한다.

55. $y = \frac{Y \times T}{t} = \frac{2.4 \times 120}{90}$

① 소금 0.5%, 설탕 1%　　② 소금 1%, 설탕 5%
③ 소금 1.5%, 설탕 8%　　④ 소금 2%, 설탕 10%

57. 스펀지의 발효를 발효점 상태에서 끝내려고 한다. 이때의 반죽의 상태는 어떠한가?
① 탄력성이 큰 직물구조　　② 습하고 끈적거리는 직물구조
③ 가볍고 부드러운 직물구조　　④ 탄력성을 잃은 직물구조

58. 스펀지가 발효하는 동안 반죽온도와 산도가 바뀐다. 변화한 정도는 어떠한가?
① 온도와 산도가 모두 오른다.
② 온도 오르고 산도 떨어진다.
③ 온도와 산도가 모두 떨어진다.
④ 온도 떨어지고 산도 오른다.

58. 산도가 낮을수록 가스 발생력이 커진다. 따라서 발효가 진행되는 동안은 산도가 떨어짐을 알 수 있다.
※산도(pH)
(강)←산성→ 중성←알칼리성→(강)
1 (신맛) 7 (쓴맛) 14
산도(pH)가 낮을수록 강산성이 됨.

59. 분할기의 정밀도를 높이고 오래 쓰기 위해 분할기에 윤활유를 사용한다. 다음 중 윤활유가 갖추어야 할 조건으로 알맞지 않은 것은?
① 무색　　② 무미
③ 무취　　④ 형광

60. 분할하고 난 반죽은 뒤이어 둥글리기를 한다. 그 이유로 알맞지 않은 것은?
① 반죽이 끈적거리지 않도록 하기 위해
② 분할하는 동안 흐트러진 글루텐의 구조를 정돈하기 위해
③ 반죽 전체에 기공을 고르게 퍼뜨리기 위해
④ 반죽의 부피를 키우기 위해

60. 둥글리기는 분할한 반죽을 다시 정돈하여 성형 작업을 쉽게 할 수 있도록 거치는 단계이다. 둥글리기에서 부피가 커지는 일은 없다.

61. 제빵시 성형 직전에 행하는 중간발효의 목적이 아닌 항목은?(기출문제)
① 경화된 반죽의 상태를 완화시킨다
② 글루텐 조직의 구조를 재정돈시킨다
③ 반죽을 팽창시켜 기계에 대한 내성을 저하시킨다
④ 성형과정에서 반죽이 잘 늘어나게 한다

62. 중간발효를 끝낸 반죽을 성형기에 넣고 통과시켰더니 모양이 아령처럼 되어 나왔다. 이때 성형기의 압력은 어떠한가?
① 가운데와 가장자리의 압력이 다르다.
② 압력이 너무 강하다.
③ 압력이 너무 약하다.
④ 성형기의 압력과는 관계가 없다.

63. 반죽 시 렛다운 단계(let down stage)를 바르게 설명한 것은?(기출문제)

① 최종단계를 지나 생지가 탄력성을 잃으며 신장성이 최대인 상태
② 반죽이 처지며 글루텐은 완전히 파괴된 상태
③ 글루텐이 발전하는 단계로서 최고도의 탄력성을 가지는 상태
④ 수화는 완료되고 글루텐 일부가 완료된 상태

64. 제빵용 팬기름에 대한 설명으로 틀린 것은?(기출문제)
① 종류에 상관없이 발연점이 높아야 한다
② 팜유(mineral oil)도 사용된다
③ 정제 라드, 식물유, 혼합유도 사용된다
④ 과다하게 칠하면 밑껍질이 두껍고 어두워진다

65. 어느 반죽의 비용적이 2.5cc/g이라면, 즉 반죽이 1당 2.5cm의 부피를 갖는다면 가로가 15cm, 높이가 4cm, 세로가 2cm인 팬에는 몇 g의 반죽을 넣어야 하는가?(기출문제)
① 24g ② 48g
③ 84g ④ 128g

66. 틀의 크기가 다음과 같다. 여기에 채울 알맞은 반죽량은?(단, 비용적 =3.6)
① 36g ② 42g
③ 53g ④ 60g

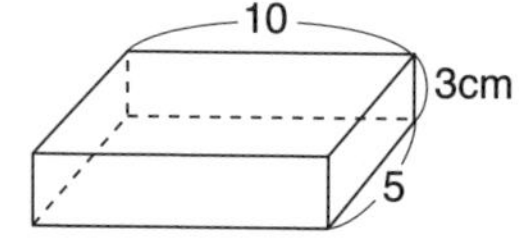

67. 다음 팬의 용적을 구하시오.(기출문제)
① 2,141cm³
② 2,257cm³
③ 2,376cm³
④ 2,570cm³

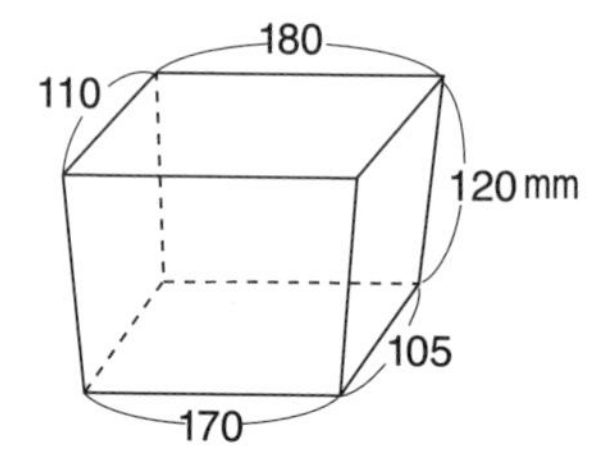

68. 가로 10cm, 세로 5cm, 높이 3.6cm 일때 직사각형 팬에 넣는 분할량은?(비용적은 3.6cm³/g)
① 42g ② 44g
③ 46g ④ 50g

69. 적정 범위 안에서 다른 조건이 같을 때 2차발효 시간을 늘리면 나타나는 현상이 아닌 것은?
① 제품의 부피가 커진다.
② 제품의 산도가 낮아진다.
③ 저장성이 낮다.
④ 발효손실이 적다.

68. 반죽의 분할량=팬용적÷비용적
직사각형의 팬용적=10cm×5cm×3.6cm=180
반죽의 분할량=180÷3.6=50g

69. 발효시간이 짧으면 부피가 작고 색이 짙으며 옆면이 터진다. 반대로, 길면 껍질색이 옅고 기공이 거칠며 저장성이 떨어지고 발효손실이 크다.

70. 성형 · 팬닝을 끝낸 반죽의 온도가 30℃이다. 이 반죽을 발효시키고자 하면 몇 ℃의 발효실에 넣어야 하는가?

① 24℃ ② 29℃
③ 35℃ ④ 45℃

71. 다음 중 2차 발효실의 습도를 가장 낮추어 사용하는 빵을 바르게 짝지은 것은?

① 건포도식빵－프랑스 빵 ② 우유 식빵－도넛
③ 데니시 페이스트리－도넛 ④ 도넛－머핀

72. 다음 중 2차 발효실의 습도가 규정 습도보다 높았을 때 반죽과 빵에 나타나는 현상으로 올바른 것은?

① 빵 껍질이 질기다. ② 반죽상태에서 껍질이 생긴다.
③ 껍질색이 고르지 못하다. ④ 반죽이 제대로 부풀지 않는다.

73. 2차 발효시 적정 범위 안에서 발효실의 온도와 발효시간 사이의 관계로 알맞은 것은?

① 온도가 높을수록 시간이 짧아진다.
② 온도가 높을수록 시간이 길어진다.
③ 온도가 낮을수록 시간이 짧아진다.
④ 온도와 시간은 아무 관계도 없다.

74. 빵이 구워지는 단계에서, 반죽온도가 49℃에 이르렀을 때 반죽에 나타나는 현상은?

① 탄산 가스의 용해도가 감소하기 시작한다.
② 끓는점이 낮은 액체 알코올이 증발하기 시작한다.
③ 이스트가 죽는다.
④ 아밀라아제의 활성이 멎는다.

75. 다음 중 반죽이 오븐팽창 단계를 거치면서 일어나는 현상으로 알맞지 않은 것은?

① 가스 세포벽의 팽창 ② 알코올 증발
③ 탄산 가스 증발 ④ 전분의 호화

76. 빵 반죽을 구울 때 일어나는 오픈 팽창에 영향을 주는 것은?

① 반죽 속에 녹아 있던 탄산 가스가 기체로 바뀌는 일.
② 전분이 호화하는 일.
③ 이스트가 자체 활성하는 일.
④ 반죽온도가 오름에 따라 가스가 팽창하는 일(오븐라이즈).

77. 빵 반죽은 굽기 마지막 단계에서 2가지 반응을 거친다. 캐러멜화 반응

71. 데니시 페이스트리는 유지의 특성 때문에 온도와 습도가 낮아야 한다.

72. 발효실의 습도가 높으면 수분이 반죽 거죽에 모여들어 껍질이 질겨지고 거칠어지며 기포가 생기고 껍질색이 짙어진다. 반면, 낮으면 반죽 상태에서 거죽이 말라 껍질이 생기고 반죽이 부풀지 않으며 표피가 찢어지기도 한다. 또 표면의 수분이 증발하여 표피와 내부가 분리된다.

73. 발효실의 온도가 높을수록 발효속도가 빨라져 그만큼 발효에 걸리는 시간이 짧아진다.

74~76. 오븐 팽창 : 반죽온도가 49℃에 이르러 부피가 팽창하는 현상. 완제품 크기의 1/3만큼 부푼다. 발효하는 동안 생긴 가스가 열을 받아 압력이 커짐으로써 팽창한다. 또 이스트가 가스를 발생하기 때문에 부피가 커진다. 그리고 54℃쯤에서 시작하는 전분의 호화 현상에 따라 방해를 받는다.

과 메일라드 반응이 그 예이다. 이 중 캐러멜화 반응과 관계가 적은 것은?

① 당 분해 ② 알코올 생성
③ 향 들임 ④ 껍질색 들임

78. 정형 작업실의 온도와 습도는?(기출문제)

① 24℃, 65~75% ② 27℃, 65~75%
③ 27℃, 80~85% ④ 24℃, 80~85%

79. 2차발효실의 습도가 높으면 생기는 것이 아닌 것은?(기출문제)

① 생지에 습기가 서린다. ② 거친 껍질이 생긴다.
③ 오븐에서 팽창이 줄어든다. ④ 기포가 생긴다.

80. 갓 구워낸 빵을 식히는 온도의 범위는?

① 12~18℃ ② 27~30℃
③ 35~40℃ ④ 45~50℃

81. 완벽하게 포장을 했어도 빵이 노화하는 이유는?

① 전분이 노화한 탓. ② 향이 바뀐 탓.
③ 수분이 자리바꿈한 탓. ④ 단백질이 바뀐 탓.

82. 일반적으로 빵의 노화현상에 따른 변화(staling)와 거리가 먼 것은?(기출문제)

① 수분 손실 ② 전분의 결정화
③ 향의 손실 ④ 곰팡이 발생

83. 과일이 많이 들어 있는 빵에 곰팡이가 잘 피지 않는 이유는?

① 유기산 ② 비타민 C
③ 무기질 ④ 단백질

84. 실온보다 높은 온도의 빵을 그대로 포장하였을 때 일어나는 현상으로 알맞지 않은 것은?

① 자르기 어렵다. ② 포장지속에 수분이 응축한다.
③ 곰팡이가 피기 쉽다. ④ 노화가 빨라진다.

85. 다음 중 구워낸 직후의 식빵 속의 수분 함량에 가까운 것은?

① 15% ② 35% ③ 45% ④ 55%

86. 다음 중 빵의 노화방지를 위해 첨가하는 물질은?

① 에스에스엘(SSL) ② 이스트 푸드
③ 중조(중탄산나트륨) ④ 황산암모늄

77. 캐러멜화 반응 : 당류가 열을 받아 분해되어 캐러멜이 생기는 반응.
메일라드 반응 : 당류가 아미노산과 결합하여 멜라노이딘을 만드는 반응.
※ 이들 캐러멜과 멜라노이딘은 껍질색을 들이고 향을 내는 물질이다.

87. 건포도를 전처리하는 이유로 가장 중요한 것은?

① 수율(收率) ② 온도

③ 빵속의 수분 이동을 막음 ④ 향

88. 포장된 건포도는 상대습도 몇 %에서 평형 상태를 이루는가?

① 30% ② 50%

③ 70% ④ 90%

89. 건포도식빵을 만들 때 건포도를 넣는 시기로 알맞은 것은?

① 1단계(픽 업 단계) ② 2단계(클린 업 단계)

③ 3단계(발전 단계) ④ 4단계(최종 단계)

90. 건포도를 50% 사용한 건포도식빵의 반죽은 일반 식빵과 비교하여 분할 무게를 어떻게 조절하면 되는가?

① 10% 줄임 ② 10% 늘림

③ 25% 줄임 ④ 25% 늘림

91. 데니쉬 페이스트리 반죽을 휴지시킬 때 냉장고의 온도가 너무 낮으므로 인해서 일어날 수 있는 현상은?

① 유지가 흘러 나온다.

② 밀어펴기가 용이하다.

③ 밀어펴기 중 반죽이 찢어진다.

④ 제품의 볼륨이 더 커진다.

92. 단과자빵의 색을 짙게 하려면 설탕의 일부를 다른 당으로 바꿔 쓰면 된다. 어떤 당이 좋은가?

① 당밀 ② 전화당

③ 포도당 ④ 물엿

93. 미국식 데니시 페이스트리에 사용하는 유지량은 반죽의 몇 %인가?

① 10~30% ② 20~40%

③ 30~50% ④ 40~50%

94. 데니시 페이스트리 제조시 오래 반죽할 경우 생기는 현상이 아닌 것은?

① 결이 크다. ② 결이 없다.

③ 부피가 크다. ④ 결이 부서진다.

95. 페이스트리를 냉동하는 이유가 아닌 것은?(기출문제)

① 밀가루의 흡수를 위해 ② 퍼짐을 좋게 하기 위해

③ 유지를 굳게 하기 위해 ④ 끈적거림을 방지하기 위해

87. 건포도 무게의 12% 가량 되는 물(27℃)에 버무려 비닐 봉지에 넣어 둔다. 그러면 수율이 높아지고 맛이 좋아지며, 빵속의 수분 이동을 막아 빵속이 마르지 않는다.

88. 습도 45~50%에서 평형상태를 이룸. 고온다습한 곳에 보관하면 당분 결정이 나온다.

89. 건포도를 반죽 초기에 넣으면 건포도가 조각나 색이 변하고, 건포도 속의 당이 이스트의 활력을 떨어뜨리며 껍질 색을 어둡게 만든다.

90. 건포도 사용량과 반죽 분할량의 관계

건포도 양	반죽 분할량
30%	12% 증가
50%	25% 증가
70%	40% 증가

92. 포도당은 단당류이기 때문에 캐러멜화가 빠르다. 단, 설탕 사용량의 1/2을 넘지 않도록.

93. 미국식은 25%, 덴마크식은 40~55%.

94. 반죽시간이 짧으면 결이 생기지 않고, 길면 부피와 결이 크나 질감이 거칠고 부서지기 쉽다.

96. 발효에 영향을 주는 요소와 가장 거리가 먼 것은?(기출문제)

① 온도　② 쇼트닝의 양
③ 이스트의 양　④ pH

97. 데니시페이스트리의 반죽 온도는?(기출문제)

① 18~22℃　② 24~27℃
③ 27~30℃　④ 30~35℃

98. 피자에 사용하는 향신료로서 거의 필수적인 것은?

① 계피　② 오레가노
③ 넛메그　④ 올스파이스

98. 오레가노는 필수적인 향신료, 모차렐라 치즈는 쫄깃한 맛을 낸다. 양파도 향신료로 쓴다.

99. 도넛의 튀김온도로 가장 적당한 정도는?(기출문제)

① 105℃ 내외　② 145℃ 내외
③ 185℃ 내외　④ 225℃ 내외

100. 빵 도넛을 튀길 때 사용하는 튀김 기름의 질을 저하시키는 요인이 아닌 것은?(기출문제)

① 공기접촉　② 토코페롤 첨가
③ 높은 온도　④ 수분 접촉

101. 하스 브레드의 재료 중 일반 식빵보다 적게 쓰는 것이 아닌 것은?

① 분유　② 이스트
③ 설탕　④ 쇼트닝

102. 프랑스 빵 배합에 맥아를 사용하는 이유로 알맞지 않은 것은?

① 껍질색을 개선시키기 위해
② 가스 생산량을 늘리기 위해
③ 향을 들이기 위해
④ 단맛을 내기 위해

103. 프랑스 빵을 만들 때 반죽을 되직하게 만드는 이유는?

① 바삭바삭한 껍질을 만들기 위해
② 칼집내기 쉽도록 하기 위해
③ 반죽의 점성을 낮추어 모양을 유지하기 위해
④ 제품의 신선함을 오랫동안 유지하기 위해

103~104. 프랑스 빵은 틀없이 굽는 대표적인 하스 브레드. 제 모양을 유지하기 위해 되직한 반죽을 만든다. 가장 진 반죽은 잉글리시 머핀이다.

104. 일반 식빵의 물 흡수율이 64%라면 같은 밀가루로 프랑스 빵을 만들고자 할 때 물 흡수량은?

① 60%　② 64%
③ 68%　④ 71%

105. 호밀빵을 만들 때 호밀가루의 함량이 많을수록 이스트 사용량은?

① 줄인다. ② 늘린다.
③ 변함없다. ④ 관계없다.

105. 호밀 사용량을 늘리면 이스트의 사용량을 줄여야 호밀빵이 터지지 않는다.

106. 호밀빵에서 호밀의 기능으로 맞지 않은 것은?

① 반죽과 빵의 뼈대 ② 색
③ 맛 ④ 조직

106. 호밀은 가스 보유력과 뼈대 형성 능력이 모자라기 때문에 밀가루를 섞어 쓴다.

107. 호밀빵을 구울 때 증기를 불어 넣는다. 그 이유로 맞지 않은 것은?

① 칼집이 터지지 않고 곱게 벌어지도록 하기 위해
② 껍질에 윤기를 내기 위해
③ 껍질이 바삭바삭하도록 하기 위해
④ 빵속의 기공이 보기 좋도록 하기 위해

108. 전밀빵을 만들 때 전밀가루에 밀가루를 섞으면 다음과 같은 현상이 나타난다. 옳지 않은 것은?

① 2차발효 시간이 준다. ② 부피가 커진다.
③ 반죽 다루기가 쉽다. ④ 반죽의 내구력이 커진다.

109. 다음 중 가장 된 반죽으로 만드는 제품은?

① 식빵 ② 과자빵
③ 프랑스 빵 ④ 잉글리시 머핀

110. 다음 중 가장 오래 반죽하여 만든 제품은?

① 햄버거빵 ② 프랑스 빵
③ 식빵 ④ 과자빵

110. 햄버거빵은 내상을 벌집모양으로 거칠게 하고 퍼짐성을 좋게 하기 위해 약간 오버 믹싱한다.

111. 보통 2차 발효실의 온도가 가장 낮은 제품은?

① 건포도식빵 ② 데니시 페이스트리
③ 피자 ④ 프랑스 빵

112. 굽는 동안에 증기를 불어넣어 굽는 제품은?

① 커피 케이크 ② 건포도식빵
③ 프랑스 빵 ④ 머핀

113. 다음은 발효가 제품의 껍질에 미치는 영향들을 열거한 것이다. 설명 중 틀린 것은?(기출문제)

① 스펀지 발효는 어리고, 반죽 발효에 조정이 없다면 그 껍질색은 정상보다 어둡다.

② 스펀지 발효는 어리고, 반죽 발효를 정상보다 약간 연장한다면 그껍질색은 실제 정상 것과 같다.

③ 스펀지 발효가 지치고, 반죽 발효를 정상보다 약간 연장한다면 그 껍질색은 아주 어둡다.

④ 스펀지 발효가 지치고, 반죽 발효를 정상보다 연장한다면 그 껍질색은 아주 밝다.

114. 빵속의 색이 어둡다. 그 원인으로 알맞지 않은 것은?

① 오븐 온도가 높았기 때문

② 지나치게 많이 반죽했기 때문

③ 발효정도가 지나친 반죽을 썼기 때문

④ 이스트 푸드를 많이 사용했기 때문

115. 빵속에 줄무늬가 생기는 원인으로 알맞지 않은 것은?

① 덧가루를 많이 사용했기 때문

② 둥글리기가 불량했기 때문

③ 중간발효시 습도가 낮아 거죽이 생긴 반죽을 썼기 때문

④ 설탕을 많이 썼기 때문

116. 다른 조건이 같을 때 빵의 부드러움이 더 오래 지속될 수 있는 이유로 알맞은 것은?

① 당 함량이 부족했기 때문
② 쇼트닝을 너무 많이 썼기 때문
③ 반죽이 너무 되직했기 때문
④ 덧가루를 너무 많이 썼기 때문

117. 빵 껍질이 갈라지는 이유가 아닌 것은?

① 너무 빨리 식혔기 때문
② 윗불 온도가 높았기 때문
③ 반죽이 질었기 때문
④ 배합 비율이 낮았기 때문

118. 식빵을 만들었을 때 모서리가 예리하게 나왔다. 그 이유는?

① 반죽이 되직했기 때문
② 어린반죽을 썼기 때문
③ 지친 반죽을 썼기 때문
④ 너무 숙성한 밀가루의 사용

118. 모서리가 예리해지는 원인 : 반죽의 점성이 크고 어린반죽, 숙성하지 않은 밀가루, 질은 반죽, 오버 믹싱한 반죽을 썼기 때문.

119. 식빵의 옆면이 움푹 들어가는(caving) 원인이 아닌 것은?(기출문제)

① 2차발효가 덜 되었을 때

② 회전속도가 느린 반죽기 사용, 반죽 믹싱이 덜 되었을 경우

③ 팬의 체적을 초과해 반죽을 넣었을 때

④ 오븐의 열 분배가 고르지 않고 낮은 온도에서 구울 때

120. 식빵의 껍질 표면에 물집이 생기는 원인으로 알맞지 않은 것은?

① 발효가 부족했기 때문

② 2차 발효실 습도가 높았기 때문

③ 반죽이 되직했기 때문

④ 오븐에서 반죽을 거칠게 다루었기 때문

121. 식빵을 갓 구워냈을 때 껍질이 갖고 있는 수분량은?

① 6% ② 12%
③ 18% ④ 24%

122. 식빵을 만들 때 소금을 많이 쓰면 일어나는 현상은?

① 빵의 부피가 작다. ② 껍질색이 옅다.
③ 껍질이 부서지기 쉽다. ④ 빵속의 색이 희다.

123. 설탕을 많이 사용한 식빵에 나타나는 현상은?

① 발효속도가 빨라진다. ② 발효속도가 늦어진다.
③ 부피가 커진다. ④ 껍질색이 옅어진다.

124. 식빵 배합 중 설탕의 양을 표준보다 많이 넣었을 때 그 대응책으로 맞는 것은?

① 소금의 사용량을 늘린다.
② 이스트량을 늘린다.
③ 반죽온도를 낮춘다.
④ 분유의 사용량을 늘린다.

125. 다음 중 산화가 부족한 반죽이 지니는 특성으로 알맞지 않은 것은?

① 신장성이 좋다. ② 부드럽다.
③ 끈적거린다. ④ 기계의 힘을 견디기 쉽다.

126. 최근, 빵 과자를 판매하는 현장에서 손쉽게 구워 팔 수 있어 신선함을 보장받을 수 있고, 재고품이 남을 염려가 없는 냉동반죽의 생산량이 늘고 있다. 다음 중 냉동반죽을 만드는 재료에 대한 설명으로 틀리는 것은?

① 밀가루는 단백질 함량이 많은 것을 사용한다.
② 냉동 · 해동시키는 데 오랜 시간이 걸리므로 이스트의 사용량을 줄인다.
③ 흡수량은 일반 반죽과 비슷하나 좀더 낮추는 것이 좋다.
④ 산화제를 적당량 사용한다.

126. 냉동반죽은 냉동 저장시, 이스트가 죽어 가스발생력이 떨어지므로 보통 반죽보다 이스트의 사용량을 늘린다. 또, 환원성 물질이 생겨 반죽이 퍼지므로 되직하게 반죽해야 한다.

127. 정상적으로 만든 식빵 반죽 2.4g은 틀의 바닥면적 1㎠를 차지한다. 반죽을 960g씩 분할하여 다음과 같은 틀에 채우려 한다. 이때 틀의 세로 길이를 구하여라.

① 7㎝
② 10㎝
③ 12㎝
④ 15㎝

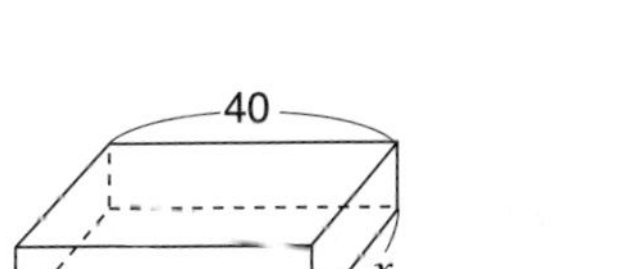

127. 1㎠ : 2.4g = ( ) : 960g
= 400(㎠)
면적 = 가로 × 세로의 길이
$400 = 40 \times x$
$x = 10$(㎝)

128. 스트레이트법에서 실내온도가 25℃, 사용수 온도 18℃, 가루분 온도 19℃, 결과온도 29℃일 때 마찰계수는?(기출문제)

① 88　　② 44
③ 25　　④ 22

129. 발효손실 2%, 굽기손실 12%, 총 배합률 180%일때 완제품 중량 500g짜리 100개를 만들려면 22kg짜리 밀가루가 몇 포가 있어야 한나?(기출문제)

① 1포　　② 2포
③ 3포　　④ 4포

130. 굽기 및 냉각 손실이 13%인 빵완제품 중량을 600g으로 하려면 분할 무게는 얼마로 하는가?(기출문제)

① 568g　　② 590g
③ 690g　　④ 720g

130. 127÷0.012
=10,583개
10,583÷10=1,058개

정답

1 ③	2 ②	3 ③	4 ④	5 ④	6 ②	7 ③	8 ②	9 ④	10 ④
11 ④	12 ③	13 ①	14 ②	15 ②	16 ①	17 ②	18 ①	19 ②	20 ③
21 ④	22 ①	23 ①	24 ②	25 ③	26 ②	27 ③	28 ①	29 ②	30 ③
31 ④	32 ④	33 ②	34 ④	35 ③	36 ③	37 ②	38 ②	39 ②	40 ③
41 ①180.0	②261	③167.04	④4.70	⑤0.52	⑥5.22	⑦13.05	⑧10.44	⑨7.83	⑩469.80
42 ③	43 ③	44 ③	45 ②	46 ①	47 ③	48 ①	49 ③	50 ③	51 ②
52 ②	53 ②	54 ①	55 ④	56 ②	57 ③	58 ②	59 ④	60 ④	61 ③
63 ②	63 ①	64 ①	65 ②	66 ②	67 ②	68 ④	69 ④	70 ③	71 ③
72 ①	73 ①	74 ①	75 ④	76 ①	77 ②	78 ②	79 ③	80 ③	81 ①
82 ④	83 ①	84 ④	85 ③	86 ①	87 ③	88 ②	89 ④	90 ④	91 ③
92 ③	93 ②	94 ②	95 ②	96 ②	97 ①	98 ②	99 ③	100 ②	101 ②
102 ④	103 ③	104 ①	105 ①	106 ①	107 ④	108 ①	109 ③	110 ①	111 ②
112 ③	113 ③	114 ①	115 ④	116 ②	117 ③	118 ②	119 ①	120 ③	121 ②
122 ①	123 ②	124 ②	125 ④	126 ②	127 ②	128 ③	129 ②	130 ③	

제2장 제과이론

제1절 과자와 과자 반죽의 분류

◇◇ 보충설명 ◇◇

빵이 서양인의 주식인 데 반해, 과자는 주식 이외에 기호식품으로 맛을 즐기는 것이다. 빵과 과자를 구분하는 기준은 ① 이스트의 사용 여부 ② 설탕 배합량의 많고 적음 ③ 밀가루의 종류 ④ 반죽 상태 등이다.

또, 같은 과자라 해도 공기를 어떻게 포함시켜 부풀리느냐 하는 방법에 따라 화학적 팽창 제품, 물리적(공기) 팽창 제품, 유지에 의한 팽창 제품, 무팽창 제품, 복합형 팽창 제품으로 나눈다. 그밖에 가공 형태, 익히는 방법, 지역적 특성, 수분 함량 등에 따라 다양한 분류가 가능하다.

☞팽창 : 어떤 물체의 부피가 늘어나는 현상.

1. 과자의 분류

(1) 팽창방법에 따른 분류

1) 화학적 방법－베이킹 파우더 같은 화학품을 팽창제(☞)로 이용하여 부풀린 과자. 레이어 케이크, 케이크 도넛, 케이크 머핀, 팬 케이크, 파운드 케이크의 일부, 과일(프루츠) 케이크 등.

2) 물리적 방법(공기팽창)－거품을 이용하여 부풀린 과자. 반죽을 휘저어 거품을 일으켜 반죽 속에 공기를 집어넣는다. 스펀지 케이크, 에인젤 푸드 케이크, 시폰 케이크, 머랭, 거품형 반죽 쿠키 등.

3) 얇은 층 만들기(유지에 의한 팽창)－밀가루 반죽에 유지를 접어넣거나 잘게 잘라 뭉쳐서 굽는 동안 유지층이 들떠 부풀도록 한 과자. 퍼프 페이스트리 등.

4) 무팽창－수증기압의 영향을 받아 조금 팽창시킨 과자. 아메리칸 파이(타르트의 깔개반죽), 쿠키(비스킷)가 이에 속한다.

5) 위의 방법 병용하기－이스트 팽창＋화학 팽창, 이스트 팽창＋물리적 팽창, 화학 팽창＋물리적 팽창 등.

☞화학 팽창제의 종류 : 베이킹 파우더, 중조, 암모니아 등. 가스발생과정; $2NaHCO_3 \rightarrow CO_2\uparrow + H_2O + Na_2CO_3$

☞발효 과정; $C_6H_{12}O_6 \rightarrow CO_2 + C_2H_5OH$

☞복합형 팽창이라고도 한다.

(2) 수분 함량에 따른 분류

1) 생과자 : 수분이 30% 이상인 과자.

2) 건과자 : 수분이 5% 이하인 과자.

(3) 가공 형태에 따른 분류

1) 케이크류

① 양과자류 : 반죽형, 거품형, 시폰형의 서구식 과자 등.

② 생과자류 : 수분 함량이 높은 과자류.
화과자의 상당수가 여기에 속한다.

③ 페이스트리류 : 퍼프 페이스트리, 각종 파이 등.

2) 데커레이션 케이크—가장 기본이 되는 시트 케이크에 갖가지 형태로 장식하여 맛과 시각적 효과를 높인 것.

3) 공예과자—미적 효과를 살린 과자. 데커레이션 케이크와 다른 점은 공예과자는 먹을 수 없는 재료의 사용이 가능하다는 것이다.

4) 초콜릿 과자—초콜릿을 이용한 과자. 초콜릿 자체를 여러 모양으로 만들어 굳힌 것과, 녹인 초콜릿을 다른 과자에 입힌 것이 있다.

(4) 익히는 방법에 따른 분류

1) 구움과자—보통의 과자류

2) 튀김과자—도넛

3) 찜과자

4) 냉과—차갑게 식히거나 굳혀 차가운 상태에서 제맛을 내는 것.

(5) 지역적 특성에 따른 분류

1) 한과(韓菓)

2) 양과(洋菓)

3) 중화과자

4) 화과자

2. 과자 반죽의 분류

(1) 반죽형 반죽(batter type paste)

기본 재료—밀가루, 계란, 설탕, 유지—에 우유나 물을 넣고 화학 팽창제(베이킹 파우더)를 사용하여 부풀린 반죽. 각종 레이어 케이크, 파운드 케이크, 과일 케이크, 마들렌, 바움쿠헨 등을 만들 때 사용한다.

반죽형 반죽을 만드는 방법은 다음 5가지이다.

1) 크림법(creaming method, 슈거 쇼트닝 배터법, 슈거 배터법)

① 유지와 설탕을 섞어 크림상태로 만든다.

② 계란을 2~3회에 나누어 넣고 크림상태로 만든다.

③ 밀가루 등의 가루재료와 물을 넣고 가볍게 혼합한다.

※ 장점 : 부피가 큰 케이크를 만들기에 알맞은 반죽법.

☞ 특징 : 유지가 상당량 포함되어 있는 점.
팽창 요인 : 화학 팽창제

☞ 배합 순서
① 유지+설탕(+유화제) → 크림상태로 섞기
② 계란 섞기
③ 밀가루, 물을 넣고 가볍게 살짝 섞기.

2) 블렌딩법(blending method, 플라워 쇼트닝 배터법, 플라워 배터법)

① 밀가루와 유지를 섞어 밀가루가 유지에 싸이도록 한다.

② 가루재료(설탕, 탈지분유, 소금 등)와 일부 액체재료를 ①에 넣고 믹싱한다.

③ 나머지 액체재료를 넣고 고루 섞는다.

※ 장점 : 제품의 조직을 부드럽게 하고자 할 때 알맞은 반죽법.

3) 1단계법(single stage method, all in mixing method) : 모든 재료를 한꺼번에 넣고 믹싱하는 방법으로, 믹서의 성능이 좋은 경우나 화학 팽창제를 사용하는 제품에 적용한다.

※ 장점 : 모든 재료를 한꺼번에 넣고 반죽하므로 노동력과 제조 시간이 짧아진다.

4) 설탕 · 물 반죽법(sugar/water method)

① 설탕에 물(설탕량의 1/2)을 넣고 설탕을 녹인다.

② 남은 물을 마저 넣는다.

③ 가루재료를 넣고 섞는다.

④ 계란을 넣어 반죽을 마무리한다.

※ 장점 : ① 설탕을 물에 녹여 쓰므로 당분이 반죽 전체에 고루 퍼지고 그 결과 껍질색이 곱게 든다.

② 반죽에 설탕 입자가 남아 있지 않아 반죽 도중 긁어낼(스크래핑 : scraping) 필요가 없다.

③ 고운 속결의 제품 생산, 계량의 정확성과 운반의 편리성으로 대량 생산현장에서 많이 이용된다.

5) 복합법(combined method)

A방법 ① 유지를 가벼운 크림상태로 만들어 밀가루와 섞는다.

② 따로 계란과 설탕을 섞어 거품낸 뒤, ①과 혼합한다.

B방법 ① 유지, 설탕, 노른자를 섞어 크림상태로 만든다.

② 따로 흰자에 설탕을 넣고 머랭을 만든다.

③ ①에 ②의 머랭 1/3을 섞고 나서, 가루재료를 섞는다.

④ 남은 머랭을 넣고 섞는다.

(2) 거품형 반죽(foam type paste)

계란의 기포성과 응고성을 이용하여 부풀린 반죽. 계란의 흰자만을 쓴 머랭 반죽, 다른 기본 재료에 흰자와 노른자를 섞어 넣은 스펀지 반죽이 있다.

1) 머랭 반죽(meringue paste)

흰자에 설탕을 넣고 거품낸 반죽. 제법에 관계없이 설탕과 흰자의 비율은 2 : 1이다. 만드는 방법에 따라 냉제 머랭, 온제 머랭, 이탈리안 머랭, 스위스 머랭으로 구분한다.

2) 스펀지 반죽(sponge paste)

계란에 설탕을 넣고 거품낸 후 다른 재료와 섞은 반죽. 스펀지 반죽(기포반죽) 만드는 방법을 거품내는 방법에 따라 나누면 다음 3가지이다.

① 공립법 : 흰자와 노른자를 섞어 함께 거품내는 방법.

☞ 배합 순서
① 유지+밀가루
② 가루재료와 계란을 넣어 믹싱하기
③ 물을 넣어 섞기

※ 밀가루 입자가 미처 물에 닿기 전에 유지와 결합하여 글루텐이 만들어지지 않아 부드럽다.

☞ 1단계법은 단단계법이라고도 한다.

☞ 배합 순서
① 설탕 1+물 1/2
② 남은 물 마저 넣기
③ 가루재료 섞기
④ 계란 넣기

☞ 설탕은 20℃의 물에 물의 2배만큼이 녹는다. 예를 들어 20℃의 물 50g에 설탕 100g을 녹일 수 있다.

☞ 계란의 기포성=계란 단백질의 신장성
계란의 응고성=계란 단백질의 변성

※ 계란을 휘저어 기포를 만들어 부풀리고, 이것이 굽는 동안에 열을 받아 더욱 팽창한다. 그와 더불어 계린의 단백질이

A. 더운 방법(hot sponge method)

계란과 설탕을 넣고 중탕하여 37~43℃까지 데운 뒤 거품내는 방법. 주로 고율배합에 사용되며, 기포성이 양호하고 설탕의 용해도가 좋아 껍질색이 균일하게 된다.

B. 찬 방법(cold sponge method)

중탕하지 않고, 계란과 설탕을 거품내는 방법. 저율배합에 적합하며 베이킹 파우더를 사용할 수도 있다.

② 별립법 : 흰자와 노른자를 나눠 그 각각에 설탕을 넣고 따로따로 거품낸 다음 그밖의 재료와 함께 섞는 방법. 기포가 단단해서 짤주머니로 짜서 굽는 제품에 적합하다.

③ 단단계법 : 모든 재료를 동시에 넣고 거품내는 방법. 기계 성능이 좋아야 하며, 반드시 기포제 또는 기포 유화제를 사용해야 한다.

3) 거품형 반죽 제품의 종류

① 스펀지 케이크 : 밀가루에 계란 전부를 섞은 반죽 과자.

② 에인젤 푸드 케이크 : 밀가루에 계란의 흰자만을 넣어 만든 과자.

참고

거품형 반죽을 만들 때 유지는 넣지 않는다. 왜냐하면 유지는 계란의 표면장력을 키우는 작용이 있어 거품이 잘 일지 않기 때문이다.

(3) 시폰형 반죽(chiffon type paste)

별립법처럼 흰자와 노른자를 나누어 쓰되, 노른자는 거품내지 않고 흰자(머랭)와 화학 팽창제로 부풀린 반죽.

① 밀가루, 설탕, 소금, 베이킹 파우더를 체친다.

② 식용유와 노른자를 섞어 ①에 넣고 혼합한다.

③ 물을 조금씩 넣으면서 덩어리지지 않는 매끄러운 상태로 만든다.

④ 따로 흰자에 설탕(일부)을 넣고 거품내어 머랭을 만든 뒤, ③에 2~3회 나누어 섞는다.

굳어 변성되어 모양을 지탱할 힘을 갖는다.

☞별립법 : ① 흰자와 노른자를 나눠 그 각각에 설탕을 넣고 따로따로 거품을 낸다.

② 노른자 거품에 머랭의 1/3~1/2을 넣고 섞어준 후 가루 재료와 혼합한다.

③ 나머지 머랭을 넣고 가볍게 혼합한다.

☞특히 계란 흰자의 기포성을 살리려면 표면장력이 작아야 한다.

기초력 확인문제

1〉 다음 중 공기 팽창(거품내기)과 관계없는 과자는?

① 스펀지 케이크 ② 머랭 ③ 케이크 머핀 ④ 에인젤 푸드 케이크

2〉 반죽형 과자 제조 때 크림법에서 우선적으로 배합되는 재료는?(기출문제)

① 설탕 + 유지 ② 소맥분 + 유지 ③ 계란 + 유지 ④ 계란 + 소맥분

3〉 다음 중 거품형 반죽 케이크를 만들 때 가장 많이 쓰는 재료는?

① 소금 ② 계란 ③ 유지 ④ 밀가루

답 1〉 ③ 2〉 ① 3〉 ②

제2절 제과순서

◇◇ 보충설명 ◇◇

1. 반죽법 결정하기

제품의 성격에 맞춰 팽창 방법을 결정한다.

2. 배합표 만들기

각각의 제품 특성을 살리는 방법 중 하나가 배합 재료의 양적 · 질적인 균형을 맞추는 일이다. 과자 반죽의 특성은 고형 물질과 수분의 균형이 어떠한가로 결정된다. 대표적인 제품 몇 가지를 예로 들어 재료의 사용범위와 배합률을 조절하는 공식을 알아보자.

(1) 옐로 레이어 케이크(Yellow layer cake)

1) 재료의 사용범위(표준 배합률, 단위 : %)

재료	배합률	재료	배합률
밀가루(박력분)	100	설탕	110~140
쇼트닝	30~70	계란	쇼트닝×1.1
우유	변화	베이킹 파우더	2~6
소금	1~3	향료	0.5~1.0
탈지분유	변화	물	변화

2) 배합률 조절 공식

① 설탕, 쇼트닝의 사용량을 먼저 결정한다.

② 계란=쇼트닝×1.1

③ 우유=설탕+25−계란
=탈지분유+물(탈지분유=우유의 10%, 물=우유의 90%)

(2) 화이트 레이어 케이크(White layer cake)

1) 재료의 사용범위(표준 배합률, 단위 : %)

재료	배합률	재료	배합률
밀가루(박력분)	100	설탕	110~160
쇼트닝	30~70	흰자	계란×1.3
탈지분유	변화	물	변화
베이킹 파우더	2~6	소금	1~3
주석산크림	0.5	향료	0.5~1.0

☞ 수분량=계란+설탕
=설탕+30
흰자=쇼트닝×1.43
=계란×1.3
=(쇼트닝×1.1)×1.3

2) 배합률 조절 공식

① 설탕, 쇼트닝의 사용량을 결정한다.

② 계란=쇼트닝×1.1　　③ 흰자=계란×1.3

④ 우유=설탕+30−흰자
=탈지분유+물(탈지분유=우유의 10%, 물=우유의 90%)

⑤ 주석산크림=0.5%

⑥ 베이킹 파우더=일반 레이어 케이크보다 10% 증가

☞ 주석산크림은 계란 흰자의 단백질을 강하시키고, 흰자의

해설▶ 설탕을 120%, 쇼트닝을 56% 사용하기로 하였다면,
계란=56×1.1=61.6　　　흰자=61.6×1.3=80.08≒80
우유=120+30−80=70

분유=우유×10%=$\frac{70 \times 10}{100}$ = 7

물=우유×90%= $\frac{70 \times 90}{100}$ = 63

(3) 데블스 푸드 케이크

1) 재료의 사용범위(표준 배합률, 단위 : %)

밀가루(박력분) ·······100　설탕 ···········110~180
쇼트닝 ··········30~70　계란 ··········쇼트닝×1.1
탈지분유 ···········변화　물 ················변화
코코아 ··········15~30　소금 ···············1~3
중조(탄산수소나트륨), 소다 ····코코아의 종류에 따라 선택적으로 사용
베이킹 파우더 ·······2~6　유화제 ·············2~5
향 ··············0.5~1

2) 배합률 조절 공식

① 설탕, 쇼트닝, 코코아의 사용량을 결정한다.
② 계란=쇼트닝×1.1
③ 우유=설탕+30+(코코아×1.5)−계란
④ 탄산수소나트륨(중조)=천연 코코아×7%
단, 더치 코코아를 사용할 때에는 중조를 쓰지 않는다. 베이킹 파우더만을 쓴다.

※ 베이킹 파우더=원래 사용하던 양−(중조×3)

해설1 설탕을 120%, 쇼트닝을 50%, 더치 코코아를 20% 사용하기로 했다면,
계란=50×1.1=55　　　　　중조=사용하지 않음
우유=120+30+(20×1.5)−55=125

분유=125 ×$\frac{10}{100}$= 12.5　　　물=125 ×$\frac{90}{100}$= 112.5

베이킹 파우더=원래 사용하던 양 그대로.

해설2 설탕을 120%, 쇼트닝을 50%, 천연 코코아를 20% 사용하기로 했다면 다른 재료의 사용량에는 변화가 없지만, 중조를 쓰고 베이킹 파우더의 양은 줄인다. 천연 코코아는 산성을 띠기 때문에 중조를 써서 산도를 높여야 향이 강해지고 색이 진해진다. 또한 중조를 쓰면 이산화탄소가 발생하고 베이킹 파우더 속에서 중조가 차지하는 비율이 1/3이나 되어 가스 발생량이 많아진다. 그래서 베이킹

산도를 낮춰(산성반죽일수록 캐러멜화가 약하다) 케이크의 색을 희게 하고자 첨가하는 재료이다.

☞ 코코아 : 카카오나무의 카카오빈을 볶아서 빻은 가루.

☞ 더치(dutch) 코코아 : 천연 코코아를 가공한 것.

파우더의 사용량을 줄여야 한다.

해설3. 천연 코코아를 20%, 원래 베이킹 파우더를 5% 쓴다면,

중조=20×7%=1.4%.

※ 중조 1.4%는 베이킹 파우더 4.2%와 같은 효과를 내므로 베이킹 파우더=원래 사용한 양(5)−(중조(1.4)×3)=0.8%.

(중조×3)의 값이 원래 베이킹 파우더의 양보다 많으면 베이킹 파우더를 쓰지 않는다.

(4) 초콜릿 케이크

1) 재료의 사용범위(표준 배합률, 단위 : %)

재료	사용범위	재료	사용범위
밀가루(박력분)	100	설탕	110~180
쇼트닝	30~70	계란	쇼트닝×1.1
탈지분유	변화	물	변화
초콜릿	24~50	베이킹 파우더	2~6
소금	2~3	향료	0.5~1

2) 배합률 조절 공식

① 설탕, 쇼트닝, 초콜릿의 사용량을 결정한다.

② 계란=쇼트닝×1.1

③ 우유=설탕+30+(코코아×1.5)−계란

④ 중조=초콜릿 속의 코코아가 천연이면 7%, 더치이면 사용 안함.

⑤ 베이킹 파우더=초콜릿 속의 코코아가 더치이면 원래 사용하는 만큼, 천연이면 중조 사용량의 3배 만큼을 줄인다.

⑥ 쇼트닝=초콜릿 속의 유지(카카오 버터)의 1/2만큼을 줄인다.

해설1 설탕 120%, 쇼트닝 60%, 초콜릿 32%를 사용한다면,

계란=쇼트닝×1.1

우유=설탕+30+(코코아×1.5)−계란

분유=우유×10%, 물=우유×90%

초콜릿 속의 유지(카카오 버터)가 갖는 유화 쇼트닝의 효과는 6%(=12×1/2)이다.

※ 조절한 유화 쇼트닝

=원래 유화 쇼트닝- 초콜릿 속의 유지(카카오 버터)×1/2

=60 - 12×1/2=54%.

※ 천연 코코아로 만든 초콜릿을 쓴다면,

┌ 중조=초콜릿 속의 코코아 양의 7%.

└ 베이킹 파우더=중조의 3배 만큼을 줄인다.

《고율배합과 저율배합》

1) 고율배합은 설탕의 사용량이 밀가루의 사용량보다 많고, 수분(계란, 우유)이 설탕량보다 많은 배합을 말한다. 레이어 케이크, 초콜릿 케이

☞ 초콜릿: 코코아+카카오 버터 그 구성비는 코코아가 62.5%($\frac{5}{8}$), 카카오 버터가 37.5%($\frac{3}{8}$)이다.

☞ 코코아 = 초콜릿량×62.5% = 20%

☞ 카카오 버터 = 초콜릿량×37.5% = 12%.

고율배합	저율배합
설탕>밀가루	설탕≤밀가루
수분=계란+우유	수분=계란+우유
수분>설탕	수분=설탕
계란≥유지	계란≥유지

크는 전형적인 고율배합의 제품이고 파운드 케이크는 고율에서 저율 배합까지 다양하게 만들 수 있는 제품이다. 고율배합 케이크는 맛이 달 뿐만 아니라, 부드러운 맛이 오래도록 유지된다.

2) 고율배합 반죽이 만들어지는 요인은

① 상당량의 유지와 다량의 물을 사용해도 분리가 일어나지 않게 하는 유화 쇼트닝 사용.

② 전분의 호화온도를 낮추어 굽기 과정 중 안정을 빠르게 하여 수축과 손실을 감소시키는 염소 표백 밀가루의 사용.

3) 고율배합과 저율배합의 비교

비교 항목	고율배합	저율배합
반죽 속에 공기가 포함된 정도	많음	적음
비중	낮음	높음
화학 팽창제 사용	줄임	늘림
굽기 온도	저온 장시간	고온 단시간

3. 재료 계량

미리 작성한 배합표대로 재료의 무게를 정확히 계량한다.

4. 과자반죽 만들기

☞ 반죽형 과자의 반죽온도는 24℃가 적정.

과자의 특성을 제대로 반영할 수 있는 반죽을 만들려면 반죽의 온도를 일정하게 맞춰야 한다.

(1) 반죽온도 조절

반죽온도를 결정하는 요소는 반죽물의 온도이다. 반죽물의 온도를 맞춰 반죽온도를 원하는 대로 바꿀 수 있다.

참고

사용할 물 온도=희망 반죽온도×6−(실내 온도+밀가루 온도+설탕온도 +쇼트닝 온도+계란 온도+마찰계수)

마찰계수=결과 반죽온도×6−(실내 온도+밀가루 온도+설탕 온도+쇼트닝 온도 +계란 온도+수돗물 온도)

※ 반죽하는 동안 반죽온도에 가장 많이 영향을 미치는 요소가 **마찰열**이다.

$$얼음\ 사용량(g) = \frac{물\ 사용량 \times (수돗물\ 온도 - 사용할\ 물\ 온도)}{80 + 수돗물\ 온도}$$

(2) 반죽온도에 따른 반죽 제품의 변화

☞ 반죽온도가 낮으면 지방의 일부가 굳어 반죽이 공기를 포함하기 어렵기 때문에 비중이 높다.

1) 반죽의 비중

① 반죽온도가 낮으면 비중이 높다.

② 반죽온도가 높으면 지방이 너무 녹아들어 역시 반죽이 공기를 포함하기 어렵다. 또한 베이킹 파우더가 높은 온도에서 반응하여 일찌감치 가스를 발생하여 반죽 밖으로 빠져 나간다.

이러한 반죽은 오래 구워야 속까지 익기 때문에 껍질은 두꺼워지고, 캐러멜화가 많이 일어나 향기가 짙다. 반죽온도가 높으면 위와 반대의 현상이 나타난다.

2) 반죽의 산도

반죽의 산도는 반죽온도가 높고 낮음과 관계없다.

3) 제품의 부피

① 반죽온도가 낮으면 제품의 기공이 너무 커진다. 반죽 초기 단계에서 베이킹 파우더의 반응이 거의 없이, 마지막 단계에서 작용하므로 탄산가스의 손실이 없다.

② 반죽온도가 높으면 탄산 가스의 손실이 많고, 제품의 기공이 작다(☞).

☞ 반죽온도가 높으면 탄산 가스가 반죽 밖으로 새나간다. 왜냐하면 베이킹 파우더의 화학반응이 빨리 일어나 가스는 많이 발생되는데, 가스를 품을 수 있는 반죽의 힘이 채 길러지지 않았기 때문이다. 그래서 온도가 높은 반죽을 구우면 모양이 좋지 않다.
반면, 반죽온도가 낮으면 자칫 비중이 높아질 수도 있으나 제품의 모양은 보기좋다.

4) 제품의 겉모양

① 반죽온도가 낮으면 제품의 모양이 좋다.

② 반죽온도가 높으면 제품의 모양이 좋지 않다.

5) 껍질의 성질

① 반죽온도가 낮으면 껍질이 두껍다.

② 반죽온도가 높으면 얇다.

6) 기공의 크기

① 반죽온도가 낮으면 기공이 크다.

② 반죽온도가 높으면 기공이 조밀하고 부피가 작다(☞).

☞ 기공이 조밀하면 빛이 반사되어 속색깔이 밝다.

7) 속색깔

① 반죽온도가 낮으면 색깔이 어둡다.

② 반죽온도가 높으면 색깔이 밝다.

8) 냄새

① 반죽온도가 낮으면 냄새가 강하다.

② 반죽온도가 높으면 냄새가 옅다.

9) 맛

제품의 맛은 반죽온도의 높고 낮음과 관계없다.

10) 제품의 조직

① 반죽온도가 낮으면 부서지기 쉽다.

② 반죽온도가 높으면 부드럽다.

(3) 반죽의 산도 조절

1) 과자와 산도의 관계

① 각각의 제품에 알맞은 산도가 따로 있다

② 적정 산도를 넘어서 산성에 가까우면, ㄱ. 기공이 너무 곱고 ㄴ. 껍질색이 여리고 ㄷ. 옅은 향과 톡 쏘는 신맛이 나며 ㄹ. 제품의 부피가 작다. 반면 알칼리성에 가까우면, ㄱ. 기공이 거칠고 ㄴ. 껍질색과 속색이 어두우며 ㄷ. 강한 향과 소다 맛이 난다.

☞ 화이트 레이어 : 7.2~7.8
옐로 레이어 : 7.2~7.6
스펀지 : 7.3~7.6
파운드 : 6.6~7.1
데블스 푸드 : 8.5~9.2
초콜릿 : 7.8~8.8
에인젤 푸드 : 5.2~6.0

③ 유지가 섞인 유상액(emulsion)은 대개 산성에서 안정하다.

pH 5.2~5.8에서 유지와 물이 분리되지 않고, pH 6.7~8.3에서 파괴되기 시작한다. 쇼트닝 대신 버터를 사용하면 pH 4.8에서 가장 안정한 모습을 보인다. 과일 케이크(프루츠 케이크)는 산성에서 과일이 반죽 전체에 고르게 퍼진다.

☞ 한편 쿠키는 pH 8.0 부근, 크래커 · 비스킷은 약알칼리성 반죽으로 만들어야 한다. pH 6.9~7.2인 반죽 제품은 색이 연하고, pH 8.0~8.2는 갈색을 띤다.

제과 재료와 제품	pH	제과 재료와 제품	pH
사과	3.4	옐로 레이어 케이크	7.2~7.6
사과 주스	3.3	초콜릿 케이크	7.8~8.8
라임 주스	2.3~2.4	쿠키	6.5~8.0
복숭아	3.5~4.0	크래커	6.8~8.5
오렌지 주스	3.4~4.0	파운드 케이크	6.6~7.1
파인애플	3.2~4.0	화이트 레이어 케이크	7.2~7.8
당밀	5.0~5.5	초콜릿(더치 코코아)	6.8~7.8
맥아시럽	4.7~5.0	밀가루(제과용)	4.9~5.8
자당	6.5~7.0	밀가루(쿠키, 파이용)	4.9~5.8
전화당 시럽	2.5~4.5	베이킹 소다(중조)	8.4~8.8
포도당	4.8~6.0	베이킹 파우더	6.5~7.5
노른자	6.3~6.7	식초	2.4~3.4
전란	6.4~8.2	우유(분유)	6.5~6.8
흰자(신선한 것)	9.0	이스트	5.0~6.0
흰자(변질된 것)	5.5	젤라틴	4.0~4.2
과일 케이크	4.4~5.0	초콜릿(천연 코코아)	5.3~6.0
데블스 푸드 케이크	8.5~9.2	체리	3.2~4.0
스펀지 케이크	7.3~7.6	치즈	4.0~4.5

〈표〉 제과 재료와 제품의 산도

2) 산도 조절

제과용 반죽 중 산도가 중요한 몫을 해내는 것은 초콜릿 · 코코아 케이크 반죽이다. 이 과자의 향과 색깔에 영향을 끼치는 요소가 반죽의 산도이다. 짙은 향과 색을 원하면 알칼리성쪽으로, 은은한 향과 색을 원하면 산성쪽으로 조절한다.

① 초콜릿 · 코코아 케이크의 반죽 산도에 따른 케이크의 색깔 비교

산도(단위 pH)	색깔 · 맛
5.0~6.0	밝은 계피색
6.0~7.0	갈색
7.0~7.5	붉은 갈색
7.5~8.0	짙은 적갈색
8.0 이상	소다 맛이 아주 강하다

② 산도를 조절하는 방법

ㄱ. 배합 재료를 이용하는 방법 : 배합 재료 중 박력분은 산성(pH 5.0~6.0), 신선한 계란은 알칼리성(pH 9.0), 대개의 과일과 주스는 강산성이고 그 밖의 재료는 중성 또는 약산성이다. 그리고 베이킹 파우더는 종류에 따라서 반응한 뒤에 pH 6.5~7.5를 띠지만 중성으로 여긴다. 이들 재료를 이용해 적정 pH를 맞춘다.

ㄴ. 첨가제를 사용하는 방법 : 산도를 낮추고자 할 때에 주석산크림, 주석산, 사과산, 구연산을 쓰고, 높이고자 할 때에 중조를 넣는다.

(4) 비중(specific gravity)

☞ 비중 : 어떤 물질의 질량과, 이와 같은 부피인 표준 물질의 질량 사이의 비(比).

부피가 같은 물의 무게에 대한 반죽의 무게를 숫자로 나타낸 값. 그 값이 작을수록 비중이 낮음을 뜻하고, 비중이 낮으면 반죽에 공기가 많이 포함되어 있음을 의미한다.

1) 비중이 제품에 미치는 영향

비중의 높고 낮음에 따라 제품의 부피, 기공과 조직에 결정적인 영향을 미친다.

① 같은 무게의 반죽이면서 비중이 높으면 제품의 부피가 작고, 낮으면 크다. 따라서 반죽의 비중을 일정하게 맞추어야 일정한 부피의 완제품을 얻을 수 있다.

② 비중이 낮을수록 제품의 기공이 크고 조직이 거칠며, 높을수록 기공이 조밀하고 조직이 묵직하다.

2) 비중 측정법

비중컵으로 잰다. 반죽과 물을 각각 비중컵에 담아 무게를 단 뒤, 그 값에서 비중컵의 무게를 빼면 반죽의 비중이 나온다.

$$\text{비중} = \frac{\text{반죽 무게}}{\text{물 무게}}$$

보기▶ 비중컵의 무게 40g, 비중컵+물=240g, 비중컵+반죽=180g일 때 반죽의 비중은,

$$\frac{\text{반죽 무게}}{\text{물 무게}} = \frac{180-40}{240-40} = \frac{140}{200} = 0.7$$

5. 정형 · 팬닝

과자의 모양을 만드는 방법은 여러 가지이다. 가장 쉬운 방법이 일정한 모양의 틀에 채우는 방법이다. 그 밖에 짜내기, 찍어내기, 접어밀기가 있다.

(1) 짜내기

반죽을 짤주머니에 채워 넣고 일정한 크기의 철판에 짜놓는 방법. 짤주머니에 끼우는 모양깍지의 모양과 짜내는 손놀림에 따라 갖가지 형태가 만들

어진다. 대량 생산 공장은 짤주머니의 원리를 이용한 전용 기계를 사용하여 모양을 만든다.

(2) 찍어내기

반죽을 형틀로 찍어 눌러 모양을 뜨는 방법. 원하는 모양과 크기에 알맞은 두께로 반죽을 밀어 펴고, 여기에 형틀을 대고 누른다.

(3) 접어밀기

페이스트리류를 만드는 방법. 밀가루 반죽에 유지를 얹어 감싼 뒤 밀어 펴고 접는 일을 되풀이한다.

(4) 팬닝

갖은 모양을 갖춘 틀에 반죽을 채워 넣고 구워 형태를 만드는 방법. 틀의 부피와 비교하여 반죽의 양이 적으면 모양이 좋지 않고, 반대로 많으면 윗면이 터지거나 흘러 넘쳐 상품가치가 떨어진다. 그러므로 틀의 부피에 알맞은 반죽량을 계산하여 정확히 그만큼을 채워 넣고 굽는다.

1) 반죽량과 틀의 부피 : 과자(케이크) 반죽은 제품마다 상태가 다르고 비중이 달라 틀 부피에 알맞은 반죽량도 달라진다.

반죽 무게=틀 부피÷비용적

☞ 비용적 : 반죽 1g을 굽는 데 필요한 틀의 부피. 비부피라고도 한다.

《틀의 부피 계산법》

틀의 모양에 따라 다르다.

① 옆면이 똑바른 둥근 틀

틀의 부피(㎤)=반지름×반지름×3.14×높이

$=\pi r^2 h$

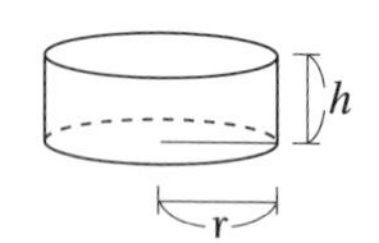

☞ 안쪽에서 길이를 잰다.

연습문제 바닥의 지름이 16㎝, 높이가 7.5㎝인 틀의 부피는?

풀이) 공식$=\pi r^2 h=3.14\times8\times8\times7.5$

$=1,507.2$(㎤)

② 옆면이 경사진 둥근 틀

부피(㎤)=평균 반지름×평균 반지름×3.14×높이

$$=\left(\frac{r+r'}{2}\right)^2\times3.14\times h$$

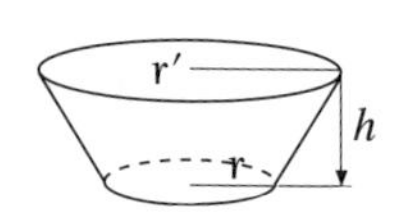

☞ 평균 반지름=(긴 반지름+짧은 반지름)÷2

연습문제 윗면 지름 20㎝, 바닥면 지름 15㎝, 높이 9㎝인 틀의 부피는?

풀이) 공식$=\left(\frac{r+r'}{2}\right)^2\pi h=[(10+7.5)\div2]^2\times3.14\times9$

$=(8.75)^2\times3.14\times9$

$=2,163.66$(㎤)

③ 옆면이 경사지고 가운데에 관이 있는 둥근 틀

부피(cm^3)=전체 둥근 틀 부피(㉮)-관이 차지한 부피(㉯)

=〔(평균 반지름)^2×3.14×높이〕-〔(평균 반지름)^2×3.14×높이〕

=(㉮의 평균 반지름)$^2\pi h$−(㉯의 평균 반지름)$^2\pi h$

연습문제 ㉮ : 윗면 지름이 20㎝,
아랫면 지름이 18㎝,
높이는 10㎝.

㉯ : 윗면 지름이 4㎝,
아랫면 지름이 8㎝,
높이는 10㎝.

위와 같은 조건을 가진 틀의 부피는?

풀이) 공식=(㉮의 평균 반지름)$^2\pi h$−(㉯의 평균 반지름)$^2\pi h$

$$=\left[\left(\frac{10+9}{2}\right)^2\times3.14\times10\right]-\left[\left(\frac{2+4}{2}\right)^2\times3.14\times10\right]$$

=2,551.25(㎤)

④ 윗면이 경사진 사각 틀

부피(㎤)=평균 가로의 길이×평균 세로의 길이×높이

$$=\left(\frac{x+x'}{2}\right)\times\left(\frac{y+y'}{2}\right)\times h$$

연습문제 윗면이 가로 26㎝, 세로 10㎝이고 아랫면이 가로 22㎝, 세로 8㎝이며 높이가 10㎝인 틀의 부피는?

풀이) 공식 $=\left(\frac{26+22}{2}\right)\times\left(\frac{10+8}{2}\right)\times10=2,160$(㎤)

⑤ 정확한 치수를 잴 수 없는 틀이라면 여기에 유채씨를 들어가는 만큼 담고, 이것을 다시 메스실린더(부피 측정기구)에 넣어 부피를 구한다.

2) 각 제품의 비용적

파운드 케이크 ······ 2.40 레이어 케이크 ········· 2.96
에인젤 푸드 케이크 ··· 4.71 스펀지 케이크 ········· 5.08

다시 말해서, 파운드 케이크는 반죽 1g당 2.40㎤, 레이어 케이크는 2.96㎤, 에인젤 푸드 케이크는 4.71㎤, 스펀지 케이크는 5.08㎤의 용적이 필요하므로 사용 틀에 알맞은 반죽량을 채워 넣는다.

☞ ㉮는 안에서, ㉯는 바깥에서 길이를 잰다.

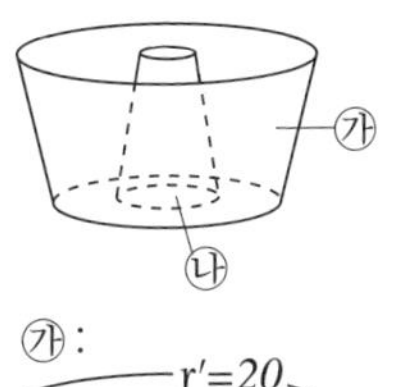

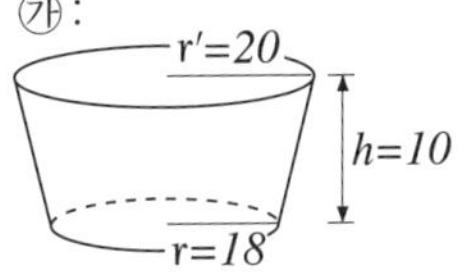

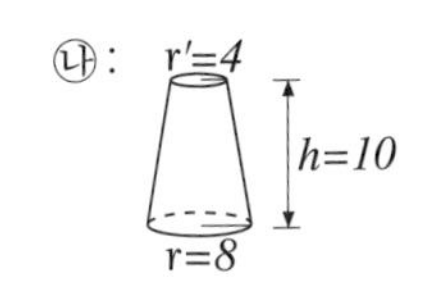

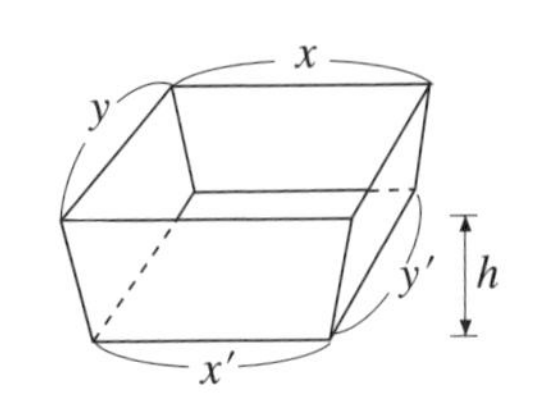

☞ 식빵의 비용적
반죽 1g당 비용적은 3.36㎤.

〈표〉 규정 틀의 부피와 반죽 무게 (단위 : 부피 ㎤/무게 g)

부피	파운드 케이크	레이어 케이크	에인젤 푸드케이크	스펀지 케이크
82	34	29	17	14
246	102	83	51	48
328	136	111	71	65
492	205	168	105	97

부피	파운드 케이크	레이어 케이크	에인젤 푸드케이크	스펀지 케이크
656	273	222	139	131
820	341	286	173	162
1,230	511	416	261	242
1,640	682	553	350	320
2,050	852	693	438	406
2,460	1,022	829	523	486
2,788	1,172	959	596	533
2,870	1,193	969	611	568
3,280	1,363	1,080	699	648
4,100	1,704	1,386	872	810
4,920	2,045	1,662	1,045	972

6. 굽기 또는 튀기기

(1)굽기

1)오븐의 온도 조절하기

원칙은 고율배합 반죽일수록, 반죽량이 많을수록 낮은 온도에서 오래 굽도록 한다. 너무 낮은 온도에서 구우면 조직이 부드러우나 윗면이 평평하고 수분의 손실이 크다. 이것을 가리켜 오버 베이킹(over baking)이라 한다. 또, 너무 높으면 중심 부분이 갈라지고 조직이 거칠며 설익어 주저앉기 쉽다.

☞ 너무 높은 온도에서 구워 설익는 일을 언더 베이킹이라 한다.

2) 오븐의 온도 판단하는 방법

불의 세기	온도(℃)	관능검사	온도에 적합한 제품
아주 센불	240 이상	너무 뜨거워 손을 넣을 수 없다.	피타 브레드, 피자
센불	200~240	손을 넣고 바로 뺀다.	퍼프 페이스트리류
조금 센불	180~200	손을 넣으면 뜨겁다고 느끼면서 1~8초 견딜 수 있다.	가장 널리 쓰는 온도 범위. 식빵, 롤케이크류 일부, 슈퍼, 비스킷.
중불	170~180	손을 넣고 10초쯤 견딜 수 있다.	스펀지 케이크, 버터 케이크, 쿠키, 파이류
조금 약한 불	160~170	손을 넣고 15초쯤 견딜 수 있다.	카스텔라, 치즈 케이크
약한 불	150~160	손을 넣고 천천히 수를 셀 수 있다.	과일(프루츠)케이크
아주 약한 불	120~150	손을 넣고 건조한 감을 느낄 수 있다.	마카롱, 푸딩
지극히 약한 불	90~120	손을 넣으면 따뜻하다고 느낄 수 있다.	머랭
가온	50~90	열기를 느낄 수 있는 정도이다.	특수 목적에 사용한다.

(2) 튀기기

1) 튀김기름의 온도 조절

반죽에 따라 다르지만 반죽의 표면에 막을 씌워 기름이 너무 많이 흡수되지 않을 만큼 높은 온도이어야 한다. 온도가 낮으면 너무 많이 부풀어 껍질이 거칠고 기름이 많이 흡수된다.

☞ 튀김기름의 표준온도는 180~190℃이다.

2) 튀김 상태 평가

① 껍질 상태

ㄱ. 바삭거린다. ㄴ. 수분이 거의 없다. ㄷ. 기름을 많이 먹는다. ㄹ. 황갈색을 띤다.

② 껍질 안쪽 상태

ㄱ. 구운 과자의 조직과 비슷하다. ㄴ. 팽창작용과 호화작용이 함께 일어난다. ㄷ. 기름이 많이 흡수되지 않는다.

③ 속부분 상태

ㄱ. 열을 조금 받는다. ㄴ. 수분이 많다. ㄷ. 저장하는 동안 수분이 껍질쪽으로 옮아간다.

☞ 수분이 껍질쪽으로 옮아가면 껍질의 바삭거림이 없어지고, 표면에 뿌린 설탕이 녹는다.

3) 회전율 측정하기

튀김기름의 회전율이란 새로 넣는 기름량을 시간당 얼마로 해서, 처음 기름의 양에 대한 비율로 나타낸 값이다. 튀김기름의 회전율은 기름의 양에 영향을 받는다. 즉, 일정량의 기름을 붓고 반죽을 담가 튀기다보면 기름이 흡수되어 양이 준다. 그러므로 튀기는 동안 줄어드는 양만큼을 새로 넣어야 한다.

7. 마무리(충전 · 장식)

제품의 멋과 맛을 한층 돋우고, 더 나아가 제품에 윤기를 주며 보관중 표면이 마르지 않도록 한 겹 씌우는 재료를 장식물이라 한다. 장식물의 종류를 구체적으로 들면, 아이싱 · 퐁당 · 머랭 · 글레이즈 · 젤리 · 크림류 · 슈트로이젤 등이다. 아이싱은 장식 재료를 가리키는 명칭임과 동시에 설탕을 위주로 한 재료를 빵 · 과자 제품에 덮거나 한 겹 씌우는 일 모두를 포함하여 가리킨다. 또한 시트 표면에 크림을 바르고 짜내어 얹는 일도 아이싱이라 한다. 한편 아이싱을 한 제품이나 하지 않은 제품 위에 얹거나 붙여서 맛을 좋게 하고 시각적 효과를 높이는 일을 토핑이라 한다.

(1) 아이싱(Icing)

아이싱은 물, 유지, 설탕, 향료, 식용색소 등을 섞은 혼합물이다.

☞ 아이싱(icing)은 장식물의 한 종류를 가리키기도 하고, 장식하는 일을 가리키기도 한다.

1) 아이싱의 재료

☞ 기본 재료 : 설탕
기타 : 물, 유지, 계란, 분유 등.

① 설탕 : 그라뉴당, 분설탕처럼 설탕 입자가 고울수록 아이싱이 부드럽다.

② 유지 : 아이싱의 부드러움과 윤기를 돋우는 재료.

ㄱ. 중성 쇼트닝 : 유화 쇼트닝과 경화 쇼트닝이 있다. 이들은 크림 형태의 아이싱을 만드는 기본 재료로서, 자체에 맛과 향이 없고 가루재료와 잘 섞이며 첨가하는 향료의 특성을 제대로 살린다.

ㄴ. 버터 : 향이 좋은 고급 아이싱을 만든다. 단, 값이 비싸고 크림의 부피를 키우지 못하므로 유화 쇼트닝과 섞어 쓴다. 그러면 원가를 줄이면서 향이 좋고 부피가 최대인 크림을 얻을 수 있다.

ㄷ. 카카오 버터 : 초콜릿의 한 성분. 아이싱의 윤기와 저장성을 높여주는 한편, 녹는점이 높아 아이싱을 빨리 안정시킨다.

③ 탈지분유 : 가벼운 크림과 향이 진한 버터 크림 아이싱에 사용한다. 분유는 수분을 흡수하고 크림의 구성체를 이루며 아이싱의 맛과 향을 높인다. 생우유는 실온에서 상하기 쉬우므로 사용치 않는다.

※ 사용시 주의할 점은 설탕과 함께 체쳐 써야 한다는 점이다. 그렇게 하지 않으면 크림 속에 뭉쳐진 덩어리가 생겨 모양깍지로 짜내기가 어렵다.

④ 물 : 설탕을 녹이는 수분. 시럽으로 끓여도 설탕이 타지 않도록 한다. 지방 함량이 25% 이상인 아이싱을 묽게 할 때는 물 대신 일반 시럽을 섞는다. 물을 넣으면 지방이 굳어 다른 수분과 분리된다.

⑤ 계란 : 신선하고 냄새가 나지 않는 것으로 골라 쓴다. 아이싱에 섞어 넣을 때는 조금씩 넣고 완전히 흡수된 뒤에 다시 넣어야 응유 현상(curdling)을 막고 최대의 부피를 얻을 수 있다. 계란의 온도는 케이크 반죽에 쓸 때보다 낮아야 한다. 계란의 흰자만을 거품내어 크림에 섞으면 부피가 더욱 커지고 윤기가 좋아진다.

⑥ 안정제 : 타피오카 전분, 펙틴, 옥수수 전분, 밀 전분, 식물성 검 등이 있다. 안정제를 쓰는 이유는 안정제가 겔(gel)을 만들어 수분을 많이 흡수하고 그 결과 설탕이 결정화하지 않도록 하기 위함이다. 또, 고온 다습한 기후에서 끈적거리고 늘어붙는 현상을 없애기 위함이다.

⑦ 향료 : 아이싱에 넣은 향은 날아가지 않으므로 굽는 제품에 쓰는 양보다 조금 쓴다. 사용하는 향료의 종류는 과일 향, 코코아 향, 합성 인공 향료이다. 그리고 버터의 천연향과, 아이싱을 끓이거나 볶아서 이때 발생하는 캐러멜 향을 이용할 수 있다.

⑧ 소금 : 소량 넣으면 다른 재료의 맛과 향을 보충하고 강화한다. 그래서 크림 아이싱, 거품을 일으킨 아이싱에 소금을 조금 넣으면 밋밋하고 단조로운 맛이 없어진다.

2) 아이싱의 형태와 제조 방법

① 단순 아이싱

ㄱ. 배합 재료 : 기본재료(분설탕, 물, 물엿, 향료)＋첨가재료(유지 : 지방 또는 기름)

ㄴ. 만드는 법 : 위의 재료를 섞고 43℃로 데워 되직한 페이스트 상태로

☞ 유화 쇼트닝은 가벼운 크림 아이싱(지방 함량 15%)을 만들고, 경화 쇼트닝은 버터 크림 아이싱(지방 함량 40%)을 만든다.

☞ 아이싱은 실온에 며칠씩 두어도 안전해야하므로 생우유를 쓰지 않는다.

☞ 아이싱의 되기를 조절하는 수분은 물이 아니라, 시럽이다.

☞ 더운 여름철에는 계란의 온도가 더욱 낮아야 한다.

☞ ㉠ 천연향 : 버터 속의 향.
㉡ 캐러멜 향 : 아이싱을 끓이거나 볶았을 때 발생하는 향.
㉢ 코코아 향 : 아이싱의 향료 또는 착색제로 이용.

☞데우는 방법은 중탕식. 아이싱

만든다.

ㄷ. 작업시 · 보관시 주의할 점 : 작업중 아이싱이 굳으면 다시 가열하여 녹이도록. 되직한 아이싱은 시럽을 넣어 묽게 한다. 쓰고 남은 아이싱은 표면에 물을 뿌려 아이싱이 굳지 않도록 보관한다.

② 크림 아이싱

ㄱ. 배합 재료 : 분설탕, 유지, 분유, 계란, 물, 소금, 향료, 안정제 등 재료의 전부 또는 일부를 쓴다.

ㄴ. 만드는 법 : 유지+설탕에 계란을 넣는 크림법과 흰자(+시럽)를 거품 내어 유지와 섞는 방법이 있다.

크림법

유지(쇼트닝)에 설탕(그 밖의 건조재료)을 넣고 부드럽게 푼다 → 계란을 조금씩 넣으면서 섞는다 → 끝으로 물과 향료를 넣는다.

ㄷ. 설탕, 버터, 초콜릿, 우유를 주재료로 만드는 퍼지 아이싱, 설탕 시럽을 기포하여 만드는 퐁당, 흰자에 설탕 시럽을 넣어 거품을 올리는 마시멜로 아이싱 등이 있다.

③ 조합형 아이싱

ㄱ. 배합 재료 : 단순 아이싱과 크림 아이싱을 섞어 만든다.

ㄴ. 만드는 법 :

i) 퐁당과 흰자를 섞을 때는 퐁당을 43° C로 데워 거품을 낸다.

ii) 기본 아이싱에 코코아를 넣을 때는 코코아와 분설탕을 함께 체 친다. 그래야 코코아가 크림 전체에 고루 퍼진다.

iii) 초콜릿은 녹여서 섞어야 고루 퍼진다. 초콜릿 덩어리가 생기는 결점은 반액체 상태의 초콜릿을 더하여 섞기 전에 일부가 굳어 작은 덩어리가 줄무늬로 남은 탓이다. 초콜릿 원액에는 코코아와 카카오 버터가 있어 색과 향이 강하다. 스위트 초콜릿은 설탕 함량이 높아 더 많은 양을 써야 원하는 색을 얻을 수 있다.

iv) 과일, 견과, 그 밖의 토핑용 재료를 아이싱 크림에 더할 때는 너무 치대지 않는다. 왜냐하면 표피가 약한 장과류(딸기, 블루베리 등)는 껍질이 터지고 그 과즙이 흘러나와 아이싱에 스며들기 때문이다.

3) 아이싱의 종류

① 워터 아이싱(water-) : 투명한 아이싱. 물과 설탕으로 만들고, 때로 흰자를 조금 섞기도 한다.

② 로얄 아이싱(royal-) : 새하얀 색의 아이싱. 흰자나 머랭 가루를 분설탕과 섞고, 색소 · 향료 · 아세트산을 더해 만든다.

③ 초콜릿 아이싱(chocolate-) : 초콜릿을 녹여 물, 분설탕을 섞은 것.

재료가 직접 불에 닿으면 아이싱이 과열되어 식은 뒤에 윤기가 없다.

☞ 아이싱이 굳거나 되직할 때 물을 써서는 안된다.

☞ 단순 아이싱에 코코아나 초콜릿을 넣으면 아이싱이 더욱 되직해진다. 또, 알맞게 가열하여 쓰면 윤기가 난다.

☞ 거품낸 흰자에 넣을 시럽은 113~114℃로 끓여, 믹서를 중속으로 돌리면서 천천히 넣는다. 시럽을 다 넣은 뒤 고속으로 돌려 거품낸다.

4) 아이싱의 보관법

① 크림 아이싱은 신선한 곳에 뚜껑을 덮어 둔다. 뚜껑을 덮는 이유는 껍질이 생기지 않도록 하기 위함이다.

② 냉장을 하면 유지가 단단해진다. 다음에 사용할 때에는 한 번 더 휘저어 푼다.

③ 크림 아이싱은 만들어 곧 쓰지 않으면 시간이 흐를수록 부드러움이 없어져 아이싱할 때 터지기 쉽다. 이러한 것을 중탕하여 매끈해질 때까지 믹서로 풀어 윤기를 되살린다.

④ 쓰고 남은 아이싱은 한데 모아 섞고 초콜릿을 더해 다시 쓴다.

5) 아이싱이 끈적거리지 않도록 조치하는 사항

① 아이싱에 최소의 액체를 사용한다. 수분이 마르기 전에는 끈적거리며, 수분이 많을수록 잘 마르지 않는다.

② 35~43℃로 데워 쓴다. 아이싱에 수분이 적으면 끈적거리지 않는 대신 빨리 굳기 때문에 작업하기 어렵다. 이때 40℃ 전후의 온도로 데워 되기를 맞춘다.

③ 굳은 아이싱은 데우는 정도로 안되면 시럽으로 푼다. 일반 시럽(설탕 : 물=2 : 1)을 소량 넣는다.

④ 젤라틴, 식물성 검 같은 안정제를 사용한다.

⑤ 전분, 밀가루 같은 흡수제를 사용한다. 흡수제를 사용함으로써 끈적거림을 막을 수 있다. 단, 양이 많으면 텁텁한 맛이 난다.

(2) 휘핑 크림(Whipping cream)

거품낸 생크림으로 유지방 함량이 18%인 연한 크림에서부터 유지방이 40% 이상인 진한 크림까지 용도별로 다양하다. 유지방이 40% 이상인 생크림이 거품내기에 알맞다. 새하얗게 거품낸 크림을 케이크에 바르거나 짜내어 장식하면 산뜻하고 깨끗한 느낌이 든다.

① 휘핑용 크림을 0.5~1.5℃에서 1~2일간 숙성시킨 뒤 거품을 일으키면 거품이 잘 일어난다. 너무 신선한 크림은 거품이 빨리 생기지 않고 유지방이 분리되어 굳는다. 또 짤주머니에 넣고 짤 때 수분이 밖으로 스며나오기 쉽다.

② 크림 100에 대하여 10~15%의 분설탕을 사용하여 단맛을 내고 거품내기 마지막 시점에서 바닐라향을 넣는다.

③ 휘핑 크림은 4~6°C로 냉각시켜 사용한다. 믹서 볼과 거품기도 차갑게 만든 후 사용한다.

크림법 안정제 사용법

거품내기 초기에 안정제를 넣으면 거품이 안정되지만, 그 양이 너무 많으면 크림의 맛이 떨어진다.

☞ 뚜껑을 덮어 두어야 아이싱의 표면에 껍질이 생기지 않는다.

☞ 초콜릿은 색과 향이 짙기 때문에 다른 색과 향을 감추기에 알맞은 재료이다.

☞ 시럽의 물은 이미 설탕을 녹이고 있으므로 아이싱의 설탕을 더 이상 녹이지 않는다. 따라서 물을 직접 넣어 사용해서는 안된다.

☞ 숙성 크림은 유화력이 크고 수분 보유력이 뛰어나다.

(3) 퐁당(Fondant)

설탕을 물에 녹여 끓인 뒤 다시 희뿌연 상태로 결정화시킨 것. 빵, 과자의 윗면을 아이싱하는 데 널리 쓰인다.

① 설탕 100에 대하여 물 30을 넣고 114~118℃로 끓인다.

② 끓인 시럽을 대리석 작업대 위에 얇게 펴고 분무기로 물을 뿌리면서 38~44℃까지 식혀 나무주걱 등으로 빠르게 휘젓는다. 설탕이 결정화하면 유백색의 크림이 된다. 이것을 계속 저으면 급격히 굳는다. 그 전에 한데 모아 떡 반죽처럼 이긴다. 다 식기 전에 이기면 거칠어지고, 너무 식으면 굳어서 작업하기 힘들다.

③ 퐁당이 부드럽고 수분 보유력이 높아지도록 물엿, 전화당, 시럽을 첨가하기도 한다.

④ 고급 아이싱을 하기 위하여 유지, 계란, 향, 색소 등을 첨가한다.

☞ 퐁당은 식힌 시럽을 휘저어 설탕을 부분적으로 결정시켜 희고 뿌연 상태로 만든 것이다. 설탕을 물에 넣고 저으면 녹는다. 그 양이 일정량에 이르면 더 이상 녹지 않고 밑에 가라앉는다. 이 용액에 열을 주면 침전해 있던 설탕이 녹기 시작한다. 일정 농도 이상의 과포화 당액은 조건에 따라 설탕이 재결정화한다.

사용보관법

마르지 않도록 비닐에 싸서 둔다. 쓸 때는 40℃ 전후로 데운다.

(4) 머랭(Meringue)

흰자를 거품내어 만든 제품. 공예과자로 만들거나 샌드 및 아이싱 크림으로 이용한다. 만드는 방법에 따라 머랭을 구분하면 다음과 같다.

1) 냉제 머랭(cold meringue, 일반법 머랭)

① 배합 : 흰자 100, 설탕 200.

② 만드는 법 : 흰자(온도 24℃)를 먼저 거품내다가 설탕을 조금씩 넣으면서 튼튼한 거품체를 만든다. 거품을 안정시키기 위해 0.5%의 소금과 0.5%의 주석산크림을 넣기도 한다.

☞ 냉제 머랭 : 가장 기본이 되는 머랭.

☞ 설탕을 처음부터 넣고 거품내면 머랭의 부피가 작고 시간도 오래 걸린다.

2) 온제 머랭(hot meringue)

① 배합 : 흰자 100, 설탕 200, 분설탕 20

② 만드는 법 : 흰자와 설탕을 섞어 43℃로 데운 뒤 거품내다가, 거품이 안정되면 분설탕을 섞는다.

☞ 온제 머랭 : 중탕하여 열을 주면서 거품낸 머랭. 가열하는 이유는 설탕이 녹기 쉽도록 하고 기포력을 낮추기 위함이다.

※특징 : 결이 곱고 묵직하며 힘이 있다. 반죽 자체에 열이 있기 때문에 표면이 마르기 쉽고 짜내어도 모양이 흐트러지지 않는다.

3) 스위스 머랭(swiss meringue)

① 배합 : 흰자 100, 설탕 180.

② 만드는 법 : 흰자 1/3+설탕 2/3 → 43℃로 데우고 거품내면서 레몬즙(또는 아세트산)을 첨가한다 → 나머지 흰자와 설탕을 섞어 거품낸 머랭(냉제 머랭)을 위의 혼합물에 넣고 섞는다.

☞ 스위스 머랭 : 아세트산을 더해 만든 머랭.

※특징 : 구우면 표면에 윤기가 나고 하루쯤 두었다가 써도 괜찮다.

4) 이탈리안 머랭(italian meringue, 시럽법 머랭 또는 보일드 머랭)

흰자를 거품내면서 뜨겁게 조린 시럽을 부어 만든 머랭. 뜨거운 시럽 때문에 흰자의 일부가 열응고하여 기포가 아주 안정된다. 이미 뜨거운 열을 오래 받아서 살균되었으므로 익히지 않는 제품(무스나 냉과)을

☞ 이탈리안 머랭은 열전도율이

만들기에 알맞고, 기포의 안정성이 좋으므로 짜내어 케이크 장식에 쓰면 좋다.

① 배합

ㄱ. 흰자 100, 설탕 350, 물 125, 레몬즙 1, 바닐라 2.

ㄴ. 흰자 100, 설탕 275, 물 60, 주석산크림 1.5.

ㄷ. 흰자 100, 설탕 145, 물 36, 주석산크림 0.4.

② 만드는 법 : 볼에 흰자와 설탕(흰자량의 20%)을 넣고 휘핑한다. 동그릇에 남은 설탕과 물(설탕량의 1/3)을 넣고 114~118°C로 끓인 후 둘을 섞는다.

(5) 버터크림

경화 쇼트닝, 버터 또는 마가린을 설탕과 섞어 휘저은 크림. 공기를 많이 집어넣기 위해 쇼트닝과 함께 전란이나 흰자를 쓴다.

① 배합률 : 설탕(30~50%), 물(설탕의 30%), 주석산크림(0.1~0.5%), 물엿(10~20%), 버터(50~80%), 쇼트닝(20~50%), 소금(1~2%), 연유(3~10%), 브랜디(5~10%), 향료(0.1~1%)

② 만드는 법 : 설탕, 물, 물엿을 114~118°C로 끓여서 시럽을 만든 뒤 냉각한다. 유지를 크림 상태로 만든 뒤, 식힌 시럽을 조금씩 넣으면서 부드러운 크림상태로 만든다. 마지막에 연유, 술, 향료를 넣고 고르게 섞는다.

(6) 이탈리안 크림

계란을 위주로 하고 우유, 설탕을 끓여서 만든 크림.

(7) 커스터드 크림

우유, 계란, 설탕을 한데 섞고 안정제로 옥수수전분이나 박력분을 넣어 끓인 크림. 케이크의 샌드, 아이싱용이나 빵의 충전용으로 사용된다.

(8) 글레이즈

과자류 표면에 윤기를 내는 일, 또는 표면이 마르지 않도록 젤리를 바르는 일을 글레이즈라고 한다. 대표적인 재료로 살구잼, 계란 푼 것이 있다.

(9) 젤리

자체가 후식용으로 사용되고, 장식물로도 쓴다. 반투명한 색상이 식욕을 돋우기에 충분하다.

(10) 충전물

과자 반죽에 싸서 굽는 것과 구운 시트에 채워 넣는 것이 있다.

(11) 토핑

빵에 맛을 들이는 가장 간단한 방법은 밀대나 손으로 얇게 늘인 반죽 위에 촉촉한 재료들을 얹어 굽는 일. 고온의 오븐에 넣어 재빨리 구우면 밑바닥은 딱딱하게 구워지지만 장식을 얹은 윗부분은 재료의 즙이 빵에 스며들어 연하다.

나빠 굽는 제품으로 만들기에 맞지 않다.

◎ 이탈리안 머랭의 특징 : 부피가 크고 결이 거칠어 선이 고운 제품을 만들기에 알맞지 않다. 흔히 센불에 구워 색을 들이는 제품에 사용하고 커스터드 크림, 버터크림과 섞어 쓴다.

☞ 기본 버터 크림은 버터 : 설탕=1:1로, 가벼운 크림을 만들기 위해 크림성이 좋은 쇼트닝이나 마가린을 사용한다. 또한 부드러움을 주기 위해 액체재료를 첨가한다.

☞ 주석산 크림은 끓인 시럽이 냉각되는 동안 결정화가 되는 것을 막기 위해 사용한다.

8. 포장

(1) 포장하는 목적

① 소비자의 구매 욕구를 충족시키기 위해.

② 저장 유통 과정중 변하기 쉬운 품질을 유지하여 상품의 수명을 늘리기 위해.

(2) 포장재료

① 종이류 : 유산지, 글라신 종이, 파라핀 종이

② 셀로판

③ 알루미늄박

④ 아밀로스 필름 : 포장 자체를 먹을 수 있음

⑤ 플라스틱 : 폴리에틸렌(PE), 폴리프로필렌(PP), PVC, PET 등

☞ 포장용기

① 금속제품 : 식품 조리용 기구나 용기로 사용

② 유리제품 : 액체식품의 용기

③ 도자기, 법랑 피복제 : 유약 중에 함유되어 있는 유해 금속의 용출이 문제

④ 플라스틱 용기가 구비해야 할 조건

- 무해하여야 한다.
- 유해물질이 용출되지 않아야 한다.
- 일정한 강도가 있어야 한다.

기초력 확인문제

1〉 다음 중 고율배합에 대한 설명으로 틀린 것은?

① 설탕의 사용량이 밀가루보다 많다.

② 액체 재료(물)를 많이 배합하여 신선함이 오래 간다.

③ 유지와 액체 재료를 결합시키기 위해 유화 쇼트닝을 쓴다.

④ 전분의 호화 온도가 높은 밀가루를 쓴다.

2〉 반죽 결과 온도 24℃, 실내 온도 25℃, 수돗물 온도 25℃, 밀가루 온도 25℃, 유지 온도 22℃, 계란온도 20℃, 설탕 온도 20℃일 때 마찰계수는?(기출문제)

① 5℃ ② 7℃ ③ 17℃ ④ 27℃

3〉 비중컵의 무게=30g, 비중컵+물=230g, 비중컵+반죽=170g 이와 같은 조건에서 반죽의 비중은?

① 0.6 ② 0.65 ③ 0.7 ④ 0.75

4〉 옆면이 곧은 둥근 틀의 부피를 구하고자 한다. 안치수로 지름을 재어보니 16.5㎝, 높이가 7.62㎝이다. 이 틀의 부피는?

① 1,516㎤ ② 1,629㎤ ③ 1,725㎤ ④ 1,814㎤

해설 지름=16.5, 반지름=8.25. 부피=$\pi r^2 h = 3.14 \times (8.25)^2 \times 7.62$.

5〉 케이크 팬용적 410㎤에 100g의 스펀지 케이크 반죽을 넣어 좋은 결과를 얻었다면 팬용적 1,230㎤에 넣어야 할 스펀지 케이크 반죽무게는?(기출문제)

① 123g ② 200g

③ 300g ④ 410g

6〉 반죽의 비중이 가장 낮은 케이크는?(기출문제)

① 에인젤 푸드 케이크 ② 화이트 레이어 케이크

③ 데블스 푸드 케이크 ④ 엘로 레이어 케이크

답 1〉 ④ 2〉 ② 3〉 ③ 4〉 ② 5〉 ③ 6〉 ①

해설 5〉~6〉 반죽의 비중이 낮을수록 공기가 많이 포함되어 있고, 그래서 가볍고 부드러운 케이크가 만들어진다.

7〉 머랭의 최적pH는 얼마인가?(기출문제)
① 5.5~6.0 ② 6.6~7.0 ③ 7.5~8.0 ④ 8.5~9.0

8〉 퐁당 아이싱의 끈적거림을 배제하는 방법이 아닌 것은?(기출문제)
① 아이싱에 최소한의 액체 사용 ② 한천(안정제) 사용
③ 흡수제(전분) 사용 ④ 케이크 온도가 높은 상태에서 사용

9〉 도넛 글레이즈의 사용온도로 적당한 것은?(기출문제)
① 49℃ ② 39℃ ③ 29℃ ④ 19℃

10〉 생크림을 거품낼 때 첨가하는 설탕의 사용량은?
① 0~10% ② 20~30% ③ 45% ④ 60%

11〉 제과에서 말하는 머랭이란?
① 계란 흰자를 말린 것 ② 계란 흰자를 중탕한 것
③ 계란 흰자에 설탕을 넣고 거품낸 것 ④ 계란 흰자에 소금을 넣고 거품낸 것

12〉 다음 머랭 중에서 설탕을 끓여 시럽으로 만들어 제조하는 것은?(기출문제)
① 이탈리안 머랭 ② 스위스 머랭
③ 따뜻한 물로 중탕하여 제조한 머랭 ④ 얼음물에 차게 하여 제조한 머랭

13〉 초콜릿 케이크에서 우유 사용량 공식으로 맞는 것은?(기출문제)
① 설탕-30-(코코아 1.5)-계란 ② 설탕-30+(코코아 1.5)-계란
③ 설탕+30+(코코아 1.5)-계란 ④ 설탕+30+(코코아 1.5)+계란

답 **7〉 ① 8〉 ④ 9〉 ① 10〉 ① 11〉 ③ 12〉 ① 13〉 ③**

제3절 제품별 제과법

1. 반죽형 반죽 과자

(1) 레이어 케이크(Layer cake)

반죽형 반죽 과자의 대표적인 제품. 설탕 사용량이 밀가루 사용량보다 많은 고율배합 제품이다. 설탕을 녹일만한 많은 양의 물을 사용, 신선도를 오랫동안 유지시킨다. 옐로 레이어 케이크, 화이트 레이어 케이크, 더블스 푸드 케이크, 초콜릿 케이크가 있다.

1) 화이트 레이어 케이크와 옐로 레이어 케이크

① 재료의 사용범위

화이트 레이어 케이크	옐로 레이어 케이크
밀가루(박력분) 100%	밀가루(박력분) 100%
설탕 110~160%	설탕 110~140%
전체 수분량=흰자+우유 =설탕+30	유화 쇼트닝 30~70%
흰자=쇼트닝×1.43	전체 수분량=계란+우유 =설탕+25
우유=설탕+30−흰자 =탈지분유 10%+물 90%	계란=쇼트닝×1.1
주석산크림=0.5%	우유=설탕+25−계란 =탈지분유 10%+물 90%
베이킹 파우더=원래 양×1.1	

☞ 화이트 레이어 케이크 : 계란의 흰자만을 사용하여 하얀 빛을 띠는 케이크.

☞ 화이트 레이어 케이크의 흰자 사용량
=계란 전체×1.3
=(쇼트닝×1.1)×1.3
=쇼트닝×1.43

☞ 주석산크림은 흰자의 구조와 내구성을 강화시킨다. 정식 명칭은 주석산칼륨(cream of tartar), 또 일본식 명칭은 주석산크림, 주석산수소이다.

〈배합표〉 화이트 레이어 케이크 단위 : %

재 료	사용범위	표준
박력 밀가루	100	100
설탕	110~160	120
쇼트닝	30~70	56
계란 흰자	계란×1.3	80
탈지분유	변화	7
물	변화	63
베이킹 파우더	2~6	3(3.3)
소금	1~3	2
주석산크림	0.5	0.5
향료	0.5~1.0	0.5
유화제	(2~5)	(3.5)

〈배합표〉 옐로 레이어 케이크 단위 : %

재 료	사용범위	표준
박력 밀가루	100	100
설탕	110~140	120
쇼트닝	30~70	50
계란	쇼트닝×1.1	55
탈지분유	변화	9
물	변화	81
베이킹 파우더	2~6	3
소금	1~3	2
향료	0.5~1.0	0.5
유화제	(2~5)	(3)

※ 유지로서 유화 쇼트닝을 쓰지 않으면 유화제를 쇼트닝 사용량의 6~8% 첨가한다.

② 반죽

크림법에 따른 반죽 순서를 보면 다음과 같다.
〔반죽온도 22~24℃, 반죽의 비중 0.85~0.9〕

ㄱ. 쇼트닝+소금+설탕+유화제를 비터로 혼합한다.

ㄴ. 계란을 조금씩 넣으면서 크림상태로 만든다. 이때 에인젤 푸드 케이크는 흰자+주석산크림을 넣으면서 푼다.

ㄷ. 물을 넣는다.

ㄹ. 밀가루+탈지분유+베이킹 파우더+향료(가루, ☞)를 체쳐 저속으로 돌린다.

③ 팬닝 : 틀 부피의 40~50% 정도, 화이트 레이어 케이크는 틀 부피의 45~55% 정도 채운다.

④ 굽기 : 180~200℃의 오븐에서 25~35분간 굽는다.

☞ 크림법, 블렌딩법, 1단계법을 이용한다.

☞ 수분이 많은 흰자 때문에 유화상태의 반죽이 분리될 수 있으므로 흰자를 한꺼번에 넣지 않도록 한다.

☞ 향료가 액체이면 밀가루를 넣기 전에 섞는다.

⑤ 마무리 : 식힌 뒤, 여러 가지 아이싱을 하거나 데커레이션 케이크를 만든다.

2) 데블스 푸드 케이크(Devil's food cake)

옐로 레이어 케이크 반죽에 코코아를 넣은 케이크. 초콜릿색과 같아 보통은 초콜릿 케이크라고도 하지만, 코코아를 쓰면 특별히 데블스 푸드 케이크라 부른다. 계란의 흰자를 써서 만든 거품형 반죽 과자인 새하얀 에인젤 푸드 케이크와 대조적으로 검은색을 띠었다고 하여 '악마(devil)'라는 이름을 붙였다.

☞ 초콜릿 케이크는 데블스 푸드 케이크의 배합과 거의 같다. 다른 점은 초콜릿을 24~48% 첨가하고 쇼트닝을 초콜릿의 유지(카카오 버터)량의 1/2만큼 뺀다는 사실이다.

☞ 조절한 유화 쇼트닝 = 원래 유화 쇼트닝-(카카오 버터×1/2)
초콜릿 =
코코아+카카오 버터
코코아 =
초콜릿량 ×62.5%(=5/8)
카카오 버터 =
초콜릿량×37.5(=3/8)

☞ 유화 쇼트닝이 아닐 때 유화제를 쓴다.

☞ 더치 코코아를 쓸 때는 중조를 쓰지 않고 베이킹 파우더만을 쓴다.

☞ 코코아를 쓴 반죽은 pH가 높다. pH가 높을수록 색과 향이 짙다. 흔히 코코아 · 초콜릿 반죽은 pH를 높인다.

① 재료의 사용범위

박력분 100%　　설탕 110~180%
쇼트닝 30~70%=계란÷1.1　　유화제 2~5%
계란 33~77%=쇼트닝×1.1
베이킹 파우더 2~6%=원래 사용하던 양-(중조×3)
중조=천연 코코아×7%　　향료 0~1%
소금 2~3%　　코코아 15~30%
우유(분유+물)=설탕+30+(코코아×1.5)-계란

〈배합표〉 데블스 푸드 케이크　단위 : %

재　료	사용범위	표준
박력 밀가루	100	100
설탕	110~180	120
쇼트닝	30~70	54
계란	쇼트닝×1.1	80
탈지분유	변화	12
물	변화	108
베이킹 파우더	2~6	3
소금	2~3	2
향료	0.5~1.0	0.5
중조	코코아 종류에 따라 결정	
코코아	15~30	20
유화제	(2~5)	(3)

〈배합표〉 초콜릿 케이크　단위 : %

재　료	사용범위	표준
박력 밀가루	100	100
설탕	110~180	120
쇼트닝	30~70	49
계란	쇼트닝×1.1	60
탈지분유	변화	12
물	변화	108
베이킹 파우더	2~6	3
소금	2~3	2
향료	0.5~1.0	0.5
중조	코코아 종류에 따라 결정	
초콜릿	24~48	32
유화제	(2~5)	(3)

② 반죽 : 블렌딩법에 따라 반죽하는 방법은 다음과 같다.
〔반죽온도 22~24℃, 비중 0.85~0.9〕

☞ 크림법, 블렌딩법, 1단계법을 이용한다.

ㄱ. 밀가루를 체친 후 쇼트닝과 섞는다.

ㄴ. 남은 가루재료(설탕, 탈지분유, 향료, 소금, 베이킹 파우더, 코코아)를 넣어 섞는다.

ㄷ. 액체재료(계란, 물 등)의 일부를 넣어 믹싱한다.

ㄹ. 남은 액체재료를 넣고 되기를 조절한다.

③ 팬닝 : 틀 부피의 45~55% 반죽을 채운다.

④ 굽기 : 180~200℃의 오븐에서 25~35분간 굽는다.

⑤ 마무리 : 식힌 뒤, 여러 가지 장식물을 사용하여 데커레이션 케이크를 만든다.

(2) 파운드 케이크(Pound cake)

원래 밀가루, 설탕, 유지, 계란을 각각 1파운드씩(100%) 배합하여 만든 케이크. 최근에는 배합 비율을 여러 가지로 응용하여 만든다. 다른 재료를 아무것도 섞지 않고 만든 보통의 파운드 케이크, 이 케이크 반죽에 초콜릿·코코아 또는 이들의 혼합물을 넣어 만든 마블 케이크, 각종 과실을 넣어 만든 과일(프루츠) 파운드 케이크가 있다.

☞ 과일을 넣었을 때 주의할 점은 반죽 마지막 단계에서 살짝 섞어, 으깨어 터지지 않도록 반죽한다는 점.

☞ 마가린을 쓰면 그 속에 유화제가 들어 있으므로, 쇼트닝을 쓸 때보다 유화제 양을 1/2가량 줄인다.

1) 재료의 사용범위

밀가루	100%	설탕	75~125%
쇼트닝	40~100%	계란	40~100%
유화제	2~4%	베이킹 파우더	0~3%
향료	0~1	소금	1~3
우유(물)	0~30		

전체의 수분량=계란+우유≥설탕 또는 밀가루

쇼트닝 사용량≤계란 사용량

참고

조정률

① 설탕의 사용량이 일정하면 전체 수분량(=계란+우유)이 일정하다.

② 쇼트닝의 사용량을 늘리면, 계란은 쇼트닝과 같은 양 또는 쇼트닝×1.1만큼을 쓴다.

③ 계란의 사용량을 늘리면 곧 액체재료가 늘어나는 꼴이므로 우유의 양을 줄인다. 전체의 수분량이 일정해야 반죽의 고형질과 수분이 균형을 이룰 수 있다.

※ 한편, 계란은 거품내는 공정에서 공기를 품는 능력이 있으므로 화학 팽창제의 사용량을 줄인다. 또한 계란의 사용량이 늘면 소금의 양도 늘어야 한다. 단, 유지(마가린, 버터 등)에 소금이 들어 있으므로 일부러 늘릴 필요는 없다.

2) 재료의 특성

① 밀가루 : 케이크의 골격을 만드는 주요 재료. 강력·중력·박력 밀가루를 각각, 또는 섞어서 쓴다. 볶아서 곱게 빻은 보릿가루는 밀가루 일부를 대치할 수 있다. 찰옥수수 가루는 케이크 내상을 차지게 하는 경향이 있어 부적당하다.

② 설탕 : 단맛을 내고 껍질색을 결정하는 재료. 이와 더불어 자체에 수분을 품는 능력(수분 보유력)이 있어 제품의 신선함을 오래 유지시킨다.

☞ 부드러움을 강조하고 싶으면 박력분을, 치밀한 조직감을 강조하고 싶으면 중력분이나 강력분을 혼합해 사용한다.

☞ 설탕 이외에도 포도당, 액당, 꿀, 전화당, 물엿이 같은 기능을 갖는다.

과일 파운드 케이크는 보통보다 설탕량을 줄여 과일맛을 살린다.

③ 유지 : 유화성이 높은 유지를 쓰도록 한다. 그러면 물을 쓰면서도 공기를 많이 품을 수 있다. 더욱이 가소성이 크고 안정성이 높으며 산가가 낮은 유지가 좋다.

④ 계란 : 계란 전체를 쓰면 옐로 파운드 케이크, 흰자만을 쓰면 화이트 파운드 케이크라고 한다. 가급적 신선한 것을 사용하고, 냉동 계란을 사용할 때는 적정 온도로 해동하여 사용한다.

⑤ 베이킹 파우더 : 파운드 틀을 쓸 때에만 넣는다.

⑥ 향료 : 유지가 많이 들어가므로, 다른 제품보다 많이(1.0%) 넣는다.

☞ 풍미를 강조하려면 버터를, 유화성을 살리려면 유화 쇼트닝을 쓴다. 이들을 알맞게 섞어 쓰면 유화성, 풍미, 가소성을 함께 살릴 수 있다.

〈배합표〉 표준 파운드 케이크

단위 : %, ( )는 g

재료	사용범위	비고	재료	사용범위	비고
쇼트닝	50(~680)		설 탕	100(~1,360)	>밀가루
버 터	50(~680)	유지=계란	소 금	1.5(~20)	
박력분	50(~680)		계 란	100(~1,360)	=유지
강력분	50(~680)		바닐라	2(~27)	

3) 반죽 : 크림법에 따라 반죽하면 다음과 같다.

〔반죽온도 20~24℃, 반죽의 비중 0.8~0.9〕

① 유지(버터, 마가린, 쇼트닝)에 설탕+소금을 넣고 비터로 섞는다.

② 계란을 조금씩 넣으면서 부드러운 크림상태로 만든다.

③ 밀가루, 탈지분유, 베이킹 파우더, 향료를 체쳐 넣고 나머지 액체재료를 넣어 살짝 섞는다.

☞ 크림법, 블렌딩법, 1단계법, 설탕 · 물 반죽법을 이용한다.

4) 팬닝—아무틀이나 사용해도 무방하지만 전형적인 것은 파운드 틀이다. 대량 생산체제로 갖춘 공장에서는 이중틀(2겹 틀)을 사용한다. 틀의 안쪽에 종이를 깔고 틀 높이의 70%까지 반죽을 채운다. 파운드 케이크는 반죽 1g당 2.4㎤를 차지한다.

☞ 깔판종이 : 식품용 종이로서 독성이 없는 종이.

5) 굽기—반죽량이 많은 제품은 170~180°C에서, 크기가 작은 제품은 180~190°C에서 굽는다. 흔히 보기에 좋도록 윗면을 자연스럽게 터트려 굽는다. 터지지 않게 하려면 터지는 원인을 미리 없애거나, 굽기 전에 증기를 불어 넣는다.

☞ 터지는 원인
① 반죽의 수분 부족 ② 설탕이 다 녹지 않음 ③ 틀에 채운 반죽을 바로 굽지 않아 반죽 거죽이 마름 ④ 높은 온도에서 구워 껍질이 빨리 생김.

6) 응용제품

① 마블 케이크

ㄱ. 일반 파운드 케이크 반죽 1/4~1/3에 코코아 4~6%, 우유 9~12%, 중조 0.5%를 첨가해 코코아 반죽을 만든다. 코코아 대신 초콜릿을 사용할 수 있다.

ㄴ. 틀에 일반 파운드 케이크 반죽(틀 높이의 1/4 정도)을 부은 뒤 코코아 반죽을 그 위에 붓는다. 그런 다음 다시 일반 파운드 케이크 반죽을 부

어 휘젓기를 한다.

ㄷ. 맨 밑 바닥과 위는 일반 파운드 케이크 반죽으로 싼다.

② 과일 파운드 케이크

ㄱ. 파운드 케이크 반죽에 첨가하는 과일량은 전체 반죽의 25~50%이다.

ㄴ. 과일은 건조과일을 쓰거나 시럽에 담근 과일을 사용한다. 시럽에 담근 과일은 사용전에 물을 충분히 뺀 뒤 사용한다.

ㄷ. 반죽과 과일을 섞기 전에 과일을 밀가루에 묻혀 사용하면 과일이 밑바닥에 가라앉는 것을 방지할 수 있다.

ㄹ. 과일류와 견과류는 믹싱 최종 단계에 넣는다.

기초력 확인문제

1〉 ~ 2〉

다음 표는 옐로 레이어 케이크를 만들기 위한 배합표이다. 물음에 답하여라.

재료	사용량(%)
밀가루	100
설탕	120
쇼트닝	50
우유	(①)
계란	(②)

1〉 우유와 계란의 사용량을 구하면?

해설 우유=설탕+25-계란, 계란=쇼트닝×1.1.

2〉 분유와 물을 섞어 우유 대신 넣으려고 한다. 이때 분유와 물 사용량을 구하면?

해설 우유=분유 10%+물 90%. 분유=90×0.1.
∴우유−분유=90−9

3〉 ~ 4〉

다음 표는 화이트 레이어 케이크를 만들기 위한 배합표이다. 다음 물음에 답하여라.

재료	사용량(%)
밀가루	100
설탕	120
쇼트닝	60
흰자	(①)
우유	(②)
주석산크림	(③)

3〉 ①, ②, ③에 들어갈 흰자, 우유, 주석산크림의 사용량은?

4〉 쇼트닝이 유화 쇼트닝이 아닐 때 유화제를 넣으려면 얼마나 넣어야 할까?

해설 흰자=쇼트닝×1.1×1.3
우유=설탕+30−흰자
유화제=쇼트닝×6%

5〉 ~ 7〉

다음 표는 데블스 푸드 케이크를 만들기 위한 배합표이다. 다음 물음에 답하여라.

답 **1〉** ① 90% ② 55% **2〉** 분유 : 9%, 물 : 81% **3〉** ① 85.8% ② 64.2% ③ 0.5% **4〉** 3.6%

재료	사용량(%)
밀가루	100
설탕	120
쇼트닝	50
계란	(①)
우유	(②)
베이킹파우더	5
코코아	20

5〉 ①, ②에 들어갈 계란과 우유의 사용량은?

6〉 우유 대신 분유에 물을 타 쓰려고 한다. 이때 분유의 사용량은?

해설 계란=쇼트닝×1.1
우유=설탕+30+(1.5×코코아)−계란
우유=분유 10%+물 90%
∴ 분유=125×0.1 물=125×0.9.

7〉 코코아로 천연 코코아를 쓰고자 한다. 위의 배합표에서 바꾸어야 하는 부분은?

해설 중조 1%는 베이킹 파우더 3%와 같은 효과를 나타낸다.
중조=코코아×7%, 베이킹 파우더=원래 사용한 양 - (중조×3)

8〉 ~ 9〉

다음 표는 초콜릿 케이크를 만들기 위한 배합표이다. 다음 물음에 답하여라.

재료	사용량(%)
밀가루	100
설탕	120
유화쇼트닝	60
초콜릿	32
계란	( )
우유	114

8〉 ( ) 안에 들어가야 할 계란의 사용량은?

해설 계란=쇼트닝×1.1.

9〉 초콜릿 속의 유지량을 감안하여 쇼트닝의 사용량을 조절하면?

해설 초콜릿=코코아+카카오 버터
코코아=초콜릿의 5/8(62.5%)
카카오 버터=초콜릿의 3/8(37.5%).
카카오 버터는 유화 쇼트닝의 1/2 만큼의 효과를 갖고 있다.
초콜릿 32% 중 카카오 버터는 12%(=32×3/8),
카카오 버터의 쇼트닝 기능값은 6%(=12×1/2).
∴원래 사용하던 쇼트닝 60%−6%=54%.

10〉 초콜릿 32g 속에 들어가는 유지가 쇼트닝의 기능을 할 수 있는 양은?
① 3g ② 6g
③ 9g ④ 12g

11〉 파운드케이크 제조시 쇼트닝을 많이 넣었을 때 조치사항으로 맞는 것은?(기출문제)
① 계란 증가 ② 베이킹파우더 증가
③ 박력분 증가 ④ 소금 감소

12〉 파운드 케이크 반죽을 만드는 배합재료 중 쇼트닝의 역할로 중요한 것은?(기출문제)

답 **5〉** ① 55% ② 125% **6〉** 12.5% **7〉** ① 중조를 쓴다. ② 베이킹 파우더의 양을 줄인다. **8〉** 66%
9〉 54% **10〉** ② **11〉** ①

① 크림성　② 쇼트닝성　③ 유화성　④ 안정성

13〉 옐로 레이어케이크의 쇼트닝 량이 50%일 때 계란량은?(기출문제)

① 40%　② 50%　③ 55%　④ 60%

답 12〉 ③　13〉 ③

2. 거품형 반죽 과자

(1) 스펀지 케이크(sponge cake)

거품형 반죽 과자의 대표적인 제품. 즉, 계란의 기포성을 이용한 반죽 과자이다. 거품낸 계란이 공기를 포함하고 이 기포가 열을 받아 팽창하여 스펀지 상태(해면 조직)로 부푼다.

1) 재료의 사용범위(단위 : %)

밀가루(박력분) ·········100　설탕 ····100~300(기본 : 166)

계란 ··100~200(기본 : 166)　소금 ··········1~3(기본 : 2)

참고

조정률　밀가루를 1% 늘릴 경우
설탕, 우유는 1%, 소금, 베이킹 파우더는 0.03% 늘린다.

2) 재료의 특성

① 밀가루 : 연질 소맥으로 제분한 특급 박력분으로, 저회분(0.29~0.33%), 저단백질(5.5~7.5%)의 밀가루가 권장된다.

② 설탕

ㄱ. 흔히 쓰는 것이 흰설탕(자당)이다.

ㄴ. 포도당은 설탕의 20~25% 이하를 대신하여 쓸 수 있다.

ㄷ. 물엿은 고형질을 기준으로 하여 20~25%를 설탕 대신 쓸 수 있다. 물엿이 반죽에 고루 퍼지지 않는 어려움이 있지만, 롤 케이크의 시트처럼 터지지 않고 잘 말리도록 작용하는 재료이다.

ㄹ. 전화당 시럽은 소량(5% 안팎) 사용한다. 수분 보유력이 뛰어나다. 단, 제품의 색이 짙어질 수 있으므로 주의한다.

ㅁ. 꿀은 수분 보유제이고 향을 낸다.

③ 계란 : 제품의 부피를 결정짓는 재료. 밀가루보다 많이 쓴다. 계란을 설탕물과 섞으려면 유화제가 필요하나. 단, 노른자에 레시틴이라는 천연의 유화제가 있으므로 계란 전체를 쓸 때에는 유화제를 따로 넣을 필요가 없다. 가급적 신선하고 고형질이 높은 계란을 사용한다.

◇◇ 보충설명 ◇◇

☞ 스펀지 케이크의 기본재료 혼합 비율은 원래 모두 같다. 그러나 계란, 설탕, 밀가루를 모두 100으로 사용하면 무겁고 단단한 제품이 된다. 그래서 기본 배합에 변화를 주거나 다른 재료를 첨가한다.

☞ 냉동 계란을 쓸 때에는 먼저 녹인다. 그러면 거품이 잘 일어 부피가 커진다.

☞ 우유를 쓸 때에는 배합표의 액체량을 조절한다.

☞ 박력분 대신, 갖고 있는 밀가루에 전분(12% 이하)을 섞어 쓰기도 한다.

☞ 물엿의 구성 성분의 비 : 물엿 40%(농도 50%) = 수분 20%, 고형질 20%.

☞ 계란의 사용량을 줄이려 할 때, 수분의 양이 줄 것을 감안하여 ① 물을 더 넣고 ② 노른자의 레시틴이 줄므로 유화제

④ 소금 : 사용량은 적지만 맛을 내는 데 없어서는 안되는 재료이다.
⑤ 우유 : 수분 함량에 맞추어 사용량을 조절한다.

2) 반죽

공립법에 따라 반죽하면 다음과 같다.

① 계란, 소금, 설탕을 섞고 43°C로 가열하면서 거품을 낸다.
② 밀가루(가루재료 포함)를 넣은 후 살짝 섞는다.
③ 계란이 상당량 배합되어 있을 때 부드러운 맛을 한층 높이기 위해 버터나 마가린 같은 유지를 첨가할 경우, 거품이 주저앉지 않도록 주의한다.

3) 굽기

① 반죽의 양이 많으면 180~190℃의 낮은 온도에서, 반죽의 양이 적거나 두께가 얇은 반죽은 높은 온도(204~213℃)에서 굽는다.
② 구워서 바로 오븐에서 꺼내어 틀에서 뺀다. 그렇지 않으면 스펀지 케이크가 수축하여 쭈글거린다.

4) 응용 제품

① 아몬드 스펀지 케이크

ㄱ. 스펀지 케이크 배합에 견과류나 과일을 넣을 경우, 계란과 설탕을 휘핑해 거품이 적당하게 됐을 때 밀가루와 함께 넣어야 부피를 살릴 수 있다.
ㄴ. 계란과 설탕을 믹싱해 거품을 낸 후 계란과 반죽한 아몬드 페이스트를 넣고 혼합하거나, 처음부터 같이 넣고 강하게 기포한다.
ㄷ. 체친 밀가루를 넣고 섞어준 후 평철판 또는 파운드 팬에 55% 정도 채우고, 170~180°C 온도에서 굽는다.

② 젤리 롤 케이크

ㄱ. 스펀지 케이크 배합으로 만들며, 일반적으로 설탕 100%에 대해 계란량을 100%에서 200%까지 사용할 수 있다.
ㄴ. 일반 스펀지 케이크에 비해 계란 사용량이 많아 수분 함량이 높은 편이다.
ㄷ. 밀가루는 체질을 하여 사용하고, 혼합할 때 덩어리가 생기지 않도록 한다. 혼합이 지나치면 거품이 파괴되거나 반죽에 끈기가 생겨 단단하고 질긴 제품이 된다.
ㄹ. 만드는 법은 스펀지 케이크와 동일하다. 단. 크림과 같은 충전물은 냉각 후에, 잼 또는 젤리는 뜨거울 때나 냉각된 후에 고르게 펴 바른 뒤 반듯하게 만다.

5) 롤 케이크를 말 때 표면이 터지지 않도록 조치하는 사항

① 설탕의 사용량 중 일부를 물엿으로 바꿔 쓴다.
② 덱스트린 또는 글리세린을 사용하여 점착성을 증가시킨다.

를 더 쓰며 ③ 거품일기가 불완전하여 팽창 효과가 작으므로 베이킹 파우더의 사용량을 늘린다.

☞ 공립법, 별립법을 이용한다.

☞ 수축하는 이유 : 틀에 닿은 부분과 케이크 속부분의 식는 속도가 다르기 때문.

③ 팽창 요소를 줄인다. 베이킹 파우더는 양을 줄이고, 계란의 거품내는 정도를 줄인다.

④ 노른자의 사용량을 줄인다.

⑤ 밑불이 너무 강하지 않게 하여 굽는다.

⑥ 반죽 온도가 너무 낮지 않도록 한다. 반죽 온도가 낮으면 굽는 시간이 길어진다.

⑦ 반죽의 비중이 너무 높지 않게 믹싱한다.

⑧ 저온에서 장시간 굽지 않는다. 굽기 중 너무 건조시키면 말 때 부러진다.

☞ 노른자가 많으면 돌돌 말 때 부서지기 쉽다.

(2) 에인젤 푸드 케이크(Angel food cake)

거품형 반죽 케이크의 하나로, 기공 조직이 스펀지 케이크와 거의 같다. 다른점은 흰자만을 쓰는 점이다.

1) 재료의 사용범위(전체 100%)

흰자	40~50%	설탕	30~42%
주석산크림	0.5~0.625%	소금	0.375~0.5(%)
밀가루	15~18%		

☞ 주석산크림+소금=1%

2) 재료의 특성

① 밀가루 : 표백이 잘 된 특급 박력분.

② 소금 : 다른 재료의 맛을 내게 하고, 계란의 흰자를 강력하게 만든다.

③ 주석산크림 : 튼튼하고 쉬 사그러들지 않는 흰자의 거품체를 만든다. 또한 그 색상을 더욱 희게 만든다. 단, 식초, 오렌지즙과 같은 산성 재료를 쓰려면 주석산크림의 사용량을 줄이거나 사용하지 않는다.

④ 설탕 : 연화작용을 한다. 2번에 걸쳐서 즉, 흰자를 거품낼 때 한번, 밀가루를 넣을 때 한 번 섞는다. 흰자에 넣을 때에는 정백당(전체 설탕량의 60~70%, 2/3)을, 밀가루와 함께 넣을 때에는 분설탕(전체의 1/3)을 쓴다. 후자에서 설탕은 흰자와 밀가루가 잘 섞이도록 작용한다.

☞ 박력분이 없는 경우, 전분(30% 이하)을 섞어 쓰기도 한다.

☞ 주석산크림은 산성재료여서 알칼리성인 흰자를 중화시킨다. 이렇게 계란 또는 반죽의 산도가 낮아지면 흰자의 힘이 커져 거품체가 튼튼해진다.

☞ 흰자에 넣는 설탕을 너무 많이 쓰면 거품이 많이 일어 공기와 융합하지 못해 머랭의 부피가 작아지고, 조금 쓰면 거품에 힘이 없다.

배합표 만드는 요령

① 흰자와 밀가루 사용량을 결정한다.

② 주석산크림과 소금의 사용량을 결정한다(주석산크림+소금=1%).

③ 설탕의 사용량을 계산한다.

설탕=100−(흰자+밀가루+주석산크림+소금의 양)

보기▶ 흰자 45(%) 소금 0.4 주석산크림 0.6

밀가루 16 설탕 100−(45+16+0.4+0.6)=38

여기서 설탕을 흰자에 넣을 때 60% 쓰기로 한다면,

정백당=38×60%=22.8, 분설탕=38−22.8=15.2 이다.

☞ 수분이 많은 케이크를 만들려면 흰자의 사용량을 늘리고, 밀가루의 사용량을 줄인다.

☞ 주석산크림은 흰자의 사용량과 비례하여 늘린다.

④ 당밀은 제품의 풍미를 더욱 살리기 위해 8~10% 넣기도 한다.
거품낸 흰자에 정백당과 함께 넣는다.
당밀의 구성 성분=고형분 60%+수분 40%
당밀을 10% 쓸 때 흰자 4%와 정백당 6%를 줄인다.
또, 당밀 자체가 산성이므로 주석산크림의 사용량을 1/2 줄인다.

보기▶ 흰자 45% 밀가루 16
주석산크림 5/8 소금 3/8
설탕 38

연습문제

위의 배합표를 당밀 10% 사용한 것으로 바꾸면?(단, 흰자에 정백당(설탕) 60% 사용)

풀이) 흰자 41%(=45−4)
주석산크림 5/16(=5/8×1/2)+소금 3/8=1(%)
당밀 10(%) 정백당 16.8(=38×0.6−6)(%)
분설탕 15.2(%) 밀가루 16(%)

3) 반죽

① 산 후처리법

ㄱ. 흰자를 휘저어 끝이 뾰족해지도록(60% 정도) 거품낸다.
ㄴ. 설탕 일부(정백당, 2/3)를 천천히 넣으면서 거품기(휘퍼나 비터)로 80% 정도(2단계)까지 거품낸다.
ㄷ. 설탕(분설탕, 1/3)+소금+주석산크림+밀가루를 체쳐 넣고 덩어리가 풀릴 때까지 살짝 섞는다.

② 산 전처리법

ㄱ. 흰자+소금+주석산크림을 60% 정도 거품낸다(1단계에서 그침).
ㄴ. 설탕 일부(정백당, 2/3)를 2~3회에 나누어 넣고 80% 정도(2단계, 중간 피크)의 머랭을 만든다.
ㄷ. 분설탕과 밀가루를 함께 체쳐 넣고 덩어리가 풀릴 때까지 가볍게 섞는다.

☞ 믹서 돌리는 속도는 모두 중속. 고속으로 흰자를 거품내면 짧은 시간에 공기를 많이 품을 수 있지만 곧 빠져 나가고 설탕을 넣을 때 더욱 빠져 나간다. 그러므로 천천히 거품내고 밀가루를 넣고서도 천천히 살짝 반죽한다.

흰자를 거품내어 머랭을 만드는 방법

거품의 상태로 최적 상태를 판단한다.
〈1단계〉 흰자의 거품이 많지 않고 수분이 많아서 흐르는 정도.
젖은 피크(wet peak)라고도 한다.
〈2단계〉 더욱 휘저어, 거품기에 묻혀 치켜들면 끝이 휘는 정도.
중간 피크(medium peak)라고도 한다.
〈3단계〉 물기가 없이 완전한 거품체로서, 끝이 뾰족히 서는 정도.
건조 피크(dry peak 또는, strong peak)라고도 한다.

③ 반죽온도의 영향력

반죽온도 : 21~26℃.

정상보다 낮으면(18℃ 이하) 기공과 조직이 조밀하여 부피가 작다. 정상보다 높으면(27℃ 이상) 기공이 열리거나 커다란 공기 구멍이 생겨 조직이 거칠어 진다. 또 계란 흰자의 온도가 낮으면 점도가 높고 투박한 느낌이 든다. 반대로 높으면 흰자가 결합하는 속도가 빠르고 기공벽이 얇다. 또 반죽온도가 낮으면 증기압을 형성하는 데 오랜 시간이 걸린다. 오래 구우면 팽창하기보다 껍질이 먼저 생겨 표면이 터진다.

☞ 계란 흰자의 거품을 가장 많이 일으킬 수 있는 온도는 22~ 26℃(24~26℃)이다. 그래서 에인젤 푸드 케이크의 최적 반죽온도는 24℃이다.

☞ 케이크를 부풀리는 요소 중의 하나가 증기압이다.

4) 팬닝

기름기 없는 틀에 60~70% 정도 반죽을 채운다.

5) 굽기

204~219℃의 오븐에서 굽는다. 177~191℃에서 구우면 부피가 작다. 그리고 오래 구워야 하므로 제품의 수분 손실량이 많다.

6) 응용 제품

① 오렌지 에인젤 푸드 케이크 : 기본 배합에 껍질 채 강판에 갈은 오렌지를 10% 정도 넣고 흰자를 10% 정도 줄여 만든다.

② 레몬 에인젤 푸드 케이크 : 기본 배합에 껍질 채 강판에 갈은 레몬을 5% 정도 넣고 주석산크림을 뺀 후 만든다.

③ 견과 에인젤 푸드 케이크 : 호두, 개암, 피칸 등 견과는 전체 반죽의 1/9이 되도록 배합해 만든다.

④ 코코아 에인젤 푸드 케이크 : 기본 배합에 4~5% 정도의 코코아를 밀가루 대신 넣고 만든다. 천연 코코아인 경우 중조를 소량 사용한다.

기초력 확인문제

1〉 흰자를 거품내는 조건으로 알맞지 않은 것은?

① 노른자가 섞이면 거품이 잘 일어난다.
② 흰자의 고형질 함량이 많아야 한다.
③ 거품낼 그릇에 기름기가 없어야 한다.
④ 산성 재료를 조금 넣으면 거품이 안정된다.

2〉 거품형 케이크 제조시 믹싱 조작 순서로 적당한 것은?(기출문제)

① 저속-중속-고속 ② 저속-고속-중속
③ 저속-중속-고속-저속 ④ 고속-중속-저속-고속

답 1〉 ① 2〉 ③

3〉 스펀지 케이크의 필수 재료가 아닌 것은?(기출문제)

① 밀가루 ② 설탕 ③ 달걀 ④ 식용유

해설 스펀지 케이크의 기본 재료는 밀가루, 설탕, 계란, 소금. 부재료는 물, 물엿, 분유, 베이킹 파우더 등이다.

4〉 고급 스펀지 케이크용 밀가루의 단백질 함량으로 알맞은 것은?

① 5.5~7.5% ② 7.5~9.5% ③ 9.0~10.5% ④ 13.0% 이상

5〉 다음 중 계란의 기포력을 키우는 재료는?

① 소금 ② 설탕 ③ 분유 ④ 물

6〉 계란 거품이 최대 부피를 갖으며 안정될 수 있는 온도의 범위는?

① 13~16℃ ② 18~20℃ ③ 22~26℃ ④ 27~30℃

7〉 계란 흰자를 거품낼 때 흰자의 온도가 낮으면 다음과 같은 결과를 나타낸다. 그 중 틀린 것은?

① 점성이 크다. ② 거품이 빨리 일어난다.
③ 공기와의 결합력이 약하다. ④ 거품이 되직하다.

해설 흰자의 온도가 높으면 공기와의 결합력이 크다.

8〉 ~ 9〉

기본 스펀지 케이크를 만드는 배합률은 다음과 같다.

재 료	사용량(%)
밀가루	100
설탕	166
계란	166
소금	2

8〉 밀가루의 사용량을 10% 늘리기 위해 다른 재료의 사용량을 바꾸고자 한다. 다음 중 옳지 않은 것은?

① 설탕 10% 늘림 ② 소금 0.03% 늘림
③ 베이킹 파우더 0.3% 늘림 ④ 우유 10% 늘림

해설 밀가루를 1% 늘릴 때마다 설탕과 우유는 0.75~1%씩, 소금은 0.03%, 베이킹 파우더는 0.015~0.03% 늘린다.

9〉 계란의 사용량을 20% 줄이려고 한다. 이때 조치할 사항은?

① 물 15%, 밀가루 5% 늘림 ② 물 15%, 밀가루 5% 줄임
③ 물 15% 늘리고, 밀가루 5% 줄임 ④ 물 15% 줄이고, 밀가루 5% 늘림

해설 계란 20%의 수분=20×0.75. 계란 20%의 고형질=20×0.25.

답 **3〉** ④ **4〉** ① **5〉** ② **6〉** ③ **7〉** ② **8〉** ② **9〉** ①

10〉 스펀지 케이크를 만드는 배합 재료 중 연화작용과 관계없는 것은?

① 설탕　② 노른자　③ 팽창제　④ 흰자

해설 흰자는 구조형성에 기여. 그밖에 밀가루, 분유가 있다.

11〉 ~ 12〉

다음은 에인젤 푸드 케이크를 만드는 배합례이다.

재 료	사용량(%)
흰자	45
주석산크림	0.5
밀가루	15
소금	(①)
설탕	(②)

11〉 ①, ②에 들어갈 소금과 설탕의 비율은?

소금=1−주석산크림, ∴주석산크림+소금=1%
설탕=100−(흰자+밀가루+주석산크림+소금)

12〉 설탕 39% 중, 밀가루와 함께 머랭에 넣는 양은?

① 6%　② 13%　③ 19%　④ 26%

해설 설탕은 먼저 흰자와 섞어 머랭을 만들고, 나머지를 밀가루와 함께 머랭에 넣어 섞는다. 그 비율은 2 : 1.

13〉 에인젤 푸드 케이크를 만드는 머랭의 상태로 가장 알맞은 것은?

① 1단계(젖은피크) 초기　② 2단계(중간피크) 초기
③ 3단계(건조피크) 초기　④ 3단계(건조피크) 후기

답 **10〉** ④ **11〉** ① 0.5% ② 39% **12〉** ② **13〉** ②

3. 유지층 반죽 과자

(1) 퍼프 페이스트리(Puff pastry)

밀가루 반죽에 유지를 감싸 넣어 구운 제품. 유지층이 결을 이룬다.

1) 재료의 사용범위와 특성

강력분 ············ 100%　유지 ··············· 100%
물(찬물) ··········· 50%　소금 ··············· 1~3%

※ 그밖에 계란, 포도당을 쓰기도 한다.

① 밀가루 : 강력분이 알맞다. 유지를 지탱하는 재료이다. 박력분을 사용하면 글루텐 강도가 약해 반죽이 잘 찢어지고 균일한 유지층을 만들기 어렵다. 강력분을 사용하며 수축되기 쉽고 구웠을 때 너무 단단해지는 결점이 있으므로, 충분한 휴지를 시키는 것이 필요하다.

② 유지 : 가소성, 신장성이 크고, 녹는점이 높은 유지를 쓴다. 쇼트닝, 마가린, 버터+녹는점이 높은 지방(올레오 스테아린 : 녹는점 37℃ 이상)이 알맞다. 한편 굽는 동안 잘 부풀도록 수분이 포함된 쇼트닝을 쓴다.

◇◇ 보충설명 ◇◇

☞ 흔히 프렌치 파이라 한다.

☞ 오븐의 열이 높아지면 유지의 수분이 증기로 바뀌어 증기압을 발달시킨다. 즉, 수분이 증기로 날아가면서 반죽과 유지 사이를 들뜨게 한다. 이 들뜸을 유지시키는 요소가 글루텐막, 이것이 증기압을 견디며 그대로 굳는다. 이렇게 하여 수십 수백 겹의 층이 만들어진다.

③ 물 : 반죽온도, 반죽의 되기를 조절한다. 찬물이 알맞다.

④ 소금 : 다른 재료의 맛과 향을 살린다. 유지 제품의 소금기를 감안하여 배합량을 결정한다.

2) 반죽 만들기

① 반죽법

ㄱ. 스코틀랜드식(반죽형 파이 반죽)

유지를 깍두기 모양으로 잘라 물 · 밀가루와 섞어 반죽한다. 밀어펴는 동안 글루텐이 발달한다. 작업이 간편한 대신 덧가루가 많이 들고, 제품이 단단하다.

ㄴ. 프랑스식(접기형 파이 반죽)

밀가루+유지+물로 반죽을 만든다. 글루텐을 완전히 발전시킨다. 이 반죽에 유지를 싸서 밀어 편다.

② 정형

ㄱ. 유지를 배합한 반죽을 30분 이상 냉장고(0~4°C)에서 휴지시킨다.

ㄴ. 전체적으로 똑같은 두께로 밀어 편다. 평균 0.3㎝.

ㄷ. 잘 드는 칼을 이용하여 원하는 모양으로 자른다.

ㄹ. 굽기 전에 30~60분 동안 휴지시킨다.(☞)

ㅁ. 계란물을 칠한다.

3) 굽기

표준 오븐의 온도 204~213℃.

온도가 낮으면 글루텐이 말라 신장성이 줄고 증기압이 발생하여 부피가 작고 묵직해진다. 온도가 높으면 껍질이 먼저 생겨 글루텐의 신장성이 작은 상태에서 팽창이 일어나고 그 결과 제품이 갈라진다. 부피가 작고 기름기가 많다.

4) 응용 제품

① 과일 바구니

ㄱ. 본반죽을 0.6cm 정도로 밀어 편 뒤 정사각형으로 자른다.

ㄴ. 자른 반죽의 중앙 부분을 눌러 움푹 들어가게 한 후 충전물을 넣는다.

ㄷ. 반죽 띠(두께 0.3cm, 길이 12.5cm, 폭 1.3cm)를 대각선으로 덮고, 본반죽과 붙여 준다.

ㄹ. 계란물을 칠하고 굽는다.

② 사과 턴오버

ㄱ. 본반죽을 0.3cm 정도로 밀어 편 뒤 가로, 세로 10cm인 정사각형으로 자른다.

ㄴ. 설탕에 절인 사과나 생사과, 사과 파이용 충전물 등을 반죽 중앙에 놓는다.

ㄷ. 가장자리에 물이나 계란물을 칠하여 모서리가 포개지도록 접은 뒤, 눌

☞ 무팽창 반죽 과자의 '파이' 참고.

☞ 접기형 파이 반죽의 특징은 공정이 어려운 대신 결이 균일하고 부피가 큰 점이다.

☞ 패티 셸, 크림 스틱, 과일 바구니 등은 좀더 두껍게 밀고, 나폴레옹 등은 좀더 얇게 민다.

☞ 휴지시키면 반죽의 글루텐이 느슨해져, 손가락으로 눌렀다가 떼었을 때 자국이 남는다.

☞ 퍼프 페이스트리에는 설탕이 없어 구운색이 잘 들지 않는다. 구운색을 들이고자 하면 계란칠을 한다.

☞ 굽는 면적이 넓은 반죽이나 충전물을 넣고 굽는 반죽은 구멍을 뚫고 굽는다.

러 봉한다.
ㄹ. 윗면에 계란물을 칠하고 1시간 정도 휴지시킨다.
ㅁ. 오븐에 넣어 구운 뒤, 시럽을 칠한다.

기초력 확인문제

1〉 퍼프 페이스트리용 유지가 갖추어야 할 특성은?
① 가소성 ② 크림성 ③ 유화성 ④ 안정성

2〉 다음 중 퍼프 페이스트리 반죽을 만드는 데 꼭 필요하지 않은 재료는?
① 유지 ② 설탕 ③ 물 ④ 소금

3〉 퍼프 페이스트리를 만드는 기본 배합률로 알맞은 것은?(단위 : %)
① 밀가루 100, 유지 100, 물 50, 소금 1
② 밀가루 100, 유지 100, 물 100, 소금 1
③ 밀가루 100, 유지 50, 물 100, 소금 1
④ 밀가루 100, 유지 50, 물 50, 소금 1

4〉 퍼프 페이스트리용 밀가루의 단백질 함량으로 알맞은 것은?
① 5.5~7.5% ② 7.5~9.0% ③ 9.5~10.5% ④ 10.5~13.0%

5〉 퍼프 페이스트리의 반죽은 반죽 상태에서 여러 번 휴지시킨다. 그 방법으로 옳은 것은?
① 밀가루+소금+찬물로 만든 반죽을 실온에서 휴지시킨다.
② 유지+밀가루 반죽을 3겹으로 접어 밀기 2번 행한 뒤 휴지시킨다.
③ 밀가루 반죽에 유지를 감싸넣고 접어서 밀어펴기 전에 휴지시킨다.
④ 유지를 감싸 넣고 접어 민 다음 바로 굽는다.

해설 휴지 온도는 냉장 온도. 소금+물+밀가루 반죽을 휴지시킴→위의 반죽에 유지를 넣고 접은 뒤 밀어펴기 전 휴지시킴→위의 반죽을 굽기 전 30~60분간 휴지시킴.

6〉 파이반죽을 냉장고에서 휴지시키는 이유가 아닌 것은?(기출문제)
① 밀가루의 수분 흡수를 돕는다. ② 유지의 결 형성을 돕는다.
③ 작업시 끈적임을 방지한다. ④ 제품의 퍼짐성을 크게한다.

7〉 파이 제조시 유지를 많이 넣었을 때의 파이의 결은?(기출문제)
① 결의 길이가 길다. ② 결의 길이가 짧다.
③ 미세한 결이 만들어 진다. ④ 상관없다.

답 1〉 ① 2〉 ② 3〉 ① 4〉 ④ 5〉 ③ 6〉 ④ 7〉 ①

4. 무팽창 반죽 과자

(1) 파이

밀가루 반죽에 유지를 배합하는 방법에 따라 접기형 파이 반죽 과자—퍼프 페이스트리—와 반죽형 파이 반죽 과자—쇼트 페이스트리—로 나눈다. 후자는 전자와 비교하여 부풀림이 적다. 쇼트 페이스트리는 타르트의 깔개 반죽으로 삼거나 건과자를 만든다.

1) 파이 껍질을 만드는 재료의 특성

① 밀가루 : 표백하지 않은 중력분. 제품 속의 색깔을 강조할 필요가 없으므로 경제적인 비표백 가루를 쓴다. 박력분 60%와 강력분 40%를 섞어 쓰기도 한다.(☞)

② 유지 : 가소성이 높은 쇼트닝, 또는 '파이용 마가린'을 쓴다. 높은 온도에서 쉬 녹지 않고 낮은 온도에서 딱딱해지지 않으며 풍미가 은은하고 안정성이 높은 유지가 알맞다.

③ 물 : 찬물. 찬물은 유지의 입자를 단단히 묶어 액체에 녹지 않도록 작용한다.

④ 소금 : 다른 재료의 맛과 향을 살린다.
밀가루 100에 대하여 1.5~2.0%를 쓴다.

⑤ 착색제

ㄱ. 설탕(자당) : 밀가루의 2~4% 사용. 껍질색을 짙게 한다.

ㄴ. 포도당 : 밀가루의 3~6% 사용. 자당보다 캐러멜화 속도가 빨라 껍질색이 진하다. 단, 수분 흡수율이 높아 눅눅해진다.

ㄷ. 물엿 : 수분 흡수율이 높아 오래 보관하면 제품이 축축해진다. 그래서 많은 양을 쓸 수 없고, 반죽에 고루 퍼지지 않는 단점이 있다.

ㄹ. 분유 : 밀가루의 2~3% 사용. 우유의 젖당이 열반응을 일으켜 구운색이 든다. 단, 분유를 쓰면 여름철에 곰팡이, 박테리아 등이 발생하기 쉽다.

ㅁ. 탄산수소나트륨(중조) : 0.1% 이하의 양을 더운 물에 풀어 쓴다. pH를 높임으로써 껍질색을 짙게 한다.

ㅂ. 버터 · 계란칠 : 녹인 버터를 반죽 표면과 구운 제품에 바르거나, 계란물을 칠하면 구운색이 곱게 든다.

2) 반죽 만들기(과일 충전물을 쓰는 파이일 때)

① 밀가루와 유지를 섞는다.

② 소금, 설탕, 분유 등을 녹인 찬물을 넣고 물기가 없어질 때까지 반죽한다.

③ 15℃ 이하의 온도에서 4~24시간 휴지시킨다. 흔히 냉장고에 넣어 시간을 줄인다.

3) 공정상 주의할 점

◇◇ 보충설명 ◇◇

☞ 흔히 파이라고 하면 쇼트 페이스트리를 가리킨다. 이것을 깔개(용기)삼아 갖가지 충전물을 채워서 다양한 맛의 파이 제품을 만든다. 아메리칸 파이라고도 한다.

☞ 강력분을 쓰면 글루텐이 발달하여 제품이 단단해지고, 박력분만을 쓰면 수분 흡수량과 보유력이 약해져 반죽이 끈적거린다.

☞ 파이용 마가린 : 경화 쇼트닝에 30~40%의 버터를 섞은 것.

☞ 유지가 녹지 않아야 반죽이 질지 않다.

☞ 소금은 물에 다 녹여 넣어야 반죽에 고루 섞인다.

☞ 파이 껍질의 재료 사용범위

밀가루	100(%)
쇼트닝	40~80
냉수	25~50
소금	1~3
설탕	0~6
탈지분유	0~4
계란	0~6

① 파이 껍질은 끈적거리지 않고 유지가 흘러 나오지 않도록 차가워야 한다.

② 밀어 펴기 쉽고 덧가루 사용량을 줄일 수 있도록 덧가루를 뿌린 면포를 쓴다.

③ 고른 두께로 밀어 편다.

④ 치수를 재어 정확히 자른다.

⑤ 바닥 껍질 가장자리에 물칠을 한 뒤 충전물을 얹는다.

⑥ 자체 수분이 많고 산이 많은 과일 충전물은 파이 껍질의 가장자리까지 넘어오지 않은 면적에 얹는다.

⑦ 윗껍질은 아래껍질보다 얇게 한다.

⑧ 굽는 동안 과일에서 나오는 수증기가 빠져 나오도록 윗껍질에 작은 구멍을 뚫는다.

⑨ 위 · 아래의 껍질을 잘 붙인 뒤 남은 반죽은 잘라낸다.

4) 마무리

표면에 구운색을 들이거나 다른 띠반죽을 붙이려면 계란칠을 한다.

5) 굽기

230℃ 전후의 높은 온도에서 굽는다. 아랫불 온도를 높인다.

6) 파이 껍질의 응용

① 커스터드 크림처럼 부드러운 충전물을 채울 반죽은 유지를 조금 쓰고 더운물로 반죽한다.(☞) 밀가루, 쇼트닝, 소금, 설탕이 고루 섞인 뒤에 더운물을 넣어 글루텐을 발전시킨다.

② 자투리 반죽 사용법 : 쓰다 남은 자투리 반죽은 밀가루가 더 많이 묻고 글루텐이 더 발달한 것이므로 따로 모아 파이의 바닥 껍질 사이에 넣는다. 2번 이상 사용한 반죽에서 나온 자투리 반죽은 설탕, 쇼트닝, 베이킹 파우더와 섞어 새로 반죽한다.

③ 쇼트 도(short dough) : 쇼트 페이스트보다 설탕과 계란의 사용량을 훨씬 많이 배합하여 만든 반죽. 밀가루는 박력분과 강력분을 섞어 쓴다.

ㄱ. 설탕, 소금, 쇼트닝, 포도당 또는 물엿, 분유를 섞어 크림 상태로 푼다.

ㄴ. 계란을 천천히 넣는다.

ㄷ. 나머지 물, 밀가루와 베이킹 파우더를 넣고 살짝 섞는다.

7) 파이 껍질의 평가(결점과 원인)

① 질기고 단단하다. 그 원인은,

ㄱ. 강력분을 썼다.

ㄴ. 반죽시간이 길었다.

ㄷ. 밀어 펴기가 심했다.

☞ 모양을 만든 파이 껍질 반죽은 표피가 마르지 않게 싸서 -23~-29°C의 냉동실에 넣었다가 사용하기도 한다.

☞ 가장자리에 충전물이 묻으면 위 · 아래 껍질이 잘 붙지 않는다. 그러면 굽는 동안 틈이 벌어져 충전물이 새나온다.

☞ 수증기가 껍질안에 모이면 윗껍질이 터지거나 과일이 밖으로 빠져 나온다.

☞ 계란(+물)을 풀어 솔에 묻혀서 바른다.

☞ 낮은 온도에서 구우면 구운색이 드는 시간이 길고, 충전물이 끓어 흘러 나온다. 그리고 아랫불의 세기가 약하면 바닥껍질이 익지 않고, 충전물의 수분을 흡수해 축축해 진다.

☞ 휴지하는 동안 밀가루의 효소가 반죽의 글루텐을 부드럽게 풀어주고, 밀가루가 물을 완전히 흡수한다. 이로써 반죽이 수축하고 질기며 단단해지는 현상을 막고, 또 충전물의 수분 때문에 껍질이 젖는 시간을 늦춘다.

☞ 유지가 적고 더운물을 쓴 반죽은 건조 속도가 빨라 곧 바닥껍질이 생긴다. 그래서 충전물의 수분이 껍질쪽으로 옮아가 껍질을 적시고, 그 결과 설익는 부분이 생기지 않는다.

ㄹ. 자투리 반죽을 많이 썼다.
ㅁ. 수분이 부족해 반죽이 너무 되직하였다.
② 수축하였다. 그 원인은,
ㄱ. 자투리 반죽을 많이 썼다.
ㄴ. 반죽시간이 길었다.
ㄷ. 휴지시간이 짧았다.
ㄹ. 강력분을 썼다.
ㅁ. 유지가 부족했다.
ㅂ. 물 사용량이 많았다.
③ 결이 뭉쳤다. 그 원인은,
ㄱ. 밀가루와 유지를 많이 비볐다.
ㄴ. 반죽시간이 길었다.
ㄷ. 자투리 반죽을 많이 썼다.
ㄹ. 오븐 온도가 낮았다.
ㅁ. 반죽온도가 높았다.
④ 반죽을 만질 때 잘 떨어져나간다. 그 원인은,
ㄱ. 유지의 함량이 높은 반죽을 썼다.
ㄴ. 박력분을 썼다.
ㄷ. 유지 덩어리가 컸다.
ㄹ. 반죽을 함부로 다루었다.
⑤ 물집이 생겼다. 그 원인은,
ㄱ. 껍질에 구멍을 뚫지 않았다.
ㄴ. 계란물을 너무 많이 칠했다.
⑥ 커스터드 크림처럼 부드러운 충전물을 넣고 구울 때 껍질이 수분으로 젖거나 익지 않는 부분이 생긴다. 그 원인은,
ㄱ. 반죽에 유지 함량이 많았다.
ㄴ. 오븐 온도가 낮았다.
ㄷ. 바닥열이 낮았다.
ㄹ. 바닥 반죽이 너무 얇았다.
8) 과일 충전물 만들기
① 제조법
ㄱ. 과일 시럽(즙)에 전분을 넣고 호화시키는 방법.
과일과 시럽을 분리한다 → 과일 시럽+물+전분을 끓여 호화시킨다 → 설탕을 넣고 끓여 식힌다 → 과일을 넣고 버무린다.

☞ 페이스트가 되직하고 탁하다. 과일을 강하게 지탱할 제품에 적당하다.

ㄴ. 과일 시럽+설탕에 전분을 넣고 호화시키는 방법.
과일과 시럽을 분리한다 → 과일 시럽+물+설탕을 끓인다 → 전분(소량의 물에 풀어)을 넣고 끓여서 식힌다 → 과일을 넣고 버무린다.

☞ 페이스트가 다소 연하고 투명하다.

② 과일의 형태

ㄱ. 생 과일 : 계절과일. 과일 무게의 65~70%의 물, 즉 과일 3kg에 물을 2kg 써서 충전물을 만든다.

ㄴ. 냉동 과일 : 녹인 과일에서 즙을 분리한다. 즙에 전분을 넣고 조려서 호화시킨 다음 식힌다. 과일은 다 녹여서 조린 즙에 버무린다.

ㄷ. 통조림 과일 : 시럽과 과즙을 분리한다. 시럽에 농휴화제를 넣고 호화시켜 식힌다. 여기에 과일을 넣고 버무린다.

ㄹ. 건조 과일 : 물에 불려 수분을 먹인 뒤에 쓴다.(☞) 건조 사과는 몇 시간 물에 담갔다가 수분이 증발하거나 과일에 흡수될 때까지 천천히 끓인다.

☞ 천연의 단맛을 감안하여 설탕 사용량을 가감한다.

☞ 과일은 가열하지 않는다. 가열하면 과일의 부피가 줄고 모양이 변한다.

☞ 건포도를 예로 들면 건포도 분량의 12% 정도 되는 물에 버무렸다가 쓴다.

③ 충전물용 농후화제

ㄱ. 종류 : 옥수수 전분, 타피오카 전분, 감자 전분, 쌀 전분, 식물성 검류.

ㄴ. 사용 목적 : 충전물을 조릴 때 호화 속도를 촉진하기 위해, 윤기를 내기 위해, 과일의 산의 작용을 없애기 위해, 과일의 색과 향을 유지하기 위해, 조린 충전물이 식었을 때 알맞은 농도를 얻기 위함 등이다.

ㄷ. 사용법

· 전분은 시럽에 쓰는 설탕 사용량(100%)의 28.5%를 쓴다. 물 사용량의 8~11%, 설탕을 함유한 시럽의 6~10%를 쓴다.

· 옥수수 전분은 타피오카 전분과 3 : 1의 비율로 섞어 쓰면 더 좋은 결과를 얻는다.

· 감자 전분은 교질체를 형성하는 능력이 작으므로 더 많은 양을 써야 한다.

· 식물성 검류는 여러 전분과 섞어 쓴다. 글루텐과 같은 그물 조직을 만들어 터지거나 스며 나오는 현상을 막는다.

9) 응용제품

① 사과 파이

ㄱ. 체친 밀가루와 분유에 쇼트닝을 넣고 작은 콩알 크기로 다진다.

ㄴ. 소금과 설탕을 넣어 녹인 찬물을 ①에 붓고 잘 섞는다.

ㄷ. 반죽을 한덩어리로 뭉쳐 비닐로 싸서 20~30분간 냉장 휴지시킨 뒤, 바닥용은 0.3cm, 덮개는 0.2cm 두께로 밀어 편다.

ㄹ. 밀어 편 바닥용 반죽을 파이용 틀에 맞게 재단해 깔고, 작은 구멍을 낸 후 충전물을 얹고 다듬는다.

ㅁ. 덮개용 반죽을 1cm 폭으로 잘라 노른자물을 칠하면서 격자 모양으로 얹는다.

ㅂ. 가장자리에 물칠을 해서 붙인 후 윗면에 노른자를 칠한다.

ㅅ. 230°C 오븐에서 20~25분간 굽는다.

② 피칸 파이

ㄱ. 박력분과 충전용 마가린을 넣고 적당한 크기로 다진다.

ㄴ. 우유, 노른자, 소금을 넣고 스크레이퍼로 혼합한다.

ㄷ. 비닐에 싸서 30분간 냉장 휴지시킨 후, 두께 0.3cm 정도로 밀여 펴서 피칸 파이 틀에 깐다.

ㄹ. 호두를 팬에 골고루 깔아 주고, 충전물을 70~80% 정도 채운다.

ㅁ. 180°C 오븐에서 50분간 굽는다.

(2) 쿠키(Cookies)

수분이 적고(5% 이하) 크기가 작은 과자.

1) 반죽 특성에 따른 분류

① 반죽형 반죽 쿠키(Batter type cookies)

ㄱ. 드롭 쿠키(drop-) : 계란의 사용량이 많아 수분이 가장 많고 부드러운 쿠키. 소프트 쿠키라고도 한다. 반죽을 짤주머니에 짜내어 굽는다. 촉촉한 상태가 마르지 않도록 보관한다.

ㄴ. 스냅 쿠키(snap-) : 계란의 사용량이 적다. 슈거 쿠키라고도 한다. 낮은 온도에서 오랫동안 굽는다. 바삭한 상태가 유지되도록 보관한다.

ㄷ. 쇼트 브레드 쿠키(short bread-) : 스냅 쿠키와 배합이 비슷하다. 단, 다른점은 유지의 사용량이 더 많다는 점이다. 바삭거림과 부드러움을 동시에 가지는, 밀어 펴서 만드는 형태의 쿠키이다.

② 거품형 반죽 쿠키(Foam type cookies)

ㄱ. 스펀지 쿠키(sponge-) : 밀가루를 많이 써 수분이 적은 쿠키. 대표적인 상품으로 레이디 핑거가 있다. 철판에 짜내고, 모양을 유지하도록 실온에서 말린 다음 굽는다.

ㄴ. 머랭 쿠키(meringue-) : 흰자와 설탕을 믹싱해서 얻은 머랭을 구성체로 하여 만든 쿠키. 밀가루는 넣더라도 조금(흰자의 1/3) 쓴다. 그 밖의 재료도 천천히 넣어 섞는다. 또한 구운색이 들지 않고 안정성을 주기 위해, 낮은 온도에서 건조시키는 정도로 굽는다.

2) 제조 특성에 따른 분류

① 밀어 펴서 정형하는 쿠키

스냅, 쇼트 브레드 쿠키 같이 가소성을 가진 반죽을 밀어 펴서 정형한다. 반죽 완료 후 충분한 휴지를 주고 균일한 두께로 밀어 편다.

② 짜는 형태의 쿠키

드롭 쿠키, 거품형 쿠키 반죽을 짤주머니 또는 주입기를 이용하여 짜서 굽는다. 굽기 중 퍼지는 정도를 감안해 일정한 간격을 유지한다. 짤주머니에 반죽이 너무 많으면 손의 열로 묽어지기 쉽다.

③ 냉동 쿠키

쇼트 도 쿠키 같이 밀어 펴는 형태의 반죽을 냉동(장)고에 넣어 얼리는 공정을 거친다. 유지가 많은 배합의 제품에 많이 응용되며, 반죽의 색

☞ 쿠키의 기본배합

	밀가루	설탕	유지
1)	300	100	200
2)	300	200	100
3)	300	150	150

☞ 스냅 쿠키와 쇼트 브레드 쿠키는 반죽을 밀어 펴고 원하는 모양의 형틀로 찍어내어 구운 것.
드롭 쿠키와 거품형 반죽 쿠키는 반죽을 짤주머니에 채우고 짜내어 구운 쿠키.

☞ 스펀지 쿠키는 스펀지 케이크 반죽을 만드는 방법과 같다. 단, 스펀지 케이크보다 더 많은 밀가루를 사용한다.

☞ 쿠키 반죽을 만들 때 계란을 거품내기는 1단계에서 그친다. 그래야 밀가루, 견과, 다른 재료와 섞이기 쉽고 부피가 작아지는 현상이 나타나지 않는다.

상을 다르게 하여 서양 장기판 모양의 제품을 만들 수 있다. 냉동된 쿠키는 굽기 전에 해동한다.

④ 손 작업 쿠키

밀어 펴서 정형하는 쿠키 반죽을 손으로 정형하여 만든다. 기계를 사용하여 만들기 어려운 모양이나 특성을 만들 수 있다.

⑤ 판에 등사하는 쿠키

묽은 상태의 반죽을 철판에 올려 놓은 틀에 넣고 굽는다. 얇고 바삭바삭하여 틀에 그림이나 글자가 있어 찍히게 된다.

3) 쿠키를 만드는 재료의 특성

① 밀가루 : 계란과 더불어 쿠키의 모양(골격)을 이루는 재료. 표백하지 않은 중력분, 또는 박력분과 강력분을 섞어(중력분) 쓴다.(☞)

② 설탕

ㄱ. 제품에 단맛을 준다.

ㄴ. 밀가루를 연화시킨다.

ㄷ. 쿠키의 퍼짐성에 영향을 준다. 반죽 속에서 녹지 않고 남아 있던 설탕의 결정체가 굽는 동안 오븐의 열을 받아 녹으면서 반죽 전체에 퍼져 쿠키의 표면적을 키운다.

ㄹ. 설탕 대신 전화당, 시럽, 꿀을 5~10% 쓸 수 있다. 이때 조심할 점은 껍질색과 수분의 관계이다.

③ 유지

ㄱ. 수소를 첨가한 표준 쇼트닝을 쓴다. 이것은 맛이 은은하고 저장성이 길다.

ㄴ. 유화 쇼트닝을 조금 섞어 쓰기도 한다.

ㄷ. 버터는 풍미가 뛰어나지만 크림화 기능이나 안정성이 낮으므로 쇼트닝과 섞어 쓰거나 마가린을 쓰기도 한다.

ㄹ. 쿠키는 저장기간이 길기 때문에 유지의 안정성이 중요하다.

④ 계란

ㄱ. 쿠키의 골격을 유지시킨다.

ㄴ. 스펀지 쿠키와 머랭 쿠키의 주재료가 된다.

⑤ 팽창제

ㄱ. 퍼짐성과 크기를 조절한다.

ㄴ. 부피와 속결의 부드러움을 조절한다.

ㄷ. 반죽과 제품의 산도를 조절한다.

☞ 박력분을 쓰면 반죽이 많이 퍼져 원하는 모양을 얻을 수 없다. 그래서 강력분을 섞거나, 흰자를 많이 배합하곤 한다. 단, 스펀지 쿠키에는 박력분이 권장된다.

☞ 쿠키의 퍼짐성을 결정짓는 요소는 설탕 입자의 크기이다. 아주 고운 설탕이나 아주 굵은 설탕은 퍼짐성이 나쁘다. 보통의 설탕을 2번에 나누어 넣되 전체 설탕의 1/3은 마지막에 넣도록 한다.

☞ 유화 쇼트닝만을 쓰면 쿠키 반죽이 너무 퍼진다.

☞ 반죽이 알칼리성이면 밀가루의 단백질이 약해져 쿠키가 잘 부서진다.

종 류

중조($NaHCO_3$: 탄산수소나트륨, 중탄산나트륨)

단독으로 또는 베이킹 파우더의 형태로 쓴다. 이것은 밀가루의 단백질을 약화시키고, 많이 쓰면 제품의 색이 노래지며 소다 맛, 비누 맛이 난다.
$2NaHCO_3 \rightarrow CO_2 + H_2O + Na_2CO_3$

암모늄염(암모니아)
탄산암모늄 $(NH_4)_2CO_3$와 탄산수소암모늄 NH_4HCO_3가 있다. 이것은 단백질을 약화시키고, 굽는 동안 완전히 없어져 제품에 남는 물질이 없다.
$(NH_4)_2CO_3$(탄산암모늄)→
$2NH_3$(암모니아가스)+CO_2(이산화탄소가스)+H_2O(물)
NH_4HCO_3(탄산수소암모늄)→
NH_3(암모니아가스)+CO_2(이산화탄소가스)+H_2O(물)

베이킹 파우더
탄산수소나트륨(중조)에 산염을 배합하고, 완충제로서 전분을 첨가한 팽창제.

☞ NH_3는 물에 잘 녹으므로 수분이 많은 케이크에는 쓰지 않는다.

4) 쿠키의 제조 원리

① 반죽
밀가루를 넣고 가능한 한 살짝 반죽하여 글루텐의 발달을 낮춘다. 글루텐이 많이 발전하면 유동성이 작아져 짜내기 어렵고, 탄력성이 커서 밀어 펴기가 아주 어려울 뿐만 아니라 쿠키가 단단해진다.

② 팬닝
ㄱ. 철판에 짜내어 굽는 쿠키는 반죽을 같은 크기와 모양으로 일정한 거리에 짜 놓는다.
ㄴ. 유지를 많이 배합한 쿠키 반죽은 기름종이를 깐 철판에 짜낸다.
ㄷ. 철판에 기름칠을 할 때에는 최소량의 기름으로 전체에 고루 바른다.

☞ 철판에 기름종이를 깔거나 기름칠을 한다. 그래야 쿠키 바닥이 타지 않고, 철판에 달라붙지 않아 깨끗이 떨어진다. 기름칠을 많이 하면 쿠키가 퍼지고, 기름이 군데군데 몰린다. 반대로 부족하면 퍼지지 않고 바닥에 눌어 붙는다.

③ 마무리
장식할 쿠키는 철판 위에 얹자마자 바로 장식물을 얹는다. 공기가 많이 닿아 반죽 거죽이 마르면 장식물이 잘 붙지 않고 구워낸 뒤 떨어져 버린다.

④ 굽기
ㄱ. 쿠키는 크기가 작고 납작한 모양이므로 굽는 시간이 짧다.
ㄴ. 평균 굽기 온도=196~204℃.
설탕 함량이 낮은 쿠키(밀가루의 35% 이하)는 유지량이 적고 설탕량이 많은 쿠키보다 높은 온도의 오븐에서 굽는다.
ㄷ. 오븐의 불을 끈 뒤 바로 꺼낸다. 그 뒤에도 몇 분 동안 철판과 쿠키 자체의 열 때문에 계속 구워진다.
ㄹ. 구운 후에 말거나 잼 등을 충전할 쿠키는 구울 때 특별한 주의가 필요하다. 오버 베이킹이 나타나면 쿠키를 말 때 금이 가거나 부서지기 쉽다. 조금 따뜻한 상태에서 마는 것이 오히려 낫다.

〈표〉 쿠키의 결점과 원인

결　점	원　　인
퍼짐성이 작다	① 고운 설탕을 사용했다. ② 설탕을 한꺼번에 넣었다. ③ 밀가루를 넣고 오래 반죽하였다. 글루텐의 힘이 세지고, 설탕 입자가 깨졌다. ④ 산성 반죽을 사용했다. ⑤ 높은 온도에서 구웠다.
퍼짐성이 크다	① 설탕을 많이 사용했다. ② 묽은 반죽을 사용했다. ③ 기름을 많이 칠한 철판에 구웠다. ④ 낮은 온도에서 구웠다. ⑤ 쇼트닝의 사용량이 많았다. ⑥ 알칼리성 반죽을 사용했다.
주저앉았다	① 부풀림이 컸다. ② 묽은 반죽을 사용했다. ③ 박력분을 썼다. ④ 두께와 비교해서 지름이 크다.
딱딱하다	① 유지의 사용량이 부족하다. ② 오래 반죽하였다. ③ 강력분을 사용했다.
철판에 늘어붙는다	① 박력분을 사용했다. ② 계란의 사용량이 많았다. ③ 묽은 반죽을 사용했다. ④ 깨끗하지 않은 철판을 사용했다. ⑤ 반죽에 설탕 반점이 남아 있었다.
반점이 생기거나 구운색이 어둡다	① 중조의 사용량이 많았다. ② 중조가 골고루 섞이지 않았다.
속결이 거칠고 향이 약하다	① 낮은 온도에서 오래 구웠다. ② 암모늄 계열의 팽창제를 많이 써서 알칼리성 반죽을 만들어 사용했다.
갈라진다	① 낮은 온도에서 오래 구웠다. ② 빨리 식혔다. ③ 수분 보유력이 약하다. ④ 보관 상태가 나빴다.

☞ 쿠키의 퍼짐성

쿠키 반죽이 구워지는 동안 얼마나 퍼지느냐는 설탕 입자의 크기에 달려 있다.
반죽 속에 녹지 않고 결정체로 남아 있던 설탕이 열을 받아 녹으면 반죽 전체로 퍼진다. 이때 쿠키의 표면적이 커진다.

기초력 확인문제

1〉 파이를 만드는 부재료로 알맞지 않은 것은?

① 소금 ② 우유 ③ 설탕 ④ 계란

해설 파이의 필수 재료 : 밀가루, 소금, 물, 유지, 부재료 : 설탕, 우유, 계란 등.

2〉 파이 반죽을 만들기에 알맞은 밀가루는?

① 강력분 ② 중력분 ③ 박력분 ④ 초강력분

해설 파이용 밀가루 : 단백질 함량이 9~9.5%이고 표백하지 않은 중력분이 바람직하다.

3〉 파이 껍질을 만들기에 알맞은 쇼트닝은 독특한 성질을 갖고 있다. 다음 중 파이용 유지의 성질이 아닌 것은?

① 가소성이 크다. ② 녹는점이 높다.
③ 안정성이 크다. ④ 발연점이 높다.

4〉 파이 반죽을 만드는 재료의 사용범위로 알맞지 않은 것은?

① 소금 1~2% ② 물 30%
③ 쇼트닝 40~80% ④ 화학 팽창제 1~2%

해설 소금의 사용량은 1~2%. 쇼트닝은 튀김파이에 35~45%, 덮개 씌운 파이에 65% 쓴다.

5〉 다음 중 거품형 반죽 쿠키에 속하는 것은?

① 슈거 쿠키 ② 드롭 쿠키 ③ 쇼트 브레드 쿠키 ④ 스펀지 쿠키

해설 · 반죽형 반죽쿠키 : 드롭쿠키, 스냅(슈거) 쿠키, 쇼트 브레드 쿠키.
· 거품형 반죽쿠키 : 스펀지 쿠키, 머랭쿠키.

6〉 쿠키를 만드는 기본 배합례 중 알맞지 않은 것은?(단위 : %)

① 밀가루 300, 설탕 100, 유지 200 ② 밀가루 300, 설탕 200, 유지 100
③ 밀가루 300, 설탕 150, 유지 150 ④ 밀가루 300, 설탕 200, 유지 200

7〉 다음 중 반죽을 밀어펴서 원하는 모양을 만드는 쿠키는?

① 드롭 쿠키 ② 스냅 쿠키 ③ 스펀지 쿠키 ④ 머랭 쿠키

8〉 파이 반죽을 냉장고에 휴지시키는 이유가 아닌 것은?(기출문제)

① 밀가루의 수분 흡수를 돕는다. ② 유지의 결 형성을 돕는다.
③ 작업시 끈적임을 방지한다. ④ 제품의 퍼짐성을 크게 한다.

답 1〉 ① 2〉 ② 3〉 ④ 4〉 ④ 5〉 ④ 6〉 ④ 7〉 ② 8〉 ④

5. 튀김과자—도넛

도넛은 팽창 방법에 따라 빵도넛(이스트 사용)과 케이크 도넛(화학 팽창제 사용)으로 나눈다.

1) 도넛의 구조와 특성

① 껍질 : 튀김기름에 바로 닿는 부분. 수분이 거의 없어지고 기름이 많이 흡수된다. 황갈색이고 바삭거린다.

② 껍질 안쪽 부분 : 조직이 보통의 케이크와 비슷하다. 팽창이 일어나고 전분이 호화하기에 충분한 열을 받는다. 유지가 조금 흡수된다.

③ 속부분 : 열이 다 전달되지 않아 수분이 많다. 시간이 흐름에 따라 이 수분이 껍질쪽으로 옮아간다. 그 결과 도넛에 묻힌 설탕이 녹고 바삭거림이 없어진다.

☞ 껍질의 특성인 바삭거림은 시간이 지나 속의 수분이 껍질로 옮아오면 줄어든다.

2) 도넛을 만드는 재료의 특성

① 밀가루 : 중력분, 또는 강력분과 박력분을 섞어 쓴다.

☞ 도넛용 프리믹스에 쓰는 밀가루는 수분 함량이 11% 이하이고, 수분 흡수율이 높다.

② 설탕

ㄱ. 감미제, 수분 보유제, 껍질색 개선, 저장 수명 연장 등의 기능을 가지고 있다.

ㄴ. 반죽시간이 짧으므로 용해성이 큰 고운 입자의 설탕을 쓴다.

ㄷ. 껍질색을 짙게 하려면 포도당을 소량(5% 이하) 쓰기도 한다.

③ 계란

ㄱ. 영양강화 물질이고 식욕을 돋우는 색을 낸다.

ㄴ. 구조 형성 재료로, 도넛을 튼튼하게 하며 수분을 공급한다.

☞ 프리믹스에 쓰는 계란은 노른자가루.

④ 유지

ㄱ. 가소성 경화 쇼트닝을 쓴다.

ㄴ. 밀가루의 글루텐을 연화시킨다.

ㄷ. 버터를 쓰면 향이 높아진다.

ㄹ. 저장하는 동안 가수분해하지 않고 산패하지 않아야 한다.

☞ 프리믹스에 쓰는 유지는 안정성이 높은 쇼트닝.

⑤ 분유

ㄱ. 흡수율이 높아져 글루텐의 구조가 튼튼해진다.

ㄴ. 젖당이 반응하여 껍질색을 개선한다.

ㄷ. 전지분유, 탈지분유 모두 쓸 수 있다.

☞ 프리믹스에 쓰는 분유는 지방 산패가 적은 탈지분유.

⑥ 팽창제

ㄱ. 베이킹 파우더를 많이 쓴다.

ㄴ. 배합률, 밀가루 특성, 도넛의 크기 등에 따라 사용량이 다르다.

ㄷ. 과다한 중조 사용시 : 어두운 색, 거친 조직, 소다맛, 비누맛이 난다.

ㄹ. 과다한 산 사용시 : 여린 색, 조밀한 조직, 자극적인 맛이 난다.

ㅁ. 중조는 미세한 입자 상태이어야 제품 표면에 노란 반점이 생기지 않는다.

⑦ 향료

ㄱ. 우리의 입맛에 가장 익숙한 향은 바닐라향.

ㄴ. 향신료로서 넛메그, 메이스를 쓴다.

〈케이크 도넛의 재료 사용범위〉단위 : %

재 료	사용량
밀가루(중력분)	100
계란	30~50
설탕	20~60
소금	1~2
유지(버터)	5~20
바닐라향	0~1
탈지분유	2~8
베이킹 파우더	2~6
향신료(넛메그)	0~1

〈반죽 만들기〉

① 계란, 설탕, 바닐라향을 한데 넣고 강하게 거품을 올린다.

② 녹인 버터를 ①에 넣고 혼합한다.

③ 가루재료를 체쳐 넣고 가볍게 섞는다.(반죽온도 : 22~24°C)

④ 위의 반죽을 비닐로 덮어 시원한 곳에서 10~15분간 휴지시킨다.

⑤ 휴지시킨 반죽을 1㎝ 두께로 밀어 펴서 도넛용 고리 형틀로 찍는다. 10분 동안 휴지시킨다.

※ 크림법으로 반죽을 만들기도 한다.

☞ 이 반죽을 휴지시키면, ① 이산화탄소가 발생하여 반죽이 부풀고 ② 각 재료에 수분이 흡수되고 ③ 표피가 쉬 마르지 않으며 ④ 밀어 펴기 작업이 쉬워진다.

3) 튀기기

① 튀김기름은 도넛을 익히는 열을 전도하는 매체이다. 튀김용 기름이 갖추어야 할 조건은 다음과 같다.

ㄱ. 냄새가 중성이다.

ㄴ. 튀김물에 기름기가 남지 않고, 튀겨낸 뒤 바로 응결한다.

ㄷ. 저장중 안정성이 높다.

ㄹ. 발연점이 높다.

ㅁ. 오래 튀겨도 산화와 가수분해가 일어나지 않는다.

② 튀김온도 : 180~196℃.(☞)

③ 튀김기름의 양 : 튀김기에 붓는 기름의 평균 깊이는 12~15㎝정도. 도넛이 실제 튀겨지는 범위는 5~8㎝가 적당. 기름이 적으면 도넛을 뒤집기 어렵고, 과열되기 쉽다. 기름이 많으면 튀김온도로 높이는 데 시간이 많이 걸리고 기름이 낭비된다.

④ 도넛을 튀겨내 뜨거울 동안에 층층이 쌓으면 모양이 일그러진다. 조심스럽게 다룬다.

☞수분 함량이 0.15% 이하. 높으면 가수분해가 촉진된다.

☞튀김온도 재는 방법
① 온도계 사용.
② 물을 한 방울 기름에 떨어뜨려 보아 유리 깨지는 소리가 나는 점.
③ 도넛 반죽 몇 개를 튀겨 본다.

4) 마무리

도넛 표면에 분설탕을 뿌리고 젤리 · 잼 · 크림 등을 충전한다. 설탕은 도넛이 웬만큼 식은 뒤에 뿌려야 하며, 아이싱은 도넛이 따뜻한 동안에 묻혀야 골고루 많이 묻는다. 이때 아이싱이 뜨거우면 도넛이 아이싱의 일부를 흡수하여 건조시간이 달라진다. 그 결과 다 식은 뒤 아이싱이 떨어져 나가기 쉽다.

5) 도넛 설탕과 글레이즈

① 도넛 설탕

ㄱ. 도넛 위에 눈처럼 피복되는 설탕이다.

ㄴ. 전재료를 섞고 균일하게 혼합한다.

ㄷ. 여름철에는 전분 사용량을 늘려 발한 현상을 방지한다.

② 계피 설탕

설탕(입상형) ······94~97%　계피가루 ···········3~6%

ㄱ. 계피가루, 설탕을 넣고 고루 섞는다.

ㄴ. 계피의 순도가 낮을 때는 10%까지 사용량을 늘린다.

③ 도넛 글레이즈

분당 ···········80~82%　안정제 ·············0~1%

물 ············18~20%

ㄱ. 분당에 물을 넣으면서 물이 고루 분산되도록 간다. 퐁당 상태로 만든다.

ㄴ. 따뜻하게 가온하여 도넛 표면에 묻힌다. 향과 색을 넣을 수 있으며, 약간의 전분(5~30%)을 사용하기도 한다.

④ 스위트 초콜릿 코팅

초콜릿 원액 ······20~50%　분당 ············20~55%

레시틴 ············0.1%

ㄱ. 중탕으로 녹인 후 모든 재료를 고루 섞는다.

ㄴ. 도넛에 붓거나 도넛을 담가 묻힌다.

6) 도넛의 주요 문제점

① 도넛 위의 설탕 변화

ㄱ. 젖는 문제 : 도넛 내부의 수분이 껍질로 옮아갔거나 보관온도가 높은 결과.

ㄴ. 색깔 변화 : 기름이 신선하면 노랗게, 오래 쓴 기름이면 회색빛으로 바뀐다. 흔히 전자를 황화(黃化), 후자를 회화(灰化)라 한다.

대책) 튀김기름에 스테아린(stearin)을 첨가(전체 기름의 3~6%)한다.

② 발한(sweating)

도넛에 묻힌 설탕이나 글레이즈가 수분에 녹아 시럽처럼 변하는 현상.

대책) ㄱ. 설탕은 수분 보유력이 있으므로 도넛 위에 뿌리는 설탕 사용량을 늘린다.

ㄴ. 충분히 식힌다. 그리고 나서 아이싱한다. 단, 너무 많이 식으면 설탕이 잘 붙지 않는다. 냉각 중 환기가 잘 되도록 한다.

ㄷ. 튀김시간을 늘려 수분 함량을 줄인다.

ㄹ. 설탕 점착력이 높은 튀김기름을 사용한다.

③ 글레이즈가 금이 가면서 부서진다. 수분이 많이 빠져나간 결과이다.

☞ 스테아린은 경화제로서 설탕의 녹는점을 높여 기름 침투를 막는다. 너무 많이 넣으면 점착성이 작아져 도넛에 묻는 설탕의 절대량이 준다.

☞ 설탕에 대한 수분이 많거나, 온도가 높아지면 설탕·글레이즈가 녹는다. 20~37℃ 사이에서 온도가 높아짐에 따라 포도당의 용해도가 4%씩 오르기 때문이다. 대량 생산의 포장용 도넛의 수분은 21~25% 범위로 유지한다.

대책) ㄱ. 설탕의 일부를 수분 보유력이 더 큰 포도당이나 전화당 시럽으로 바꿔쓴다.
ㄴ. 안정제를 쓴다. 한천, 젤라틴, 펙틴 등을 설탕의 0.25~1%가량 쓴다.(☞)

☞ 안정제는 글레이즈의 점성을 키워 도넛에 잘 묻도록 하며 부스러지지 않도록 작용한다.

6. 슈

모양이 양배추 같다고 해서 슈라고 부른다. 텅빈 내부에 크림을 넣으므로 슈크림이라고도 한다. 다른 반죽과 달리 밀가루를 먼저 익힌 뒤 굽는 것이 특징이다. 물, 유지, 밀가루, 계란을 기본재료로 해서 만든다.

1) 재료의 사용범위(%)

재　　료	사용범위(%)	일반적 배합률(%)
버터	50~150	100
물	100~250	125
밀가루	100	100
계란	150~250	225
소금	1~2	1
탄산수소암모늄	0~0.5	0.2

☞ 일반적으로 기본 배합에 소금을 넣는다. 그런데 소금은 글루텐을 강화시키는 기능이 있으므로 반드시 물에 녹여 사용한다.

☞ 슈 반죽은 배합의 변화폭이 큰 편이다. 따라서 유지량을 조절할 경우 양이 많으면 반죽이 질어지므로 계란량을 상대적으로 줄인다.

2) 재료의 특성

① 물

ㄱ. 밀가루의 전분을 호화시키고 유지를 분산시킨다.

ㄴ. 굽는 도중 수증기가 돼 반죽의 양감을 지탱시켜 준다.

ㄷ. 취급이 쉽고 다른 맛과 향이 나지 않으며, 열에 의한 변성이 일어날 염려가 없어 수분 공급제로 많이 사용된다.

② 유지

ㄱ. 밀가루의 과다한 글루텐 형성을 막는다.

ㄴ. 버터, 라드, 샐러드유 등 어느것을 사용해도 괜찮다.

③ 밀가루

ㄱ. 계란과 함께 슈의 형태를 유지시키는 역할을 한다.

ㄴ. 먹었을 때 씹는 느낌을 준다.

ㄷ. 사용하는 밀가루 종류는 유지량에 따라 결정한다.

☞ 글루텐이 너무 많으면 점성이 강해 구워도 부풀지 않고 단단해진다.

☞ 맛있고 풍미가 우수한 제품을 만들고자 할 때는 버터를 사용한다.

☞ 유지량이 많으면 글루텐이 많이 함유된 강력분을 사용하고, 유지량이 적으면 박력분을 사용한다.

④ 계란

ㄱ. 풍미를 좋게 하고 반죽의 되기를 조절한다.

ㄴ. 부푼 모양을 유지시켜 준다.

ㄷ. 전체를 사용하되, 반죽이 단단할 때는 여분의 흰자를 사용한다.

3) 반죽 만들기

① 물에 소금과 유지를 넣고 센 불에서 끓인다.

② 밀가루를 넣고 계속 휘저으면서 완전한 호화가 될 때까지 젓는다.
③ 60~65°C로 냉각시킨 다음, 계란을 소량씩 넣으면서 매끈한 반죽을 만든다.

☞ 계란으로 전체의 되기를 조절한다.

4) 팬닝

짤주머니에 반죽을 채워 평철판 위에 짠 후, 껍질이 너무 빨리 형성되는 것을 막기 위해 물을 뿌려 준다.

5) 굽기

평철판에 기름을 균일하게 바른 뒤 210~219°C 온도에서 굽는다. 초기에는 아랫불을 높여 굽다가 표피가 거북이 등처럼 밝은 갈색이 나면 아랫불을 줄이고 윗불을 높여 굽는다.

☞ 찬 공기가 들어가면 슈가 주저앉게 되므로 팽창 과정 중에 오븐 문을 자주 여닫지 않도록 한다.

6) 유의사항

① 평철판에 기름이 많으면 반죽이 퍼져서 구운 뒤 제품이 평평해진다.
② 철판에 반죽을 짜놓고 오랫동안 방치하면 껍질이 형성돼 구울 때 터진다.
③ 습도가 높은 곳에 노출시키면 수분을 흡수하여 축축하게 된다.
④ 특히 여름철에는 위생적인 작업환경에서 만들어야 한다. 또한 사용시까지 냉장 보관해야 한다.

7. 냉과

냉장고에서 마무리하는 모든 과자. 바바루아, 무스, 푸딩, 젤리, 블라망제 등이 있다.

☞ 독일 바바리아 지방의 음료를 19세기초에 현재와 같은 모양으로 만들었다

(1) 바바루아

우유, 설탕, 계란 생크림, 젤라틴을 기본재료로 해서 만든 제품. 과실 퓌레를 사용하여 맛을 보강한다.

1) 배합률

우유	100(%)	설탕	30
바닐라	0.5	분말 젤라틴	3
노른자	20	생크림	30

2) 제조 원리

① 우유와 바닐라를 섞어 80°C까지 가열한다.
② 믹싱 볼에 노른자와 설탕을 섞어 휘핑한 후 ①을 넣고 다시 80°C까지 가열 후 냉각시킨다.
③ 분말 젤라틴을 5배의 찬물에 30분 정도 팽윤시킨 후, 중탕으로 녹여 혼합한다.
④ 얼음물 위에서 24°C로 냉각한다.
⑤ 생크림을 70~80% 정도 휘핑한 후 반죽과 섞는다.
⑥ 푸딩컵이나 유리컵 등에 반죽을 채우고 냉장고에서 굳힌다.

⑦ 따뜻한 물에 1분 정도 틀을 넣었다가 뺀다.

⑧ 휘핑 크림으로 마무리하고 소스를 곁들인다.

(2) 무스

프랑스어로 거품이란 뜻으로, 커스터드 또는 초콜릿, 과일 퓌레에 생크림, 머랭, 젤라틴 등을 넣고 굳혀 만든 제품.

1) 사용재료

① 배합I

물	15(%)	과즙	50
설탕	50	향	1
흰자	18	생크림	100

② 배합II

노른자	60(%)	젤라틴	4
분당	100	생크림	100
우유	100	과즙	100

2) 제조 원리

① 흰자와 설탕으로 만드는 무스

ㄱ. 설탕에 물을 넣고 116~118°C까지 끓여 시럽을 만든다.

ㄴ. 흰자를 믹싱하면서 거품을 올린 다음, 설탕 시럽을 서서히 투입하면서 이탈리안 머랭을 만든다.

ㄷ. 과즙과 향을 섞는다.

ㄹ. 완전히 식힌 다음, 휘핑한 생크림을 넣고 섞는다.

ㅁ. 틀에 넣고 가볍게 굳힌다.

② 노른자와 크림 거품에 과일을 넣어 만드는 무스

ㄱ. 노른자와 분당을 섞고 하얗게 거품이 일 때가지 휘핑한다.

ㄴ. 끓인 우유를 넣고 식힌 후 다시 80°C까지 가열해 크렘 앙글레즈를 만든다.

ㄷ. 물에 불려 녹인 젤라틴을 넣고 잘 섞은 후 10°C 정도로 냉각시킨다.

ㄹ. 생크림, 향, 과즙을 넣고 섞는다.

(3) 푸딩

계란, 설탕, 우유 등을 혼합하여 중탕으로 구운 제품. 육류, 과일, 야채, 빵을 섞어 만들기도 한다.

☞ 계란의 열변성에 의한 농후화 작용을 이용한 제품이다.

1) 사용재료

우유	100(%)	소금	1~3
설탕	15~40	설탕	15~40(중복)
계란	30~80	브랜디	0~10
바닐라향	0~1		

2) 제조 원리

① 우유와 설탕을 끓기 직전인 80~90°C까지 데운다.

② 다른 그릇에 계란, 소금, 나머지 설탕을 넣고 혼합한 뒤, 뜨거운 우유를 넣고 섞는다.

③ 모든 재료를 섞어서 체에 거른다.

④ 물이 담긴 평철판에 푸딩컵을 배열한 뒤, 반죽을 부어 굽는다.

(4) 젤리

과즙, 와인 같은 액체에 펙틴, 젤라틴, 한천, 알긴산 등의 응고제를 넣어 굳힌 제품.

① 후식용으로 응고제에 과즙, 우유, 양주, 잘게 자른 과일을 섞어 굳힌다.

② 요리용은 생선, 계란, 닭고기 등을 곁들어 만든다.

③ 종류

ㄱ. 젤라틴 젤리 : 젤라틴을 녹여 설탕, 주재료(과일, 와인, 커피 등), 향료를 넣고 식혀 굳힌다.

ㄴ. 한천 젤리 : 젤라틴 대신 한천을 이용한다.

ㄷ. 펙틴 제리 : 과일 속의 펙틴, 유기산, 당분이 가열에 의해 결합 · 응고된 것.

☞ 철판에 붓는 물이 차가우면 굽는 시간이 길어진다.

☞ 캐러멜 커스터드 푸딩 : 반죽을 팬에 붓기 전에 먼저 캐러멜 소스를 붓고 굽는다. 캐러멜 소스는 설탕 200g에 물 60g을 넣고 가열하여 진한 갈색으로 만든다.

기초력 확인문제

1〉 도넛에 설탕을 뿌리고 보관하는 동안, 자체의 수분이 배어나와 설탕을 녹이는 현상을 일컫는 말은?

① 회화　② 황화
③ 발한　④ 당 결정

2〉 도넛의 튀김온도로 가장 적당한 정도는?(기출문제)

① 105℃ 내외　② 145℃ 내외
③ 185℃ 내외　④ 225℃ 내외

3〉 도넛 반죽이 과발효되었을 때 나타나는 현상으로 옳은 것은?(기출문제)

① 노화가 빠르다.　② 열전도가 약하다.
③ 흡유율이 낮다.　④ 색이 진하다.

4〉 도넛의 표면에 바르는 글레이즈를 만드는 재료 중 안정제에 속하지 않는 것은?

① 한천　② 젤라틴　③ 레시틴　④ 펙틴

답 1〉 ③ 2〉 ③ 3〉 ① 4〉 ③

5〉 ~ 6〉

도넛을 3부분으로 나누면 껍질, 껍질안쪽, 속부분으로 분류된다. 다음 물음에 답하여라.

5〉 이 중에서 튀김기름을 가장 많이 흡수하는 부분은?
① 껍질 ② 껍질안쪽 부분 ③ 속부분 ④ 모두 같다.

6〉 팽창 작용이 가장 좋고 속결이 보통의 케이크와 같은 부분은?
① 껍질 ② 껍질안쪽 부분 ③ 속부분 ④ 모두 같다.

답 5〉 ① 6〉 ②

제4절 제품 평가(결점과 원인)

1. 제품의 평가 기준

평가항목		판단기준
외부적 특성	부피	크기와 비교하여 알맞게 부풀어야 한다.
	껍질색	식욕을 돋구는 색깔이 바람직하다. 부위별 색상이 균일하고 반점이나 줄무늬가 생기지 않아야 한다. 또한 너무 여리거나 진하지 않아야 한다.
	균형감	움푹 들어가거나 찌그러진 곳 없이 좌우전후 대칭으로 균형이 잡혀야 한다.
	껍질의 특성	두껍거나 고무처럼 질기지 않고, 쉽게 부스러지지 않는다. 즉, 얇으면서도 부드러운 껍질이 좋다.
내부적 특성	기공	기공막이 얇고 크기가 고른 조직이 바람직하다. 두꺼운 세포벽, 커다란 공기 구멍 불균일한 크기는 기공을 나쁘게 한다.
	속색	밝은 빛을 띠고 윤기가 있어야 바람직하다. 또 색의 농도가 일정하고 줄무늬나 어두운 그림자가 있어서는 안된다.
	향	상큼하고 천연적인 향이 바람직하다. 이질적인 냄새나 곰팡이내가 나지 않아야 한다.
	맛	입안에서 느끼는 촉감과 코로 느끼는 냄새를 함께 가리킨다. 양질의 케이크를 결정하는 가장 중요한 항목이다. 제품마다 각기 다른 특성의 맛을 살려야 한다.
	조직	촉감으로 판단한다. 약해서 부스러지지 않으면서 부드럽고 유연해야 한다.

2. 제품 평가시 감정 요인

평가항목		판단기준	
외부적 특성	부피	ㄱ. 너무 작다 : 기공이 너무 조밀하여 조직이 촘촘해지면 식감이 나빠진다. ㄴ. 너무 크다 : 기공이 너무 열려 조직이 거칠어지면 식감이 나빠진다.	
	껍질색	ㄱ. 균일하지 않다. ㄷ. 너무 여리다. ㅁ. 반점이 있다. ㅅ. 유지 고리가 있다.	ㄴ. 너무 진하다. ㄹ. 흐릿하다. ㅂ. 설탕 고리가 있다.
	형태의 균형	ㄱ. 중앙 부분이 높다. ㄷ. 중앙 부분이 낮다. ㅁ. 가장자리가 낮다. ㅅ. 전체적으로 균일하지 않다.	ㄴ. 중앙 부분이 돌출해 있다. ㄹ. 가장자리가 높다. ㅂ. 터짐성이 불균일하다.
	껍질의 특성	ㄱ. 너무 두껍다. ㄷ. 표면에 물집이 생겼다.	ㄴ. 질기다. ㄹ. 습기가 많고 고무질 촉감을 준다.
내부적 특성	기공	ㄱ. 열리고 거칠다. ㄷ. 두꺼운 세포벽을 가진다. ㅁ. 너무 조밀하다.	ㄴ. 균일하지 않다. ㄹ. 큰 공기 구멍이 많다.
	속색	ㄱ. 회색빛이 난다. ㄷ. 줄무늬가 있다. ㅁ. 균일하지 않다.	ㄴ. 어둡다. ㄹ. 생기가 없다. ㅂ. 잘 익지 않은 부위가 있다.
	향	ㄱ. 너무 강하다. ㄷ. 이취(異臭)가 난다. ㅁ. 곰팡이 냄새가 난다.	ㄴ. 너무 약하다. ㄹ. 너무 자극적이다.
	맛	ㄱ. 단조롭다. ㄷ. 짠맛이 난다. ㅁ. 신맛이 너무 강하다.	ㄴ. 이미(異味)가 있다. ㄹ. 소다맛이 난다. ㅂ. 불쾌한 뒷맛이 남는다.
	조직	ㄱ. 거칠다. ㄷ. 너무 조밀하다. ㅁ. 너무 느슨하다.	ㄴ. 조악하다. ㄹ. 덩어리 상태가 있다.

3. 반죽형 반죽 케이크

결　　점	원　　인
반죽하는 동안 반죽이 응유상태이다.	① 유화성이 없는 유지를 썼다. ② 고율배합 반죽에 표백한 밀가루를 썼다. 밀가루의 전분 입자가 액체를 흡수하여 반죽에 남는다. ③ 유화제를 쓰지 않은 유지에 액체재료를 서둘러 넣으면 응유된다. ④ 차가운 액체재료—우유, 계란 등—를 썼다. 이것이 유지를 굳혀 응유현상이 일어난다. 반죽하는 동안 온도가 낮아도 지방의 입자가 단단해져 같은 결과를 낳는다.

결　　점	원　　인
고율배합의 케이크의 부피가 작다.	① 재료들이 고루 섞이지 않았다. 부풀림이 작아져 부피가 작다. ② 반죽이 응유현상을 나타냈다. 그러면 밀가루의 뼈대 구성력을 떨어뜨린다. ③ 설탕과 액체재료의 사용량이 많았다. 그 결과 수축한다. ④ 팽창제의 사용량이 많았다. 굽는 동안 많이 부풀었다가 구워낸 뒤 수축한다. ⑤ 오븐의 온도가 높았다. 껍질이 빨리 만들어져 부풀 수 있는 기회를 놓친다. ⑥ 구워낸 제품을 급속도로 식혔다. 온도 변화가 심하면 수축한다.
굽는 동안 부풀어올랐다가 가라앉는다.	① 설탕과 액체재료의 사용량이 많았다. 그러면 밀가루의 글루텐이 지탱할 힘을 잃어 부풀다가 주저앉는다. ② 표백하지 않은 박력 밀가루를 썼다. ③ 팽창제의 사용량이 많았다. ④ 재료들이 고루 섞이지 않았다. 그러면 부푸는 정도가 달라 어느 한쪽은 가라앉는다.
고율배합 케이크의 기공이 열리고 조직이 거칠다.	① 표백하지 않은 박력 밀가루를 썼다. ② 재료들이 고루 섞이지 않았다. ③ 오븐의 온도가 낮았다. ④ 화학 팽창제의 사용량이 많았다.
케이크 껍질에 반점이 생기거나 색의 농도가 고르지 않다.	① 입자가 굵고 크기가 서로 다른 설탕을 썼다. 검은 반점이 생긴다. 이것은 커다란 입자의 설탕이 캐러멜화한 결과이다. ② 재료들이 고루 섞이지 않았다. ③ 밀가루를 체쳐 쓰지 않았다. 밀가루 덩어리가 케이크 표면에 흰색으로 남는다. ④ 오븐의 열이 고루 퍼지지 않았다. ⑤ 기름칠을 잘못하였다.
케이크가 단단하고 질기다.	① 고율배합 케이크에 맞지 않은 밀가루를 썼다. ② 계란의 사용량이 많았다. ③ 부풀림이 적었다. 기공이 치밀하여 밀도가 높고 고무처럼 질긴 제품이 만들어진다. ④ 오븐의 온도가 높았다. 껍질이 빨리 만들어져 가스 압력을 받아 터진다. 그리고 부분적으로 단단한 곳이 생긴다.
맛과 향이 떨어진다.	① 재료의 배합이 균형을 이루지 못하였다. ② 재료의 맛과 향이 나빴다. ③ 바닥이나 윗면이 탔다. ④ 오븐의 온도가 낮았다. 그러면 휘발성 향 성분이 날아간다. ⑤ 틀이나 철판이 깨끗하지 않다. ⑥ 다 식기 전에 포장하였다. 포장지의 냄새를 흡수하였다. ⑦ 초콜릿 케이크를 오래 구웠다. 껍질에서 쓴맛이 난다.

4. 거품형 반죽 케이크

결　　점	원　　인
스펀지 케이크의 부피가 작다.	① 제품의 모양을 지탱하지 못할 만큼 약한 밀가루를 썼다. ② 질이 나쁘고 오래된 계란을 썼다. ③ 노른자의 사용량이 많았다. 흰자의 사용량이 상대적으로 줄기 때문에 뼈대를 만들고 공기를 포함할 능력이 부족하다. ④ 반죽을 틀에 넣고 오래 놔둔 뒤 구웠다. 그 동안 공기가 빠져나간다. ⑤ 오븐의 온도가 높았다. 껍질이 빨리 만들어져 그 뒤에 일어나는 계란의 신장, 팽창제의 작용 때문에 표피가 터지고 부피가 작아진다. ⑥ 냉각 속도가 빨랐다. 그 결과 수축한다.
기공과 조직이 고르지 않다.	① 굽는 동안 부푸는 힘을 견디지 못할 만큼 약한 밀가루를 썼다. ② 설탕 사용량이 많아 시럽 상태로 한 곳에 농축되어 있다. 이러한 곳은 기공이 불규칙하고 조직이 거칠다. ③ 계란을 오래 거품내고 유화제의 사용량이 많았다. ④ 오븐의 온도가 낮았다. 오래 구워야 하기 때문에 수분을 잃어 건조하다. ⑤ 수분이 많았다. 계란과 베이킹 파우더의 팽창 작용이 떨어져 기공이 조밀하고 축축하다.
구운 뒤에 수축한다.	① 다 구워지지 않은 채 꺼내었다. ② 조직이 약하다. ③ 오븐의 온도가 낮았다. 제품이 건조하여 수축한다. ④ 구운 후 바로 틀에서 꺼내지 않으면 케이크와 틀 사이에 수분이 응결하여 수축한다.
건조 속도가 빨라 저장 수명이 짧다.	① 계란과 설탕은 조금 쓰고 팽창제는 많이 쓰면 건조 속도가 빠르다. ② 보습성이 큰 재료를 쓰지 않았다. 유화제를 사용하여 수분 보유력을 키우고 저장성을 늘린다. ③ 팽창제를 많이 썼다. 기공이 열려 수분의 증발이 빠르다. ④ 오븐의 온도가 낮았다. 오래 구워야 하므로 수분 증발이 많다. ⑤ 냉각시간이 길었다. 환기가 잘 되는 곳에서 식히면 건조 속도가 빠르다. ⑥ 냉장 · 냉동시킬 때 수분을 보호할 수 있도록 조치하지 않았다.
롤 케이크를 말 때 터진다.	① 스펀지 케이크 반죽의 탄력성이 부족하다. ② 반죽이 되직하다. ③ 계란의 사용량을 늘리지 않고 물을 넣어 반죽의 되기를 맞추고 베이킹 파우더를 많이 쓰면 기공이 열리고 구멍이 많이 생겨 쉬 마르고 터진다. ④ 롤 케이크용 시트는 좀더 높은 온도에서 빨리 굽는다. 수분 손실과 건조를 막을 수 있다. ⑤ 오븐에서 갓 꺼낸 시트는 여전히 구워지므로 수분과 유연성을 잃지 않도록 기름종이 위에 꺼내어 놓는다.
굽는 동안에 수축한다.	① 흰자를 많이 거품내거나 흰자의 질이 나쁘다. ② 오븐의 온도가 낮았다. 오래 구우면 수분이 날아가 수축한다. ③ 팬닝한 반죽을 오래 두었다가 구우면 구조가 약해져 수축한다. ④ 설익은 제품을 꺼내어 함부로 다루면 주저앉는다.

결 점	원 인
에인젤 푸드 케이크 반죽이 되거나 묽다.	① 흰자의 단백질인 알부민이 부족하였다. 이것으로 만든 머랭은 물기가 많아 반죽이 묽어지고 유동성이 커진다. ② 머랭을 만드는 용기에 기름기가 있었다. 기름은 흰자의 구조를 흩트린다. ③ 흰자를 너무 많이 거품냈다. ④ 밀가루의 사용량이 적었다. ⑤ 밀가루의 사용량이 많거나 강력분을 쓰면 되직하다. ⑥ 반죽 마지막 단계에서 밀가루와 분설탕을 넣고 심하게 반죽하면 되직하다.
에인젤 푸드 케이크의 부피가 작다.	① 안정제를 첨가하여 흰자의 강도를 높인다. 흰자의 질이 좋아야 거품이 안정되고 튼튼하다. ② 수분이 많고 부드러운 케이크를 만들고자 할 때 흰자에 물을 너무 많이 썼다. 10% 이상을 넘어서는 안된다. ③ 흰자를 너무 많이 거품냈다. ④ 밀가루와 설탕을 넣고 심하게 반죽하였다. ⑤ 필요한 밀가루의 강도보다 센 밀가루를 쓰면 반죽이 질겨져 부피가 작다. ⑥ 틀에 기름칠을 하면 거품이 꺼진다. ⑦ 오븐의 온도가 높았다. 껍질이 빨리 만들어져 충분히 부풀지 않는다. ⑧ 반죽을 틀에 채우고 살짝 치면 반죽이 자리를 잡는다. 너무 세게 치면 공기 세포가 꺼진다. 또 팬닝한 반죽을 오래 놔두고 굽지 않아도 같은 결과가 나타난다. ⑨ 틀의 부피보다 반죽량이 적었다.
에인젤 푸드 케이크의 기공이 열리고 큰 구멍이 생긴다.	① 입자가 굵은 설탕을 썼다. 이것이 시럽 상태로 녹으면 공기 세포가 터져 큰 구멍이 생긴다. 불규칙한 기공이 된다. ② 흰자를 많이 거품내었다. 거품체의 일부가 꺼져 기공이 열리고 기포가 커진다. ③ 반죽온도가 높았다. ④ 오븐의 온도가 낮았다. 세포 구조의 팽창이 느려 공기 세포가 부풀었다가 기공이 만들어지기 전에 깨진다. ⑤ 설탕 덩어리가 한 곳에 몰려 있다(점도의 차이).
에인젤 푸드 케이크가 구워낸 뒤 수축한다.	① 오븐의 온도가 높았다. 구운색이 빨리 들어 속이 다 익기 전에 꺼낸다. 그러면 내부 조직이 약해서 수축한다. ② 너무 오래 구웠다. 오래 구우면 식히는 동안 수축한다. ③ 밀가루를 넣고 심하게 반죽하였다. ④ 오븐에서 갓 꺼낸 케이크를 바로 틀에서 빼지 않았다. ⑤ 흰자를 너무 많이 거품냈다. 흰자를 거품낼수록 공기는 많이 흡수되지만, 흰자의 능력을 넘으면 구운 뒤에 곧 빠져나가 제품이 수축한다. ⑥ 밀가루를 처음부터 넣었다. 그러면 흰자가 말라 공기를 집어넣으려면 더 많이 거품내야 하므로 그 긴 시간동안 밀가루가 발전되어 질겨진다. 그 뒤 수축한다. ⑦ 안정제와 단백질 강화제를 쓰면 수축을 막을 수 있다.

결　점	원　인
바닥과 옆면에 공간과 반점이 생긴다.	① 틀에 반죽을 채울 때 공기가 반죽과 틀 사이에 몰려 있었다. 이것이 공기 팽창을 일으켜 바닥에 공간을 만든다. ② 흰자의 거품이 많이 일어 굽는 동안 공기 세포가 부풀면서 일부 깨진다. ③ 흰자를 거품낼 때 물을 넣으면 큰 구멍이 생긴다. ④ 틀에 기름칠을 했다. 케이크의 중심과 윗부분에 공기 구멍을 만들면서 일부 주저앉는다. ⑤ 밀가루와 계란의 질이 나빴다. 구조 형성력이 약해서 바닥에 공간이 생긴다.
에인젤 푸드 케이크의 맛과 향이 떨어진다.	① 신선하지 않은 계란을 썼다. ② 향이 강한 재료를 썼다. ③ 소금을 빠뜨렸다. 소금은 다른 재료의 맛과 향을 살리는 특성이 있으므로 꼭 배합한다. ④ 깨끗하지 않은 틀이나 기구를 썼다.

5. 퍼프 페이스트리

결　점	원　인
퍼프 페이스트리의 부피가 작다.	① 수분이 없는 유지(경화 쇼트닝)를 썼다. 증기압을 만들지 못하여 부풀림이 적다. ② 롤인용 유지가 너무 부드러웠다. 반죽과 섞여 층층이 부풀지 않고 한데 뭉쳐진다. ③ 상력분으로 되직한 반죽을 만들거나 휴지시간이 부족하여 신장성이 결여되고 수축한다. ④ 박력분을 쓰면 굽는 동안에 팽창 압력을 견디지 못하고, 유지의 무게에 짓눌려서 모양이 평평해진다. ⑤ 계란물을 많이 칠하였다. 이것이 흘러내려 옆면을 적시고 마르면서 결합제 역할을 하여 굽는 동안 팽창하지 않는다. ⑥ 오븐의 온도가 높았다. 겉반죽이 익어 팽창하는 동안 속은 익지 않아 팽창이 균형을 이루지 못하여 부피가 줄어든다. 그리고 구워낸 뒤 수축하거나 주저앉는다. 굽기 온도는 204~213℃로, 단위가 클수록 낮은 온도에서 굽는다. ⑦ 오븐의 온도가 낮았다. 수분을 많이 잃고 결이 만들어지지 않아 부피가 작다.
바닥이 축축하고 속에 습기가 많다.	① 덜 구웠다. ② 아랫불의 세기가 달랐다. 익는 정도가 달라 축축한 곳이 생긴다. ③ 충전용 유지가 녹아 흘러나왔다. ④ 오븐의 온도가 높았다. 껍질색이 빨리 들어 다 익기 전에 오븐에서 꺼내기 때문에 바닥이 축축한 상태로 남는다. ⑤ 밀어 펴기의 횟수가 많았다. 반죽과 유지층이 깨질 정도로 밀어 폈다.

결　　점	원　　인
크기와 모양이 고르지 않다.	① 밀어 편 반죽의 두께가 고르지 않았다. ② 자투리 반죽을 많이 썼다. 수축이 일어나고 모양이 비뚤어진다. ③ 계란물이 흘러내려 옆면을 적셨다. 굽는 동안 이곳이 팽창하지 않아 그렇지 않은 부분과 모양이 다르다. ④ 밀어 편 반죽에 지방의 덩어리가 단단하거나 한곳에 몰려 있다. 그러면 위로 부푸는 정도가 달라 모양이 기울어진다. ⑤ 충전물의 양이 많았다. ⑥ 위 · 아래의 껍질 가장자리가 잘 붙지 않았다. ⑦ 밀어 편 반죽에 덧가루가 많이 묻어 있다. 덧가루는 분리제의 역할을 하기 때문에 팽창이 고르지 않다. 덧가루를 털도록 한다. ⑧ 건조한 공기에 닿아 반죽 거죽이 말랐다. 이 부분은 잘 부풀지 않고 갈라지기도 한다.
굽는 동안 유지가 흘러 나왔다.	① 밀어 펴기 를 잘못했다.　② 박력분을 썼다. ③ 오븐의 온도가 높거나 낮았다.　④ 오래된 반죽을 사용하였다. * 퍼프 페이스트리는 구워 냈을 때 기름(유지)이 배어나오지 않고, 겹겹이 깨끗하게 부풀어 씹으면 바삭한 맛이 나야 잘 만들었다고 할 수 있다.
물집이 생기고 결이 거칠다.	① 밀어 편 반죽에 작은 구멍을 내지 않았다. ② 계란물을 잘못 칠하였다.
충전물이 흘러 나왔다.	① 밀어 편 반죽에 작은 구멍을 내지 않았다. ② 서로 포갠 위 · 아래 반죽을 꼭꼭 붙이지 않았다. ③ 오븐의 온도가 낮았다. ④ 충전물의 양이 너무 많았다.
제품이 단단하다.	① 오래 세게 반죽하였다. 반죽을 오랜시간 동안 강하게 치대 글루텐이 지나쳐서 형성되었다. ② 자투리 반죽을 많이 섞었다.

6. 파이(과일 충전물 파이)

결　　점	원　　인
성형하고 굽는 동안 껍질이 찢어진다.	① 유지 사용량이 높았다.　② 반죽의 지방 입자가 크다. ③ 박력분을 썼다. 반죽의 힘이 약해 지방의 작용을 견디지 못하고 찢어진다. ④ 지친반죽과 자투리 반죽을 많이 썼다.　⑤ 밀어 펴기가 고르지 못하였다. ⑥ 자동 기계의 띠에 반죽이 늘어 붙었다. ⑦ 위 껍질에 작은 구멍을 뚫지 않았다. 굽는 동안 과일에서 나오는 수증기를 견디지 못하고 터진다. ⑧ 덧가루 사용량이 부족하였다. 덧가루를 뿌린 천을 대신 쓰면 반죽이 찢어지지 않는다. ⑨ 위 · 아래의 반죽 가장자리를 붙일 때 너무 잡아늘여 얇거나 가장자리가 두꺼웠다.

결 점	원 인
과일 충전물에 풀같이 끈적거리고 덩어리가 남는다.	① 충전물을 끓이지 않고 썼다. ② 전분을 고루 섞지 않았다. ③ 오래 되어 발효가 일어난 충전물을 썼다. ④ 농후화제의 사용량이 많았다. ⑤ 농후화제를 설탕과 미리 섞지 않고 바로 뜨거운 물에 풀었다. 그래서 덩어리가 생기고, 잘 풀리지 않는다. ⑥ 수분이 부족하다. ⑦ 호화한 충전물에 통조림의 과즙을 넣었다. 충전물이 덩어리지거나 풀처럼 응어리진다. ⑧ 시럽이 끓기 전에 전분물을 오래 놔두었다가 저어 쓰지 않으면 가라앉았던 전분이 잘 퍼지지 않아 덩어리로 남는다. 덩어리를 없애려면 과일을 건져내고 얼금체(중간 메시)로 거른다. ⑨ 충전물을 조릴 때 농후화제를 한꺼번에 빨리 넣으면 덩어리진다. 천천히 저으면서 넣는다. ⑩ 식은 충전물을 오래 보관하였다. 쓰기 전에 부드럽게 푼다. ⑪ 과일이 충전물에 고루 섞이지 않고 한 곳에 몰려 있었다. ⑫ 호화시켜 식힌 충전물에 즙을 빼지 않은 과일을 넣었다. 이때 즙이 분리된다.
구워내니 과일 충전물이 흘러 나온다.	① 충전물의 되기가 묽었다. 조린 충전물에 과일 즙을 넣으면 천연의 아밀라아제가 있어 전분이나 그 밖의 농후화제를 묽게 만든다. ② 천연산이 많이 든 과일을 썼다. ③ 충전물에 사용한 설탕이 적었다. ④ 충선물이 껍질에 비해 많았다. ⑤ 위 · 아래의 껍질을 잘 붙이지 않았다. ⑥ 위 껍질에 구멍을 뚫지 않았다. 수증기가 빠져나가지 못하여 충전물을 밀어낸다. ⑦ 오븐의 온도가 낮았다. 굽기 시간이 길어져 껍질이 잘 구워지기 전에 충전물이 끓어 넘친다. ⑧ 바닥 껍질이 얇아 충전물에 많은 열이 전달되었다. ⑨ 파이가 채 식기 전에 잘랐다. ⑩ 생과일과 다 녹지 않은 과일로 만든 충전물을 썼다. ⑪ 충전물의 온도가 높다.
설익고 바닥이 축축하다.	① 바닥 껍질의 배합이 지나치게 고배합이다. ② 오븐 아랫불의 온도가 낮았다. 색깔이 제대로 나지 않을 뿐 아니라 구운 뒤에도 눅눅하다. ③ 덜 구웠다. ④ 오븐의 윗불이 높았다. 그 결과 바닥 껍질이 채 익기 전에 위 껍질에 구운 색이 들어 오븐에서 꺼내기 쉽다. ⑤ 충전물의 온도가 높으면 반죽의 유지가 녹아 끈적거리고 충전물이 흘러나온다.

7. 쿠키 〔밀어 펴서 정형하는 쿠키(Cut-out Cookies)〕

밀어펴서 모양을 만들어야 하므로 액체재료가 적고 반죽이 되직해야 한다.

결 점	원 인
반죽이 잘 부스러진다.	① 지방 함량이 많았다. 반죽을 냉장고에 넣어 휴지시켜서 강도를 높인다. ② 밀가루의 사용량이 많았다. ③ 유지의 사용량이 적고 밀가루의 사용량이 많았다. ④ 계란과 그 밖의 액체재료가 부족하거나, 덧가루의 사용량이 많았다. ⑤ 자투리 반죽을 새 반죽과 섞어 쓸 때 반죽의 되기가 서로 다르면 부스러지거나 갈라지기 쉽다.
반죽이 물러 잘 늘어 붙는다.	① 지방 함량이 높았다. ② 액체재료의 사용량이 많았다. 반죽이 질어서 늘어 붙는다. ③ 밀가루의 단백질 힘이 아주 약하다. ④ 밀가루를 섞어 넣은 뒤 고속으로 반죽하였다. ⑤ 시럽, 전화당 같은 흡습성이 높은 재료를 많이 썼다. ⑥ 냉동 계란을 다 녹이지 않은 채 넣으면, 반죽이 끝난 뒤 유리수를 만들어 반죽이 질다.
반죽이 굳어서 밀어 펴기 어렵다.	① 밀가루를 섞고 글루텐이 발달할 정도로 반죽하였다. ② 자투리 반죽을 새 반죽에 섞어 쓸 때 자투리 반죽이 많거나 글루텐의 힘이 크면 반죽이 되직하다. ③ 수분이 많은 반죽을 썼다. 여기에 밀가루를 넣으면 오래 반죽해야 하기 때문에 글루텐이 발달하여 반죽이 되직하다. ④ 밀가루를 넣고 살짝 반죽해야 한다. 물엿, 전화당 시럽 등을 많이 써서 반죽이 단단해지지 않도록 한다.
모양을 잘라낸 뒤 수축한다.	① 설탕과 지방의 사용량이 적었다. ② 액체재료가 많은 혼합물을 오래 반죽하였다. ③ 정형하기 전에 반죽을 휴지시켜야 한다.
굽는 동안에 많이 퍼진다.	① 반죽 속에 녹지 않은 설탕의 결정 입자가 많았다. 굽는 동안 열을 받아 설탕이 녹으면서 신장성이 커진다. 설탕 입자가 알맞게 남아 있어야 적당히 퍼진다. ② 팽창제를 많이 썼다. 꿀, 당밀, 시럽을 많이 쓴 반죽에 팽창제를 많이 쓰면 더욱 심하다. ③ 계란의 사용량을 줄이고 팽창제를 늘리면 많이 퍼진다. ④ 틀이나 철판에 기름을 많이 칠하였다. ⑤ 수분이 많은 묽은 반죽을 쓰거나 글루텐의 힘이 약한 밀가루를 썼다.
쉬 부스러진다.	① 설탕과 지방의 사용량이 많았다. ② 오래 구웠다. 쿠키가 말라 바삭하다. 얇은 쿠키일수록 더욱 그러하다. ③ 팽창제의 사용량이 많았다. ④ 흡습성이 큰 재료의 사용량이 부족하였다. ⑤ 기름을 철판에 고루 묻히지 않아 묻지 않은 곳에 두었던 쿠키는 철판에서 떼어낼 때 깨지고 부서진다.

결 점	원 인
껍질색이 고르지 못하고 반점이 생긴다.	① 설탕과 시럽이 반죽 전체에 고루 퍼지지 않았다. 설탕이 많이 녹아 있는 부분은 색이 진하고 탄 자리가 남는다. ② 계란칠과 우유칠이 표면 전체에 고루 묻지 않았다. ③ 반죽의 두께가 다르다. 두꺼운 쿠키에 구운색이 들기도 전에 얇은 쿠키는 타버린다. ④ 중조의 사용량이 많았다. 이것이 다 녹지 않으면 반점으로 남는다. ⑤ 밀어 펼 때 설탕이 묻으면 그 자리에 반점이 생긴다. ⑥ 틀이나 철판이 깨끗하지 않았다. 찌꺼기가 묻은 자리에 검은색이 나타난다. ⑦ 오븐의 열이 고르지 못하였다. ⑧ 아랫불의 온도가 높았다. 쿠키의 바닥 색이 검다. 기름종이를 깔거나 이중 바닥 철판에 굽는다.
모양과 크기가 고르지 않다.	① 재료들이 고루 섞이지 않았다. ② 밀어 편 반죽의 두께가 달랐다. ③ 설탕 사용량이 많고 밀가루가 부족하였다. ④ 반죽을 자르는 칼의 날이 무디었다. ⑤ 정형한 반죽을 철판에 얹을 때 간격이 좁으면 굽는 동안 서로 달라붙어 모양이 바뀐다. ⑥ 유지의 사용량이 많은 묽은 반죽은 작은 모양으로 만든다. 철판에 얹을 때 모양이 이그러진다. 냉장고에서 휴지시켜 쓴다. ⑦ 체리나 견과를 얹을 때 반죽이 터지지 않도록 살짝 눌러 붙인다. ⑧ 철판의 모양이 바르지 못하다.
장식물이 잘 떨어진다.	① 반죽 위에 계란칠이나 우유칠을 한다. 그리고 장식물을 얹어 살짝 눌러 붙인다. ② 굽는 동안 많이 퍼지는 반죽이었다. ③ 장식물의 양이 많았다. ④ 갓 구워내어 손을 대거나 이쪽 저쪽으로 옮기면 떨어진다.

[짜는 형태의 쿠키(Bagged-out Cookies)]

결 점	원 인
반죽이 되직하여 짜내기 어렵다.	① 버터만을 쓰기보다 경화 쇼트닝을 섞어 쓴다. ② 크림 상태가 덜된 유지에 계란을 넣으면 응유 현상이 일어난다. 그러면 밀가루를 섞고나서 오래 반죽해야 하므로 반죽이 질겨진다. ③ 계란의 온도가 낮았다. 유지가 굳고 크림이 잘 만들어지지 않는다. ④ 밀가루를 체쳐 쓴다. ⑤ 반죽 정도가 심하거나 밀가루의 글루텐 힘이 강하다.
모양과 크기가 고르지 않다.	① 설탕과 유지의 사용량이 많았다. 많이 퍼져 모양이 바뀐다. ② 장식물을 함부로 올리면 모양이 바뀐다. ③ 장식물의 양이 다르면 크기가 다르다.

결 점	원 인
구워낸 쿠키에 기름기가 흐른다.	① 지방의 사용량이 많았다. ② 크림 상태가 좋지 않거나 지방이 고루 섞이지 않았다. ③ 철판이 뜨거웠다. 뜨거운 곳에 짜놓으면 굽기 전에 기름이 배어 나온다. ④ 오븐의 온도가 낮았다. 오래 구우면 느끼하다.
잘 부러지고 부스러진다.	① 설탕과 유지의 사용량이 많았다. ② 짤주머니에 오래 넣어 둔 반죽을 썼다. ③ 밀가루의 질이 나쁘다. 글루텐이 적으면 결합력이 약하여 부스러진다. ④ 오븐의 온도가 높았다. 짧은 시간에 구우면 설익어 부드럽지 않고 부스러진다. ⑤ 저율배합 반죽, 계란과 팽창제가 부족한 반죽을 사용했다.

8. 도넛

결 점	원 인
도넛에 기름이 많다.	① 설탕, 유지, 팽창제의 사용량이 많았다. 기공이 열리고 구멍이 생겨 기름이 많이 흡수된다. ② 반죽 상태가 알맞지 않았다. 기공이 불규칙하고 팽창이 고르지 못하여 기름이 많이 흡수된다. ③ 튀김시간이 길었다. ④ 지친반죽이나 어린반죽을 썼다. 이들은 기공이 열리고 튀기는 동안 터져서 기름이 흡수된다. ⑤ 묽은 반죽을 썼다. 튀기는 동안 표면적이 넓어져 기름의 흡수율이 높아진다. ⑥ 베이킹 파우더의 사용량이 많거나 가스 발생량이 많았다. 기공이 열리고 큰 공기 구멍이 생겨 흡유량이 많아진다. ⑦ 설탕 사용량이 적었다. 껍질색이 더디 들므로 튀김시간이 길어진다. ⑧ 튀김기름의 온도가 낮았다. 튀김시간이 길어져 흡유량도 많아진다.
부피가 작다.	① 배합률, 반죽 만들기, 정형 공정에 잘못이 있었다. ② 강력분을 썼다. 반죽이 단단해져 팽창 정도가 작다. ③ 화학 팽창제의 사용량이 적었다. ④ 반죽이 부드럽지 않았다. 10~20분간 플로어 타임을 갖는다. ⑤ 이스트를 쓴 빵도넛의 2차발효 정도가 작았다. ⑥ 빵도넛을 만들면서 지친반죽을 많이 썼다. ⑦ 튀김시간이 짧았다. 초콜릿 도넛은 색깔이 어두워 구운색을 판단하기 어렵다. 그래서 빨리 꺼내면 주저앉거나 수축한다.
도넛 표면에 묻힌 설탕이 끈적거린다.	① 도넛이 다 식지 않은 채 설탕을 묻혔다. ② 도넛에 수분이 많다. 적정 수분은 21~25%. ③ 보관 온도가 높다. ④ 배합 재료 중 수분 흡수제가 부족하였다.

결 점	원 인
기공이 열리고 조직이 거칠다.	① 강력분을 많이 썼다. 반죽이 단단하여 튀기는 동안 큰 공기 구멍이 생긴다. ② 베이킹 파우더의 사용량이 많거나 속효성 팽창제를 썼다. 반죽상태에서 가스가 많이 발생하여 기공이 열리고 조직이 거칠어진다. ③ 노른자의 사용량이 부족하였다. 노른자는 천연 유화제인 레시틴을 갖고 있어 반죽을 부드럽게 만들어 팽창하는 데 필요한 신장성을 키운다. ④ 튀김온도가 낮았다. 팽창제의 기능이 더디 나타나 천천히 부푼 결과 속결이 거칠다. ⑤ 베이킹 파우더를 많이 쓰거나, 이것이 한 곳에 몰려 있다.
기공과 조직이 조밀하고 축축하다.	① 강력분을 써서 반죽이 되직하였다. ② 베이킹 파우더를 쓰지 않았거나 팽창제가 부족하였다. ③ 노른자의 사용량이 부족하거나 배합 비율이 낮았다. ④ 반죽에 수분이 많거나 반죽이 묽었다. ⑤ 튀김온도가 높았다. 구운색이 빨리 들므로 설익은 상태에서 꺼내면 기공이 조밀하다.
튀김색이 고르지 않다.	① 튀김기름의 온도가 달랐다. 열선으로부터 나오는 열이 기름 전체에 퍼지지 않았다. ② 재료가 고루 섞이지 않았다. ③ 튀기는 동안 탄 찌꺼기가 기름 속을 떠다니면서 도넛 표면에 달라붙었다. ④ 작업대, 정형 기구에 설탕이나 다른 가루가 묻었다. ⑤ 어린반죽 또는 지친반죽으로 만들었다. 전자는 옅고 후자는 짙은 색의 도넛을 만든다. ⑥ 덧가루가 많이 묻었다. 튀겨내도 밀가루 흔적이 남는다. ⑦ 다 식지 않은 철망 위에 도넛 반죽을 얹었다. 튀겨내면 자국이 남는다.
도넛의 글레이즈가 끈적거린다.	① 글레이즈 재료에 안정제나 농후화제로 알려진 건조 효과를 지닌 재료가 부족하다. ② 글레이즈의 온도가 알맞지 않았다. 도넛 표면이 너무 식었다. ③ 도넛 표면에 기름기가 많았다. 지방은 도넛과 글레이즈의 접착을 방해한다. ④ 지친반죽으로 만들었다. 기공이 열려 있어 글레이즈가 더 많이 흡수하여 완전히 마르기 어렵다. ⑤ 습도가 높은 날에 안정제를 조금 썼다. ⑥ 뜨거운 글레이즈에 오래 담가두거나, 묻은 양이 많았다.
충전물을 넣은 도넛의 문제점	① 젤리가 묽으면 흘러나온다. ② 젤리나 잼을 많이 넣으면 흘러나오고 무거워진다. ③ 충전물을 잘못 만들면 도넛에 넣은 뒤 덩어리지거나 내용물이 분리된다. ④ 주입기의 주둥이가 크면 흘러나온다. ⑤ 튀김 상태가 나쁘거나 부피가 작으면 충분히 넣을 수 없다. 어린반죽이나 빨리 튀긴 반죽으로 만들었을 때 나타나는 현상. ⑥ 쓰기 전에 잘 젓지 않아 넝어리가 생기면 분리되기 쉽다.

단원종합문제

1. 나라에 따른 과자의 분류 중에서 화과자는 어느 나라의 과자인가?
   ① 중국 ② 일본
   ③ 한국 ④ 독일

2. 다음 중 냉과에 속하는 과자는?
   ① 와플 ② 머핀
   ③ 바바루아 ④ 팬 케이크

3. 다음 중 밀가루를 사용하지 않은 과자는?
   ① 슈 ② 스펀지 케이크
   ③ 마들렌 ④ 마카롱

4. 다음 중 발효과자에 속하는 것은?
   ① 오믈렛 ② 초콜릿 과자
   ③ 카스텔라 ④ 데니시 페이스트리

5. 제과 제조에 이용되는 캐러멜 현상이 아닌 것은?(기출문제)
   ① 당류를 계속 가열시 갈색물질이 생기는 것
   ② 당을 함유한 식품은 모두 갈색으로 변한다.
   ③ 아미노산과 같은 질소화합물과 환원당이 결합하여 생성되는 것
   ④ 이 반응의 생성물은 향과 맛이 있다.

6. 과자를 팽창방법에 따라 분류했을 때, 다음 성격이 다른 것은?
   ① 레이어 케이크 ② 스펀지 케이크
   ③ 초콜릿 케이크 ④ 과일 케이크

7. 다음 중 유지로 공기층을 만들어 팽창시킨 과자가 아닌 것은?
   ① 머핀 ② 퍼프 페이스트리
   ③ 데니시 페이스트리 ④ 프렌치 파이

8. 다음 중 화학 팽창제를 이용하여 부풀린 과자가 아닌 것은?
   ① 머핀 ② 에인젤 푸드 케이크
   ③ 데블스 푸드 케이크 ④ 케이크 도넛

◈ 해 설 ◈

1. 과자는 크게 우리나라의 한과와, 외국에서 들어온 양과로 나눈다. 양과는 다시 중국의 중화과자, 일본의 화과자, 그밖의 서양 여러 나라의 과자를 양과자라 한다.
2. 냉과 : 다른 과자와 달리, 차게 식혀 먹는 것.

4. 데니시 페이스트리는 : 발효반죽을 이용한 발효 팽창 제품이면서 유지로 부풀린 과자.

6. 스펀지 케이크는 물리적인 힘을 주어 공기를 집어 넣음으로써 부풀린 과자. 레이어 케이크, 초콜릿 케이크, 과일 케이크는 화학 팽창제를 써서 부풀린 과자이다.
7. 유지로 공기층을 만들어 부풀리는 방법은 밀가루 반죽에 유지를 접어넣거나 잘라섞는 방법이다. 머핀은 화학 팽창제 또는 이스트로 부풀리고, 데니시 페이스트리는 이스트 반죽에 유지를 접어 넣어 유지층을 만드는 이중적 반죽 과자이다.
8. 에인젤 푸드 케이크 : 순수하게 흰자만을 써서 공기를 포함시킨 과자.

9. 베이킹 파우더를 많이 쓴 과자에 나타나는 현상이 아닌 것은?
① 기공 막이 열려서 속결이 거칠다.
② 오븐 팽창이 커서 찌그러들기 쉽다.
③ 밀도가 높고 부피가 작다.
④ 속색이 어둡다.

10. 다음 공정 중 부피를 목적으로 하는 제법은?(기출문제)

① 크림법 ② 블렌딩법
③ 1단계법 ④ 설탕-물법

11. 실내 온도 25℃, 밀가루 · 설탕 온도 각 25℃, 희망반죽온도 22℃, 계란 · 수돗물 온도 각 20℃, 마찰계수 21일 때 사용할 물의 온도는?(기출문제)

① 0℃ ② 10℃
③ -4℃ ④ 20℃

12. 설탕 · 물 반죽법의 장점 중 옳지 않은 내용은?
① 제품의 구조력이 강해진다.
② 재료의 계량이 쉽다.
③ 공기가 잘 들어간다.
④ 일정한 규격의 제품을 만들 수 있다.

13. 반죽형 반죽을 만드는 방법과 장점을 짝지은 것 중 틀린 내용은?
① 블렌딩법-제품이 부드럽다.
② 1단계법-재료가 절약된다.
③ 크림법-제품의 부피가 크다.
④ 설탕 · 물 반죽법-규격이 같은 제품을 다량 만들 수 있다.

13. 1단계법 : 모든 재료를 한 꺼번에 넣어 노동력과 시간을 절약할 수 있는 방법.

14. 거품을 최대로 포집하여 글루텐 형성을 최소화하는 반죽법은?(기출문제)
① 크림법
② 블렌딩법
③ 설탕-물법
④ 1단계법

15. 거품형 반죽 중 공립법의 계란 중탕 온도는?(기출문제)

① 30℃ ② 43℃
③ 50℃ ④ 53℃

16. 다음 중 반죽하는 동안 용기 바닥을 긁어내는 스크래핑을 하지 않아도 좋은 반죽법은?

① 크림법　　② 블렌딩법
③ 설탕 · 물 반죽법　　④ 1단계법

16. 설탕 · 물 반죽법은 양산 업체에서 에어 믹서를 이용하여 공기를 집어 넣는다. 그리고 바닥을 긁는 스크래핑이 준다.

17. 다음 중 반죽형 반죽을 만들 때 사용하지 않는 방법은?

① 1단계법　　② 별립법
③ 크림법　　④ 블렌딩법

17. 별립법 : 계란의 흰자와 노른자를 나누고, 따로 흰자를 거품내어 나머지 재료와 섞는 방법. 이것은 유지의 사용량이 많은 반죽형 반죽 케이크를 만들 때에는 알맞지 않은 반죽법이다.

18. 다음 중 반죽형 반죽으로 만든 케이크의 특징으로 틀린 것은?

① 해면 조직을 갖고, 입에서 느껴지는 촉감이 좋다.
② 계란의 사용량보다 밀가루의 사용량이 더 많다.
③ 흔히 화학 팽창제를 이용하여 부풀린다.
④ 꽤 많은 양의 유지를 사용한다.

18. 반죽형 반죽 케이크는 밀가루와 계란이 골격을 이루는 재료이고, 계란보다 밀가루를 많이 쓰고, 유지를 많이 쓴다. 해면조직은 거품형 반죽 케이크가 갖는 특징이다.

19. 다음 중 거품형 반죽으로 만든 케이크에 대한 설명으로 알맞지 않은 것은?

① 계란 단백질의 기포성과 변성을 이용한 과자
② 계란의 노른자가 부피를 만드는 과자
③ 계란을 밀가루의 사용량보다 많이 쓴 과자
④ 원칙적으로 유지를 쓰지 않은 과자

19. 거품형 반죽 과자는 계란, 특히 흰자의 기포성과 변성을 이용한 과자이다. 계란의 단백질이 공기를 품고 열에 응고하여 부피를 유지한다. 흰자의 기포성을 떨어뜨리는 재료는 유지이다.

20. 다음 중 거품형 케이크는?(기출문제)

① 스펀지 케이크　　② 파운드 케이크
③ 초콜릿 케이크　　④ 데블스 푸드 케이크

21. 스펀지 반죽법에서 스펀지에 사용하는 물의 양은 스펀지 반죽에 사용하는 밀가루 양에 대해 어느 정도인가?(기출문제)

① 30~40%　　② 45~50%
③ 55~60%　　④ 65~70%

22. 거품형 반죽 케이크를 만들 때 녹인 버터는 언제 넣는가?

① 처음부터 여러 재료와 함께 넣고 살짝 섞는다.
② 밀가루와 섞어 넣는다.
③ 설탕과 섞어 넣는다.
④ 반죽이 거의 다 만들어졌을 때 넣고 살짝 섞는다.

22. 거품형 반죽 케이크에 유지를 쓰려면 반죽 마지막 단계에서 넣고 살짝 섞도록 한다. 처음부터 넣으면 흰자의 거품이 잘 일지 않거나 가라앉는다.

23. 비스킷 반죽을 제조할 때 쇼트닝 400g을 마가린으로 대체할 때 사용할 마가린 양은?(기출문제)

① 400g ② 500g
③ 600g ④ 700g

24. 에어 믹서를 사용하여 공기를 많이 포함하여 팽창제의 사용량을 줄일 수 있는 반죽법은?

① 크림법 ② 블렌딩법
③ 설탕 · 물 반죽법 ④ 1단계법

25. 반죽형케이크를 제조할 때 크림법으로 믹싱하는 방법은?(기출문제)

① 설탕+쇼트닝 ② 밀가루+쇼트닝
③ 설탕+유지 ④ 설탕+밀가루

26. 옐로우 레이어 케이크를 제조할 때 쇼트닝을 50% 사용할 경우 계란의 사용량은?(기출문제)

① 45% ② 55%
③ 65% ④ 75%

27. 다음 중 원칙적으로 유지를 쓰지 않고 만든 과자는?

① 에인젤 푸드 케이크 ② 마블 파운드 케이크
③ 데블스 푸드 케이크 ④ 드롭 쿠키

28. 다음 중 같은 부피의 반죽을 구워냈을 때 가장 많이 부푸는 것은?

① 파운드 케이크 ② 레이어 케이크
③ 데블스 케이크 ④ 스펀지 케이크

29. 다음 설명 중 고율배합의 의미로 맞는 것은?(기출문제)

① 설탕이 소맥분보다 적은 배합
② 설탕이 소맥분보다 많은 배합
③ 계란이 소맥분보다 적은 배합
④ 소맥분이 계란보다 많은 배합

30. 둥근 틀에 케이크 반죽을 채우려고 한다(틀의 부피 2.4㎤ 당 반죽 1g). 이때 안치수로 재어 틀의 지름이 10㎝이고 높이가 4㎝라면, 이 틀에 반죽 몇 g을 넣어야 알맞은가?

① 120g ② 125g
③ 130g ④ 135g

25. 옐로 레이어 케이크 반죽에 코코아를 넣고 독특한 색과 향을 낸 케이크.

26. 계란의 흰자만을 사용한 대표적인 제품은 에인젤 푸드 케이크와 화이트 레이어 케이크이다.

27. 거품형 반죽 케이크는 유지를 쓰지 않음이 원칙이다. 기본 스펀지 케이크와 에인젤 푸드 케이크가 여기에 속한다.

28. 부풀림이 크다 함은 공기를 많이 품을 수 있고 비중이 낮음을 뜻한다. 계란의 기포성을 이용한 스펀지 케이크류가 대표적이다.

30. 부피 $=\pi r^2 h$
$=3.14\times5\times5\times4$
반죽 무게 = 틀의 부피 ÷ 비용적
$=\frac{314}{2.4}$
$\therefore 1g : 2.4 = x : 314$

31. 케이크 반죽을 틀에 담기 전에 비중을 구하려고 한다. 먼저 비중컵의 무게를 재어보니 53g이었다. 이 컵에 반죽과 물을 담아 무게를 재어보니 각각 89g, 98g을 가리켰다. 이때 반죽의 비중은?

① 0.6 ② 0.7
③ 0.8 ④ 0.9

32. 부드럽고 가벼운 양질의 스펀지 케이크를 만들기 위한 밀가루의 단백질과 회분의 함량으로 가장 바람직한 항목은?(기출문제)

① 단백질 = 5.5~7.5%, 회분 = 0.29~0.33%
② 단백질 = 7.5~9.5%, 회분 = 0.33~0.38%
③ 단백질 = 9.5~10.5%, 회분 = 0.40~0.45%
④ 단백질 = 11.0% 이상, 회분 = 0.45% 이상

33. 500g짜리 케이크를 1개 만들고자 한다. 굽기 손실이 18%일 때 분할 반죽의 무게는?

① 561g ② 590g
③ 610g ④ 630g

〈34~36〉

500g짜리 파운드 케이크를 1,000개 만들고자 한다. 반죽하는 동안에 수분 손실=1%, 굽기 손실=19%, 총배합률=400%일 때 다음 물음에 답하여라.

34. 굽기 전, 분할 반죽의 총 무게는?

① 505.05㎏ ② 548.18㎏
③ 617.28㎏ ④ 623.52㎏

35. 배합 재료의 총 무게는?

① 505.05㎏ ② 548.18㎏
③ 617.28㎏ ④ 623.52㎏

36. 밀가루의 사용량은?

① 154㎏ ② 156㎏
③ 160㎏ ④ 180㎏

37. 산도가 높은 반죽으로 구운 케이크의 특성으로 옳지 않은 것은?

① 기공이 거칠다. ② 껍질색이 옅다.
③ 향이 약하다. ④ 부피가 작다.

31. 반죽 비중 $=\dfrac{\text{반죽 무게}}{\text{물 무게}}$
반죽 무게 = 89−비중컵
물 무게 = 98−비중컵
∴ 비중 = 0.8

34. 분할 반죽무게(x_1) = 완제품 무게 ÷ (1 - 굽기손실) = 500÷(1−0.19)
완제품 총 무게 = 500×1000

35. 배합 재료 무게(x_2) = 분할 총량÷(1−반죽 손실) = 617.28÷(1−0.01).

36. 밀가루 사용량 = (재료의 총량×100)÷총배합률.
※ 밀가루의 무게는 '올림' 한다.

38. 다음 중 증기압을 형성하여 부풀림에 관계하는 재료는?
① 분유 ② 물
③ 쇼트닝 ④ 밀가루

39. 언더 베이킹에 대한 설명으로 알맞지 않은 것은?
① 케이크의 윗면이 평평하다.
② 케이크의 수분 함량이 높다.
③ 높은 온도에서 구웠을 때 나타나는 현상이다.
④ 속부분이 설익는다.

40. 굳은 아이싱 재료를 부드럽게 푸는 방법으로 옳지 않은 것은?
① 설탕 시럽을 넣어 섞는다. ② 중탕한다.
③ 물을 넣어 섞는다. ④ 물을 소량 뿌리고 중탕한다.

41. 이탈리안 머랭이나 퐁당을 만드는 시럽의 온도로 알맞은 것은?
① 104~108℃ ② 114~118℃
③ 124~128℃ ④ 134~138℃

42. 생크림을 보관하는 곳은 보통 냉장고이다. 생크림을 저장하기에 알맞은 온도는?
① 0℃ 이하 ② 3~5℃
③ 6~9℃ ④ 9~12℃

43. 생크림을 거품내는 원리에 대한 설명으로 옳지 않은 것은?
① pH 0.3 이상에서 거품이 잘 일어나지 않는다.
② 온도 7~8℃에서 크림의 지방이 굳기 시작한다.
③ 크림의 지방 입자가 클수록 거품이 잘 일어난다.
④ 설탕 첨가량이 15% 넘으면 거품이 단단하다.

44. (　　)을 거품낼 때에는 그릇 밑에 얼음물을 받쳐놓고 설탕을 넣어 거품낸다. 그 뒤 향료와 양주를 넣는다. (　　)에 들어갈 재료는?
① 커스터드 크림 ② 생크림
③ 계란 흰자 ④ 퐁당

45. 버터 크림을 만들 때, 크림 속에 더 많은 공기를 포함시켜 가볍게 만들고자 한다. 이때 사용하는 재료가 아닌 것은?
① 마지팬 ② 유화제
③ 계란 전체 ④ 계란의 흰자

39. 올바른 굽기 방법 : 고율배합 반죽일수록, 반죽량이 많을수록 낮은 온도에서 오래 굽는다.
너무 낮은 온도에서 구우면 윗면이 평평하고 조직이 부드러우며 수분손실이 크다→오버 베이킹.
너무 높은 온도에서 구우면 조직이 거칠고 설익어 주저앉기 쉽다.→언더 베이킹
40. 아이싱이 굳거나 되직할 때 묽게 푼다고 물을 넣으면 안된다. 물은 지방을 굳혀 다른 수분과 분리시킨다. 중탕하거나 시럽으로 녹인다.

42. 생크림의 저장 온도 : 3~5℃. 온도가 높으면 버터 입자가 생기거나 유장(whey)이 분리된다.

46. 머랭에 대한 설명으로 옳지 않은 것은?

① 기름기 없이 깨끗한 그릇에 넣고 거품낸다.
② 기포가 작을수록 안정된 머랭이다.
③ 저속으로 거품내기보다 고속으로 거품낸 머랭이 안정하다.
④ 처음에 저속으로 거품내고, 중속으로 마무리한다.

47. 머랭을 바탕으로 하여 만든 아이싱은?

① 워터 아이싱 ② 로열 아이싱
③ 초콜릿 아이싱 ④ 오렌지 아이싱

48. 다음은 젤리를 만들 때 쓰는 안정제이다. 틀린 것은?

① 한천 ② 젤라틴
③ 글리세린 ④ 펙틴

49. 다음 중 젤라틴의 응고력을 떨어뜨리는 재료는?

① 산 ② 알칼리
③ 이스트 ④ 설탕

50. 투명한 젤리를 만들고자 할 때 안정제로 쓰기에 알맞은 것은?

① 밀가루 ② 감자 전분
③ 옥수수 전분 ④ 젤라틴

51. 푸딩을 만들 때 굳기를 조절하기 위해 사용하는 재료는?

① 분유 ② 설탕
③ 계란 ④ 소금

52. 아이스크림의 부피 증가율(over run)이 다음과 같을 때 가장 가볍고 부드러운 것은?

① 10% ② 30%
③ 80% ④ 120%

53. 냉과의 하나인 무스를 만드는 재료로 꼭 필요한 것은?

① 계란 ② 생크림
③ 설탕 ④ 초콜릿

54. 양과자를 만들 때 '술'을 첨가하는 이유로 틀린 것은?

① 말린 과일을 부드럽게 만들기 위해
② 미생물을 없애고 번식하지 않도록 하기 위해

46. 세게 휘저어 거품을 일으키면 흰자의 단백질이 신장성을 채 얻기 전에 공기가 많이 들어간다. 그 결과 공기가 곧 새어나가고, 설탕을 넣으면 머랭이 무거워지고 부피가 작아진다.

47. 로열 아이싱 : 흰자나 머랭가루를 분설탕과 섞은 새하얀 아이싱.

50. 전분성 안정제는 굳히면 불투명한 젤리를 만든다.

51. 계란과 전분. 계란의 단백질이 열을 받아 굳는 성질을 응용, 전분의 젤라틴화를 이용한다.

③ 제품의 부피를 키우고 수율을 높이기 위해
④ 다른 배합 재료의 향 성분과 조화시키기 위해

55. 다음 중 제과에서 설탕의 기능과 가장 거리가 먼 것은?(기출문제)
① 부피의 증가 ② 감미도 증가
③ 연화 작용 ④ 수분 보유작용

56. 다음 중 레이어 케이크에 속하지 않는 제품은?
① 파운드 케이크 ② 데블스 푸드 케이크
③ 초콜릿 케이크 ④ 화이트 레이어 케이크

57. 화이트 레이어 케이크 제조시 흰자가 80%일 때 쇼트닝은?(기출문제)
① 56% ② 66%
③ 80% ④ 88%

58. 화이트 레이어 케이크의 배합표를 만드는 공식으로 틀린 것은?
① 흰자=쇼트닝×1.43
② 흰자+우유=설탕+30
③ 우유=설탕+30−흰자
④ 계란+우유=설탕×1.43

59. 화이트 레이어 케이크의 전체 액체량을 구하는 공식은?
① 설탕 사용량+30 ② 설탕 사용량−30
③ 설탕 사용량+25 ④ 설탕 사용량−25

60. 화이트 레이어 케이크 제조시 주석산 크림을 사용하는 목적 중 틀린 것은?(기출문제)
① 색을 희게 한다. ② pH 수치를 낮춘다.
③ 흰자를 강하게 한다. ④ 흡수율을 높인다.

61. 옐로 레이어 케이크 반죽 비중은?
① 0.65~0.75 ② 0.75~0.85
③ 0.85~0.95 ④ 0.95~1.05

62. 다음은 옐로 레이어 케이크의 배합표를 만드는 공식이다. 옳지 않은 것은?
① 계란=쇼트닝×1.1 ② 우유=설탕+25+계란
③ 전체 액체량=계란+우유 ④ 전체 액체량=설탕+25

56. 레이어 케이크 : 옐로 레이어 케이크, 화이트 레이어 케이크, 데블스 푸드 케이크, 초콜릿 케이크. 초콜릿 케이크류는 레이어 케이크 반죽에 코코아나 초콜릿을 넣은 것이다.

57. 흰자 = 쇼트닝×1.43
= 계란×1.3

58. 쇼트닝의 사용범위는 30~70%.
계란=쇼트닝×1.1
흰자=쇼트닝×1.43
=계란×1.3
=(쇼트닝×1.1)×1.3

59. 전체 액체량=흰자+우유=설탕+30.
※ 옐로 레이어 케이크의 전체 액량=계란+우유=설탕+25.

60. 주석산크림의 사용비율은 0.5%. 주석산크림을 넣으면 반죽의 산도가 높아져, 즉 pH가 낮아져 케이크의 색이 희고 흰자의 거품이 잘 일어난다. 정식 명칭은 주석산수소칼륨.

62. 우유=설탕+25−계란

63. 옐로 레이어 케이크 배합표에서 설탕을 12%, 쇼트닝 54%를 사용했다면 분유의 사용비율은?(기출문제)

① 4.37% ② 5.45%
③ 7.24% ④ 8.56%

64. 화이트 레이어 케이크를 만들 때 밀가루를 기준하여 설탕의 양은?(기출문제)

① 110~120% ② 110~140%
③ 110~160% ④ 110~180%

65. 화이트 레이어 케이크를 만들 때 흰자를 71.5% 썼다. 이에 알맞은 유화 쇼트닝의 사용량은?

① 40% ② 50%
③ 71.5% ④ 79%

66. 화이트 레이어 케이크를 만들고자 한다. 박력 밀가루를 300g, 쇼트닝을 180g 쓴다면 이때 필요한 계란의 개수는?(단, 계란 1개의 무게는 50g)

① 7개 ② 9개
③ 11개 ④ 13개

67. 다음은 반죽형 반죽 과자에서 베이킹 파우더의 사용량에 따른 제품특성이다. 틀린 설명은?

① 사용량이 많으면 굽는동안 부풀어 올랐다가 수축한다.
② 사용량이 적으면 충전물이 아래로 가라앉는다.
③ 사용량이 많으면 부피가 크고 구조력이 세다.
④ 사용량이 많으면 속결의 힘이 약하다.

68. 반죽형 반죽 케이크를 구워내어 평가회를 가졌다. 다음 중 결점과 그 원인을 잘못 짝지은 것은?

① 표면에 흰 반점이 있다–굽기 온도가 높았다.
② 중앙 부분이 찌그러졌다–설탕, 팽창제의 사용량이 많았다.
③ 과일케이크가 찌그러졌다–과일의 수분을 빼지 않았다.
④ 과일 케이크의 과일이 밑에 가라앉았다–반죽 정도가 심했다.

69. 옐로 레이어 케이크가 오버 베이킹 된 상태로 틀린 것은?

① 윗면이 평평하다.
② 윗면 중앙이 터진다.
③ 수분 손실이 크다.

65. 쇼트닝의 사용범위는 30~70%.
흰자=쇼트닝×1.43,
∴71.5=x×1.43.

66. 흰자 : 노른자=2 : 1
화이트 레이어 케이크에 사용할 계란 양은 66%(198g, =쇼트닝×1.1).
그 중에서 흰자의 사용량은(계란×1.3)=0.66×1.3 =85.8%(257g).
∴흰자 257g을 얻으려면 50g짜리 계란이 9개 필요하다(50g 중 흰자=50×2/3).

④ 향이 부족하다.

70. 데블스 푸드 케이크의 배합표를 만드는 공식으로 틀린 것은?
① 계란=쇼트닝×1.1
② 우유=설탕+30−(코코아×1.5)−계란
③ 계란+우유=설탕+30+(코코아×1.5)
④ 중조=천연 코코아×7%

70. 우유=설탕+30+(코코아×1.5)−계란
우유+계란=설탕+30+(코코아×1.5)

71. 다음 중 초콜릿 케이크의 배합표를 만드는 공식에 필요한 내용으로 틀린 것은?
① 계란=쇼트닝×1.1.
② 쇼트닝의 사용량을 줄인다.
③ 초콜릿 속의 유지량은 초콜릿의 3/8이다.
④ 카카오 버터는 유화 쇼트닝 1/3과 바꾸어 쓸 수 있다.

71. 초콜릿 속에는 3/8만큼의 유지가 있으므로 쇼트닝의 사용량은 그만큼 뺀 값이다.

72. 데블스 푸드 케이크를 만들 때 천연 코코아를 20% 사용하면 중조의 사용량은?
① 밀가루의 7%
② 코코아의 1.4%
③ 베이킹 파우더의 1.4%
④ 코코아의 7%

72. 천연 코코아는 산성. 중조로 중화해야 한다. 그렇지 않으면 색이 연하고 풍미가 약하며 소화하기 어렵다. 중조는 코코아의 7%만을 사용한다.

73. 초콜릿 템퍼링 공정에서 최초에 녹이는 초콜릿의 온도는?(기출문제)
① 28~30℃ ② 30~32℃
③ 38~40℃ ④ 40~47℃

74. 다른 조건이 모두 같을 때 초콜릿 케이크가 적갈색을 띠는 반죽의 산도(pH)는?
① 3 ② 5
③ 7 ④ 9

74. 초콜릿은 반죽의 산도가 알칼리성일수록 짙은 색과 향을 낸다. 산성에서 엷은 계피색을, 중성에서 적갈색을, 알칼리성에서 초콜릿색을 띤다.

75. 제과 반죽시 산성에 치우치면 발생하는 현상이 아닌 것은?(기출문제)
① 연한 껍질색 ② 부피가 크다
③ 향이 연하다 ④ 고운 기공

76. 데블스 푸드 케이크에 쓰는 코코아에 대한 설명 중 틀린 것은?
① 천연 코코아와 가공(더치) 코코아가 있다.
② 가공 코코아란 천연 코코아를 중화시킨 것이다.

76. 천연 코코아를 쓸 때에는 중조를 쓰고 그만큼 베이킹 파우더의 양을 줄인다.

③ 가공 코코아를 쓸 때에 베이킹 파우더만을 쓴다.
④ 천연 코코아를 쓸 때에는 중조만을 쓴다.

77. 초콜릿 케이크에 초콜릿을 32% 사용한다면 원래 쓰던 60%의 쇼트닝은 얼마나 필요한가?(기출문제)

① 44% ② 66%
③ 54% ④ 76%

77. 초콜릿 32% 중에 카카오 버터는 12%(=32×37.5)이다. 이 중 1/2 분량이 쇼트닝의 효과를 내므로 쇼트닝은 54%(=60－6)쓴다.

78. 초콜릿 케이크를 만드는 배합 재료 중 밀가루 100%, 설탕 140%, 쇼트닝 60%, 초콜릿을 32% 쓰려고 한다. 우유의 사용량은?

① 102.2% ② 134.0%
③ 154.4% ④ 188.2%

78. 전체 액체=계란+우유=설탕+30+(1.5×코코아)
계란=쇼트닝×1.1
∴우유=134.0%

79. 데블스 푸드 케이크 제조시 코코아 20%에 해당하는 초콜릿의 양은?(기출문제)

① 10% ② 20%
③ 32% ④ 40%

80. 데블스 푸드 케이크를 만드는 재료 중 설탕 120%, 유화 쇼트닝 54%, 가공 코코아를 20% 쓴다면 분유의 사용량은?

① 6.4% ② 8.7%
③ 10.04% ④ 12.06%

80. 계란=쇼트닝×1.1
우유=설탕+30+(1.5×코코아)－계란

81. 전통적 파운드 케이크 제조시 설탕이 차지하는 비율은?(기출문제)

① 15% ② 25%
③ 45% ④ 90%

82. 다음 중 제조공정이 다른 것은?(기출문제)

① 스펀지 케이크 ② 시폰 케이크
③ 커피 케이크 ④ 에인젤 푸드 케이크

83. 다음은 보통의 파운드 케이크를 만드는 배합표 작성 공식이다. 틀린 것은?

① 설탕의 사용범위는 100~140%
② 계란의 사용량은 유지의 사용량과 같다
③ 전체 액체량=계란+우유
④ 전체 액체량=밀가루

83~84. 기본 배합률은 밀가루, 설탕, 유지, 계란이 각각 100%.
전체 액체량=계란+우유
=설탕=밀가루
※ 설탕의 사용량은 전체 무게의 1/4.

84. 파운드 케이크를 만드는 재료 중 밀가루, 유지, 계란, 우유를 합한 전체 무게에 대한 설탕의 사용량은 얼마인가?
① 15% ② 25%
③ 35% ④ 45%

85. 파운드 케이크를 구운 직후 계란 노른자에 설탕을 넣어 칠하는 방법이 있다. 이때 설탕의 역할이 아닌 것은?(기출문제)
① 광택제 역할 ② 보존제 역할
③ 탈색 효과 ④ 맛의 개선

86. 일반 파운드 케이크와 구별되는 마블 케이크의 재료는?(기출문제)
① 코코아 ② 계란
③ 유지 ④ 설탕

86. 마블 파운드 케이크라는 이름에 걸맞게 코코아를 이용해 대리석 무늬를 낸 것.

87. 파운드 케이크의 배합 재료 중 밀가루와 설탕의 사용량은 그대로 두고 쇼트닝의 사용량을 늘리고자 한다. 그에 따라 조절해야 하는 사항으로 옳지 않은 것은?
① 계란의 사용량 늘림
② 우유의 사용량 늘림
③ 팽창제의 사용량 줄임
④ 소금의 사용량 늘림

87. 쇼트닝을 늘리면 계란의 사용량을 늘린다. 이때 소금의 양도 늘어야 하는데 유지 자체에 소금기가 있으므로 굳이 일부러 늘릴 필요는 없다.

88. 파운드 케이크에 사용하는 유지로 알맞지 않은 것은?
① 버터 ② 유화 쇼트닝
③ 마가린 ④ 샐러드유

89. 과일 케이크를 만들 때 반죽에 대한 과일의 사용량은 얼마인가?
① 10~30% ② 30~50%
③ 40~70% ④ 80~90%

90. 과일 파운드 케이크에 대한 설명 중 틀린 것은?(기출문제)
① 과일량은 전체 반죽의 25~50% 사용
② 시럽에 담근 과일을 사용할 때는 시럽을 충분히 사용한다.
③ 과일에 밀가루를 묻혀 반죽하면 과일이 바닥에 가라앉지 않는다.
④ 견고나 과일은 최종단계에서 넣고 가볍게 섞는다.

91. 파운드 케이크 반죽의 비용적은 2.4㎤이다. 틀의 크기가 600㎤라면 이 틀에 넣어야 할 반죽의 무게는?

① 100g ② 150g
③ 200g ④ 250g

92. 파운드 케이크 제조시 이중팬을 사용하는 이유가 아닌 것은?(기출문제)
① 밑껍질이 두꺼워지지 않게 하기 위해
② 열전도율을 고르게 하기 위해
③ 맛과 향을 좋게 하기 이해
④ 옆면과 밑면의 급격한 껍질 형성 방지

93. 과일 케이크 굽기 중 오븐에 증기를 넣고 굽는 방법에 대한 설명이다. 틀린 것은?(기출문제)
① 제품 표면의 반점 생성 방지
② 수분 손실을 방지
③ 향의 손실을 방지
④ 껍질을 두껍게 만든다.

94. 파운드 케이크 제조시 쇼트닝을 많이 넣었을 때의 조치사항으로 맞는 것은?
① 계란 늘림 ② 베이킹 파우더 늘림
③ 박력분 늘림 ④ 소금 줄임

94. 찰옥수수가루는 찰진 성질이 있어, 이것을 배합해 만든 케이크는 끈적거린다.

95. 윗면이 터지지 않은 파운드 케이크를 만들려고 한다. 굽는 방법으로 알맞은 것은?
① 틀의 뚜껑을 처음부터 덮은 채 굽는다.
② 틀의 뚜껑을 덮지 않고 굽는다.
③ 굽기 시작한 지 10~12분 뒤에 뚜껑을 덮는다.
④ 굽기 시작한 지 20~22분 뒤에 뚜껑을 덮는다.

96. 다음 중 파운드 케이크의 윗면이 터지는 이유로 틀린 것은?
① 반죽의 수분이 많다.
② 설탕 입자가 녹지 않고 남아 있다.
③ 오븐의 온도가 높았다.
④ 오븐에 넣기 전 반죽이 말라 껍질이 생겼다.

97. 다음 중 파운드 케이크의 기공이 불규칙한 이유로 틀린 것은?
① 변질된 쇼트닝을 썼다. ② 반죽 정도가 심했다.
③ 되직한 반죽을 썼다. ④ 굽는 동안에 충격을 받았다.

98. 다음 중 거품형 반죽 케이크를 만들 때 주의할 점으로 알맞지 않은 것은?

① 반죽을 만드는 그릇을 깨끗이 씻어 기름기가 없도록.
② 계란과 설탕의 혼합물에 30℃ 이상의 열이 닿지 않도록.
③ 머랭의 거품내기 한계점은 색깔, 부피, 기포의 상태로 판단.
④ 머랭에 밀가루를 넣고 오래 반죽하면 글루텐의 힘이 강해진다.

98. 거품형 반죽은 흰자의 거품이 큰 역할을 한다. 기름기는 거품을 꺼뜨리는 재료이고, 밀가루를 넣고 나서는 살짝 섞어야 가볍고 부드러운 맛을 살릴 수 있다.

99. 밀가루 100%, 설탕 166%, 계란 166%, 소금 2%는 어떤 케이크의 배합비인가?(기출문제)

① 파운드 케이크 ② 옐로 케이크
③ 스펀지 케이크 ④ 에인젤 푸드 케이크

100. 스펀지 케이크의 굽기 중에 나타나는 현상이 아닌 것은?(기출문제)

① 공기팽창 ② 전분의 호화
③ 밀가루 혼합 ④ 단백질 응고

101. 스펀지 케이크를 만드는 재료 중 계란의 사용량을 줄이고자 할 때 다음과 같이 조절한다. 틀린 것은?

① 밀가루 첨가 ② 물 첨가
③ 설탕 첨가 ④ 팽창제 첨가

101. 계란의 사용량이 줄면 수분과 고형질이 줄므로 수분과 고형질의 균형을 맞추고자 새로 물과 밀가루를 더한다. 그리고 거품이 잘일지 않으므로 팽창제를 더 넣도록 한다.

102. 다음은 스펀지 케이크를 만드는 배합례이다. 계란의 사용량을 100%로 줄여 스펀지 케이크를 만들 때 필요한 물의 사용량은?

재료	사용량(%)
밀가루	100
설탕	166
계란	166
소금	2
물	( )

① 30%
② 40%
③ 50%
④ 60%

102. 계란의 고형분 : 수분 =25 : 75
계란의 감소량 : 66%
∴66×0.25=16.5%→밀가루 첨가량.
66×0.75=49.5%→물 첨가량.

103. 스펀지 케이크를 만드는 재료 중 계란 2,000g을 물과 밀가루로 바꿔 쓰려고 한다. 두 재료의 사용량으로 알맞은 것은?

① 물 1,500g, 밀가루 500g
② 물, 밀가루 각각 1,000g
③ 물 700g, 밀가루 1,300g
④ 물 500g, 밀가루 1,500g

103. 계란의 수분 : 고형분 =75 : 25%.
2,000g×0.75=1,500→물
2,000g×0.25=500→밀가루

104. 스펀지 케이크 제조시 첨가할 수 있는 전분의 최대량은?(기출문제)

① 12% ② 16%
③ 18% ④ 30%

105. 공립법에 따라 반죽을 만드는 공정에 대한 설명으로 틀린 것은?

① 계란과 설탕을 43℃로 데우면서 거품낸다.
② 머랭에 나머지 설탕과 밀가루를 넣고 섞는다.
③ 유지는 반죽 마지막 단계에서 섞어 넣는다.
④ 거품을 다 일으킨 뒤 마른재료를 넣는다.

105. 공립법의 장점 : 기포력과 설탕의 용해도가 커지고, 껍질색이 고르다. 설탕이 잘 녹으므로 점성이 조절되어 기포력이 커진다. 가열 온도=43℃.

106. 스펀지 케이크 반죽을 할 때 더운 방법(hot mixing method)은 계란과 설탕의 온도를 어느 정도로 맞춰 사용하는가?(기출문제)

① 27℃ ② 43℃
③ 57℃ ④ 63℃

107. 흰자 사용시 주석산을 첨가하는 이유가 아닌 것은?(기출문제)

① 산도를 강하게 ② 흰자를 강하게
③ 신맛을 강하게 ④ 색을 희게

108. 흰자를 거품낼 때 기포의 생성 속도와 양에 영향을 미치는 요소로 관계가 적은 것은?

① 당의 순도 ② 온도
③ 압력 ④ 믹서의 구조

109. 공립법에 따라 버터 스펀지 케이크를 만들 때 유지를 넣을 수 있는 범위는?

① 30% ② 40%
③ 50% ④ 60%

110. 버터 스펀지 케이크를 만들고자 한다. 버터는 일정한 온도로 녹여서 섞어야 안정된다. 그 온도로 알맞은 것은?

① 20℃ ② 30℃
③ 70℃ ④ 100℃

110. 버터는 50~70℃로 녹여서 반죽하기 마지막 단계에서 넣어 섞는다.

111. 스펀지 케이크에 20%의 식용유를 사용할 경우 부피는?(기출문제)

① 증가된다 ② 감소된다
③ 증가되다 감소된다 ④ 영향이 없다

112. 코코아 스펀지 케이크를 만들 때 코코아를 첨가하는 방법으로 옳지 않은 것은?

① 계란과 섞어 거품낸다.
② 밀가루와 체쳐 넣고 섞는다.
③ 시럽에 녹여서 넣는다.
④ 우유에 녹여서 넣는다.

112. 코코아처럼 가루 재료는 다른 가루와 체쳐 넣거나 액체 재료에 녹여 쓴다.

113. 기본 재료에 옥수수가루를 배합하여 부피가 큰 옥수수 스펀지 케이크를 만들고자 한다. 이때 쓰는 옥수수가루로 알맞은 것은?

① 메옥수수가루 ② 찰옥수수가루
③ 삶은 옥수수가루 ④ 메옥수수가루+찰옥수수가루

113. 스펀지 케이크 반죽에 쓰는 재료는 찰기가 없는 것이 좋다. 스펀지 케이크의 특징은 가볍고 부드러움. 점성은 이 특성을 떨구는 요소이다.

114. 롤 케이크의 반죽 비중으로 알맞은 것은?

① 0.4~0.45 ② 0.5~0.55
③ 0.6~0.65 ④ 0.7~0.75

115. 스펀지 케이크 반죽으로 롤 케이크를 만들고자 한다. 스펀지가 터지지 않도록 굽는 방법으로 옳지 않은 것은?(기출문제)

① 철판에 얇게 채워 넣은 반죽은 높은 온도에서 굽는다.
② 두껍게 팬닝한 반죽은 낮은 온도에서 굽는다.
③ 구워서 철판에 그대로 둔 채 식힌다.
④ 구워내어 식으면 압력을 주어 두께를 고르게 맞춘다.

115. 반죽량이 적으면 높은 온도에서, 많으면 낮은 온도에서 굽는다.

116. 젤리 롤 케이크를 말 때 표피가 터지는 경우 조치해야 할 사항으로 틀린 것은?(기출문제)

① 설탕의 일부를 물엿으로 대치
② 덱스트린 점착성 이용
③ 팽창제 양 늘림
④ 계란 중 노른자 양 줄임

117. 거품형 반죽 케이크의 하나인 카스텔라의 본고장은?

① 일본 ② 독일
③ 프랑스 ④ 에스파냐

118. 다음중 카스텔라 굽는 온도로 맞는 것은?(기출문제)

① 110~150℃ ② 160~200℃
③ 210~250℃ ④ 260~300℃

119. 다음 중 유지를 쓰지 않고 만든 케이크는?

① 데블스 푸드 케이크　　② 마블 파운드 케이크
③ 에인젤 푸드 케이크　　④ 화이트 레이어 케이크

119. 에인젤 푸드 케이크는 계란 흰자만을 사용하여 부풀린 거품형 반죽 케이크이다.

120. 다음은 에인젤 푸드 케이크를 만드는 배합례이다. 설탕 대신 당밀을 10% 사용하려고 하면 다른 재료의 배합량도 조절해야 한다. 다음 조절한 값 중 옳은 것은?

재료	사용량(%)
흰자	50
설탕	35
주석산크림	0.7
소금	0.3
밀가루	15

① 주석산크림 0.175%
② 흰자 48%
③ 설탕 25%
④ 분설탕 11%

120. 당밀=고형분 60%+수분 40%,
∴ 당밀 10%에는 고형분 6%와 수분 4%가 있다. 당밀을 쓰면 설탕 6%, 흰자 4%, 주석산크림을 1/2 줄여야 한다.
설탕은 정백당, 분설탕 2가지를 2번에 나누어 넣는다. 처음 흰자에 넣는 정백당은 설탕 전체의 60~70%, 나머지는 분설탕의 양.

121. 케이크에서 언더 베이킹의 특성은?(기출문제)

① 껍질색이 진하다　　② 부피가 작다
③ 주저앉기 쉽다　　④ 수분손실이 크다

121. 전체 설탕의 2/3은 정백당을 써, 흰자와 섞어 머랭을 만든다. 많이 넣으면 머랭이 무겁다. 나머지는 밀가루와 함께 머랭에 넣는다.

122. 에인젤 푸드 케이크를 만드는 재료 사이의 관계가 옳지 않은 것은?(기준 : 전체 배합률 100%)

① 밀가루와 흰자의 사용량은 반비례한다.
② 밀가루에 섞어 쓸 수 있는 전분의 최대량은 12%.
③ 주석산크림과 흰자의 사용량은 비례한다.
④ 주석산크림과 소금의 사용량은 합이 1%.

122. 에인젤 푸드 케이크에 쓸 수 있는 전분은 최고 30%.

123. 다음 중 산 후처리법으로 반죽하여 만들 수 있는 케이크는?

① 초콜릿 케이크　　② 프루츠 케이크
③ 에인젤 푸드 케이크　　④ 옐로 레이어 케이크

123. 에인젤 푸드 케이크는 더욱 희게 만들고자 산성 재료인 주석산크림을 넣는다. 거품낸 머랭에 함께 넣는 산 후처리법과, 흰자와 섞어 거품내는 산 전처리법이 있다.

124. 다른 케이크와 달리 에인젤 푸드 케이크를 만들 때 주석산크림을 넣는 이유로 맞지 않은 것은?

① 흰자의 알칼리성을 중화시키기 위해
② 머랭의 색, 케이크의 색을 희게 만들기 위해
③ 산도를 높여 머랭의 거품체를 튼튼히 만들기 위해
④ 흡수율을 높여 케이크의 노화를 늦추기 위해

125. 에인젤 푸드 케이크의 반죽온도는?

① 10℃　　② 16℃

125. 계란 흰자가 거품을 최대로 일으키는 온도는 22~26℃.

③ 24℃ ④ 30℃

126. 산 전처리법 에인젤 푸드 케이크 제조 공정 중 틀린 것은?(기출문제)
① 흰자에 산을 넣어 머랭을 올린다.
② 설탕 일부를 머랭에 투입해 튼튼하게 한다.
③ 밀가루와 분당을 넣어 믹싱을 완성한다.
④ 균일하게 기름칠한 팬에 넣어 굽는다.

127. 다른 조건이 일정할 때 에인젤 푸드 케이크를 219℃의 오븐에서 25분 구웠더니 제품의 수분이 32.3%였다. 수분을 32.9%로 높이려면 몇 ℃에서 구워야 하는가?
① 177℃ ② 191℃
③ 204℃ ④ 230℃

128. 에인젤 푸드 케이크의 반죽온도가 높았을 때 일어나는 현상은?
① 기공이 거칠다.
② 부피가 작다.
③ 케이크의 표면이 터진다.
④ 증기압을 형성 시간이 길다.

129. 구워낸 에인젤 푸드 케이크가 수축하였다. 그 이유는?
① 팽창제 사용량 부족 ② 언더 베이킹
③ 거품의 상태 부족 ④ 거품의 상태 지나침

130. 다음 중 퍼프 페이스트리에 속하는 과자는?
① 아메리칸 파이 ② 피칸 파이
③ 프렌치 파이 ④ 고기 파이

131. 퍼프 페이스트리 반죽에 포도당을 사용하는 이유는?
① 독특한 향을 내기 위해
② 유지와 밀가루 반죽이 잘 결합하도록 하기 위해
③ 구운색을 향상시키기 위해
④ 부풀림을 키우기 위해

132. 다음 중 퍼프 페이스트리를 만드는 유지가 갖추어야 할 성질이 아닌 것은?

반죽온도가 높으면 기공이 크고, 낮으면 공기를 품는 능력이 떨어진다.

126. 산 전처리법 : 처음부터 흰자와 주석산크림을 섞는 방법. 팬닝할 때 기름칠을 하지 않고 깨끗한 틀을 쓰는 이유는 기름이 있으면 흰자의 거품이 꺼지기 때문이다.

127. 이상적인 굽기 온도는 204~219℃. 낮을수록 수분 손실이 크다.

128. 반죽온도가 낮으면 기공이 조밀하고 부피가 작으며 오래 구워야 한다. 또, 증기압을 형성하는 시간이 길어져 오래 구워야 하며, 오래 구우면 껍질이 먼저 생겨 표면이 터진다.

130. 퍼프 페이스트리는 밀가루 반죽에 유지를 접어넣고 밀어펴서 구운 것. 일명 프렌치 파이. 아메리칸 파이는 유지를 밀가루와 섞고, 이것을 다시 밀어 편 반죽을 이용한 과자이다.

131. 포도당의 사용범위 : 3~5%.
포도당을 쓰는 이유 : ㉠ 구운색을 들이고 ㉡ 밀어펴기 쉽도록 하기 위함.

132. 유화 쇼트닝 : 모노·디글리세리드를 쇼트닝의 6~8% 첨가한 것.
크림성 : 유지가 공기를 포함하

① 유화성이 뛰어나다. ② 녹는점이 높다.
③ 안정성이 뛰어나다. ④ 가소성이 뛰어나다.

133. 퍼프 페이스트리를 만드는 충전용 유지에 대한 설명으로 알맞지 않은 것은?
① 반죽 사이사이에 끼어 있는 유지가 반죽 층을 밀어 올린다.
② 유지가 반죽에 흡수되면서 얇은 조각을 만든다.
③ 유지를 많이 쓸수록 결의 수가 많다.
④ 접어 민 반죽을 휴지시키면 유지 층에 공기가 차서 결을 만든다.

134. 퍼프 페이스트리 반죽을 접고 밀어펼 때 주의할 점으로 옳지 않은 것은?
① 접어포개는 반죽의 모서리가 서로 직각을 이루도록 한다.
② 밀어편 반죽의 두께가 똑같아야 한다.
③ 반죽의 되기가 일정해야 한다.
④ 접어 미는 횟수와 결의 수는 반비례한다.

135. 다음 중, 퍼프 페이스트리 반죽을 냉장 휴지시키는 이유로 알맞지 않은 것은?
① 반죽과 유지의 되기를 조절하기 위해
② 반죽이 끈적거리지 않도록 하기 위해
③ 밀어펴기 쉽도록 하기 위해
④ 반죽의 글루텐을 튼튼히 결합시키기 위해

136. 퍼프 페이스트리의 휴지가 종료되었음을 알 수 있는 상태는?(기출문제)
① 누른 자국이 남아 있어야 한다.
② 누른 자국이 올라와야 한다.
③ 누른 자국이 유동성이 있어야 한다.
④ 유지가 흘러 나와야 한다.

137. 다음 중 충전용 유지를 많이 쓴 퍼프 페이스트리 반죽에 나타나는 현상이 아닌 것은?
① 부드러운 제품을 만든다. ② 밀어펴기 쉽다.
③ 부피가 크다. ④ 결이 선명하지 않다.

138. 퍼프 페이스트리 반죽을 밀어펼 때 덧가루를 많이 썼다. 이때 나타나는 문제점 중 틀린 것은?

는 성질.
쇼트닝성 : 유지가 제품에 부드러움을 주는 성질.
가소성 : 유지가 모양을 유지하는 성질.
안정성 : 유지가 산패하지 않고 견디는 성질.
133. 유지의 사용 한계량은 50%.

134. 접어미는 횟수가 많을수록 결이 많다. 가장 알맞은 횟수는 3~5번.

135. 휴지시간 동안 밀가루의 효소가 작용하여 반죽의 글루텐이 부드럽게 풀어지고 물이 완전히 흡수되어 반죽이 수축하거나 단단해지지 않는다. 또, 충전물의 수분 때문에 껍질이 젖는데, 휴지시키면, 그 시간이 늦춰진다. 유지가 굳음으로써 선명한 결이 만들어진다.
136. 밀가루의 힘이 클수록, 실온이 높을수록, 접어미는 시간이 길수록 휴지시간을 늘린다. 평균 휴지시간 : 30~45분. 반죽을 눌러보아 자국이 움직이지 않으면 휴지를 멈춘다.

137. 유지를 많이 쓰면 밀어펴기 쉬운 반면, 부피가 작다.

138. 수화하지 않은 생밀가루를 많이 쓰면 역효과가 나타난다.

① 결이 단단하다.　　② 굽는 시간이 길어진다.
③ 부서지기 쉽다.　　④ 냄새가 나쁘다.

139. 다음 중 구워낸 퍼프 페이스트리가 수축하는 이유가 아닌 것은?
① 너무 많이 밀어폈다.　　② 굽기 전 휴지시간이 짧았다.
③ 반죽이 단단했다.　　④ 계란물칠을 적게 하였다.

140. 충전한 내용물에 따라 파이를 분류하면 다음과 같다. 틀린 것은?
① 과일 파이　　② 튀김 파이
③ 육류 파이　　④ 크림 파이

140. 내용물에 따른 분류 : 과일 · 야채 · 육류 · 크림 파이. 제법에 따른 분류 : 구움파이, 튀김파이, 찜파이.

141. 파이 반죽을 만들 때 소금을 쓰는 이유로 옳은 것은?
① 단맛을 살리기 위해　　② 글루텐의 힘을 키우기 위해
③ 밀어펴기 쉽도록 하기 위해　　④ 휴지시간을 늘리기 위해

142. 파이의 종류에 따라 파이 껍질에 쓰는 사용량에 주의할 필요가 있는 재료는?
① 밀가루　　② 설탕
③ 소금　　④ 쇼트닝

142. 설탕 사용량 : 2~4%
물엿 사용량 : 12%
물 사용량 : 30%

143. 다음 중 파이 껍질에 구운색을 들이는 재료가 아닌 것은?
① 설탕　　② 분유
③ 중조　　④ 산성염

143. 착색 기능이 있는 재료 : 당류(설탕, 포도당, 물엿, 분유), 중조 등. 가장 많이 쓸 수 있는 재료는 물엿. 적은 양 사용하는 재료는 중조.

144. 야채 충전물을 만들 때 전분을 사용하는 이유는?
① 배합 재료를 서로 결합시키기 위해
② 충전물이 파이 껍질에 스며들지 않도록 하기 위해
③ 굽는 시간을 줄이기 위해
④ 야채의 수분이 빠지도록 하기 위해

144. 전분은 충전물의 배합 재료를 서로 묶어주는 농화제의 하나.

145. 조린 충전물을 식히는 온도로 알맞은 것은?
① 10℃　　② 20℃
③ 35℃　　④ 45℃

145. 25℃ 이상 높으면 충전물의 수분이 파이 껍질을 많이 적시고, 껍질 속에 있는 유지조각을 녹인다.

146. 푸딩 제조시 설탕과 계란의 배합비는?(기출문제)
① 1 : 1　　② 2 : 1
③ 1 : 2　　④ 3 : 2

146. 커스터드 파이에 충전하는 커스터드 크림의 주재료는 우유, 설탕, 계란. 여기서 계란은 농화제의 역할을 한다. 과일 · 야채 충전물에는 전분이 그 역할을 한나.

147. 체리 충전물을 만들고자 한다. 체리 시럽이 10㎏일 때, 다음 중 틀린 것은?

① 물 사용량 10㎏ ② 설탕 사용량 6㎏
③ 체리 사용량 7.7㎏ ④ 전분 사용량 10㎏

147. 과일 즙(시럽)의 양 : 100을 기준으로 삼아 전분을 8%, 과일을 77% 쓴다.

148. 파이를 굽는 동안 반죽의 변화에 대한 설명으로 틀린 것은?

① 오븐의 열을 받아 유지가 녹고 전분 입자가 조금씩 팽창한다.
② 오븐의 열이 60℃에 이르면 글루텐이 굳는다.
③ 전분 입자는 80℃에서 굳으면서 수분이 빠져나옴으로써 모양을 유지할 힘이 생긴다.
④ 전분 입자와 분리된 수분이 유지층으로 옮아가고, 100℃부터 증발하여 유지층을 벌린다.

149. 파이를 높은 온도에서 구울 때 일어날 수 있는 현상은?

① 껍질이 익지 않는다.
② 파이의 속부분이 덜 익는다.
③ 껍질이 수축한다.
④ 전체적으로 빨리 익는다.

149. 높은 온도에서 구우면, 속까지 열기가 전달되기 전에 껍질이 익고 구운색이 든다. 그래서 속부분이 익기 전에 꺼내게 된다.

150. 파이 껍질이 질기고 단단하다. 그 주된 원인과 거리가 먼 것은?

① 휴지시간이 길었다. ② 반죽시간이 길었다.
③ 된 반죽을 썼다. ④ 밀어펴기가 심했다.

151. 과일파이 굽기 중 충전물이 끓어 넘치는 이유가 아닌 것은?(기출문제)

① 과일 충전물 배합이 부정확
② 오븐 온도가 높아 굽는 시간이 짧다.
③ 파이 껍질의 수분이 너무 많다.
④ 파이 바닥 껍질이 너무 얇다.

151. 충전물에 쓴 과일이 천연산을 갖고 있으며. 즉 과일이 시면 충전물이 끓어 넘친다.

152. 다음 중 파이 껍질이 수축하는 현상에 대한 원인으로 틀린 것은?

① 반죽시간이 짧았다. ② 짜투리 반죽을 썼다.
③ 유지의 사용량이 적었다. ④ 밀어펴는 정도가 심했다.

153. 다음 중 슈의 제조공정상 구울 때 주의할 사항이 아닌 것은?(기출문제)

① 220℃ 정도의 오븐에서 바삭한 상태로 굽는다.
② 너무 빠른 껍질형성을 막기 위해 처음에는 윗불을 약하게 한다.
③ 굽는 도중 오븐 문을 자주 여닫아 수증기를 제거한다.
④ 너무 빨리 오븐에서 꺼내면 찌그러지거나 주저앉기 쉽다.

154. 다음 반죽형 반죽 쿠키 중 수분이 가장 많은 것은?

① 드롭 쿠키 ② 스냅 쿠키

③ 스펀지 쿠키 ④ 쇼트 브레드 쿠키

155. 거품형 반죽 쿠키 중 계란 전체를 모두 써서 만든 쿠키는?

① 스냅 쿠키 ② 드롭 쿠키

③ 머랭 쿠키 ④ 스펀지 쿠키

156. 설탕보다 유지의 함량이 많은 쿠키반죽은 구운 후 어떤 특징이 있는가?(기출문제)

① 구운 후 딱딱한 제품이 된다.

② 구운 후 말랑말랑한 제품이 된다.

③ 구운 후 질긴 제품이 된다.

④ 구운 후 퍼짐성이 적은 제품이 된다.

157. 다음 쿠기 제품 중에서 지방을 가장 많이 함유한 것은?(기출문제)

① 드롭 쿠키 ② 스냅 쿠키

③ 쇼트브레드 쿠키 ④ 스펀지 쿠키

158. 다음 중 드롭 쿠키에 대한 설명으로 알맞지 않은 것은?

① 부드러우며 건조하기 쉽다.

② 성형방법이 쇼트 브레드 쿠키와 같다.

③ 계란의 사용량이 많다.

④ 수분 함량이 많다.

159. 전란을 사용하여 만드는 거품형 쿠키는?(기출문제)

① 스냅 쿠키 ② 머랭 쿠키

③ 스펀지 쿠키 ④ 드롭 쿠키

160. 쿠키를 만드는 재료에 대한 설명으로 틀린 것은?

① 설탕은 단맛을 내고 윤활 작용을 한다.

② 분유는 부드러움을 준다.

③ 유지는 경화 쇼트닝을 쓴다.

④ 계란은 수분의 역할을 하며 향과 색을 들인다.

161. 쿠키와 같은 건과자를 만드는 재료 중 쇼트닝이 갖추어야 할 성질은?

① 가소성 ② 안정성

③ 크림성 ④ 신장성

154. 반죽형 반죽 쿠키의 수분 함량 : 드롭>스냅>쇼트 브레드 쿠키.
거품형 반죽 쿠키의 수분 함량 : 스펀지 쿠키>머랭 쿠키.

155. 머랭 쿠키 : 흰자와 설탕을 위주로 만든 쿠키.

156. 유지의 사용량이 설탕보다 많으면 말랑말랑하다.

157. 반죽형 반죽 쿠키 중 스냅 쿠키와 쇼트 브레드 쿠키는 반죽을 밀어펴서 형틀로 찍어내어 구운 것.

159. 스냅 쿠키 : 바삭함이 특징. 보관하는 동안 습기를 먹어 눅눅해지지 않도록 조심.
드롭쿠키 : 수분함량이 많은 쿠키. 소프트 쿠키라고도 한다.

161. 건과자에 쓰는 유지는 가소성, 크림성, 신장성이 중요치 않다.

162. 쿠키를 만드는 재료 중 설탕의 일부를 전화당으로 바꿔 쓰고자 한다. 그 이유로 알맞지 않은 것은?

① 껍질색을 곱게 들인다.
② 쿠키의 수분 보유력을 높인다.
③ 씹는맛과 향이 좋다.
④ 쿠키 반죽의 퍼짐성을 높인다.

162. 당류 중 쿠키 반죽의 퍼짐성을 높이는 것은 액상의 당보다 입자 상태의 설탕 (정백당)이다. 전화당은 부드러운 맛의 쿠키를 만든다. 설탕 사용량의 5~15%를 쓴다.

163. 다음 중 쿠키에 팽창제를 쓰는 목적이 아닌 것은?

① 쿠키의 속결을 부드럽게 만들기 위해
② 퍼짐성을 조절하기 위해
③ 쿠키의 부피와 향을 조절하기 위해
④ 색깔을 결정하기 위해

163. 쿠키에 쓰는 것은 화학 팽창제. 탄산암모늄, 중조, 베이킹파우더, 탄산나트륨이 있다. 이 중에서 굽는 동안에 모두 없어지는 것은 탄산암모늄이다.

164. 다음 쿠키에 쓰는 팽창제에 대한 설명으로 알맞지 않은 것은?

① 밀 단백질을 연화시킨다. ② 천연 산을 중화한다.
③ 속결을 단단하게 만든다. ④ 많이 쓰면 노란 색이 든다.

165. 쿠키에 쓰는 암모늄염 팽창제에 대한 설명으로 알맞지 않은 것은?

① 물과 함께 단독으로 쓸 수 있다.
② 열 반응이 일어난 뒤 쿠키에 남는 물질이 없다.
③ 쿠키의 퍼짐성을 높인다.
④ 쿠키의 향을 살린다.

165. 암모늄의 최대 장점은 굽는 동안 전량이 없어진다는 점이다.

166. 쿠키 반죽의 산도로 알맞은 범위는?

① 약알칼리성~강알칼리성 ② 중성~약알칼리성
③ 약산성~중성 ④ 강산성~약산성

166. 강알칼리성 반죽에서 중조(소다)냄새가 나기 쉽다. 약산성~중성 반죽이 좋다.

167. 쿠키 반죽을 만들 때 배합 재료 중 설탕은 2번에 나누어 넣는다. 처음 마른재료와 섞어 넣고 또 마지막에 넣는다. 그 이유는?

① 구운색을 들이기 위해
② 반죽의 퍼짐성을 높이기 위해
③ 단맛을 줄이기 위해
④ 부드러운 쿠키를 만들기 위해

167. 설탕은 1/3, 2/3로 나누어 따로 넣는다. 마지막에 넣는 설탕은 오븐에 열을 받아 녹으면서 반죽을 퍼뜨리는 역할을 한다.

168. 쿠키의 퍼짐이 떨어지는 원이이 되지 않는 것은?(기출문제)

① 반죽이 알칼리성 ② 과도한 믹싱
③ 입자가 고운 설탕 사용 ④ 높은 오븐온도

168. 쿠키 반죽의 퍼짐성에 관계하는 요소는 설탕과 그 크기. 설탕이 열을 받아 쿠키의 표면적을 키운다. 또, 입자의 크기가 너무 작거나 크면 퍼짐성에 악영향을 미친다.

169. 쿠키 반죽을 철판에 팬닝할 때 주의할 점이 아닌 것은?

① 크기　　② 가격
③ 모양　　④ 놓는 간격

170. 구워낸 쿠키가 퍼지지 않아 크기가 작다. 그 이유로 틀린 것은?

① 높은 온도에서 구웠다.　　② 반죽이 묽었다.
③ 반죽이 산성이었다.　　④ 설탕을 한번에 녹여 구웠다.

170. 퍼짐이 작은 이유 : ㉠ 입자가 고운 설탕 ㉡ 높은 오븐의 온도 ㉢ 산성 반죽 ㉣ 된 반죽 사용
퍼짐이 큰 이유 : ㉠ 설탕 사용량이 많음 ㉡ 진반죽 ㉢ 알칼리성 반죽 ㉣ 낮은 오븐 온도.

171. 쿠키가 갈라지는 이유로 알맞지 않은 것은?

① 유지의 사용량이 많았다.　　② 빨리 식혔다.
③ 오래 구웠다.　　④ 보관상태가 나빴다.

172. 쿠키 반죽이 철판에 늘어붙는 이유로 알맞지 않은 것은?

① 강력분을 썼다.　　② 철판이 깨끗하지 않다.
③ 반죽이 질다.　　④ 반죽 속에 설탕반점이 있다.

173. 구워낸 쿠키가 딱딱한 이유로 알맞지 않은 것은?

① 유지의 사용량이 적었다.　　② 강력분을 썼다.
③ 설탕의 사용량이 많았다.　　④ 반죽의 글루텐 힘이 강하다.

174. 도넛과 케이크의 글레이즈 사용 온도는?(기출문제)

① 30℃　　② 40℃
③ 50℃　　④ 60℃

175. 다음 중 도넛의 수분 함량을 결정짓는 요소가 아닌 것은?

① 튀김기름의 융점　　② 튀김 시간과 온도
③ 반죽의 흡수율　　④ 식히는 시간과 조건

175. 포장용 도넛의 알맞은 수분 함량 : 21~25%.

176. 도넛의 반죽온도로 알맞은 것은?

① 18~22℃　　② 19~21℃
③ 22~26℃　　④ 26~32℃

177. 케이크 도넛의 반죽을 휴지시키는 이유로 틀린 것은?

① 가스(이산화탄소)를 발생시켜 부풀리기 위해
② 여러 재료에 수분을 흡수시키기 위해
③ 생재료를 없애기 위해
④ 껍질을 빨리 만들기 위해

178. 다음 중 도넛의 구조를 만드는 데 영향을 미치는 요소가 아닌 것은?

① 탈지분유　　② 밀가루
③ 유화제　　④ 탈지 대두가루

179. 케이크 도넛과 같이 튀기는 제품에서 기름의 흡수율에 영향을 주는 요인 중 기름의 흡수가 적은 경우는?(기출문제)

① 반죽온도가 높다　　② 자른면이 거칠다
③ 저배합 제품이다　　④ 기름온도가 낮다

180. 도넛의 색을 짙게 하려면 설탕을 무엇으로 대체하면 되나?(기출문제)

① 물엿　　② 포도당
③ 유당　　④ 분당

181. 도넛을 튀기는 기름의 깊이에 대한 설명으로 틀린 것은?

① 얕으면 온도 변화가 빠르다.
② 깊으면 부피가 크다.
③ 얕으면 제대로 튀겨지지 않는다.
④ 깊으면 튀김온도로 높이는 데 시간이 많이 걸린다.

181. 기름의 깊이는 5~8㎝가 알맞다. 얕으면 온도 변화가 빠르고 잘 튀겨지지 않으며, 깊으면 온도 변화가 느리다.

182. 튀김기름의 특성으로 알맞지 않은 것은?

① 안정성이 크다.　　② 발연점이 높다.
③ 크림성이 좋다.　　④ 산패가 느리다.

182. 기름의 이상적인 발연점은 218℃ 이상.

183. 아이싱에 많이 쓰이는 퐁당을 만들 때 끓이는 온도로 가장 적당한 것은?(기출문제)

① 98~100℃　　② 108~110℃
③ 114~118℃　　④ 130~132℃

184. 도넛의 발한 현상을 없애는 방법으로 틀린 것은?(기출문제)

① 튀겨내어 충분히 식힌다.　　② 설탕을 많이 묻힌다.
③ 튀김 시간을 줄인다.　　④ 점착성이 있는 기름을 쓴다.

184. 발한 : 도넛 표면이 수분이나 기름 때문에 젖는 현상.

185. 도넛의 배합 재료 중 쇼트닝을 많이 썼을 때 일어나는 현상으로 틀린 것은?

① 튀김기름의 흡수가 많다.　　② 도넛이 부드럽다.
③ 설탕이 잘 묻지 않는다.　　④ 껍질색이 열다.

185. 유지의 사용량이 적으면 기름의 흡수가 줄고 색이 엷으며 속결이 거칠다.

186. 도넛을 만드는 재료 중 설탕을 많이 썼을 때 일어나는 현상이 아닌 것은?(기출문제)

① 색깔이 짙다. ② 도넛의 구조가 약하다.
③ 기름의 흡수가 준다. ④ 조직이 부드럽다.

186. 설탕의 사용량이 적으면 색이 옅고 조직이 거칠며 기름의 흡수가 적다.

187. 도넛의 부피가 빈약한 원인이 아닌 것은?(기출문제)

① 너무 맞은 반죽 온도
② 반죽 후 튀김 전까지 과도한 시간 경과
③ 정형시 중량 미달
④ 쇼트닝 과다 반죽

188. 도넛 반죽에 중조를 넣고 제대로 섞지 않아, 중조가 다 녹지 않은 채 튀긴 도넛의 특징은?

① 검은색 반점이 있다. ② 흰색 반점이 있다.
③ 노란색 반점이 있다. ④ 표면에 물집이 있다.

188. 중조의 사용량이 많으면 속색이 어둡고 쓴맛이 나며 나쁜 냄새가 난다.

189. 도넛에 묻힌 설탕이 녹는 현상을 방지하는 방법이 아닌 것은?(기출문제)

① 접착력 있는 튀김기름 사용
② 충분히 냉각 후 설탕을 묻힌다.
③ 냉각 중 환기시킨다.
④ 튀김 시간을 짧게 한다.

190. 튀겨낸 도넛의 기름 함량이 높았다면 그 이유가 아닌 것은?(기출문제)

① 반죽시간이 길다. ② 설탕의 사용량이 많다.
③ 튀김온도가 낮다. ④ 튀김시간이 길다.

정답

1 ②	2 ③	3 ④	4 ④	5 ③	6 ②	7 ①	8 ②	9 ③	10 ①
11 ③	12 ①	13 ②	14 ①	15 ②	16 ③	17 ②	18 ①	19 ②	20 ①
21 ③	22 ④	23 ②	24 ③	25 ①	26 ②	27 ①	28 ④	29 ②	30 ③
31 ③	32 ①	33 ③	34 ③	35 ④	36 ②	37 ①	38 ②	39 ①	40 ③
41 ②	42 ②	43 ④	44 ②	45 ①	46 ③	47 ②	48 ③	49 ①	50 ④
51 ③	52 ④	53 ②	54 ③	55 ①	56 ①	57 ①	58 ④	59 ①	60 ④
61 ②	62 ②	63 ④	64 ③	65 ②	66 ②	67 ③	68 ①	69 ②	70 ②
71 ④	72 ④	73 ③	74 ③	75 ②	76 ④	77 ③	78 ②	79 ③	80 ④
81 ②	82 ③	83 ①	84 ②	85 ③	86 ①	87 ②	88 ④	89 ②	90 ②
91 ④	92 ③	93 ④	94 ①	95 ①	96 ①	97 ④	98 ②	99 ③	100 ③
101 ③	102 ③	103 ①	104 ①	105 ②	106 ②	107 ③	108 ①	109 ③	110 ③
111 ②	112 ①	113 ①	114 ①	115 ③	116 ③	117 ④	118 ②	119 ③	120 ④
121 ③	122 ②	123 ③	124 ④	125 ③	126 ④	127 ④	128 ①	129 ④	130 ③
131 ③	132 ①	133 ③	134 ④	135 ④	136 ①	137 ③	138 ②	139 ④	140 ②
141 ①	142 ②	143 ④	144 ①	145 ②	146 ③	147 ④	148 ②	149 ②	140 ①
151 ②	152 ①	153 ③	154 ①	155 ④	156 ②	157 ③	158 ②	159 ③	160 ②
161 ②	162 ④	163 ④	164 ③	165 ④	166 ③	167 ②	168 ①	169 ②	170 ②
171 ①	172 ①	173 ③	174 ②	175 ①	176 ③	177 ④	178 ③	179 ①	180 ②
181 ②	182 ③	183 ③	184 ③	185 ④	186 ③	187 ④	188 ③	189 ④	190 ①

제3장 생산 및 제품 관리

제1절 생산관리의 개요

◇◇ 보충설명 ◇◇

1. 생산관리와 기업활동

(1) 생산관리의 정의

경영기구에 있어 사람, 재료, 자금의 3요소를 유효적절하게 사용하여 좋은 물건을 싼 비용으로 필요한 만큼을 필요한 시기에 만들어내기 위한 관리 또는 경영.

(2) 기업활동의 5대 기능

① 제조 : 만드는 기능 ─ 진진기능
② 판매 : 파는 기능 ─ 진진기능
③ 재무 : 자금을 준비하는 기능 ─ 지원기능
④ 자재 : 자재를 조달하는 기능 ─ 지원기능
⑤ 인사 : 인재를 확보하는 기능 ─ 지원기능

(3) 기업활동의 구성요소(7M)

① 사람(질과 양) : Man ─ 제1차 관리
② 재료 · 물질 : Material ─ 제1차 관리
③ 자금 · 원가 : Money ─ 제1차 관리
④ 방법 : Method ─ 제2차 관리
⑤ 시간 · 공정 : Minute ─ 제2차 관리
⑥ 기계 · 시설 : Machine ─ 제2차 관리
⑦ 시장 : Market ─ 제2차 관리

※7M에 '무리 · 낭비 · 불균형'이 없도록 하는 것이 기업활동(생산관리)의 원칙적 과제.

2. 생산관리의 기능

(1) 품질 보증 기능

☞ 생산의 3요소 : 사람(노동), 재료(토지, 자연자원), 자금.

☞ 생산관리란 거래 가치가 있는 물건을 납기내에 공급할 수 있도록 필요한 제조를 하기 위한 수단과 방법을 말한다.

☞ 생산활동의 구성요소(5M)
Man(사람 · 노동력)
Machine(기계 · 시설)
Material(재료)
Method(방법)
Management(관리)

사회나 시장의 요구를 조사하고 검토하여 그에 알맞은 제품의 품질을 계획, 생산하며 더 나아가 고객에게 품질을 보증하는 기능을 갖는다.

(2) 적시 · 적량 기능

시장의 수요 경향을 헤아리거나 고객의 요구에 바탕을 두고 생산량을 계획하며 요구 기일까지 생산하는 기능을 갖는다.

(3) 원가 조절 기능

제품을 기획하는 데서부터 생산준비, 조달, 생산, 품질 보증, 판매에 이르기까지 드는 비용을 어떤 계획된 원가에 맞추는 기능을 갖는다.

3. 생산관리 조직의 편성

(1) 라인(Line)조직

① 장점 : 지휘 · 명령 계통의 일관화로 기업의 질서가 바로 잡힌다.

② 단점 : 수평적 분업의 결여로, 경영 능률이 떨어진다.

(2) 직능(職能)조직

① 장점 : 수평적 분업의 실현으로 경영 능률이 향상된다.

② 단점 : 기업의 질서 동요, 지휘 · 명령 계통에 혼란이 생긴다.

(3) 라인-스탭(Line-Staff)조직

① 장점 : 관리 기능의 전문화 · 탄력화(능률 증진), 지휘 · 명령 계통의 강력화.

② 단점 : 규모가 작은 조직에 부적합.

(4) 사업부 제도, 별도 회사제

라인-스탭 조직보다 규모가 큰 조직에 알맞다.

☞ 라인조직 : 하위자가 상위자 1인에게만 지휘 · 명령을 받아 업무를 수행하는 조직. 군대식 조직이라고도 함.

☞ 직능조직 : 하위자가 전문분야를 담당할 몇 사람의 상위자로부터 지휘 · 명령을 받아 업무를 수행하는 조직.

☞ 라인-스탭조직 : 지휘 · 명령 계통은 일원화하되, 전문가는 스탭으로 활용하는 조직. 라인조직과 직능조직의 절충식 조직이다.

4. 생산계획과 제품

(1) 제품 분석

① 제품의 가치

$$V=\frac{\text{설계(원료, 제법, 기술)}+\text{품질(맛, 외관, 풍미)}}{\text{원가(원재료}+\text{가공비}+\text{경비)}+\text{이익}}$$

$$=\frac{\text{기능}(F)}{\text{가격}(P)}=\frac{\text{품질}(Q)}{\text{비용}(C)}$$

☞ V : VALUE(가치)
P : PRICE(가격)
F : FUNCTION(기능)
C : COST(비용)
Q : QUALITY(품질)

② 제품의 구분

대중성 생산제품	품질 : 보통 가격 : 낮음 수량 : 많음 원재료 비율 : 보통 또는 높음	기계화 또는 자동화가 편리함
특수성 생산제품	품질 : 좋음 가격 : 높음 수량 : 적음 원재료 비율 : 낮음	수작업(데커레이션 케이크, 프랑스빵 등처럼 가공도가 높은 제품)

(2) 생산계획의 개요

수요 예측에 따라 생산의 여러 활동을 계획하는 일을 생산계획이라 한다. 넓은 의미로 생산관리 안에 모든 계획이 포함되나, 흔히 생산해야 할 상품의 종류, 수량, 품질, 생산시기, 실행예산 등을 과학적으로 계획하는 일을 가리킨다.

1) 생산계획
- 생산량 계획
- 인원계획
- 설비계획 : ㄱ. 기계화
  ㄴ. 설비보전 계획
- 제품계획 : ㄱ. 신제품
  ㄴ. 제품 구성
  ㄷ. 개발 계획
- 합리화 계획 : ㄱ. 생산성 향상
  ㄴ. 외주 · 구매 계획
- 교육훈련계획 : ㄱ. 관리 · 감독자 교육
  ㄴ. 작업능력 향상 훈련 계획

2) 실행예산
- 예산계획 : 제조원가 계획
- 계획목표 : ㄱ. 노동생산성 ㄴ. 가치생산성
  ㄷ. 노동분배율 ㄹ. 1인당 이익

3) 연간 생산계획의 기초자료

기본요소

① 과거의 생산 실적(품종별, 제품별, 월별)
② 경쟁회사의 생산 동향
③ 경영자의 생산 방침
④ 제품의 수요 예측자료
⑤ 과거 생산비용의 분석자료
⑥ 생산능력과 과거 생산실적 비교
⑦ 과거의 계획과 실적 차이 분석표

구체적 요소

① 공정별 소요 인원과 실제 인원
② 공정별 생산성 목표치와 실현 가능성
③ 기계 가동률과 설비기계의 내구도(耐久度)
④ 기계별 능력표
⑤ 공정별 작업인원시수(時數)와 작업시간
⑥ 생산 품종수, 제품수와 ABC 분석자료
⑦ 제품 품목별 밀가루(1포대당)의 금액, 제품 값(개당)
⑧ 계절 지수

☞ 평균적인 결근율, 기계 능력 등을 감안해 인원계획을 세운다.

☞ 제품의 가격, 가격의 차별화, 생산성, 계절 지수, 포장 방식, 소비자의 경향 등을 고려해 제품계획을 세운다.

☞ $\text{노동생산성} = \dfrac{\text{생산금액}}{\text{소요 인원수}}$

$\text{가치생산성} = \dfrac{\text{생산가치}}{\text{연인원}}$

$\text{노동분배율} = \dfrac{\text{인건비}}{\text{생산가치}}$

$\text{1인당 이익} = \dfrac{\text{조이익}}{\text{연인원}}$

☞ 작업인원시수 : 공수(工數)라고도 하며, 몇 명의 인원이 몇 시간 작업을 하는가의 단위.
인원×시간=H/人
보기〉 공수가 800H/人이라 하면 800명이 1시간, 100명이 8시간, 또는 80명이 10시간 작업함을 뜻한다.

제2절 생산관리의 체계

1. 생산준비

새로 개발하고 기획한 제품 계획서와 판매 계획서를 바탕으로 하여, 그 목표를 이루기 위한 품질, 원가, 생산 규모, 생산 설비, 생산 개시일 등을 결정하는 일.

이때 꼭 거쳐야 하는 일이 시험생산이다. 설비 계획에 맞춰 조달 · 정비된 생산 공정에 재료와 작업자를 투입하여 제품을 만들어 보는 과정이 시험생산이다. 이 과정을 통해 생산공정 전체의 능력을 점검하고 작업자를 교육한다.

☞ 생산관리의 9가지 체계 : ① 수요 예측 ② 생산 준비 ③ 생산량 관리 ④ 품종 · 품질관리 ⑤ 원가관리 ⑥ 손실 관리 ⑦ 자재 · 운반 · 외주관리 ⑧ 설비관리 ⑨ 노무 · 작업 환경관리

2. 생산량 관리

생산하고자 하는 양을 계획하고 생산하며, 계획대로 이루어지도록 통제하는 일.

생산량 관리는 생산계획, 생산실시, 생산통제의 3단계로 이루어지며 생산계획에는 기간(연간) 생산계획, 월간 생산계획, 일정계획이 있다.

3. 품종 · 품질 관리

신제품 개발과 시장 수요의 경향에 따라 사양제품의 품종을 정리하고 생산품의 불량 여부를 검사한다.

제품의 품종을 정리하고 통제하며, 제조 공정을 관리하여 계획한 품질을 생산하고 생산품의 불량 여부를 검사한다.

4. 원가 관리

원가 관리의 목적은 이익계산에 필요한 원가를 정확히 계산하고 원가의 낭비 요소를 개선하여 원가절감을 꾀함으로써 이익을 증대시키는 데 있다.

(1) 원가의 구성요소

원가는 표와 같이 직접비(재료비, 노무비, 경비)에 제조 간접비를 가산한 제조원가, 그리고 그것에 판매 · 일반 관리비를 가산한 총 원가로 구성된다.

☞ 제품의 가치에는 교환가치, 코스트가치, 귀중가치, 사용가치가 있다. 고객은 교환, 귀중, 사용가치에 관심이 있는 반면, 빵 · 과자와 같은 식품에서는 교화, 사용가치가 중요하다. 기업이 이익을 창출하면서 이러한 가치를 높이기 위해서는 원가 절감의 노력이 필요하다.

〈원가의 구성〉

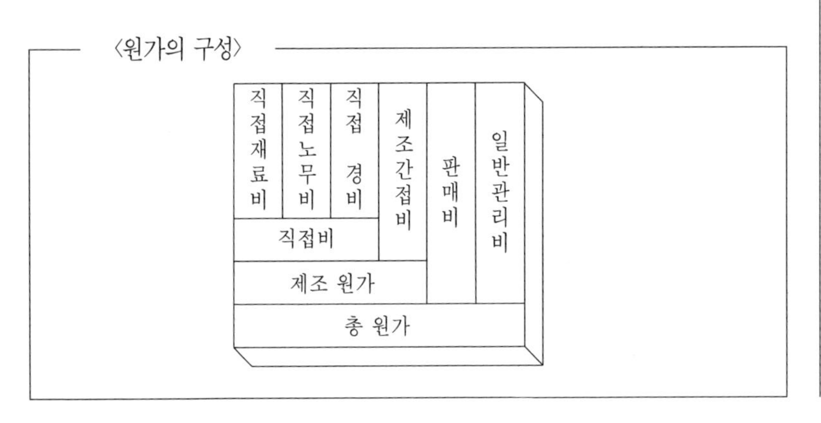

(2) 원가를 계산하는 목적

① 이익을 계산하기 위해 ② 가격을 결정하기 위해 ③ 원가를 관리하기 위해.

참고

이익=가격-원가　　　　총이익=매출액-총원가

순이익=총이익-판매 · 관리비

(3) 원가를 계산하는 방법

① 가공비와 외부구입가치를 계산하여 더하는 방법.

외부구입가치란 제품을 만드는 데 필요한 원 · 부재료비, 전기 · 가스 · 수도비, 외주 가공비, 기계 소모비 등을 가리킨다. 즉, 재료비와 경비를 포함하는 말이다.

가공비란 제품을 가공하기 위해 종업원(사무직원과 생산직원)에게 지급한 급료나 임금, 소모된 건물의 가치 등을 가리키는 말이다. 즉, 가공비+외부구입가치=원가

② 직접원가 계산법

원가가 되는 비용을 고정비와 변동비로 구분하여 계산하는 방법. 변동비는 재료비처럼 생산량이 늘면 늘고, 줄면 줄어드는 비용이고 고정비는 생산량에 관계없이 일정하게 드는 비용이다.

(4) 원가를 절감하는 방법

1) 원재료비의 원가 절감

① 구매 관리를 엄격히 하여 구입 단가와 결제 방법을 합리화한다.

② 원재료의 배합 설계와 제조공정 설계를 최적 상태로 하여 생산 수율을 높인다.

③ 창고관리의 적정화로 원재료의 입고 · 보관 중에 생기는 불량품을 줄여 재료 손실을 방지한다.

④ 각 공정별 품질관리를 철저히 하여 불량률을 최소화한다.

2) 작업 관리를 통한 불량률 개선

① 작업자 태도의 점검 : 작업 표준이나 작업 지시에 맞는지 스스로 점검하거나, 검사 기준을 설정하여 수시로 점검, 수정한다.

② 기술 수준 향상과 숙련도 제고 : 적정 기술보유자를 필요 공정에 배치하고 현장에서의 기술 개선 지도, 교육기관을 통한 수강, 사내 연구회 등을 통해 작업 능력을 향상시킨다.

③ 작업 여건의 개선 : 작업을 표준화하고, 기계와 작업기기가 정상 작동하도록 보수한다. 계량기, 측정기를 정기적으로 점검하여 정밀도를 유지한다. 작업장의 정리 정돈으로 쾌적한 작업환경을 만들고, 적절한 조명을 설치한다.

☞정가=원가+마진률(이익률)
※손실률과 세금 등을 포함하기도 함.

☞ 현재 원가계산에서 급료는 공장 소속이면 가공비, 본사 소속이면 판매 · 일반관리비로 친다. 또 전기료는 장소에 따라 공장에서 사용하면 가공비, 점포 또는 사무실에서 사용하면 일반관리비가 된다.

☞ 고정비 : 불변비용이라고도 하며, 생산 수량의 증감과 관계없이 지출이 거의 일정한 비용이다.
제조간접비의 대부분과 노무비(생산량에 관계없이 고용 종업원 수가 일정할 경우) 등이 이에 속한다.

3) 노무비의 절감

① 제품 계획 단계에서 제조 방법의 표준화와 단순화를 계획한다.

② 생산계획의 단계에서 생산의 소요시간, 공정시간을 단축한다.

③ 생산 기술의 측면에서 제조 방법을 개선하고 향상시킨다.

④ 제조 공정상의 작업 배분, 공정간의 효율적 연계 등 작업능률을 높이는 기법을 활용한다.

⑤ 설비 관리를 철저히 하여 설비를 쉬게 하거나, 작업 중 가동이 정지되지 않도록 한다.

⑥ 교육 · 훈련을 통한 직업 윤리의 함양으로 생산능률을 향상시킨다.

〈 생산시스템의 분석 〉

1. 생산가치의 분석

① $\text{생산가치율} = \dfrac{\text{생산가치}}{\text{생산금액}}$

② $\text{노동분배율} = \dfrac{\text{인건비}}{\text{생산가치}}$

③ $\text{1인당 생산가치} = \dfrac{\text{생산가치}}{\text{인원}}$

④ 제조부문의 생산가치 = 생산금액 - (원재료비 + 부재료비) - (제조 경비 - 인건비 - 감가삼각비)

⑤ 노동생산성

ㄱ. $\text{물량적 생산성} = \dfrac{\text{생산량(또는 생산금액)}}{\text{인원} \times \text{시간}}$

ㄴ. $\text{가치성 생산성} = \dfrac{\text{생산고} \times \text{생산가치} \times \text{이익}}{\text{인원} \times \text{시간} \times \text{임금}}$

〈표〉 가치분석표

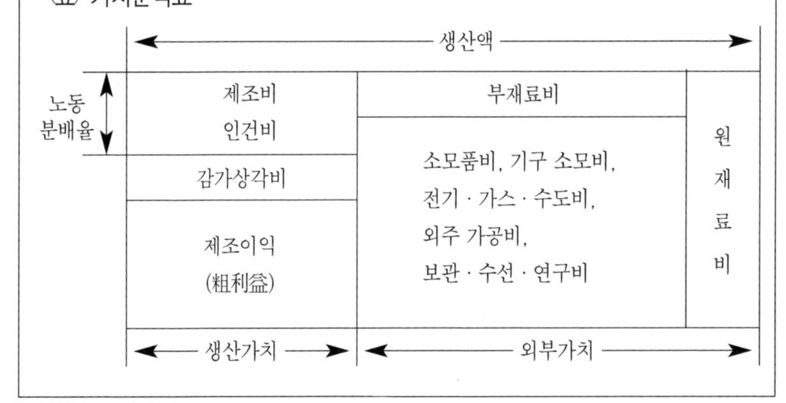

☞ 생산시스템 : 투입에서 생산활동과 산출에까지 전과정을 관리하는 것.

※ 투입(in-put) : 제과점에서 밀가루, 설탕, 유지, 계란과 같은 원재료를 사용하는 것.

※ 산출(out-put) : 생산활동을 통해서 나온 빵 · 과자 등의 제품

☞ 조이익 : 매출 총이익이라고도 한다.

매출 총이익 = 매출-직접원가

2. 비용분석

〈그림〉 손익분기점을 이용한 도표

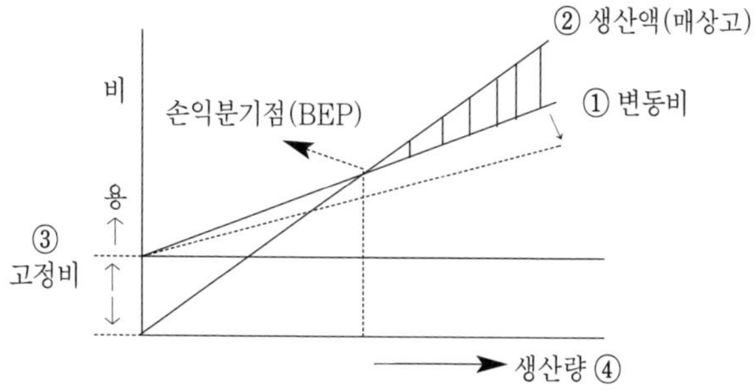

② 생산액(매상고)
비
손익분기점(BEP)
① 변동비
용
③
고정비
생산량 ④

①의 변동비 비용을 절감하기 보다
②의 생산액의 증가가 더 중요하다.

③의 고정비를 절감하고
④의 생산량 증대 방안을 도모함이 중요하다.

☞ 손익분기점(BEP) : 어떤 한 기간의 매출액이 총비용과 일치하는 점. 매출액이 그 이하로 떨어지면 손해가 나고, 그 이상으로 오르면 이익이 생긴다. 손익분기점 분석에서는 비용을 고정비와 변동비로 나누어 매출액과의 관계를 검토한다.

5. 손실관리

(1) 손실을 줄이기 위한 점검 항목

경영상의 경쟁력을 제고하는 방법의 일환으로 생산, 판매, 관리의 전부분에서 손실을 줄이려고 노력하고 있다. 여기에서는 생산부분에 대하여 점검하고자 한다.

1) 생산액(금액), 수량(개수) 점검 : 생산계획을 수행할 능력과 생산량을 매일 점검한 다음, 계획을 달성하지 못하는 원인을 규명하고 시정한다.

2) 생산인원(출근인원, 출근율), 잔업인원 점검 : 생산에 투입되는 전노동력을 생산성과 비교하여 점검한 후 조치한다. 또한 인원 부족, 결근율, 계획외 잔업요인 등을 점검한 다음 출근율을 향상시키고 작업관리를 철저히 한다.

3) 원재료, 포장재 사용액 및 원재료의 비율 점검 : 원 · 부재료의 계획과 대비하여 비교한 다음 원인을 분석하고 검토한다. 원재료 구매를 검토하고, 원재료비 비율의 변동에 대한 조치를 취한다.

4) 불량 수량(금액), 손실 수량(금액), 불량률 점검 : 불량, 손실 한도 및 불량률 계획과 비교하여 점검한다. 그런 다음 원재료, 공정, 기계 설비 등 원인을 속히 규명하고 조치한다.

5) 노동생산성(금액, 시간/인) 점검 : 계획, 수행도 능력 및 생산성 저하 공정을 점검하여 생산성 향상 조치를 취한다.

6) 제품 1개당 평균단가 점검 : 제품 비용을 거시적으로 파악하여 차기의 상품계획과 가격계획의 기초로 활용한다.

7) 생산가치 점검 : 생산가치지수와 비교하여 생산가치가 감소하는 원인

을 분석하는 데 활용한다.

8) 노동분배율 점검 : 노동분배지수와 비교하여 노동분배율이 높아지는 원인을 분석하고 조치한다.

9) 제품 품종수 점검 : 품종수를 점검하여 품종수의 적부를 판단, 차기 계획에 반영한다.

10) 기계 운전시간 및 설비 가동률 점검 : 공정, 인원과 관련된 운전시간, 조작시간의 균형을 점검하여 설비계획과 공정 작업 개선의 자료로 활용한다.

(2) 공정표 작성

매일 공정표를 작성하므로 전일 또는 전월, 연평균과 비교하여 원인을 분석하고 조정하여 손실을 감소시키고 작업 능률을 향상시킬 수 있다.

〈표〉공정표

<table>
<tr><td>제품명</td><td colspan="2"></td><td>생산량</td><td></td></tr>
<tr><td>배합비</td><td>밀가루
전분
설탕
우유
계란</td><td colspan="3" rowspan="10">만드는 법

1) 만드는 법을 간략하게 글과 사진을 이용하여 적어 놓는다.
2) 마무리 재료와 마무리하는 방법을 적어 놓는다.
3) 제품의 특성을 적어 놓는다.
4) 공정상 특히 주의할 사항을 적어 놓는다.</td></tr>
<tr><td>혼합시간</td><td></td></tr>
<tr><td>반죽온도</td><td></td></tr>
<tr><td>반죽비중</td><td></td></tr>
<tr><td>분할량</td><td></td></tr>
<tr><td>철판종류</td><td></td></tr>
<tr><td>굽기시간</td><td></td></tr>
<tr><td>윗불온도</td><td></td></tr>
<tr><td>밑불온도</td><td></td></tr>
<tr><td>냉각</td><td></td></tr>
</table>

6. 자재 · 운반 · 외주 관리

자재와 외주 부품 등을 조달하고 재고와 창고를 관리한다. 또 외주를 의뢰하고, 운반방법을 설계한다.

(1) 자재 관리

자재 관리의 목적은 ① 생산공정에 필요한 자재의 종류와 수량을 적시에 공급하고, ② 자재의 조달과 재고에 따라 발생하는 비용을 최소화 하는 데 있다. 자재 관리는 자재가 조달되어 생산에 공급되기까지의 흐름에 따라 '조달계획', '재고계획', '창고계획'의 내용을 지닌다.

(2) 운반 관리

운반은 어떠한 제품, 부품, 원료, 자재 등의 정해진 수량을 정해진 시기에 품질을 유지하며 안전하게 옮기는 일이다.

운반 관리의 목적은 ① 운반 비용을 절감하고, ② 생산 및 운반의 리드타임을 단축하기 위함이다.

(3) 외주 관리

타회사 또는 외부 발주물품을 관리하는 일. 외주 물품 또는 외주 회사 선택에 신중을 기해야 하며 자사 제품과 같은 수준이 될 수 있도록 '생산지도'가 필요하다.

7. 설비 관리

기존의 시설을 보전하고 새로운 시설을 갖추며, 보전하고 설치하는 비용을 줄이는 방법을 다룬다.

(1) 보전 관리의 정의

생산 준비로 마련된 설비의 상태와 기능을 유지하고 향상시키는 활동이다.

(2) 보전 관리의 목적

설비 고장에 따른 손실을 줄이고 주어진 설비를 효과적으로 활용하여 품질이 안정되고 원가가 낮은 제품을 필요한 만큼 제 날짜에 생산하기 위함이다. 이와 함께 작업환경을 개선하고 안전을 확보하기 위함이다.

(3) 보전 작업의 내용

① 설비 점검 : 설비에 나타난 이상(異狀)을 미리 찾기.

② 정기 수리작업 : 설비 점검에서 나타난 문제점을 처리하기, 또는 사고를 예방하기 위해 정기적으로 수리하기.

③ 개량 보전 : 설비의 성능과 경제성을 향상시키기 위해 설계를 변경하여 보전하기.

(4) 보전비를 절감하는 방법

보전할 필요가 없는 기계를 쓰거나 보전작업의 능률을 높인다.

8. 작업환경관리

작업환경은 복리후생환경과 함께 기업의 생활환경을 구성한다.

(1) 작업환경의 분류

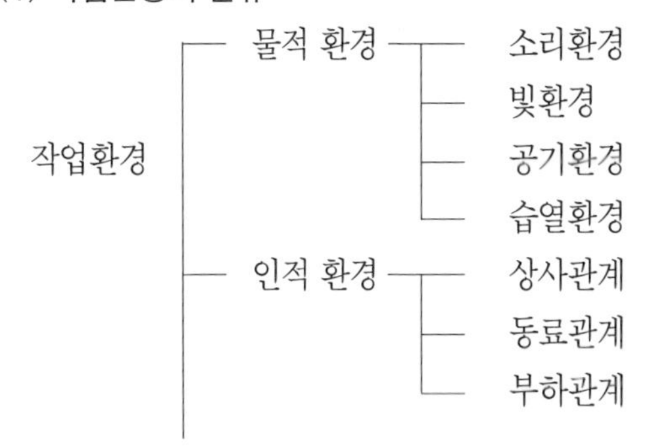

☞ 복리후생환경 : 기숙사, 식당, 오락 설비 등을 가리킨다.

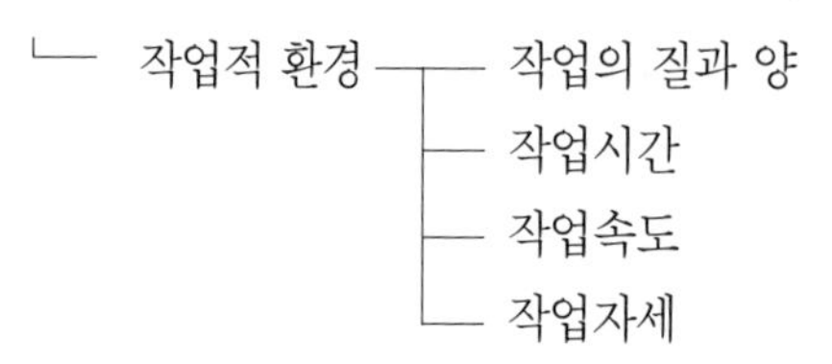

(2) 작업환경 조건과 피로

작업자는 소음 · 진동, 먼지, 유해 가스 · 물질, 폐기물, 조명 · 채광, 색채, 작업자세, 온 · 습도, 무거운 물건, 기타 방사선 · 기압 등의 작업환경 조건의 영향을 받아 피로를 느낀다. 그 밖에 작업 방법, 작업 특성, 작업자의 능력 등도 피로에 영향을 준다.

참고

〈표〉 제과 · 제빵 공정상의 조도 기준

작업내용	표준조도	한계조도(Lx)
장식(수작업), 마무리 작업	500	300~700
계량, 반죽, 조리, 정형,	200	150~300
굽기, 포장, 장식(기계)	100	70~150
발효	50	30~70

☞ 조도(照度) : 어떤 면이 받는 빛의 세기를 나타내는 양. 단위는 룩스(Lx).

(3) 안전

생산공정에서 **안전성**을 확보하지 않으면 생산성 향상이 있을 수 없다. 개인위생은 물론, 각 공정상의 위험 요소를 사전에 제거하고 작업 전 작업자세에 대한 안전교육이 꼭 선행돼야 한다.

☞ 노동재해 : 생산관리의 구성 단위 중에서 사람이 입은 손해와 상해를 말한다.

(4) 작업시간 분석

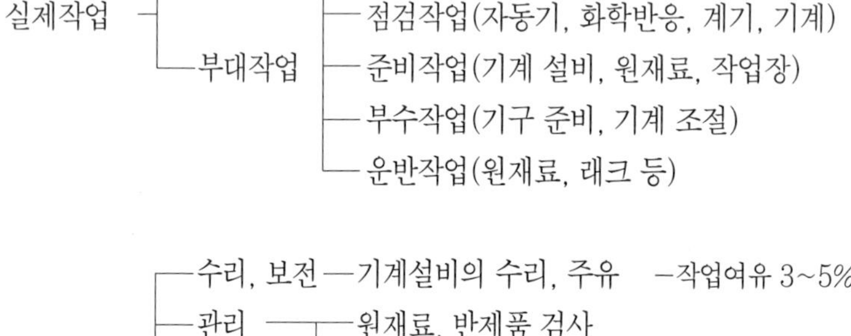

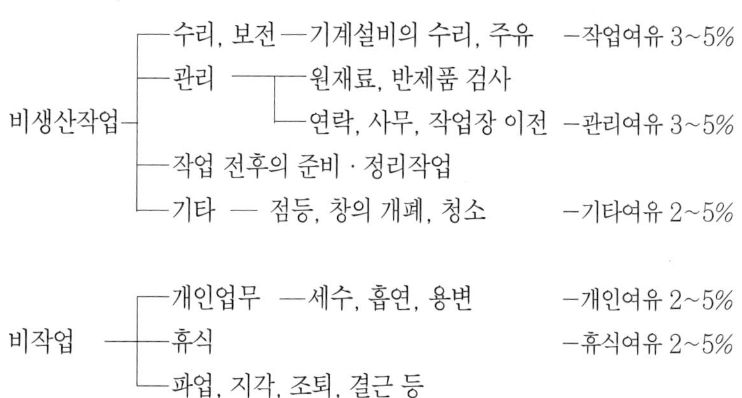

☞ 여유율(%) = (여유시간 ÷ 정규시간) × 100
여유시간은 작업여유(작업에 관한 이야기, 청소 등), 직장여유(재료준비, 작업대기 등), 용무여유(용변, 음수 등), 피로여유(생리적 · 심리적 피로) 등이 있다. 여유율은 25%가 넘지 않는 것이 좋다.

9. 제품의 저장유통

(1) 식품의 저장

식품의 변질요인을 제거하여 식품의 양적 손실, 영양가 파손, 안전성과 기호성의 저하를 최소화하려는 저장기술.

(2) 식품저장법

① 건조
② 절임법
③ 훈연법
④ 통조림법
⑤ 냉장냉동법
⑥ 공기조절법
⑦ 약품처리법
⑧ 방사선처리법

(3) 실온저장하기

식품첨가물공전상 표준온도는 20℃, 상온은 15~25℃, 실온은 1~35℃, 미온은 30~40℃라고 규정하고 있으며 실온저장이란 저장환경조건의 조절을 냉동기 등의 기계에 의하지 않고, 외기의 도입과 단열에 의해 행하는 방법으로 상온저장이라고 부르기도 한다.

(4) 냉장, 냉동저장하기

식품첨가물공전상 냉장저장은 0~10℃(과거에는 냉장은 0~5℃로 했으나 개정과정에서 식품위생법에서 요구하는 0~10℃로 완화), 냉동 저장은 -18℃ 이하로 정의하고 있음.

(5) 제품 유통하기

① 따로 보관방법을 명시하지 않은 제품은 실온에서 보관 및 유통하여야 한다.
② 냉장제품은 0~10℃에서 냉동제품은 -18℃ 이하에서 보관 및 유통하여야 한다.
③ 냉장제품을 실온에서 유통시켜서는 아니 된다(단, 과일 · 채소류 제외).
④ 냉동제품을 해동시켜 실온 또는 냉장제품으로 유통할 수 없다.
⑤ 유통기간의 산출은 포장완료(다만, 포장 후 제조공정을 거치는 제품은 최종공정 종료)시점으로 한다.

기출 및 예상문제

1. 다음( )안에 알맞은 답을 채워라.
   '생산관리란 (　　), 재료, (　　)의 3요소를 유효적절히 사용하여 좋은 물건을 싼 비용으로 필요한 만큼 필요한 시기에 만들어 내기 위한 관리 또는 경영이다.'

2. 다음 중 기업이 제 기능을 발휘하도록 작용하는 기업의 구성 요소로 틀린 것은?
   ① 시장　② 판매
   ③ 공정　④ 재료

3. 다음 중 기업활동의 5대 기능에 속하지 않는 것은?
   ① 제조기능　② 판매
   ③ 자재 조달기능　④ 시장 형성기능

4. 다음 중 생산의 주 요소로 틀린 것은?
   ① 사람　② 시장
   ③ 토지　④ 돈

5. 다음 기업활동의 구성요소 중 제1차 관리의 영역에 속하는 것은?
   ① 재료　② 시간
   ③ 기계 · 시설　④ 시장

6. 다음 중 기업활동의 5대 기능 가운데 지원기능에 속하지 않는 것은?
   ① 재무　② 자재의 조달기능
   ③ 인사기능　④ 판매기능

7. 다음 중 생산관리의 기능에 속하는 것은?
   ① 판매기능　② 자재 조달기능
   ③ 적시 · 적량 생산기능　④ 수요예측 기능

8. 다음 중 일반적인 생산관리 조직의 편성 방법이 아닌 것은?
   ① 점조직　② 직능조직
   ③ 라인-스탭 조직　④ 라인조직

9. 다음 생산관리 조직 중 지휘명령 체계가 흐트러질 단점은 있지만 개인의 능력을 위주로 하여 능률을 향상시킬 수 있는 것은?

◇◇해　설◇◇

2. 기업활동의 구성요소 : 사람, 재료, 자금, 방법, 시간(공정), 기계, 시장.

4. 생산 3요소 : 사람, 재료, 자금.

5. 제1차 관리 : 사람, 재료, 자금
제2차 관리 : 방법, 시간(공정), 기계(시설), 시장

6. 전진기능 : 제조기능, 판매기능
지원기능 : 재무, 자재, 조달기능, 인사기능

7. 생산관리의 기능 : 품질보증기능, 적시 적량기능, 원가조절기능
기업활동의 5대 기능 : 판매기능, 재무, 자재 조달기능, 인사

8. 생산관리 조직의 편성 : 라인 조직, 직능조직, 라인-스탭 조직, 사업부 · 별도회사 제도.

① 라인 조직 ② 직능조직
③ 라인-스탭 조직 ④ 점조직

10. 다음 중 제품의 가치(V)를 가시화할 수 있는 공식으로 틀린 것은?

① $V = \frac{기능}{가격}$ ② $V = \frac{품질}{가격}$

③ $V = \frac{비용}{가격}$ ④ $V = \frac{설계 + 품질}{원가 + 이익}$

11. 다음 생산계획 중 제품계획에 속하지 않는 것은?
① 신제품 개발 ② 제품구성계획
③ 외주구매계획 ④ 제품개발계획

11. 외주 · 구매계획은 생산성 향상과 함께 합리화 계획에 속한다.

12. 연간 생산계획을 세울 때 바탕이 되는 자료로 기본요소와 구체적 요소가 있다. 다음 중 기본요소에 속하는 내용은?
① 기계가동률 ② 제품의 수요예측 자료
③ 공정별 작업인원지수 ④ 계절 지수

13. 생산계획의 내용에는 실행예산을 뒷받침하는 계획목표가 있다. 이 목표를 세우는 데 필요한 기준이 되는 요소로 틀린 것은?
① 원재료율 ② 노동분배율
③ 가치생산성 ④ 1인당 이익

13. 계획목표 : 노동생산성, 가치생산성, 노동분배율, 1인당 이익

14. 다음 연간 생산계획 기초자료 중 구체적인 요소에 속하는 것은?
① 생산능력과 과거의 생산실적 비교
② 공정별 소요인원과 실제인원의 차이
③ 경영자의 생산방침
④ 과거 계획과 실적의 차이 분석표

15. 제과제빵 공장에서 생산관리하는 데 매일 점검해야 할 사항이 아닌 것은?
① 설비 가동률 ② 원재료율
③ 제품당 평균단가 ④ 출근율

16. 생산관리의 체계 중 첫 단계는 생산준비로, 이 단계에서는 제품 계획서에 따라 제품을 만들어 보아 생산공정 전체의 능력을 점검하고 작업자를 교육한다. 이러한 과정을 무엇이라 하는가?
① 시험생산 ② 생산통제
③ 생산실시 ④ 점검생산

16. 시험생산 : 설비계획에 맞춰 조달 정비된 생산 공정에 재료와 작업자를 투입하여 제품을 만들어 보는 과정.

17. 생산관리는 시장조사를 통해 나타난 결과로 수요를 예측한 뒤 제품을 생산하는 데 필요한 공정과 과정을 관리하는 일이다. 다음 중 생산관리가 필요한 과정이 아닌 것은?

① 생산준비 ② 원가관리
③ 노무 작업환경 관리 ④ 신제품 개발관리

18. 전체 생산액을 생산가치와 외부가치로 나누어 생각할 때 다음 중 생산가치에 속하는 요소는?

① 재료비 ② 전기료
③ 감가 상각비 ④ 연구비

19. 어떤 제품을 생산하는 데 필요한 비용을 고정비와 변동비로 나누었을 때 한 달 동안의 매출액이 비용 총액과 일치했다고 한다. 이 일치점을 무엇이라 하는가?

① 원가조절점 ② 손익분기점
③ 가치생산점 ④ 이익점

20. 어느 제과점의 한 달 이익을 나타내는 손익분기점 도표가 왼쪽과 같다고 하자. BEP가 ①이고 그달의 매출액이 ②일 때 다음 중 옳은 설명은?

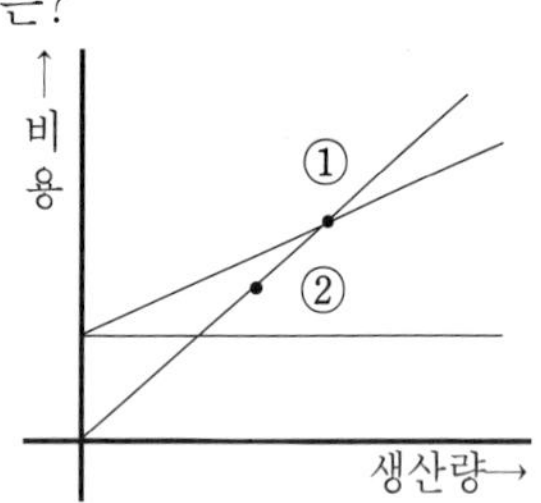

① 손해를 입었다.
② 이익을 보았다.
③ 제자리 걸음이다.
④ 매출액이 비용 총액을 넘어섰다.

21. 다음 중 수치가 높을수록 기업의 이익을 올리는 것은?

① 포장재료비 ② 생산가치율
③ 원재료율 ④ 제품 1개당 평균단가

22. 어떤 제품의 가격이 500원일 때 이것의 제조원가는 얼마인가? 단, 손실률은 10%이고 이익율(마진율)은 20%, 부가가치세 10%를 포함한 가격이다. (단위 : ~원 이하)

① 300원 ② 344원
③ 400원 ④ 444원

23. 생산관리 중 어떠한 제품이나 원 · 부재료, 기구를 정해진 수량만큼 정해진 시기에 안전하게 옮기는 일은?

17. 생산관리를 필요로 하는 7가지 체계 : 생산준비, 생산량 관리, 품종 · 품질관리, 원가관리, 자재 · 운반 · 외주관리, 설비관리, 노무 작업환경 관리.

18. 생산가치=생산액-(원부재료비)-(제조경비-인건비-감가상각비)
외부가치 : 원부재료비, 소모품비, 기구 소모비, 전기 가스 수도비, 외주 가공비, 보관 수선 연구비

19~20. 손익분기점(BEP, break-even point) : 어떤 한 기간의 매출액이 총비용과 일치하는 점.

22. 부가가치세를 뺀 값⇨
110(%) : 500(원)=100 : x
x=454.54
마진율을 뺀 값⇨120(%) :
454.54=100 : x
x=378.78
손실률을 뺀 값⇨110(%) :
378.78=100 : x
x=344.35
∴344원 이하

① 자재관리 ② 생산관리
③ 외주관리 ④ 운반관리

24. 작업환경을 크게 3가지로 분류하면 물적 환경과 인적 환경, 작업적 환경이 된다. 다음 중 물적 환경에 속하는 것은?
① 소리환경 ② 동료관계
③ 작업시간 ④ 작업자세

25. 다음 중 조도한계가 30~70Lx의 범위에서 작업해야 하는 공정은?
① 발효 ② 포장
③ 정형 ④ 계량

26. 어느 제과점 공장에서 다음과 같은 작업을 하려고 한다. 가장 밝은 곳에서 해야 하는 작업은 무엇인가?
① 원 · 부재료 섞기 ② 배합 재료의 계량
③ 손으로 마무리하는 장식 ④ 2차발효 시키기

27. 다음 중 실제작업 시간에 들어가지 않는 것은?
① 임시작업 ② 수리작업
③ 준비작업 ④ 부수작업

28. 어느 제빵공장의 근무시간이 10시간이라 하자. 이곳에 다니는 A라는 사람이 아침에 출근하여 제일 먼저 작업장을 청소하고, 동료들끼리 아침인사를 나누며 그날 할일에 대하여 이야기를 한다. 이때 걸린 시간이 25분이었다면 여유율은 얼마인가?
① 3% ② 4.2%
③ 5.1% ④ 6%

29. 스트레이트법 또는 스펀지법과 비교하여 연속식 제빵법을 선택하는 중요한 장점이 아닌 것은?
① 공장면적 감소 ② 인력 감소
③ 설비 감소 ④ 산화제 작용 감소

30. 스펀지 도 메소드(중종반죽법)에서 플로어타임을 주는 발효실은 어느 곳에 두어야 알맞은가?
① 2차발효기와 오븐 사이 ② 본반죽 믹서와 팬닝기 사이
③ 분할기와 냉동기 ④ 본반죽 믹서와 분할기 사이

24. 물적 환경 : 소리 · 빛 · 공기 습열 환경
인적 환경 : 상사 동료 · 부하 · 관계
작업적 환경 : 작업의 질과 양, 작업시간, 작업속도, 작업자세

25. 제과제빵 공정에 따른 한계조도
장식(수작업) : 300~700
계량 · 반죽 · 정형 : 150~300
굽기 · 포장 · 장식(기계) : 70~150
발효 : 30~70

27. 수리작업은 비생산 작업시간에 속한다.

28. 여유율 : 정규시간에 대한 여유시간의 백분율.
여유율(%) = (여유시간 ÷ 정규시간) × 100

29. 연속식 제빵법의 장 · 단점
장점 : 설비와 설비 공간이 준다. 노동력이 준다. 발효손실이 적다.
단점 : 설비투자액이 많이 든다.
※ 연속기계를 쓰는 제빵법에는 산화제가 필요하다.

31. 식빵을 만들 때 필요한 기구 중 정형기와 바로 연결하여 설치하지 않아도 되는 것은?

① 믹서 ② 분할기
③ 라운더 ④ 중간발효기

32. 제과제빵의 생산관리자가 생산 담당자에게 그날 그날의 작업을 배분하여 지시할 때 꼭 필요하지 않은 것은?

① 생산량과 공정표 ② 품목과 배합률
③ 원가계산서 ④ 시간 계획서

33. 다음 중 매일의 작업을 정상적으로 진행하는 데 바탕이 되는 4대 원리에 속하지 않는 것은?

① 작업 방법과 설비를 분석하여 최선의 방법을 선택한다.
② 사무자동화 작업을 발전시켜 원가절감의 기법을 선택한다.
③ 선정한 작업에 가장 알맞은 사람을 선택한다.
④ 작업원을 최선의 방법으로 교육 · 훈련시키는 기법을 선택한다.

34. 작업장의 창문 크기는 위생상 벽 면적의 몇%가 적당한가?

① 40% ② 50%
③ 70% ④ 90%

35. 어느 제과점 공장에서 식빵을 300개, 앙금빵 280개를 4사람이 10시간 걸려 만들었다. 이때 개당 제품에 들어간 노무비는 얼마인가?(소수점 한 자리에서 올림)단, 시간당 노무비는 1,000원이다.

① 69원 ② 70원
③ 72원 ④ 75원

36. 전기공사시 기계가 작동하지 않을 때 조치사항 중 맞는 것은?
(3상전선-1,2,3번선)

① 1번과 2번을 바꿔본다. ② 1번과 3번을 바꿔본다.
③ 2번과 3번을 바꿔본다. ④ 3선 모두를 바꿔본다.

32. 생산지시서(서면, 구두)에는 어느 공정(생산 담당자)이 어느 품목(생산 품목)을 언제(생산 일정)까지 얼마만큼(생산량) 생산할 것이냐를 꼭 명시해야 한다.
원가 계산은 생산관리자 혹은 경영자가 할 일이다.

정답

1 사람, 자금		2 ②	3 ④	4 ②	5 ①	6 ④	7 ③	8 ①	9 ②
10 ③	11 ③	12 ②	13 ①	14 ②	15 ③	16 ①	17 ④	18 ①	19 ②
20 ①	21 ②	22 ②	23 ④	24 ①	25 ①	26 ③	27 ②	28 ②	29 ④
30 ④	31 ①	32 ③	33 ②	34 ③	35 ①	36 ④			

제4장 재료학

제1절 탄수화물(Carbohydrates)

당질이라고도 불리는 탄수화물은 탄소, 수소, 산소의 세 가지 원소로 구성된 유기화합물이다. 지방, 단백질과 함께 3대 영양소를 이루고 있다.

탄수화물은 분자내에 1개 이상의 수산기(-OH)와 카르보닐기를 가지고 있는 것이 특징이며, 포도당과 같은 단당류로부터 다수의 단당류가 결합된 다당류에 이르기까지 방대한 화합물을 포함한다. 탄수화물이 가수분해에 의해 더 이상 간단하게 되지 않는 것을 단당류, 단당류 2분자가 결합하여 생성된 것을 이당류, 다수의 단당류가 결합하여 생성된 것을 다당류라 한다. 구성 단위당의 수에 따라 분류하면 다음과 같다.

분 류	명 칭	구성단위장
단당류	포도당 과당 갈락토오스	
이당류	맥아당(엿당) 설탕(자당) 젖(유)당	포도당+포도당 포도당+과당 포도당+갈락토오스
다당류	덱스트린 전분(녹말)	포도당 다분자(맥아당과 전분의 중간 형태) 포도당 다분자

1. 단당류(Monosaccharides)

탄소 원자수에 따라 3탄당, 4탄당, 5탄당, 6탄당 등으로 분류한다. 이 중 천연에 존재하는 것은 5탄당과 6탄당이 주류이다.

(1) 포도당

포도당(Glucose)은 과일이나 혈액 중에 함유되어 있고 이당류의 구성성

◇◇ 보충설명 ◇◇

☞ 탄수화물의 일반식은 $C_m(H_2O)_n$이다.

※ 각 당류의 명칭
glucose : 글루코오스=포도당
fructose : 프룩토오스=과당
galactose : 갈락토오스
maltose : 말토오스=맥아당=엿당
sucrose : 수크로오스=자당=설탕
lactose : 락토오스=젖(유)당
dextrin : 덱스트린
starch : 스타치=전분=녹말

분으로 존재한다. 동물 체내의 간장에서 글리코겐 형태로 저장된다. 환원당이며 상대적 감미도는 75이다.

(2) 과당

과당(Fructose)은 과일이나 꿀 중에 존재하며 단맛이 강하고 상쾌하다. 또한 흡습성과 조해성을 갖고 있다.

포도당을 섭취해서는 안되는 당뇨병 환자의 식이(食餌)에 감미료로 사용되며 카스텔라, 스펀지 케이크 등에 보습 효과를 주는 재료로 사용된다. 환원당이며 상대적 감미도는 175이다.

☞ 과당의 특성
- 감미도가 강하다.
- 용해도가 크다.
- 흡습성이 강하다.

(3) 갈락토오스

갈락토오스(Galactose)는 단독으로 존재하지 않고 포도당과 결합해 젖(유)당의 형태로 존재한다. 젖(유)당의 구성 성분이므로 젖당을 가수분해하면 얻을 수 있다. 환원당이며 포유동물의 젖에만 존재한다. 상대적 감미도는 32이다.

2. 이당류(Disaccharides)

이당류는 가수분해하여 2분자의 단당류를 생성한다. 분자식은 모두 $C_{12}H_{22}O_{11}$.

☞ 자당→포도당+과당
분자식은 $C_{12}H_{22}O_{11}$이다.

(1) 자당

자당(Sucrose)은 효소 인베르타아제에 의해 포도당과 과당으로 분해된다. 사탕수수와 사탕무에 존재하며, 농축하여 감미제로 사용한다. 당류의 단맛을 비교하는 기준이 되고, 가수분해하며 전화당을 만든다. 비환원당이며 상대적 감미도는 100이다.

☞ 전화당 : 자당이 가수분해될 때 생기는 중간산물. 포도당과 과당이 1 : 1로 혼합된 당이다. 자당보다 감미도가 커 감미도가 자당의 약 1.3배 정도이다. 흡습성이 있어 고체상품으로 부적합하므로 꿀, 물엿같은 액채 상태로 이용된다.

(2) 맥아당

맥아당(Maltose)은 효소 말타아제에 의해 2개의 포도당으로 분해된다. 곡식이 발아할 때 생기며, 엿기름 속에 존재한다. 자당과 함께 전분의 노화를 방지하는 효과와 보습 효과가 있다. 환원당이고 상대적 감미도는 32이다.

☞ 맥아당→포도당+포도당
분자식은 $C_{12}H_{22}O_{11}$이다.

(3) 젖(유)당

젖당(Lactose)은 효소 락타아제에 의해 포도당과 갈락토오스로 분해된다. 포유동물의 젖에만 존재하며, 물에 잘 녹지 않고 단맛이 적다. 환원당이며 유산균에 의해 유산을 생성, 유산균 음료의 특유한 맛과 향을 나타낸다. 상대적 감미도는 16이다.

☞ 젖당→포도당+갈락토오스.
분자식은 $C_{12}H_{22}O_{11}$이다.

참고

상대적 감미도 순

과당(175) > 전화당(130) > 자당(100) > 포도당(75) >
맥아당(32), 갈락토오스(32) > 젖(유)당(16)

3. 다당류(Polysaccharides)

다당류는 많은 단당류가 축합되어 만들어진 고분자화합물이다. 중요한 것으로 전분이 있고 셀룰로오스, 펙틴, 한천 등이 다당류에 속한다.

(1) 전분(Starch)

전분은 식물계의 중요한 저장 탄수화물로, 쌀, 밀, 보리, 옥수수 등의 곡물전분과 감자, 고구마, 타피오카, 칡 등의 구경 전분이 있다. 그 기본 구성단위는 포도당이다.

1) 입자 모양

입자 모양은 재배된 환경 요소에 의해 달라지며, 같은 낟알에서도 부위에 따라 다르다. 그러나 일반적으로 구경 전분에는 원형, 타원형의 입자가 많으며, 곡물 전분에는 각질의 다각형이 많다.

2) 분자구조

전분에는 아밀로오스와 아밀로펙틴의 2가지 기본 형태가 있다.

- 아밀로오스 : 요오드 용액에 의해 청색반응을 나타내며 β−아밀라아제에 의해 소화되면 거의 맥아당으로 바뀐다. 포도당 단위가 직쇄(直鎖)구조로 α−1,4 결합으로 되어 있다.
- 아밀로펙틴 : 요오드 용액에 의해 적자색 반응을 나타내며, 포도당의 측쇄(側鎖)상 α−1,4 및 α−1,6 결합으로 되어 있다. μ-아밀라아제에 의해 52%까지만 분해된다.

3) 전분의 성질

① 호화 : 전분(μ전분)에 물과 열을 가했을 때 팽윤하고 점성이 증가하여 반투명한 풀 상태(α전분)로 되는 현상. 덱스트린화(젤라틴화)라고 한다. 호화가 시작되는 온도는 식품의 종류에 따라 다르다.

② 퇴화 : 전분 용액의 농도 변화나 냉각으로 전분 입자가, 물과 분리되어 불용성의 침전을 만들거나, 그물 모양의 망상 조직을 만들어 물리적으로 불안정한 상태가 됨에 따라 딱딱하게 굳어지는 현상. 제품이 딱딱해지거나 거칠어지는 노화(Staling) 현상은 이 퇴화의 결과이다.

노화의 최적온도는 -7℃~10℃(-18℃ 이하에서는 노화가 거의 정지되어 4개월 저장이 가능함). 밀, 옥수수 전분의 노화가 가장 빠르고(찹쌀 전분은 거의 노화하지 않음), 수분량 30~60%에서 빠르다(10%이하에서는 억제됨).

그밖에 pH가 낮을수록(산성이 강할수록) 노화가 빠르게 진행된다. 호화시켜 부드럽게 만들려면 가열하도록 한다.

(2) 덱스트린

덱스트린(Dextrin)은 녹말을 산, 효소, 열 등으로 가수분해할 때 이당류인 맥아당으로 분해되기까지 만들어지는 중간 생성물. 호정(糊精)이라고도 한다.

☞ 전분의 특성
① 무미, 무취의 흰색가루로서 물에 녹지 않고 쉽게 가라앉는다. ② 60°C이상에서 쉽게 호화한다. ③ 산 또는 효소에 의해 쉽게 가수분해되어 최종 분해산물인 포도당이 된다. (전분+산 또는 효소→덱스트린→맥아당→포도당)

☞ 아밀로오스 : ① 요오드 용액과 반응하여 청색을 띤다. ② 아밀로펙틴에 비해 분자량이 적다(분자량 80,000~320,000). ③ 쉽게 노화하고 침전하는 경향

☞ 아밀로펙틴 : ① 요오드 용액과 반응하여 적자색 반응. ② 아밀로오스보다 분자량이 크다(분자량 1,000,000이상). ③ 노화가 늦게 진행된다.

※ 찹쌀, 찰옥수수 전분(아밀로펙틴 100%)을 제외한 그외 전분류는 아밀로오스가 17~28%이며 나머지가 아밀로펙틴.

☞ 옥수수 전분은 70°C에서도 원형을 유지하나, 감자 전분은 더 낮은 온도에서 팽윤하기 시작해 80°C 이상에서는 입자간의 경계선이 없어진다. 밀가루 전분은 56~60°C에서 호화가 시작된다.

☞ 전분용액 중 아밀로오스가 많을 때, 아밀로오스가 분자로부터 수분을 끌어낼 무기물이 있을 때, pH가 7 근처일 때, 중합도가 균일할 때 퇴화가 더 빨리 일어난다.

☞ 노화지연방법
① 냉동저장 ② 유화제 사용 ③ 포장 철저 ④ 양질의 재료 사용과 공정 관리

☞ 전분 호화에 영향을 주는 요인 : ① 전분의 종류 ② 수분 ③ pH. 수분이 많을 수록, pH가 높을수록 호화는 빨리 일어난다.

기초력 확인문제

1〉 다음 중 다당류에 속하지 않는 것은?(기출문제)

① 덱스트린 ② 맥아당 ③ 펙틴 ④ 전분

2〉 다음 중 환원당이라 할 수 없는 것은?

① 젖당(유당) ② 포도당 ③ 자당 ④ 맥아당

해설 자당의 가수분해를 전화(inversion)라 하고, 전화해서 생긴 당혼합물을 전화당 또는 환원당이라 한다.

3〉 유당이 가수분해될 때 생성되는 단당류로 묶은 것은?(기출문제)

① 포도당+과당 ② 포도당+갈락토오스

③ 포도당+포도당 ④ 맥아당+포도당

4〉 다음 중 자당을 포도당과 과당으로 가수분해하는 소화효소는 무엇인가?

① 인베르타아제 ② 말타아제 ③ 치마아제 ④ 리파아제

해설 인베르타아제 : 자당 → 포도당+과당, 말타아제 : 맥아당 → 포도당+포도당.

5〉 전분이 호화되는 온도는 약 몇 ℃인가?

① 35℃ ② 45℃ ③ 56℃ ④ 60℃

해설 순수 전분이 호화되는 온도는 56℃(예 : 커스터드 크림의 전분), 빵 반죽 속에서의 호화온도는 60℃이다.

답 1〉 ② 2〉 ③ 3〉 ② 4〉 ① 5〉 ③

제2절 유지(Fat & Oil)

유지는 매우 중요한 유기화합물의 하나로 물에 불용성이며 글리세린과 고급지방산과의 에스테르, 즉 트리글리세리드라 한다.

1. 지방산과 글리세린

(1) 지방산

지방산(Fatty acid)은 지방 전체의 94~96%를 구성하고 있으며 한 개의 카르복실기(−COOH)를 가진 탄화수소 사슬의 지방족 화합물이다. 탄소와 탄소 사이의 2중 결합 유무에 따라 포화지방산과 불포화지방산으로 나뉜다.

◇◇ 보충설명 ◇◇

☞ 에스테르 : 알코올이 유기산 또는 무기산과 반응하여 물을 잃고 축합한 결과 생긴 화합물의 총칭.

트리글리세리드 : 글리세린과 3개의 지방산이 결합한 상태.

1) 포화지방산

지방산 사슬의 탄소 원자가 2개의 수소원자와 결합하여 2중 결합 없이 단일결합만으로 이루어져 있는 지방산이다. 상온에서 고체이며, 동물성유지(소기름, 돼지기름, 버터 등)에 많이 들어 있다. 탄소 원자수가 증가함에 따라 융점과 비점이 높아진다. 분자식은 $C_nH_{2n+1}COOH$.

2) 불포화 지방산

지방산 사슬의 탄소 원자가 1개의 수소 원자와 결합하여 탄소와 탄소 사이에 2중 결합을 지닌 지방산. 2중 결합 수가 많을수록, 탄소수가 작을수록 융점이 낮아진다. 상온에서 액체이며, 식물성유지(참기름, 콩기름, 옥수수유 등)에 많이 들어 있다.

☞ 포화지방산의 종류
- 카프로산 : 유지방, 코코넛, 야자씨 기름에 3~10%
- 미리스트산 : 넛메그 지방(70~80%), 유지방(8~12%)
- 팔미트산 : 라드, 소기름, 야자유, 카카오 버터, 기타 식물성 기름.
- 스테아르산 : 천연 동 · 식물성 지방.
- 부티르산 : 유지방(2~4 %)

☞ 불포화지방산의 종류
- 올레산 : 유지방, 라드, 소기름 등.
- 리놀레산 : 식물성 유지(콩기름).
- 리놀렌산 : 아마인유 등의 건성유.

〈단일결합〉

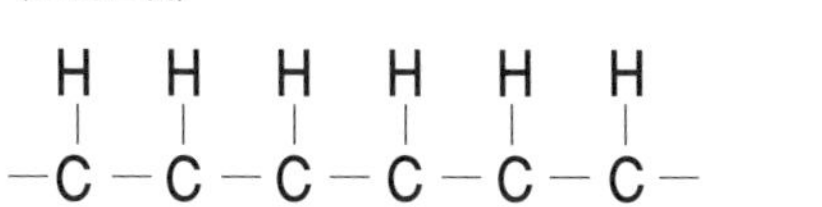

〈이중결합〉

포화지방산과 불포화지방산의 구조

〈표〉 주요 지방의 지방산 구성비

단위 : 중량(%)

지 방	포화지방산(%)	불포화지방산(%)
우유지방	57.5	42.5
코코넛유	91.2	8.8
야자유	80.8	19.2
라 드	41.5	58.5
면실유	27.2	72.8
카카오버터	59.8	40.2
낙화생유	21.7	78.3

(2) 글리세린

글리세린(Glycerine)은 3개의 수산기(−OH)를 가지고 있어 '글리세롤(glycerol)'이라고도 한다. 지방의 가수분해로 얻어지는 글리세린은 무색, 무취, 감미를 가진 시럽과 같은 액체로 비중은 물보다 크다. 글리세린은 수분 보유력이 커서 식품의 보습제로 사용하고, 물-기름 유탁액에 대한 안정기능이 있어 크림을 만들 때 물과 지방의 분리를 억제하게 한다. 또한 향미제(香味劑)의 용매로 많이 이용된다.

☞글리세린이 빵 · 과자에 유용한 특성은 다음 3가지.
- 보습성
- 물-기름 유탁액에 대한 안정기능
- 용매작용

2. 지방의 화학적 반응

1) 가수분해－유지는 물의 존재하에 가수분해 되면 모노글리세리드, 디-글리세리드와 같은 중간산물을 생성하고 결국 지방산과 글리세린이 된다. 유리지방산 함량이 높아지면 산가(酸價)가 높아지고, 튀김기름은 거품이 많아지며 발연점이 낮아진다.

2) 산화－유지가 대기중의 산소와 반응하여 산패되는 것을 자가산화라 한다. 2중 결합에 인접한 탄소 원자가 산소와 결합하여 과산화물을 생성한다. 산화 과정중의 과산화수화물은 무미, 무취이지만 이것은 불안정하여 사슬 길이가 짧은 알데히드나 산으로 분해되어 냄새가 나게 된다. 이러한 현상을 지방의 산패(酸敗)라 한다.

☞ 지방의 산화를 가속시키는 요소 : ① 지방산의 불포화도 ② 금속(특히 구리) ③ 생물학적 촉매 ④ 자외선 ⑤ 온도

3. 지방의 안정화

1) 항산화제－산화적 연쇄반응을 방해함으로써 유지의 안정 효과를 갖게 하는 물질이다. 대부분 1개 또는 그 이상의 수산기(－OH)가 붙어 있는 환상(環狀)구조를 가진 석탄산 계통의 화합물이다. 식품 첨가용 항산화제에는 비타민 E, 프로필갈레이트, BHA, NDGA, BHT 등이 있다.

2) 수소 첨가－지방산의 2중 결합에 수소를 첨가, 불포화도를 감소시키는 것을 말한다. 불포화도가 감소되어 포화도가 높아지므로 융점이 높아지고 단단해진다. 이러한 유지의 수소 첨가를 '경화(硬化)' 라 한다.

☞ 보완제 : 아스코르브산(비타민C), 구연산, 주석산, 인산 →항산화 능력은 없지만, 항산화제와 함께 쓰면 그 능력이 높아진다. 즉 지방의 안정성이 높아진다.

☞ 유지의 단단한 정도는 고형질 입자의 크기, 온도, 결정체모양, 결정의 강도, 고체 － 액체의 비율 등에 의해 영향을 받음.

4. 제과 · 제빵용 유지의 특성

1) 향미－유지 제품별로 특유의 향미가 있어야 하나 온화해야 한다. 튀김이나 굽기 과정을 거친 후에 냄새가 환원되지 않아야 한다.

2) 가소성－유지가 고체 모양을 유지하는 성질을 말한다. 낮은 온도에서 너무 단단하지 않으면서 높은 온도에서 너무 부드러워지지 않는 것을 가소성 범위가 넓다고 한다. 믹싱과 작업에 편리한 가소성 유지의 고형지방 함량은 약 15~25% 범위에 있다.

3) 유리지방산가－1g의 유지에 들어 있는 유리지방산을 중화하는 데 필요한 수산화칼륨의 ㎎수. %로 표시한다. 지방이 가수분해된 정도를 나타내는 중요한 지수로, 유지의 질을 판단하는 기준이 된다.

4) 안정성－지방의 산화와 산패를 억제하는 성질을 가리킨다. 저장기간이 긴 제품에 사용하는 유지의 중요한 특성은 안정성이 높은 유지이다.

5) 색－쇼트닝은 순수한 흰색이 좋다. 온도가 높은 상태에서 오래 보관하면 결정구조의 변화나 질소를 잃게 되어 다소 변화되기도 한다. 원유, 결정 입자의 크기, 공기 또는 질소의 함유량, 템퍼링, 정제 등에 영향을 받는다.

6) 기능적 요소

① 쇼트닝가 : 빵 · 과자 제품의 부드러움을 나타내는 수치이다. 표준 크래커나 파이 껍질의 강도를 쇼트미터로 측정한다.

② 크림가 : 유지가 믹싱 조작중 공기를 포집하는 능력. 크림법을 사용하는 케이크, 버터크림 등 크림 제조에 중요한 기능을 한다.

③ 유화가 : 유지가 물을 흡수하여 보유하는 능력을 말한다. 쇼트닝은 자기 무게의 100~400%를 흡수하며, 유화 쇼트닝은 800%까지 흡수한다. 많은 유지와 액체재료(물, 계란, 우유 등)를 사용하는 제품에 중요한 기능을 한다.

☞ 쇼트닝가 : 구운 제품에 바삭함을 줄 수 있는 유지의 능력을 나타내는 수치.

기초력 확인문제

1〉 다음 지방의 산화를 가속시키는 금속 중 영향력이 가장 큰 것은?
① 아연 ② 철 ③ 구리 ④ 알루미늄

2〉 다음 설명 중 옳은 것은?(기출문제)
① 모노글리세리드는 글리세롤의 -OH가 3개 중 하나에만 지방산이 결합된 것이다.
② 기름의 가수분해는 온도와 별다른 상관이 없다.
③ 기름의 비누화는 가성소다에 의해 낮은 온도에서 진행이 빠르다.
④ 기름의 산패는 기름 자체의 이중결합과 무관하다.

3〉 다음 중 유지(지방)에 대한 설명으로 옳은 것은?(기출문제)
① 알코올과 글리세린의 이중결합체
② 글리세린과 지방산의 에스테르결합체
③ 글리세린과 포도당의 이중결합체
④ 글리세린과 수소의 에스테르결합체

해설 지방의 구성 성분은 지방산과 글리세린. 물에 불용성인 유지는 글리세린과 고급지방산과의 에스테르, 즉 화학적으로 트리글리세리드라 한다.

4〉 다음 중 유지(지방)의 산화를 촉진하는 요소로 틀린 것은?
① 산소와 온도 ② 2중결합의 수 ③ 자외선과 금속 ④ 비타민 E

5〉 다음 중 유지의 성질을 측정하는 기준이라 할 수 없는 것은?
① 필수지방산가 ② 유리 지방산가 ③ 쇼트닝가 ④ 가소성

답 1〉 ③ 2〉 ① 3〉 ② 4〉 ④ 5〉 ①

제3절 단백질(Proteins)

◇◇ 보충설명 ◇◇

3대 유기화합물인 탄수화물, 지방, 단백질 중에서 단백질은 영양학적으로 중요하고 화학적으로도 가장 복잡하다. 단백질은 50~55%의 탄소, 20~23%의 산소와 12~19%의 질소 외에 수소로 구성되어 있는데, 이 질소가 단백질의 특성을 규정짓는다.

☞ 일반 식품은 질소를 정량하여 단백질의 질소계수 6.25를 곱하고, 밀의 경우는 5.7을 곱하여 단백질 함량으로 한다.

1. 아미노산

(1) 기본구조

단백질을 구성하는 기본단위이며 아미노 그룹($-NH_2$)과 카르복실기($-COOH$) 그룹을 함유하는 유기산으로, 카르복실기 그룹에 있는 첫번째 원소인 알파 탄소에 아미노 그룹이 붙어 있다. 아미노산은 염기와 산의 특성을 함께 지니고 있는 양성적인 염기성이다.

(2) 아미노산의 분류

1) 중성 아미노산-아미노 그룹과 카르복실기 그룹을 각각 1개씩 가지고 있다. 지방족 화합물로 거의 모든 단백질의 주된 구성 성분이 된다. 발린, 류신, 이소류신, 트레오닌이 여기에 속한다.
2) 산성 아미노산-1개의 아미노 그룹과 2개의 카르복실기 그룹을 가지고 있고 약산의 성질을 띤다.
3) 염기성 아미노산-2개의 아미노 그룹과 카르복실기 그룹 1개를 가지고 있다. 약염기성을 띤다. 리신이 이에 속한다.
4) 함황 아미노산-시스틴, 시스테인, 메티오닌.

☞ 성인에게 필요한 필수아미노산 : ① 리신(lysine) ② 트립토판(tryptophan) ③ 페닐알라닌(phenylalanine) ④ 류신(leucine) ⑤ 이소류신(isoleucine) ⑥ 트레오닌(threonine) ⑦ 메티오닌(methionine) ⑧ 발린(valine) 등.

※ 이중 페닐알라닌은 방향족, 트립토판은 이종 환상 아미노산에 속한다.

2. 단백질의 분류

단백질은 생물학적 방법으로 식물성과 동물성 단백질로 나누나, 화학적 성질에 따라 단순 단백질, 복합단백질, 유도단백질로 분류한다.

(1) 단순 단백질

1) 알부민-물이나 묽은 염류 용액에 녹고 열과 강한 알코올에 응고된다. 흰자, 혈청, 우유, 식물조직 중에 존재하며 단백소(蛋白素)라고도 한다.
2) 글로불린-물에는 불용성이나 묽은 염류 용액에는 가용성이다. 열에 응고되며 계란, 혈청, 대마씨, 완두 등에 존재한다. 인을 함유한 것은 물에도 녹는다.
3) 글루텔린-중성 용매에는 불용성이나 묽은 산, 염기에는 가용성으로 열에 응고된다. 곡식의 낟알에 존재하며, 밀의 '글루테닌'이 대표적이다.
4) 프롤라민-물과 중성 용매에 불용성, 묽은 산과 알칼리에 가용성. 70~80%의 강한 알코올에 용해되는 점이 다른 단백질과 다른 점이

☞ 단백질의 변성 요인
- 가열 · 동결 · 교반
- 고압 · 자외선열.

☞ 단순 단백질 : 가수분해에 의해 아미노산이나 그 유도체만이 생성되는 단백질.

☞ 글루텔린에 속하는 밀 단백질을 글루테닌이라 한다.

다. 곡식의 낟알에 존재하며, 밀의 '글리아딘', 옥수수의 '제인', 보리의 '호르데인'이 대표적이다.

5) 알부미노이드—모든 중성 용매에 불용성이다. 동물의 결체 조직인 인대, 건(腱), 발굽 등에 존재하며 가수분해하면 콜라겐과 케라틴으로 나뉜다.

6) 히스톤—물이나 묽은 산에 녹으며, 약염기로 반응한다. 암모니아에 침전되고 열에 응고하지 않는다. 동물의 세포에만 존재하며 핵단백질, 헤모글로빈 등을 만든다.

7) 프로타민—거의가 기본 아미노산만으로 구성된 가장 간단한 단백질 또는 폴리펩티드이다. 물에 가용성이나 열에 응고하지 않는다.

(2) 복합단백질

1) 핵단백질—세포 활동을 지배하는 세포핵을 구성하는 단백질이다. RNA, DNA와 결합하여 동 · 식물의 세포에 존재한다.

2) 당단백질—탄수화물과 단백질이 결합된 화합물로 동물의 점액성 분비물에 존재한다. 뮤신과 뮤코이드가 여기에 속한다.

3) 인단백질—유기 인과 단백질이 결합되어 있으며 우유의 카세인, 노른자의 오보비텔린이 여기에 속한다.

4) 색소 단백질—발색단(發色團)을 가진 단백질 화합물로 포유류와 무척추 동물의 혈관, 녹색식물에 존재한다.

5) 금속단백질—철, 구리, 아연, 망간 등과 결합한 단백질이다. 호르몬의 구성 성분이 되기도 한다.

(3) 유도단백질

이 물질은 효소나 산, 알칼리, 열 등 적절한 작용제에 의한 분해로 얻어지는 단백질의 제1차, 제2차 분해 산물을 말한다.

1) 메타단백질—제1차 분해 산물에는 불용성, 묽은 산과 알칼리액에는 가용성이다.

2) 프로테오스—메타단백질보다 가수분해가 더 많이 진행된 분해산물로 수용성이나 열에 응고되지 않는다.

3) 펩톤—가수분해가 상당히 진행되어 분자량이 적은 분해 산물로 실제적으로 교질성도 없다.

4) 펩티드—2개 이상의 아미노산 화합물이며 비교적 적은 분자량을 가진다. 아미노산 직전의 유도단백질이다.

3. 밀가루의 단백질

(1) 밀

밀은 제분되어 밀가루로 되었을 때 발효와 굽는 과정에서 발생하는 가스를 보유하여 가볍고 잘 부푼 빵을 만들게 하는 유일한 곡물이다. 이러한 특성은 밀의 단백질에 의한 것이며, 이 단백질은 물과 결합하여 글루텐을 형

☞ 혈관에 들어 있는 헤모글로빈은 호흡작용에 관여한다. 글로빈과 철을 함유한 색소물질인 헴으로 구성되어 있다.

☞ 복합단백질 : 단순 단백질에 다른 물질이 결합되어 있는 단백질.

성, 실제적으로 반죽이 가스를 보유할 수 있게 하는 것이다.

> **참고**
>
> 글루텐 형성의 주요 단백질
> 글리아딘(gliadin)과 글루테닌(glutenin)은 물과 함께 반죽할 때 형성되는 글루텐의 주 성분을 이루는 단백질이다.

☞ 글루테닌 : 글루텐에 탄력성을 준다.
글리아딘 : 신장성과 점착성을 부여한다.

(2) 글루텐과 단백질 관계

1) 젖은 글루텐(%)=(젖은 글루텐 중량÷밀가루 중량)×100.

2) 건조 글루텐(%)= 젖은 글루텐(%)÷3=밀가루 단백질(%).

기초력 확인문제

1〉 다음 중 글루텐을 형성하는 단백질끼리 짝지은 것은?

① 알부민-글리아딘 ② 글리아딘-글루테닌 ③ 글루테닌-글로불린 ④ 글로불린-알부민

해설 밀 단백질 중 불용성인 글리아딘과 글루테닌이 물과 결합하여 글루텐을 형성한다.

2〉 밀가루 반죽에서 글루텐의 탄성에 관계하는 단백질은 무엇인가?

① 알부민 ② 글리아딘 ③ 글루테닌 ④ 글로불린

해설 글루텐은 글리아딘과 글루테닌의 결합체 · 글루테닌은 탄성이 높고, 글리아딘은 점성이 높다.

3〉 단순 단백질이 아닌 것은?

① 알부민 ② 글로불린 ③ 글리코프로테인 ④ 글루텔린

4〉 밀가루 200g에 물을 넣고 반죽한 뒤 물로 씻어내었더니 글루텐 덩어리 72g이 남았다. 이때 건조 글루텐의 비율은 얼마인가?

① 12% ② 24% ③ 36% ④ 48%

해설 젖은 글루텐=$\frac{72}{200}\times100=36\%$, 건조 글루텐=36÷3=12%.

5〉 다음 밀 단백질 중 70% 알코올에 녹고 점성이 있는 것은?

① 글루테닌 ② 글리아딘 ③ 글로불린 ④ 알부민

6〉 글루텐이 발달할 때 가장 먼저 부풀고 다른 단백질을 흡수하는 것은?

① 글리아딘 ② 메소닌 ③ 알부민 ④ 글루테닌

7〉 밀가루 반죽을 할 때 함께 배합하는 물질 중에서 글루텐을 가장 크게 약화시키는 것은?

① 버터 ② 설탕 ③ 달걀 ④ 우유

답 1〉② 2〉③ 3〉③ 4〉① 5〉② 6〉④ 7〉②

제4절 효소(Enzyme)

◇◇ 보충설명 ◇◇

1. 효소의 분류

(1) 일반 분류

효소의 이름은 작용하는 기질의 어미에 '-ase'를 붙여 명명한다. 효소가 촉매하는 반응의 형태에 따라 분류하면 다음과 같다.

① 산화환원효소(Oxidoreductase) : 산화 · 환원 작용을 촉매하는 효소.

② 전이효소(Transferase) : 관능기의 전이를 촉매하는 효소. 즉, 한 물질에 있는 수소, 메틸, 아미노 그룹 등을 다른 물질에 옮기는 효소.

③ 가수분해효소(Hydrolase) : 물을 가하여 화학결합을 파괴하는 가수분해 반응을 촉매하는 효소.

④ 분해효소(Lyase) : 탈이효소, 리아제라고도 함. 가수분해 이외의 방법으로 화학기의 이탈반응을 촉매하는 효소.

⑤ 이성화효소(Isomerase) : 분자의 구조나 형태를 바꾸는 효소.

⑥ 합성효소(Ligase) : 리가아제라고도 함. 2개 분자의 축 · 결합을 촉매하는 효소.

☞ 효소 : 생물체 속에서 일어나는 화학 반응에 촉매 역할을 하는 단백질. 즉, 화학 반응을 촉진하는 단백질이다.

(2) 작용 기질에 따른 분류

1) 탄수화물 분해효소

① 셀룰라아제(Cellulase) : 섬유소(셀룰로오스)를 분해하는 효소로서 각종 달팽이류, 목질천곤충 및 미생물체에 존재한다.

② 이눌라아제(Inulase) : 돼지감자 등에 있는 이눌린을 과당으로 분해하는 효소로서 땅속 줄기와 뿌리 식물에 존재한다.

③ 아밀라아제(Amylase) : 전분을 무작위로 잘라서 액화시키는 효소인 α-아밀라아제와 α-아밀라아제에 의해 잘려진 전분을 맥아당 단위로 자르는 효소인 β-아밀라아제가 있다. 밀가루, 맥아 추출물, 침(프티알린), 여러 종류의 박테리아와 곰팡이 등에 존재한다.

④ 이당류 분해효소

인베르타아제(Invertase)	설탕(자당)을 과당과 포도당으로 분해. 제빵용 이스트, 췌액, 장액 등에 존재.
말타아제(Maltase)	맥아당을 2개의 포도당으로 분해. 제빵용 이스트, 췌액, 장액 등에 존재.
락타아제(Lactase)	유당을 포도당과 갈락토오스로 분해. 췌액과 장액에 존재.

⑤ 산화효소

치마아제(Zymase)	단당류를 이산화탄소(CO_2)와 알코올로 분해하는 효소. 제빵용 이스트에 존재.
퍼옥시다아제(Peroxidase)	카로틴계 황색 색소를 무색으로 산화시키는 효소. 대두 등에 존재.

☞ 사람의 소화기관에는 셀룰라아제가 없어, 사람은 섬유질을 소화할 수 없다. 대장에서 미생물의 작용을 받아 부패한다.

2) 단백질 분해효소

단백질과 펩티드 결합을 끊어 놓는 효소이다.

프로테아제(Protease)	단백질을 펩톤, 폴리펩티드, 펩티드, 아미노산으로 분해하는 효소. 밀가루, 발아중의 곡식, 곰팡이류에 존재.
펩신(Pepsin)	위액에 존재.
트립신(Tripsin)	췌액에 존재.
레닌(Rennin)	단백질을 응고시키며, 반추 동물(소, 양 등) 위액에 존재.
펩티다아제(Peptidase)	펩티드를 가수분해하여 아미노산으로 전환시키는 효소. 췌장에 존재.

3) 지방 분해효소

리파아제(Lipase)	가수분해 효소로 에스테르 결합을 분해한다. 밀가루, 이스트, 장액 등에 존재한다.
스테압신(Steapsin)	췌장에 존재.

2. 효소의 성질

(1) 선택성

효소의 중요한 특성 중의 하나가 선택성이다. 한 개의 효소는 어느 한 개의 기질(촉매 작용을 받는 물질), 또는 어떤 한정된 일군의 기질과만 반응한다. 즉, 효소는 어느 특정한 기질만 공격할 수 있으며 그 외의 부분에는 영향을 미치지 못한다. 특정 기질에 대한 효소의 반응 속도는 일반 화학적 반응보다 훨씬 빠르다.

(2) 온도의 영향

효소는 일종의 단백질이기 때문에 온도가 한계를 넘어 올라가면 효소 단백질이 열에 의해 변성하여 원래의 성질로 회복하지 못한다. 적정 온도 범위에서 온도가 10℃ 오름에 따라 효소의 활성이 2배로 증가하고, 이 범위를 벗어나면 활력이 줄거나 불활성되기도 한다.

(3) pH의 영향

pH가 달라지면 효소의 활성화도 달라진다. 각 효소는 활성이 최대로 되는 특유의 pH가 있는데, 이를 적정 pH라 한다. 같은 효소라도 그 작용 기질에 따라 적정 pH도 달라진다.

3. 효소와 이스트, 빵과의 관계

(1) 아밀라아제

탄수화물 분해효소이며 배당체 결합을 분해하는 가수분해 효소인 아밀라아제는 동물의 조직, 고등식물, 특정한 곰팡이류나 박테리아류 등에 존재한다.

☞ 효소의 최고 활성온도는 그 종류에 따라 다르며, 다른 무기물, 염, 당 등에 의해 변화될 수 있다.
효소는 대개 60˚C이상에서 활성이 저하되며, 70~80˚C 이상에서는 파괴된다. 효소의 최적 온도는 동물성 효소 35~40˚C내외, 식물성효소 약 55˚C내외이다.

☞ 가수분해효소의 적정 pH
① 펩신(알부민) : 1.5
② 췌장 아밀라아제 : 6.7~6.9
③ 맥아 아밀라아제 : 4.5
④ 아르기나아제 : 9.5~9.9.
⑤ 알파 글루코시다아제 : 7.0
⑥ 유레아제 : 6.4~6.9 등.

※ 제빵용 아밀라아제는 pH 4.6~4.8에서 활력이 가장 높다.

① 베타-아밀라아제 : 당화효소라고도 하는 이 효소는 α-1,4 결합을 공격하여 2개의 포도당 단위로 된 맥아당을 생성한다. 이 효소는 손상된 전분과 덱스트린에서 맥아당을 직접 생성시킨다.

② 알파-아밀라아제 : 액화효소라고도 하는 이 효소는 전분을 덱스트린화하는 능력을 가지고 있다. 천연상태의 전분에 직접 작용하여 전분을 쉽게 액화한다. α-1,4 결합 뿐 아니라 α-1,6 결합을 가진 아밀로펙틴에도 작용하기 때문에 내부 아밀라아제라고도 한다.

※ 곰팡이류 아밀라아제와 박테리아류 아밀라아제

아밀라아제의 공급원이 다르면 온도와 pH에 따라 그 활성도 다르다. 제빵에는 역가(力價)가 5,000~20,000인 α-아밀라아제를 사용하는데, 공급원에 따라 열 안정성이 다르다.

☞ α-1,6 결합에 작용하지 못하여 '외부 아밀라아제'라고도 한다.

☞ α-아밀라아제 중 열에 대한 안정성이 큰 순서는, 박테리아류〉맥아류〉곰팡이류 순이다.

(2) 효소와 이스트

전 분 + [베타-아밀라아제] ⇨ 맥아당

전 분 + [알파-아밀라아제] ⇨ 덱스트린

포도당 + [치 마 아 제] ⇨ 탄산가스+알코올

설 탕 + [인 베 르 타 아 제] ⇨ 포도당+과당

☞ 전화당 : 설탕이 가수분해되어 포도당과 과당이 동량으로 혼합된 당류.

(3) 효소와 제빵

1) 아밀라아제의 역할

① 발효당이 증가하여 가스생산을 늘린다.

② 색을 내는 당을 증가시킨다.

③ 껍질의 수분을 증가시켜 숙성과정에서 부드러움을 유지한다.

④ 빵 부피를 개선함은 물론 가스보유력을 증가시킨다.

2) 프로테아제의 역할

① 반죽의 신장성을 향상시킨다.

② 반죽 다루기와 기계적 내성을 향상시킨다.

③ 완제품의 기공과 조직을 향상시킨다.

④ 일정한 조건 아래 믹싱시간을 줄일 수 있다.

기초력 확인문제

1〉 인체에는 없지만 다른 생물체내에 있어, 섬유질을 분해하는 효소는 무엇인가?

① 아밀라아제 ② 인베르타아제 ③ 셀룰라아제 ④ 설파아제

해설 셀룰라아제는 섬유소를 분해하는 효소로서 달팽이류, 목질천곤충, 미생물체에 존재한다.

2〉 빵 반죽이 발효하는 동안, 포도당을 이산화탄소와 알코올로 분해하는 효소는 무엇인가?

답 1〉 ③ 2〉 ④

① 아밀라아제　　② 말타아제　　③ 인베르타아제　　④ 치마아제

해설 치마아제는 당류를 이산화탄소와 알코올로 분해하는 효소로서 이스트 속에 존재한다.

3〉 다음 중 알파 아밀라아제에 대한 설명으로 틀리는 것은?

① 액화효소이다.　　② α-1, 6 결합에만 작용한다.

③ 내부 아밀라아제라 한다.　　④ 전분을 분해하여 덱스트린을 만든다.

해설 알파(α)아밀라아제 : 녹말이나 글리코겐의 글루코오스 사슬을 안쪽에서부터 끊는다. 그래서 내부 아밀라아제라고도 한다. 이것은 α-1, 4 결합에만 작용한다.

베타(β)아밀라아제 : 녹말, 글리코겐의 글루코오스 사슬을 끝에서부터 끊는다. 그래서 외부 아밀라아제라고도 한다. α-아밀라아제처럼 α-1, 4 결합에 작용한다.

4〉 빵 반죽 속에서 이스트 효소의 분해작용에 대한 설명으로 맞은 것은?

① 설탕(자당) → 아밀라아제 → 포도당+과당

② 전분 → 말타아제 → 맥아당

③ 설탕(자당) → 치마아제 → 이산화탄소+알코올+산

④ 포도당 → 치마아제 → 이산화탄소+알코올

5〉 다음 중 자체에 효소를 갖고 있지 않은 것은?

① 전분　　② 계란　　③ 생이스트　　④ 밀가루

해설 전분 : 아밀라아제, 생이스트 : 치마아제, 밀가루 : 아밀라아제

6〉 다음 중 과당이나 포도당을 CO_2, 알코올로 분해하는 효소는?(기출문제)

① 치마아제　　② 인벌타제　　③ 말타아제　　④ 락타아제

7〉 다음 중 단백질 분해효소는 ?

① 아밀라아제　　② 리파아제　　③ 락타아제　　④ 펩신

8 〉 다음 중 효소를 구성하고 있는 주성분은?(기출문제)

① 탄수화물　　② 지방　　③ 단백질　　④ 박테리아

9〉 카로틴 계통의 황색색소를 무색으로 산화시키며 대두 등에 들어 있는 효소는?

① 레닌　　② 퍼옥시다아제　　③ 스테압신　　④ 이눌라아제

해설 레닌은 단백질 분해효소, 스테압신은 지방 분해 효소, 이눌라아제는 탄수화물 분해효소임.

10〉 제빵용 아밀라아제가 맥아당을 생성하기에 가장 적정한 pH범위는?

① 2.5~3.6　　② 4.6~4.8　　③ 5.4~5.7　　④ 7.3~7.5

답 3〉 ② 4〉 ④ 5〉 ② 6〉 ① 7〉 ④ 8〉 ③ 9〉 ② 10〉 ②

제5절 밀가루(Wheat Flour)

◇◇ 보충설명 ◇◇

1. 밀알의 구조

밀알은 구조적으로 배아, 내배유, 껍질의 3부분으로 구성되어 있다.

(1) 껍질층

전체 밀알의 약 13~14.5%를 차지하는 껍질층은 외피세포, 하피, 세포관, 내순섬유 등 과피와, 종피, 배주심외피, 호분세포층과 같은 내부 껍질층으로 구성되어 있다. 종피에 들어 있는 색소물질의 양, 농도, 색소, 외피의 투명성 등에 의해 독특한 색을 띤다.

내배유 바로 바깥쪽의 호분세포층은 두꺼운 벽을 가진 단백질로 구성되어 있으나 글루텐을 형성하지 않는다.

(2) 배아

배아에는 약 9.4%의 지방이 들어 있다. 이 중 97%는 비극성 지방이고, 나머지 3%가 인지질, 당지질, 지단백질 등의 극성 지방으로 되어 있다. 밀알 전체의 2~3%를 차지하는 배아는 발아하는 부위가 된다. 여기에는 지방이 상당량 함유되어 있어 저장성에 지장을 준다. 그래서 배아유는 식용 또는 약용, 사료용으로 사용된다.

(3) 내배유

밀의 거의 대부분인 약 83~85%를 차지하고 있으며, 밀가루를 구성하는 주재료 부위이다. 내배유에는 모양, 크기, 위치가 다른 3가지 형태의 전분이 있다. 호분세포층 바로 아래에 있는 주위세포, 낟알 표면에 대하여 수직으로 길게 도끼처럼 늘어선 각주세포, 가운데 부분을 채우고 있는 중심세포가 그것이다. 경질밀로 만든 밀가루는 초자질의 내배유 조직을 가지고 있어 모래알 같은 특성을 나타낸다. 그러나 연질밀로 만든 밀가루는 작은 세포입자와 유리된 전분을 가지고 있어 고운 밀가루가 된다.

☞ 과피 : 외피세포, 하피, 세포관, 내순섬유.

☞ 내부 껍질층 : 종피, 배주심외피, 호분세포층.

〈그림〉 밀알의 단면도

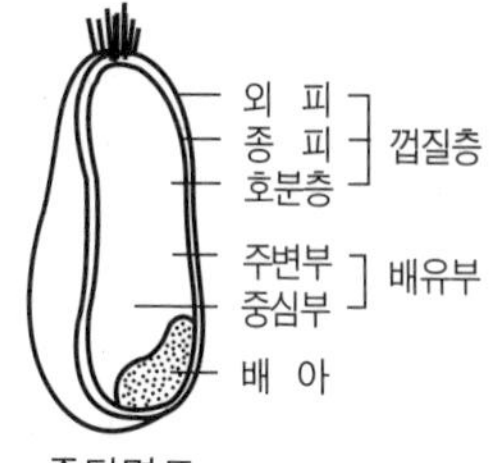

<종단면도>

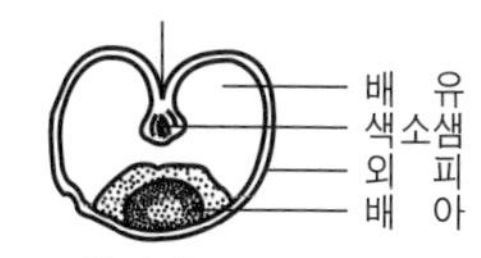

<횡단면도>

2. 제분

제분의 목적은 첫째, 내배유 부분으로부터 가능한 한 껍질 부위와 배아 부위를 분리하는 것이다. 둘째는 내배유 부위의 전분을 손상되지 않게 가능한 한 고운 밀가루의 수율을 높이는 것이다.

(1) 제분 공정

1) 밀 저장소－종류별로 사용할 밀을 저장.
2) 제품 통제－품종별 밀의 특성을 조사하여 분류하고, 사용 목적에 따라 혼합비도 결정한다.
3) 분리기－돌, 막대기, 조각 등 불순물을 제거한다.
4) 흡출기－공기를 불어넣어 가벼운 불순물을 제거한다.

☞ 밀알의 부위별 성분(단위 : %)

구 분	껍질	배아	내배유
무게구성비	14.5	2.5	83
단백질분포	19	8	73
회분	6.38	4.80	0.30
지방	6	8~15	1~2
무질소물	적다	적다	많다

5) 원반 분리기－밀알만 통과시키는 분리기이다.

6) 스카우더－밀알에 붙어 있는 먼지와 까락 등의 불순물과 불균형 물질을 털어낸다.

7) 자석분리기－철, 강철 등을 제거한다.

8) 세척－밀에 물을 넣고 고속으로 일어서 돌을 골라낸다.

9) 템퍼링－파괴된 밀이 잘 분리되도록 하고 내배유를 부드럽게 한다.

10) 혼합－특정 용도에 맞도록 밀을 조합한다.

11) 엔톨레터－파쇄기에 주입되는 부분으로 부실한 밀을 제거한다.

12) 제1차 파쇄－톱니처럼 된 롤러로 밀을 파쇄하여 거친 입자를 만든다.

13) 제1차 체질－체의 그물눈을 곱게 하여 밀가루를 얻고 나면, 과피부분은 별도의 정선기로 보내어 다시 분쇄한다. 이것이 저급 밀가루와 사료가 된다.

14) 정선기－공기와 체그물로 과피를 분리, 입자를 분류한다.

15) 거류싱롤－정선기에서 온 밀가루를 다시 분쇄하여 작은 입자로 만든다.

16) 제2차 체질－고운 밀가루는 다음 단계로 넘어가고, 거친 입자는 별도의 정선기를 거쳐 배아롤에 다시 분쇄되고 계속되는 체질에 의해 배아와 밀가루가 분리된다.

17) 정선－분쇄와 체질 과정이 한 번에 이뤄진다.

18) 표백 → 저장 → 영양강화

19) 포장

(2) 제분율과 용도

1) 제분율－제분율이란 밀을 제분하여 밀가루를 만들 때 밀에 대한 밀가루의 양을 %로 나타낸 것이다. 제분율이 낮을수록 껍질 부위가 적으며 고급분이 된다. 단, 영양가와는 무관하다.

2) 분리율－분리된 밀가루 100을 기준하여 나타낸 특정 밀가루의 백분율을 말한다. 분리율이 작을수록 밀가루 입자가 곱고 내배유 중심부위가 많이 함유되어 있다.

3) 용도

① 제빵용 : 특정 제품에 따라 규격이 다양하지만, 일반적으로 경질소맥을 제분해서 얻은 강력분을 사용한다. 단백질 함량은 12~15%로 최소 10.5% 이상이며, 회분은 0.4~0.5% 전후가 바람직하다. 제품에 따라 중력분 또는 박력분을 혼합하여 사용한다.

② 제과용 : 연질 소맥을 제분해서 얻는 박력분을 사용하는데 평균 7~9%의 단백질과 0.4% 이하의 회분이 함유된 것이 좋다. 제품에 따라 중력분 또는 강력분을 단독으로 사용하거나 혼합하여 사용하기도 한다.

☞ 패리노그래프(Farinograph)

① 고속 믹서내에서 일어나는 물리적 성질을 "파동 곡선 기록기"로 기록하여 해석

② 흡수율, 믹싱 내구성, 믹싱 시간 등을 판단

③ 곡선이 500 B.U에 도달하는 시간, 떠나는 시간 등으로 밀가루의 특성을 알 수 있다.

☞ 아밀로그래프(Amylograph)

① 밀가루-물의 현탁액에 온도를 균일하게 상승시킬 때 일어나는 점도의 변화를 계속적으로 자동 기록

② 호화가 시작되는 온도를 알 수 있다=완제품의 내상과 관계

③ 곡선의 높이=400~600 B.U가 적당. 높으면 완제품의 속이 건조하고 노화가속, 낮으면 끈적거리고 축축한 속.

☞ 제분율

· 전밀가루 : 100%
· 전시용 밀가루 : 80%
· 일반용 밀가루 : 72%.

3. 밀가루의 성분

(1) 단백질

1) 내배유

전체 단백질의 75% 정도를 차지한다. 주로 알코올 용해성인 프롤라민 계통(글리아딘)과 산-알칼리성 용해성인 글루텔린 계통(글루테닌)이 거의 같은 양으로 들어 있다.

2) 배아

수용성인 알부민과 염수용성인 글로불린이 들어 있다. 핵단백질과 같은 형태의 생물학적 활성 단백질을 함유하고 있다.

3) 껍질

전 단백질의 15~20%를 함유하며 알부민, 글로불린, 글리아딘 등의 형태로 존재한다.

※글루텐 형성 단백질
ㄱ. 글리아딘 36%
ㄴ. 글루테닌 20%
ㄷ. 메소닌 17%
ㄹ. 알부민, 글로불린 7%

(2) 탄수화물

밀의 중요한 탄수화물은 전분, 덱스트린, 셀룰로오스, 당류, 펜토산이다. 전분은 밀가루 중량의 70%를 차지하고 있다. 손상된 전분 입자는 알파-아밀라아제가 공격하기 쉬워 제빵에 다음과 같은 영향을 준다.

1) 장시간 발효하는 동안 적절한 가스 생산을 지원해 줄 발효성 탄수화물을 생성한다.
2) 권장량은 4.5~8%이다. 수용성 탄수화물은 자당, 맥아당, 포도당, 과당, 라피노스 등 단당류에서부터 3당류의 형태까지 1~1.5% 가량 들어 있다. 덱스트린의 함량은 0.1~0.2% 수준이다. 수용성 펜토산이 교질로 변하면 반죽을 단단한 상태로 만들어 준다. 또한 2차 발효중 생산되는 가스 세포가 무너지지 않게 하여 빵의 세포구조를 유지시킨다. 그밖에 밀가루의 흡수율을 높이고, 빵의 수분 보유력을 높여 노화를 지연시킨다.

(3) 지방

지방과 그 유사 물질은 밀 전체의 2~4%, 배아에는 8~15%, 껍질에는 6% 정도가 함유되어 있다. 에테르, 사염화탄소와 같은 용매로 추출되는 지방을 '유리지방'이라 한다. 에테르에는 추출되지 않으나 포화된 결정수를 가진 부탄알코올에 추출되는 '결합지방'은 유리지방에 비하여 인의 함량이 5배 이상이나 된다.

☞밀가루에는 밀보다 적은 1~2% 정도의 지방이 들어 있다.
이중 70% 정도는 유리지방으로 유기 용매에 의해 추출된다. 그러나 일단 빵 반죽이 되면 인 함량이 높은 인지질이 글루테닌과 결합, 결합지방이 되어 추출되지 않는다.

(4) 광물질

밀에 들어 있는 광물질은 토양, 강우량, 기타 기후조건과 밀 품종에 따라 다르지만 밀 전체의 1~2%를 차지한다. 그러나 부위별로 큰 차이가 있어 내배유 부위에는 0.28%~0.39%, 껍질 부위에는 20배가 되는 5.5~8.0%가 함유되어 있다. 밀가루 회분은 껍질 부위가 적을수록 함량이 적다. 즉, 제분율과 밀의 회분 함량은 정비례한다.

참고

밀가루 회분 함량의 의미

① 정제도 표시 : 고급 밀가루의 회분 함량은 밀의 약 1/4~1/5 정도가 되며 이것은 껍질 부분에 회분이 많다는 것을 의미한다. 따라서 껍질을 분리한 정도를 알 수 있다.

② 제분 공장의 점검 기준이 된다.

③ 제빵 적성을 직접 나타내지는 않는다. 여러 가지 밀가루의 조합에 따라 회분 함량은 조절되기 때문이다.

④ 제분율이 같을 때 일반적으로 경질소맥은 연질소맥에 비하여 회분 함량이 높다.

4. 표백-숙성과 밀가루 개량제

(1) 표백-숙성

밀가루의 노란 색소를 제거하는 것을 표백, -SH 결합을 산화시켜 반죽의 장력(張力) 증대, 부피 증대, 기공과 조직, 속색을 개선시키는 것을 숙성이라 한다. 자연 밀가루에는 카로티노이드로 표시, 1.5~4.0ppm의 황색 색소 물질을 함유하고 있으며 산소나 염소로 표백한다.

참고

밀가루의 색을 지배하는 요소

밀가루의 색을 지배하는 요소는 입자 크기, 껍질 입자, 카로틴 색소 물질 등이다. 즉 입자가 작을수록 밝은색, 껍질 입자가 많이 포함될수록 밀가루는 어두운 색을 띤다. 한편, 껍질의 색소 물질은 표백제에 의해 영향받지 않으나, 내배유에 천연상태로 존재하는 황색 카로틴 색소 물질은 표백제에 의해 탈색된다.

※ 포장된 밀가루의 숙성 조건

24~27℃의 통풍이 잘되는 저장실에서 3~4주 동안.

(2) 밀가루 개량제

브롬산칼륨, 아조디카본아미드, 비타민 C와 같이 두드러진 표백 작용 없이 숙성제로 작용하는 물질을 밀가루 개선제라 한다. 과산화아세톤을 20~40ppm 수준으로 처리한 밀가루는 반죽의 신장성, 부피가 증가한다. 또한 브레이크와 슈레드, 기공, 조직, 속색 등이 개선된다.

5. 밀가루의 성분 특성 실험

(1) 밀가루의 색

① 페카시험(pekar test) : 밀가루의 색을 판정하는 방법. 밀가루를 유리판 위에 놓고 매끄럽게 다듬은 후 찬물에 담근 다음 젖은 상태로, 또는 100° C에서 건조시켜 색을 판단한다.

☞ 숙성제의 기능
- 자연 숙성이나 인공 숙성은 제빵 적성을 개선한다.
- 빵 반죽의 물리적 변화로 더 좋은 색깔, 고운 속결과 기공을 만든다.

☞ 표백제의 기능
황색 색소를 표백하는 화학적 표백작용을 한다.

☞ 리폭시다아제(콩 또는 옥수수에서 얻는 산화 효소)를 반죽에 첨가하면 발효 과정 동안 색소물질을 파괴한다.

☞ 비타민 C는 자체가 환원제이지만 반죽 제조공정에서 산화제로 작용한다. 그러나 연속 반죽법에서는 반죽기계 구조가 산소공급을 제한, 산화를 방지하므로 다시 환원제의 역할을 나타낸다.

☞ 껍질의 혼입 정도와 표백 정도를 알 수 있다.

② 분광 분석기를 이용하는 방법 : 밀가루(10kg)를 물-노르말 부탄올의 포화용액(50ml)으로 추출한 뒤, 그 여과액을 분광 분석기로 측정하여 밀가루 색을 판정한다.

③ 이밖에 여과지 이용법이나 광학기구를 이용하여 밀가루 색을 실험하는 방법이 있다.

(2) 조단백질

조단백질이란 켈달(kjeldahl)법으로 질소를 정량하여 5.7을 곱한 수치를 말한다. 이는 밀가루 단백질 중 질소의 구성이 17.5%이기 때문이다.

(3) 회분

550~590°C의 오븐에서 태워 재로 만든 다음 재의 중량을 %로 표시한다. 회분은 제품에 의해 껍질 부분이 얼마나 분리되었는지를 알 수 있는 지표로 활용된다.

(4) 수분

진공 오븐법, 건조 오븐법, 알루미늄판법, 적외선 조사법 등으로 수분을 정량한다. 밀가루는 수분이 많고 적음에 따라 상품으로서의 가치, 저장성, 제빵 가공성 등이 달라진다. 따라서 가수율을 적절히 조절해 줘야 한다.

(5) 팽윤시험

유산을 사용하여 밀가루 - 물의 현탁액 침강 높이를 측정한다. 침강 높이가 55m이상이면 제빵 적성이 양호하지만, 20m이하이면 불량하다.

기초력 확인문제

1〉 다음 중, 밀가루를 사용할 때 선택기준이 될 수 없는 것은?

① 흡수력 ② 색상 ③ 균일성 ④ 분산성

해설 비표백 밀가루를 예로 들면, 색상(비표백－크림색, 표백－흰색) · 높은 흡수력 · 균일한 질이다.

2〉 일반적으로 밀가루에 함유된 수분의 함량은 대략 어느 정도인가?(기출문제)

① 5~10% ② 10~14% ③ 14~16% ④ 16~20%

3〉 밀과 밀가루의 성분을 비교했을 때, 다음 중 밀보다 밀가루에 더 많은 성분은?

① 단백질 ② 지방 ③ 당질 ④ 회분

해설 단백질 · 지방은 껍질과 배아에 많다. 이것이 제분하는 동안 깎여나가므로, 상대적으로 당질의 함량이 높아지고 수분도 약간 증가한다.

4〉 제과용 밀가루의 단백질 함량은?(기출문제)

① 7~9% ② 9~10% ③ 11~12% ④ 13% 이상

답 1〉 ④ 2〉 ② 3〉 ③ 4〉 ①

5〉다음 중 밀가루의 숙성에 대한 설명으로 틀린 것은?
① 제빵 · 제과 적성을 높인다.
② 산화제를 쓰면 숙성기간이 길어진다.
③ 포장된 밀가루는 실온에 3~4주 동안 두면 숙성한다.
④ 숙성기간은 온도와 습도의 영향을 받는다.

해설 숙성기간 동안 단백질의 질이 좋아진다. 산화제를 쓰면 기간이 단축된다.

6〉밀가루의 70%를 차지하는 성분은?
① 단백질 ② 지방 ③ 전분 ④ 회분

7〉밀가루의 숙성기간은?
① 1~2주 ② 2~4주 ③ 5~6주 ④ 7~8주

8〉밀가루 25g에서 젖은 글루텐 6g을 얻었다면 이 밀가루는 다음 어디에 속하는가?(기출문제)
① 박력분 ② 중력분
③ 강력분 ④ 제빵용 밀가루

답 5〉② 6〉③ 7〉② 8〉①

제6절 기타 가루

◇◇ 보충설명 ◇◇

1. 호밀가루

호밀을 제분한 가루이다. 주로 독일, 러시아, 북유럽 등지에서 호밀빵의 주원료로 이용된다.

(1) 호밀의 구성

1) 성분 구성 비율 (단위 : %)

성 분	함 량	성 분	함 량
탄수화물	70.9	단 백 질	12.6
수 분	10.5	섬 유 질	2.4
회 분	1.9	지 방	1.7

2) 반죽에 영향을 미치는 영양 성분

① 탄수화물 : 녹말, 헤미셀룰로오스, 덱스트린으로 이루어져 있으며 펙틴과 비슷한 고무물질(펜토산)이 다량 함유되어 있어 글루텐의 형성을 방해한다. 왜냐하면 고무물질은 팽창력이 커서 글루텐의 수분 흡수를

☞ 단, 젖산(유산)이나 아세트산(초산)으로 이 작용을 없앨 수 있다. 그러므로 이스트 발효보다 노면 발효를 통한 산성반죽(sour dough)으

방해하기 때문이다.

② 단백질 : 호밀가루의 단백질은 밀가루와 양적인 차이는 없으나 질적인 차이가 있다. 글루텐 형성 단백질인 글리아딘과 글루테닌이 밀은 전체 단백질의 90%나 되지만, 호밀은 25.72%에 불과해 탄력성, 신장성이 나쁘다. 따라서 호밀가루로 만든 반죽은 잘 부풀지 않고, 제품의 결은 곱고 치밀하다. 그러므로 이 단점을 보완하기 위해 밀가루를 섞어 만든다.

③ 지방 : 주로 배아에 함유되어 있으며 주성분은 올레산, 팔미트산이다. 이밖에도 인지질인 레시틴을 0.5% 함유하고 있다. 호밀의 지방은 저장시의 안정성이 중요하다(☞). 따라서 호밀의 저장은 주로 지방 함유량에 의해 결정된다. 즉 지방 함량이 많은 호밀가루는 저장성이 낮아진다.

④ 기타 : 칼륨과 인이 풍부하고 영양가도 높다.

3) 제분율에 따른 분류

① 백색 호밀가루 : 곡류의 중심 부분을 빻은 것. 표백제로 화학처리하는 유일한 호밀가루이며 전분이 대부분이고 회분(0.5~0.65%), 단백질(6~9%)이 적다. 색상이 밝아 라이트 호밀빵에 이용한다.

② 중간색 호밀가루 : 스트레이트 가루. 회분이 약 1%인 담회색이다. 사워 호밀빵인 버라이어티용이다.

③ 흑색 호밀가루 : 회분은 약 2%이고, 단백질은 12~16%로 많다. 제분율이 높고 껍질 입자가 가장 많이 함유되어 있어 검은색 호밀빵에 이용한다.

로 만들어진 호밀빵이 질적으로 우수하다.

☞ 왜냐하면 지방이 리파아제에 의해 분해되어 유리지방산을 만들면 호밀가루가 굳어져 단백질과 탄수화물의 성질도 달라지기 때문이다.

☞ 호밀분의 적정 부피 유지율(%)
밀가루 : 백색 호밀가루 =60 : 40
밀가루 : 중간색 호밀가루 =70 : 30
밀가루 : 흑색 호밀가루 =80 : 20

2. 대두분

대두(콩)가루. 전지 대두분, 탈지 대두분, 농축 대두분, 분리 대두분이 있다.

대두분은 밀가루에 부족한 각종 아미노산을 함유하고 있어서 세계 각국에서 밀가루의 영양소 보강을 위해 사용하는 식품이다. 대두는 빵의 영양가를 높이고 맛과 구운색을 향상시켜 신선함을 오래 유지시킨다.

제빵에 많이 쓰이는 제품은 탈지 대두분.

(1) 대두 단백질

단백질과는 화학적 구성과 물리적 특성이 다른 대두 단백질은 필수 아미노산인 '리신' 함량이 높아 밀가루 영양의 보강제로 사용된다. 대두 단백질은 밀 단백질에 비해 신장성이 결여되어 있으므로 밀가루에 대두 단백질 첨가량이 많을수록 글루텐과 전분을 약하게 한다.

(2) 사용

대두분이 영양가를 높이고 물리적 특성에 영향을 주기 때문에 빵 · 과자

☞ 한편, 냄새와 쓴맛을 제거한 탈취대두분이 있어 케이크나 빵에 사용되는데, 빵에는 밀가루의 약 10%를 사용하는 것이 좋다.

제품에 대두분을 사용한다. 단, 제빵기능성이 좋지 않아 사용에 거부감을 주는 것은 사실이다. 그러나 저장성을 증가시켜 빵속으로부터의 수분 증발 속도를 감소시키며 전분의 '겔(gel)' 과 글루텐 사이에 있는 물의 상호 변화를 늦춘다. 이외에도 다음 몇 가지 주요한 역할을 한다.

① 대두 인산 화합물의 항산화제 역할을 한다.
② 빵속 조직을 개선한다.
③ 토스트 할 때 황금갈색 색상을 띤 고운 조직의 빵을 만든다.
④ 단백질의 영양적 가치는 전밀빵 수준 이상이다.

☞ 대두가루는 밀가루에 부족한 아미노산이 있어 이것을 빵 반죽에 배합하면 영양가를 높일 수 있다. 단, 밀가루보다 흡수율이 높아 물에 닿으면 눅눅해지는 성질이 있으므로 처음에는 조금씩 넣으면서 반죽한다.

3. 활성 밀 글루텐

연한 황갈색의 미세한 분말, 선별된 밀가루로 특별한 공정을 거쳐 만들어진다. 사용하려는 밀가루의 단백질 함량이 낮아 이를 높여야 할 때, 또는 섬유질, 호밀가루, 기타 부재료로 인해 밀가루가 상당히 희석되었을 때 사용한다.

☞ 구성 : 단백질 75~77%, 지방 0.7~1.5%, 회분 1%내외, 수분 4~6%

(1) 제조공정

밀가루에 물을 넣고 믹싱해 부드러운 반죽을 만든 다음 흐르는 물로 반죽 중의 전분과 수용성 물질을 최대한 씻어 낸다(젖은 글루텐 반죽), 그런 후 세심하게 조절된 건조 조건하에서 글루텐을 건조하고 분말 형태로 만든다(60°C 이하에서 분무 건조).

(2) 사용

반죽의 믹싱 내구성을 개선하고 발효, 성형하는 동안에 안정성을 높여주며, 제품의 부피 증대, 기공 · 조직 · 저장성을 개선하기 때문에 하스브레드 형태의 빵과 롤, 건포도빵, 호밀빵, 고단백빵 등에 사용한다. 대개 스펀지나 액종과 같은 발효 전 단계에서 첨가한다. 단, 고섬유질 빵과 같이 많은 양의 밀 글루텐 사용시에는 재반죽 때 첨가한다.

☞ 활성 밀 글루텐 사용시에는 반죽시간을 약간 늘려준다. 활성 밀 글루텐은 첨가하는 중량에 대해 1.25~1.75%의 흡수율을 증가시킨다.

4. 기타

① 감자가루 : 감자가루는 구황식량으로서 주로 향료제, 노화지연제, 이스트의 성장을 촉진시키는 영양제로 사용된다.
② 땅콩가루 : 전체 단백질 함량이 높고, 필수아미노산 함량도 높아 영양강화 식품의 중요한 자원이 된다. 땅콩가루의 품질요건은, ㄱ. 95% 이상이 120메시 통과 ㄴ. 껍질, 이물질 제거 ㄷ. 밝은색과 부드러운 맛 유지 ㄹ. 단백질 55% 이상 함유 ㅁ. 지방 5~9% 정도 함유 ㅂ. 10% 이하의 수분과 3% 이하의 섬유질 함유 등.
③ 면실분 : 광물질과 비타민이 풍부하여 영양강화 재료로 사용되고 있다. 단백질이 높은 '생물가' 를 가지고 있다.
④ 옥수수가루 : 음식물 조리의 농후화제나 포도당, 물엿을 만드는 원료

☞ 단, 감자가루는 단백질, 지방, 광물질 등이 없는 감자전분과는 구별되어야 한다.

☞ 옥수수가루나 보리가루는 글루텐 형성 능력이 작으므로 밀가루에 섞어 사용하는데, 같은 부피의 빵을 만들기 위해서는 분할량을 증가시킨다.

로 사용한다. 또한 콘플레이크와 같은 스낵유, 옥배유 제조 등에도 사용한다. 옥수수 단백질은 리신과 트립토판이 결핍된 불완전 단백질이나 일반 곡류에 부족한 트레오닌과 함황 아미노산이 많으므로 다른 곡류와 섞어 쓰면 좋다.

⑤ 보리가루 : 밀가루와 섞어 빵이나 과자를 만든다.

기초력 확인문제

1〉 호밀가루는 회분 함량에 따라 색이 달라진다. 다음 중 회분이 가장 많은 가루는?

① 흰색 ② 연갈색 ③ 연회색 ④ 흑색

해설 호밀가루의 색이 짙을수록 회분 · 단백질의 함량이 높고, 껍질 부위가 많이 포함되어 있다. 흑빵 만들기에 알맞다.

2〉 다음 중 호밀가루에 대한 설명으로 틀린 것은?

① 호밀가루의 단백질은 밀가루와 양적 · 질적인 차이가 없다.
② 호밀가루로 만든 반죽은 잘 부풀지 않고, 제품의 결이 곱고 치밀하다.
③ 호밀가루는 펙틴과 비슷한 고무물질(당질)이 많아 글루텐 형성이 제대로 이루어지지 않는다.
④ 호밀빵 반죽의 물리성을 높이고자 하면 밀가루와 젖산(또는 아세트산)을 섞는다.

3〉 대두가루는 밀가루에 부족한 어떤 영양소가 많아, 빵의 영양을 강화할 목적으로 사용한다. 다음 중 그 영양소로 옳은 것은?

① 지방 ② 필수아미노산 ③ 섬유질 ④ 비타민 B_1

답 1〉 ④ 2〉 ① 3〉 ②

제7절 감미제

감미제는 제과 · 제빵에 있어서 빼놓을 수 없는 기본재료 중 하나이다. 그 기능 또한 다양하여 감미 · 향료 역할 외에도 영양소, 안정제, 발효 조절제 등의 역할을 한다.

1. 자당

설탕이라고도 불리며 사탕수수나 사탕무로부터 얻어진다. 사탕수수나 사탕무즙액을 농축하고 결정화시킨 원액을 원심 분리시키면 '원당'과 '제1당밀'로 분리된다. 자당은 원당으로 만드는 당류이다.

(1) 정제당

설탕의 정제란 원당 결정 입자에 붙어 있는 당밀 및 기타 불순물을 제거하여 순수한 자당을 얻고, 용도에 맞는 품종을 생산하는 것이다.

① 입상형 당 : 자당이 알갱이 형태를 이룬것. 입자가 아주 미세한 제품으로부터 큰 제품에 이르기까지 용도별로 제조하며, 크게 하드 슈거와 소프트 슈거로 나뉜다(☞).

② 분설탕 : 그라뉴당이나 흰 쌍백당 같은 고순도의 설탕을 곱게 빻아 가루로 만든 가공당의 하나로서, 분당, 슈거 파우더라고도 한다. 분설탕은 거치른 설탕 입자를 갈아 부수어 고운 눈금을 가진 체를 통과시켜 얻는다. 덩어리가 생기는 것을 방지하기 위해 3%의 옥수수전분을 혼합한다. 전분 이외에 고화 방지제로 인산삼 칼슘을 1% 이내의 범위로 첨가하기도 한다. 주로 생크림, 버터크림, 머랭 등의 크림류와 반죽의 재료로 쓴다.

③ 변형당 : 입상형 당과 분설탕에 속하지 않는 자당. 백색에서 암갈색까지 다양하다. 빙당, 과립상당, 커피슈거, 각설탕 등 용도별 특성에 맞게 만들어 사용한다.

④ 액당 : 고도로 정제된 자당 또는 전화당이 물에 녹아 있는 용액. 취급이 쉽고 위생적이어서 설탕을 대량으로 사용하는 공장에서 많이 쓴다.

⑤ 전화당 : 설탕이 산이나 효소에 가수분해되면 같은 양의 포도당과 과당이 생성되는데 이 혼합물을 말한다. 자당의 1.3배 정도로 감미가 높고, 수분 보유력도 높기 때문에 보습이 필요한 제품에 사용된다.

☞ 하드 슈거 : 입자가 큰 설탕. 그라뉴당, 쌍백당, 중쌍백당 등이 있다.
소프트 슈거 : 미세한 입자의 설탕. 상백당, 중백당, 삼온당(황설탕) 등이 있다.

☞ 입자가 325메시를 통과하는 고운 분말부터 거친 것까지 다양한데 입자가 고운 것은 과자제조, 코팅 등에 쓰이고 거친 것은 시럽 종류에 쓰인다.

☞ 액당의 당도 : 설탕물에 녹아 있는 설탕의 무게를 %로 표시한 수치.
〔설탕의 양 ÷ (설탕의 양+물의 양)〕×100

참고

정제당의 종류와 특징

- 쌍백당 : 입자가 가장 큰 백설탕. 사카린 모양이다. 나가사끼 카스텔라, 데커레이션, 사탕 표면 코팅에 사용.
- 중쌍백당 : 쌍백당보다 입자가 다소 작은 설탕. 중국, 홍콩 등지에서 음식맛을 낼 때 사용.
- 그라뉴당 : 콜라당이라고도 한다. 순도 및 청결도가 가장 높다. 음료, 제과용으로 사용.
- 상백당 : 환원당 1% 정도를 첨가한 백설탕. 감미도가 높고 부드럽다. 장기간 저장시 호화 변질의 우려가 있다.
- 중백당 : 엷은 황색으로, 입자가 중쌍백당 정도인 설탕. 특수빵, 쿠키에 사용.
- 삼온당(황설탕) : 약과, 약식, 캐러멜 색소 원료로 사용.
- 정백당 : 입자가 고운 백설탕. 가정용, 제과용, 제빵용으로 대개의 설탕을 총칭함.
- 빙당 : 설탕을 얼음으로 동결시킨 것. 투명 또는 색색으로 착색이 가능함.
- 각설탕 : 정백당을 1.5~1.8cm크기의 육면체로 만든 것. 홍차, 커피 등 차 종류에 사용.
- 과립상당 : 백설탕을 다공질의 과립상으로 만든 고급 설탕. 눈 또는 서리와 같은 모양으로 용해가 빠르다. 드레싱용으로 사용.

(2) 함밀당

당밀을 분리하지 않고 함께 굳힌 설탕. 흑설탕이 여기에 속한다.

2. 포도당과 물엿

(1) 포도당

포도당의 감미도는 설탕 100에 대하여 75 정도이다. 무수포도당($C_6H_{12}O_6$)과 함수포도당($C_6H_{12}O_6 \cdot H_2O$)이 있는데 제과용으로 쓰이는 것은 함수포도당이다.

제과에서 설탕 대신 포도당을 쓰고자 하면, 설탕 100g당 포도당 105.26g으로 대치해야 한다. 왜냐하면 포도당과 과당의 결합체인 설탕은 물이 있어야 분해되기 때문에 설탕 100g 당 물이 5.26g 필요하기 때문이다.

설탕 ―가수분해→ 포도당(포도당+과당)
100g ―+물 5.26g→ 105.26g(52.63+52.63g)

단, 이것은 순도 100%인 무수포도당을 쓸 때의 값. 함수포도당은 고형질(발효성 탄수화물) 91%에 물 9%로 구성되어 있으므로 무수포도당 105.26g은 함수포도당 115.67g(=105.26÷0.91)과 같다. 그러므로 설탕 100g은 함수(일반)포도당 115g이 된다.

(2) 물엿

녹말이 산이나 효소의 작용에 의해 가수분해되어 만들어진 감미물질로서, 물엿은 녹말의 분해산물인 포도당, 맥아당, 소당류, 그밖의 덱스트린이 혼합된 상태의 물질로 분해 방법과 정도에 따라 감미도가 다르다. 설탕에 비해 감미는 낮지만 점조성, 보습성이 뛰어나 일반 감미료보다 제품의 조직을 부드럽게 할 목적으로 많이 쓰인다.

또한 물엿은 감미제나 발효성 탄수화물로 여러 가지 빵 · 과자제품에 널리 사용되는데 롤, 번, 단과자빵, 파이 반죽, 파이 충전물, 머랭, 케이크 · 쿠키류, 아이싱에 주로 쓰인다. 이외에도 퍼지, 아이싱 원료, 마시맬로 토핑용, 잼 · 단과류, 냉동과일 · 계란, 향료 등에도 쓰인다.

3. 맥아와 맥아시럽

맥아와 맥아시럽에는 이스트 활성을 활발하게 해주는 영양물질인 광물질, 가용성 단백질, 반죽조절효소 등이 있어 반죽의 조절을 가속시키고 완제품에 독특한 향미를 준다.

1) 맥아 제품을 사용하는 이유―① 가스 생산을 증가시키고, ② 껍질색을 개선하며 ③ 제품 내부의 수분 함유량을 증가시킬 뿐 아니라 ④ 부가적인 향의 발생 효과를 얻을 수 있기 때문이다. 그러나 너무 많이 사용하

☞ 이스트의 영양원으로서 포도당은 빵의 재료로 쓰인다. 일반적인 정제 설탕보다 효과가 더 크다. 즉, 빵의 촉감과 결을 부드럽게 하고 오랫동안 촉촉함을 유지시키며, 빵의 유연성과 탄력성을 높인다.

☞ 물엿은 산 분해법, 산-효소법, 효소 전환법 3가지 방법에 의해 제조된다.

※ 감미제의 감미도

명 칭	감미도
과당	175
전화당	130
자당	100
포도당	75
갈락토오스	32
맥아당	32
젖당	16

☞ 맥아 : 발아시킨 보리의 낟알. 보통 가루 형태로 이용된다.
맥아시럽 : 맥아분에 물을 넣고 가온하여 탄수화물 분해효소, 단백질 분해효소, 맥아

면 발효중에 반죽이 너무 연해지고 끈적거려 손과 기계 작업시 불편하다.

2) 아밀라아제 활성 맥아시럽으로 저활성은 린트너가가 30° 이하, 중활성은 30~60°, 고활성시럽은 린트너가가 70° 이상이 된다.

3) 사용

① 중활성 맥아시럽을 0.5% 정도 사용(밀가루 기준)하면 이스트 활성을 활발하게 만들 수 있다.

② 분유를 6% 사용하면 당질 분해효소 작용을 지연시키고 발효가 늦어진다. 왜냐하면 분유는 알카리성으로서 반죽을 중화시키기 때문이다. 이때 0.5%의 맥아시럽을 사용하면 분유의 완충 효과에 대해 보상을 받을 수 있다.

③ 0.5%의 맥아시럽 사용으로 반죽상태와 흡수율 변화에 별다른 영향없이 발효를 지속시킬 수 있다.

당, 가용성 단백질, 광물질, 기타 맥아 물질을 추출한 액체.

☞ 중활성 효소제 맥아시럽 사용은 강한 밀가루, 분유 사용량이 많은 경우, 경수나 알칼리성 물을 사용하는 경우에 여러 가지 장점이 있다.

4. 당밀

사탕수수 정제 공정에서 원당을 분리하고 남는 1차 산물 혹은 부산물이다. 당밀을 첨가하면 특유의 단맛을 얻을 수 있으며 제품을 오랫동안 촉촉한 상태로 보존시킬 수 있다. 또한 특수 향료와의 조화를 위해 사용하기도 한다.

1) 등급

오픈케틀	적황색으로 당 70%, 회분 1~2% 함유.
1차당밀	연한 황색으로 당 60~66%, 회분 4~5% 함유.
2차당밀	적색으로 당 56~60%, 회분 5~7% 함유.
저급당밀	담갈색으로 당 52~55%, 회분 9~12% 함유.

※ 저급당밀은 식용하지 않고 가축사료, 이스트 생산 등 제품의 제조용 원료로 사용한다.

2) 제품 형태

① 시럽상태 : 30% 전후의 물에 당을 비롯한 고형질이 용해된 상태.

② 분말상태, 엷은 조각 상태 : 탈수한 시럽을 분말, 입상형, 엷은 조각형을 만든다.

☞ 당밀 중 설탕 함량이 가장 높은 오픈케틀 당밀은 사탕수수의 과즙을 그대로 농축시켜 만드는 최상급이다. 그 특징은,
① 숙성 과정 중 표백제를 사용하지 않으므로 1차당밀보다 색이 짙다.
② 적당시간 숙성되면 럼향을 낸다.

5. 유당(젖당)

포유동물의 젖(유즙) 속에 포함되어 있는 감미물질로서, 우유 속에 평균 4.8%를 함유하고 있다. 유당은 설탕에 비해 감미도(감미도 16)와 용해도가 낮고 결정화가 빠르다. 환원당으로 단백질의 아미노산 존재하에 '갈변반응'을 일으키며 착색에 효과를 주어 껍질색을 진하게 한다. 제빵용 이스트에 의

☞ 설탕 기준으로 케이크류와 머핀에 10~15%, 아이싱과 토핑에 15~20%, 과일 충전물에 15~20% 유당을 사용하면 제품 품질 수준을 높일 수 있다.

해 발효되지 않으므로 반죽 속에 남는다.

6. 기타 감미제

아스파탐(감미도는 설탕의 200배), 올리고당(감미도는 설탕의 30% 정도), 이성화당, 꿀, 천연감미료(스테비오시드, 단풍당 등), 사카린, 캐러멜색소 등이 있다.

첨 가 물 명	사 용 기 준
사카린나트륨 (saccharin sodium)	식빵, 이유식, 흰설탕, 포도당, 물엿, 벌꿀 및 알사탕류에 사용해서는 안된다.
글리시리진산이나트륨 (disodium glycyrrhizinate) 글리시리진산삼나트륨 (trisodium glycyrrhizinate)	된장과 간장 이외의 식품에 사용해서는 안된다.
아스파탐 (aspartame)	가열조리가 필요치 않은 식사대용 곡류 가공품(이유식 제외), 껌, 청량음료, 다류(茶類 : 분말청량음료 포함), 아이스크림, 빙과(셔벗 포함), 잼, 주류, 분말 수프, 발효유, 식탁용 감미료 이외의 식품에 사용해서는 안된다.
스테비오시드 (stevioside)	식빵, 이유식, 흰설탕, 포도당, 물엿, 벌꿀, 알사탕, 우유 및 유제품에 사용해서는 안된다.

※ 허용 감미료의 사용 기준.

☞ · 아스파탄 : 아스파르산과 페닐알라닌 2종류의 아미노산으로 이루어진 감미료.
· 올리고당 : 1개의 포도당에 2~4개의 과당이 결합된 3~5당류.
· 이성화당 : 포도당의 일부를 과당으로 이성화(異性化)시켜 과당과 포도당이 혼합된 당. 고과당 물엿 등 시럽상태가 많다.
· 꿀 : 감미가 높고 종류별로 독특한 향미를 가지고 있다. 수분 보유력이 뛰어난 제과제품에 많이 쓰인다.

7. 감미제의 기능

1) 이스트 발효제품에서의 기능

① 발효가 진행되는 동안 이스트에 발효성 탄수화물을 공급한다. 설탕은 포도당과 과당을, 맥아당은 2분자의 포도당을 만들어 이스트에 들어있는 효소 치마이제가 알코올과 이산화탄소 가스를 생성하게 한다.

② 이스트에 소비되고 남은 당은 밀가루 단백질과 환원당 사이의 반응(메일라드 반응)과 캐러멜화를 통해 껍질에 색을 내게 된다.

③ 속결과 기공을 부드럽게 만든다.

④ 수분 보유력이 있어 노화를 지연시키고 보존기간을 늘린다.

2) 과자제품에서의 기능

① 단맛을 낸다.

② 수분 보유제로 노화를 지연시키고 신선도를 오래 지속시킨다.

③ 밀 단백질을 연화시킨다.

④ 캐러멜화와 메일라드 반응을 통해 구운색을 들인다.

⑤ 감미제의 특성에 따라 독특한 향을 낸다.

☞ 또한 휘발성 산이나 알데히드 같은 화합물의 생성으로 향을 내며 속결, 기공, 내부를 매끈하고 부드럽게 한다.

☞ 메일라드 반응 : 갈변반응. 밀가루, 유제품, 계란 등에 함유되어 있는 아마노산과 환원당이 가열에 의해 반응하여 갈색으로 변하는 현상

☞ 캐러멜화 : 당분을 고온에서 가열하면 분해, 중합하여 착색물질을 만드는데, 이것을 캐러멜화하고 한다. 설탕은 160° C에서 캐러멜화가 시작되고, 포도당 · 과당은 이보다 낮은 온도에서 착색된나.

기초력 확인문제

1〉 빵을 만드는 필수재료는 밀가루, 이스트, 물, 소금이다. 여기에 부재료로 설탕을 더한다. 다음 중 빵 반죽에서 설탕의 기능이라 할 수 없는 것은?

① 이스트의 영양
② 껍질의 구운색 들임
③ 수분 보유
④ 흡수율 증가시킴

해설 설탕은 수분 보유 능력이 있어 제품의 부드러움을 오랫동안 유지시킨다. 설탕 사용량을 1% 증가함에 따라 흡수율은 1% 감소한다.

2〉 설탕류가 제빵에 미치는 공통적인 기능 중 잘못 기술된 것은?(기출문제)

① 수분 보유력이 강해 제품에 수분이 많이 남게 된다.
② 반죽에 탄성을 주며 오븐 팽창이 커진다.
③ 저장시간을 연장시키고 수율을 높인다.
④ 휘발성 산, 알데히드 등이 화합물을 생성한다.

3〉 분설탕을 저장할 때 ( )과/와 함께 섞어두면 덩어리지지 않는다. ( )안에 들어갈 재료는?

① 계란가루
② 전분
③ 분유
④ 찹쌀가루

해설 3%의 전분을 혼합하여 덩어리가 생기는 것을 방지.

4〉 다음 중 감미와 보습성이 가장 큰 당류는?

① 자당(설탕)
② 유당(젖당)
③ 전화당
④ 맥아당

5〉 설탕의 가수분해 과정에서 포도당과 과당의 용량 혼합물에 해당하는 것은?(기출문제)

① 맥아당
② 환원당
③ 전화당
④ 이눌린

6〉 분유를 사용한 반죽은 발효하는 데 시간이 많이 걸린다. 이때 맥아 시럽을 쓰면 지연 시간을 보상받을 수 있다. 분유를 6% 배합한다면 맥아시럽은 얼마나 써야 하는가?

① 0.5%
② 1.0%
③ 1.5%
④ 2.0%

7〉 약과에 물들이거나 캐러멜 색소로 쓰기에 알맞은 감미제는?(기출문제)

① 정백당
② 황설탕
③ 분당
④ 유당(젖당)

답 1〉 ④ 2〉 ② 3〉 ② 4〉 ③ 5〉 ③ 6〉 ① 7〉 ②

제8절 우유와 유제품

1. 우유의 성분

흰색 액체로 보이는 우유는 실제로 여러 가지 물질이 섞여 구성된 혼합물이다.

1) 유지방

일반적으로 우유 속에는 0.1~10㎛(평균 3㎛)인 유지방 입자가 들어 있으며, 1㎖에 20~30억개 정도 함유되어 있다. 우유 유장의 비중이 1.030인 반면 유지방은 0.92~0.94로 낮다. 따라서 우유를 원심 분리하면 집합체로 뭉쳐 크림이 된다. 유지방에는 카로틴, 크산토필 같은 색소 물질과 레시틴(인지질), 세파린, 콜레스테롤, 지용성 비타민 A · D · E 등이 함유되어 있다. 콜레스테롤은 뇌조직, 신경, 혈관, 간 조직에 존재하는 호르몬과 유사한 물질로 0.071~0.43% 함유되어 있다. 레시틴, 세파린은 0.1% 이하로 들어 있다.

2) 유단백질

우유의 주된 단백질은 카세인으로서 산과 레닌 효소에 의해서 응고된다. 유장 단백질 락토알부민과 락토글로불린은 각각 0.5% 정도 함유되어 있고 열에 의해 변성, 응고된다.

3) 유당

우유의 주된 당인 유당은 평균 4.8% 정도 함유되어 있다. 유산균에 의해서 발효되면 부티르산과 이산화탄소로 분해된다. 그러나 제빵용 이스트에 의해서는 발효되지 않는다. 산가가 0.5~0.7%(pH 4.6)에 이를 때 단백질 카세인이 응고하며, 유산 함량이 0.25~0.3%에 이를 때 우유에서 신맛(산미)을 느낄 수 있다.

4) 광물질

회분 함량이 0.6~0.9%(평균 0.7%)인 우유에는 각종 광물질이 고루 함유되어 있다. 칼슘과 인은 전체의 1/4을 차지하며 영양학적으로 중요한 역할을 한다. 구연산은 0.02% 정도 함유되어 있고 열평형에 관계하고 있다.

5) 효소와 비타민

우유에는 상당수의 효소가 들어 있다. 리파아제, 아밀라아제, 포스파타아제, 퍼옥시다아제, 촉매 효소 등을 비롯해 갈락타아제, 락타아제, 뷰티리나아제 등이 그것이다. 이러한 효소는 열에 민감하기 때문에 살균 과정 또는 분유 제조시 대부분 불활성화 된다. 우유에는 사료의 종류와 질에 따라 함량이 다양한 비타민을 함유하고 있다. 비타민 A, 리보플라빈, 티아민은 풍부하지만 비타민 D · E는 결핍되어 있다.

☞ 우유의 지방은 아주 작은 구상(球狀)인 지방구로서, 콜로이드 상태로 분산해 있다. 우유는 분자량이 적은 저급 지방산이 많아 소화 흡수율이 높다.

☞ 버터내의 레시틴이 가수분해되어 산화가 되면 콜린이 트리메틸아민으로 되어 생선 냄새가 난다.

☞ 카세인은 우유 전체의 3%, 우유 단백질의 75~80%를 차지하고 있다.

☞ 유당은 이당류로 포도당 1분자와 갈락토오스 1분자로 구성. 감미도 16 정도인 환원당.

☞ 모든 광물질이 용액 상태로만 녹아 있는 것은 아니다. 칼슘, 마그네슘, 인의 일부는 우유의 카세인과 유기적으로 결합하고 있다.

☞ 칼슘과 인은 골격을 형성하는 기본 무기질. 어린이의 성장 발달에 필수적인 영양소이다.

☞ 리파아제 : 지방 분해효소
아밀라아제 : 전분 분해효소
포스파타아제 : 인산화합물 분해효소
락타아제 : 유당 분해효소

2. 우유 제품

1) 시유

마시기 위해 가공된 액상우유를 말하며, 원유를 받아 여과 및 청정 과정을 거친 후 표준화, 균질화, 살균 또는 멸균, 포장, 냉장한다.

☞ 시유(市乳)란 우유를 가열 · 살균하여 소비자가 안전하게 마실 수 있도록 작은 단위용량으로 포장한 것. 비중은 1.028~1.034.

2) 농축우유

농축우유라 하는 것은 우유에 포함되어 있는 수분을 증발시켜 고형질 함량을 높인 우유를 말한다. 연유나 생크림도 농축우유의 일종으로 본다.

① 증발농축우유 : 고형질을 원유보다 2.25배 높인 것으로 유지방 7.9% 이상, 고형질 25.9%로 농축한 다음 116~118℃에서 살균처리한 것을 말한다.

☞ 평균 유지방 함량은 8% 정도로 시유를 2배이상 농축한 것.

② 일반농축우유 : 수분을 27%로 낮춘 우유를 말한다. 살균과 밀봉 포장의 과정을 거치지 않으므로 사용 직전 공급받는 것이 좋다.

☞ 농축우유(연유)의 모래알 같은 촉감은 급랭시 유당이 결정화된 것이다.

③ 가당농축우유 : 지방 8.6%, 유당이 12.2%, 단백질 8.2%, 회분이 1.7%, 첨가하는 당 42%, 물 27.3%의 조성으로 되어 있다.

3) 분유

① 분유의 종류 : 분유에는 ㄱ. 전지분유 ㄴ. 탈지분유 ㄷ. 부분탈지분유가 있다. 원유를 건조시킨 것이 전지분유(수분함량 2.4~4.5%)이고 탈지유를 건조시킨 것이 탈지분유(수분함량 2.7~3.6%), 지방을 부분적으로 뽑아 쓴 우유를 건조시킨 것이 부분탈지분유(수분함량 2.1~5.3%)이다.

☞ 빵제품의 부피를 감소시키고 시스테인과 글루타티온을 넣은 것과 같이 반죽이 약하게 되는 이유는 열처리가 잘못된 분유가 들어갔기 때문이다.

② (탈지)분유의 기능

ㄱ. 글루텐을 강화하여 반죽의 내구성을 높인다.

ㄴ. 완충 작용이 있어 배합이 지나쳐도 잘 회복된다.

ㄷ. 밀가루의 흡수율을 높인다. 그래서 분유 1% 증가할 때마다 물 1%가 증가한다.

ㄹ. 발효 내구성을 높인다.

☞ 제빵시 분유 4~6% 사용이 제품에 미치는 영향은,
ㄱ. 빵 부피를 증가시킨다.
ㄴ. 분유 속의 유당(50% 존재)이 껍질색을 개선시킨다.
ㄷ. 기공과 결이 좋아진다.

참고

분유의 보관 · 사용시 유의사항

① 고온다습한 곳에 분유를 장시간 저장하면 노화취, 산패취가 난다.

② 빵반죽에 있어서 탈지분유는 완충제 역할을 한다.

③ 스펀지법에서 분유를 스펀지에 첨가하는 경우는,

ㄱ. 단백질 함량이 적거나 약한 밀가루를 사용할 때.

ㄴ. 아밀라아제 활성이 과도할 때.

ㄷ. 장시간에 걸쳐 스펀지 발효를 하고, 본발효 시간을 짧게 하고자 할 때.

ㄹ. 밀가루가 쉽게 지칠 때.

4) 유장 제품

우유에서 유지방, 카세인 등을 분리하고 남은 부분이 유장이다. 유장에는 수용성 비타민, 광물질, 약 1%의 비카세인 계열 단백질(락토알부민, 락토글로불린)과 대부분의 유당이 함유되어 있다. 유장에 탈지분유, 밀가루, 대두분 등을 혼합하여 탈지분유의 흡수력, 기능 등을 유사하게 만든 대용 분유도 유통되고 있다.

〈(밀가루 100에 대한) 유장 분말의 사용 권장량〉

식빵	1~6%	번, 롤	3~6%
단과자류	3~6%	쿠키류	2~10%
파이 껍질	2~10%	반죽형 케이크	5~20%

※ 제과 · 제빵시 구운 후 24~72시간 뒤에 부피, 조직, 부드러움, 향, 갈색화 반응, 저장성 등에서 탈지분유 사용시보다 훨씬 좋은 효과를 얻는다. 이밖에 유제품으로는 크림, 치즈, 유산균 음료, 발효유, 버터 등이 있다.

☞ · 크림 : 우유의 지방을 원심 분리하여 농축한 것. 일반적으로 생크림은 유지방 18% 이상을 말한다. 커피용 · 조리용은 10~30%, 휘핑용은 35% 이상이 적당하다. 그대로 요리, 제과에 쓰이며, 버터나 아이스크림 등의 원료로도 쓰인다.
· 치즈 : 우유의 단백질을 응고, 발효시킨 것. 크게 자연치즈와 가공치즈로 분류된다.
· 발효유 : 우유나 탈지우유에 젖산균을 더해 응고시킨 것. 요구르트가 대표적.
· 유산균 음료 : 발효유에 물을 첨가, 묽게 만든 것.
· 버터 : 크림을 세게 휘저어 엉기게 한 뒤 굳힌 것.

기초력 확인문제

1〉 우유의 단백질이라 할 만큼 우유에 들어 있는 단백질 중 가장 많은 것은?

① 카세인 ② 락토알부민 ③ 락토글로불린 ④ 락토오스

2〉 우유와 유제품에 대한 설명으로 틀린 것은?

① 우유(원유상태)를 가공하여 버터를 만들고, 남은 것을 건조시키면 탈지분유가 된다.
② 우유(원유상태)를 건조시키면 전지분유가 된다.
③ 우유(원유상태)를 가공하여 버터 · 치즈를 만들고, 남은 것을 건조시키면 연유가 된다.
④ 우유의 지방은 유장(whey)보다 비중이 작아서, 우유를 원심 분리하면 지방만을 얻을 수 있다. 이것이 크림(생크림)이다.

해설 우유의 지방을 뺀 것이 탈지유이고, 이것을 건조시키면 탈지분유가 된다.
우유에서 지방과 카세인(단백질)을 뺀 것이 유장이고, 이것을 건조시킨 것이 유장가루이다.

3〉 빵 반죽에 분유를 사용하면 어떤 이점이 나타난다. 다음 중 분유의 기능이 아닌 것은?

① 완충작용 ② 이스트의 영양 ③ 감미 들임 ④ 구운색 들임

해설 분유(또는 우유)의 당질인 젖당(유당)이 감미제와 같은 역할을 한다.

4〉 우유를 원심분리하여 지방을 빼내고, 또 레닌으로 카세인을 굳혀 분리해내면 남는 부분은 무엇인가?

① 버터 ② 유장 ③ 치즈 ④ 연유

해설 우유에서 카세인을 뺀 나머지 단백질을 이르는 말이 곧 유장. 락토알부민, 락토글로불린이 그것이다. 그밖에 수용성 비타민과 광물질, 그리고 유당(젖당)이 들어 있다.

5〉 시유에 들어 있는 탄수화물 중 가장 많은 것은 ?(기출문제)

① 포도당 ② 과당 ③ 맥아당 ④ 유당

답 1〉 ① 2〉 ③ 3〉 ② 4〉 ② 5〉 ④

제9절 계란과 난제품

1. 계란의 구조와 구성

1) 구조 : 계란의 구조는 노른자, 흰자, 껍질의 3부위로 나눌 수 있다. 노른자는 표면 색상이 균일하고 구형이며 계란의 중심 부위를 차지하고 있다. 흰자는 노른자 바깥면과 경계하고 껍질과 경계하고 있다. 계란의 액체 물질을 보호하는 용기의 역할을 하는 껍질은 외막과 내막으로 분리되어 있고, 이 두 사이에 계란이 냉각·숙성되면서 공기포가 생긴다.

☞ 껍질 : 노른자 : 흰자의 계략적인 구성 비 = 10 : 30 : 60

〈그림1〉 계란의 구조

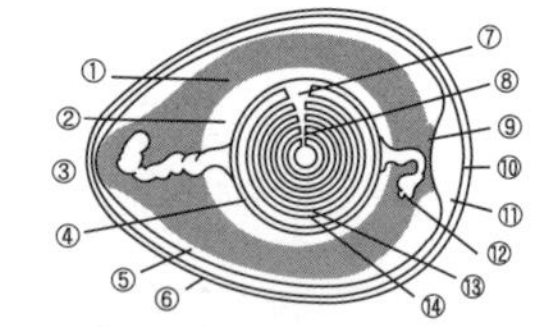

① 농후흰자위 ② 내수상흰자위 ③ 알끈
④ 노름노른자위막 ⑤ 외수상흰자위 ⑥ 난각
⑦ 배반 ⑧ 라테브라 ⑨ 내난각막 ⑩ 외난각막
⑪ 기실 ⑫ 알끈 ⑭ 백색노른자위 ⑬ 황색노른자위

〈그림2〉 표준적인 계란의 크기·모양

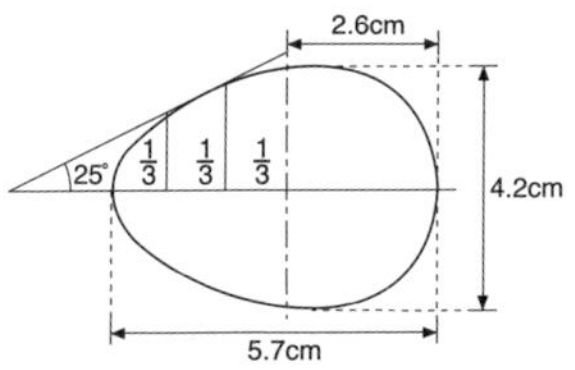

2.6cm, 4.2cm, 5.7cm, 25°, 1/3, 1/3, 1/3

표준란의 규격 :
중량 58.0g, 용적 53.0㎤, 비중 1.09,
장축원주 15.7㎝, 단축원주 13.5㎝,
표면적 68.0㎠, 난형지수 74

☞ 난형지수 : (너비÷길이)×100

2) 부위별 구성

- 껍질 — 10.3%
- 전란
  - 흰 자 : 59.4%
  - 노른자 : 30.3%

☞ 계란 1개의 무게가 60g이 넘으면 노른자의 비율이 감소하고 흰자 비율이 증가하는 경향이 있다.

한편, 노른자와 흰자의 성분은 다음과 같다.(기준 : 계란 100g 중) (단위 : %)

구분＼성분	수 분	지 방	단백질	회 분	포도당	기 타
노른자	49.5	31.6	16.5	1.2	0.2	－
흰 자	88.0	0.2	11.2	0.7	0.4	－

※ 전란의 수분 함량은 75%, 단백질 함량은 13%, 지방 함량은 11.5%.

☞ 기타 성분으로 무기질(나트륨, 칼슘, 인, 철)과 비타민류가 미량 있다.
비타민류 중에서 비타민 A·B군이 있고, 비타민 C는 전혀 없다.

참고

흰자 : 오프알부민, 콘알부민, 오보뮤코이드, 아비딘 등의 단백질이 함유되어 있다.

ㄱ. 오브알부민 : 흰자의 54%를 차지하는 주단백질, 필수 아미노산을 고루 함유하고 있다.

ㄴ. 콘알부민 : 흰자의 13%를 차지. 철과의 결함 능력이 강해 미생물이 이용하지 못하는 항세균 물질.

ㄷ. 오보뮤코이드 : 효소 트립신의 활동 억제제로 작용. 흰자의 약 11% 차지.

ㄹ. 아비딘 : 비오틴의 흡수를 방해. 흰자의 0.05% 정도 차지.

노른자 : 노른자 고형질의 약 70%를 차지하는 지방은 트리글리세리드, 인지질, 콜레스테롤 등으로 되어 있다. 인지질의 79% 정도를 차지하는 레시틴은 소화 흡수율이 좋고 유화제로 쓰인다.

2. 계란 제품

(1) 생계란

껍질과 내막은 많은 구멍과 반투막으로 구성되어 있다. 이것은 배(胚)가 발달하는 데 필요한 기체의 교환이 가능해야 하기 때문이다. 하지만 이것은 박테리아 오염을 쉽게 하기도 한다.

따라서 생계란은 적절한 위생처리가 필요하다. 살균(60~62℃에서 3분 30초 이상)은 살모넬라(salmonella) 식중독균 오염으로 인한 잠정적인 위험을 제거하는 수단이다.

생계란의 신선도를 측정하는 방법으로 '등불검사(candling)'가 있다. 이 방법에 따르면 흰자는 진하고 노른자는 공모양으로 별로 움직이지 않는 것이 신선한 계란이다.

(2) 냉동계란

살균·세척한 계란은 전란, 흰자, 노른자 등을 용도에 따라 껍질로부터 분리해 낸다. 껍질조각, 접막 등 이물질을 걸러내고 -23~-26℃로 냉동하고 출고될 때까지 -18~-21℃에 저장한다. 냉동계란의 사용은 21~27℃의 온도에서 해동하거나 흐르는 물에 5~6시간 담가 녹인 후 사용하도록 한다. 사용 전에 해동하고 2일 이내에 사용하는 것이 좋다.

(3) 분말계란

1) 건조방법—분무 건조법과 팬 건조법, 냉동 건조법이 있다. 주로 분무 건조법과 냉동 건조법이 사용된다. 액체 계란을 미세한 분무기방의 가열 공기 속으로 뿜어내어 수분을 증발시키는 것이 분무건조법이다. 이때 거품의 형성 능력이 떨어지기 때문에 계면활성제로 그 능력을 향상시킨다.

   팬 건조법은 건조한 가열 공기를 얇은 층 위로 흐르는 액체 계란에 접촉시켜 수분을 증발시키는 것이다.

2) 흰자 분말—흰자가루는 주로 에인젤 푸드 케이크나 머랭에 사용하고, 레이어 케이크, 파운드 케이크, 쿠키, 하드 롤과 하스 브레드 제품에 바삭바삭하게 하는 특성을 주는 재료로도 사용한다.

   실제 사용할 때에는 흰자분말 1에 물 7을 첨가하여 재구성한다. 케이크 속색을 희게 하고, 흰자 설탕의 거품 자체를 튼튼하게 하고, 케이크의 구조도 강하게 하려면 흰자 사용 제품에 주석산크림 등 산염을 첨가하면 된다.

3) 전란 분말과 노른자 분말—실제 쓸 때에 전란 1에 물 3, 노른자 분말 1에 물 1.25를 첨가하면 액체 계란과 같아진다. 계란을 건조하기 전에 탄수화물을 첨가하고 자당은 10% 정도로 첨가한다. 그 이유는 거품 형성 능력을 개선하기 위해서이다.

4) 계란의 기능

☞ 노른자는 냉동에 굳기 쉬우므로 설탕, 소금, 글리세린 등 응고 방지제를 첨가하여 냉동 보관한다.

☞ 냉동란의 경우 생계란 사육시의 3~4% 흰자 손실을 막을 수 있다. 또한 저장 면적, 저장 능력을 증가시킬 수 있다.

☞ 분말계란은 전란, 흰자, 노른자를 각각 분리하여 분무 건조시킨 제품이다.

☞ 흰자의 거품형성 능력 회복 방법

① 살균과정 후 점도를 낮춘다.

② 분말계란과 액체 흰자에 각각 음이온 계면활성제 0.025% 정도 첨가 사용.

☞ 흰자 중 거품을 형성하는 주재료는 글로불린, 그 거품을 안정시키는 것은 오보뮤신, 구운 케이크의 구조 형성은 오브알부민에 의해 결정된다(묽은 흰자는 된 흰자보다 거품형성 능력이 크다).

☞ 노른자 분말은 그대로 프리믹스 제조에 많이 이용된다.

① 결합제 : 계란 단백질은 가열을 하면 변성(變性)하여 물에 녹지 않는 불용성을 갖는다. 때문에 유동성이 줄어 들고 형태를 지탱할 구성체로 응고돼 농후화제의 역할을 한다.
② 팽창제 : 단백질이 피막을 형성, 믹싱 과정 중에 5~6배의 공기를 포집한다. 이 미세한 공기는 열 팽창하여 제품의 부피를 크게 한다.
③ 유화제 : 노른자에는 강한 유화작용을 일으키는 레시틴(인지질)이 함유되어 있어 천연 유화제로 많이 이용된다. 또한 노른자의 지방은 제품을 부드럽게 한다.
④ 색 : 빵 반죽에 계란물을 칠해 구우면 당분과 아미노산이 메일라드 반응을 일으켜 갈색을 만든다. 또한 노른자에 들어 있는 황색 색소물은 제품의 속색을 식욕을 돋구는 색상으로 만든다.
⑤ 영양가를 향상시킨다.
⑥ 향, 속결, 풍미를 개선한다.

기초력 확인문제

1〉 다음 중 계란에 대한 설명으로 틀린 것은?
① 계란 노른자의 무게비는 전체 무게의 약 10%이다.
② 껍질을 뺀 계란의 노른자와 흰자의 무게비는 전체 무게의 약 90%이다.
③ 계란 노른자의 수분 함량은 50%이고, 전란의 수분함량은 75%이다.
④ 계란 흰자는 알칼리성을 띤다.

해설 계란의 구성 비율은 무게비로 따져 껍질이 10.3%, 노른자 30.3%, 흰자 59.4%이다.
계란의 수분 함량은 75%. 노른자에 49.5%, 흰자에 88% 포함되어 있다.

2〉 계란 성분 중 마요네즈에 이용되는 것은?(기출문제)
① 글루텐 ② 레시틴 ③ 카세인 ④ 모노글리세리드

3〉 과자 · 케이크를 만들 때 계란은 없어서는 안될 재료이다. 계란의 기능으로 틀린 것은?
① 구운색을 개선시킨다.
② 제품의 영양을 높인다.
③ 팽창제의 역할을 한다.
④ 흰자에 레시틴이 있어 유화작용을 한다.

4〉 계란(60g짜리)의 구성 비율은 보통 껍질 10.3%, 흰자 59.4%, 노른자 30.3%이다. 단, 계란의 크기(무게)가 커질수록 노른자와 흰자의 비율이 달라진다. 다음 중 옳은 것은?
① 노른자의 비율은 높아지고, 흰자는 낮아진다.
② 노른자의 비율은 낮아지고, 흰자는 높아진다.

답 1〉 ① 2〉 ② 3〉 ④ 4〉 ②

③ 노른자와 흰자의 비율이 높아진다.
④ 노른자와 흰자의 비율이 낮아진다.

5〉 옐로 레이어 케이크를 만들고자 한다. 이때 계란(전란)이 1,000g 필요하다면 60g짜리 계란(껍질 포함)이 몇 개 있어야 하는가?
① 17개 ② 18개 ③ 19개 ④ 33개

해설 껍질을 뺀 전란의 무게비=90%, $60(g)\times\frac{90}{100}=54(g)$
∴1,000(g)÷54=18.52(개)≒19개(∵모자리면 안되므로 소수점 이하는 올림.)

6〉 스펀지 케이크를 만드는 데 전란 중 1,000g을 줄이고 대신 물을 넣으려 한다. 이때 필요한 물의 양은?
① 600g ② 750g ③ 1,000g ④ 1,130g

답 5〉③ 6〉②

제10절 유지제품

1. 제품별 특성

(1) 버터

유지에 물이 분산되어 있는 유탁액인 버터는 독특한 향 때문에 제과 · 제빵에 널리 사용되어 왔다. 그 구성비는 우유지방이 80~81%, 수분 14~17%, 무기질 2%, 소금 0~3%, 카세인, 단백질, 광물질, 유당 등이 합해서 약 1% 정도이다. 일반 쇼트닝 제품보다 낮은 온도에서 보관하는 것이 좋으며 작업온도 조건은 18~21℃가 좋다. 이것은 버터가 융점이 낮고 가소성 범위가 좁기 때문이다.

제조 방법에 따라 젖산균을 넣어 발효시킨 발효버터와 젖산균을 넣지 않고 숙성시킨 스위트버터, 소금을 넣은 가염버터와 넣지 않은 무가염버터, 그리고 식물성 유지를 섞은 컴파운드 버터 등으로 나뉜다.

(2) 마가린

천연 버터 대신 사용되는 인조 버터이다. 마가린은 동물성 지방으로부터 식물성 지방에 이르기까지 다양하다. 그 구성비는 지방이 80%, 우유 16.5%, 소금 0~3%, 유화제 0.5%, 인공 향료와 색소가 약간 포함되어 있다.

마가린은 가소성 정도에 따라 체온에서 녹는 식탁용과, 부드러우나 크림가가 높은 제과용, 그리고 단단하고 밀납질인 롤 인(roll in)용으로 나뉜다.

☞ 버터의 보관 온도
-5~0℃의 직사광선이 닿지 않는 깨끗한 곳에 보관해야 한다.

☞ '가소성이 크다' 함은 온도차에 상관없이 지방 고형질 계수의 차이가 적어서 저온에서 단단하지 않고 고온에서 무르지 않다는 뜻이다.

☞ 버터의 유지가 꼭 유지방이어야 하는 반면, 마가린은 동물성, 식물성, 이들의 혼합 등 어느 지방이라도 사용할 수 있다. 사용하는 지방을 조정하므로 버터에 비해 가소성, 유화성, 크림성을 대폭 개선할 수 있다

〈표〉 몇 가지 마가린의 지방 고형질 계수

지방 고형질 계수					융점
제 품	10℃	20℃	30℃	35℃	(℃)
식탁용 마가린	41.5	26.0	6.0	1.0	34.2
케이크용 마가린	39.0	25.0	10.0	5.5	41.3
롤인용 마가린	24.1	20.5	18.8	16.3	46.1
피프용 마가린	27.4	24.2	22.6	20.1	48.3

※지방 고형질 계수란 유지에 존재하는 고형질 지방만을 측정한 값.

☞흔히 롤인용 마가린과 퍼프 페이스트리용 마가린은 같은 의미로 쓰인다. 단, 좀더 세분하면 후자는 다른 팽창작용 없이 유지층만으로 부풀리는 과자에 쓰는 유지를 가르킨다. 대표적으로 페이스트리용 쇼트닝은 가소성이 가장 중요하다.

(3) 액체 쇼트닝

가소성 쇼트닝의 고형질 지방 20~30%를 10%의 고형질 유화제나 지방으로 대치하면 케이크 반죽의 유동성, 기공과 조직, 부피, 저장성 등이 좋아진다.

(4) 라드

돼지의 지방조직으로부터 분리해서 정제한 지방인 라드는 주로 빵, 파이, 쿠키, 크래커 등에 '쇼트닝가'를 높이기 위해 사용된다. 풍미가 버터 다음으로 좋고 가소성 범위가 넓으며 쇼트닝성이 뛰어나다. 그러나 크리밍성과 산화안정성이 약한 단점이 있다. 옛날에는 버터만큼이나 폭넓게 사용되었으나 근래에는 대부분 쇼트닝으로 대체되고 있다.

참고

※쇼트닝

라드 대용품으로 식빵 등에 가장 일반적으로 사용되는 유지, 고체 쇼트닝의 경우는 정제된 동·식물 유지나 경화유, 또는 이의 혼합물을 급냉·열합시켜 만든다. 액체 쇼트닝의 경우는 급냉·열합시키지 않고 유화제와 소량의 고융점 유지를 혼합해 만든다. 쇼트닝은 빵, 과자 등을 만들 때 배합용 또는 버터크림용, 샌드크림용으로 사용된다.

① 다목적 쇼트닝 : 여러 가지 용도로 사용되는 유지. 기본 유지에 4~12%의 고융점 지방을 첨가하여 가소성 범위를 넓힌 제품이다.

② 유화 쇼트닝 : 액체재료와 설탕을 많이 사용해서 부드럽고 촉촉한 케이크를 만들기 위해 사용하는 제품. 고율배합 케이크 제조에 필수적인 재료로 '고율 쇼트닝'이라고도 한다.

③ 안정성 쇼트닝 : 장기간의 유종기간을 가지는 쿠키, 비스킷 등의 건과자류에 사용하는 유지와 고온에서 작업을 하는 튀김기름에 적당한 유지 제품.

④ 제빵용 쇼트닝 : 빵 제품에 부드러움을 주고 단단하게 굳는 현상을 지연시키기 위해 사용하는 유지 제품.

(5) 튀김기름

튀김기름이 갖추어야 할 몇 가지 요건은,

① 튀김물이 기름에 튀겨지는 동안 구조 형성에 필요한 열전달을 할 수

☞튀김기름의 유리지방산 함량은 보통 0.35~0.5%가 적정. 0.1% 이상이 되면 발연(發煙) 현상이 일어난다.

있어야 한다.

② 튀김중이나 튀김 후에 불쾌한 냄새가 나지 않아야 한다.

③ 설탕이 탈색되거나 지방 침투가 되지 않도록 제품이 냉각되는 동안 충분히 응결되어야 한다.

④ 기름의 대치에 있어서 그 성분과 기능이 바뀌어서는 안된다.

⑤ 엷은 색을 띠며 발연점이 높은 것이 좋다.

※ 튀김기름의 4대 '적'은 온도, 수분, 공기, 이물질이며 정상적인 튀김온도는 튀김물의 무게에 따라 180~194℃의 범위.

☞ 도넛 튀김온도 185~196℃에서의 지방 변질은 가수분해와 대기 중 산소에 의해 진행된다.

2. 계면활성제

액체 표면 장력을 수정시키는 물질인 계면활성제를 빵 · 과자에 응용하게 되면 부피와 조직을 개선하고 노화를 지연시킨다.

(1) 화학적 구조

친수성 그룹과 친유성 그룹은 계면활성제의 공통적인 특성이다. 친수성 그룹은 유기산 또는 유기산 염, 수산기, 폴리에틸렌과 같은 극성기를 가지고 있어서 물과 같은 극성물질에 보다 강한 친화력을 가지고 있다.

친유성 그룹은 지방산처럼 비극성기를 가지고 있어서 유지에 쉽게 용해되거나 분산된다. 친유성단에 대한 친수성단의 크기와 강도의 비를 친수성—친유성 균형이라 하는데 'HLB'로 표시한다. HLB의 수치가 9 이하이면 친유성으로 기름에 용해되고 11 이상이면 친수성으로 물에 용해된다.

(2) 주요 계면활성제

① 레시틴 : 옥수수유와 대두유로부터 얻는 레시틴은 친유성 유화제로 빵 반죽 기준 0.25%, 케이크 반죽에는 유지의 1~2%를 사용하면 반죽의 유동성이 좋아진다.

☞ 레시틴은 산화방지 효과가 있다. 또한 껍질색과 기공이 균일, 조직이 부드럽고 향 안정성이 커지며 저장성이 증가된다.

② 모노-디 글리세리드 : 모노-디 글리세리드는 가장 많이 사용하는 계면활성제의 하나. 쇼트닝 제품에 유지의 6~8%, 밀가루 기준 0.375~0.5%를 빵에 사용할 때 노화는 눈에 띄게 감소된다.

③ 모노-디 글리세리드의 디아세틸 타르타르산 에스테르 : 친유성기와 친수성기가 1 : 1로 되어 있기 때문에 유지에도 녹고 물에도 분산된다.

④ 아실 락테이트 : 비흡습성 분말인 아실 락테이트는 물에 녹지 않지만 대부분의 비극성 용매와 뜨거운 유지에는 잘 녹는다.

☞ 아실 락테이트 : 일반적으로 쇼트닝에는 3%, 밀가루 기준 0.35%를 사용하는데 반죽 내구성 및 기계 적성 개선, 2차 발효 가속, 부피 증대, 기공과 조직 개선, 흡수율 증가 등이 중요한 효과이다.

⑤ SSL : 크림색 분말로 물에 분산되고 뜨거운 기름에도 잘 용해된다. 이스트를 사용하는 식빵류와 과자빵류에 효과적이다.

3. 제과 · 제빵시 유지의 기능

1) 쇼트닝 기능

비스킷, 웨이퍼, 쿠키, 각종 케이크에 부드러움과 파삭파삭함을 주는

☞ 액체유는 쇼트닝 기능이 거

기능을 한다. 이런 효과는 유지가 믹싱중에 얇은 막을 형성하여 전분과 단백질이 단단하게 되는 것을 방지하여 구워진 제품에 윤활성을 주기 때문에 생긴다.

2) 공기 혼입 기능

믹싱중에 지방이 포집하는 상당량의 공기는 작은 공기 세포와 공기방울 형태가 되어 적정한 부피, 기공과 조직을 만든다. 가소성 쇼트닝은 액체유의 구(球)형에 비하여 피막 또는 덩어리 형태가 되기 때문에 표면적이 큰 상태로 분산된다. 케이크 반죽의 쇼트닝 모양은 현미경으로 관찰할 때 불규칙한 호수 형태를 이룬다. 여기에 유화제를 첨가하면 단위 면적당 유지 입자수가 증가되어 케이크 부피는 증가된다.

3) 크림화 기능

믹싱으로 공기를 흡수하여 크림이 되는 것을 크림화라 한다. 크림성이 좋은 유지는 쇼트닝의 250~350%의 공기를 품는다. 설탕 : 유지를 3 : 2로 혼합하여 크림을 만든 다음 약 270%의 공기와 결합할 때 좋은 제품이 된다.

4) 안정화 기능

고체 상태의 지방의 안정성이란 지방이 크림으로 될 때 무수한 공기 세포를 형성 보유함으로써 반죽에 기계적 내성을 주어 글루텐 구조가 응결되어 튼튼해질 때까지 주저앉지 않거나 꺼지지 않는 성질을 의미한다.

5) 식감과 저장성

① 식감 : 미각은 물론 후각, 촉각, 시각 등 일반적으로 식품을 먹었을 때 느끼는 감각을 모두 포함한다. 특히, 완제품의 식감은 고객이 제품을 선호 또는 거부하는 데 결정적 요인이 된다. 유지는 부드러움 또는 특정한 향을 제공한다.

② 저장성 : 제품의 종류에 따라 저장성은 일정한 기간 중의 신선도를 측정하여 결정하게 된다. 지방 함량이 많은 제품은 노화가 느리고 부드러움이 오래 남기 때문에 저장성이 좋다.

의 없다. 왜냐하면 가소성이 결여되어 반죽에서 피막을 형성하지 못하고 방울 형태로 분산되기 때문이다.

☞ 이때 8~9% 이상 과도한 양을 사용하면 유지의 분산이 지나쳐 오히려 부피가 감소된다.

☞ 케이크 반죽은 연속적인 외부 상(相)과 불연속적인 내부 상을 이루는 유상액 상태로 되어 있어 공기를 함유해야 한다. 그렇지 않을 경우 아주 질고 묽은 반죽이 된다.

☞ 장기간 저장 제품에 사용되는 유지는 그 유지 자체의 저장도 중요하다.

기초력 확인문제

1〉 다음 중 설탕과 수분을 끌어들여 양질의 케이크 제품을 만드는 쇼트닝은?

① 유화 쇼트닝　　② 액체 쇼트닝

③ 안정성 쇼트닝　　④ 일반 쇼트닝

해설 유화 쇼트닝은 쇼트닝에 유화제가 첨가된 형태로 유지의 표면 장력을 낮춰 분산성과 유화성을 향상시킨다.

답 1〉 ①

2〉다음 중 버터와 마가린이 근본적으로 다른 원인은?

① 지방의 함량이 크게 다르다. ② 버터에는 소금기가 없다.
③ 지방의 질(質)이 다르다. ④ 수분 함량이 크게 다르다.

해설 마가린은 동 · 식물성 유지를 경화하여 버터와 비슷하게 만든 것으로, 사용 지방의 질이 버터와는 다르다.
버터의 성분비 : 지방 80~81%, 수분 14~17%, 무기질 2%, 소금 0~3%.
마가린의 성분비 : 지방 80%, 수분 18% 이하, 우유 16.5%, 소금 0~3%, 유화제 0.5%.

3〉튀김기름이 갖추어야 할 조건으로 틀린 것은?

① 거품이 일지 않는다. ② 불쾌한 냄새가 없다.
③ 발연점이 높다. ④ 점도 변화가 크다.

해설 튀김기름의 조건 : ① 거품이 일지 않을 것 ② 불쾌한 냄새가 없을 것
③ 발연점이 높을 것 ④ 점도 변화가 적을 것

4〉'페이스트리용 쇼트닝' 이라 이름 붙이려면 쇼트닝은 어떤 특성을 갖고 있어야 하는가?

① 안정성 ② 가소성
③ 유화성 ④ 크림성

5〉다음 중 천연으로 계란에 존재하는 계면활성제는?

① 레시틴 ② 모노-디 글리세리드
③ 자당 지방산 에스테르 ④ 아라비아 검

6〉버터나 마가린의 지방 함량은 80% 수준이다. 쇼트닝의 지방은 몇 %인가?

① 30% 이상 ② 61% 이상
③ 81% 이상 ④ 100% 이상

7〉다음 중 발연점이 가장 높은 유지는?(기출문제)

① 쇼트닝 ② 옥수수기름
③ 라드 ④ 면실유

8〉유지를 가열하면 낮아지는 것은?(기출문제)

① 점도 ② 산가
③ 유화가 ④ 과산화물가

9〉버터의 수분함량은?(기출문제)

① 45%이하 ② 18%이하
③ 30%이하 ④ 25%이하

답 2〉③ 3〉④ 4〉② 5〉① 6〉④ 7〉④ 8〉③ 9〉②

제11절 이스트(Yeast)

1. 이스트 일반

(1) 생물학적 특성

엽록소가 없어 스스로 광합성을 못하는 타가 영양체로 원형 또는 타원형이며 길이가 1~10㎛, 폭이 1~8㎛이다. 세포벽은 식물세포 특유의 셀룰로오스막으로, 거의 모든 용액을 통과시킨다. 세포벽 안쪽에 있는 원형질막은 이스트에 필요한 용액만을 통과시키며 , 직경 1㎛ 정도인 핵은 대사의 중추적 역할을 담당하고 유전에 관계한다.

☞ 효모라고도 불리는 이스트는 빵, 맥주, 포도주를 만들 때 쓰는 미생물.
곰팡이류에 속하나 균사가 없다. 또한 광합성 작용과 운동성이 없는 단세포 생물이다. 이스트의 학명은 사카로미세스 세레비지에(Saccharomyces cerevisiae).

(2) 생식

1) 출아법—성숙된 이스트 세포의 핵이 2개로 분리되면서 유전자도 분리된다. 어미 세포의 핵과 세포질이 출아된 세포로 이동하여 새로운 딸세포를 형성한다. 딸 세포가 모든 면에서 어미 세포와 같게 되면 새로운 세포로 독립한다. 무성생식으로 이스트의 가장 보편적인 증식 방법이다.

2) 포자 형성—포자가 포자낭 속에서 성장하다가 낡은 세포벽이 터지면 방출되어 있다가 조건이 맞으면 발아하여 정상적인 성장 및 생식을 시작한다. 무성생식으로 주위의 조건이 부적합할 때의 증식 방법이다.

3) 유성생식—목적에 맞도록 서로 대응이 되는 세포를 교잡시키는 잡종교배이다. 발효력, 견실성, 저장성 등 이스트의 능력을 개선하는 데 이용된다.

☞ 이스트 세포의 구조

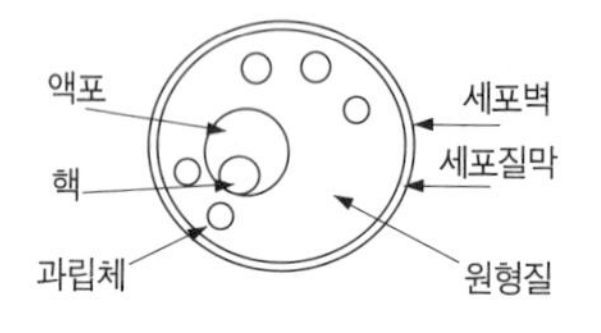

(3) 구성성분

생이스트는 68~83%가 수분이고, 나머지가 단백질, 탄수화물, 지방, 광물질 등으로 구성되어 있다. 단, 그 함량은 이스트의 형태와 배양 조건에 따라 크게 다르다.

☞ 제빵용 생이스트의 수분은 73% 전후가 가장 알맞다.

단위 : %(pH 제외)

수 분	회 분	단백질	인 산	pH
68~83	1.7~2.0	11.6~14.5	0.6~0.7	5.4~7.5

(4) 이스트에 들어 있는 효소

1) 프로테아제—단백질을 분해하는 작용을 하며 펩티드, 아미노산을 분해 · 생성한다.

2) 리파아제—세포액에 존재하는 이 효소는 지방을 지방산과 글리세린으로 분해한다. 세포내적 효소로 원형질내의 지방에 작용한다.

3) 인베르타아제—설탕(자당)을 포도당과 과당으로 분해시킨다. 최적 pH는 4.2 전후이고 적정 온도는 50℃~60℃이다.

4) 말타아제—이 효소에 의해 맥아당이 분해되어 지속적인 발효가 진행

☞ 단백질, 글리코겐 : 전체의 82%.
인과 칼륨 : 회분 중 91%.
무기화합물 : 9%.
이스트 성장의 필수물 : 칼륨(K), 마그네슘(Mg), 황(S), 염소(Cl), 칼슘(Ca), 철(Fe).

된다. 맥아당을 2분자의 포도당으로 분해시킨다.

5) 치마아제 – 빵 반죽 발효를 최종적으로 담당하는 효소이다. 포도당과 과당을 분해해 탄사가스(CO_2)와 알코올을 생성한다. 최적 pH는 5.0 전후, 적정 온도는 30~35℃이다.

☞ 이스트는 말타아제가 충분히 함유된 것이 좋다.
· 최적 pH는 6.0~6.8.
· 적정 온도 : 30℃ 전후.

2. 제품과 취급 방법

(1) 제품

1) 생이스트(압착효모) – 본 배양기에서 꺼낸 이스트를 여과 후 유화제와 소량의 물을 가한 다음 믹싱하여 균질화된 가소성 덩어리로 만든 뒤 사출기로 정형하여 포장한 것이다. 70~75%의 수분을 함유하고 있으며 이스트의 보관온도는 0℃에서 2~3개월, 13℃에서 2주, 22℃에서는 1주를 넘기기가 어렵다.

2) 활성 건조 효모 – 수분이 7.5~9.0% 밖에 되지 않으므로 저장성이 훨씬 크며 실온 이상에서도 수 주일을 견딜 수 있다. 생이스트의 고형질이 30%, 건조 이스트의 고형질이 90%이므로 이론상 생이스트의 1/3만 사용해도 되지만 건조, 유통, 수화(水化) 과정 중에 활성세포가 다소 줄기 때문에 실제로 압착효모의 40~50%를 사용한다. 반죽에 고루 분산시키기 위해 물에 녹여 사용하는데, 보통 사용할 이스트 양의 4배되는 물을 40~45℃로 데워서, 5~10분간 수화시켜 사용한다.

☞ 장점
① 균일성 : 저장기간내 발효력이 일정
② 편리성 : 계량이 용이
③ 정확성 : 중량 계량이 정확함
④ 경제성 : 운송비 및 보관면적의 감소, 냉장고의 불필요성 등 비용 절감.

3) 불활성 건조 효모 – 높은 건조 온도에서 수분을 증발시킴으로 이스트 내의 효소가 완전히 불활성화된 이스트로, 빵 · 과자 제품에 영양보강제로 사용된다. 또한 우유와 계란의 단백질과 같은 영양가를 가지고 있다. 특히 필수아미노산인 리신이 풍부해서 곡물식품의 결핍을 보강한다. 한편 환원제인 글루타티온이 침출되지 않도록 해야한다.

☞ 글루타티온이 빵 반죽을 느슨하게 하는 결점이 있기 때문이다.

(2) 취급과 저장

1) 이스트를 사용할 때 너무 높은 온도의 물과 직접 닿지 않도록 해야 한다. 이스트의 세포는 48℃에서 파괴되기 시작, 63℃전후에서 죽는다(포자는 약 69℃에서 죽는다. 굽는 과정 중 빵속 온도가 99℃가 되면 이스트는 완전히 파괴된다).

2) 믹서의 기능이 불량한 경우에는 소량의 물에 풀어서 사용하면 전 반죽에 고루 분산되는 장점이 있으나 기계 성능이 좋은 경우에는 꼭 그렇게 할 필요는 없다. 이스트와 소금은 가급적 직접 접촉하지 않도록 해야 하며 작은 규모의 공장에서는 날씨도 감안해야 한다. 고온다습한 날에는 이스트의 활성이 증가되므로 반죽 온도를 낮춘다.

3) 생이스트는 개봉 후 밀봉 용기에 옮겨 냉장고에서 보관해야 하는데, 아무리 높아도 10°C 이하를 유지해야 한다. 냉동은 이스트내의 수분이 얼면서 팽창해 세포를 파괴하므로 피하도록 한다. 또한 건조 이스

☞ 인스턴트 이스트 : 사용할 때마다 수화시켜야 하는 활성 건조 효모의 단점을 보완하여 물에 풀지 않고 밀가루에 섞어 직접 사용할 수 있도록 만든 것.

트와 인스턴트 이스트 역시 밀봉 용기에 넣어 저온에서 보관한다.

참고

이스트의 사용 함량과 관계되는 사항

가. 다소 증가시켜 사용하는 경우
① 글루텐의 질이 좋은 밀가루 사용할 때
② 미숙한 밀가루 사용할 때 ③ 소금 사용량이 조금 많은 때
④ 반죽 온도가 다소 낮을 때 ⑤ 물이 알칼리성일 때

나. 증가시켜 사용하는 경우
① 설탕 사용량이 많을 때 ② 우유(분유) 사용량이 많을 때
③ 발효시간을 감소시킬 때 ④ 소금 사용량이 많을 때

다. 다소 감소시켜 사용하는 경우
① 손으로 하는 작업공정이 많을 때 ② 실온이 높을 때
③ 작업량이 많을 때

라. 감소시켜 사용하는 경우
① 천연효모와 병용하는 경우 ② 발효시간을 지연시킬 때

☞빵 반죽내에서 이스트 작용

① 2~3시간 발효 과정중 이스트 자체의 세포수는 증가되지 않는다.
② 포도당, 과당, 자당, 맥아당을 발효성 탄수화물로 이용하나 유당을 발효시키지는 못한다.
③ 발효 최종 산물 : 이산화 탄소와 에틸 알코올. 이산화탄소는 팽창에, 에틸 알코올은 다른 과정을 더 거쳐 반죽의 pH를 낮추고 향을 발달시킨다.
④ 발효중 생산되는 이산화탄소 가스를 적당하게 보유할 수 있도록 글루텐을 조절한다. 글루텐은 산성에서 탄력성과 신장성의 합계가 커진다.

기초력 확인문제

1〉 이스트가 발육 · 활동하기에 가장 알맞은 온도 범위는?
① 15~20℃ ② 20~25℃ ③ 27~30℃ ④ 35~40℃

해설 이스트가 활동하기에 가장 좋은 온도는 27℃. 그래서 반죽온도와 1차발효실의 온도를 27℃전후로 잡는다.

2〉 제빵용 이스트를 저장 · 보관하기에 알맞은 온도는?
① -6℃ ② 5℃ ③ 10℃ ④ 15℃

해설 -1℃~5℃가 이상적인 저장온도이다. 흔히 냉장고에 넣어두면 된다.

3〉 다음 중 이스트에 거의 함유되어 있지 않는 효소는?
① 아밀라아제 ② 말타아제 ③ 치마아제 ④ 인베르타아제

해설 이스트에 함유되어 있는 효소 : 프로테아제, 리파아제, 인베르타아제, 말타아제, 치마아제. 이스트에는 아밀라아제를 뺀 다른 효소들이 많이 존재한다. 아밀라아제는 밀가루와 맥아에 많다.

4〉 이스트를 사용 · 보관할 때 온도와 수분을 잘못 맞추면 이스트가 죽는다. 이스트 세포가 사멸하는 온도는 몇 ℃인가?
① 5℃ ② 27℃ ③ 40℃ ④ 63℃

5〉 제빵용 압착 생이스트의 고형질은 몇 %인가?
① 10% ② 30% ③ 50% ④ 70%

답 1〉 ③ 2〉 ② 3〉 ① 4〉 ④ 5〉 ②

제12절 물과 이스트 푸드

1. 물

산소와 수소의 화합물을 가리킨다. 무색, 무취의 액체로서, 분자식은 H_2O이며 100℃에서 증기(기체)가 되고 0℃ 이하에서 얼음(고체)이 된다. 식품을 구성하는 필수재료로서 소화를 돕기도 한다. 물에 함유된 유 · 무기물의 종류와 양에 따라 경수와 연수, 산성 물과 알칼리성 물로 나뉜다.

(1) 경수와 연수

1) 경수(硬水)

물 100cc중 칼슘 · 마그네슘 염류가 20㎎ 이상인 것이 경수, 즉 센물이며 바닷물, 광천수, 온천수 등이 여기에 속한다.

① 일시적 경수 : 탄산수소 이온이 들어 있는 경수. 끓이면 불용성 탄산염으로 분해되고 가라앉아 연수가 되는 물을 말한다. 이것은 물의 경도에 영향을 주지 않는다.

② 영구적 경수 : 황산 이온이 들어 있어 끓여도 연수가 되지 않아 영구적 경수라 한다. 칼슘염, 마그네슘염은 물 속에 용액 상태로 남아 경도에 영향을 준다.

2) 연수(軟水)

물 100cc중 칼슘 · 마그네슘 염류가 10㎎ 이하인 것이 연수, 즉 단물이며 증류수, 빗물 등이 여기에 속한다. 사용했을 때 반죽이 질어지는 경수에 비해 연수는 글루텐을 연화시켜 반죽을 끈적거리게 한다.

> **참고**
>
> 물의 경도
>
> 물의 경도는 비누거품을 파괴하는 성질을 가지며 주로 칼슘염과 마그네슘염이 녹아 있는 정도에 지배된다. 또한 경도는 칼슘염과 마그네슘염을 탄산칼슘의 양으로 환산해 ppm으로 표시한다. 일반적으로 연수를 60ppm 미만, 아연수를 60ppm 이상~120ppm 미만, 아경수를 120ppm 이상~180ppm 미만, 경수를 180ppm 이상으로 구분한다.

(2) 물의 처리

1) 여과—물에 있는 불순물을 제거하는 것을 말한다. 일반적으로 모래 여과기가 주로 사용되고 있고 좋지 않은 맛과 냄새를 내는 유기물을 걸러 내는 데는 활성 탄소를 사용한다.

2) 연화—물을 연화시키는 방법으로 증류법, 양이온 교환법, 음이온 교환법, 석회 · 소다법 등이 있다. 이 중 증류법은 많은 경비가 필요하기 때문에 실용성이 적다. 양이온 교환법은 나트륨비석과 수소비석을 사용

☞좋은 품질의 빵을 만들기 위해서는 물의 성상(性狀)을 정확히 파악할 필요가 있다. 또한 제빵 적성에 맞도록 수질을 조절해 주는 역할을 하는 이스트 푸드의 사용량과 종류를 파악하기 위해서도 수질 파악은 필수적이다.

☞반죽에 경수를 사용하게 되면, 글루텐이 강화되어 발효시간이 길어진다. 그러므로 이때는 발효온도를 높이거나 이스트량을 늘리도록 한다.

※산성 · 알칼리성 물

물에 용해되어 있는 물질의 성분에 따라 나뉘는데, 제빵용 물로는 약산성의 물(pH 5.2~5.6)이 양호하다. 산성 물(pH 7 이하)은 발효를 촉진시키나 지나치면 글루텐을 용해시켜 반죽이 찢어지기 쉽다. 알칼리성 물(pH 7 이상)은 반죽을 부드럽게 하지만, 너무 지나치면 탄력성이 떨어지고 이스트의 발효를 방해하며 빵을 노랗게 만든다. 특히, 탄산염류를 다량 포함하고 있는 경수는 강알칼리성을 띠므로 인산칼슘을 함유한 이스트 푸드를 넣어 중화시켜야 한다.

☞자연 상태의 물은 여러 분야에서 각기 요구하는 조건을 두루 만족시킬 수 없다. 따라서 물때와 부식성을 막아 기구와 용기를 보호하고 위생상의 안전 확보를 위해 물을 처리하게 된다.

하여 물을 연화시킨다. 음이온 교환법은 교환 수지에 산을 직접 흡착시켜 물을 연화시킨다. 석회 · 소다법은 물의 경도를 주도하는 탄산수소칼슘과 마그네슘을 석회, 소다와 반응시켜 불용성 화합물로 침전시키는 것을 말한다.

(3) 물의 특성에 따른 처리 방법

1) 물의 특성

① 아경수 : 경도가 제빵에 가장 적절한 것으로 알려져 있다. 글루텐을 경화시키는 효과와 이스트의 영양 물질이 되기 때문이다.

② 연수 : 글루텐을 약화시켜 반죽을 연하고 끈적끈적하게 한다.

③ 경수 : 글루텐을 단단하게 경화시켜 발효를 지연시킨다.

④ 알칼리성 물 : 발효 속도가 느려지고 부피가 작아진다.

⑤ 산성 물 : 황(S)이 공기 중의 산소와 결합하여 만들어지는 것으로, 발효를 촉진한다. 주로 광산촌에서 나온다.

2) 처리 방법

① 연수 : ㄱ. 흡수율을 1~2% 줄이고, ㄴ. 이스트 푸드와 소금량을 늘린다. ㄷ. 이스트량 감소

② 경수 : ㄱ. 이스트량 증가, ㄴ. 이스트 푸드량 감소, ㄷ. 맥아를 첨가, 효소 공급으로 발효를 촉진시킨다.

③ 알칼리성 물 : 가스 생산을 가속화시키기 위해 황산칼슘을 함유한 산성 이스트 푸드의 양을 증가시킨다.

2. 이스트 푸드(Yeast Food)

☞이스트 푸드는 제빵용 물의 질을 개선하고자 미국에서 처음 쓰기 시작했다.

이스트의 발효를 촉진시키고 빵 반죽의 질을 개량하는 약제, 즉 제빵개량제이다. 이것을 빵 반죽에 더할 때는 밀가루량의 0.2%를 기준으로 한다. 이스트 푸드를 이루는 성분에는 질소액(효모의 영양), pH 조정제, 효소제, 수질 개량제, 산화제, 환원제, 유화제 등이 쓰임새에 알맞게 배합되어 있다. 이스트 푸드의 주 기능은 ① 물조절제 ② 반죽 조절제 기능이다. 뿐만 아니라, 이스트의 영양인 '질소 공급'을 제2의 기능으로 하고 있다.

1) 반죽 조절제

이스트 푸드에 사용되는 반죽 조절제로 빵제품에 사용하는 물질은 다음과 같다.

① 브롬산칼륨 : 천천히 효과가 나타나는 지효성 반죽 조절제이다. 첨가량을 늘림에 따라 산화력이 강해진다.

② 요오드칼륨 : 효과가 빠른 속효성 반죽 조절제이다.

③ 과산화칼슘 : 글루텐을 강하게 만들고 반죽을 다소 되게 하여 정형과정에서 덧가루 사용을 적게 한다. 과산화칼슘은 스펀지 반죽보다는 본반죽에 사용한다.

④ 아조디카본아미드 : 밀가루 단백질의 -SH 그룹을 산화하여 글루텐을 강하게 한다.

⑤ 아스코르브산(비타민 C) : 속효성 반죽 조절제이다. 일반적인 믹싱과정에서 공기와 접촉함으로써 반죽 조절제로 작용한다. 그러나 적정량에 도달하면 첨가량을 늘려도 산화력이 더 이상 늘지 않는다. 원래 아스코르브산은 산소가 없는 곳에서 환원제의 역할을 한다.

2) 물 조절제—물의 경도를 적절하게 조절하여 제빵성을 높인다. 이스트 푸드의 성분 중에서 물 조절제 역할을 하는 것은 칼슘염(황산칼슘, 인산칼슘, 과산화칼슘)이다.

3) 이스트의 영양공급—암모늄염(염화암모늄, 황산암모늄, 인산암모늄)이 대표적이다.

☞아스코르브산은 짧은 시간 동안 발효시키는 반죽에서 충분한 효과를 낸다. 그러나 장시간 발효에서는 반죽을 엉키게 하여 라운더와 몰더에 장애를 일으킨다.

☞암모늄염은 이밖에도 효소제로서 발효를 촉진시키는 기능을 갖고 있다.

☞전분이나 밀가루를 쓰는 목적은 이스트 푸드 구성성분의 균질화와 수분 흡습을 방지하는 데 있다.

참고

대표적인 이스트 푸드의 배합비(%)

① 알칼리형 이스트 푸드 : 과산화칼슘 0.65 + 인산암모늄 9.0 + 전분, 밀가루 90.35

② 완충형 이스트 푸드 : ㄱ. 전분 40.0 + 황산칼슘 25.0 + 염화나트륨25.0 + 염화암모늄 9.7 + 브롬산칼륨 0.3

ㄴ. 산성인산칼슘 50.0 + 황산암모늄 7.0 + 브롬산칼륨 0.12 + 요오드칼륨 0.10 + 염화나트륨 19.35 + 전분 23.43

〈표〉 이스트 푸드 각 소재의 사용 목적과 효과

	소재	사용목적	주요효과
암모늄염	염화암모늄	효모의 영양원	발효 촉진(→빵 용적증대) ※분해에 의해 생성되는 산은 pH를 저하시켜 발효를 자극한다.
	황산암모늄		
	인산암모늄		
칼슘염	과산화칼슘	물의 경도 조절	발효안정, 글루텐 강화 → 빵 용적 증대
	황산칼슘		발효안정
	인산칼슘		발효촉진
산화제	브롬산칼륨	프로테아제의 불활성화, 산화	글루텐 강화→ 빵 용적 증대
	요오드칼륨		
	아조디카본아미드		
	아스코르브산(비타민 C)		
환원제	글루타티온	프로테이제의 활력을 줌	글루텐 신장성 증가(반죽, 발효시간 단축)
	시스테인	환원	노화방지
효소제	알파-아밀라아제	전분 분해	발효 촉진, 풍미와 구운색이 좋아짐. 노화 방지
	프로테아제	단백질 분해	글루텐 신장성 증가, 풍미와 구운색이 좋아짐
계면활성제	글리세린 지방산 에스테르(모노글리세리드)	기계성 향상, 노화 억제	생지 물리성 강화, 노화 지연
	스테아릴 유산칼슘		
분산제	염화나트륨	발효 조절	계량의 간이화, 발효의 안정, 혼합 접촉 변화 방지
	전분 / 밀가루	분산 완충	계량의 간이화, 흡습에 의한 화학 변화 방지

기초력 확인문제

1〉 다음 중 빵 반죽의 반죽물로 알맞은 아경수의 경도는 얼마인가?(기출문제)

① 60ppm 미만 ② 60~120ppm
③ 120~180ppm ④ 180ppm 이상

해설 아경수(120~180ppm)가 제빵에 가장 적절한 경도로 알려져 있다. 그 이유는, 글루텐을 경화시키는 효과와 이스트의 영양 물질이 있기 때문이다.

2〉 빵을 만드는 필수재료는 밀가루, 물, 소금, 이스트이다. 다음 중 물이 담당하는 역할로 틀린 것은?

① 반죽온도 조절 ② 노화 촉진 ③ 글루텐 형성 ④ 효소 활성화

해설 노화란 전분이 수분을 잃어 버림으로써 결정화되는 현상이다.

3〉 지역에 따라 물의 경도가 달라 빵 반죽물로 알맞지 않은 것이 있다. 이때 물의 경도를 조절하기 위해 첨가하는 재료는 무엇인가?

① 설탕 ② 분유 ③ 쇼트닝 ④ 이스트 푸드

해설 이스트 푸드는 이스트에 영양을 제공하고 반죽에 탄성과 활력을 주는 일 외에 칼슘염이나 마그네슘염이 들어 있어 물의 경도를 높인다.

4〉 다음 중 이스트 푸드에 대한 설명으로 틀린 것은?

① 이스트 푸드는 빵 반죽 안에서 산화제, 물 조절제의 역할을 하고 이스트의 영양인 산소를 공급한다.
② 이스트 푸드의 성분 중 물의 경도를 높이는 것은 칼슘염이다.
③ 이스트 푸드의 성분 중 이스트의 양분이 되는 것은 암모늄염이다.
④ 이스트 푸드의 성분 중 산화제의 역할을 하는 대표적인 것은 브롬산칼륨이다.

해설 물 조절제 : 칼슘염, 산화제 : 브롬산칼륨 · 요오드칼륨 · 과산화칼슘 등, 양분 공급 : 암모늄염. 이스트의 성장에 필요한 양분은 질소이다.

5〉 빵 반죽물로 사용할 물이 경수이다. 아경수로 만들 때와 같은 결과를 얻고자 하는 방법으로 틀린 것은?

① 이스트의 사용량을 늘린다.
② 흡수율을 1~2% 줄인다.
③ 이스트 푸드의 사용량을 줄인다.
④ 맥아를 첨가한다.

해설 경수를 쓰면 글루텐이 단단해지고 발효시간이 길어진다.

연수를 쓰면 글루텐이 부드러워져 반죽이 끈적거린다. 그래서 흡수율을 줄인다.

6〉 다음 중 이스트 푸드의 구성 성분이 아닌 것은?(기출문제)

① 암모늄염 ② 질산염 ③ 칼슘염 ④ 전분

답 1〉 ③ 2〉 ② 3〉 ④ 4〉 ① 5〉 ② 6〉 ②

제13절 팽창제, 안정제, 초콜릿, 향료 및 향신료

◇◇ 보충설명 ◇◇

☞ 팽창제
- 천연품 : 효모(이스트)
- 합성품
  - 베이킹 파우더
  - 중조
  - 암모늄계 팽창제
  - 기타

1. 팽창제(Expansion agent)

카스텔라를 비롯한 빵 · 과자 제품을 부풀려 부피를 크게 하고 부드러움을 주기 위해 첨가하는 것으로, 제품 종류에 따라 소량 사용한다. 여기에는 천연품(효모)과 합성품이 있다. 합성품에는 중조(탄산수소나트륨)를 비롯한 20여종이 있으며, 각각 단독으로 사용하거나 2종 이상을 섞어 사용한다. 이때 2종 이상을 섞은 것이 합성 팽창제이다. 팽창제로 사용되는 식품 첨가물에는 여러 가지가 있으나, 그 중 가스발생제로 자주 사용되는 것으로는 탄산수소나트륨, 암모늄계 팽창제(탄산수소암모늄, 염화암모늄 등)가 있다. 이들은 그 자체만으로도 물과 열을 받으면 이산화탄소(탄산가스)나 암모니아가스를 발생시켜 강력한 팽창력을 발휘한다. 그러나 이때 이산화탄소 이외에 알칼리성인 탄산나트륨이 생겨 식품을 알칼리성으로 만들고, 빵의 색을 누렇게 바꾸며 풍미를 떨어뜨린다. 따라서 여기에 산성 물질을 함께 사용하면 결점이 보완되고 효과가 향상된다. 이렇게 만든 것이 합성 팽창제, 즉 베이킹 파우더이다. 허용된 합성 팽창제를 살펴보면 다음 〈표〉와 같다.

〈표〉 허용 합성 팽창제

품 명	대상식품	작용
명반(alum)	빵, 과자	산성제(酸劑)
소명반(burnt alum)	빵, 과자	산성제(酸劑)
암모늄명반(ammonium alum)	빵, 과자	산성제, NH_3
소암모늄명반(burnt ammonium alum)	빵, 과자	산성제, NH_3
염화암모늄(ammonium chloride)	비스킷	NH_3
D-주석산수소칼륨(potassium D-bitartrate)	빵, 과자	산성제
DL-주석산수소칼륨(potassium DL-bitartrate)	빵, 과자	산성제
탄산수소나트륨(sodium bicarbonate)	빵, 비스킷	CO_2
탄산수소암모늄(ammonium bicarbonate)	비스킷, 과자	CO_2, NH_3
탄산암모늄(ammonium carbonate)	비스킷, 과자	CO_2, NH_3
산성피로인산나트륨 (disodium dihydrogen pyrophosphate)	빵, 과자	산성제
제1인산칼슘(calcium phosphate monobasic)	빵, 과자, 비스킷	산성제
글루코노델타락톤(glucono delta lactone)	케이크, 도넛, 비스킷, 식빵 등	산성제
탄산마그네슘(magnecium carbonate)	빵, 과자	CO_2
염기성 알루미늄탄산나트륨 (basic aluminium sodium carbonate)	빵, 과자	CO_2

(1) 베이킹 파우더(baking powder)

예로부터 팽창제로 사용해 온 중조, 즉 탄산수소나트륨을 주성분으로 하여 각종 산성제를 배합하고 완충제로서 전분을 첨가한 팽창제이다. 이때 중조와 산성제가 화학반응을 일으켜 이산화탄소(탄산가스)를 발생시키고 기포를 만들어 반죽을 부풀린다. 이 화학반응의 원리는 탄산수소나트륨이 분해되어 이산화탄소, 물, 탄산나트륨이 되는 것으로 전 베이킹 파우더 무게의 12% 이상에 해당하는 유효 이산화탄소(CO_2)가 발생되어야 한다. 즉,

$$2NaHCO_3(\text{탄산수소나트륨}) \rightarrow CO_2 + H_2O + Na_2CO_3(\text{탄산나트륨})$$

> **참고**
>
> 중화가(中和價 : Neutralizing Value)
>
> 산 100g을 중화시키는 데 필요한 탄산수소나트륨(소다)의 양, 즉 산에 대한 소다의 비율로서 적정량의 유효가스(이산화탄소)를 발생시키고 중성이 되는 양을 조절할 때 활용된다.

☞ 베이킹 파우더의 사용량
사용량이 많으면 기공벽이 늘어나 속결이 거칠고 빨리 건조된다. 반대로 사용량이 너무 적으면 밀도가 커져 속이 조밀하고 부피가 작아진다.

(2) 기타 팽창제

1) 암모늄계열—밀가루 단백질을 연하게 하는 효과가 있다. 탄산수소암모늄, 염화암모늄 등이 여기에 속한다. 이들이 열을 받아 암모니아 가스와 이산화탄소가스를 발생시켜 반죽을 부풀린다.
   장점은 ① 산 재료가 없어도 물만 있으면 단독으로 작용한다는 점, ② 쿠키 등에 사용하면 퍼짐이 좋아진다는 점, ③ 밀가루 단백질을 부드럽게 하는 효과가 있다는 점, ④ 굽기중 3가지 가스로 분해되어 잔류물이 없다는 점 등이다.
2) 탄산수소나트륨—단독 또는 베이킹 파우더 형태로 사용하는데 일반적으로 중조라고 한다. 분자식은 $NaHCO_3$이며, 무색의 결정성 분말이다. 20℃ 이상에서 이산화탄소(CO_2)와 물(H_2O)을 발생시키고 알칼리성인 탄산나트륨(Na_2CO_3)만 남는다.
3) 기타 팽창제—이스트 파우더(yeast powder)와 주석산크림이 대표적이다. 이스트 파우더는 암모니아계 합성 팽창제로 염화암모늄, 탄산수소나트륨, 주석산수소칼륨, 소명반, 전분 등이 혼합되어 만들어진 것이다.

☞ 탄산수소암모늄은 열을 받으면 다음과 같이 분해된다.
NH_4HCO_3(탄산수소암모늄)
$\rightarrow NH_3$(암모니아 가스)
$+ CO_2$(이산화탄소)
$+ H_2O$(물)
염화암모늄은 알칼리와 반응하여 이산화탄소 · 암모니아 가스를 발생시킨다. 따라서 팽창제로 쓸 경우 알칼리성인 중조(탄산수소나트륨)과 섞어 써야 한다.
NH_4Cl(염화암모늄)$+$
$NaHCO_3$(탄산수소나트륨)
$\rightarrow NH_3$(암모니아 가스)
$+ CO_2$(이산화탄소)
$+ H_2O$(물)
$+ NaCl$(염화나트륨)

☞ 탄산수소나트륨을 과다하게 사용할 경우 제품의 색이 어두워지고 소다맛, 비누맛, 소금맛이 날 수 있다. 또, 반죽과 잘 섞이지 않았을 때 제품에 노란 반점이 생기므로 중조는 밀가루와 함께 체쳐서 넣거나 소량의 물에 녹여 쓴다.

2. 안정제(Stabilizer)

물과 기름, 기포, 콜로이드의 분산과 같이 상태가 불안정한 화합물에 첨가해 상태를 안정시키는 물질이다.

1) 한천(agar-agar)
   끓는 물에만 용해되며 용액이 냉각되면 단단하게 굳는데 '식물성 젤라틴'이라고 한다. 물에 대하여 1~1.5% 사용하면 젤라틴과 같은 효과

☞ 한천은 태평양의 해조인 우뭇가사리로부터 뜨거운 물로

를 나타낸다.

2) 젤라틴(gelatin)

동물의 껍질이나 연골 속의 콜라겐을 정제한 것이 젤라틴이다. 끓는 물에만 용해되며 식으면 단단한 겔이 된다. 용액에 대하여 1% 농도로 사용해야 하고 과다하게 사용하면 질기고 고무 같은 제품이 된다.

3) 펙틴(pectin)

보통 감귤류나 사과의 펄프로부터 얻는데 많은 과일과 식물의 조직 속에 존재하는 일종의 다당류이다. 메톡실기 7% 이하의 펙틴은 당과 산에 영향을 받지 않는다. 7% 이상의 펙틴은 당과 산이 존재해야 교질이 형성되므로 젤리 제조시 당 농도와 산 함량을 고려해야 한다.

4) 알긴산(alginic acid)

뜨거운 물에도 녹으며 1% 농도로 단단한 교질이 된다. 태평양의 큰 해초로부터 추출한다. 우유와 같이 칼슘이 많은 재료와는 단단한 교질체가 되며 과일 주스와 같은 산의 존재하에서는 교질 능력이 감소한다.

5) 시엠시(C.M.C)

냉수에서 쉽게 팽윤되어 진한 용액이 된다. 산에 대한 저항성이 약한 시엠시는 셀룰로오스로부터 만든 제품이다.

6) 로커스트 빈 검(locust bean gum)

지중해 연안에서 재배되는 로커스트 빈 나무 껍질을 벗겨 수지를 채취한 것으로 냉수에도 완전히 용해되지만 뜨겁게 해야 더 효과적이다. 0.5% 농도에서 진한 액체 상태가 되며 5% 농도에서 진한 페이스트가 된다. 산에 대한 저항성이 크다.

7) 트래거캔스(tragacanth)

냉수에 용해되며 71℃로 가열하면 최대로 농후한 상태가 된다. 터키와 이란에서 재배되는 트라가칸트 나무를 잘라 얻는 수지이다.

성분을 추출, 건조시켜 만든다.

☞ 산 용액과 함께 끓이거나 너무 뜨거운 물에 녹이면 교질력이 떨어지거나 없어진다.

☞ 설탕 농도 50% 이상, pH 2.8~3.4가 될 때 젤리를 형성한다.

☞ 찬물에도 잘 녹는다.

참고

안정제의 사용 목적

① 아이싱의 끈적거림 방지 ② 아이싱의 부서짐 방지
③ 머랭의 수분 배출 억제 ④ 토핑의 거품 안정제
⑤ 젤리 제조 ⑥ 무스 케이크 제조 ⑦ 파이 충전물의 농후화제
⑧ 흡수제로 노화 지연 효과 ⑨ 포장성 개선

3. 초콜릿(Chocolate)

(1) 초콜릿의 원료

1) 카카오매스—여러 종류의 카카오를 혼합하여 특정한 맛과 향을 낸다. 카카오매스 자체의 풍미, 지방의 함량, 껍질의 혼입량 등에 따라 품질

이 달라진다.

2) 카카오버터—초콜릿의 풍미를 결정하는 가장 중요한 원료. 향이 뛰어나다. 입안에서 빨리 녹으며, 감촉이 좋다. 카카오빈의 종류. 탈취 공정에 따라 맛과 향의 강도가 달라진다.

3) 설탕—정백당과 분설탕을 많이 사용한다. 포도당이나 물엿 등으로 설탕의 일부를 대치하기도 한다.

4) 코코아—용도에 따라 색상, 지방의 함량, 용해도, 미생물의 수치 등을 고려하여 선택한다. 맛과 향이 좋아야 한다.

5) 유화제—카카오버터에 1% 이하의 수분이 들어 있으므로 친유성 유화제를 사용한다. 대두로부터 추출한 레시틴이 대표적이며, 0.2~0.8% 정도를 사용한다.

6) 우유—밀크 초콜릿의 원료로 전지분유, 탈지분유, 크림 파우더 등을 사용.

☞ 분유는 풍미가 좋고, 미생물이나 효소에 의해 변질되지 않는 것을 사용해야 한다.

7) 향—가장 기본적인 것은 바닐라향. 0.05~0.1%를 사용한다. 그 밖에 제품 특성에 따라 버터향, 박하향, 견과류 계통의 향 등을 사용한다.

(2) 제조 공정

1차가공과 2차가공에 의해 초콜릿이 생산된다.

1) 1차가공—원료인 카카오빈(카카오콩)에서 중간 제품인 카카오매스 혹은 카카오버터(카카오페이스트)를 생산하는 공정.

① 정선(cleaning) : 산지(産地)로부터 운반된 카카오빈에서 이물질을 제거.

② 볶기(roasting) : 카카오빈을 볶아 휘발성분과 수분을 제거. 이를 통해 초콜릿 특유의 향과 풍미가 살아난다.

③ 껍질제거(winnowing) : 카카오빈의 껍질과 배아를 제거하고 배유(카카오니브)만 남긴다.

④ 분쇄(grnding) : 회전율이 다른 룰러를 통과시켜 배유를 빻아 카카오매스를 만든다.

☞ 볶는 온도 : 110~160°C(보통 130°C). 시간 30~40분

☞ 카카오빈은 외피, 배아, 배유로 구성되어 있는데, 초콜릿을 만들 때 필요한 부분은 배유이다.

☞ 카카오매스 : 빻는 동안 배유 속의 지방이 녹아 페이스트 상태가 되는데, 이것을 카카오매스라고 한다. 비터 초콜릿, 카카오 페이스트라고도 한다.

☞ 코코아(cocoa) : 카카오매스를 압착하면 카카오버터와 카카오박으로 분리되는데, 이 카카오박을 200메시 정도의 고운 분말로 만든 것이 코코아이다.

2) 2차 가공 : 1차가공이 끝난 카카오매스에서 최종 제품인 초콜릿으로 가공하기까지의 공정.

① 혼합(mixing) : 카카오매스에 설탕, 분유, 레시틴, 향료 등을 일정 비율에 따라 첨가하고 섞어 준다.

② 정제(refining) : 위의 혼합물을 빻아 미세한 입자로 만든다.

③ 정련(glossing) : 조직을 균일하게 하고, 수분과 나쁜 냄새 등을 없앤다. 이 과정에서 초콜릿 특유의 광택과 풍미, 식감이 향상된다.

④ 온도 조절(템퍼링, tempering) : 초콜릿 조직을 안정되게 굳힐 수 있도록 온도를 조절한다.

⑤ 정형 · 진동 : 틀 속에 초콜릿을 넣고 심하게 진동시켜 초콜릿 속의 기

포를 제거.

⑥ 냉각 · 틀 제거 : 냉각용 터널을 통과시키면서 굳힌 다음 틀을 제거한다.

⑦ 포장 : 틀에서 빼낸 초콜릿은 즉시 포장해야 한다. 포장실은 온도(18°C 정도)와 습도가 낮아야 하고, 포장지는 방습 포장지를 이용한다.

⑧ 숙성 : 포장한 초콜릿을 온도 18°C, 상대습도 50% 이하의 저장실에서 7~10일간 숙성시키면 초콜릿 속의 카카오버터의 조직이 더욱 안정되게 된다. 또한 유통중의 블룸(bloom) 현상이 줄어든다.

참고

블룸(bloom) : 온도 변화에 따라 초콜릿 표면에 일어나는 현상.

ㄱ. 설탕 블룸(sugar bloom) : 초콜릿을 습도가 높은 곳에 보관할 때 초콜릿에 들어 있는 설탕이 수분을 흡수하여 녹았다가 재결정이 되어 표면이 하얗게 변하는 현상.

ㄴ. 지방 블룸(fat bloom) : 초콜릿을 온도가 높은 곳에 보관하거나 직사광선에 노출시켰을 때 지방이 분리되었다가 다시 굳어지면서 얼룩을 만드는 현상.

(3) 초콜릿의 종류

1) 배합 조성에 따른 종류

① 카카오매스 : 카카오빈에서 외피와 배아를 제거하고 잘게 부순 것. 비터 초콜릿이라고도 한다. 다른 성분이 포함되어 있지 않아 카카오빈 특유의 쓴맛이 그대로 살아 있다. 식으면 굳으며, 커버추어용이다.

② 다크 초콜릿 : 순수한 쓴맛의 카카오매스에 설탕과 카카오버터, 레시틴, 바닐라향 등을 섞어 만든 초콜릿. 다크 스위크, 세미 스위트, 비터 스위트로 구분된다. 다크 스위트에는 최소 15% 이상, 세미 · 비터 스위트에는 35% 이상의 카카오버터가 함유되어 있다. 카카오버터를 일정량 함유하고 있는 카카오매스에 별도로 카카오버터를 첨가했기 때문에 유지 함량이 높고 유동성이 좋으며 카카오의 풍미도 강하다.

③ 밀크 초콜릿 : 다크 초콜릿 구성 성분에 분유를 더한 것. 가장 부드러운 맛의 초콜릿이다. 유백색이므로 색이 엷어질수록 분유의 함량이 많다고 볼 수 있다. 15~25% 정도의 우유, 7~17% 정도의 카카오버터가 함유되어 있다.

④ 화이트 초콜릿 : 카카오 고형분(코코아 케이크)과 카카오버터 중 다갈색의 카카오 고형분을 빼고 카카오버터에 설탕, 분유, 레시틴, 바닐라향을 넣어 만든 백색의 초콜릿.

⑤ 컬러 초콜릿 : 화이트 초콜릿에 유성 색소를 넣어 색을 낸 것.

⑥ 가나슈용 초콜릿 : 카카오매스에 카카오버터를 넣지 않고 설탕만을 더한 것. 카카오 고형분이 갖는 강한 풍미를 살릴 수 있다. 유지 함량이

☞커버추어 : 제과 재료로서 주로 사용되는 대형 판초콜릿. 국제 규격에 의하면 '총 카카오 분량 35%(카카오버터 31%) 이상으로 대용 유지를 포함하지 않은 것' 이라고 되어 있다. 그러나 실제로는 35~40%의 카카오버터를 함유하고 있어 일정온도에서 유동성과 점성을 갖는 제품을 가리킨다.

☞부드럽고 풍부한 맛을 강하게 하려면 카카오버터의 함량을 높인다.

☞일부 나라에서는 화이트 초콜릿을 초콜릿이 아닌 설탕과자로 취급하기도 한다.

적어 생크림같이 지방과 수분이 분리될 위험이 있는 재료와도 잘 어울린다. 단, 커버추어처럼 코팅용으로 이용하기에는 부적합하다.

⑦ 코팅용 초콜릿(파타글라세) : 카카오매스에서 카카오버터를 제거한 다음 식물성 유지와 설탕을 넣어 만든 것. 번거로운 템퍼링 작업 없이도 언제 어디서나 손쉽게 사용할 수 있다. 유동성이 좋으므로 코팅용으로 쓰인다.

⑧ 풍미를 첨가한 초콜릿 : 술이나 오렌지, 커피 등을 넣어 색다른 풍미를 낸 초콜릿이다.

2) 형태에 따른 분류

① 몰드 초콜릿 : 초콜릿을 틀에 넣어 굳힌 것.

② 엔로브 초콜릿 : 누가, 퍼지, 캐러멜, 비스킷 등을 중앙 부분에 넣고 초콜릿을 흘려 부어 코팅해서 냉각한 것.

③ 팬 초콜릿 : 견과류나 스낵류에 분무하여 코팅하고 당의를 입힌 것.

4. 향료 및 향신료(Flavors & Spices)

(1) 향료

후각 신경을 자극하여 특유의 방향(芳香)을 느끼게 함으로써 식욕을 증진시키는 첨가물이다. 향료를 사용하는 목적은 제품에 독특한 개성을 주는 데 있기 때문에 향, 맛, 속 조직이 잘 조화되도록 해야 한다.

(2) 향료의 분류

향료는 성분에 따라 합성향료와 천연향료로, 가공 방법에 따라 알코올성 · 비알코올성 · 유화 · 분말향료로 나눌 수 있다.

1) 성분에 따른 분류

① 천연향료 : 풀, 나무, 과실, 잎, 나무껍질, 뿌리, 줄기 등에서 추출한 향료이다. 꿀, 당밀, 코코아, 초콜릿, 분말과일, 감귤류, 바닐라 등에서 추출한 정유가 있다.

② 합성향료 : 정유 등의 천연향과 유지제품을 합성한 것으로 디아세틸, 바닐라 원두의 바닐린 계피의 신나몬 알데히드, 아몬드의 벤즈알데히드 등이 있다.

2) 가공 방법에 따른 분류

① 알코올성 향료 : 에센스. 에틸알코올에 향 물질을 용해시켜 만든 것. 열에 의한 휘발성이 크므로 굽는 제품에는 사용하지 않는다. 아이싱, 충전물 제조에 쓰면 좋다.

② 비알코올성 향료 : 오일. 프로필렌글리콜, 글리세린, 식물성유에 향 물질을 용해시킨 것. 굽는 과정에서 향이 날아가지 않는다. 캐러멜, 캔디, 비스킷에 이용한다.

③ 유화향료(乳化香料) : 유화제를 사용하여 향 물질을 물 속에 분산 · 유

☞ 사용시 주의사항

① 향 성분은 대부분 휘발성이므로 가열, 냉각한 뒤에 첨가할 것.

② 충분히 섞되, 식품에 맞는 종류를 택할 것.

③ 식품 중의 항산화제, 알코올이나 공기, 광선, 금속 등에 의해 변질할 수 있으므로 주의할 것.

④ 보존은 건조한 용기에 가득 채워 냉암소에 보관할 것.

☞ 디아세틸은 버터향을 낸다.

화시킨 것. 내열성이 있고 물에도 잘 섞여 취급이 편리하다. 알코올성 향료나 비알코올성 향료 대신 사용할 수 있다.

④ 분말향료 : 진한 수지액과 물의 혼합물에 향 물질을 넣고 용해시킨 후 분무, 건조시킨 것. 가루상태로는 향이 약해 느껴지지 않으나 입속, 물에서는 강한 향이 난다. 가루식품용, 아이스크림, 제과용, 추잉 검에 쓰인다.

(3) 향신료

좁은 의미로는 강렬한 방향(芳香)과 매운 맛을 내는 식물성 향료를 말한다. 넓은 의미로는 풍부한 맛과 향을 내기 위해 소량 첨가하는 향료를 통틀어 향신료, 즉 스파이스라고 한다.

1) 향신료의 종류

① 계피(cinnamon) : 녹나무과의 상록수 껍질을 벗겨 만든 향신료. 실론(Ceylon) 계피는 정유(시너먼유) 상태로 만들어 쓰기도 한다.

② 넛메그(nutmeg) : 과육(果肉)을 3~6주 일광으로 건조, 선별해 만든 향신료. 1개의 종자에서 넛메그 외에 메이스(mace)도 얻는다.

③ 생강(ginger) : 매운 맛과 특유의 방향을 가진 생강은 그대로 혹은 말려 쓰거나 가루로 만들어 쓴다. 설탕이나 시럽에 절여 먹기도 하고, 갈아서 설탕과 리큐르에 더해 셔벗을 만들기도 한다. 가루는 빵, 비스킷, 케이크 반죽에 섞어 쓴다. 영국의 진저 케이크, 진저 비스킷이 유명하다.

④ 정향(clove) : 정향나무의 꽃봉오리를 따서 말린 것으로서, 클로브라고도 한다. 분홍빛을 띠는 붉은색의 꽃봉오리가 활짝 피면 향이 날아가므로 꽃이 피기 전에 따서 햇빛에 말린다.

⑤ 올스파이스(allspice) : 빵 · 케이크에 가장 많이 쓰이는 향신료로서, 시너먼, 넛메그, 정향 등의 혼합향을 낸다. 프루츠 케이크, 단맛이 강한 케이크, 비스킷, 파이, 햄, 카레 등에 가루로 빻아 쓰며 장시간 넣고 끓일 수 있는 경우에는 그대로 사용한다.

⑥ 카다몬(cardamon) : 생강과(科)의 다년초 열매로부터 얻는 카다몬은 인도, 실론 등지에서 자란다. 열매 깍지 속에 들어 있는 3㎜ 가량의 조그만 씨를 이용한다.

⑦ 박하(peppermint) : 꿀풀과의 다년생 숙근초인 박하의 잎사귀에서 얻는다. 제과용으로 박하유와 박하뇌가 많이 이용된다.

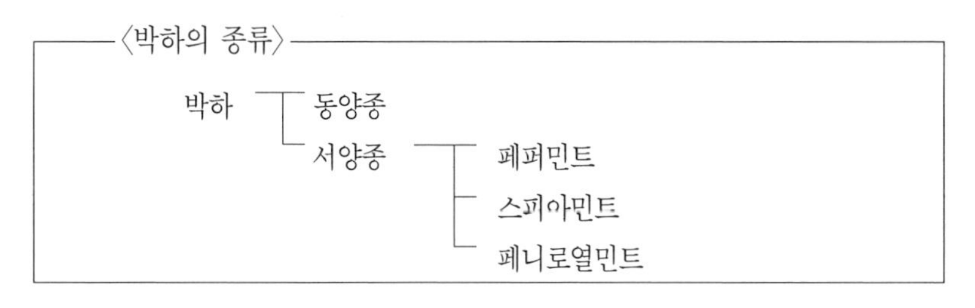

☞ 산지에 따라 실론산, 한국산, 중국산 등이 대표적. 인도의 실론에서 생산되는 계피를 시너먼이라 하고, 중국 계열의 것은 카시아라고 한다.

☞ 넛메그는 알갱이 상태와 가루상태로 가공되는데, 사용할 때마다 일일이 가루로 빻아서 쓰는 것이 향이 짙다. 또 깨뜨렸을 때 안쪽에 기름기가 많은 것이 양질이다.

☞ 정향은 박하와 같은 맛이 나고 단맛의 방향이 있다. 그대로 사용하거나 곱게 빻아 갖가지 반죽, 단맛이 강한 크림, 소스 등에 섞어 쓴다. 또 증류에 의해 '정향유'를 생산하기도 한다.

☞ 올스파이스를 달리 '자메이카 후추'라고도 한다. 향은 껍질에 몰려 있으므로 말린 열매 그대로를 필요할 때마다 빻아서 쓴다.

☞ 카다몬 : 껍질이 쪼개지면 종자 속에 있는 휘발성 기름이 증발하므로 덜익었을 때 따서 껍질째 말린다.

기초력 확인문제

1〉 다음 중 베이킹 파우더를 구성하는 재료가 아닌 것은?

① 중조　② 인산칼슘　③ 전분　④ 분유

해설 베이킹 파우더에는 산성제, 중조, 전분이 각 1/3씩 들어 있다.

2〉 베이킹 파우더를 10g 쓰면 유효 가스가 몇 g 이상 발생되어야 정상인가?

① 0.6g　② 1.2g　③ 1.8g　④ 2.4g

해설 전체 베이킹 파우더 무게의 12% 이상인 유효 가스(CO_2)가 발생해야 한다.

3〉 다음 중 구울 제품에 사용하기 부적당한 향료는?

① 물에 녹인 향료　② 기름에 녹인 향료

③ 알코올에 녹인 향료　④ 가루 향료

해설 알코올성 향료 : 열을 받으면 휘발하므로, 가열이 필요없는 빙과 · 아이싱 · 충전물에 알맞다.

4〉 육두구과의 상록활엽교목에 맺히는 종자를 말리면 넛메그가 된다. 또한 씨를 빼고 남은 빨간 껍질도 말려서 향신료로 이용한다. 그 이름은?

① 시너먼　② 생강　③ 메이스　④ 클로브

해설 메이스 : 넛메그의 종자를 싸고 있는 빨간 껍질을 말린 것.

5〉 다음 중 동물의 뼈나 가죽에서 추출한 안정제는 무엇인가?

① 젤라틴　② 한천　③ 트래거캔스　④ 펙틴

해설 젤라틴 : 동물의 껍질이나 연골 속의 콜라겐을 정제한 것

한천 : 해조(海藻)인 우뭇가사리로부터 뜨거운 물로 한천 성분을 추출하여 건조시킨다.

6〉 다음 중 빵 · 과자를 부풀리는 팽창요인이 될 수 없는 것은?

① 공기　② 수증기　③ 베이킹 파우더　④ 염기

7〉 베이킹 파우더의 산성물질 중 반응이 가장 빠른 것은?(기출문제)

① 주석산　② 제1인산칼슘

③ SAPP(산성피로인산나트륨)　④ SALP(알루미늄인산나트륨)

해설 주석산, 주석산크림은 열을 받은지 몇분 안에 대부분의 가스를 발생한다.

8〉 다음 중 팽창제의 기능이라고 할 수 없는 것은?

① 기공을 일정하게 한다.　② 기공의 벽을 두껍게 한다.

③ 부피를 키운다.　④ 씹는 맛을 부드럽게 한다.

답 1〉 ④　2〉 ②　3〉 ③　4〉 ③　5〉 ①　6〉 ④　7〉 ①　8〉 ②

9〉 다음 중 펙틴이 많이 존재하는 곳은?

① 과일 껍질 ② 동물의 가죽
③ 광물 ④ 동물성 뼈

10〉 어떤 베이킹 파우더 100g 속에 전분이 10% 들어 있다. 중화가는 80이다. 이때 탄산수소나트륨은 얼마나 들어 있는가?

① 10g ② 30g ③ 40g ④ 50g

해설 전분의 양 : $100(g) \times \frac{10}{100} = 10g$, 산염의 양 = x

중화가가 80이므로 탄산수소나트륨의 양= $0.8x + x$

$1.8x = 90$

$x = 50(g)$

산염이 50g이므로 탄산수소나트륨은 40g(=0.8×50)이다.

11〉 다음 제과재료 중 계량오차량이 같을 때 일반적으로 제품에 가장 큰 영향을 주는 것은?

① 베이킹파우더 ② 밀가루 ③ 설탕 ④ 계란

12〉 다음 중 무 발효빵의 팽창제로 사용되지 않는 것은?(기출문제)

① 인산염 ② 산성주석나트륨 ③ 탄산암모늄 ④ 과붕산나트륨

13〉 바닐라향과 같이 사용할 수 없는 것은?

① 레몬향 ② 우유향
③ 땅콩향 ④ 딸기향

14〉 천연 향신료 중 식물의 열매로부터 채취되는 것이라고 할 수 없는 것은?

① 넛메그 ② 바닐라 ③ 시너먼 ④ 코코아

15〉 넓은 의미로 펙틴은 어디에 속하는가?

① 필수아미노산 ② 불포화단백질
③ 다당류의 일종 ④ 포화지방산

16〉 베이킹파우더에서 전문 다음으로 많은 것은?(기출문제)

① 탄산수소나트륨 ② 탄산칼슘
③ 탄산화 칼륨 ④ 탄산화 나트륨

답 9〉 ① 10〉 ③ 11〉 ① 12〉 ④ 13〉 ③ 14〉 ③ 15〉 ③ 16〉 ①

단원종합문제

1. 다음 중 아밀로오스의 성질로 옳은 것은?
① 물에 잘 녹는다.
② 요오드 용액을 떨어뜨리면 붉게 변한다.
③ 수용액 속에서 안정하다.
④ X선 분석결과 고도의 결정체다.

2. 다음 중 아밀로펙틴에 대한 설명으로 틀린 것은?
① 요오드 용액을 떨어뜨리면 붉은 빛으로 변한다.
② 아밀라아제에 의해 덱스트린으로 변한다.
③ 아밀로오스보다 분자량이 크다.
④ 아밀로오스보다 퇴화의 경향이 크다.

3. 다음 중 포도당 2분자로 가수분해되는 것은?(기출문제)
① 전분 ② 맥아당
③ 유당 ④ 자당

4. 다음 중 포도당 분자로 이루어지지 않은 당류는?
① 설탕(자당) ② 맥아당
③ 과당 ④ 유당(젖당)

5. 다음 중 상대적 감미도가 가장 높은 당류는?
① 포도당 ② 과당
③ 자당 ④ 맥아당

6. 이당류에 속하는 것은?(기출문제)
① 과당 ② 포도당 ③ 유당 ④ 전분

7. 다음 중 다당류가 아닌 것은?(기출문제)
① 셀룰로오스 ② 유당
③ 한천 ④ 이눌린

8. 전분의 특성이 아닌 것은?
①조해성 ② 콜로이드상
③ 팽윤 ④ 호화

◈ 해 설 ◈

1~2. 밀가루 전분의 약 75 %는 아밀로펙틴, 나머지 25%는 아밀로오스라는 직선형 분자 구조를 갖는 물질로 구성되어 있다.

4. 각 당류의 구성성분 :
설탕(자당)→포도당+과당,
맥아당→포도당+포도당
유당(젖당)→포도당+갈락토오스. 과당은 포도당과 같이 단당류이다.

5. 당류의 감미도 :
포도당 75, 과당 175,
자당 100, 맥아당 32,
유당(젖당) 16.

9. 전분에 대한 설명으로 옳은 것은?

① 포도당과 유당의 결합체

② 포도당과 포도당의 결합체

③ 포도당과 과당의 결합체

④ 맥아당과 포도당의 결합체

10. 소장에서 저장작용을 하는 이당류는?(기출문제)

① 자당 ② 유당

③ 맥아당 ④ 포도당

11. 과당이 주성분인 시럽에 대한 설명으로 틀린 것은?

① 흡습성이 크다. ② 점성이 크다.

③ 감미도가 높다. ④ 물에 잘 녹는다.

12. 다음 중 유당을 가수분해 했을 때 생성되는 단당류는?(기출문제)

① 포도당+포도당

② 포도당+칼락토오스

③ 포도당+과당

④ 과당+칼락토오스

13. 전분이 효소에 의해 가수분해가 쉽게 일어나는 상태는?

① 알파전분 ② 생전분

③ 베타전분 ④ 노화전분

14. 전분의 호화에 영향을 주는 요인이 아닌 것은?

① 전분의 종류 ② 단백질 함량

③ 수분 함량 ④ 전분 현탁액의 pH

15. 물에 설탕을 넣어 녹인 것을 흔히 시럽이라 한다. 물 500g에 설탕을 1,000g 녹였다면 이 시럽의 당도(%)는 얼마인가?

① 37% ② 50% ③ 67% ④ 80%

16. 다음은 포화지방산의 탄소수이다. 탄소의 갯수로 보아 융점이 가장 높은 포화지방산은 무엇인가?

① 6개 ② 8개

③ 16개 ④ 20개

17. 다음 중 융점이 가장 낮은 지방산은?

14. 전분호화에 영향을 주는 요인들 : ① 전분의 종류 ② 수분(전분 수분함량이 많을수록 호화는 빨리 일어난다) ③ pH(알칼리성 쪽에서 빨리 일어난다) ④ 염류.

15. 당도(%) = $\frac{\text{용질(설탕)}}{\text{용매(물)+용질(설탕)}} \times 100$

$= \frac{1,000}{500+1,000} \times 100 = 66.6$

≒67%

16~17. 포화지방산의 융점은 탄소수가 커질수록 높아지고, 불포화도가 커질수록 낮아진다. 불포화도는 탄소수가 같을 때 수소의 개수로 판단한다. 즉, 수소의 갯수가 적을수록 불포화도가 크다.

① 리놀렌산($C_{17}H_{29}COOH$) ② 리놀레산($C_{17}H_{31}COOH$)
③ 올레산($C_{17}H_{33}COOH$) ④ 스테아르산($C_{17}H_{31}COOH$)

18. 유지의 경화란 무엇인가?
① 포화지방산의 수증기 ② 규조토를 사용한 색소 제거
③ 알칼리로 산을 중화함 ④ 불포화 지방산에 수소 첨가

19. 유지의 가소성이 가장 중요한 요인이 되는 제품은?
① 파운드 케이크 ② 파이
③ 스펀지 케이크 ④ 식빵

20. 유지의 산패를 촉진하는 무기질은?
① K, Ca ② Ca, Cu
③ Cu, Fe ④ K, Fe

21. "모노 디 글리세라이드"는 어느 생성반응에서 일어나는가?(기출문제)
① 지방의 가수분해 ② 비타민의 산화
③ 단백질의 노화 ④ 전분의 노화

22. 다음중 설명이 옳은 것은?(기출문제)
① 이스트는 전분을 분해할 수 있다.
② 소맥분에는 β-아밀라제 활성도가 숙성중 증가하나 α-아밀라제는 활성이 낮다.
③ 말타아제에 의해 분해된 당은 이스트가 작용한다.
④ 리파아제는 손상되지 않는 전분에 작용한다.

23. 어떤 밀가루 150g과 물을 섞어 젖은 글루텐 54g을 얻었다. 이 밀가루의 단백질 함량은 얼마인가?
① 6% ② 8%
③ 12% ④ 15%

24. 밀에 싹이 틀 때 많이 생성되는 효소는?
① 프로테아제 ② 리파아제
③ 셀룰라아제 ④ 아밀라아제

25. 전분(녹말)을 물과 함께 익히면 풀처럼 걸쭉해진다. 이것은 전분이 가수분해 효소의 작용을 받아 덱스트린으로 분해된 것이다. 전분이 맥아당으로 분해되기 전에 덱스트린으로 분해하는 효소는 무엇인가?

18. 경화란 지방에 수소를 첨가하여 액체기름을 고체화하여 단단하고 융점도 높아지게 되는 것.

23. 젖은 글루텐(%)=(젖은 글루텐 중량 ÷밀가루중량)×100 따라서 밀가루 150g 중의 젖은 글루텐 54g은 36%. 젖은 글루텐 속의 단백질(=건조 글루텐)은 젖은 글루텐의 1/3이다.
∴36(%)÷3=12%.

24. 원래 아밀라아제는 밀의 액과에서 싹이 트는 초기에 생성된다. 하지만 수확방법이 현대화됨에 따라 싹이 틀 사이도 없이 수확된다. 그래서 제분하는 과정에서 아밀라아제를 혼합하고, 이것이 부족한 밀가루 빵을 만들 때에는 맥아를 배합

① 말타아제 ② 베타 아밀라아제
③ 알파 아밀라아제 ④ 치마아제

한다.
25. 알파 아밀라아제 : 전분을 무작위로 잘라서 액화시키는 효소.
베타 아밀라아제 : 알파 아밀라아제에 의해 잘린 전분 분해산.

26. 페리노그래프의 설명이 아닌 것은?(기출문제)
① 글루텐의 질 측정
② 믹싱 시간 측정
③ 전분의 정도 측정
④ 글루텐의 흡수율 측정

27. 빵 반죽 속에서 이스트가 가장 먼저 분해하는 당은?
① 맥아당 ② 포도당
③ 설탕 ④ 전분

28. 이스트 세포의 손상이 일어남으로 인해 방출되는 것은?
① 광물질 ② 글로불린
③ 글루타티온 ④ 글루타민

28. 낮은 온도의 물로 수화시키면 이스트에서 글루타티온이 나와 빵 반죽이 연하고 끈적거리게 되며, 세포 물질이 손실되어 발효력이 감소한다.

29. 이스트가 발효시키지 못하는 당은?
① 과당 ② 자당
③ 유당(젖당) ④ 맥아당

30. 활성 건조효모(드라이 이스트)를 사용할 때 먼저 물에 녹인다. 물의 온도로 알맞은 것은?
① 5℃ ② 13℃
③ 25℃ ④ 43℃

30. 드라이 이스트 사용량의 4배 되는 물을 40~45℃로 데운 뒤, 여기에 이스트를 넣고 5~10분간 둔다.

31. 다음 중 이스트 먹이로 사용되고 남은 당의 기능이 아닌 것은?
① 빵속의 색깔 ② 향
③ 껍질색 ④ 저장성 증가

32. 생이스트 대신 활성 건조 효모를 쓰려고 한다. 생이스트 100g에 해당하는 활성 건조 효모의 양은 얼마인가?
① 30g ② 45g
③ 65g ④ 100g

32. 활성 건조 효모는 생이스트와 40~50%를 사용한다.

33. 빵 반죽을 만들 때 효모를 첨가하는 온도는?
① 10℃ ② 20℃
③ 30℃ ④ 50℃

33. 이스트가 활동하기에 가장 좋은 온도는 27°C이므로 반죽 온도와 1차발효실의 온도를 27°C 전후로 잡는다.

34. 밀에 함유된 무기물 중 가장 많은 성분은?

① 인산 ② 칼륨
③ 마그네슘 ④ 칼슘

34. 밀의 무기질 조성은 인산 49%, 칼륨 35%, 마그네슘 10%, 칼슘 4%이다. 그밖에 나트륨, 철이 소량 포함되어 있다.

35. 다음 중 밀의 회분율과 밀가루의 회분율을 옳게 짝지은 것은?

① 밀 0.4%, 밀가루 0.4%
② 밀 1.8%, 밀가루 0.4%
③ 밀 0.4%, 밀가루 1.8%
④ 밀 1.8%, 밀가루 1.8%

35. 밀가루의 회분 함량은 밀의 약1/4~1/5 정도이다.

36. 밀가루 반죽에 배합하면 표백 효과를 나타내는 효소는 무엇인가?

① 염소 가스 ② 브롬산칼륨
③ 리폭시다아제 ④ 치마아제

36. 콩이나 옥수수로부터 얻은 리폭시다아제를 반죽할 때 첨가하면 발효 과정중 색소물질이 파괴된다.

37. 밀의 제분율이 낮을수록(껍질부위가 적을수록) 함량이 높아지는 성분은?

① 단백질 ② 탄수화물
③ 지방 ④ 회분

37. 껍질부분은 전체 밀알의 약 14.5%로, 흔히 사료로 사용된다. 껍질부분에는 회분, 단백질 함량이 비교적 많고 내배유는 밀알의 약 83%를 차지하며 전분의 대부분이 저장되어 탄수화물의 함량이 높아지게 된다.

38. 다음중 밀가루의 질을 판단하는 기준이 되는 것은?(기출문제)

① 단백질 ② 지방
③ 탄수화물 ④ 회분

39. 밀가루에 포함된 탄수화물이 아닌 것은?

① 말토오스 ② 수크로오스
③ 덱스트로오스 ④ 만노오스

39. 밀가루는 1~1.5%의 자당(수크로오스)과 소량의 말토오스(맥아당), 덱스트로오스, 레불로오스와 용해성 덱스트린을 함유한다.

40. 고배합 제과용 밀가루의 가장 적당한 pH는?(기출문제)

① 4.5 ② 5.2 ③ 6.5 ④ 7.2

41. 다음 중 일반적으로 사용하는 밀가루의 성질이 다른 것과 같지 않는 제품은? (기출문제)

① 소프트롤 케이크 ② 스펀지 케이크
③ 엔젤 푸트 케이크 ④ 식빵

42. 밀가루의 숙성과 산화제의 관계에 대한 설명으로 옳은 것은?

① 산화제를 쓰면 숙성하는 데 시간이 걸린다.
② 산화제를 쓰면 숙성 기간이 짧아진다.

③ 밀가루의 숙성은 산화제의 사용과 관계 없다.
④ 산화제의 양은 숙성 정도와 반비례 관계에 있다.

43. 밀가루 전분의 아밀로펙틴은 전분의 약 몇 %가 되는가 ?(기출문제)
① 20~25% ② 30~35%
③ 65~70% ④ 75~80%

44. 다음 중 빵을 만들기에 알맞지 않은 밀가루의 특성은?
① 단백질이 많다. ② 경질밀로 제분하였다.
③ 흡수율이 낮다. ④ 반죽 · 발효 내구성이 크다.

45. 고율배합 제품을 만들기에 알맞은 밀가루의 조건은?
① 단백질량 적고 회분량 적은 것
② 단백질량 적고 회분량 많은 것
③ 단백질량 많고 회분량 많은 것
④ 단백질량 많고 회분량 적은 것

46. 회분 함량은 밀가루의 품질을 판단하는 기준이 된다. 다음 중 회분 함량에 대한 설명으로 틀린 것은?
① 정제도 판단기준
② 경질밀이 연질밀보다 높다.
③ 제분 공장의 점검기준
④ 제빵 적성의 결정기준

47. 회분함량 1.8%의 밀을 1등급 밀로 제분하면 회분함량은?(기출문제)
① 0.2~0.3% ② 0.4~0.5%
③ 0.6~0.7% ④ 0.8% 이상

48. 다음 중 밀가루를 표백함과 동시에 숙성시키기 위해 첨가하는 물질은 무엇인가?
① 유화제 ② 개량제
③ 팽창제 ④ 점착제

49. 다음 중 밀가루의 색에 대한 설명으로 틀린 것은?
① 가루입자가 작을수록 밝다.
② 색이 어두운 밀가루는 껍질 입자가 많다.
③ 내배유의 색소 물질은 표백제로 없앤다.
④ 껍질의 색소 물질은 표백제로 없앤다.

44. 제빵용 밀가루는 경질밀을 제분해서 얻은 강력분을 사용한다. 강력분의 조건은 단백질의 함량이 12~15%(최소 10.5% 이상)이고 회분 함량이 0.4~0.5% 전후이다. 이러한 밀가루로 만든 반죽은 믹싱 · 발효에 대한 내구성이 크고 흡수율이 높다.

46. 밀가루를 조합하면 제빵 작성을 조절할 수 있으므로, 회분 함량이 제빵 적성을 직접 나타내지는 않는다.

48.
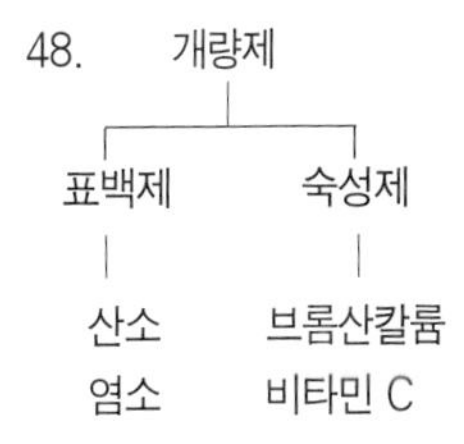

49. 껍질의 색소 물질은 일반 표백제의 영향을 받지 않는다.

50. 밀가루의 수분 흡수에 대한 설명으로 옳은 것은?

① 손상전분이 적당량 있을 때 흡수율이 높아진다.
② 설탕량이 많을수록 흡수량이 많아진다.
③ 분유량이 많을수록 흡수율이 반비례한다.
④ 반죽온도가 낮을수록 수화가 빠르다.

51. 물엿에서 포도당으로 전환된 정도의 지표로 사용되는 것은?

① AE ② BE
③ CE ④ DE

52. 빵 · 과자를 만드는 배합재료 중 당의 기능이 아닌 것은?

① 구조 형성 ② 보존성 연장
③ 연화 작용 ④ 캐러멜화

53. 다음 중 럼주를 만드는 원료는?

① 타피오카 ② 옥수수 전분
③ 당밀 ④ 포도당

53. 제과에 많이 쓰이는 럼주는 당밀을 발효시켜 만든 술이다.

54. 분설탕(분당)의 입자크기는 X로 표시하기로 한다. 다음 중 입자가 가장 고운 것은 어느 것인가?

① 2X ② 6X
③ 10X ④ 12X

54. 분설탕은 *X*의 수치가 높을수록 입자가 작음을 뜻한다.

55. 설탕의 캐러멜화가 진행되는 온도는?

① 100~120℃ ② 120~140℃
③ 160~180℃ ④ 230~250℃

55. 설탕은 160°C에서 캐러멜화가 시작되고, 포도당과 과당은 이보다 낮은 온도에서 착색된다.

56. 발효제품인 식빵에 사용한 100g의 자당은 고형질(발효성 탄수화물)을 기준으로 하면 고형질 91%인 포도당 몇 g과 같은가?

① 91g ② 100g
③ 105g ④ 115g

56. 자당 100g이 가수분해되면 발효성 탄수화물이 105.26으로 된다. 포도당의 발효성 탄수화물 함량은 91%이므로, 1.157배(=105.26÷91)를 써야 한다.
∴100(g)×1.157=115.7g
※일반포도당(함수포도당)의 발효성 고형물질 함량은 91%이다.

57. 프랑스빵 배합에 맥아를 사용하는 이유로 알맞지 않은 것은?

① 껍질색을 개선시키기 위해
② 가스발생량을 늘리기 위해
③ 향을 들이기 위해
④ 단맛을 내기 위해

58. 전화당에 대한 설명으로 틀리는 것은?
① 포도당과 과당이 50%씩이다.
② 설탕(자당)을 분해해서 만든다.
③ 포도당과 과당이 혼합된 2당류이다.
④ 수분이 함유된 것은 전화당시럽이다.

59. 빵 반죽이 발효하는 데 필요한 효소 중의 하나가 알파 아밀라아제이다. 밀가루에 부족하기 쉬운 알파 아밀라아제를 보충하기 위해 맥아를 사용하는데, 이때 나타나는 이점이 아닌 것은?
① 반죽의 탄력성을 키운다.
② 제품의 수분 함량이 는다.
③ 껍질색이 연해진다.
④ 빵의 향이 좋아진다.

60. 다음 중 고형질 함량이 가장 많은 것은?
① 설탕
② 함수포도당
③ 이성화당 시럽
④ 물엿

61. 일반 목장 우유에 들어있는 수분의 함량은?
① 68%
② 73%
③ 88%
④ 93%

62. 우유 단백질인 카세인에 대한 설명으로 틀리는 것은?
① 산에 의해 응고되기 쉽다.
② 우유 단백질의 75~80% 차지.
③ 열에 의해 응고되기 쉽다.
④ 치즈 제조의 주성분이 된다.

63. 다음 중 우유의 당(유당)을 이용하여 만든 식품은 무엇인가?
① 버터
② 치즈
③ 유장
④ 요구르트

64. 우유를 가열하면 표면에 얇은 막이 생기는데, 이 성분의 주체는 무엇인가?
① 카세인
② 락토오스
③ 칼슘
④ 지방

65. 우유에 가장 많이 들어 있는 유일한 당은?
① 자당
② 소르비톨

61. 우유는 비중이 1.03정도로 수분이 88%, 지방이 3.7%, 단백질 3.2%, 유당이 4.6%가 들어 있다.

62. 카세인은 유단백질의 80%를 차지하고 산에 의해 응고되나 열에 의해 응고되지 않는다. 반면 락트알부민은 열에 의해 응고되나 산에 의해 응고되지 않는다.

63. 버터 : 우유의 지방을 이용한 식품.
치즈 : 우유의 단백질(카세인)을 이용한 식품.
요구르트 : 우유의 당을 발효시킨 식품. 유산균 식품이 거의 포함된다.
유장 : 우유에서 카세인을 뺀 나머지 단백질을 가리키는 말.

③ 유당　　　　④ 과당

66. 분유의 변성이 급격히 이루어지는 수분함량은?
① 5% 이상　　　　② 10% 이상
③ 15% 이상　　　　④ 20% 이상

67. 우유 100g대신 물과 분유를 사용할 때 분유의 양은?
① 10g　　　　③ 20g
② 30g　　　　④ 40g

68. 계란 노른자, 콩(대두)에 들어 있는 레시틴은 식품가공에서 무엇으로 이용되는가?
① 산화제　　　　② 중화제
③ 유화제　　　　④ 응고제

69. 계란 중 식용이 가능한 부위의 고형질 함량은?
① 25%　　　　② 58%
③ 75%　　　　④ 88%

70. 머랭을 만드는 데 1,000g의 계란 흰자가 필요하다. 계란 1개의 무게가 60g이면 몇 개 있어야 머랭을 만드는가?
① 17개　　　　② 25개
③ 28개　　　　④ 32개

71. 제과에 있어 계란의 주요 기능이 아닌 것은?
① 커스터드 크림에서 결합제 역할
② 스펀지 케이크에서 팽창제 역할
③ 식욕을 돋우는 색상과 유화제 역할
④ 밀가루 단백질을 부드럽게 하는 역할

72. 계란의 신선도를 감별하려면 물 1 l 에 소금 얼마를 넣어 비중을 재야 하는가?
① 40g　　　　② 100g
③ 120g　　　　④ 200g

73. 다음 중 냉동계란 사용의 이점이 아닌 것은?
① 품질의 균일화
② 작업시간과 노동력의 절감

67. 우유=분유 10%+물90%

68. 레시틴은 유화제의 역할을 하며 팽창력과 쇼트닝효과를 낸다.

69. 계란중 먹는 부분의 수분은 75%, 고형분은 25%이다. 노른자는 50%의 수분과 50%의 고형분으로, 흰자는 88%의 수분과 12%의 고형분으로 구성되어 있다.

70. 계란의 60%가 흰자이므로, 60g짜리 계란 1개의 흰자 무게는 36g(=60×0.6)이다.
∴1,000÷36=27.78≒28개.

71. 계란은 기포성과 열변성이 있어, 공기를 품어 팽창하고 열을 받아 굳음으로써 모양을 유지한다.

72. 계란은 6~10% 소금물에 넣었을 때 가라앉아야 신선한 것이라 할 수 있다.

③ 가격의 저렴함
④ 저장 장소의 축소

74. 계란이 오래되었을 때 나타나는 현상은?
① 비중이 무거워진다.
② 점도가 떨어진다.
③ pH가 떨어져 산패한다.
④ 껍질이 두꺼워진다.

75. 쿠키나 비스킷 같은 건과자에서 사용할 쇼트닝이 갖추어야 할 가장 중요한 성질은 무엇인가?
① 쇼트닝성 ② 크림성
③ 유화성 ④ 안정성

76. 제빵 쇼트닝의 기능으로 맞는 것은?
① 믹싱시간 단축
② 껍질을 부드럽게
③ 반죽을 부드럽게
④ 캐러멜화

77. 쇼트닝은 믹싱하는 동안 공기를 최대한 끌어들일 수 있는 능력이 가장 중요하다. 이것은 유지의 어떤 성질에 중점을 두는 예인가?
① 기능성 ② 신장성
③ 크림성 ④ 안정성

78. 발열현상의 원인은?
① 유리지방산가 ② 과산화물가
③ 육도가 ④ 산가

79. 계면활성제의 HLB가 다음과 같을 때, 기름에 더 잘 녹는 것은?
① 5 ② 9
③ 15 ④ 17

80. 이스트 푸드를 사용하는 가장 중요한 이유는?(기출문제)
① 반죽온도를 높이기 위해
② 정형을 쉽게 하기 위해
③ 빵색을 내기 위해
④ 반죽의 성질을 조절하기 위해

73. 냉동계란의 냉동 온도는 -23~-26℃, 저장 온도는-18~-21℃이다. 단, 냉동하면 노른자가 굳기 쉬우므로 설탕, 소금, 글리세린 등 응고 방지제를 첨가하여 냉동 보관한다.
※해동 · 사용법 : 21~27℃에서 18~24시간 동안 녹인다. 사용하기 전에 저어 섞는다.

75. 건과자는 수분이 적고 당분이 많으므로, 오랫동안 보존하기에 안정한 유지를 사용함이 바람직하다.

81. 이스트 푸드의 성분 중 물 조절제의 역할을 하지 못하는 것은?
① 탄산칼슘　② 황산암모늄
③ 염화마그네슘　④ 황산칼슘

82. 다음 중 연수를 쓴 반죽의 상태로 옳은 것은?
① 반죽이 질고 가스보유력이 약하다.
② 반죽이 질고 가스보유력이 강하다.
③ 반죽이 되직하고 가스보유력이 강하다.
④ 반죽이 되직하고 가스보유력이 약하다.

83. 반죽물이 연수일 때 조치할 사항으로 옳은 것은?
① 이스트 푸드의 사용량을 줄이고 소금을 늘린다.
② 이스트 푸드와 소금의 사용량을 늘린다.
③ 이스트 푸드와 소금의 사용량을 줄인다.
④ 이스트 푸드의 사용량을 늘리고 소금은 줄인다.

84. 이스트 푸드의 성분 중 산화제는?(기출문제)
① 브롬산 칼슘　② 황산칼슘
③ 전분　④ 염화암모늄

85. 다음 어느 산염을 사용한 베이킹 파우더가 가장 늦게 작용하는가?
① 주석산칼륨　② 인산칼슘
③ 인산알루미늄 나트륨　④ 황산알루미늄 나트륨

86. 어떤 베이킹 파우더 10kg에 전분이 34% 들어 있다고 하자. 중화가가 120일 때 산작용제의 무게는 몇 kg인가?
① 3kg　② 4kg
③ 5kg　④ 6kg

87. 베이킹 파우더의 일반적인 구성 성분은 중조, 산성제, 완충제이다. 흔히 완충제로서 전분을 쓰는데, 그 사용 목적으로 틀린 것은?
① 산염과 중조의 결합을 억제하기 위함
② 제조 · 저장 중 조기반응을 억제하기 위함
③ 취급 · 평량하기 쉬움
④ 가스 발생량을 늘리기 위함

88. 베이킹 파우더 사용량이 과다할 때 일어나는 현상이 아닌 것은?
① 속결이 너무 조밀하다.

81. 물 조절제 : 탄산칼슘, 황산칼슘 같은 칼슘염이나 인산마그네슘, 염화마그네슘 같은 마그네슘염이 사용된다.

82. 연수는 글루텐을 탄탄하게 묶어주는 광물질이 거의 없어 반죽을 연하고 끈적거리게 만든다. 가스 생산력은 정상이지만 반죽의 가스 보유력은 적다.

85. 아주 느리게 작용하는 산염은 황산알루미늄 소다. 이것은 실온에서 거의 가스를 발생하지 않고 오븐에서 대부분 작용하여 가스를 발생시킨다.

86. 전분의 무게 = 10kg × 0.34 = 3.4kg.
중조 + 산 작용제 = 10kg − 3.4kg = 6.6kg.
산을 x라 하면 중조는 $1.2x$가 되므로,
$x + 1.2x = 6.6$, $2.2x = 6.6$, $x = 3$.

87. 베이킹 파우더에는 산염과 중조와 전분이 1/3씩 들어 있으며, 전분은 가스를 발생시키지 못한다.

88. 베이킹 파우더의 사용량이 과다할 경우 기공벽이 너무 늘어나 속결이 거칠고 건조가 빠

② 오븐 팽창 과다로 주저앉음.
③ 속색이 어둡다.
④ 같은 조건일때 건조가 빠르다.

89. 다음 중 베이킹 파우더를 더 많이 사용해도 좋은 경우는?
① 강력분 사용량을 증가시킬 경우
② 크림화 능력이 높은 쇼트닝을 사용할 경우
③ 계란 사용량을 증가시킬 경우
④ 분유 사용량을 감소시킬 경우

90. 설탕과 산이 있을 때 젤리를 잘 형성하는 안정제로 과일의 껍질에 많이 들어 있는 것은?
① 한천 ② 구아검
③ 펙틴 ④ 젤라틴

91. 정상조건 하에서 베이킹 파우더 100g에서 얼마 이상의 유효 CO_2가스가 발생되어야 하는가?(기출문제)
① 6% ② 12%
③ 18% ④ 24%

92. 베이킹 파우더의 저장 · 사용법으로 옳지 않은 것은?
① 밝은 곳에 보관 ③ 깨끗한 곳에 보관
② 건조한 곳에 저장 ④ 밀봉하여 재사용

93. 다음 중 단일 팽창제에 속하지 않는 것은?
① 베이킹 파우더 ② 중탄산암모늄
③ 중조 ④ 탄산수소 암모늄

94. 베이킹 파우더의 사용량을 결정하는 요인이 아닌 것은?
① 제품의 종류 ② 믹싱과 다루기
③ 재료의 특성과 양 ④ 성형방법

95. 암모늄 계열의 화학 팽창제에 대한 설명으로 틀리는 것은?
① 수분이 있으면 단독으로 작용한다.
② 암모늄염이 분해되면 수소 가스가 발생한다.
③ 쿠키 반죽에 쓰면 퍼짐성에 영향을 미친다.
④ 굽는 동안 모두 휘발하여 잔유물이 남지 않는다.

르다. 오븐 팽창이 너무 크면 찌그러지기 쉽다. 반면, 베이킹 파우더의 사용량이 너무 적을 경우 밀도가 커져 속이 조밀하고 부피가 작아진다.

89. 베이킹 파우더는 탄산가스를 발생시킴으로써 많은 기공을 형성하여 제품을 매우 부드럽게 하므로, 강력분을 쓴 반죽을 부드럽게 할 수 있는 재료가 된다.

90. 펙틴 : 감귤류 · 사과 같은 과일과 식물의 조직 속에 존재하는 다당류이다.

92. 베이킹 파우더는 건조하고 깨끗한 곳에 보관하여야 하며, 사용하지 않을 때는 밀봉보관하고 포장 단위를 잘 선택하여야 한다.

94. 사용량은 먼저 그 자체의 성질을 잘 알아야 한다. 그 다음 과자의 종류, 특성, 사용한 재료의 양, 반죽방법, 공정 등에 따라 다르다.

95. 암모늄염이 분해되면 이산화탄소, 수증기, 암모니아 가스가 생긴다.

96. 다음 안정제 중 냉수에 녹는 것은?
① 한천 ② 젤라틴
③ 일반 펙틴 ④ 시엠시

97. 다음 중 한천이 만들어지는 재료는 무엇인가?
① 홍합 ② 미역 줄기
③ 우뭇가사리 ④ 사과 껍질

98. 젤라틴이 고체상에서 액체상으로 변하는 용해 온도는?
① 8℃ ② 18℃
③ 34℃ ④ 54℃

99. 젤라틴의 사용 용도로 적당치 않은 것은?
① 젤리 ② 잼
③ 아이스크림 ④ 글레이즈

100. 천연 향신료 중, 식물의 열매로부터 채취되는 것이라고 할 수 없는 것은?
① 시너먼 ② 코코아
③ 넛메그 ④ 바닐라

100. 시너먼은 나무껍질에서 얻는다.

정답

1 ①	2 ④	3 ②	4 ③	5 ②	6 ③	7 ②	8 ①	9 ②	10 ②
11 ②	12 ②	13 ①	14 ②	15 ③	16 ④	17 ①	18 ④	19 ②	20 ③
21 ①	22 ③	23 ③	24 ④	25 ③	26 ③	27 ②	28 ③	29 ③	30 ④
31 ①	32 ②	33 ③	34 ①	35 ②	36 ③	37 ②	38 ④	39 ④	40 ③
41 ④	42 ②	43 ④	44 ③	45 ①	46 ④	47 ②	48 ②	49 ④	50 ①
51 ④	52 ①	53 ③	54 ④	55 ③	56 ④	57 ④	58 ③	59 ①	60 ①
61 ③	62 ③	63 ④	64 ④	65 ③	66 ①	67 ①	68 ③	69 ①	70 ③
71 ④	72 ②	73 ③	74 ②	75 ④	76 ②	77 ③	78 ①	79 ①	80 ④
81 ②	82 ①	83 ②	84 ①	85 ④	86 ①	87 ④	88 ①	89 ①	90 ③
91 ②	92 ①	93 ②	94 ④	95 ②	96 ④	97 ③	98 ④	99 ②	100 ①

제5장 영양학

제1절 탄수화물(당질)

1. 탄수화물(Carbohydrate)이란

탄소, 수소, 산소의 3원소로 이루어진 유기화합물로서, 단당류를 비롯한 당 유도체의 총칭인 당질과 같은 의미로 쓰인다. 탄수화물의 대부분은 수소와 산소와의 비율이 2:1로 되어 있다. 탄수화물은 자연계에 널리 분포되어 있는 식품의 기본적인 성분이며 인류의 가장 중요한 에너지원으로서 1g당 4kcal의 열량을 낸다.

2. 당질의 분류

구성 단위당의 수에 따라 단당류, 소당류(단당류 2분자~10분자 사이의 결합), 다당류로 분류된다.

(1) 단당류(Monosaccharides)

가장 간단한 단위의 당질. 더 이상 가수분해되지 않는 것을 단당류라 한다. 모든 단당류는 최저 2개의 수산기(- OH)와 알데히드기(- CHO) 또는 케톤기(- CO)를 가지고 있다. 즉, 수산기에 붙는 기(基)의 종류에 따라 알도오스(aldose)와 케토오스(ketose)가 된다. 탄소수에 따라 3탄당(triose), 4탄당(tetrose), 5탄당(pentose), 6탄당(hexose) 등으로 분류된다.

1) 포도당(glucose)

글루코오스. 분자식은 $C_6H_{12}O_6$이다. 자연계에 널리 분포하고 있는 6탄당(hexose)의 하나. 과일, 특히 포도 중에 많이 들어 있으며 포유동물의 혈액내에 0.1% 가량 존재한다. 전분, 섬유소 등의 다당류와 맥아당, 유(젖)당, 설탕 등의 이당류 및 각종 배당체의 구성성분으로서, 동물체내의 간장에서 글리코겐(glycogen) 형태로 저장된다. 상대적 감미도는 75이다.

◇◇ 보충설명 ◇◇

※ 영양소 : 식품에 함유되어 있는 여러 성분 중 체내에 흡수되어 생활 유지를 위한 생리적 기능에 이용되는 것. 체내 기능에 따라 열량 영양소, 구성 영양소, 조절 영양소로 나뉜다.

· 열량 영양소 : 에너지원으로 이용되는 영양소. 탄수화물, 지방, 단백질이 있다.

· 구성 영양소 : 근육, 골격, 효소, 호르몬 등 신체구성의 성분이 되는 영양소. 단백질, 무기질, 물이 있다.

· 조절 영양소 : 체내 생리 작용을 조절하고 대사를 원활하게 하는 영양소. 무기질, 비타민, 물이 있다.

☞ 포도당을 얻어내는 방법은 전분을 가열·가수분해하여 공업적 처리로 제조하거나 아밀라아제(amyla-se)계 효소를 사용, 전분으로부터 순수 결정 상태로 얻어내는 방법이 있다.

☞ 과당은 이눌린이나 자당의 가수분해로 얻을 수 있다.

2) 과당(fructose)

단과일, 벌꿀 등에 많이 들어 있는 6탄당의 하나. 포도당과 결합해 자당의 형태로 존재한다. 과당은 케톤기를 가지는 케토오스(ketose)의 대표적인 당류이다. 상대적 감미도는 175로 가장 크지만 가열하면 1/3로 낮아진다. 과당은 포도당을 섭취해서는 안되는 당뇨병 환자의 식이에 감미료로서 사용되며 카스텔라, 스펀지 케이크 등에 보습 효과를 주는 재료로 사용한다.

☞ 과당은 이눌린이나 자당의 가수분해로 얻을 수 있다.

3) 갈락토오스(galactose)

6탄당의 하나로서, 동물계에서 유(젖)당 · 당지질 · 당단백질의 구성 단당류로, 또한 식물계에서는 라피노스 · 스타키오스 · 헤미셀룰로오스의 구성 성분으로 존재한다. 포도당보다 단맛이 덜하고 물에 잘 녹지 않으나 단당류 중 가장 빨리 소화 · 흡수된다.

☞ 갈락토오스는 주로 해조류에 많이 들어 있어 우뭇가사리의 주성분이기도 하며 인체의 뇌나 신경조직에도 존재한다.
단당류에는 이밖에도 경엽식물에서 발견되는 만노오스(mannose)가 있다.

(2) 이당류(Disaccharides)

소당류 중 2개의 단당류로 이루어진 당의 총칭으로서 6탄당 2분자에서 물 1분자가 빠지고 결합한 물질이다. 대표적인 이당류로 자당(설탕), 맥아당, 유(젖)당이 있다. 분자식은 $C_{12}H_{22}O_{11}$이다.

1) 자당(sucrose)

포도당 1분자와 과당 1분자가 결합한 것이다. 광합성 능력이 있는 모든 식물에 존재하는데, 특히 사탕수수의 줄기와 사탕무의 뿌리에 15% 정도 들어 있다. 자당의 상대적 감미도는 100. 자당을 묽은 산이나 효소(인베르타아제)로 가수분해하면 포도당과 과당의 결합이 끊어지고 혼합되어 전화당이 된다.

용융점인 160℃ 이상이 되면 갈변화되어 캐러멜(caramel)을 만들어 과자, 약식 등 식품가공에 이용한다.

2) 맥아당(maltose)

포도당 2분자가 결합한 것이다. 보리가 적당한 온도와 습도에서 발아할 때 맥아당이 생성된다. 또한 녹말에 작용하는 아밀라아제나 산 분해로 생기며 말타아제의 작용에 의해 2분자 포도당이 된다. 이것은 설탕처럼 녹말의 노화를 방지하는 효과와 보습효과가 있다. 그리고 상대적 감미도가 32 정도로, 설탕보다 달지는 않지만 결정화가 더디기 때문에 캔디용 감미료로 자주 사용된다. 양과자의 노화를 막아주며 보습작용이나 감미를 내는 데에도 이용된다.

※ 당류(糖類)의 상대적 감미도 P242 참조

3) 유당(젖당, lactose)

포유동물의 젖 속에 포함되어 있는 감미 물질의 하나로서, 효소 락타아제에 의해 가수분해되어 포도당 1분자와 갈락토오스 1분자를 생성한다. 다른 당과 달리 이스트의 영양원이 되지는 못하지만 빵의 착색에 효과적이다. 체내에 들어오면 대장내에서 유산균을 자라게 하여 정장

(整腸)작용을 하며, 칼슘(Ca)의 흡수와 이용을 돕기도 한다. 상대적 감미도는 16으로 당류 중 단맛이 가장 약하다. 우유 속에는 평균 4.8%를 함유하고 있다.

(3) 다당류(Polysaccharides)

2개 이상의 단당류가 글리코시드 결합에 의해 탈수 축합되어 큰 분자를 이루고 있는 당류의 총칭이다. 대표적인 것으로 전분이 있다. 다당류를 화학적으로 분류하면 다음과 같다.

- 단일다당류(homopolysaccharides)
  한 종류의 단당류로 구성되어 있으며 전분(녹말), 글리코겐, 덱스트린(호정), 셀룰로오스(섬유소) 등이 여기에 속한다.
- 복합다당류(heteropolysaccharides)
  두 종류 이상의 단당류로 구성되어 있으며 펙틴, 한천, 알긴산, 글루코만난 등이 여기에 속한다.

1) 전분(starch)

곡류에서 추출한 대표적인 저장 탄수화물. 수많은 포도당이 축합되어 이루어진 것으로 식물의 광합성에 의해 종자, 뿌리, 줄기 등에 저장된다. 일반적으로 보통의 전분류는 아밀로오스가 17~28%이고, 나머지는 아밀로펙틴으로 되어 있다. 녹말에 물을 붓고 열을 가하여 뜨거워지면 입자가 팽창한다. 60℃ 전후에 달하면 점성(粘性)이 강한 액체(풀)가 된다. 이 현상을 호화(糊化)라 한다. 천연의 녹말 입자에는 미셀(micelle)이라 하는 미세 결정이 존재하는데, 호화하면 없어진다. 이 미셀을 가진 천연의 녹말을 β녹말이라 하며, 호화한 것을 α녹말이라 한다. β녹말은 소화가 잘 안되나 호화한 α녹말은 소화가 잘 된다.

2) 글리코겐(glycogen)

주로 동물의 세포 속에 존재하는 단일다당류 중 하나로서 동물성 전분이라고도 한다. 즉 에너지원으로서 근육에 0.5~1.0%, 간에 5~6% 가량 포함되어 있다. 백색분말이며 무미 · 무취이다. 요오드 반응에서 갈색 내지 적포도주 빛깔을 띠며 호화나 노화현상은 일으키지 않는다. 글리코겐은 아밀라아제의 작용을 받아 맥아당(말토오스)과 덱스트린으로 분해된다.

☞ 글리코겐은 간과 근육에 저장형 당질로 존재하지만 무한정 저장되지는 않는다. 성인이 저장할 수 있는 글리코겐의 양은 약 350g 정도이다.

3) 덱스트린(dextrin)

전분을 산, 효소, 열 등으로 가수분해 할 때 이당류인 맥아당으로 분해되기까지 만들어지는 중간생성물이다. 즉, 포도당과 맥아당을 제외한 그밖의 모든 가수분해 생성물들을 통틀어 덱스트린 또는 호정(糊精)이라 한다. 물에 녹기 쉽고 전분보다 소화가 잘 된다.

4) 셀룰로오스(cellulose)

섬유소라고도 한다. 식물 세포막의 구성 성분으로 소화 효소에 의해 가

☞ 섬유소가 인체에 미치는 영양적 가치는 매우 적다.

수분해 되지는 않으나 변비를 방지하는 데 효과적이며 채소에 많이 들어 있다. 찬물이나 더운물에 쉽게 분산되기 때문에 식품공업상 그 이용도가 높다. 섬유소는 대두 단백질이나 카세인과 작용하여 교질용액을 보호하며 젤라틴 용액의 점도를 증가시킨다. 또한 저장중의 얼음 결정화를 방지하기 위하여 아이스크림의 제조에 이용하고, 글루텐 작용을 보강하기 위해 빵 · 과자류에 첨가한다.

열량원으로 이용되지는 않지만, 직 · 간접적으로 체내에 미치는 영향이 크다. 예를 들어 혈청 콜레스테롤이 늘지 않도록 하여 장암의 발병 원인을 줄인다. 변비 예방으로도 잘 알려져 있다.

5) 펙틴(pectin)

과실(특히 감귤류, 사과), 야채 등의 세포벽 속에 존재하는 복합 다당류의 하나이다. 뜨거운 물에 녹아 설탕과 산의 존재로 겔(gel)화 되므로 잼, 마멀레이드, 젤리를 만들 때 응고제로 쓰기에 알맞다. 젤리화에 필요한 펙틴의 농도는 0.5~1.5%이다.

6) 한천(agar-agar)

우뭇가사리를 비롯한 홍조류를 조려 녹인 뒤 동결 · 해동 · 건조시킨 복합다당류의 하나이다. 펙틴과 같은 응고제로서 양갱이나 제과 원료로 사용한다. 응고력은 젤라틴의 10배이다. 녹는 온도는 80℃ 전후.

7) 알긴산(alginic acid)

다시마 · 대황 · 미역 등의 갈조류의 세포막 구성 성분으로 존재하는 복합 다당류의 하나이다. 아이스크림 · 유산균 · 기타 음료 등에 유화안정제로서, 젤리 · 셔벗 · 주스 등에 중점제로 이용된다.

8) 이눌린(inulin)

과당의 중합체로 이루어진 다당류의 일종으로, 달리아 구근, 돼지감자, 우엉 등에 들어 있다.

3. 당질의 기능

1) 에너지원

당질 1g은 4kcal의 열량을 발생하는 열량원이다. 다른 영양소에 비해 소화 흡수율이 98%로 높아서 거의 전부가 체내에 이용된다. 또한 섭취에서부터 소비까지의 기간이 짧아서 피로 회복에 매우 효과적이다.

☞당질의 에너지원으로서의 기능—배가 고프고 피로할 때나 운동, 등산시에 사탕, 초콜릿 등을 먹으면 빠른 효과를 볼 수 있다.

2) 혈당 관계

혈당(혈액 중에 들어 있는 포도당)을 항상 0.1% 농도로 유지시키며, 중추신경 유지, 변비 방지 등의 기능이 있다. 간의 글리코겐은 포도당으로 분해되어 우리 몸에 사용된다.

☞당질의 결핍 증세 —당질이 부족하면 대신 지방이, 지방이 부족하면 단백질이 연소되므로 영양실조 상태가 된다.

3) 기타 기능

감미료로도 사용되며 당질 대사에는 비타민 B_1, 즉 티아민(thiamin)을 필요로 한다. 그밖에 단백질 절약 작용을 한다. 즉, 당질만으로 에너지 공급이 충분하면 단백질은 에너지로 연소되지 않고 단백질 특유의 기능을 충실히 할 수 있게 된다.

☞당질의 권장량 : 1일 총 에너지 필요량의 60~70%가 권장된다. 과잉 섭취시에는 비만증, 당뇨병, 동맥경화증이 유발되기 쉽다.

4. 당질의 대사

단당류는 그대로, 이당류와 다당류는 소화관내에서 포도당으로 분해되어 소장에서 흡수된다. 체내에 흡수된 포도당은 혈액에 섞여 각 조직에 운반되며, 세포내의 해당경로를 거쳐 피루브산으로 분해된 후 다시 활성 아세트산(acetyl Co A)이 되어 TCA(tricarboxylic acid) 회로를 거친다. 그런 다음 완전히 산화되어 이산화탄소와 물로 분해된다. 이때 1g당 4kcal의 에너지를 방출한다.

☞연소될 때 조효소로는 비타민 B군이 작용하고 인(P), 마그네슘(Mg) 등의 무기질이 필요하다.

에너지로 쓰이고 남은 여분의 포도당은 간과 근육에 글리코겐 형태로 저장되었다가 혈액내의 포도당(혈당치)이 줄어들기 시작하면 분해되어 포도당이 된다. 그리고 혈액내로 보내져 0.1%의 혈당량을 유지한다.

당질의 대사과정

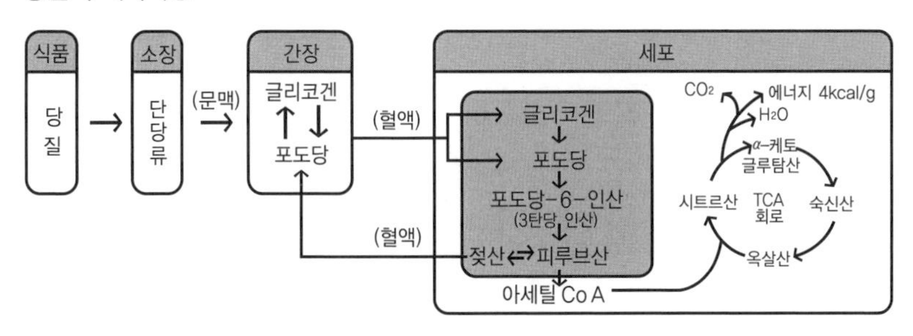

5. 당질의 공급원

대부분이 식물성 식품, 즉 설탕이나 전분이 함유된 곡류, 감자류, 과일, 채소 등이 당질의 공급원이며 그외 우유의 유당, 난류(卵類), 패류 등의 동물성 급원에 의해서도 극소량 공급된다.

기초력 확인문제

1〉 당질 1g은 몇 칼로리의 열량을 내는가?

① 2 kcal ② 4 kcal ③ 6 kcal ④ 8 kcal

2〉 혈액 중 혈당에 들어 있는 당은?(기출문제)

① 포도당 ② 과당 ③ 자당 ④ 갈락토오스

3〉 탄수화물의 구성 성분은?(기출문제)

① 탄소, 수소, 질소 ② 탄소, 산소, 질소 ③ 탄소, 수소, 산소 ④ 질소, 수소, 산소

4〉 감미도의 순서로 맞는 것은?(기출문제)

① 과당 〉 자당 〉 포도당 〉 맥아당 ② 자당 〉 과당 〉 맥아당 〉 포도당

답 1〉 ② 2〉 ① 3〉 ③

③ 포도당 〉 맥아당 〉 자당 〉 과당 ④ 맥아당 〉 포도당 〉 자당 〉 과당

5〉 체내에 글리코겐 형태로 저장되어 있는 영양소는?
① 지질 ② 단백질 ③ 탄수화물 ④ 무기질

6〉 다음 중에서 포도당과 과당이 결합된 이당류는 무엇인가?
① 설탕 ② 유당 ③ 맥아당 ④ 갈락토오스

7〉 탄수화물은 체내에서 어떤 작용을 하는가?(기출문제)
① 열량을 낸다 ② 골격형성 ③ 혈액구성 ④ 체작용 조절

8〉 다음은 당류의 상대적 감미도를 짝지은 것이다. 잘못 연결된 것은?
① 과당-175 ② 전화당-74 ③ 자당-100 ④ 맥아당-32

9〉 혈액 중에 들어있는 포도당(혈당)의 농도는 어느 정도가 적당한가?
① 0.1% ② 0.5% ③ 1% ④ 10%

10〉 인체에 미치는 영양적 가치는 적으나 변비를 막는 생리작용을 하며 빵, 과자류의 글루텐작용을 보강시켜 주는 당류는?
① 전분 ② 글리코겐 ③ 섬유소 ④ 펙틴

11〉 전분이 호화된 상태로 소화하기에 쉬운 형태는?
① 알파 전분 ② 베타 전분 ③ 감마 전분 ④ 델타 전분

답 4〉 ① 5〉 ③ 6〉 ① 7〉 ① 8〉 ② 9〉 ① 10〉 ③ 11〉 ①

제2절 지질

◇◇ 보충설명 ◇◇

☞ 지질의 주요 구성 원소 : 탄소(C), 수소(H), 산소(O)

1. 지질(Lipid)이란

생물계에서 지방산을 포함하고 있거나 지방산과 결합하고 있는 물질이다. 물에는 녹지 않고 에테르, 벤젠, 클로로포름, 석유 등 유기용매에 녹는다. 탄수화물, 단백질과 함께 생명체를 이루는 주요 성분으로서 1g당 9kcal의 열량을 낸다.

2. 지질의 분류

(1) 화학적 구성에 따른 분류

지방산과 결합하는 물질의 종류에 따라 크게 단순지질, 복합지질, 유도지질로 나뉜다.

1) 단순지질

고급 지방산과 알코올이 에스테르 결합한 화합물이 주성분이다. 알코올의 종류에 따라 다시 중성지질, 왁스로 나뉜다.

① 중성지질 : 1분자의 글리세롤(3가 알코올)과 3분자의 지방산이 결합된 단순지방이다. 상온에서 액체 상태인 기름(지방유)과 고체 상태인 지방을 총칭한다. 천연지질의 대부분은 중성지질이다.

② 왁스(납) : 고급 지방산과 고급 1가 알코올이 결합한 고체 형태의 단순지질이다. 중성지질보다 안정된 에스테르 결합으로서 공기 중에서 변질되지 않는다. 사람의 소화기내에서 가수분해 시키는 소화 효소가 없으므로 영양소로 이용되지 못한다. 납촉, 납종이의 원료로 사용된다.

2) 복합지질

단순지질에 다른 성분, 즉 인산, 질소 화합물, 당류 등을 함유한 지질을 복합지질이라 한다. 주로 동물성 지방의 뇌, 신경조직, 식물종자 등에 많이 존재한다.

단순지질과 달리 친수성(親水性)이 있어 식품에 유화제 등으로 자주 이용된다. 구성 물질에 따라 크게 인지질, 당지질, 황지질, 단백지질로 나뉜다.

① 인지질 : 인산을 함유하는 복합지질. 여기에는 유화작용을 하는 레시틴, 세팔린, 스핑고미엘린 등이 속한다.

② 당지질 : 지방산, 당류, 질소화합물이 결합된 지질.

③ 단백지질 : 단백질과 결합된 지질.

3) 유도지질

천연유지에 녹아 있으며 알칼리 용액에서 비누화하지 않는 물질로서 스테롤, 고급 알코올, 지방산 등이 있다.

☞ 지질의 분류표
- 단순지질
  - 중성지질
  - 왁스
- 복합지질
  - 인지질
  - 당지질
  - 황지질
  - 단백지질
- 유도지질
  - 지방산
  - 스테롤
  - 고급 알코올

☞ 인지질은 중성지질과 유사한 구조를 갖고 있다. 단, 글리세롤의 수산기(-OH)에 지방산 대신 인산과 염기가 치환되어 있다.

☞ 유도지질 : 단순지질, 복합지질을 가수분해할 때 유도되는 지질.

참고

유사지방체 : 지방과 유사한 물질로 인지질, 스테롤 등이 있다.

1. 인지질

① 레시틴－노른자, 콩기름, 간 등의 동물조직에 존재하며 유화작용이 있어 쇼트닝이나 마가린의 유화제로도 사용된다.

② 세팔린－동물조직, 특히 뇌조직에서 얻어지며 혈액 응고에 중요한 작용을 한다.

2. 스테롤(스테로이드) : 동물의 뇌, 신경, 척추 등에 존재한다.

① 콜레스테롤－동물체의 거의 모든 세포, 특히 신경조직 · 뇌조직에 많이 들어 있으며 사람의 혈관에 쌓이면 동맥경화증을 유발한다. 기능은 다음과 같다.

ㄱ. 불포화지방산의 운반체이다. ㄴ. 세포의 구성 성분이다.
ㄷ. 적혈구의 파괴를 예방 · 보호한다.
ㄹ. 콜레스테롤의 최종 대사산물인 답즙산(bile acid) 및 스테로이드계 호르몬의 전구체이다.
ㅁ. 자외선을 받으면 비타민 D_3가 생긴다.

② 에르고스테롤－자외선에 의해 비타민 D_2로 변하며 효모나 맥각, 표고버섯 등에 많이 들어 있다.

(2) 포화정도에 따른 분류

1) 포화지방산

탄소와 탄소 사이의 결합이 이중결합 없이 단일결합만으로 이루어진 지방산을 가리킨다. 분자내의 탄소수가 증가함에 따라 물에 풀리기 어려워 녹는점(융점)이 높아진다. 천연의 동 · 식물유에는 팔미트산(pal-mitic acid)과 스테아르산(stearic acid) 등이 있다.

☞ 포화지방산은 C_4～C_{24}로 탄소수가 짝수개로서, 사슬모양의 구조가 많다.
- 팔미트산－C_{16}
- 스테아르산－C_{18}

※C_{10} 이하는 저급 지방산이라 한다.

2) 불포화지방산

탄소 사이에 이중결합이 있는 지방산을 가리킨다. 일반적으로 상온에서 액체상태로 존재하며 이중결합이 많은 것일수록 산화하기 쉽다. 수소 첨가에 따라 포화지방산이 될 수 있다. 즉, 융점이 포화지방산보다 낮다. 또한 불포화도가 클수록 녹는점(융점)이 낮아진다.

종류로는 천연의 동 · 식물성 유지의 성분으로 존재하는 올레산(oleic acid)과 리놀레산(linoleic acid), 동물 성장에 꼭 필요한 리놀렌산(linolenic acid)과 아라키돈산(arachidonic acid) 등이 있다. 이들 불포화지방산 중에서 체내에서 필요량만큼 합성시키지 못하여 외부로부터의 공급을 받아야만 정상적인 성장을 하도록 도울 수 있는 것이 있다. 그것이 바로 필수지방산이다.

☞리놀레산도 리놀렌산, 아라키돈산과 마찬가지로 동물 성장에 필수적이다.

☞리놀렌산은 식물성 유지, 아라키돈산은 동물성 유지에 많이 함유되어 있다.

〈표〉주요 지방산의 종류

종류	지방산	분자식	주요소재
포화지방산(이중결합이 없다)	뷰티르산	$C_4H_8O_2$	버터
	카프로산	$C_6H_{12}O_2$	버터, 야자유
	미리스트산	$C_{14}H_{28}O_2$	낙화생유
	팔미트산	$C_{16}H_{32}O_2$	일반 동 · 식물성 유지
	스테아르산	$C_{18}H_{36}O_2$	
불포화지방산(이중결합이 1개이상 있다)	올레산	$C_{18}H_{34}O_2$	올리브유, 소기름, 리드
	리놀레산	$C_{18}H_{32}O_2$	참기름, 콩기름, 유채유
	리놀렌산	$C_{18}H_{30}O_2$	아마인유
	아라키돈산	$C_{20}H_{32}O_2$	간유

참고

불포화지방산 : 탄소수가 짝수개(C_{12}~C_{22})로서, 사슬 모양의 구조가 많다.

〈이중결합수에 따른 분류〉 ㄱ. 올레산계 지방산 : 이중결합 1개
ㄴ. 리놀레산계 지방산 : 이중결합 2개
ㄷ. 리놀렌산계 지방산 : 이중결합 3개
ㄹ. 아라키돈산계 지방산 : 이중결합 4개

3. 필수지방산(비타민 F)

체내에서 합성되지는 않지만 성장에 꼭 필요하므로 음식물을 통해 섭취해야 하는 지방산이다. 필요량은 전체 열량의 2% 전후이다. 리놀레산, 리놀렌산, 아라키돈산이 여기에 속한다. 이들 필수지방산은 성장촉진, 피부보호, 동맥경화증 방지, 생식기능의 정상적 발달에 중요한 역할을 한다. 이 중에서 리놀레산은 식물성 기름에 함유되어 있어 지나친 결핍 증세는 나타내지 않는다.

☞결핍증 : 신체의 성장 정지, 피부병 유발.

☞식물성 기름 중 특히 대두유(콩기름)에는 필수지방산이 많이 함유되어 있다.

4. 지질의 기능

① 지질 1g은 9kcal의 열량을 발생하는 열량원으로서, 당질이나 단백질의 2배 이상의 열량을 낸다.
② 피하지방을 구성, 체온을 보존시킨다.
③ 지용성 비타민의 흡수를 돕는다.(☞)
④ 외부의 충격으로부터 인체내 주요 장기를 보호해준다.
⑤ 음식에 독특한 맛과 향미를 제공하고, 위에서 머무는 시간이 길어 포만감을 준다.

☞간유, 버터 등의 유지류는 비타민 A, D, E, K 같은 지용성 비타민을 용해시킨다.

☞지질의 권량 : 1일 총 에너지 필요량의 20% 정도를 섭취하는 것이 적당하다. 과잉 섭취시에는 비만, 유방암, 대장암, 동맥경화증 등을 유발한다.

5. 지질의 대사

지방은 소화에 의해 지방산과 글리세롤로 분해, 흡수된 다음 혈액에 의해 조직으로 운반된다. 글리세롤은 당질 대사 과정에 들어가 인산과 결합하여 3탄당 인산이 되고, 피루브산을 거쳐서 TCA 회로로 돌아간다. 지방산은 산화 과정을 거쳐서 모두 아세틸 Co A를 생성한 후, TCA 회로를 거쳐 1g당 9kca의 에너지를 방출하고 이산화탄소와 물이 된다.

남은 지방은 피하, 복강, 근육 사이에 저장된다.

지질의 대사과정

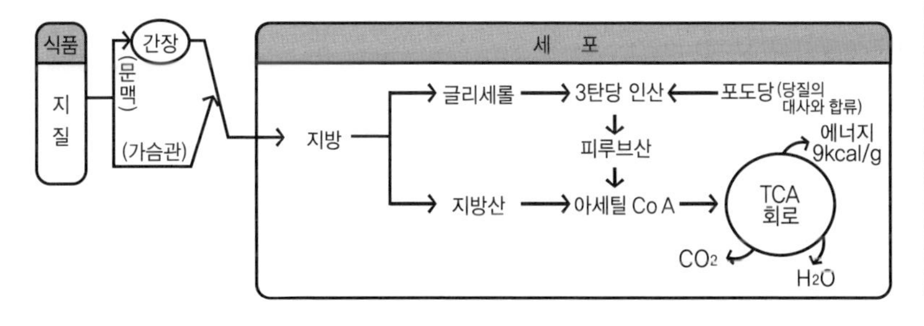

☞지질의 대사에는 비타민 A, 비타민 D가 관여한다.

기초력 확인문제

1〉 지방을 가수분해했을 때 생기는 것은?

① 글리세롤+지방산 ② 글리세롤+탄소 ③ 글리세롤+스테롤 ④ 글리세롤+아미노산

2〉 지질 1g은 몇 칼로리의 열량을 내는가?

① 2 kcal ② 4 kcal ③ 6 kcal ④ 9 kcal

3〉 다음 중 단순지질이 아닌것은?

① 지방(fat) ② 글리세린 ③ 기름(oil) ④ 왁스

4〉 다음 중 불포화지방산의 설명으로 적당치 않은 것은?

① 불포화도가 클수록 녹는점이 낮아진다. ② 결핍증으로 성장정지가 일어난다.
③ 상온에서 액체상태로 존재한다. ④ 분자내에 이중결합이 없다.

5〉 다음 중 유지의 포화지방산과 불포화지방산에 관계되는 이중결합의 원소는?

① 산소 ② 수소 ③ 탄소 ④ 질소

6〉 체내 조직 속에서 합성되지 않지만 성장에 꼭 필요한 지방산으로 음식물을 통해 섭취해야 하는 것은?

① 필수지방산 ② 불포화지방산 ③ 포화지방산 ④ 복합지질

해설 비타민 F라고도 한다.

7〉 다음 중 필수지방산이 아닌 것은?

① 리놀레산 ② 리놀렌산 ③ 아라키돈산 ④ 스테아르산

8〉 다음 설명 중 옳은 것은?

① 지방은 탄소수가 증가하면 물에 잘 녹고 융점이 낮아진다.
② 불포화지방산이 많은 유지일수록 융점은 낮아진다.
③ 저급지방산이 많은 유지일수록 융점은 높아진다.
④ 포화지방산이 많은 유지일수록 융점은 낮아진다.

9〉 식물성 유지가 동물성 유지보다 산패가 되지 않고 안정한 이유는?

① 동물성 유지는 포화지방산이 많아서
② 식물성 유지는 불포화지방산이 많아서
③ 동물성 유지는 상온에서 고체이므로
④ 식물성 유지에는 천연 항산화제가 들어 있어서

10〉 다음 중 필수지방산을 가장 많이 함유하고 있는 식품은?(기출문제)

① 달걀 ② 식물성 유지 ③ 마가린 ④ 버터

답 1〉 ① 2〉 ④ 3〉 ② 4〉 ④ 5〉 ③ 6〉 ① 7〉 ④ 8〉 ② 9〉 ④ 10〉 ②

제3절 단백질

1. 단백질(protein)이란

탄소(C), 수소(H), 산소(O) 및 질소(N) 등의 원소로 이루어진 유기화합물이다. 단백질의 기본 구성단위는 아미노산으로서, 단백질이 산 또는 효소로 가수분해 될 때 생성된다. 세포막, 원형질에 다량 존재하며 당질이나 지질과 같은 에너지원이 될 뿐만 아니라 몸의 근육을 비롯한 여러조직을 형성, 생명유지에 필수적인 영양소이다.

2. 단백질의 분류

구성 물질에 따라 단순 단백질, 복합단백질, 유도단백질로 분류된다.

(1) 화학적 구성에 따른 분류

1) 단순 단백질

아미노산만으로 이루어진 단백질로서 흰자 · 혈청 등의 알부민, 밀의 글루텔린, 동물의 결체 · 세포 조직에 많이 함유되어 있는 알부미노이드(경단백질) 등이 여기에 속한다.

〈표〉 단순 단백질의 분류

분류	특징	종류
알부민	물, 묽은 염류 용액, 묽은 산, 묽은 알칼리에 녹으며 가열과 알코올에 응고하기 쉽다.	오브알부민(흰자), 미오겐(근육), 류코신(밀), 레구멜린(콩)등
글루텔린	묽은 산, 알칼리에 녹고, 염류 용액과 물, 알코올에 녹지 않는다.	글루테닌(밀), 오리제닌(쌀) 등
글로불린	묽은 염류 용액에 녹고 물에 녹지 않는다. 열에 의해 응고한다.	오보글로불린(흰자), 락토글로불린(우유), 글리시닌(대두) 등
프로타민	물, 산, 암모니아용액에 녹는다. 가열에 응고되지 않는 염기성 단백질.	살민(연어), 클루페인(청어), 스콤브린(고등어) 등
프롤라민	묽은 산, 알칼리, 70~80% 알코올에 녹는다.	호르데인(보리), 제인(옥수수), 글리아딘(밀) 등
히스톤	물, 묽은 산에 녹는 염기성 단백질.	티머스 히스톤(흉선) 글로빈(적혈구) 등
알부미노이드 (경단백질)	보통 용매에 잘 녹지 않으며 효소에 의해서도 소화되지 않는다.	케라틴, 피브로인(명주), 엘라스틴(힘줄), 콜라겐(뼈가죽)

2) 복합단백질

아미노산만으로 이루어진 단순 단백질에 다른 유기화합물, 즉 당질, 지질, 인산, 색소 등이 결합된 것으로 우유의 카세인, 노른자의 리포비텔린, 혈색소의 헤모글로빈 등이 있다.

◇ 보충설명 ◇◇

☞ 단백질의 질소 계수－단백질은 평균 16%의 질소(N)를 함유하고 있다. 이것은 탄수화물, 지질과는 구별되는 단백질만의 특징이다. 한편, 성인은 단백질을 저장하지 않으므로 음식에서 섭취한 양과 배설량이 같은 것을 질소 균형이라 한다.

· 질소의 양＝단백질 양 × $\frac{16}{100}$

· 단백질의 양＝질소량 × $\frac{100}{16}$

(즉, 질소 계수 6.25)

☞ 분류표에 나타낸 단순 단백질은 가용성(可溶性)이다.

※ 글로불린 : 식물종자 단백질이 대부분을 이룬다. 알부민보다 글리신 함량이 많다.

※ 프롤라민 : 글루텔린보다 글리신 함량이 적다. 글루텔린과 같이 비교적 곡류의 종자에 많이 들어 있다.

〈표〉 복합단백질의 분류

분류	특징	종류
리포단백질	각종 지질이 결합하여 형성된다.	리포비텔린(lipovitellin)
색소단백질	각종 금속 · 유기색소가 결합하여 형성된다.	헤모글로빈, 미오글로빈(근육), 헤모시아닌, 헤모에리슬린(김)
핵단백질	핵산이 결합하여 형성된다.	뉴클레오히스톤, 뉴클레오프로타민, 담배 모자이크 바이러스
인단백질	단순 단백질과 인산이 에스테르 결합하여 형성된다.	카세인(우유), 비텔린(난황), 비텔리넨, 포스비틴
당단백질	단순 단백질과 각종 탄수화물이 결합하여 형성된다. 알칼리 용액에만 녹는다.	오보뮤신(난백), 오보뮤코이드, 산성 당단백질

※ 헤모글로빈 : 척추동물의 혈액 속에 들어 있는 적색 색소단백질이며 철을 함유하고 산소를 운반하는 산소단백질이기도 하다.

※ 당단백질의 성질상 분류
뮤신(mucin) : 산의 작용을 받아 침전하는 것.
뮤코이드(mucoid):산에 의해 침전하지 않는 것.

3) 유도단백질

보통 단백질이 미생물, 효소, 가열 등의 작용에 의해 성질이나 모양이 변한 것이다. 천연 단백질이 약간 변화한 1차 유도단백질과 이 1차 유도단백질의 분해가 더 진행된 2차 유도단백질이 있다.

- 1차 유도단백질－젤라틴 등
- 2차 유도단백질－프로테오스, 펩톤 등

☞ 천연 단백질의 변화 요인－산, 알칼리, 효소, 열 등의 물리 · 화학적 요인.

(2) 영양학적 분류

1) 완전 단백질

생명 유지, 성장 발육, 생식에 필요한 필수아미노산이 충분히 함유되어 있어 정상적인 성장을 돕는 단백질이다. 카세인(우유), 알부민(계란), 글리시닌(대두) 등이 여기에 속한다.

☞ 함유된 아미노산의 종류와 양에 따라 완전단백질, 부분적 완전단백질, 불완전단백질로 나뉜다.

2) 부분적 완전단백질

생명 유지는 시켜도 성장 발육은 못시키는 단백질이다. 글리아딘(밀), 호르데인(보리), 오리제닌(쌀) 등이 여기에 속한다.

3) 불완전 단백질

필수아미노산 함량이 부족한 단백질로서, 생명 유지나 성장 모두에 관계없다. 젤라틴(뼈), 제인(옥수수)이 여기에 속한다.

3. 필수아미노산

아미노산 중에서 인체 자체내에서 만들 수 없어 반드시 음식을 통해 섭취해야 하는, 동물의 성장 발육에 꼭 필요한 아미노산이 필수아미노산이다.

종류는 동물의 종류나 성장 시기에 따라 다르나 성인의 경우 이소류신, 류신, 리신, 페닐알라닌, 메티오닌, 트레오닌, 트립토판, 발린 등 8종이고, 유아인 경우 여기에 히스티딘이 추가된다. 성질에 따라 분류해보면 다음과 같다.

〈필수아미노산의 종류〉

- · 중성 아미노산
  - 이소류신(isoleucine)
  - 류신(leucine)
  - 발린(valine)
  - 트레오닌(threonine)
- · 방향족 아미노산
  - 페닐알라닌(phenylalanine)
  - 트립토판(tryptophan)
- · 함황 아미노산 — 메티오닌(methionine)
- · 염기성 아미노산 — 리신(lysine)

※ 불필수 아미노산 - 체내 합성이 가능한 아미노산. 필수 아미노산을 뺀 나머지 아미노산이다.
알라닌, 글리신, 세린, 아스파르트산, 아스파라긴, 아르기닌, 글루타민, 시스틴, 플롤린, 티로신, 글루탐산, 시스테인 등이 있다.

4. 단백질의 기능

① 단백질 1g은 4kcal의 열량을 발생하는 열량원이다.

② 체세포를 구성, 성장기나 임신기, 병의 회복기에 필요한 새 조직을 형성한다.

③ 체내에서 일어나는 각종 효소와 호르몬 작용의 주요 구성 성분이며 혈장단백질 및 혈색소, 항체(☞) 등의 형성에 필요하다.

④ 산, 알칼리의 완충작용이 있어 혈액의 pH를 일정하게 유지시켜 준다.

⑤ 체내 삼투압 조절로 체내의 수분 평형 유지를 돕는다.

☞ 단백질의 권장량
- 성인남자 : 75g
- 성인여자 : 60g
- 임신, 수유부 : 90g

※체중 1㎏당 1.3g이 필요하다.

☞ 단백질의 항체 생성 기능– 알레르기 물질균에 저항할 수 있는 특정 항체를 생성한다.

5. 단백질의 성질

① 등전점 : (+), (−) 전하의 양이 같아져서 단백질이 중성이 되는 pH 시기를 말한다. 단백질을 정제시킬 때 이용한다.

② 변성 : 가열, 압력, 냉동 등의 물리적 요인과 산, 알칼리, 중금속 등 화학적 요인에 의한 변화 또는 효소, 호르몬, 항체 등의 생리적 활성을 잃게 되는 성질을 말한다.

③ 응고성 : 열, 산, 알칼리를 가하면 응고하는 성질을 말한다. 효소 레닌(rennin)에 의한 카세인(우유 단백질) 응고로 치즈를, 산(酸)에 의한 카세인 응고로 요구르트를 만든다.

④ 침전성 : 단백질 용액에 황산암모니아, 염화나트륨 등의 포화용액이나 염석, 승홍(염화 제이수은) 등의 중금속 용액 그리고 수은(Hg), 구리(Cu), 철(Fe) 등의 중금속 이온을 가하면 침전한다.

※ 단백질의 결핍증–부종, 발육 장애, 체중 감소, 피로, 저항력 약화 등의 증세를 수반하는 콰시오카(kwashokor)나 마라스무스(marasmus) 같은 질병이 나타난다.
부종은 신체 조직의 틈 사이에 조직액이 고인 상태를 말하며 손가락으로 누르면 잠시 흔적이 남는다. 단백질 결핍시 혈장알부민의 감소에 따라 나타나는 증세.

6. 단백질의 대사

단백질은 아미노산으로 분해되어 소장에서 흡수된다. 흡수된 아미노산은 전신의 각 조직에 운반되어 조직 단백질을 구성한다. 나머지는 혈액과 함께 간으로 운반되어 필요에 따라 분해되고, 요소와 그밖의 질소 화합물들은 소변으로 배설된다. 질소 이외의 성분(α 케토글루탐산)은 TCA 회로로 들어가

산화된다. 이때 단백질 1g은 4kcal의 에너지를 발생한다.

단백질의 대사과정

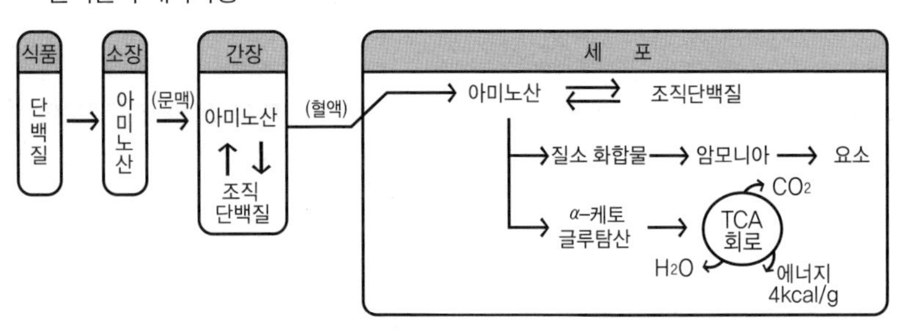

7. 단백질의 공급원

일반적으로 계란, 치즈, 고기 내장에 많이 함유되어 있다. 우유에는 트립토판과 리신이 풍부하여 곡류(쌀)에 부족되기 쉬운 단백질을 보충해준다.

기초력 확인문제

1〉 다음 중 단백질의 구성요소가 아닌 것은?(기출문제)

① O ② H ③ N ④ Fe

2〉 다음 중 계란 흰자에 들어있는 단백질은?

① 미오신 ② 알부민 ③ 글로불린 ④ 글루텐

3〉 식품 100g 중에서 단백질 함량이 가장 많은 것은?(기출문제)

① 대두 ② 소고기 ③ 계란 ④ 우유

4〉 일반적으로 분유 100g의 질소함량이 4g이라면 이 분유의 단백질 함유량은?(기출문제)

① 5g ② 15g ③ 25g ④ 35g

5〉 콜라겐을 물로 끓여서 만든 젤라틴은 다음 어디에 속하는가?

① 핵단백질 ② 색소단백질

③ 당단백질 ④ 유도단백질

해설 단백질이 열이나 가수분해에 의해 변화된 것.

6〉 다음 중 필수아미노산이 아닌 것은?

① 발린 ② 리신 ③ 티로신 ④ 메티오닌

답 1〉 ④ 2〉 ② 3〉 ① 4〉 ③ 5〉 ④ 6〉 ③

7〉 동물의 결체조직에 존재하는 단백질로 콜라겐을 부분적으로 가수분해하여 얻어지는 유도 단백질은? (기출문제)

① 젤라틴 ② 한천 ③ 펙틴 ④ 알긴산

8〉 곡류단백질, 특히 밀가루에 부족하면서 우유에 많이 들어 있는 필수아미노산은?(기출문제)

① 티로신 ② 발린 ③ 리신 ④ 메티오닌

9〉 다음 중 단백질의 기능이랄 수 없는 것은?

① 체내 성분의 구성 물질 ② 완충제 역할
③ 혈당에 관계 ④ 체내의 수분평형 유지

10〉 인체내에서 단백질을 흡수할 수 있는 평균 비율은 얼마인가?

① 80% ② 92% ③ 97% ④ 98%

11〉 다음 중 단백질에 대한 설명으로 틀린 것은?

① 우유의 카세인, 계란 노른자의 오보비텔린은 복합단백질 중 인단백질에 속한다.
② 단백질의 주된 구성 성분은 탄소, 산소, 질소이고 가장 많은 비율을 차지하는 것이 질소이다.
③ 밀 단백질 중의 하나인 글루테닌은 단순 단백질 중 글루텔린에 속한다.
④ 핵단백질은 동·식물의 세포에 모두 존재한다.

해설 탄소 : 50~55%, 산소 : 19~24%, 질소 : 15~18%

답 7〉 ① 8〉 ③ 9〉 ③ 10〉 ② 11〉 ②

제4절 무기질

◇ 보충설명 ◇◇

1. 무기질(Mineral)이란

달리 미넬랄이라고도 하는 무기질은 탄소, 수소, 질소를 제외한 나머지 원소, 즉 칼슘, 칼륨, 나트륨, 마그네슘, 인, 황, 염소, 철, 구리, 요오드, 망간, 코발트, 아연 등으로 이루어져 있다. 생물체내에서 직접적인 열량원은 되지 못하나 신체를 구성하고 있는 중요한 요소이다. 특히, 골격 구성에 큰 역할을 하여 근육의 이완·수축작용을 쉽게 해준다. 무기질을 원소 함유량의 많고 적음에 따라 분류하면 다음과 같다.

- 다량 무기질－칼슘, 칼륨, 인, 황, 나트륨, 염소, 마그네슘.
- 미량 무기질－철, 요오드, 불소, 아연, 코발트, 구리.

☞식품을 550~600℃의 높은 온도에서 태우면 탄소, 수소, 산소, 질소 등이 없어지고 대부분의 무기원소가 산화물(재, 회분)로 남는다. 여기에는 칼슘, 인을 비롯하여 많은 종류의 무기질이 들어 있다.

2. 중요 무기질

(1) 칼슘(Ca)

인체내 무기질 중 가장 많은 칼슘은 대부분 인산칼슘의 형태로 존재한다. 99%가 뼈와 치아의 구성 성분이며, 1%가 혈액, 근육 속에 존재하면서 기능 조절, 혈액 응고에 관여한다. 칼슘의 기능, 흡수, 결핍증, 공급원 및 1일 필요량을 알아보면 다음과 같다.

기능	· 골격(뼈), 치아 등의 형성 · 근육의 수축 · 이완 조절, 근육의 흥분 억제 · 혈액 응고 작용, 신경 자극 전달 · 체액의 알칼리성 유지
흡수	· 일반적으로 10~30% 가량 체내 흡수됨 · 체내에 비타민 D가 존재할 때 최대한 흡수됨 · 시금치 속의 수산(옥살산)은 흡수를 방해함
결핍증	· 구루병 · 골연화증 · 골다공증 · 신경성 마비
공급원	· 우유 · 멸치 · 탈지분유 등 유제품
1일 필요량	0.6~0.8g

(2) 철(Fe)

철은 혈액(적혈구)의 필수 구성 성분으로서 조혈작용을 한다. 즉, 적혈구의 적색 단백질이며 혈색소인 헤모글로빈은 철을 함유한다. 또한 근육 세포내의 산화 · 환원 작용을 돕는 시토크롬 등 여러 효소의 구성 성분이다. 그밖에 근육 색소인 미오글로빈의 성분이기도 하다.

기능	조혈작용
흡수	소화기관내의 산성용액 또는 아스코르브산에 의해 흡수된다. 흡수율 10% · 흡수인자 : 채소류 · 흡수저해인자 : 피트산, 탄닌
결핍증	빈혈
공급원	· 간, 육류 · 계란(노른자) · 두류
1일 필요량	성인 10~15㎎, 사춘기 40㎎, 임산부 45㎎

(3) 구리(Cu)

구리는 연체동물이나 갑각류의 혈색소인 헤모시아닌의 구성 성분이다. 또한 철(Fe)의 헤모글로빈 또는 시토크롬 형성시 촉매작용을 할 뿐 아니라 적

☞ 무기질은 체중의 약 4%를 차지하는데, 75%가 칼슘과 인이다. 칼슘과 인의 비율은 2:1.

※ 무기질의 일반적인 기능

① 골격이나 치아의 성분을 이룬다. P, Ca, Mg 등.

② 연조직을 구성한다. 즉, 근육과 혈액세포 등의 고형분을 형성한다. P, K, Cl, Fe 등.

③ 대사작용에 중요한 역할을 하는 효소의 성분이 된다. Mn, Mg, Zn, Cu, Mo, Fe 등.

④ 근육과 신경조직에 감수성과 탄성을 주고, 소화액과 그밖의 분비액을 산성 또는 알칼리성으로 바꾸며 체액을 중성으로 조절한다. Cl, Na, Ca 등.

☞ 인(P)

모든 조직세포에 분포하는 성분. 체성분의 구성요소이며 생체의 기능을 조절하는데 중요한 역할을 한다. 골격에 칼슘 · 마그네슘의 인산염으로 존재하고, 근육 · 뇌 · 신경 · 간장 등에 들었다. 핵단백질, 인지질의 중요 성분이다.

· 기능 : 골격과 치아조직 형성. 체내 산, 알칼리 조절에 관여. 세포막이나 ATP구성.

· 흡수 · 공급원 : 주로 유제품, 육류, 콩류, 어패류 등에 많다. 식사를 통해 함유된 인의 70% 이상 흡수할 수 있으므로 결핍증은 거의 없다.

혈구의 성숙에 절대적으로 필요하다.

기능	· 헤모글로빈, 시토크롬 형성의 촉매 역할 · 철의 흡수와 운반을 돕는다.
결핍증	· 악성 빈혈 · 적혈구 수의 현저한 감소 · 철분 흡수 능력의 부족
공급원	· 동물의 내장 · 어패류 · 견과류 · 두류
1일 필요량	2㎎

(4) 요오드(I)

① 기능 : 목의 갑상선 호르몬인 티록신의 구성 성분이며, 에너지 대사에도 관여한다.

② 결핍증 : 함량이 10㎎ 이하가 되면 갑상선종이 생긴다.

③ 공급원 : 해조류(김, 미역, 다시마 등)나 요오드 함유 토양에서 생육된 야채에 다량 존재한다.

④ 1일 필요량 : 150mg

(5) 기타

이밖에 체내에서 중요한 역할을 하는 무기질들을 그 주요기능 또는 결핍 · 과잉증과 함께 알아보면 다음과 같다.

① 칼륨(K) : 체액의 pH와 삼투압 조절, 신경 자극 전달 기능이 있다. 결핍시 식욕 상실, 근육 경련, 혼수, 심부전증을 초래한다. 반대로 과잉시는 신장 기능의 장애를 수반한다.

② 불소(F) : 뼈와 치아에 들어 있으며, 충치 예방 효과가 있다.

③ 코발트(Co) : 항빈혈 비타민 B_{12}의 구성 성분. 적혈구 구성에 간접적으로 관여한다.

④ 아연(Zn) : 췌장 호르몬 인슐린의 합성 및 당질대사에 관여한다.

⑤ 나트륨(Na) : 체액의 평행유지, 신경 자극 전달에 중요한 역할을 한다. 지나치게 섭취하면 동맥경화증을 유발.

⑥ 황(S) : 피부, 손톱, 모발 등에 풍부. 체내에서 해독 작용을 하고, 산화 · 환원 작용에도 관여한다.

⑦ 염소(Cl) : 위액 중 염산의 성분으로 산도를 조절하고 소화를 돕는다. 또한 신경 자극 전달 기능을 한다. 결핍시 소화불량, 식욕부진이 생긴다.

⑧ 마그네슘(Mg) : 엽록소(클로로필)의 구성 성분. 코코아, 견과류, 대두 등에 많다. 근육 이완, 신경 안정에 관여하고 결핍되면 신경 근육에 경련이 일어난다.

☞ 요오드 결핍증-사람의 갑상선에는 보통 20㎎의 요오드가 존재해야 정상이다. 토양수에 요오드가 결핍된 지역에서는 갑상선종 환자가 지역적으로 발생한다.

☞ 요오드 과잉시에는 바세도우씨병이 생긴다.

☞ 불소의 과잉 · 결핍증
- 1.5ppm 이상 : 반상치
- 1.0ppm 이하 : 충치

☞ 나트륨의 조절 기능
① 삼투압 조절
② 체내 수분 조절
③ 산, 알칼리 평형 조절

⑨ 셀렌(Se) : 셀레늄이라고도 한다. 내장육, 알류, 어류 등에 풍부하다. 글루타티온 산화 효소의 보조 인자로 작용한다. 결핍시 근육통, 심장병 등이 수반된다.

3. 산 · 알칼리의 평형

단백질과 무기질은 산과 염기에 대한 완충작용을 한다. 따라서 혈액과 체액의 정상 pH(pH 7.35~7.65)가 유지된다.

1) 산성 식품 : S, P, C1 같은 산성을 띠는 무기질을 많이 포함한 식품. 곡류, 육류, 어패류, 난황 등이 속한다.
2) 염기성 식품 : Ca, K, Na, Mg, Fe 같은 알칼리성 무기질을 많이 포함한 식품. 채소, 과일 등의 식물성 식품과 우유, 굴 등이 속한다.

☞우리 몸의 체액이나 혈액은 산성 식품이나 알칼리성 식품 어느 것을 지나치게 섭취하더라도 무기질의 조성을 일정하게 유지하는 기능을 가지고 있다. 따라서 섭취하는 식품이 곧 체액이나 혈액의 pH에 직접적으로 영향을 주는 것은 아니다.

기초력 확인문제

1〉 다음 무기질 중 혈액 응고에 관여하는 것은?
① 인 ② 칼슘 ③ 염소 ④ 황

2〉 2. 우리 몸에 가장 많은 무기질은?(기출문제)
① 인 ② 칼슘 ③ 철 ④ 마그네슘

3〉 다음 중 혈액의 주요 구성 성분이 되는 무기질은?
① 요오드 ② 망간 ③ 불소 ④ 철

해설 혈액의 헤모글로빈 구성에 필수적인 원소가 철이다.

4〉 다음 무기질 중 치아를 단단하게 하여 충치 예방에 효과가 있는 것은?
① 불소 ② 철 ③ 요오드 ④ 구리

해설 불소(F)는 치아 부식 예방을 위한 무기질로 알려져 있으며, 치약에 넣어 사용하기도 한다.

5〉 우리 몸을 구성하는 무기질이 차지하는 비율은?(기출문제)
① 체중의 5% 정도 ② 체중의 20% 정도 ③ 체중의 35% 정도 ④ 체중의 50% 정도

해설 뼈, 치아 등 경조직과 기타 연조직의 무기질 함량은 5% 정도.

6〉 무기질 중 체내 함유 비율을 가장 많이 차지하는 것은?
① 염소 ② 나트륨 ③ 황 ④ 칼슘

7〉 다음 중 결핍되면 악성 빈혈을 일으키는 것은?
① 황 ② 나트륨 ③ 구리 ④ 염소

8 〉 다음 식품 중에서 요오드 함량이 가장 많은 것은?

답 1〉 ② 2〉 ② 3〉 ④ 4〉 ① 5〉 ① 6〉 ④ 7〉 ③

① 밀가루 ② 김 ③ 돼지고기 ④ 소고기

해설 요오드 결핍시 갑상선비대증이 나타나며 공급원은 해조류.

9〉 엽록소의 구성 성분으로 된 무기질은?
① 황 ② 칼슘 ③ 칼륨 ④ 마그네슘

10〉 땀을 흘릴 때 가장 많이 손실되며 동맥경화증의 원인이 될 수 있는 것은?
① 나트륨 ② 황 ③ 철 ④ 염소

11〉 다음 중 칼슘의 흡수를 방해하는 것은?
① 인산 ② 수산 ③ 젖산 ④ 탄산

12〉 다음 무기질 중 췌장호르몬인 인슐린의 성분이 되는 것은?
① 코발트 ② 염소 ③ 아연 ④ 구리

13〉 다음 무기질에 대한 설명 중 맞는 것은?
① 정상식에서는 코발트가 결핍되기 쉬우므로 약제로 보충해야 한다.
② 아연 결핍증은 동양인에게서 일어나기 쉽다.
③ 구리가 부족하면 체내 적혈구 수가 증가한다.
④ 셀렌은 항산화제로서의 기능이 있다.

해설 셀렌(selenium)은 비타민 E보다 500배의 효과가 있다.

답 8〉 ② 9〉 ④ 10〉 ① 11〉 ② 12〉 ③ 13〉 ④

제5절 비타민

◇◇ 보충설명 ◇◇

1. 비타민(Vitamin)이란

탄수화물, 지질, 단백질, 무기질 외에 고등동물의 성장·생명유지에 꼭 필요한 유기영양소이다. 3대 영양소, 즉 탄수화물, 지질, 단백질의 대사에 필요한 조효소 역할을 한다. 호르몬과 마찬가지로 신체기능을 조절하지만 호르몬은 내분비 기관에서 체내 합성되는 반면, 비타민은 체내에서 합성되지 않는다. 따라서 음식물에서 섭취해야 한다.

부족하면 영양 장애가 일어나나, 에너지를 발생하거나 체물질이 되지는 않는다. 약 20여종이 있다.

☞ 조효소(coenzyme)란 보조효소(補助酵素)를 말하며 효소의 작용에 필수불가결한 역할을 한다.

2. 비타민의 분류

비타민은 녹이는 대상이 기름이냐 물이냐에 따라 크게 지용성 비타민과 수용성 비타민으로 나뉜다.

(1) 지용성 비타민

지방이나 지방을 녹이는 유기용매에 녹는 비타민을 말한다. 비타민 A, D, E, K가 여기에 속한다.

지용성 비타민의 일반적인 성질은,

① 필요 이상 섭취되어 포화상태가 되면 체내 저장 · 축적된다.

② 기름과 유지용매에 녹는다.

③ 결핍증은 서서히 나타난다.

☞ 지용성 비타민은 수용성 비타민에 비해 열에 강하고 조리에 의한 손실이 적다.

(2) 수용성 비타민

물에 잘 녹는 비타민을 말한다. 비타민 B_1, B_2, B_6, B_{12}, C, 니코틴산(니아신), 엽산, 판토텐산이 여기에 속한다.

수용성 비타민의 일반적인 성질은,

① 필요 이상 섭취하면 체외로 방출된다(소변으로 쉽게 방출된다).

② 물에 녹는다.

③ 필요량을 그때 그때 공급하지 못하면 결핍증이 쉽게 나타난다.

☞ 수용성 비타민이 지용성 비타민과 다른 점 중의 하나는 전구체가 존재하지 않는다는 것이다.

3. 중요 비타민

인체내에 꼭 필요한 비타민으로서 지용성 비타민인 A · D · E · K와 수용성 비타민을 표로 나타내면 다음과 같다.

(1) 비타민 A

약호 · 명칭	A · 악세로프톨(axerophtol).
함 유 식 품	생선, 간유, 버터, 김, 새나 짐승의 내장, 노른자, 녹황색 채소, 감, 귤, 토마토 등.
성 질	· 담황색 또는 무색 결정. · 기름과 유지용매에 용해되나 물에 녹지 않음. · 빛(특히 자외선)에 의해 분해됨.
기 능	· 발육 촉진, 상피세포의 생리에 관계함. · 세균에 대한 저항력을 증가시킴. · 시홍(로돕신)의 생성에 관여하여 야맹증, 안염을 방지해 줌.
결 핍 증	· 발육 지연, 상피세포의 각질화. · 전염병, 호흡기 질환에 대한 저항력 약화. · 야맹증, 안구건조증.
1일 권장량	· 성인－750R.E.(2,000I.U.) · 임산부－800R.E. (※R.E.는 레티놀 수치) · 수유부－1,200R.E.
비 고	화학명은 레티놀(retinol)이다. 식물에서는 발견할 수 없으나 식물체의 황색 색소인 카로틴($\alpha \cdot \beta \cdot \gamma$-carotene)을 합성할 수 있어 동물체에서 쉽게 비타민 A로 전환, 이용된다. 이때 카로틴을 비타민 A의 전구체(프로비타민 A)라고 한다.

(2) 비타민 D

약호 · 명칭	D · 칼시페롤(calciferol).
함 유 식 품	간유, 버터, 새나 짐승의 내장, 노른자, 청색을 띤 어류, 표고버섯 등.
성　　질	· 무색의 결정. · 전구체로서 7-디하이드로 콜레스테롤과 에르고스테롤(프로 비타민 D)이 있다. 자외선에 의해 7-디하이드로 콜레스테롤은 비타민 D_3로, 에르로스테롤은 비타민 D_2로 변함. · 유지에 녹고 물에 녹지 않음.　· 열이나 산화에 비교적 강함.
기　　능	· 칼슘과 인의 흡수력을 증강시킴.　· 혈액내 인의 양을 일정하게 유지시킴. · 뼈 · 치아의 인산칼슘 침착을 촉진시킴(골격의 석회화).
결 핍 증	┌어린이－구루병 └임산부, 노인－골연화증, 골다공증 · 충치가 생기기 쉬움.　· 근육의 늘어남으로 인해 배가 나오기 쉬움.
1일 권장량	아동 · 성인 · 임산부 · 수유부 모두 400I.U.
비　　고	항구루병성 비타민이라고 불린다. 결핍시 유아기에 많이 발생할 수 있는 구루병의 증상은 뼈의 발육이 나쁘고 휘어지거나 손발이 부으며, 이빨이 더디 나고 튼튼하지 못하다.

(3) 비타민 E

약호 · 명칭	E · 토코페롤(tocopherol).
함 유 식 품	밀의 배아유, 옥수수기름, 면실유, 노른자, 우유, 버터, 두류, 녹황색채소 등.
성　　질	· 물에 녹지 않고 유지용매에 녹음.　· 열에 안정되고 빛, 효소에도 비교적 안정. · 무색 또는 연노랑색의 기름 상태.
기　　능	· 생식기능을 정상적으로 유지시킴.　· 근육 위축을 방지하고 근육 작용을 향상시킴. · 천연 항산화 작용을 하여 세포막과 조직의 손상을 방지함.
결 핍 증	쥐의 불임증, 근육위축증, 빈혈.
1일 권장량	5mg
비　　고	항불임성 비타민이라고 불린다. 비타민 A나 비타민 C의 산화를 막는다. 또한 생체내 산화 · 환원에 중요한 구실을 한다.

(4) 비타민 K

약호 · 명칭	K · 필로퀴논(phylloquinone)/K_1, K_2, K_3 등이 있다.
함 유 식 품	양배추, 시금치, 토마토 등 녹황색채소, 간유, 난황 등.
성　　질	· 연노랑색의 기름 상태.　· 물에 녹지 않고, 유지에 녹음. · 빛에 분해되기 쉬움.
기　　능	· 포도당 등의 연소에 관계함. · 혈액의 응고에 필요한 프로트롬빈이 간에서 생성될 때 작용.
결 핍 증	· 혈액 응고성이 감소되어 쉽게 출혈됨.　· 신생아의 경우 혈액 질환이 일어나기 쉬움.
비　　고	항출혈성 비타민이라고 불린다. K_1～K_3 중 생체 활성이 가장 큰 것은 K_3(menadione)이다. 동물은 체내에서 K_3를 K_2로 전환, 사용한다. 비타민 K는 장내 세균에 의해서 합성된다. 필요량이 적고 여러 식품에 함유되어 있어 쉽게 결핍증이 발생하지 않는다.

(5) 몇 가지 수용성 비타민

약호 · 명칭	함유식품	성질	기능	결핍증	1일 권장량
B_1 · 티아민 (thiamine)	쌀겨, 대두, 땅콩, 돼지고기, 노른자, 간(肝), 배아	· 미색의 결정 · 물에 쉽게 녹음 · 산성에 안정, 알칼리 중성에 분해되기 쉬움	· 당질 대사의 보조 작용 · 신경조직 유지에 관계	· 각기병 · 피로, 권태, 식욕부진, 부종, 신경통	성인 1.0~1.3㎎ 임산부 1.4㎎ 수유부 1.6㎎
B_2 · 리보플라빈 (riboflavin)	이스트, 알, 쌀겨, 치즈, 내장, 우유	· 황등색의 결정 · 알칼리에 약함 · 빛에 의해 쉽게 분해	· 체내에서 산화 · 환원에 필요한 효소의 구성 성분(열량소 대사에 필수적인 비타민) · 발육 촉진, 입안의 점막 보호	· 발육 장애 · 설염 · 구각염 · 피부염	성인 1.2~1.6㎎ 임산부 1.5㎎ 수유부 1.7㎎
B_6 · 피리독신 (pyridoxine)	이스트, 간, 쌀겨, 배아, 두류	· 무색의 결정 · 물, 알코올에 녹음 · 산에 안정 · 빛에 약함	· 아미노산 대사에 관여 · 체내의 단백질 · 필수 지방산 이용에 관여 · 피부의 건강 유지	· 신경염 · 체중 감소 · 빈혈 · 현기증 · 구토	
B_{12} · 시아노코발라민 (cyanocobalamin)	간, 노른자, 육류 식물에는 거의 들어 있지 않음	· 암적색의 결정 · 물, 알코올에 녹음	· 적혈구의 형성 (항빈혈 작용). · 성장촉진	· 악성 빈혈 · 간 질환 · 성장 정지	
니아신 (niacin)	이스트, 육류, 두류	· 무색의 결정 · 더운물에 녹음 · 알칼리에 불안정	· 탈수소 효소의 조효소의 주성분 · 에너지 대사에 관여함	· 펠라그라병 · 피부염 · 설사 · 지능저하	· 성인 13~17㎎ · 임산부 17㎎ · 수유부 19㎎
엽 산 (vitamin M)	간, 두부, 치즈, 밀, 노른자	· 황색의 결정 · 산 · 알칼리에 녹음	· 헤모글로빈, 핵산의 생성에 필요 · 장내 점막의 기능 회복	· 빈혈, 창염, 설사 · 성장 장애 · 식욕부진, 정신장애	
판토텐산 (pantothenic acid)	이스트, 치즈, 두류	· 기름상태 · 물 · 알코올에 녹음 · 산 · 알카리 열에 분해	· 탄수화물이나 지방의 대사에 필요한 효소의 구성성분	· 식품에 널리 분포되어 있으므로 좀처럼 결핍증이 나타나지 않음.	
C · 아스코르브산 (ascorbic acid)	과실류(딸기, 감귤), 야채류, 감자류	· 열, 알칼리에 불안정 · 저장시 쉽게 파괴됨	· 성장에 필수적이다 · 세포내의 산화 · 환원에 관여 · 결합 조직을 구성하는 주된 단백질인 콜라겐의 형성과 유지에 필요. · 탄수화물, 지방, 단백질 대사에 관여 · 질병에 대한 저항력 증강 · 철의 흡수율 증진	· 피부염, 신경계의 변성 · 피부 점상, 잇몸에 출혈이 되기 쉬움	· 성인 50~55㎎ · 임산부 70㎎ · 수유부 90㎎

※ 이밖에도 수용성 비타민에 속하는 비타민 H(비오틴이라고 부른다)는 우리 몸의 장내 세균에 의해 합성되어, 일부가 흡수 · 이용되므로 사람의 경우 따로 섭취할 필요가 없다.

기초력 확인문제

1〉 다음 중 지용성 비타민의 일반적인 성질이 아닌 것은?

① 체내에 저장된다. ② 기름과 유지용매에 녹는다.
③ 결핍증은 서서히 나타난다. ④ 쉽게 소변으로 방출된다.

해설 지용성 비타민은 체내에 축적되므로 소변에 의한 배설이 적다.

2〉 다음 중 수용성 비타민의 일반적인 성질이 아닌 것은?

① 물에 녹는다. ② 필요이상 섭취된 것은 방출된다.
③ 결핍증은 서서히 나타난다. ④ 매일 필요량이 공급되어야 한다.

해설 수용성 비타민은 배설이 잘 되어 수시로 공급해야 하며 결핍 증세가 비교적 빨리 나타난다.

3〉 수용성 비타민은 다음 중 어느 것인가?(기출문제)

① A ② C ③ D ④ E

해설 비타민 A, D, E, K는 지용성 비타민이다.

4〉 비타민 A의 전구체는?

① 카로틴 ② 비오틴 ③ 토코페롤 ④ 로돕신

해설 식물체에 많이 들어 있는 카로틴은 비타민 A로 전환될 수 있는 전구체로 프로비타민 A라고도 한다.

5〉 칼슘의 흡수를 촉진시키는 비타민은?(기출문제)

① 비타민A ② 비타민B_1 ③ 비타민E ④ 비타민D

6〉 다음 비타민 중 생식에 관계되는 비타민은?

① A ② D ③ E ④ K

해설 비타민 E는 항불임성 비타민으로 알려져 있으며 토코페롤이라고도 한다.

7〉 다음 비타민 중 혈액 응고를 촉진시키는 것은?

① A ② D ③ E ④ K

해설 혈액 응고와 관계되는 비타민은 K이고 무기질은 Ca이다.

8〉 부족시 각기병을 일으키는 비타민은 어느 것인가?

① B_1 ② B_2 ③ B_6 ④ C

해설 비타민 B_1은 일명 티아민으로 불리는 항각기성 비타민으로 피로, 식욕부진 등과도 관계 깊다.

9〉 다음 비타민 중 무엇이 부족하면 입술 가장자리가 헐고 염증이 생기는가?

① B_1 ② B_2 ③ B_6 ④ C

해설 비타민 B_2는 일명 리보플라빈이라 하며 결핍시 발육장애, 설염, 피부염이 생긴다.

답 1〉④ 2〉③ 3〉② 4〉① 5〉④ 6〉③ 7〉④ 8〉① 9〉②

10〉 일명 아스코르브산으로 불리우는 비타민은 어느 것인가?

① A ② B ③ C ④ D

해설 L-아스코르브산을 비타민 C라고 하며, 이는 괴혈병을 방지하는 역할을 한다.

11〉 괴혈병을 예방히기 위하여 어떤 영양소가 많은 식품을 섭취하여야 하는가?(기출문제)

① 비타민 A ② 비타민 C ③ 비타민 D ④ 무기질

12〉 다음 중 비타민의 설명으로 틀린 것은?(기출문제)

① 비타민 A - 야맹증 - 난황, 간
② 비타민 C - 괴혈병 - 딸기, 채소
③ 비타민 D - 구루병 - 우유, 버터
④ 나이아신 - 악성빈혈 - 적혈구 성분

13〉 에르고스테롤이 풍부하게 존재하는 식품은?

① 귤 ② 버섯 ③ 미역 ④ 소고기

해설 에르고스테롤은 자외선에 의해 비타민 D_2로 변하는 프로비타민이다.

14〉 다음 비타민 중 결핍시 펠라그라증이 나타나는 비타민은?

① 리보플라빈 ② 피리독신 ③ 판토텐산 ④ 니아신

15〉 다음 설명 중에서 비타민의 기능이라고 볼 수 없는 것은?

① 호르몬의 분비 촉진 및 억제
② 조효소의 성분
③ 조혈작용
④ 동물의 성장 · 생명유지

해설 조혈작용은 무기질인 철(Fe)의 기능이다.

답 10〉 ③ 11〉 ② 12〉 ④ 13〉 ② 14〉 ④ 15〉 ③

제6절 효소

1. 효소(Enzyme)란

(1) 효소의 정의

생물체내에서 일어나는 화학반응에 촉매 역할을 하는 단백질이다. 효소는 단백질이므로 온도, pH, 수분 등 환경 요인에 의해 기능이 크게 영향을 받는다. 즉, 대개의 효소는 온도 35~45℃ 정도에서 활성이 가장 높으며 pH가 일정 범위를 넘으면 기능이 급격히 떨어진다. 효소가 촉매하는 반응의 형태에 따라 분류하면 다음 6가지이다.

① 산화환원효소	② 전이효소	③ 가수분해효소
④ 탈이효소	⑤ 이성화효소	⑥ 합성효소

◇◇ 보충설명 ◇◇

☞효소의 분류

① 산화환원효소 : 산화 · 환원 작용을 촉매하는 효소.
② 전이효소 : 관능기의 전이를 촉매하는 효소.
③ 가수분해효소 : 물을 가해 화합결합을 파괴하는 가수분해 반응을 촉매하는 효소. 소화효소는 모두 가수분해효소이다.
④ 탈이효소 : 비가수분해효

이들 효소 중에서 가수분해효소에 속하는 소화효소가 가장 잘 알려져 있다.

(2) 중요 가수분해효소

가수분해효소는 분해하는 유기물의 종류에 따라 크게 다음 3가지로 나뉜다.

- 탄수화물 가수분해효소 : 녹말이나 글리코겐에 작용하는 효소. 프티알린, 수크라아제 등.
- 단백질 가수분해효소 : 단백질을 아미노산 또는 펩티드로 분해하는 효소. 펩신, 트립신, 키모트립신 등.
- 지방 가수분해효소 : 중성지방에 작용하여 지방산과 글리세롤로 분해하는 효소. 리파아제, 스테압신 등.

참고

단백질이 열, 가수분해에 의해 분해될 때 생성되는 소화과정 중에 있는 단백질은 유도단백질이다. 유도단백질에는 젤라틴(1차), 프로테오스와 펩톤(2차) 등이 있다.

※ 중성지방 : 지방산 3분자+글리세롤 1분자의 결합.

이들 가수분해효소 중에서 대표적인 몇 가지 소화효소에 대해서 알아보면 다음과 같다.

1) 프티알린(ptyalin)－침(타액)속에 들어 있는 탄수화물 가수분해효소, 즉 아밀라아제로서 녹말을 덱스트린과 맥아당으로 분해한다.
2) 아밀롭신(amylopsin)－척추동물의 췌장에서 분비되는 아밀라아제. 녹말을 분해, 다량의 맥아당과 소량의 덱스트린, 포도당을 만든다.
3) 수크라아제(sucrase)－장에서 분비되어 자당(설탕)을 포도당과 과당으로 분해하는 탄수화물 분해효소의 하나.
4) 말타아제(maltase)－장에서 분비, 맥아당을 가수분해하여 포도당을 만든다.
5) 락타아제(lactase)－장에서 분비, 동물의 젖이나 우유에 많이 들어 있는 유당을 분해하여 포도당과 갈락토오스를 만든다.
6) 리파아제(lipase)－중성지방(단순지질)을 지방산과 글리세롤로 가수분해하는 효소. 위액 · 췌장액 · 장액 속에서 분비된다. 소화작용의 최적 pH는 5~6이다.
7) 펩신(pepsin)－위액 속에서 분비되는 단백질 분해효소. 극도의 산성 용액에서만 활성하는데 pH 2인 위 속에서 단백질을 분해한다.
8) 트립신(trypsin)－췌장에서 만들어지고, 췌액과 함께 십이지장 속으로 분비되어 단백질을 가수분해하는 효소. pH 7인 중성에서 활성화된다.

소. 화학기의 이탈반응의 촉매작용을 하는 효소.

⑤ 이성화효소 : 이성화 반응의 촉매작용을 하는 효소.

⑥ 합성효소 : 화학결합을 형성하는 반응의 촉매작용을 하는 효소.

☞ 가수분해란 어떤 물질이 물과 반응하여 일으키는 분해반응.

☞ 말타아제는 주로 효모, 맥아, 침 속에 존재한다.

☞ 리파아제는 밀, 아주까리, 콩 등의 종자와 곰팡이, 효모, 세균 등에서 얻을 수 있다.

☞ 펩신이 위속으로 분비될 때는 비활성형인 펩시노겐(pepsinogen) 형태로 분비된다.

기초력 확인문제

1〉 입 속의 타액에서 분비되는 전분 당화효소는?

① 프티알린 ② 트립신 ③ 셀룰라아제 ④ 펩신

2〉 다음 중 우유를 응고시키는 성분은?(기출문제)

① 락타아제 ② 아밀라아제 ③ 레닌 ④ 이스트

3〉 젖(유)당을 포도당으로 분해시키는 효소는?

① 말타아제 ② 락타아제 ③ 리파아제 ④ 펩신

4〉 단백질의 소화율은 약 몇 %인가?

① 82% ② 92% ③ 95% ④ 98%

5〉 우리 몸의 소화기관 중 위에 존재하지 않는 소화효소는 다음 중 어느 것인가?

① 트립신 ② 레닌 ③ 리파아제 ④ 펩신

6〉 다음 중 지방이 소화되는 기관은?

① 구강 ② 위 ③ 췌장 ④ 소장

해설 지방은 췌액 리파아제에 의해 소장에서 분해된다.

7〉 다음 당류 가운데 흡수 속도가 가장 빠른 것은?

① 갈락토오스 ② 포도당 ③ 자당 ④ 과당

8〉 다음 중 지방을 소화시키는 효소는?(기출문제)

① 트립신 ② 에렙신 ③ 스테압신 ④ 펩신

해설 스테압신은 췌액에 존재하는 지방의 소화효소이다.

9〉 어린이의 위속에서 분비되는 효소는?

① 트립신 ② 프티알린

③ 펩신 ④ 레닌

10〉 다음은 소화효소와 분해되는 영양소를 짝지은 것이다. 잘못 연결된 것은?

① 아밀롭신-녹말 ② 스테압신-지방

③ 에렙신-녹말 ④ 트립신-단백질

답 1〉 ① 2〉 ③ 3〉 ② 4〉 ② 5〉 ① 6〉 ④ 7〉 ① 8〉 ③ 9〉 ④ 10〉 ③

제7절 영양생리

◇◇ 보충설명 ◇◇

1. 영양소의 소화와 흡수

(1) 소화와 흡수

음식물을 입에 넣고 씹어 잘게 부순 뒤 위와 장을 거치는 동안 체내에 흡수되기 쉬운 영양소로 만드는 일이 소화이다.

소화된 영양 성분은 위(胃)와 소장에서 흡수되어 혈액 속으로 들어가고, 피의 흐름에 따라 몸 전체의 세포 조직으로 보내어진다. 또 흡수되지 못한 성분은 대변의 형태로 배설된다.

☞ 소화란 음식물이 소화기관을 통과하는 동안 작은 단위로 나뉘어 몸에 흡수되기 쉬운 상태로 되는 일을 말한다.

☞ 흡수란 소화된 영양소들이 소화관에서 체내로 들어가는 것을 말한다.

(2) 소화작용의 분류

1) 기계적 소화작용 : 이로 씹어 부수는 일, 위와 소장의 연동운동.

2) 화학적 소화작용 : 소화액에 있는 소화효소의 작용을 받아 소화되는 일.

3) 발효작용 : 소장의 하부~대장에 이르는 곳에서 세균류가 분해하는 작용.

☞ 소화액 : 소화관 속에서 분비되어 음식물의 성분을 분해하여 소화 흡수하기 쉽도록 작용하는 액. 입의 타액, 위의 위액, 췌장의 췌액, 간장의 담즙, 소장의 장액이 그것이다.

(3) 소화흡수율

영양소의 소화 흡수 정도를 나타내는 지표. 일정 기간 동안에 흡수한 식품 속의 영양 성분과 대변 속의 영양 성분의 차이로, 섭취량에 대한 이용량을 백분율로 나타낸 값이다.

영양소의 소화흡수율은 음식물을 잘 씹으면 높아지고, 음식물의 종류나 배합 비율, 조리 · 가공방법에 따라 달라진다.

☞ 영양소별 소화율
당질 : 약 98%
지방 : 약 95%
단백질 : 약 92%

$$\text{소화흡수율}(\%) = \frac{\text{섭취식품 속의 각 성분} - \text{대변 속의 배설 성분}}{\text{섭취식품 속의 각 성분}} \times 100$$

(4) 당질의 소화와 흡수

1) 당질의 소화

입에서 타액의 소화효소의 작용을 받아 전분이 맥아당으로 분해되고, 소장에서 완전히 소화되어 흡수된다.

① 입에서의 소화

타액(침) 속에 프티알린이 있어 전분이 맥아당(말토오스)으로 분해된다. 또 말타아제가 소량 있어 맥아당의 일부가 포도당(글루코오스)으로 분해된다.

② 위에서의 소화

위에는 당질을 분해하는 효소가 없다. 음식물이 위액에 닿아 산성이 될 때까지 타액의 프티알린이 계속 작용하여 소화시킨다.

③ 췌장에서의 소화

췌액의 아밀롭신이 전분 · 글리코겐 · 덱스트린을 맥아당으로 분해한다.

④ 소장에서의 소화

장액의 수크라아제(인베르타아제)는 자당을 포도당과 과당으로 분해한다. 또한 말타아제는 맥아당을 포도당 2분자로, 그리고 락타아제는 젖(유)당을 포도당과 갈락토오스로 각각 분해한다.

⑤ 대장에서의 소화

셀룰로오스나 헤미셀룰로오스 같은 섬유질은 대장에서 장내 세균의 발효작용을 받아 분해된다(☞). 특히 셀룰로오스는 열량원으로서 기능하지 않고, 대장을 자극하여 변비를 막는 역할을 한다.

2) 당질의 흡수

소장에서 완전히 소화된 당질은 바로 흡수된다. 장관을 통해 흡수된 단당류는 혈액에 들어가 문맥(門脈)을 거쳐 간장에 이른다. 간장에서 포도당은 글리코겐으로 합성되어 저장된다.

① 당질의 흡수 경로

포도당이 확산되어 장 점막 세포 속에 들어가면 포도당-6-인산이 생긴다. 포도당-6-인산이 새로 생기는 만큼 장 점막 안에 포도당의 농도가 떨어져 포도당이 계속 흡수된다.

② 당질의 흡수에 영향을 미치는 요소

호르몬 : 뇌하수체 전엽 호르몬, 갑상선 호르몬, 부갑상선 호르몬 등 부신피질 호르몬 등이 부족하면 당질이 인산화 하기 어렵다. 그 결과 흡수 정도가 작아진다.

비타민 : 비타민 B군이 부족하면 흡수 정도가 작다.

(5) 단백질의 소화와 흡수

1) 단백질의 소화

단백질은 소화관 속에서 소화효소의 가수분해 작용을 받아 고분자의 단백질이 저분자의 펩티드와 아미노산으로 분해된다. 단백질 분해효소는 위액, 장액, 췌액에 들어 있다. 각 효소는 특정 단백질에만 작용한다.

① 위에서의 소화

위액에 펩신이 있어 단백질은 펩톤이 된다. 그리고 핵단백질은 위액의 염산 때문에 핵산과 단백질로 분해되어 단백질이 소화된다. 한편, 유아 · 소아의 위액에는 응유효소인 레닌이 있어 유즙(乳汁)의 카세인이 굳는다. 이렇게 되어 유즙이 위 안에 머무는 시간이 길어지므로 펩신, 그 밖의 소화효소의 작용을 받아 분해 소화된다.

② 췌장에서의 소화

췌액의 트립시노겐, 키모트립시노겐이 장액의 엔테로키나아제의 작용

☞ 당질 분해효소인 프티알린은 산성인 조건에서 세력을 잃는다.

☞ 당질은 거의 소장에서 단당류로 분해된 뒤 바로 흡수되지만, 그 중의 섬유질만은 소화되지 않고 대장으로 내려간다. 왜냐하면 입에서 소장에 이르기까지 섬유질을 분해하는 효소가 없기 때문이다. 대장에는 소화액이 분비되지 않는다.

☞ 흡수 방식 : 침투, 확산, 유화(표면장력), 전위차 등이 있다.

☞ 과당, 젖당은 흡수되자마자 간장으로 보내어져 포도당이나 글리코겐이 된다.

※ 단당류의 흡수 속도 : 포도당이 100일때 갈락토오스 110, 과당 43정도이다. 따라서 흡수가 빠른 속도는 갈락토오스→포도당→과당 순서.

☞ 핵산 부분은 췌액과 장액의 효소의 작용을 받아 분해된다.

☞ 굳은 카세인이 파라 카세인이다.

☞ 염산은 펩신의 작용을 돕고, 세균 번식을 방지하며 칼슘과 철의 흡수를 촉진시킨다.

을 받아 트립신과 키모트립신으로 바뀌어, 폴리펩티드를 펩티드로 분해한다.

③ 소장에서의 소화

장액의 에렙신이 폴리펩티드를 아미노산으로 분해하고, 엔테로키나아제는 트립시노겐을 활성화한다. 또 핵산을 분해하는 효소인 폴리누클레오티다아제가 있어 핵산이 인산과 누클레오시드로 분해된다.

④ 대장에서의 소화

소장에서 다 소화되지 않은 단백질이 대장 안에서 세균의 작용을 받아 부패한다.

2) 단백질의 흡수

단백질은 대개 아미노산이 될 때까지 분해되고, 일부 저분자 펩티드의 형태로 소장에서 흡수된다. 문맥을 거쳐 간장에 이르러 일부는 단백질로 합성되고 일부는 아미노산의 형태 그대로 피의 흐름에 따라 몸 전체로 퍼진다. 핵단백질의 핵산은 누클레오티드의 형태로 흡수된다.

☞ 누클레오티드 : 누클레오시드의 당 부분에 인산이 에스테르 결합한 것.

3) 단백질의 소화흡수율

단백질의 소화흡수율은 약 92%. 단, 식품의 가공 조리의 조건에 따라 달라진다. 한 예로 콩에 트립신의 작용을 방해하는 물질이 있으므로 콩을 가열하여 먹으면 소화흡수율이 높아진다. 또, 단백질 식품을 당질과 함께 가열하면 소화흡수율이 떨어진다. 왜냐하면 당질의 알데히드기와 단백질의 아미노기가 메일라드 반응을 일으켜 갈색 물질을 만들어서 소화효소의 작용을 방해하기 때문이다.

$$\text{단백질의 소화흡수율(\%)} = \frac{\text{소화흡수된 단백질량}}{\text{섭취한 단백질량}} \times 100$$

(6) 지방의 소화와 흡수

1) 지방의 소화

지방은 가수분해되어 지방산과 글리세롤로 된다.

① 위액에서의 소화

위액에 리파아제가 있어 지방이 소화된다. 그 양은 적다.

② 소장에서의 소화

소장에는 담즙, 췌장액, 장액 등의 소화액이 있다. 담즙은 지방을 유화시켜 소화를 돕고, 담즙 속의 담즙산이 지방을 소화시켜 체내 흡수를 돕는다. 췌액에 스테압신이 있어 지방은 지방산과 글리세롤로 분해된다.

☞ 녹는점이 50℃ 이하로 낮은 지방은 소화되기 쉽다. 녹는점이 높으면 유화되기 어렵다. 또, 조리온도가 높으면 지방 분자가 서로 결합하는 중합 현상이 일어나 소화율이 떨어진다.

2) 지방의 흡수

지방은 대개 장관 안에서 지방산과 글리세롤로 분해되고, 바로 흡수된다. 흉관을 거쳐 혈액으로 들어가면 글리세롤이 수용성이 되어 흡수되기 쉽다. 단, 고급 지방산은 물에 녹지 않는다. 또 담즙산과 결합하면 쉽게 수용성 화합물로 된다.

지방은 시간이 길어짐에 따라 흡수량이 늘고, 레시틴과 그밖의 계면활성제로 유화하면 흡수가 더욱 잘 된다. 지방의 소화흡수율은 약 95%이다.

☞ 담즙산은 지방을 소화시키고 흡수를 돕는 요소로서 표면장력을 떨어뜨리는 기능이 있어 장속에서 지방을 유화시킨다.

(7) 무기질의 소화와 흡수

대개의 무기질은 소화관 속에서 용액이 되고 소장에서 흡수된다.

1) 칼슘의 흡수

소장에서 흡수된다. 장의 상부가 산성을 띠면 칼슘이 수용성이 되어 잘 흡수되고, 중성이나 알칼리성이면 흡수되지 않는다. 체내에 칼슘이 부족하면 흡수가 늘고 포화상태이면 준다. 반면 비타민 D는 칼슘의 흡수를 도와주는 요소이다.

☞ 위액의 염산, 담즙은 칼슘의 흡수를 돕는 요소이다.

2) 인의 흡수

위와 장에서 에스테르 결합이 풀어져 인산 이온의 형태로 된다. 흡수된 인산은 간장에서 거의 에스테르화 되고, 혈액에 들어가 신체 각 부분의 필요에 따라 인산 이온으로 유리된다. 영양 기능을 마친 인은 오줌과 대변으로 배설된다.

3) 철의 흡수

소장의 상부에서 흡수되어 간장을 거쳐 골수로 들어간다. 여기서 헤모글로빈을 형성하며, 일부는 몸 전체로 퍼져 세포핵의 크로마틴이나 효소의 생산재료가 된다.

비타민 C는 철의 흡수를 높이고, 인산 · 피트산 · 기타 철과 결합하기 쉬운 유기산은 방해한다.

☞ 철의 흡수율은 신체의 요구상태에 따라 달라진다. 즉 헤모글로빈의 양이 떨어지는 만큼 철의 흡수율이 높아진다. 성장기의 어린이, 월경기의 여성, 임신한 여성 그리고 철 겹핍성 빈혈환자에게서 흡수율이 높게 나타난다.

4) 구리의 흡수

체내에서 촉매작용을 받아서 여러 가지 화학 반응을 촉진한다. 즉, 철이 헤모글로빈을 형성할 때 구리가 이 반응을 촉진한다.

(8) 비타민의 소화와 흡수

비타민의 흡수 형태는 수용성이냐 지용성이냐에 따라 다르다. 수용성 비타민은 물이 흡수되는 것처럼 위, 식도, 소장에서 일부 흡수되고 대장에서 모두 흡수된다. 지용성 비타민은 지방과 같이 담즙의 작용을 받아 소장에서 흡수된다. 지용성인 비타민 A나 카로틴은 지방과 함께 섭취하면 흡수가 잘 된다.

(9) 물의 흡수

수분은 위, 식도, 소장에서 일부 흡수되고 나머지 모두 대장에서 흡수된다.

2. 에너지 대사

작용부위	효소명	분비선(소재)	기질	작용(생성물질)
구강	ptyalin (타액 amylase)	타액선(타액)	가열전분	덱스트린, 맥아당
위	pepsin lipase rennin	위선(위액)	단백질 지 방 우 유	proteose, peptone 지방산과 글리세롤(미약) 카세인 응고
췌장·소장	trypsin	췌장(췌액)	단백질 peptone	proteose polypeptide
	chymotrypsin		peptone	polypeptide
	enterokinase	장액		trypsin의 부활작용
	peptidase	췌액 · 장액	peptide	dipetide
	dipeptidase		dipeptide	아미노산
	amylopsin (췌 amylase)	췌장(췌액)	전분, 글리코겐, 덱스트린	맥아당
	자당 분해효소 (saccharase 또는invertase)	장액	자당	포도당 · 과당
	맥아당 분해효소 (maltase)	장액	맥아당	포도당
	유당 분해효소 (lactase)	유아의 장액	유당	포도당 · 갈락토오스
	steapsin(췌 lipase)	췌장(췌액)	지방	지방산 · 글리세롤
	lipase	장액	지방	지방산 · 글리세롤

☞ 사람들의 생명을 유지하고 성장 발육하며 활동하는 데 필요한 에너지 물질은 음식물. 음식물 성분 중 에너지원으로 이용되는 것은 당질, 지질, 단백질 3가지이다.

(1) 에너지 대사

인체가 생활 활동을 영위할 수 있도록 체성분을 분해하여 화학적 에너지를 열 · 운동 에너지로 바꾸는 일을 에너지 대사라 한다.

생활 활동이라 함은 수면, 식사, 운동(일 · 노동 · 작업)을 가리킨다. 이러한 생활 활동에 따라 각 개인의 하루 총에너지량은 다르다.

한편, 생명을 유지하는 데 생리적으로 필요로 하는 최저의 에너지 대사를 기초대사 또는 기초 신진대사라 한다. 이른 아침 쾌적한 온도 조건에서 편안하고 안정되며 배가 고픈 상태에서 소비되는 에너지량이 곧 기초대사량이다.

☞ 기초대사량 : 정신적으로나 육체적으로 어떠한 일도 하지 않고 소화관의 소화, 흡수 작용조차 정지한 상태에서 무의식적인 생리 작용만을 할 때 소요되는 에너지 양. 성인의 1일 기초대사량은 1200~1600kcal.

(2) 에너지 대사율(RMR)

$$\text{에너지 대사율} = \frac{\text{작업시 소비 열량} - \text{안정시 소비 열량}}{\text{기초대사량}} = \frac{\text{노동대사량}}{\text{기초대사량}}$$

☞ 에너지 대사율은 그 사람이 행한 작업 강도를 알 수 있는 기준으로, 노동 대사량을 기초대사량으로 나눈 값이다.

한국인 영양 섭취기준

□ 권장섭취량 ■ 충분섭취량

영양소/연령영아	0~5개월	6~11개월	소아 1~2세	3~5세	남자 6~8세	9~11세	12~14세	15~19세	20~29세	30~49세	50~64세	65~74세	75이상	여자 6~8세	9~11세	12~14세	15~19세	20~29세	30~49세	50~64세	65~74세	75이상	임신부	수유부
비타민A(μg RE)	350	400	300	300	400	550	700	850	750	750	700	700	700	400	500	650	700	650	650	600	600	600	+70	+500
비타민D(μg)	5	5	10	10	10	10	10	10	5	5	10	10	10	10	10	10	10	5	5	10	10	10	+5	+5
비타민E(mg α-TE)	3	4	5	6	7	9	10	10	10	10	10	10	10	7	9	10	10	10	10	10	10	10	+0	+3
비타민K(μg)	4	7	25	30	45	55	70	80	75	75	75	75	75	45	55	65	65	65	65	65	65	65	+0	+0
칼슘(mg)	200	300	500	600	700	800	1,000	1,000	700	700	700	700	700	700	800	900	900	700	700	800	800	800	+300	+400
인(mg)	100	300	500	500	700	1,000	1,000	1,000	700	700	700	700	700	600	900	900	800	700	700	700	700	700	+0	+0
나트륨(g)	0.12	0.37	0.8	1.0	1.2	1.5	1.5	1.5	1.5	1.5	1.3	1.2	1.1	1.2	1.5	1.5	1.5	1.5	1.5	1.3	1.2	1.1	+0	+0
염소(g)	0.18	0.56	1.2	1.5	1.9	2.3	2.3	2.3	2.3	2.3	2.0	1.8	1.6	1.9	2.3	2.3	2.3	2.3	2.3	2.0	1.8	1.6	+0	+0.4
칼륨(g)	0.4	0.7	2.5	3.0	3.8	4.7	4.7	4.7	4.7	4.7	4.7	4.7	4.7	3.8	4.7	4.7	4.7	4.7	4.7	4.7	4.7	4.7	+0	+0.4
마그네슘(mg)	30	35	75	100	140	200	300	400	340	350	350	350	350	140	200	280	340	280	280	280	280	280	+40	+0
철(mg)	0.26	7	7	7	9	12	12	16	10	10	10	10	10	9	12	12	16	14	14	9	9	9	+10	+0
아연(mg)	1.73	2.5	3	4	5	7	8	10	10	9	9	9	8	5	7	7	9	8	8	8	7	7	+25	+50
구리(μg)	225	290	300	380	440	570	750	870	800	800	800	800	800	440	570	750	870	800	800	800	800	800	+130	+450
불소(mg)	0.01	0.5	0.6	0.8	1.0	2.0	2.5	3.0	3.5	3.5	3.0	3.0	3.0	1.0	2.0	2.5	2.5	3.0	2.5	2.5	2.5	2.5	+0	+0
망간(mg)	0.008	0.8	1.2	2.0	2.5	3.0	3.3	3.5	3.5	3.5	3.5	3.5	3.5	2.3	2.5	2.8	3.0	3.0	3.0	3.0	3.0	3.0	+0	+0
요오드(μg)	130	170	80	90	100	120	130	140	150	150	150	150	150	100	120	130	140	150	150	150	150	150	+90	+180
셀레늄(μg)	8.5	11	20	25	30	40	50	60	50	50	50	50	50	30	40	50	60	50	50	50	50	50	+4	+11
탄수화물(g)	55	90																						
지방(g)	25	25																						
n-6 불포화 지방산(g)	2.0	4.5																						
n-3 불포화 지방산(g)	0.3	0.8																						
단백질(g)	9.5	13.5	15	20	25	35	50	60	50	55	55	50	50	50	25	35	45	45	45	45	45	45	+25	+25
식이섬유(g)			12	17	19	23	29	32	31	29	26	26	26	18	20	24	24	25	23	22	22	22	+5	+4
수분(ml)	700	800	1,100	1,400	1,700	2,000	2,400	2,700	2,700	2,500	2,300	2,100	2,100	2,600	1,800	2,000	2,100	2,100	2,000	1,800	1,700	1,700	+200	+700
비타민C(mg)	35	45	40	40	60	70	100	110	100	100	100	100	100	60	70	90	100	100	100	100	100	100	+10	+35
티아민(mg)	0.2	0.3	0.5	0.5	0.7	0.9	1.2	1.4	1.2	1.2	1.2	1.2	1.2	0.6	0.8	1.0	1.1	1.1	1.1	1.1	1.1	1.1	+0.5	+0.4
리보플라민(mg)	0.3	0.4	0.6	0.7	0.9	1.1	1.5	1.8	1.5	1.5	1.5	1.5	1.5	0.7	0.9	1.2	1.2	1.2	1.2	1.2	1.2	1.2	+0.4	+0.5
니아신(mg NE)	2	3	6	7	9	12	15	18	16	16	16	16	16	9	10	13	13	14	14	14	14	14	+4	+4
비타민B6(mg)	0.1	0.3	0.6	0.7	0.9	1.1	1.5	1.8	1.5	1.5	1.5	1.5	1.5	0.8	1.0	1.4	1.4	1.4	1.4	1.4	1.4	1.4	+0.8	+0.7
엽산(μg DFE)	65	80	150	180	220	300	360	400	400	400	400	400	400	220	300	360	400	400	400	400	400	400	+200	+150
비타민B12(μg)	0.2	0.5	0.9	1.1	1.3	1.8	2.2	2.4	2.4	2.4	2.4	2.4	2.4	1.3	1.8	2.2	2.4	2.4	2.4	2.4	2.4	2.4	+0.2	+0.2
판토텐산(mg)	1.7	1.8	2	2	3	4	5	6	5	5	5	5	5	3	4	5	6	5	5	5	5	5	+1	+2
비오틴(μg)	5	6	8	10	15	20	25	25	30	30	30	30	30	15	20	25	25	30	30	30	30	30	+0	+5

※ 권장섭취량 : 1일 연령별로 권장되는 영양소 섭취량으로서 평균 필요량을 근거로 하여 산출

※ 충분섭취량 : 권장섭취량을 산출할 수 없는 경우 역학조사 결과를 토대로 건강인의 영양소 섭취수준을 기준으로 산출

사단법인 한국영양학회 한국인 영양섭취기준 (2005년 8차개정)

4. 질병과 영양

(1) 식이요법

1) 치료식의 종류

① 일반식 : 일반 환자(산부인과, 정신과, 외상 환자)에게 주는 식사. 종류와 양에 제한받지 않는다. 단, 환자용이므로 영양이 풍부하고 소화되기 쉬운 것으로 한다.

② 점진식 : 환자의 회복 정도와 소화 능력에 맞추어 단계적으로 주는 식사.

ㄱ. 맑은 유동식

위독한 혼자나 막 수술을 끝낸 환자에게 1~2일간 수분을 공급할 목적으로 준다. 연한 보리차, 맑은 육즙, 거른 과즙 등이 있다.

ㄴ. 전 유동식

수술 후 환자, 소화기 질환 환자, 음식을 삼키기 어려운 환자에게 주는 식사. 미음, 우유, 수프, 푸딩 등이 있다.

ㄷ. 연질식(연식)

죽식이라고 한다. 수술 후 회복기에 있는 환자, 급성 전염병, 위장 장애 등의 환자에게 주는 식사. 자극성 있는 조미료를 사용하지 않는다.

ㄹ. 회복식(경식)

회복기 환자, 가벼운 증세의 환자에게 주는 식사. 기름기 많은 음식이나 생과일, 채소 등은 피하고 죽, 진밥, 그밖에 소화되기 쉬운 음식을 이용한다.

2) 특별치료식

질병에 따른 각각의 식이요법은 다음과 같다.

☞식이요법 : 식사로 질병 상태를 호전시키고 건강을 회복시키는 치료 방법.

☞1주일 이상 계속 실시할 경우 달걀 노른자, 버터 등을 첨가하여 영양과 열량을 높이기도 한다.

☞죽, 흰살 생선, 두부, 익힌 채소, 기름기 없는 연한 고기 등을 소화가 잘 되게 조리한다.

질 병	원 인	증 세	식 이 요 법
십이지장궤양	스트레스, 불규칙한 식사, 자극적인 음식 섭취, 단백질 결핍, 과다한 약물복용	위통, 위 팽만감, 혈변, 체중감소	· 소량의 식사를 자주 규칙적으로 함. · 우유, 계란, 고기 등의 단백질 식품과 크림, 버터, 노른자 등의 유화 지방 섭취 · 자극성 있는 음식, 섬유질 식품, 술, 카페인 등의 삼가
빈혈	철분부족	창백한 안색, 어지럼증	· 간, 난황, 푸른 잎 채소 등 단백질과 철분이 많이 함유된 식품의 섭취 · 철 흡수를 도와주는 아스코르브산의 충분한 섭취
당뇨병	인슐린의 부족으로 인한 혈당량 증가	몸의 쇠약, 심한 갈증, 피로, 체중 감소, 식욕 왕성	· 탄수화물 섭취량 감소 및 설탕의 섭취 금지 · 동물성 지방의 섭취 제한 · 많은 섬유질 섭취 · 몸무게 1kg당 1~1.5g의 단백질 섭취량 늘림(총 단백질의 13~1/2을 동물성 단백질로 섭취)
고혈압	심장병, 호르몬의 불균형, 정신적 불안, 흥분, 유전적 성향, 동물성 단백질·지방·소금의 과다 섭취	두통, 어지럼증, 귀울림, 불면증, 뒷목의 통증	· 표준 체중 유지 · 소금, 동물성 지방, 탄수화물의 섭취량 제한 · 식물성 지방, 해조류, 채소, 과일 등의 섭취

간염	바이러스에 의한 간염	발열, 두통, 식욕 감퇴, 구토, 피로, 오른쪽 가슴 밑의 압박	· 동물성 단백질, 탄수화물의 섭취량 늘림 · 지방의 양 줄임 · 우유, 버터, 크림 등 유화 지방의 충분한 섭취
신장병	여과되지 못한 단백질 대사물로 인해 혈액내 질소 화합물이 증가하고 물과 나트륨이 체내에 축적됨.	부종, 결뇨	· 단백질 양 줄이는 대신 양질의 단백질 섭취할 것 · 소금과 수분의 섭취량 제한 · 자극적인 향신료, 술, 커피 등의 삼가
비만	운동 부족, 유전, 호르몬 분비이상, 과식 습관	고혈압, 동맥경화증, 심장병, 당뇨병의 발병 활률 증가	· 당분, 지방의 섭취 줄임 · 채소와 과일의 많은 섭취로 만복감을 느끼게 함. · 단백질, 무기질, 비타민 등의 충분한 섭취
동맥경화증	혈중 지방 농도의 증대, 콜레스테롤의 혈관벽 축적으로 혈관의 탄력이 줄어듬.		· 콜레스테롤 함량이 높은 육류와 난황의 섭취 제한 · 동물성 지방의 섭취 줄임

기초력 확인문제

1〉 당질의 인체내 평균 흡수율은?
① 98% ② 92% ③ 95% ④ 90%

2〉 다음 중 소장에서 모세혈관으로 흡수되는 물질로 알맞게 짝지은 것은?
① 과당-고급지방산 ② 포도당-글리세롤 ③ 비타민 A-비타민 B_1 ④ 콜레스테롤-인지질

3〉 대장 속에서 일어나는 작용에 대한 설명으로 틀린 것은?
① 소장에서 끝나지 않은 소화작용이 어느 정도 이어진다. ② 소화 흡수되고 남은 물질이 부패한다.
③ 섬유소가 가수 분해된다. ④ 수분과 염류가 흡수된다.

4〉 우유를 마셨을 때 유당(젖당)이 소화되는 장소는?(기출문제)
① 입 ② 위 ③ 소장 ④ 대장

5〉 다음 중 포도당에 대한 설명으로 틀린 것은?
① 전분이 위액의 소화효소 작용에 따라 포도당으로 분해된다.
② 포도당은 거의 소장에서 흡수된다.
③ 흡수된 포도당은 혈액을 따라 인체의 각 기관으로 운반된다.
④ 포도당은 체내에서 필요에 따라 지방으로 전환된다.

해설 글리코겐은 동물성 전분이라 불리며, 간장이나 근육에 저장된다.

6〉 다음 중 음식물을 통해 열량원으로 섭취하는 다당류는?
① 펙틴 ② 전분 ③ 글리코겐 ④ 덱스트린

7〉 다음 중 체내에 분해효소가 없어 소화흡수되지 않는 당질은?
① 과당 ② 젖당 ③ 펙틴 ④ 글리코겐

해설 펙틴이나 섬유소 같은 당질은 소화흡수되지 않으나, 대변의 부피를 키워 장벽을 기계적으로 자극함으로써 변비를 막는 생리작용에 필요한 요소이다.

답 1〉 ① 2〉 ② 3〉 ③ 4〉 ③ 5〉 ① 6〉 ② 7〉 ③

8〉다음 중 지방이 체내에 흡수되어 저장되는 장소로 옳은 것은?
① 지방조직 ② 췌장 ③ 소장 ④ 기타 체세포

9〉다음 중 지방을 과잉 섭취했을 때 일어나는 병이 아닌 것은?
① 동맥경화증 ② 비만증 ③ 간경화증 ④ 부종

10〉기초대사율이 가장 높은 시기는 언제인가?
① 60세 이후 ② 15세~16세 ③ 5~8세 ④ 1~2세

11〉다음 중 단백질의 소화에 대한 설명으로 틀린 것은?
① 식품 속의 단백질은 입에서 소화되지 않는다.
② 위에서 펩신의 소화작용을 받아 펩티드로 분해된다.
③ 소장에서 단백질이나 펩티드를 소화시키는 효소가 분비되지 않는다.
④ 단백질은 완전히 아미노산으로 분해되지 않는다 하더라도 흡수될 수 있다.

12〉다음 중 당질대사에 꼭 필요한 비타민은?(기출문제)
① 비타민 A ② 비타민 B_1 ③ 비타민 C ④ 비타민 D

해설 비타민 B_1은 당질의 대사작용을 조절하는 조효소의 역할을 한다.

13〉요오드는 어느 호르몬에 관여하는가?
① 인슐린 ② 프로게스테론 ③ 티록신 ④ 아드레날린

14〉다음 중 채소와 과일 이외의 다른 식품에서 섭취하기 어려운 비타민은?
① 비타민 B_1 ② 비타민 C ③ 비타민 B_2 ④ 비타민 B_{12}

15〉신체단위 표면적에 대한 기초대사량이 가장 많은 사람은?
① 성인여자 ② 성인남자 ③ 여아 ④ 남아

16〉다음 중 철의 대사에 대한 설명으로 맞는 것은?
① 체내에 흡수되어 사용된 철은 계속 되풀이하여 이용된다.
② 철은 대장에서만 흡수된다.
③ 흡수된 철은 간에서 헤모글로빈을 만든다.
④ 철은 수용성이기 때문에 체내에 저장되지 않는다.

해설 철의 흡수율은 신체의 요구상태에 따라 달라진다. 흔히 헤모글로빈의 양이 정상치일 때 섭취하는 철의 10% 정도가 흡수되고 나머지는 배설된다. 간장을 거쳐 골격으로 들어가 헤모글로빈을 만든다.

17〉다음 중 수분이 흡수되는 소화기관은?
① 위 ② 소장의 상부 ③ 소장의 하부 ④ 대장

해설 몸 속에서 물은 체온을 조절하고 체내 영양소를 공급하며 노폐물을 방출한다. 또한 체조직의 구성성분이기도 하다. 체내의 수분 중 20% 가량이 증발하면 생명이 위험하다.

답 8〉① 9〉④ 10〉④ 11〉③ 12〉② 13〉③ 14〉② 15〉④ 16〉① 17〉④

18〉 다음 중 기초대사량에 대한 설명으로 옳은 것은?

① 하루의 생활을 통해 소비되는 열량

② 안정된 상태에서 정신노동을 할 때 소비되는 열량

③ 근육노동을 할 때 소비되는 열량

④ 혈액순환이나 호흡작용과 같은 무의식적인 생리작용을 통해 소비되는 열량

해설 기초 신진대사에 속하는 것은 호흡 · 순환 · 내분비 작용 등이고, 근육 · 두뇌활동은 포함되지 않는다. 기초대사량은 생체가 생명을 유지하기 위해 필요한 가장 적은 열 발생량이다.

19〉 다음 중 체내에서 열량원으로서의 이용률이 가장 낮은 영양소는?

① 단백질 ② 지방 ③ 당질 ④ 알코올

해설 단백질은 체조직 구성에 이용되며, 때로 열량원인 당질과 지방이 부족할 때 단백질이 열량을 내기도 한다.

20〉 다음 중 기초대사량이 많아지는 상황이 아닌 것은?

① 임신 후반기 ② 겨울 ③ 노년기 ④ 체중 증가

해설 겨울에는 바깥 기온이 낮아서 체온을 유지하기 위해 체내대사가 활발해진다. 그래서 기초대사의 소비량이 커진다.

21〉 수분 64g, 당질 31g, 섬유질 1g, 단백질 2g, 지방 1g, 무기질 1g 들어 있는 식품을 섭취하였을 때 발생하는 열량은?

① 141kcal ② 143kcal ③ 146kcal ④ 207kcal

해설 열량원은 당질, 단백질, 지방. 이들 영양소는 1g당 각각 4, 4, 9Kcal의 열량을 낸다.

$\therefore (31\times4)+(2\times4)+(1\times9)=141$

22〉 다음 중 열량을 내는 영양소는 무엇인가?

① 탄수화물 · 지방 ② 탄수화물 · 비타민 ③ 지방 · 무기질 ④ 비타민 · 지방

23〉 신체내에서 생명유지를 위한 필수적 활동대사인 것은?

① 식품소비대사량 ② 활동대사량 ③ 기초대사량 ④ 특이동적대사량

24〉 밥을 오래 씹으면 단맛이 나는데 밥에 무슨 영양소가 있어서인가?

① 단백질 ② 비타민 ③ 지방질 ④ 탄수화물

25〉 쌀을 주식으로 하는 우리 국민에게 부족되기 쉬운 비타민은?

① 비타민A ② 비타민 B_1 ③ 비타민 B_6 ④ 비타민 B_{16}

26〉 체내 수분의 기능이 아닌 것은?

① 체온손실 방지 ② 수용성 비타민 공급 ③ 열량공급 ④ 노폐물 체외 방출

27〉 다음 중 육체 노동자에게 특히 공급해야 할 무기질은?

① P ② Ca ③ Na ④ Fe

답 18〉 ④ 19〉 ① 20〉 ③ 21〉 ① 22〉 ① 23〉 ③ 24〉 ④ 25〉 ② 26〉 ③ 27〉 ③

단원종합문제

1.다음 중에서 영양소라 할 수 없는 것은?

① 비타민 ② 공기
③ 당질 ④ 무기질

2.다음 중 조절 영양소는?(기출문제)

① 탄수화물, 지방 ② 무기질, 비타민
③ 단백질, 지방 ④ 탄수화물, 비타민

3.사람의 체내 수분함량은 몇 % 정도인가?

① 37% ② 47%
③ 50% ④ 60%

4.유당의 설명으로 틀린 것은?

① 유당은 젖성분에만 들어 있다.
② 유당은 식물성 세포에만 들어있다.
③ 유당은 유산균에 의해 유산으로 분해된다.
④ 유당은 가수분해에 의해 포도당과 갈락토오스로 분해된다.

5.티아민(thiamin)이 필요한 때는?

① 당질대사 ② 단백질대사
③ 비타민 C의 흡수 ④ 칼슘대사

6.멥쌀과 찹쌀의 차이 중 틀리는 것은?

① 멥쌀보다 찹쌀이 용해도가 낮다.
② 멥쌀은 아밀로오스와 아밀로펙틴으로 구성되어 있다.
③ 멥쌀보다 찹쌀이 점도가 크다.
④ 찹쌀은 아밀로오스와 아밀로 펙틴으로 구성되어 있다.

7. 혈당치를 저하시키는 호르몬은?

① 인슐린 ② 갑상선 호르몬
③ 아드레날린 ④ 뇌하수체 전엽 호르몬

8. 다음 당질 중 인체 내에서 분해효소를 갖지 않는 것은?

① 말토오스 ② 수크로오스
③ 글리코겐 ④ 셀룰로오스

◇◇해 설◇◇

4. 유당은 한분자의 포도당과 한분자의 갈락토오스가 결합된 것으로 유즙중에 존재한다. 젖산균의 발육을 도와 유해균의 발육을 억제하는 정장작용이 있다.

5. 인체의 당질대사에는 티아민이 필요하다.

8. 말토오스는 말타아제(maltase)에 의해서, 수크로오스는 수크라아제(sucrase, 인베르타아제)에 의해서, 글리코겐은 여러가지 효소에 의해서 가수분해되지만 셀룰로오스나 펙틴(pectin)은 인체 내에 분해효소가 없으므로 분해되지 않는다.

9. 수분은 다음 소화기관 중 어디에서 흡수되는가?

① 대장 ② 소장의 상부
③ 소장의 하부 ④ 위

10. 다음은 전분의 가수분해 과정을 나타낸 것이다. 그 순서가 옳게 된 것은?

① 전분 → 덱스트린 → 글루코오스 → 말토오스
② 전분 → 말토오스 → 올리고사카리드 → 글루코오스
③ 전분 → 덱스트린 → 올리고사카리드 → 말토오스 → 글루코오스
④ 전분 → 올리고사카리드 → 말토오스 → 덱스트린 → 글루코오스

11. 체내에 혈당량이 얼마 이상이면 당뇨병이 발생되는가?

① 80mg/*dl* ② 100mg/*dl*
③ 150mg/*dl* ④ 180mg/*dl*

12. 전분의 호화와 가장 관계가 적은 것은?

① 전분의 종류 ② 전분의 분자량
③ 수분의 함량 ④ 염류의 첨가

13. 글리코겐으로 저장되고 남은 탄수화물은 체내에서 어떤 형태로 변하는가?

① 혈액내 당류로 존재한다. ② 배설된다.
③ 체지방으로 저장된다. ④ 단백질로 변화, 이용된다.

14. 다음 중 자외선을 쏘이면 비타민 D_2가 되는 것은?

① 레시틴 ② 에르고스테롤
③ 콜레스테롤 ④ 세파린

15. 지방은 어느 경로를 통해 흡수, 운반되는가?

① 림프관 ② 내분비계
③ 정맥 ④ 문맥

16. 다음 중 유지의 산패를 일으키는 원인과 거리가 먼 것은?

① 산소 ② 수소
③ 광선 ④ 세균

17. 다음 중 필수지방산이 가장 많은 식품은?

① 버터 ② 마가린
③ 우지 ④ 대두유

12. 전분 호화에 영향을 미치는 요인
① 전분의 종류
② 전분의 수분함량 정도
③ 가열온도의 높고 낮음
④ 젓는 속도와 양
⑤ 전분액의 pH
⑥ 설탕, 소금, 기름, 간장 등 기타 성분의 영향

15. 지방은 순환하기 위하여 미세한 지방분자로 되어 림프관을 통해 간으로 가서 일반 순환회로로 들어간다.

16. 유지 산패의 요인
① 온도 ② 습기 ③ 광선(자외선) ④ 지방 분해효소 ⑤ 금속 촉매제(Cu, Fe) ⑥ 산소 ⑦ 산 ⑧ 세균(리파제를 분비하는 미생물)

18. 식용유지로서 갖추어야 할 특징은?

① 융점이 높을 것 ② 융점이 낮을 것

③ 불포화도가 낮을 것 ④ 불포화도, 융점 모두 높을 것

19. 다음 필수지방산에 대한 설명 중 맞는 것은?

① 올레산은 필수지방산 ② 필수지방산은 체내합성 된다.

③ 리놀레산은 필수지방산 ④ 리놀렌산은 불필수지방산

19. 필수지방산의 구조식에는 이중결합이 있으며 종류로는 리놀레산, 리놀렌산, 아라키돈산이 있다.

20. 다음 콜레스테롤의 설명 중 틀린 것은?(기출문제)

① 동맥경화증의 원인 물질이다. ② 담즙산의 전구체가 된다.

③ 탄수화물 종류 중 다당류이다. ④ V D_3의 전구체다.

21. 다음 소화액 중 소화효소가 없는 것은?

① 타액 ② 위액

③ 담즙 ④ 췌장

21. 간은 장관으로 담즙을 분비하는데 담즙이 있으면 지방에 대한 리파아제(lipase)의 작용이 보다 활발해져 소화와 흡수를 돕는다. 담즙은 큰 지방구를 작은 지방구로 분해시키는 기능을 가지고 있어 유화제의 역할을 한다.

22. 스테아르산(stearic acid)은 다음 중 어디에 속하는가?

① 필수지방산 ② 필수아미노산

③ 포화지방산 ④ 인지질

23. 다음 지질에 관한 사항 중 맞지 않는 것은?

① 지질은 단독으로 체내에서 산화되기 어렵다.

② 천연의 지방산은 C의 수가 거의 짝수이다.

③ 불포화 혹은 저급지방산을 많이 포함한 것은 융점이 낮다.

④ 세레브로시드(cerebroside)는 인지질이다.

23. 지질은 구조상 산소(O)가 적기 때문에 적당량의 글리세리드(glyceride)와 함께 산화되어야 한다. 그리고 천연 지방산은 C의 수가 거의 짝수이다. 세레브로시드는 당지질로서, 분자의 지방산과 스핑고신(sphingosine), 갈락토오스로 구성되어 있으며 뇌, 신경조직, 혈구 등에 존재한다.

24. 사용하고 남은 지방이 저장되는 장소가 아닌 곳은?

① 피하 ② 간

③ 근육 ④ 골수

24. 사용하고 남은 지방은 피하, 근육, 간, 복강 내에 저장된다.

25. 마요네즈는 유지의 어떤 성질을 이용한 것인가?

① 검화작용 ② 유화작용

③ 산화작용 ④ 환원작용

26. 다음 포화지방산 중 식품에 가장 흔히 함유되어 있는 것은?

① 라우르산과 부티르산 ② 팔미트산과 부티르산

③ 팔미트산과 스테아르산 ④ 올레산과 카프릴산

27. 다음 중 인지질에 속하는 것은?

① 리놀레산 ② 세팔린

③ 리놀렌산 ④ 글리세린

27. 인지질은 복합지질의 일종으로서 지방산과 알코올 외에

28. 다음 중 유지를 가장 많이 함유하고 있는 식품은?
① 옥수수기름 ② 된장
③ 버터 ④ 생선

29. 다음 중 체내에 있는 체지방의 기능이 아닌 것은?
① 지용성 비타민의 흡수를 돕는다. ② 열량원으로 쓰인다.
③ 장기를 보호한다. ④ 혈액순환을 돕는다.

30. 다음 중 세포 내에서 단백질이 합성될 수 있는 경우는?
① 필수아미노산의 하나가 부족할 때
② 모든 필수아미노산이 존재할 때
③ 모든 불필수 아미노산이 존재할 때
④ 질소섭취량이 질소배설량보다 많을 때

31. 다음의 자연식품 가운데 단백가가 100인 것은?
① 계란 ② 우유
③ 생선 ④ 밀

32. 다음 기능 중 단백질이 조절할 수 있는 것은?
① 체온 ② 수분평형
③ 비타민 합성 ④ 필수지방산의 체내기능

33. 체내의 질소평형 상태를 잘 설명한 것은?
① 질소섭취량＜질소배설량 ② 질소섭취량＞질소배설량
③ 질소섭취량＝질소배설량 ④ 성장기일 때

34. 한국 성인 남자의 단백질 권장량은?
① 60g ② 70g
③ 80g ④ 90g

35. 단순 단백질의 분류 중 알부민의 특성을 바르게 설명한 것은?(기출문제)
① 물과 묽은 염류 용액에 녹고 열과 알코올에 응고한다.
② 물에 불용성이며 묽은 염류 용액에는 가용성이고 열에 응고한다.
③ 중성용매에 불용성임 묽은 산과 염기성에 가용성이다.
④ 곡식 낟알에만 존재하며 글루텐이 대표적이다.

36. 다음중 식품과 이에 관련된 단백질의 연결이 틀린 것은?
① 콩—글리시닌 ② 우유—알부민
③ 밀—글루텐 ④ 옥수수—제인

인(P)을 함유한다. 동물장기의 지방질에 많으며 세포의 구성성분으로서 생리적으로 중요한 역할을 한다. 종류로는 레시틴, 세팔린, 스핑고미엘린 등이 있다.
28. 식물성 유지는 100% 기름이다. 그러나 버터는 약 80%의 지방과 20%의 수분을 함유하고 있다.
30. 세포 내에서는 8개의 필수아미노산 중에서 하나라도 부족하게 되면 체단백질합성이 일어나지 않는다. 즉 단백질은 8개의 필수아미노산이 모두 고르게 존재할 때만 체내에서 합성될 수 있다.
31. 단백가(protein value)란 가장 부족되는 아미노산량을 표준구성의 양으로 나누어 100을 곱한 것이다.
32. 단백질은 산과 염기를 중화시키는 완충제 역할을 할 뿐만 아니라 혈액단백질이 장으로부터 수분을 흡수하므로 체내 수분 평형을 유지하는 데에도 필요하다.
33. 질소평형이란 질소섭취량과 질소배설량이 같은 상태를 말하며 이로써 체조직이 유지된다.
34. 한국 FAO에서 결정한 것으로 20~49세의 성인 남자는 단백질 권장량이 70g이다.

37. 다음 중 펠라그라병 증세가 아닌 것은?
① 성장정지 ② 피부염
③ 설사 ④ 우울증

38. 필수 아미노산은 모두 몇 종류인가?
① 4종 ② 8종
③ 10종 ④ 12종

39. 사람에게 영양적인 가치는 적으나 변비를 막는 생리적인 작용이 있는 것은?
① 전분 ② 글리코겐
③ 섬유소 ④ 젤라틴

40. 착색효과와 영양강화 효과가 있는 것은?
① 비타민C ② 염소
③ 식용색소 2호 ④ 카로틴

41. 열량대사가 높아질수록 증가시켜서 섭취하여야 할 비타민류로만 짝지어진 것은?
① 비타민 A, B_1, B_2 ② 비타민 B_1, B_2, 니아신
③ 비타민 B_1, B_2, C ④ 비타민 B_2, B_6, 니아신

42. 리보플라빈이라고도 하며. 부족하면 입술이 트고 입 안에 염증이 생기게 되는 비타민은?
① A ② B_1
③ C ④ B_2

43. 췌장 호르몬인 인슐린과 가장 관계가 깊은 무기질은?
① 칼슘 ② 구리
③ 아연 ④ 요오드

44. 다음 무기질 중 뼈의 주성분은?
① 칼슘 ② 철
③ 염소 ④ 황

45. 황(S)의 기능이 아닌 것은?
① 세포단백질의 구성요소 ② 생체의 산화 및 환원작용
③ 해독작용 ④ 뇌, 치아의 형성

37. 펠라그라(pellagra)는 니아신 결핍증세로 일명 4Ds증상이라고 한다.
4Ds란 dermatitis(피부염), diarrher(설사), depression(우울증), death(사망)이다.

41. 열량대사(energy metabolism)에 꼭 필요한 비타민은 B_1, B_2, 니아신이다.

44. 뼈의 주성분은 칼슘과 인이다.

45. 황은 골격, 피부, 손톱, 머리털 등의 구성요소이며, 이것을 함유하는 조효(coenzyme)는 체내에 있어 산화, 환원 작용

46. 다음 무기질 중 부족시 갑상선 비대증과 관계 깊은 것은?
① 철 ② 구리
③ 요오드 ④ 불소

47. 다음 중 알칼리성 식품이 아닌 것은?(기출문제)
① 계란 ② 채소
③ 미역 ④ 과일

48. 다음 식품 중 100g당 열량을 가장 많이 내는 식품은?(기출문제)
① 탈지분유 ② 요구르트
③ 가공치즈 ④ 시유

49. 다음 중 칼슘 결핍증이 아닌 것은?
① 구루병 ② 골연화증
③ 골다공증 ④ 괴혈병

50. 기초대사량을 바르게 설명한 것은?
① 잠잘 때 소모되는 열량
② 안정된 자세로 정신운동을 할 때 필요한 열량
③ 혈액순환, 호흡작용 등 무의식적인 생리현상에 소모되는 열량
④ 하루에 소모되는 전체 열량

51. 식품에 들어있는 원소 중 산의 생성원소는?
① 인 ② 칼슘
③ 나트륨 ④ 칼륨

52. 다음 무기질 중 알칼리 생성원소가 아닌 것은?
① 염소 ② 나트륨
③ 마그네슘 ④ 칼슘

53. 비오틴(biotin)에 대해 잘못 말한 것은?
① 장내에서 세균에 의해 합성된다.
② 일명 항피부염인자 혹은 항난백성 피부장해인자이다.
③ 비오틴의 장내흡수를 방해하는 것은 아비딘(avidin)이다.
④ 결핍증은 사람에게 흔히 발생된다.

54. 다음 중 체내에서 합성되지 않는 영양소는?
① 지질 ② 비타민
③ 호르몬 ④ 글루코오스

에 필수적인 요소이다. 또한 페놀 (phe-nol)류 , 크 레 졸 (cresol)류 등과 결합하여 해독작용을 한다.

47. 알칼리성 식품은 무기질 중에서 마그네슘, 칼륨, 나트륨(채소, 과일 중에 존재), 칼슘(유즙), 철 등을 함유하며 산성식품은 인, 황(육류, 생선, 난류), 염소 인(곡류)등을 함유한다.

53. 아비딘은 당단백질의 일종. 비오틴은 장내 미생물에 의해 필요량 이상 합성되고 또 여러 식품에 흔히 함유되어 있으므로 인체에 결핍증이 나타나는 일은 거의 없다.

55. 다음 중 적혈구 조성과 관계 깊은 비타민은?

① 비타민 A ② 비타민 C
③ 비타민 B_{12} ④ 비타민 E

56. 다음 식품 중 체내에서 비타민 D가 될 수 있는 식품은?

① 완두콩 ② 버섯
③ 당근 ④ 오렌지

57. 리보플라빈(riboflavin)이 가장 많이 손실되는 곳은?

① 빛 ② 열
③ 산성 ④ 중성

58. 다음 중 기름의 산화방지와 관계 깊은 비타민은?

① 비타민 A ② 비타민 B_1
③ 비타민 C ④ 비타민 E

59. 카세인에 대한 설명 중 틀린 것은?(기출문제)

① 우유 단백질의 75~80%. ② 열에 굳는 성질은 적다.
③ 버터 향을 내는 성분. ④ 산에 응유한다.

60. 무기질의 영양상 기능이라 할 수 없는 것은?

① 체액의 완충작용 ② 효소의 작용을 촉진
③ 몸의 경조직 구성 ④ 열량급원이다.

61. 다음 중 기초대사에 속하지 않는 것은?

① 소화작용 ② 호흡작용
③ 배설작용 ④ 순환작용

62. 소장에서 흡수될 때 비타민 D와 같은 지용성 비타민은 어떤 영양소와 같은 경로를 통하여 흡수되는가?

① 당질 ② 지질
③ 단백질 ④ 무기질

63. 과잉 섭취된 나트륨이 배설되는 곳은?

① 땀, 대변 ② 대변, 혈액
③ 땀, 뇨 ④ 뇨, 혈액

64. 단백질 1% 증가에 따라 흡수율은 몇 % 증가하는가?(기출문제)

① 1 ② 2
③ 3 ④ 4

56. 에르고스테롤은 자외선 조사에 의해 비타민 D_2가 되는데 효모와 버섯에는 비타민 D_2가 많이 들어 있다.

57. 리보플라빈은 열, 산, 산화, 중성에는 안정되고 빛(자외선, 적외선)에는 파괴된다.

63. 사람은 땀을 흘릴 뿐 아니라 방뇨(放尿)도 하는데, 우리가 섭취하는 여분의 나트륨(Na, sodium)은 이 땀과 뇨를 통해서 배설된다.

65. 대장 내에서의 작용에 대해 잘못 말한 것은?
① 섬유소가 가수분해된다.
② 수분이 흡수된다.
③ 미생물의 번식이 왕성하여 내용물의 부패와 발효가 일어난다.
④ 소장에서 일어난 소화과정이 어느 정도 계속된다.

66. 아래의 당류 중 체내 흡수속도가 빠른 순서대로 옳게 나열한 것은?
① 포도당 → 과당 → 갈락토오스 → 만노오스
② 갈락토오스 → 포도당 → 과당 → 만노오스
③ 과당 → 포도당 → 만노오스 → 갈락토오스
④ 과당 → 갈락토오스 → 포도당 → 만노오스

67. 다음은 단당류의 흡수경로를 나타낸 것이다. 맞는 것은?
① 유미관 → 가슴관 → 대정맥 → 염통
② 유미관 → 문맥 → 대정맥 → 염통
③ 모세혈관 → 가슴관 → 대정맥 → 염통
④ 모세혈관 → 문맥 → 대정맥 → 염통

68. 다음 중 담즙산과 관계없는 것은?(기출문제)
① 간에서 합성된다. ② 소장에서 만들어진다.
③ 주로 탄수화물을 소화시킨다. ④ 황록색의 쓴맛나는 액체이다.

69. 다음 중 칼슘의 흡수를 저해시키는 물질은?
① 비타민 D ② 수산(oxalic acid)
③ 젖당(lactose) ④ 단백질

70. 지방의 소화흡수에 관한 설명 중 잘못된 것은?
① 위에서 정체하는 시간이 길다.
② 위에서 상당량이 분해된다.
③ 췌액 리파아제(lipase)에 의해 소장에서 95% 흡수된다.
④ 유화지방은 보통 유지보다 소화하기 쉽다.

71. 단백질 소화효소에 대한 설명으로 맞는 것은?
① 레닌(rennin)은 카세인을 응고시킨다.
② 위에는 단백질 소화효소가 없다.
③ 췌장에서 분비되는 트립시노겐은 활성물질이다.
④ 위액의 pH는 단백질 소화와 관계가 없다.

72. 전분이 체내에서 100kcal 연소하면 몇 g의 물이 생기는가?
① 10.3g ② 11.9g

65. 섬유소는 인체내 어느 곳에서도 가수분해되지 않는다.

66. 당질이 위장의 벽에서 흡수되는 속도는 많은 차이가 있다. 즉, 포도당의 흡수속도를 100이라 하면 갈락토오스는 110, 과당은 43, 만노오스는 19의 순이다.

67. 단당류의 흡수 경로
모세혈관→문맥→대정맥→염통

69. 칼슘의 흡수를 증진시키는 조건은 비타민 C와 D, 단백질, 젖(유당)의 존재와 소화기관의 산성환경, 칼슘의 필요성 증가시이다. 반면, 저하시키는 조건은 수산이나 피트산(phytic acid)의 존재시, 고지방식일 때, 운동부족, 소화기관의 운동 증가시, 불안한 심리상태 등이다.

70. 지방은 위에 오래 정체되어 유화하나 거의 흡수되지 않고 소장에서 췌액 리파아제(lipase)에 의해 분해되어 95%가 흡수된다. 유화지방(버터, 마요네즈)은 소화흡수율이 더욱 좋다.

71. 레닌은 카세인을 파라카세인으로 굳히는 응고효소이고 장에서 분비되는 트립시노겐은 불활성 물질이다. 단백질의 소화효소인 펩신의 작용 최적 pH는 2.0으로, pH 5 이상이면 작용하지 않고 pH 8 이상이면 곧 파괴된다.

③ 12.0g　　④ 13.9g

73. 다음 중 위에서 흡수가 가장 잘 되는 것은?
① 글루코오스　　② 프로테인
③ 알코올　　④ 염류

74. 위액에 존재하는 단백질 분해효소는?
① 펩신　　② 스테압신
③ 트립신　　④ 에렙신

75. 전분(starch)이 입에서 소화되는 형태는?
① 포도당　　② 덱스트린
③ 맥아당　　④ 젖(유)당

76. 요오드는 어떤 호르몬과 관계 있는가?
① 티록신　　② 인슐린
③ 아드레날린　　④ 카세인

77. 다음 중 영양소의 소화 흡수에 대한 설명으로 틀린 것은?
① 단백질의 소화 흡수는 1가지가 아닌 여러 가지 소화효소가 공동으로 작용하여 나타나는 현상이다.
② 담즙산은 자체에 소화작용이 없으나 지방을 유화하여 소화를 돕는다.
③ 영양소는 소화 흡수되면 문맥계 또는 임파계로 들어간다.
④ 소화액은 신경계의 지배를 받아 분비되고, 호르몬의 작용과는 관계가 없다.

78. 신체의 각 기관 중 위가 맡고 있는 역할로, 비중이 가장 작은 것은?
① 소화작용　　② 살균작용
③ 혼합작용　　④ 흡수작용

79. 위에서 살균작용이 일어났다면 다른 소화기관과 달리 위가 무엇을 갖고 있기 때문인가?
① 염산　　② 뮤신
③ 리파아제　　④ 담즙

80. 설탕을 넣고 우유로 반죽한 빵을 먹었다. 그 빵 속의 영양소 중 당질이 소화돼 완전 흡수되는 최종 산물은?(기출문제)
① 포도당, 락토오스　　② 포도당, 과당, 갈락토오스
③ 과당, 갈락토오스　　④ 포도당, 갈락토오스

72. 단백질 100kcal가 연소하면 10.3g의 물이 생기고 전분 100kcal가 연소하면 13.9g이, 지방 100kcal가 연소하면 11.9g이 생긴다. 3대 영양소의 평균은 12g 정도이다.

75. 전분이 소화되는 형태는 전분→덱스트린→맥아당→포도당이다.

77. 체내에서 소화효소가 작용하는 데 가장 많은 영향을 미치는 것은 산도(pH)이다. 위액은 산성이고, 장액은 약알칼리성이다. 당질 · 단백질 · 수용성 비타민은 문맥계로, 지방과 지용성 비타민은 임파계로 흡수된다.

78. 위에서 흡수되는 영양소는 알코올. 물은 대장에서, 그 밖의 영양소는 모두 소장에서 흡수된다.

79. 건강한 성인의 위액은 pH 1.5~2.0, 염산이 있어 강한 산성을 띤다.

80. 전분이 가수분해되면 포도당이 생기고 설탕이 분해되면 포도당과 과당, 우유(젖당)가 분해되면 포도당과 갈락토오스가 생긴다. 장벽을 통과할 수 있는 당류는 단당류이다.

81. 다음 중 당질에 대한 설명으로 틀린 것은?

① 혈당의 성분은 자당이다.

② 당질은 단당류의 형태로 흡수되고, 그 중 속도는 갈락토오스가 가장 빠르다.

③ 흡수된 포도당은 일부 간장이나 근육에 글리코겐의 형태로 저장되고, 일부는 지방이 되어 저장된다.

④ 간장에 저장된 글리코겐은 인체의 필요에 따라 포도당으로 분해되어 혈액 속을 흐른다.

82. 다음 중 간에 저장되는 당질의 형태는?

① 포도당 ② 갈락토오스
③ 과당 ④ 글리코겐

83. 당질을 많이 먹으면 비만증이 생기기 쉽다. 그 이유로 옳은 것은?

① 당질이 지방으로 변하여 저장되기 때문에

② 당질이 단백질로 변하여 저장되기 때문에

③ 당질이 아미노산으로 변하여 저장되기 때문에

④ 당질이 글리코겐으로 변하여 저장되기 때문에

84. 당질은 혈액 속에 어떤 형태로 존재하는가?

① 포도당 ② 글리코겐
③ 갈락토오스 ④ 젖당

85. 곡류가 에너지원으로 중요하게 여겨지는 이유와 가장 거리가 먼 것은? (기출문제)

① 재배가 용이하다.

② 다량의 전분함유로 단위g당 에너지 생산량이 가장 높다.

③ 소화흡수가 비교적 용이하다.

④ 주성분이 전분이며 다량 섭취가 가능하다.

86. 다음 중 지방에 대한 설명으로 틀린 것은?

① 지방은 단백질이나 당질보다 열량이 낮다.

② 위에서 유화지방이 된 뒤 소장으로 들어간다.

③ 지방은 거의 소장에서 흡수된다.

④ 담즙에 의해 유화지방이 되면 소화가 보다 쉬워진다.

87. 지방을 유화시켜 체내 흡수를 돕는 물질은 무엇인가?

① 리파아제 ② 스테압신
③ 담즙 ④ 펩신

81. 혈액 속에 있는 당은 포도당이다.
당류의 흡수속도는 갈락토오스→포도당→과당, 갈락토오스가 가장 빠르다.
글리코겐으로 합성되어 간장과 근육에 저장되고 남은 당질은 지방으로 바뀌어 저장된다. 간장 · 근육의 글리코겐은 다시 포도당으로 분해되는 상호 변환의 관계에 있다.

83. 당질의 섭취량이 신체의 소비량보다 크면, 초과량은 지방으로 바뀌어 저장된다. 그 지방의 형태는 팔미트산과 스테아르산이다.

86. 유화된 지방은 보통의 지방보다 소화하기 쉽다. 지방은 위에 오래 머물면서 유화되지만, 거의 흡수되지 않고 소장에서 흡수된다. 지방은 리파아제의 작용을 받아 완전히 또는 일부 가수분해되어 흡수되기도 하고, 담즙산과 결합하여 수용성 물질이 되어 흡수된다.

87. 담즙 : 소화액 중의 하나. 소화효소를 갖고 있지 않아 영양소를 분해하지는 못하나, 지방을 작게 분해하는 유화기능이 있다. 그 결과 리파아제의 분해 소화작용이 활발해진다. 담즙은 간에서 만들어져 장관으로 분비된다.

88. 성인이 필요 이상으로 단백질을 섭취했을 때 일어나는 현상이 아닌 것은?
① 연소하여 에너지를 발생한다.
② 체내에 저장된다.
③ 아미노산의 형태로 소변을 통해 배설된다.
④ 소화되지 않아 대변으로 배설된다.

89. 다음 중 비타민 A의 흡수에 대한 설명으로 틀린 것은?
① 소장 융모의 모세혈관을 통해 흡수된다.
② 담즙의 도움을 받지 않아도 흡수된다.
③ 소장의 상부와 중부에서 많이 흡수된다.
④ 지방과 함께 먹으면 흡수율이 높아진다.

90. 과잉섭취로 인해 과잉증을 나타낼 수 있는 비타민은?
① 비타민 D ② 비타민 C
③ 비타민 B_{12} ④ 니아신

91. 다음 중 칼슘대사에 대한 설명으로 틀린 것은?
① 비타민 D는 칼슘의 흡수를 높인다.
② 칼슘은 체액을 약산성으로 유지시켜준다.
③ 식품 속에 옥살산이 많으면 칼슘의 이용률이 나쁘다.
④ 고지방 식품을 많이 먹으면 칼슘의 흡수율이 떨어진다.

92. 근육노동이 심할 때 오줌 속에 배설량이 많아지는 영양소는?
① 칼륨 ② 마그네슘
③ 비타민 C ④ 비타민 B_1

93. 다음 중 성인의 하루 열량 소요량의 원천이 되지 않는 것은?
① 기초 신진대사 ② 활동대사
③ 특이동적 작용 대사 ④ 성장 발육을 위한 대사

94. 다음 중 에너지대사율과 관계가 깊은 것은?
① 1일 소비열량 ② 특이동적 작용
③ 기초대사량 ④ 활동대사

95. 다음 중 영양섭취를 많이 해야 할 청소년 시기로 옳은 것은?
① 남 13~15세, 여 13~15세 ② 남 13~15세, 여 16~19세
③ 남 16~19세, 여 10~12세 ④ 남 16~19세, 여 16~19세

88. 건강한 사람은 단백질의 흡수량과 배설량이 같다. 섭취한 단백질 중 소화흡수되지 않은 것은 대변을 통해 배설되고, 한 번 체내에 흡수되어 사용되었던 것은 소변을 통해 배설된다. 필요 이상 섭취된 단백질은 연소하여 열(에너지)을 발생한다.
89. 비타민 A는 지용성 물질이므로 임파관을 통해 흡수된다. 담즙산이 있으면 흡수가 촉진된다.

91. 칼슘의 흡수를 촉진하는 비타민은 비타민 D. 이것이 부족하면 식품 속의 칼슘이 체내에서 이용되지 않아 뼈가 제대로 합성되지 않는다. 반면 옥살산(수산)은 흡수를 방해한다. 칼슘은 일부 소변으로, 일부 대변으로 배설된다.
92. 칼륨(K)은 완충작용뿐만 아니라 근육의 이완을 촉진시킨다. 근육노동에 쓰인 칼륨은 배설된다.
93~94. 소요량:사람이 건강을 유지하고 더 나아가 영양을 높이기 위한 필요량을 기준으로 하여 열량원과 여러 영양소의 표준량을 정한것.
필요량:사람이 하루에 필요한 생리적 영양소의 최소량.
활동대사 : 근육활동이 포함된다.
특이동적 작용 : 음식물을 소화 흡수하고, 영양소가 복잡한 화학반응을 일으키는 과정. 이러한 대사과정 때문에 에너지대사량이 증가한다.

96. 우리나라의 기초 식품 5군 중에서 제2식품군에 속하는 것은?(기출문제)

① 당질 ② 칼슘
③ 단백질 ④ 무기질

97. 노동하는 동안의 에너지대사와 가장 깊은 관계가 있는 무기질은?

① 칼슘 ② 칼륨
③ 철 ④ 나트륨

97. 노동을 하면 할수록 땀을 흘리게 된다. 땀과 함께 소금기(염분)가 많이 빠져나온다. 그러므로 노동하는 동안과 그 뒤에 신체는 소금기를 필요로 한다.

98. 우유의 조성성분 중 탄수화물 5%, 단백질 4.5%, 지방 4%일때 우유 100g의 열량은?

① 7.4㎉ ② 7.6㎉
③ 74㎉ ④ 76㎉

99. 다음 중 필수 지방산의 결핍 증세는?

① 신경통 ② 안질
③ 피부병 ④ 각막염

100. 흰쥐에게 영양소인 제인을 먹였더니 체중이 감소했다. 다음 필수 아미노산 중 어느 것을 섭취하여야 하나?

① 발린 ② 트립토판
③ 루이신 ④ 메티오닌

정답

1 ②	2 ②	3 ④	4 ②	5 ①	6 ④	7 ①	8 ④	9 ①	10 ③
11 ④	12 ②	13 ③	14 ②	15 ①	16 ②	17 ④	18 ②	19 ③	20 ②
21 ③	22 ③	23 ④	24 ④	25 ②	26 ③	27 ②	28 ①	29 ④	30 ②
31 ①	32 ②	33 ③	34 ②	35 ①	36 ②	37 ①	38 ②	39 ③	40 ④
41 ②	42 ④	43 ③	44 ①	45 ④	46 ③	47 ①	48 ③	49 ④	50 ③
51 ①	52 ①	53 ④	54 ②	55 ③	56 ②	57 ①	58 ④	59 ③	60 ④
61 ①	62 ②	63 ③	64 ②	65 ①	66 ②	67 ④	68 ③	69 ②	70 ②
71 ①	72 ④	73 ③	74 ①	75 ②	76 ①	77 ④	78 ④	79 ①	80 ②
81 ①	82 ④	83 ①	84 ①	85 ②	86 ①	87 ③	88 ②	89 ①	90 ①
91 ②	92 ①	93 ④	94 ①	95 ④	96 ②	97 ④	98 ③	99 ③	100 ②

제6장 식품위생

제1절 식품위생 개요

◇◇ 보충설명 ◇◇

1. 식품위생이란

식품위생법 제2조 제8항에 따르면 '식품위생이라 함은 식품, 첨가물, 기구 또는 용기 · 포장을 대상으로 하는 음식에 관한 위생을 말한다' 고 규정되어 있다.

따라서 식품위생 행정의 목적은 이러한 식품위생법에 기초하여 사람이 섭취하는 음식물은 물론 이와 관련된 식기, 기구 등에 의해 일어나는 여러 가지 건강상의 위해(危害)를 미리 방지하여 건강을 유지하고 안전한 식생활을 도모하기 위한 것이다.

2. 식품위생 행정의 실천 방안

① 식품의 부패, 변패, 유해물질의 함유를 방지한다.

② 미생물에 의한 식품의 오염을 방지한다.

③ 위생상 필요한 식품의 품질과 성분 규격을 정하고 표시한다.

④ 식품취급시설의 위생 및 취급자의 위생문제 · 교육을 감시한다.

참고

유해식품의 생성 요인

〈자연적 요인〉

① 식품 자체의 유독 물질 : 동물성 자연독, 식물성 자연독

② 생물에 의한 오염 : 기생충, 병원 미생물, 기타 생물

〈인위적 요인〉

① 제조 · 가공 중에 첨가 또는 생성되는 물질 : 유해 첨기물, 포장 용출물

② 환경 오염 : 수질 오염, 토양 오염, 대기 오염

☞ WHO(세계보건기구)의 정의 '식품의 생육, 생산, 제조에서부터 최종적으로 소비자에게 섭취되기까지의 전 과정에 걸친 식품의 안정성, 보존성, 악화 방지를 위한 모든 수단' 을 식품위생이라 한다.(WHO 환경위생전문위원회, 1955)

☞ 식품위생의 목적-식품으로 인한 위생상의 위해를 방지하고 식품영양상의 질적 향상을 도모함으로써 국민보건의 향상과 증진에 기여함을 목적으로 한다.

기초력 확인문제

1〉 식품위생법상 사용되는 용어의 정의 중 '식품위생' 이라 함은 ( )을 대상으로 하는 음식에 관한 위생이다. 다음 중 ( )에 들어갈 수 없는 말은?
① 첨가물 ② 식품 ③ 용기 ④ 사람

2〉 다음 중 식품위생의 목적이라고 할 수 없는 내용은?
① 평균수명 연장 ② 식품 안정성 확보 ③ 전염병 예방 ④식생활 개선

답 1〉 ④ 2〉 ①

제2절 식품의 부패와 미생물

◇◇ 보충설명 ◇◇

1. 부패(putrefaction)란

단백질 식품이 미생물, 특히 혐기성 세균에 의해 분해되는 현상으로 무익(無益) 또는 유해하게 되는 경우를 말한다. 반대로 유익하게 되는 상태를 발효(fermentation)라 한다.

변패(deterioratation)란 단백질 이외의 성분을 갖는 식품이 변질되는 현상이다.

산패(rancidity)란 유지나 유지식품이 보존 · 조리 · 가공중에 변하여 불쾌한 냄새나 맛, 색, 점성 증가 등의 변화가 생겨 품질이 낮아지는 현상이다.

(1) 식품의 부패과정

단백질(protein) → 펩톤(peptone) → 폴리펩티드(polypeptide) → 아미노산(amino acid) → 황화수소(H_2S) 가스, 암모니아(NH_3) 가스, 아민(amine), 메탄(methane) 생성.

(2) 부패에 영향을 주는 요소

온도, 수분 함량, 습도, 산소, 열이다.

(3) 부패 방지법

크게 물리적 방법과 화학적 방법 두 가지로 나눌 수 있다.

1) 물리적 방법

① 냉장 · 냉동법

미생물의 발육조건인 수분, 온도, 영양 중에서 온도를 낮춤으로써 발육을 억제시키는 방법이다. 미생물은 일반적으로 10℃ 이하에서 번식이 억제, -5℃ 이하에서 번식이 불가능해진다. 이러한 원리에 따라 보존할 수 있는 방법은 냉장, 냉동, 움저장이 있다.

☞ 식품의 부패란 단백질을 주성분으로 하는 식품이 혐기성 세균의 번식에 의해 분해를 일으켜 아미노산이 생성되고 아민, 암모니아 등이 만들어지면서 악취를 내고 유해성 물질이 생성되는 현상을 말한다.

☞ 발효란 식품에 미생물이 번식하여 식품의 성질이 변화를 일으키는 현상이다. 빵, 술, 간장, 된장 등은 모두 발효를 이용한 것이다.

☞ 식품의 부패조건은 적당한 온도, 습도, 수분 등.

☞ 냉장(cold storage)이란 식품의 단기 저장에 널리 이용되는 것으로, 0~10℃의 저장을 말한다. 식품을 냉장고에 저장할 때 냉장고내의 온도는 대략 5℃가 되도록 하는 것이 좋다.

ㄱ. 냉장법 : 0~10℃(평균 5℃)의 저온에서 식품을 한정된 기간 동안 신선한 상태로 보존할 수 있는 방법. 채소, 과일류가 해당된다.

ㄴ. 냉동법 : 0℃ 이하에서 동결시켜 식품을 보존하는 방법. 육류, 어류 등이 여기에 해당된다. 특히 -20℃ 이하에선 장기간 어패류를 저장할 수 있다.

ㄷ. 움저장법 : 10℃ 전후에서 움 속에 저장하는 방법이다. 감자, 고구마 등의 채소, 과일류가 여기에 해당한다.

② 건조법

일반적으로 세균은 수분 15% 이하에서는 번식하지 못하므로 이러한 원리에 따라 식품을 보존할 수 있는 방법이 건조법이다.

ㄱ. 열풍건조법 : 가열한 공기를 식품 표면에 보내서 수분을 증발시키는 방법이다. 일광건조법에 비해 단시간에 끝나고 품질의 변화가 적으나 경비가 많이 든다. 육류, 난류가 여기에 해당한다.

ㄴ. 일광건조법 : 주로 농산물, 해산물 건조에 많이 이용되는 방법이다. 품질이 저하된다는 점과 넓은 면적이 필요하다는 것이 단점이다. 어류, 패류, 김, 오징어 등.

ㄷ. 고온건조법 : 90℃ 이상의 고온으로 건조·보존하는 방법이다. 산화·퇴색한다는 것이 단점이다.

ㄹ. 배건법 : 직접 불에 가열하여 건조시키는 방법이다. 보리차가 여기에 해당한다.

ㅁ. 동결건조법 : 냉동시켜 진공상태로 만들어 건조시키는 방법으로 한천, 당면 등이 여기에 속한다.

ㅂ. 직화건조법 : 차, 잎 등이 여기에 속한다.

ㅅ. 분무건조법 : 액체 상태의 식품을 건조실 안으로 안개처럼 분무하면서 건조시키는 방법이다. 분유가 여기에 속한다.

ㅇ. 감압건조법 : 감압저온으로 건조시키는 방법으로 건조채소가 여기에 해당한다.

③ 가열살균법

☞ 가열살균법은 미생물을 열처리하여 사멸시킨 후 밀봉하여 보존하는 방법이다. 영양소 파괴가 우려되나 보존성이 좋다.

ㄱ. 저온살균법 : 61~65℃에서 30분간 가열한 다음 급랭시키는 방법이다. 우유, 술, 과즙, 소스 등의 액체식품을 살균시킬 때 이용된다.

ㄴ. 고온살균법 : 95~120℃ 정도로 30분~1시간 동안 가열하여 살균하는 방법이다. 통조림 살균법에 주로 이용된다.

ㄷ. 초고온 순간살균법 : 130~140°C에서 2초간 가열 후 급랭시키는 방법이다. 우유, 과즙 등에 이용된다.

ㄹ. 초음파 가열살균법 : 초음파로 단시간 처리하는 방법이다. 식품의 품질과 영양가를 유지할 수 있다.

④ 자외선 및 방사선 살균법

음료수 살균에 적합한 자외선 살균법과 곡류, 축산, 청과물 등에 이용되는 방사선 살균법이 있다. 식품 품질에 영향을 미치지 않는 이점이 있으나 식품 내부까지 살균할 수 없는 단점이 있다. 이 둘을 합하여 조사(照射) 살균법이라고도 한다.

2) 화학적 방법

① 염장법 : 식품을 소금에 절여 삼투압을 이용, 탈수 건조시켜 저장하는 방법. 해산물, 채소, 육류 등의 저장에 이용된다. 이때 소금의 농도는 10% 이상이 되어야 한다.

② 당장법 : 50% 이상의 설탕액에 담가 삼투압을 이용, 부패세균의 생육을 억제하는 저장법. 과일류, 젤리, 잼, 가당연유 등의 보존법으로 적당하다.

③ 초절임법 : 산저장법이라고도 한다. 식품을 식초산(아세트산)이나 구연산, 젖산을 이용하여 저장하는 방법. 유기산이 무기산보다 미생물 번식 억제 효과가 크다. 일반적으로 3~4%의 식초산이 함유된 식초가 사용된다.

④ 훈연법 : 햄, 소시지 같은 육질식품에 활엽수를 태워서 나는 연기와 함께 알데히드, 페놀 등의 살균물질을 침투시켜 저장하는 방법이다.

⑤ 가스저장법 : 식품을 탄산가스나 질소가스 속에 넣어 보관하는 방법으로 호흡작용을 억제하여 호기성 부패세균의 번식을 저지하는 방법이다. 과일이나 채소에 이용한다.

⑥ 방부제 첨가 : 식품에 존재하는 미생물의 증식을 억제하기 위해 약제를 첨가하는 방법. 현재 방부제로 지정된 품목은 14종이다.

☞ 소금을 좋아하는 호염성 균을 제외한 일반적인 미생물은 10% 정도의 소금 농도에서도 발육이 억제된다.

2. 미생물이란

대부분 단세포 또는 균사로 이루어진, 육안으로 식별이 불가능할 정도의 작은 생물을 가리킨다. 경우에 따라 식품의 제조, 가공에 이용되기도 하지만, 식품의 변질, 부패, 식중독, 전염병의 원인이 되기도 한다.

(1) 미생물의 종류

1) 세균류(Bacteria)

① 바실루스(bacillus)속(屬) : 그람 양성의 호기성 간균. 아포를 형성하며 열 저항성이 강하다. 탄수화물과 단백질 분해작용을 갖는 부패 세균으로, 토양 등 자연계에 널리 분포한다. 빵의 점조성 원인이 되는 로프균이 이에 속한다.

② 슈도모나스(pseudomonas)속 : 그람 음성, 무아포, 호기성 간균. 담수, 해양, 토양 등에 널리 분포한다. 단백질, 유지를 분해하고 대부분 비병원으로, 저온에서도 증식한다. 열에 약하나, 방부제, 항생 물질에 강한 저항력을 갖는다.

☞ 세균은 형태에 따라 구균, 간균, 나선균 등으로 나뉜다. 다세포 생물과 동일한 일반 구조와 편모, 아포, 협막 등 단세포 생물에서 볼 수 있는 특수 구조가 있다. 2분법으로 증식하고 세균성 식중독, 경구 전염병, 부패의 원인이 된다.

· 간균 : 막대 모양 또는 타원형의 균
· 구균 : 구상(球狀)으로 된 세균
· 나선균 : 나사꼴의 형태를 가진 세균

③ 비브리오(vibrio)속 : 그람 음성의 무아포, 혐기성 간균. 콜레라균, 장염 비브리오균이 이에 속한다.

④ 미크로코커스(micrococcus)속 : 그람 양성의 무아포, 호기성 구균. 물, 토양 등 자연계에 널리 분포한다. 단백질 분해력이 강하며 비수용성 색소를 생산한다.

⑤ 세라티아(serratia)속 : 붉은 색소를 생성하는 그람 음성의 무아포 균. 장내 세균과에 속하며 단백질 분해력이 강하다.

⑥ 프로테우스(proteus)속 : 장내 세균과에 속하는 그람 음성의 호기성 간균. 요소 분해작용과 단백질 분해작용이 강하다. 토양, 물, 식품 등에 널리 분포한다.

⑦ 에세리키아(escherichia)속 : 그람 음성의 간균으로, 장내 세균과의 속한다.

⑧ 락토바실루스(lactobacillus)속 : 그람 양성의 간균. 당류를 발효시켜 젖산을 생성하므로 잣산균이라고도 한다. 치즈나 젖산 음료의 발효균으로 이용된다.

⑨ 클로스트리디움(clostridium)속 : 그람 양성의 간균. 내열성 아포를 갖는 혐기성 균이다. 토양, 하수 등에 존재하며 부패 활성이 매우 높다. 육류 및 그 가공품, 어패류, 통조림 등을 오염시킨다.

2) 진균류(True fungi)

① 곰팡이(mold) : 사상(絲狀)으로 되어 있으며 진균독증을 일으킬 수 있다. 식품의 제조와 변질에 관여한다.

ㄱ. 누룩곰팡이(aspergillus)속 : 양주, 탁주, 된장, 간장의 제조에 이용된다.

ㄴ. 푸른곰팡이(penicillium)속 : 치즈, 버터, 통조림, 야채, 과실 등의 변패를 일으킨다. 식품에서 흔히 발견되는 불완전균류이다.

ㄷ. 솜털곰팡이(mucor)속 : 전분의 당화, 치즈의 숙성 등에 이용되나, 과실 등의 변패를 일으키기도 한다.

ㄹ. 거미줄곰팡이(rhizopus)속 : 과일, 채소, 빵 등의 변패에 관여한다. 이른바 빵 곰팡이도 이에 속한다.

② 효모(yeast) : 진균류 중 자낭균류, 담자균류, 불완전균류에 속하는 미생물이다. 형태는 구형, 타원형, 난형 등이 있으며, 포자를 형성하는 것과 형성하지 않는 것이 있다. 빵, 술 등 식품의 제조와 변질에 관여한다. 병원성을 갖는 것은 드물다.

③ 리케차(rickettsia) : 세균과 바이러스 중간에 속하는 미생물. 구형, 간형 등의 형태를 가지고 있다. 2분법으로 증식하며 운동성이 없고 살아있는 세포 속에서만 증식한다. 발진열, 발진티푸스의 병원체이지만 식품과는 큰 관계가 없다.

☞ 미크로코커스속은 단백질 분해성 세균으로 병원성은 없다.

☞ 대장균군이 이에 속한다. 대장균군은 분변 오염의 지표로 쓰이며 식중독을 일으킬 수도 있다.

☞ 곰팡이 : 균류 중 진균에 속하는 조균류, 자낭균류, 불완전균류 가운데 균사를 형성하는 미생물을 가리킨다.

☞ 누룩곰팡이속은 식품에서 가장 보편적으로 발견되는 곰팡이로, 전분 당화력과 단백질 분해력이 강하다.

☞ 효모는 곰팡이와 마찬가지로 분류학상의 명칭은 아니다. 이는 부풀어 오른다는 뜻에서 유래된 명칭이다.

④ 스피로헤타(spirochaeta) : 나선형의 간균으로 운동성을 갖는다. 식품과는 관계가 없으나 매독균, 재귀열, 서교증, 와일씨병의 병원체이다.

⑤ 바이러스(virus) : 초미생물군에 속하며 천연두, 인플루엔자, 일본뇌염, 광견병, 소아마비 등의 병원체이다. 구형, 간형, 올챙이형 등 여러 가지 형태가 있다.

⑥ 조류(algae) : 단세포 또는 다세포로 되어 있으며 인체에 대한 병원성은 없다. 형태는 군체를 이루어 사상(絲狀)으로 된 것이 많다.

⑦ 원생동물(protazoa) : 단세포로 된 하등동물. 세포기관이 발달되어 있으며 병원성을 지니는 것도 있다.

참고

미생물 발육 조건

① 영양소 - 탄소원(탄산가스, 유당 등), 질소원(질산염, 아미노산 등), 무기염류(인, 유황 등), 생육소(비타민 등) 등의 영양소가 충분히 공급되어야 한다.

② 수분 - 몸체를 구성하고 생리기능을 조절한다. 건조상태에서는 생명유지는 가능하나, 발육, 번식이 불가능하다. 미생물에 따라 다르나 보통 40% 이상의 수분이 필요하다.

③ 온도 - 미생물의 종류에 따라 발육, 번식이 가능한 온도가 다르다. 일반적으로 0°C 이하와 80°C 이상에서는 번식하지 못한다. 고온보다는 저온에서 저항력이 강하나, 아포는 열에 강하다.

ㄱ. 저온균 : 0~25°C(최적 온도 10~20°C)

ㄴ. 중온균 : 15~55°C(최적온도 25~37°C)

ㄷ. 고온균 : 40~70°C(최적온도 50~60°C)

④ 최적 pH
- 약산성 : pH 4.0~6.0(곰팡이, 효모)
- 중성 · 약알칼리성 : pH 6.5~7.5(세균)

⑤ 산소
- 호기성 세균 : 산소 공급이 있어야 증식 가능.
- 혐기성 세균 : 산소가 없어도 증식 가능.

기초력 확인문제

1〉 식품의 부패가 잘 일어나는 환경조건은?

① 바람이 잘 부는 곳　② 탄산가스가 많은 곳
③ 온도가 5℃ 이하인 곳　④ 적당한 수분이 있는 곳

2〉 식품이 부패했다는 것은 주로 무엇의 변질을 뜻하는가?

① 탄수화물　② 지방　③ 단백질　④ 무기질

답 1〉 ④　2〉 ③

3〉 미생물에 의해 주로 단백질이 변화되어 악취유해물을 생성하는 현상은?(기출문제)

① 발효 ② 부패 ③ 변패 ④ 산패

4〉 세균이 수분 15% 이하에서 번식하지 못하는 원리를 이용한 식품 보존법은?

① 건조법 ② 움저장법 ③ 냉동법 ④ 냉장법

5〉 식품을 저장할 때 냉장고의 온도는 어느 정도가 좋은가?

① 0℃ ② -5℃ 이하 ③ 5℃ 전후 ④ 10℃ 전후

6〉 과일류의 보존법으로 적당한 방법은?

① 건조법 ② 당장법 ③ 염장법 ④ 초절임법

7〉 식품의 저온살균온도로 적당한 것은?(기출문제)

① 20~30°C ② 60~70°C ③ 100~110°C ④ 130~140°C

8〉 음식물 보관법으로 적당치 않은 것은?(기출문제)

① 미생물이 번식하지 않게 말려서 보관 ② 끓인 후 상온에 보관

③ 살균하여 진공 포장 ④ 냉동 보관

답 3〉 ② 4〉 ① 5〉 ③ 6〉 ② 7〉 ② 8〉 ②

제3절 소독과 살균

◇◇ 보충설명 ◇◇

1. 소독(disinfection)이란

물리 또는 화학적인 방법으로 병원균만을 사멸시키는 일을 말한다. 즉이 말은 병원균을 대상으로 병원 미생물을 죽이거나 병원 미생물의 병원성을 약화시켜 감염을 약화시키되, 비병원성 미생물은 남아 있어도 무방하다는 뜻이다.

소독제로 쓰일 약품은 ① 살균력이 있어야 하고 ② 부식성과 표백성이 없어야 하며 ③ 잘 녹고 사용법이 간단하고, 안전해야 하며 ④ 경제적이어야 한다.

☞ 소독 : 비교적 약한 살균력을 작용시켜 병원 미생물의 생활력을 파괴하며 감염의 위험성을 없애는 것이다. 소독으로 포자(세포)는 죽이지 못한다.

2. 살균(sterilization)이란

미생물에 물리 · 화학적 자극을 주어 이를 단시간내에 사멸시키는 일을 말한다. 특히 완전한 무균상태가 되도록 하는 일을 가리킨다.

☞ 살균 : 모든 미생물을 사멸시키는 일.

3. 방부(antiseptic)란

미생물의 번식으로 인한 식품의 부패를 방지하는 방법으로서 미생물의 증식을 정지시키는 일을 가리킨다.

4. 소독 · 살균법

(1) 물리적 방법

1) 자외선 살균법—일광 또는 자외선 살균등(殺菌燈)을 이용하여 살균하는 방법.
2) 방사선 살균법—식품에 코발트 60등의 방사선을 조사(照射)하여 균을 죽이는 방법.
3) 세균 여과법—미생물이 통과할 수 없는 여과기에 음료수, 액체식품 등을 통과시켜 균을 제거하는 방법. 바이러스는 걸러지지 않는 것이 단점이다.
4) 소각 멸균법—불에 타며 재사용하지 않는 물건을 대상으로 물건과 이에 오염된 미생물을 동시에 소각하는 방법.
5) 화염 멸균법—도자기 등 불에 타지 않는 물체를 알코올 램프나 분젠 버너의 불꽃에 20초 이상 넣어 미생물을 죽이는 방법.
6) 건열 멸균법—건열멸균기(드라이 오븐)에 넣고 150~160°C에서 30~60분간 가열하는 방법. 유리 기구 등의 소독에 이용된다.
7) 유통 증기 멸균법—100°C의 유통하는 증기 중에서 30~60분간 가열하는 방법. 기구 소독에 쓰인다.
8) 간헐 멸균법—100°C의 유통하는 증기 중에서 15~20분간 가열하는 조작을 24시간마다 3회 연속 되풀이하는 방법.
9) 고압 증기 멸균법—고압증기멸균솥(오토클레이브)을 이용하여 121°C에서 15~20분간 살균하는 방법. 멸균 효과가 좋아 미생물뿐 아니라 아포까지 죽일 수 있으며 통조림 등의 살균에 이용된다.
10) 열탕 소독법(자비멸균법)—끓는 물(100°C)에 넣어 10~30분간 가열하는 방법. 금속, 식기, 행주 등에 이용된다.

(2) 화학적 방법

1) 염소(Cl_2)—상수원(수돗물) 소독에 이용한다. 잔류 염소량은 0.1~0.2ppm이 되어야 한다. 자극성, 금속 부식성이 있다.
2) 치아염소산 나트륨(NaClO)—음료수, 기구, 설비 등에 50~100ppm 용액을 5~10분간 처리한다.
3) 표백분—50~200ppm 용액을 손, 음료수, 식품, 기구 등의 소독에 이용한다. 소독, 방취, 표백 작용이 있다.
4) 석탄산(페놀)용액—3~5% 수용액을 기구, 손, 의류, 오물 등의 소독에 사용한다. 염산이나 식염을 가하면 효과가 상승한다.

☞ 자외선 살균력은 2537Å(2500~2800Å)의 파장일 때 가장 효과적.

☞ 간헐멸균법은 아포를 형성하는 내열성균을 죽이는데 효과적이다.

☞ 금속의 부식 방지를 위해 1% 정도의 탄산나트륨을 넣는다.

☞ 석탄산 용액은 순수하고 살균력이 안정되어 다른 소독

5) 역성비누—원액을 200~400배로 희석하여 손, 식품, 기구 등에 사용한다. 무독성이며 살균력이 강하나, 보통 비누와 섞어서 쓰거나 유기물(단백질)이 존재하면 효과가 떨어진다.

6) 과산화수소—3% 수용액을 피부, 상처 소독에 사용한다.

7) 알코올—70% 수용액을 금속, 유리 기구, 손 소독 등에 사용한다. 살균력이 가장 강하다.

8) 에칠렌옥사이드(기체)—공기 1 l 당 450mg의 가스를 식품 포장내에 훈증한다.

9) 0.1% 승홍수—비금속 기구의 소독에 이용한다.

10) 크레졸 비누액—50% 비누액에 1~3% 수용액을 섞어 오물 소독, 손 소독 등에 사용한다. 피부 자극은 비교적 약하지만 소독력은 석탄산보다 강하며 냄새도 강하다.

11) 생석회—오물 소독에 가장 우선적으로 사용한다.

12) 포르말린—30~40% 수용액을 오물 소독 등에 이용한다.

제의 살균력 표시 기준으로 쓰인다.

☞ 승홍(mercury dichloride)은 0.1%의 수용액을 사용하며, 주로 손소독에 사용한다. 그러나 금속 부식성이 있으므로 주의가 필요하다. 정식 화학명칭은 염화제이수은.

☞ 알코올(alcohol)은 소독용으로 75% 메탄올을 사용하며 무포자균에 유효하다.

기초력 확인문제

1〉 소독이란?

① 모든 생물을 사멸시키는 것 ② 미생물을 사멸시키는 것
③ 물리 · 화학적인 방법으로 병원균만을 파괴시키는 것 ④ 오염물질을 깨끗이 없애는 것

2〉 식품 중 미생물의 번식으로 인한 부패 방지법으로서 미생물의 증식을 정지시키는 것은?

① 소독 ② 방부 ③ 살균 ④ 건조

3〉 단백질 변성에 의하여 살균작용이 나타나는 것이 아닌 것은?

① 포르말린 ② 승홍 ③ 알코올 ④ 과산화수소

4〉 세균의 최적 온도는?

① 28~40℃ ② 0~10℃ ③ 10~20℃ ④ 40~50℃

5〉 식기를 소독하기에 알맞은 소독액은?(기출문제)

① 30% 알코올 ② 역성비누 ③ 염소재 ④ 온수

6〉 다음은 소독제가 갖추어야 할 조건이다. 관계가 없는 것은?

① 부식성과 표백성이 없어야 한다. ② 살균력이 있어야 한다.
③ 용해도가 높아야 한다. ④ 석탄산 계수가 적어야 한다.

7〉 소독제로 사용하는 알코올 농도로 알맞은 것은?

① 60% ② 70% ③ 80% ④ 90%

답 1〉 ③ 2〉 ② 3〉 ④ 4〉 ① 5〉 ② 6〉 ④ 7〉 ②

제4절 기생충병과 전염병

1. 기생충병(parasitemia)이란

기생충이 인체와 다른 동물에 기생하여 일으키는 질병을 말한다. 대부분의 기생충병은 주로 음식물에 의해 입을 통하여 감염된다.

식품에 의한 기생충 감염은 다음과 같다.

(1) 채소류를 통해 감염되는 기생충

1) 회충—선충류 회충과에 속하는 인체 기생충. 채소를 통해 경구 감염된다. 주로 인분을 비료로 사용하던 우리나라 농촌에서 감염률이 높으며 분변의 회충수정란에 의해 전염된다. 회충란은 65℃, 10분 이상의 환경에서 사멸하지만, 저온, 건조, 약물에 대한 저항력이 강해 소독제로는 쉽게 죽지 않는다. 가장 효과적인 방법은 일광소독이다. 변소의 개량, 인분의 위생적 처리, 야채의 세척, 손의 청결 등으로 예방할 수 있다.

2) 십이지장충(구충)—회충란의 길이는 약 1cm. 식품이나 음료수를 통해 경구 감염되거나 손, 발을 통해 경피 감염된다. 채독벌레라고도 한다. 저항력이 회충란에 비해 약한 편이다.

3) 요충—길이 5~10mm 가량의 백색 선충. 산란 장소는 주로 숙주의 항문 주위로 손가락, 침구 등을 통해 감염되기 쉽다. 따라서 손, 항문 주위를 청결히 하고, 속옷과 침구를 소독한다.

4) 편충—길이 40mm 가량의 선충. 우리나라를 비롯하여 열대와 아열대 지방에서 특히 감염률이 높다.

(2) 어패류를 통해 감염되는 기생충

표로 나타내면 다음과 같다.

구분 \ 기생충병	간디스토마	폐디스토마	광절열두조충	유극악구충
제1 중간숙주	왜우렁이	다슬기	물벼룩	물벼룩
제2 중간숙주	담수어	민물게, 가재	연어, 농어, 숭어	가물치, 미꾸라지, 뱀장어

(3) 육류를 통해 감염되는 기생충

1) 민촌충(무구조충)—낭충을 갖는 소(중간숙주)의 고기를 날것으로 섭취하거나 덜익혀 먹었을 때 감염되기 쉽다. 따라서 충분히 가열 조리(71°C에서 5분이면 사멸)해 먹도록 한다.

2) 갈고리촌충(유구조충)—덜익힌 돼지(중간숙주) 고기를 섭취했을 때 감염되기 쉽다. 돼지고기 날것으로부터 감염되는 기생충에는 이외에도 선모충이 있다.

☞ 기생충 : 일시적 혹은 지속적으로 생체에 기생하며 숙주인 생체에서 영양을 섭취하여 생활하고 있는 동물류.

☞ 십이지장충의 예방법 : 인분의 위생적 처리, 야채 세척, 오염된 흙과의 접촉 금지

☞ 요충은 소장에서 부화하여 맹장 부근에서 자라서 야간에 항문 주위에 나와 산란한다.

☞ 편충의 예방은 회충과 같다.

☞ 감염 경로 : 유충 → 제1중간숙주 → 제2중간숙주 → 인체

☞ 예방법 :

· 간디스토마 : 담수어의 생식 금지, 인분의 위생적 처리

· 폐디스토마 : 게, 가재의 생식 금지. 충분히 가열 조리하고 게장을 담궜을 때는 익혀 먹는다.

2. 전염병(communicable diseases)이란

병의 근원이 되는 독이 전염되는 병을 가리킨다. 전염병은 물 · 공기의 오염, 모기 등 환경으로 인해 소수의 병원체로도 쉽게 감염되어 많은 사람에게 퍼져 옮는다.

(1) 법정전염병

- 제1종 : 콜레라, 장티푸스, 천연두, 발진티푸스, 파라티푸스, 세균성 이질, 디프테리아, 페스트, 황열 등 9종.
- 제2종 : 소아마비, 백일해, 홍역, 광견병, 말라리아, 발진열, 성홍열, 재귀열, 유행성 출혈열, 파상풍, 일본뇌염, 아메바성 이질, 수막구균성 수막염 등 14종.
- 제3종 : 결핵, 성병, 문둥병 등 3종.

(2) 인 · 축 공통 전염병

같은 병원체에 의해 사람과 가축에게 똑같이 발생하는 질병을 가리킨다. 대표적인 인 · 축 공통 전염병과 전염되는 가축을 표로 나타내보면 다음과 같다.

〈표〉 주요 인 · 축 공통 전염병과 전염 가축

전염병	가축
야토병	산토끼
탄 저	포유동물(소, 말, 돼지, 양)
결 핵	소, 양
돈단독	돼지, 소, 말, 양, 닭
리스테리아증	소, 말, 양, 염소, 돼지, 오리, 닭
파상열(브루셀라증)	소, 돼지, 개, 닭, 산양, 말
Q열	쥐, 소, 양, 염소

(3) 경구전염병

오염된 식품, 손, 물, 곤충, 식기류 등에 의해 세균이 입을 통하여(경구감염) 체내로 침입하는 소화기계 전염병이다. 이 경구전염병은 적은 양의 균으로도 감염이 잘 되며 2차 전염이 되는 경우가 많다는 점에서 세균성 식중독과 구별된다.

콜레라, 장티푸스, 파라티푸스, 성홍열, 디프테리아, 이질 등이 여기에 속한다.

· 광절 열두조충(긴촌충) : 반담수어, 담수어의 생식 금지.
· 유극악구충 : 제2중간숙주의 생식 금지.

☞ 전염병 발생의 3대 요소 : 병원체, 환경, 인간(숙주)

☞ 인 · 축 공통 전염병의 예방법
① 가축의 건강 관리 및 이환 동물의 조기 발견과 예방 접종
② 이환된 동물의 판매 및 수입 방지
③ 도살장이나 우유 처리장의 검사 철저

☞ 전염병의 감염 경로에 따른 분류
· 호흡기계 : 디프테리아, 폐렴, 백일해, 성홍열, 결핵 등.
· 소화기계 : 콜레라, 장티푸스, 파라티푸스, 이질 등.

전염병	병원체	감염 경로	잠복기	증상	예방
장티푸스	Salmonella typhi	환자, 보균자와의 직접 접촉, 식품을 매개로한 간접 접촉	7~14일	두통, 발열, 오한, 백혈구의 감소, 피부의 장미진, 식욕부진 등.	환자·보균자의 관리, 물, 음식물의 위생적 관리, 파리의 구제, 예방 접종 등.
파라티푸스	S.Paratyphi A, B, C	장티푸스와 유사	3~6일	장티푸스와 유사(단, 경과가 짧고 증상이 가볍다, 또한 치사율도 낮다)	장티푸스와 유사
콜레라	Vibrio cholera균	환자의 구토물과 환자, 보균자의 변에 오염된 식품, 음료수	10시간~5일	설사, 구토, 갈증, 체온 저하, 무뇨, 피부 건조, 근통	장티푸스와 유사
세균성 이질	Shigella속	환자·보균자의 변에 의한 오염된 물, 식품. 파리가 가장 큰 매개체	2~3일	오한, 발열, 구토, 설사, 하복통	장티푸스와 유사
디프테리아	Corynebacterium diphtheriae	환자나 보균자의 비·인후부의 분비물에 의한 비말 감염, 오염된 식품을 통한 경구 감염	2~5일	편도선 이상, 심장장해, 호흡 곤란, 발열(1~4세에 많이 나타남)	식품의 오염 방지, 환장나 보균자에의 접근 금지, 예방 접종
성홍열	A군 용혈성 연쇄상구균	환자·보균자와의 직접 접촉, 이들의 분비물에 오염된 식품	4~7일	발열, 두통, 인후통, 발진(6~7세에 많이 나타남)	환자의 식품 취급 금지, 예방 접종
급성회백수염(소아마비)	Poliomyelitis virus	감염자의 변이나 인후 분비물에 오염된 식품을 통한 경구 감염, 비말 감염	7~21일(보통12일)	구토, 두통, 사지 마비, 뇌 증상, 위장 증세(5세 이하에서 많이 나타남)	예방 접종
유행성 간염	간염 바이러스A	대변을 통한 경구 감염, 손에 의한 식품의 오염, 물의 오염	20~25일	발열, 두통, 복통, 식욕 부진, 황달	감염자의 식품 취급 금지, 식기와 기구의 소독, 예방 접종

기초력 확인문제

1〉 경구 전염병의 감염원 대책으로서 가장 중요한 것은?

① 환자의 조기발견 및 격리 ② 식기 소독
③ 파리 구제 ④ 예방주사 실시

2〉 회충이 사멸하기 가장 좋은 조건은?

① 다습 ② 저온 ③ 건조 ④ 일광

답 1〉 ① 2〉 ④

3〉 유구조충(갈고리촌충)과 무구조충(민촌충)의 감염 방지법은?

① 야채의 충분한 세척　② 어패류의 생식금지
③ 육류의 충분한 가열조리　④ 유제품의 냉장 보존

4〉 다음 중 파리가 옮기는 질병이 아닌 것은?

① 발진티푸스　② 파라티푸스　③ 장티푸스　④ 이질

5〉 다음 중에서 서로 관련이 없는 것끼리 연결된 것은?

① 탄저병—양, 소, 말　② 야토병—쥐
③ 돈단독—돼지　④ 결핵—소

6〉 다음 중 인 · 축 공통전염병은?

① 흑사병(페스트)　② 광견병(공수병)　③ 포충증　④ 유행이행증

7〉 다음 전염병 중 음식품을 매체로 전파되지 않는 것은?(기출문제)

① 이질　② 장티푸스　③ 콜레라　④ 광견병

답 3〉 ③　4〉 ①　5〉 ②　6〉 ②　7〉 ④

제5절 식중독

1. 식중독(food poisoning)이란

음식물 섭취로 인한 급성 또는 만성적인 질병을 가리킨다. 발병의 원인 물질에 따라 세균성 식중독, 자연독 식중독, 화학적 물질에 의한 식중독 등이 있다. 식중독은 일반적으로 자연유독물, 유해화학물질 또는 세균이 음식물에 첨가되고 오염되어 경구적으로 섭취하였을 때 일어나는 건강장애이다. 겨울철보다는 여름철에 세균성 식중독이 많이 일어난다. 세균이 증식하기에 알맞은 온도는 25~37℃.

2. 식중독의 분류 및 종류

(1) 세균성 식중독

병원균이 식품 속에 증식한 것을 먹고 발병하는 감염형 식중독과 균의 증식과정에서 생성된 독성물질을 먹고 발병하는 독소형 식중독으로 나뉘어진다. 그 분류를 살펴보면,

┌ 감염형 식중독 : 살모넬라 · 장염비브리오 · 병원성대장균 식중독
└ 독소형 식중독 : 웰치균 · 보툴리누스 · 포도상구균 식중독

〈세균에 의한 식중독〉

중 독 명	분 류	특 징
살모넬라 식중독	감염형	· 감염 급원—살모넬라균에 오염된 식품 섭취, 특히 파리와 쥐, 바퀴가 전파. · 원인 식품은 육류 및 그 가공품과 어패류 및 그 가공품, 우유 및 유제품, 알류 등. · 증세—24시간 이내에 발열 · 구토 · 복통 · 설사가 나타난다. 인축 공통으로 발병하며 발열이 특징이다. · 예방법—음식은 가열 섭취하고 식품보관장소에 방충 · 방서망 설치. · 치사율—1% 이하.
장염비브리오 식중독	감염형	· 원인 세균—호염성 비브리오균. 주로 어패류 생식에 의해 감염된다. · 잠복기간—10~18시간 · 증세—여름철에 집중 발생되는 식중독으로 설사와 구토, 발열, 복통 증세를 나타낸다. · 예방법—열에 약한 특징을 이용해 식품을 가열 처리하고 조리도구는 소독한다.
병원성대장균 식중독	감염형	· 원인균—병원성 대장균. · 원인 식품은 병원성 대장균에 오염된 모든 식품, 우유, 치즈, 햄, 두부 등. · 잠복기간—10~24시간. · 증세—설사, 발열, 복통, 두통. · 예방법—식품의 가열 조리, 기구 소독, 보균자에 의한 식품 오염과 식품 저장에 주의.
웰치균 식중독	독소형	· 독소—엔테로톡신(enterotoxin) · 원인 식품은 어패류 및 육류와 그 가공품. · 잠복기간—8~20시간 · 증세—심한 설사, 복통. · 예방법—혐기성, 내열성이므로 조리 후 급랭, 저온보존한다.
보툴리누스 식중독	독소형	· 원인균—A, B, E, F형 보툴리누스균. · 독소—신경독인 뉴로톡신(neurotoxin). · 원인 식품—완전 가열 살균되지 않은 통조림(특히 육류 통조림, 소시지, 햄 등). · 감염 경로—입을 통해 뇌를 침범하여 언어장애, 호흡곤란 유발. · 치사율—64~68%. 식중독 중에서 가장 높다. · 증세—신경마비, 시력장애, 동공확대.
포도상구균 식중독	독소형	· 원인균—황색 포도상구균. · 독소—장관독인 엔테로톡신(enterotoxin). 이것은 내열성이 있어 열에 쉽게 파괴되지 않는다. · 원인 식품 —우유 및 유제품, 떡 빵, 과자류 등. · 잠복기간—감염형 식중독에 비해 훨씬 짧다. 1~6시간(평균 3시간) · 증세—구토, 복통, 설사 등. · 예방법—조리자의 화농성 염증(편도선염이나 손가락 염증)에 의해 감염되기 쉬우므로 손의 소독은 물론 식품의 냉장보존, 방충, 방서로써 예방한다. · 특징—우리나라에서 가장 많이 발생하며 잠복기가 가장 빠르다.

(2) 자연독 식중독

유독성 동·식물을 무독성으로 오인하거나 보통식품으로서 공급되어 오던 것이 계절이나 토양에 따라 유독성 물질을 함유하게 되는 경우, 그리고 특정한 장기나 기관에 유독성 물질이 함유되어 있을 경우에 식품을 섭취함으로써 발병한다.

〈자연독에 의한 식중독〉

분류	독 소 명	특 징
동물성 자연독	테트로도톡신 (tetrodotoxin)	· 복어의 맹독성 독소. 복어의 장기, 특히 산란기(겨울~봄) 직전의 난소와 고환에 많이 들어 있다. · 잠복기간—1~8시간. · 증세—지각 이상, 호흡 장애, 운동 장애 등. · 치사율—50~60%. 동물성 자연독 중 가장 치사율이 높다. 치사량은 3㎎.
	베네루핀 (venerupin)	· 모시조개, 굴 등 패류의 독소. · 증세—1~2일의 잠복기를 거쳐 전신 권태, 구토, 복통, 변비, 황달 등의 증세가 나타난다. 중증일 경우 의식 혼탁, 혈변, 토혈을 동반하며 10시간~7일 이내에 사망한다. · 치사율—44~50% 정도.
	삭시톡신 (saxitoxin)	· 섭조개, 대합조개의 독소. · 증세—30분~3시간 이내에 마비 증세. 복어 중독과 비슷하다. · 치사율—10% 정도.
식물성 자연독	무스카린 (muscarine)	· 버섯의 독소. · 증세—호흡 곤란 및 위장 장애, 복통 등.
	솔라닌 (solanine)	· 감자와 발아부위, 녹색부위에 들어 있는 독(毒) 성분으로 알칼로이드 배당체(配糖體)의 하나. 싹이 틀때 생성되는 독성물질이다. · 증세—중독증상으로 수시간 이내에 복통, 두통, 현기증, 위장 장애가 나타난다.
	고시폴 (gossypol)	· 면실유가 잘못 정제되었을 때 남아 중독을 일으키는 독성물질. · 증세—복통, 구토, 설사
	사포닌 (saponin)	· 두류, 나무의 종실, 인삼(도라지 뿌리)에 있는 독성분. · 증세—두류, 특히 팥을 삶을 때 생긴 거품은 설사를 유발한다.

이밖에도 식물성 자연독에는 다음과 같은 것들이 있다.

① 맥각 알칼로이드(맥각 alkaloid) : 맥각에 존재.

② 아미그다린(amygdalin) : 청매에 존재.

③ 테물린(temulin) : 독보리에 존재.

④ 시큐톡신(cicutoxin) : 독미나리에 존재.

⑤ 히오시아민(hyoscyamine) : 미치광이 풀에 존재.

⑥ 라이코린(lycorine) : 꽃무릇에 존재.

(3) 화학 물질에 의한 식중독

유독성 화학 물질을 함유한 식품을 섭취함으로써 일어나는 식중독이다.

1) 식품 첨가물, 즉 조미료나 착색제, 표백제, 보존료 등에 들어 있는 유해 첨가물 사용에 의한 식중독이다. 유해 첨가물은 다음 표와 같다.

〈표〉 유해 첨가물

표 백 제	롱가리트(rongalite), 삼영화질소
감 미 료	에틸렌 글리콜(ethylene glycol), 페릴라틴(peryllatine), 시클라메이트(cyclamate), 둘신(dulcin)
방 부 제	붕산, 불소화합물, 승홍, 포름알데히드, 페놀 및 그 유도체
착 색 료	아우라민(auramine), 로다민 B(rodamine B)
증 량 제	탄산칼슘, 탄산나트륨, 규산알루미늄, 규산마그네슘, 산성백토 등.

2) 유해 금속, 즉 비소, 납, 수은, 카드뮴, 구리, 주석, 아연, 안티몬 등에 의한 식중독이다.

① 비소 : 식품위생법상 허용치는 고체식품이 1.5ppm 이하, 액체식품이 0.3ppm 이하이다. 불순물로 식품에 혼입되는 경우가 많다, 구토, 위통, 경련 등을 일으키는 급싱 중독과 피부 발진, 간종창, 탈모 등을 일으키는 만성 중독이 있다.

② 납 : 도료, 안료, 농약, 납관 등에 의해 오염 · 축적된 것으로, 증상은 대부분 만성 중독이다. 피로, 소화기 장애, 지각 장애 등의 증상을 보인다.

③ 수은 : 유기수은에 오염된 해산물에 의한 중독으로, 병명은 미나마타병(水保病)이다. 급성 중독시 구토, 혈변을 일으키며, 만성 중독시에는 구내염, 설사, 신장 장애를 일으킨다.

④ 카드뮴 : 용기나 기구에 도금된 카드뮴 성분이 녹아 중독된다. 증상은 만성 중독으로 신장 장애, 골연화증이다. 병명은 이타이이타이병.

⑤ 구리 : 기구, 식기 등에 생긴 녹청에 의한 식중독이 많다. 중독되면 구토, 설사, 위통, 신장 및 간의 장애를 유발한다.

⑥ 아연 : 기구의 합금, 도금 재료로 쓰인다. 산성 식품에 의해 아연염이 된다. 또 가열하면 산화 아연이 되고, 위 속에서는 염화아연이 되어 중독을 일으킨다. 급성 중독시 복통, 설사, 구토, 경련 등을 일으킨다.

⑦ 아티몬 : 법랑, 도자기 등의 착색제이다. 중독 증상은 구토, 설사, 경련 등이다.

⑧ 주석 : 통조림관 내면의 도금 재료로 이용된다. 내용물에 질산이 존재하면 용출된다. 구토, 설사, 복통, 구역질, 권태감 등의 중독 증상을 보인다.

※ 유독성 금속 화합물에 의한 일반적인 식중독 증세로는 구토, 메스꺼움, 위통 등이 있다.

3) 기구, 용기, 포장에 의한 식중독이다. 합성수지 포장재를 사용할 경우 식품에 독성물질이 녹아 나올 수 있다. 따라서 포장지는 제조기준에 맞게 사용해야 한다. 또 식품의 가공, 조리 과정에서 유독물질이 생성되기도 한다.

4) 그외 농약류에 의한 중독으로 유기인제인 파라티온, 말라티온, 텝(TEPP)과, 유기염소제인 디디디(DDD), 디디티(DDT), 비에이치시(BHC)가 있다. 또한 비소화합물인 산성비산납, 비산칼슘 등이 있다.

3. 식중독 예방대책

(1) 예방 조치 사항

① 손 소독 및 몸의 청결

② 구충 · 구서 및 위생 해충의 서식 억제

③ 위장 장애자나 화농성 질환자 및 전염병 감염자의 식품 취급 금지

④ 세균 증식이 우려되는 식품의 냉장보관

⑤ 식품위생법의 규정 엄수

(2) 발생시 조치 사항

먼저 환자의 구호에 최선을 다한 다음 원인을 찾아 사고의 확대를 막아야 한다.

① 환자측 대책 : 위장 증세가 나타나면 즉시 진단을 받은 후 보건소에 신고할 뿐만 아니라 식중독의 원인 식품이나 분변 · 구토물 등의 정확한 상황을 제시한다.

② 보건당국의 대책 : 신속하게 행정계통을 밟아 상부에 보고하고 추정되는 원인 식품을 검사기관에 보내 과학적인 검사를 거쳐 국민에게 주지시킨다.

기초력 확인문제

1〉 다음 중 식중독의 원인이 되지 않는 것은?(기출문제)

① Pb ② Ca ③ Hg ④ Cd

2〉 식중독을 가장 많이 일으키는 미생물은?

① 곰팡이 ② 효모 ③ 세균 ④ 방선균

해설 세균 증식의 적정온도는 25~37℃이다.

3〉 세균성 식중독에 있어 연결이 잘못된 것은?

① 포도상구균 → 엔테로톡신

② 보툴리누스균 → 독소형 식중독

③ 살모넬라균 → 잠복기는 1~6시간

④ 장염비브리오균 → 3% 식염 농도에서 생육가능

4〉 다음 중 독소형 식중독에 속하는 것은?(기출문제)

① 병원성 대장균 ② 포도상구균 ③ 살모넬라균 ④ 장염비브리오균

5〉 세균성 식중독의 특징이 아닌 것은?

① 수인성(水因性) 전파는 드물다.

② 2차 감염이 잘 일어난다.

③ 잠복기가 짧다.

④ 경구 전염병보다 많은 양의 균으로 발병한다.

답 1〉 ② 2〉 ③ 3〉 ③ 4〉 ② 5〉 ②

6〉 처음 번식하여 음식물을 부패시켜 냄새를 내는 것은?
① 호기성 무포자균 ② 혐기성 무포자균
③ 혐기성 아포세균 ④ 호기성 아포세균

7〉 다음 중 감자(자연독)의 독성물질은?
① 무스카린(muscarine) ② 솔라닌
③ 에르고톡신 ④ 무스카린

8〉 다음 연결이 옳게 된 것은?
① 베네루핀—복어 ② 솔라닌—버섯
③ 에르고톡신—맥각 ④ 무스카린—감자

9〉 다음 중 일반적인 조리가열로 예방이 가장 어려운 식중독 관련균은?(기출문제)
① 살모넬라균 ② 포도상구균 ③ 병원성 대장균 ④ 장염비브리오균

10〉 다음 중 살모넬라 중독이 되는 음식은?
① 계란 ② 육 · 어패류 ③ 과일 ④ 곡류

11〉 버섯의 독소로 맞는 것은?(기출문제)
① 솔라닌 ② 무스카린 ③ 맥각 ④ 삭시톡신

12〉 다음 중 신경 친화성 식중독을 일으키는 것은?
① 보툴리누스균 ② 포도상구균 ③ 살모넬라균 ④ 대장균

13〉 다음 중 감염형 식중독에 속하는 것은?
① 포도상구균 ② 장염 비브리오균 ③ 보툴리누스균 ④ 솔라닌

14〉 미나마타병은 유해 금속류 중 어느 것에 의해 발생하는가?
① Hg ② Cu ③ Zn ④ Cd

15〉 다음 중 감염형 세균성 식중독에 속하는 것은?(기출문제)
① 파라디푸스 ② 보툴리누스균 ③ 포도상구균 ④ 장염비브리오균

16〉 독소형 식중독은 체외독소에 의하여 일어나게 된다. 보툴리누스 식중독균이 생성하는 독소는?(기출문제)
① 엔테로톡신 ② 엔토독신 ③ 뉴로톡신 ④ 트로도톡신

답 **6〉** ④ **7〉** ② **8〉** ③ **9〉** ② **10〉** ② **11〉** ② **12〉** ① **13〉** ② **14〉** ① **15〉** ④ **16〉** ③

제6절 식품첨가물

1. 식품첨가물(food additive)이란

식품위생법 제2조 제3항에 따르면 '첨가물이라 함은 식품을 제조, 가공 또는 보존함에 있어 식품에 첨가, 혼합, 침윤, 기타의 방법으로 사용되는 물질을 말한다' 라 규정되어 있다.

2. 사용 목적

① 식품의 외관을 만족시키고 기호성을 높이기 위해
② 식품의 변질, 변패를 방지하기 위해
③ 식품의 품질을 개량하여 저장성을 높이기 위해
④ 식품 제조에 사용하기 위해
⑤ 식품의 향과 풍미를 좋게 하고 영양을 강화하기 위해

3. 분류

위의 사용 목적에 따라 분류해 보면 다음 〈표 1〉과 같다.

〈표 1〉 식품 첨가물 사용 목적에 따른 분류 (1992년 12월 현재)

사용목적	종류	허용 품목수
관능을 만족시키는 첨가물	조미료	13
	감미료	5
	산미료	12
	착색료	21
	착향료	86
	발색제	3
	표백제	6
식품의 변질, 변패를 방지하는 첨가물	보존료	13
	살균제	4
	산화방지제	8
식품의 품질을 개량하고 유지하는 첨가물	품질개량제	10
	밀가루개량제	8
	호료·안정제	12
	유화제	9
	이형제	1
	피막제	2
	추출제	1
	용제	1
	품질유지제	1
식품 제조에 필요한 첨가물	식품제조용첨가제	35
	소포제	1
식품의 영양 강화에 사용하는 첨가물	강화제	64
기타	팽창제	10
	검기초세	3
계		329

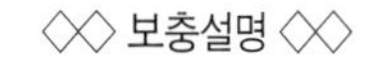

※ 식품첨가물 공전-나라에서 정한 식품첨가물의 기준과 규격을 수록한 것이다.

☞ 첨가물의 조건
· 변질 미생물에 대한 증식 억제 효과가 클 것.
· 미량으로도 효과가 클 것.
· 독성이 없거나 극히 적을 것.
· 무미, 무취이고 자극성이 없을 것.
· 공기 · 빛 · 열에 안정하고 pH에 의한 영향을 받지 않을 것.
· 사용하기 간편하고 값이 쌀 것.

☞ 판매 금지된 식품첨가물
① 부패, 변패되었거나 미숙한 것.
② 유해 또는 유독물질이 들어 있거나 부착된 것.
③ 불결하거나 이물이 혼입 또는 첨가된 것
④ 병원 미생물에 의해 오염된 것
⑤ 중요 성분 또는 영양성분의 전부나 일부가 감소되어 고유의 가치를 잃게 된 것.

☞ 식용색소의 조건
· 인체에 독성이 없을 것.
· 체내에 축적되지 않을 것.
· 미량으로도 효과가 있을 것.
· 물리 · 화학적 변화에 안정할 것.
· 식품첨가물 공전에 수록되어 있을 것.

4. 종류 및 용도

① 조미료 : 정미료, 식품의 조리시 맛난 맛을 내기 위해 사용한다.

② 감미료 : 식품의 조리, 가공시 단맛을 내기 위해 사용한다.

③ 산미료 : 식품의 조리, 가공시 신맛을 내기 위해 사용한다.

④ 착색료 : 캐러멜, β-카로틴, 타르색소 등. 식품의 조리, 가공중에 퇴색된 것을 아름답게 착색시켜 기호면에서 식욕을 촉진시키고 상품면에서 가치를 높이기 위해 사용한다.

⑤ 착향료 : C-멘톨, 계피알데히드, 벤질 알코올, 바닐린 등. 식품의 냄새를 강화 또는 변화시키거나 좋지 않는 냄새를 없애기 위해 사용한다.

⑥ 발색제 : 육류 발색제(아질산나트륨, 질산칼륨, 질산나트륨), 식물성 색소 발색제(황산제1철). 식품 중의 색소와 작용하여 이를 고정시켜 발색시키거나 발색을 촉진시킬 때 사용한다.

⑦ 표백제 : 과산화수소, 무수 아황산, 아황산나트륨 등. 식품 가공이나 제조시 일반색소 및 발색성 물질을 무색의 화합물로 변화시키고 식품의 보존 중에 일어나는 갈변, 착색 등의 변호를 억제하기 위해 사용한다.

⑧ 보존료(방부제) : 디하이드로아세트산, 프로피온산 칼슘, 프로피온산 나트륨, 소르브산, 안식향산(벤조산) 등. 미생물의 발육을 억제하는 정균작용과 미생물을 살균시키는 살균작용, 식품 또는 세균이 생산하는 효소작용을 억제한다.

⑨ 살균제 : 표백분, 차아염소산나트륨 등. 식품의 부패 원인균이나 병원균을 사멸시키기 위해 사용한다.

⑩ 산화방지제(항산화제) : 에르소르브산, 디부틸히드로옥시톨루엔 등. 식품의 산화 변질 현상을 방지할 목적으로 사용한다.(☞)

⑪ 품질개량제 : 스테아릴젖산칼슘, 피로인산나트륨, 폴리인산나트륨 등. 식품의 품질을 향상시키기 위하여 사용한다.

⑫ 밀가루 개량제 : 과황산암모늄, 브롬산칼륨, 과산화벤조일 등. 제분한 밀가루의 표백과 숙성을 위해 사용한다. 또한 제빵 저해 물질을 파괴시키고 장기간 저장중의 품질 변화를 억제하기 위해서도 사용한다.

⑬ 호료(증점제) : 카세인, 메틸셀룰로오스, 알긴산나트륨 등. 식품의 물성, 촉감을 향상시키기 위하여 사용한다.

⑭ 유화제 : 대두 인지질, 자당지방산 에스테르, 글리세린지방산 에스테르 등. 물고 기름처럼 서로 혼합이 잘 되지 않는 2종류의 액체 또는 고체를 액체에 분산시키기 위해 사용한다.

⑮ 이형제 : 초콜릿 세공시 초콜릿이 굳은 뒤에 틀에서 잘 떨어지도록 하기 위해 첨가한다. 허용되는 것은 유동 파라핀 1종뿐이다. 유동 파라핀의 빵속 최대 잔존 허용량은 0.1% 이하이다.

☞ 감미료를 사용할 때는 화학구조에 따라 생기는 독성에 주의해야 하므로 첨가물로 허용하는 감미료는 매우 적다(p.353의 〈표1〉 참고).

☞ 인공 감미료를 사용하는 이유는 값이 싸고, 당뇨병 환자나 비만 환자 등을 위해 무열량 감미료가 필요하기 때문. 인공 감미료에는 사카린 나트륨, 아스파탐 등이 있다.

☞보존료(방부제)의 구비조건

① 무미, 무취, 무색으로 식품과 화학반응을 하지 않아야 한다.

② 독성이 없거나 적어야 한다.

③ 식품의 변패 미생물에 대한 저지효과가 커야 한다.

④ 산, 알칼리에 안전해야 한다.

⑤ 적은 양으로도 효과가 있어야 한다.

⑥ 사용하기 쉬어야 한다.

☞방부제가 사용가능한 식품

① 디하이드로아세트산 : 치즈, 버터, 마가린

② 소르브산염 : 어육 연제품, 식육 제품, 된장, 고추장

③ 안식향산(벤조산)염:간장, 청량음료

④ 프로피온산 칼슘:빵류

⑤ 프로피온산 나트륨:과자류, 빵류

☞항산화제로는 비타민 E, BHA, BHT, 프로필갈레이트도 있다.

⑯ 피막제 : 과일, 야채의 신선도를 유지하기 위해 사용하는 첨가물. 몰포린 지방산염과 초산 비닐수지, 2가지가 있다.

⑰ 추출제 및 용제 : 추출제는 식용유지의 추출에 사용한다. 용제는 식품첨가물을 용해하여 식품에 균일하게 혼합하기 위하여 사용한다.

⑱ 식품 제조용 첨가제 : 수산화나트륨, 염산, 인산, 수산 등(이 외에도 여과 · 흡착 제거제로 규조토, 백도토, 탈크, 활성탄, 이온교환수지 등이 있다). 식품의 제조 · 가공공정에서 가수분해, 중화, 여과, 기타 물질의 제거를 목적으로 사용한다.

⑲ 소포제 : 규소수지. 식품의 제조과정에서 생기는 필요없는 거품을 제거할 목적으로 사용한다.

⑳ 강화제 : 비타민류, 무기염류, 아미노산류 등. 식품의 영양을 강화할 목적으로 사용한다.

㉑ 팽창제 : 명반, 소명반, 탄산암모늄, 염화암모늄, 탄산수소나트륨, 탄산마그네슘, 탄산수소암모늄 등. 빵, 과자 등을 부풀려 모양을 갖추기 위한 목적으로 사용한다.

㉒ 검기초제 : 아세트산비닐수지 등. 검의 제조에 사용한다.

☞이형제는 빵반죽이나 비스킷 반죽에도 사용한다.

〈표 2〉 허용 감미료의 사용기준

첨 가 물 명	사 용 기 준
사카린나트륨 (saccharin sodium)	식빵, 이유식, 흰설탕, 포도당, 물엿, 벌꿀 및 알사탕류에 사용해서는 안된다.
글리시리진산이나트륨 (disodium glycyrrhizinate) 글리시리진산삼나트륨 (trisodium glycyrrhizinate)	된장과 간장 이외의 식품에 사용해서는 안된다.
아스파탐(aspartame)	가열조리가 필요치 않은 식사대용 곡류 가공품(이유식 제외), 껌, 청량음료, 다류(茶類 : 분말 청량음료 포함), 아이스크림, 빙과(셔벗 포함), 잼, 주류, 분말 수프, 발효유, 식탁용 감미료 이외의 식품에 사용해서는 안된다.
스테비오시드 (stevioside)	식빵, 이유식, 흰설탕, 포도당, 물엿, 벌꿀, 알사탕, 우유 및 유제품에 사용해서는 안된다.

기초력 확인문제

1〉 식품첨가물의 조건으로서 적당치 않은 것은?

① 영양분이 많을수록 좋다.
② 사용이 간편해야 한다.
③ 미량으로 효과가 커야 한다.
④ 독성이 적어야 한다.

2〉 식품첨가물에 관한 설명 중 틀린 것은?(기출문제)

① 성분규격은 위생적인 품질을 확보하기 위한 것이다.
② 모든 품목은 사용대상 식품의 종류 및 사용량에 제한 받지 않는다.
③ 조금씩 사용하더라도 장기간 섭취할 경우 인체에 유해할 수도 있으므로 이에 유의하여야 한다.
④ 용도에 따라 보존료, 산화방지제 등이 있다.

3〉 빵에만 사용할 수 있도록 허용된 보존료는?

① 안식향(벤조)산
② 프로피온산나트륨
③ 몰식자산프로필
④ 소르브산

4〉 다음 중, 식품첨가물 가운데 착색료(색소)의 이상적인 조건이 되지 못하는 것은?

① 미량으로도 효과가 커야 한다.
② 물리 · 화학적 변화에 색소가 쉽게 분해되어야 한다.
③ 반드시 식품공전에 수록되어 있어야 한다.
④ 독성이 없어야 한다.

5〉 다음은 첨가물과 그 사용 목적을 짝지은 것이다. 표시가 잘못된 것은?

① 유동파라핀—이형제
② 글리세린—용제
③ 아세트산비닐수지—검기초제
④ 규소수지-피막제

6〉 식품에 영양을 더하기 위해 사용하는 첨가제는 무엇인가?

① 유화제
② 강화제
③ 숙성제
④ 개량제

7〉 유해 표백제로서 사용이 금지된 것은?

① 롱가리트
② 아황산나트륨
③ 차아황산나트륨
④ 과산화수소

8〉 식품의 부패를 방지하기 위해 취할 수 있는 방법으로 옳지 않은 것은?

① 냉동법
② 보존료 첨가
③ 자외선 쏘임
④ 표백제 첨가

답 1〉 ① 2〉 ② 3〉 ② 4〉 ② 5〉 ④ 6〉 ② 7〉 ① 8〉 ④

제7절 식품 위생 행정 및 법규

◇◇ 보충설명 ◇◇

1. 식품 위생 행정 기구 및 법 체계

(1) 행정기관

1) 중앙기구

① 보건복지부 건강정책국 : 공중위생과 국민 영양 관리를 입안하고 총괄 지휘한다.

② 국립보건원 : 보건 행정의 과학적 뒷받침을 하기 위한 중앙 검사 기관이다.

③ 식품의약품안전처 : 식품 위생에 관한 정책을 입안하고 업무를 총괄하며 지방의 행정 기구를 지휘, 감독하고 있다.

2) 지방 행정기구

① 특별시, 직할시, 도 : 보건복지국(보건위생과).

② 시, 군, 구 : 위생과 또는 내무과 위생계.

③ 위생과와 위생계는 위생 감시원이 배치되어 말단의 위생 행정업무를 담당하고 있다.

(2) 식품위생 법규

1) 식품위생법

제13장 102조의 조항과 부칙으로 이루어져 있다. 부속 법령으로는 식품위생법 시행령, 식품위생법 시행 규칙, 식품 등의 규격 및 기준, 식품위생종사자의 건강진단규칙이 있다.

2) 식품위생법의 주요 내용

식품 위생의 정의와 목적, 식품 등의 규격과 기준, 표시 기준, 제품 검사, 식품 위생 감시, 영업 허가, 건강 검진, 식품 위생 관리인, 식중독 보고, 기타 행정제재 등에 관한 내용이 담겨 있다.

2. 식품의 위생적 관리

(1) 식품 취급자의 위생 관리

1) 복장

① 복장은 항상 청결함을 유지한다.

② 위생모와 위생복을 착용한다.

③ 위생복을 착용하고 외출하는 것을 삼가한다.

2) 진단 · 감염예방

① 정기적으로 진단을 받는다.

② 정기적 또는 임시로 예방접종을 받는다.
③ 전염병이나 기생충 보균자는 작업해서는 안된다.
④ 피부병 · 화농 등이 있는 사람은 작업해서는 안된다.
⑤ 손을 청결히 하고, 손의 세척과 소독을 철저히 한다.
3) 기구 · 시설 사용
① 반드시 전용 화장실을 사용하며, 용변 후 손을 씻도록 한다.
② 식품 취급 기구가 입 · 귀 · 머리 등에 닿지 않도록 주의한다.
③ 작업장내에서는 금연, 잡담 금지를 엄수하도록 한다.
④ 관계자 외에는 작업장에 출입하지 않도록 한다.

(2) 기계 · 설비의 위생 관리
1) 작업장
① 식품 취급 장소인 만큼 항상 청결해야 한다.
② 작업에 필요한 기계나 설비 외에 세척시설과 폐기물 용기 등이 갖추어져 있어야 한다.
③ 적절한 실내온도와 조도를 유지한다.
④ 소독제, 자외선 살균기 등을 이용해 실내 공기가 오염되지 않도록 한다.
⑤ 구충 · 구서에 힘쓴다. 바퀴나 쥐 등에 의한 식품 오염을 방지한다.
2) 기계 · 기구
① 식품과 직접 접촉하는 것이므로 무해한 재질이어야 한다. 즉, 유독 물질을 용출하지 않고 식품 성분과 반응하지 않아야 한다.
② 이물질이 착 부착되지 않아야 한다. 부착되더라도 제거가 용이해야 한다.
③ 기구는 자주 살균, 세척해 항상 청결하게 관리해야 한다.
④ 기계는 작업과 청소가 쉽도록 배치한다.

☞ 소독시 다음 사항에 대하여는 고려하여 달리 실시한다.
① 소독대상물의 성질
② 질병의 전염 방법
③ 질병의 인체 침입 방법
④ 병원체의 저항력

3. HACCP와 제조물 책임법

(1) HACCP(Hazard Analysis and Critical Control Point)
① 의미 : 위해분석과 중요관리점이란 뜻으로 식품제조를 위한 위생관리 시스템
② 특징 : 여러 각도에서 위해(危害)를 분석하고 예측하여 결정적인 관리 포인트가 되는 단계를 관리하는 예방 중심의 시스템
③ HACCP 준비 5단계
· 해썹 팀 구성
· 제품설명서 작성
· 용도 확인

· 공정 흐름도 작성
· 공정 흐름도 현장 확인

④ HACCP 적용의 7원칙
· 위해요소분석
· 중요관리점(CCP) 결정
· CCP 한계 기준 설정
· CCP 모니터링 체계 확립
· 개선 조치 방법 수립
· 검증 절차 및 방법 수립
· 문서화, 기록유지 방법 설정

(2) 제조물 책임법(PL법)

① 목적

제조물 결함으로 인하여 발생한 손해에 대한 제조업자 등의 손해배상 책임을 규정함으로 피해자의 보호를 도모하고 국민 생활의 안전향상과 국민경제의 건전한 발전에 기여함

② 제조물 책임

제조물의 결함으로 인하여 생명, 신체 또는 재산에 손해를 입은 자에게 제조업자가 그 손해를 배상하여야 하는 책임

③ 예방
· 제조물 책임에 대한 인식 전환
· 전사적 대응체제 구축
· 제품안전 대책 마련

기초력 확인문제

1〉 다음은 식품감별법의 목적이다. 이 중 적합하지 못한 설명은?

① 식중독의 예방 ② 구성 영양성분 파악
③ 이물질, 유해물질 성분 검출 ④ 불량식품의 적발

2〉 다음 중 관능검사법이란?

① 외관적 관찰에 의한 검사 ② 생화학적 검사법 ③ 화학적 검사법 ④ 검정적 검사법

3〉 다음은 식품에 따른 감별법을 짝지은 것이다. 잘못 연결된 것은?

① 쌀—윤기가 나고 쌀냄새 외의 냄새가 나지 않는 것이 좋다.
② 밀가루—색이 흰 것일수록 좋다.
③ 야채 · 과일—형태가 잘 갖추어져 있는 것이 좋다.
④ 계란—물에 넣었을 때 수직으로 서는 것이 좋다.

4〉 다음 중 훈연법으로 저장할 수 있는 식품은?

① 채소 ② 과일 ③ 우유 ④ 육류 · 육제품

5〉 다음중 우유 감별을 바르게 말한 것은?

① 좋은 우유는 투명한 백색으로 냄새가 나지 않는다.
② 좋은 우유는 물 한 컵속에 한방울 떨어뜨렸을 때 아무 유동성이 없다.
③ 좋은 우유는 유백색으로 독특한 향기가 난다.
④ 좋은 우유는 그 중량이 물보다 가벼우며 불순물이 없다.

6〉 위생교육에 대한 설명 중 옳지 않은 것은?

① 식품접객업의 허가를 받거나 신고하고자 하는 자는 미리 위생교육을 받아야 한다.
② 식품위생관리인이 되고자 하는 자는 미리 위생교육을 받지 않아도 좋다.
③ 과자점 매장에서 판매하는데 종사하는 자는 위생교육을 받지 않아도 좋다.
④ 식품위생관리인을 두고 있는 영업에 종사하는 자는 위생교육을 받지 않아도 된다.

7〉 다음 중 건강진단을 받지 않아도 되는 사람은?

① 식품 및 그 첨가물을 채취, 제조, 가공, 조리, 저장, 운반 또는 판매하는 데 직접 종사하지 않는 자
② 완전포장된 식품 및 그 첨가물을 운반하는 데 종사하는 자
③ 완전포장된 식품 및 그 첨가물을 판매하는 데 종사하는 자
④ 이상 모두

8〉 다음 중 식품위생 행정의 최일선 담당 기관은 어디인가?

① 보건소 ② 구청이나 군청 ③ 도청이나 시청 ④ 보건연구원

해설 식품위생 행정 기관의 순서 : 보건복지부 → 특별시 · 직할시 · 도 → 시 · 군 · 구청

답 1〉 ② 2〉 ① 3〉 ④ 4〉 ④ 5〉 ③ 6〉 ③ 7〉 ④ 8〉 ②

단원종합문제

1. 식품위생법의 목적으로 가장 적합한 것은?
   ① 의약품으로 인한 사고 예방
   ② 식품으로 인한 위생상의 위해방지 및 영양의 질적 향상 도모
   ③ 식중독 발생 예방
   ④ 식품 및 의약품의 허가 관리

2. 미생물에 의해 주로 단백질이 변화되어 악취 유해물을 형성하는 현상은?(기출문제)
   ① 발효 ② 부패
   ③ 변패 ④ 산패

3. 식중독 세균이 가장 잘 자라는 온도는?
   ① 25~27℃ ② 37~45℃
   ③ 20~25℃ ④ 10~20℃

4. 대장균에 대한 설명으로 옳지 않은 것은?
   ① 젖당을 발효시킨다.
   ② 대장균은 사람(동물)의 분변을 통해서 나온다.
   ③ 대장균은 건조식품에는 존재하지 않는다.
   ④ 세균 오염의 지표가 된다.

5. 광절열두조충과 간디스토마의 감염원이 될 수 있는 식품은?
   ① 쇠고기 ② 민물고기
   ③ 채소 ④ 돼지고기

6. 다음은 세균성 식중독에 대한 특성을 설명한 것이다. 틀린것은?
   ① 미량의 균과 독소로는 발병되지 않는다.
   ② 2차 감염이 거의 일어나지 않는다.
   ③ 프토마인(ptomine)중독이라고 한다.
   ④ 원인식품의 섭취로 인해 발병된다.

7. 소독작용에서 좋은 조건이 아닌 것은?(기출문제)
   ① 접촉시간이 길수록 효과가 크다.
   ② 온도가 높을 수록 효과가 크다.
   ③ 농도가 짙을수록 효과가 크다.
   ④ 유기물이 많을 때 효과가 크다.

◇◇해 설◇◇

4. 식품이 분변에 오염되면 대장균이 나타나지만 모든 전염원이 되는 것은 아니다.
대장균:젖당 발효
그람음성*
세균오염 지표
통성호기성 혐기성균
*그람염색법:세포막에 염색액을 떨어뜨렸을 때 막을 통과하면 음성, 그렇지 않으면 양성으로 판정하는 방법.

5. 광절열두조충의 감염원은 연어와 농어이고, 간디스토마의 감염원은 붕어와 잉어이다.

6. 세균성 식중독의 특징은
① 균이 미량으로 나타나지 않는다.
② 식품에서 사람으로 최종 감염되며 2차감염은 거의 없다.
③ 균의 증식을 막으면 그 발생을 막을 수 있다.
④ 잠복기간이 비교적 짧다.
⑤ 수인성(水因性) 전파는 드물다.

8. 팽창제로 사용되는 식품 첨가물은?
① 중탄산나트륨, 탄산암모늄 ② BHA, BHT
③ 벤조산, 소르브산나트륨 ④ 사카린, 소르비톨

9. 다음 중 식품위생의 대상이 아닌 것은?
① 식품 ②첨가물
③ 식품 보존법 ④ 용기, 포장

10. 다음 중 산화방지제가 아닌 것은?
① B. H. T ② 비타민A
③ 세사몰 ④ B. H. A

11. 방충망으로 적당한 규격은?(1인치당)
① 5메쉬 ② 10메쉬
③ 20메쉬 ④ 30메쉬

12. 병원성 세균의 오염 지표균으로 알려져 있는 균은?
① 비브리오균 ② 이질균
③ 유산균 ④ 대장균

13. 병원성 세균이 아닌 것은?(기출문제)
① 장티푸스균 ② 젖산균
③ 결핵균 ④ 이질균

14. 대부분의 식중독 세균과 독소는 열에 약하므로 일단 고열로 구워낸 빵이나 과자는 웬만한 식중독에 안심할 수 있다. 그런 빵이나 과자에 식중독을 일으킬 수 있는 균은 다음 중 무엇인가?
① 포도상구균 ② 장염 비브리오균
③ 살모넬라균 ④ 병원성 대장균

15. 다음 조건을 충족시키는 것은?(기출문제)
조건 · 세균성 식중독, 감염형 · 60°C에서 20분 가열시 사멸 · 잠복기 : 12~24시간 · 생육 최적온도 37°C · 생육 최적 pH 7~8 · 고열(38~40°C), 설사
① 보툴리누스균 ② 웰치균
③ 살모넬라균 ④ 포도상구균

16. 아플라톡신은 무엇인가?
① 감자독 ② 효모독
③ 곰팡이독 ④ 세균독

8. BHA, BHT:산화방지제
벤조산, 소르브산나트륨:보존료
사카린, 소르비톨:감미료

10. 세사몰(sesamol) 참기름 속에 들어 있는 성분으로 산화방지 작용이 있다.

17. 다음 중 수질 오염에 의해 발생되는 공해병은 어느 것인가?

① 미나미타병 ② 규폐증
③ 열중증 ④ 잠함병

18. 음식물과 전혀 관계없는 기생충은?

① 회충 ② 사상충
③ 무구조충 ④ 광절열두조충

19. 다음 중 식품에 사용될 수 있는 살균제는?

① 승홍 수용액 ② 과산화수소 수용액
③ 포르말린 수용액 ④ 역성비누 수용액

20. 식품 변질의 원인이 될 수 없는 것은?

① 금속 ② 산소
③ 효소 ④ 압력

21. 식품위생 행정에 대한 실천방안 중 하나는?

① 식품의 부패, 변패, 유해물질의 함유를 방지한다.
② 국민 식생활의 안전을 도모한다.
③ 공중 위생의 증진을 홍보한다.
④ 식품제조 가공업을 육성시킨다.

22. 다음 중 식중독의 종류에 속하지 않는 것은?

① 세균성 식중독 ② 화학물질에 의한 식중독
③ 식물성 식중독 ④ 무기질에 의한 식중독

23. 다음 중 소독력이 없는 물질은?

① 중성세제 ② 석탄산(페놀)
③ 승홍액(염화 제이수은) ④ 역성비누

24. LD50의 값이 적다는 것은 무엇인가?(기출문제)

① 독성이 크다 ② 독성이 적다
③ 안정성이 크다 ④ 안정성이 적다

25. 다음 세균성 식중독 중 주로 해산 어패류가 원인식이 되어 급성 위장염 증상을 일으키는 것은?

① 포도상구균 식중독 ② 장염비브리오 식중독
③ 살모넬라 식중독 ④ 보툴리누스 식중독

17. 수질 오염에 의해 발생되는 공해병은 미나마타병(유기 수은), 이타이이타이병(카드뮴), 유증(PCB) 등이 있다.
18. 사상충은 모기에 의해서 매개된다.

19. 우리 나라에서 허용된 살균제로 차아염소산나트륨, 표백분, 고도표백분, 과산화수소 및 이염화이소시아뉴산나트륨 등이 있다.

24. LD50:독성검사 때 쥐에 투여하는 약의 독성을 나타내는 것. 그 값이 낮을수록 독성이 크다.

25. 비브리오균은 해수 세균의 일종으로 3% 정도의 염분이 있는 데서 가장 잘 살고 아포가 없는 간균이며, 편모를 하나 가지고 있다.

26. 다음 중 사용이 허가된 감미료는?

① 사이클라메이트(cyclamate) ② 둘신(dulcin)
③ 소르비톨(D-sorbitol) ④ 에틸렌(ethylene)

26. 허용된 감미료 : D-소르비톨, D-소르비톨액, 사카린나트륨, 글리시리진산이나트륨, 글리시리진산삼나트륨 등.

27. 우리 나라의 식품 첨가물 공전에 대한 올바른 설명은?

① 대한 약전의 원래 명칭이다.
② 나라에서 정한 식품첨가물의 기준과 규격을 수록한 것이다.
③ 식품 첨가물의 제조법을 기재한 것이다.
④ 외국에서 사용되고 있는 식품첨가물의 목록이다.

28. 포자를 형성하는 병원균의 소독법은?

① 증기가열법 ② 간헐살균법
③ 저온 살균법 ④ 일광소독

29. 다음 중 통조림 같은 밀봉식품이 부패하여 생기는 식중독은?

① 황색포도상구균 식중독 ② 보툴리누스 식중독
③ 장염 비브리오 식중독 ④ 웰치 식중독

29. 이 식중독의 치사율은 30~70%이다. 복통, 구토→복부 팽만감→언어 · 시력 장애를 일으키다가 호흡 · 중추마비로 이어져 사망할 수 있다.

30. 쇠고기를 가열하지 않고 섭취했을 때 감염될 수 있는 기생충은?

① 광절열두조충 ② 폐흡충
③ 유구조충 ④ 무구조충

30. 민촌충이라고도 한다.

31. 다음 기생충의 중간 숙주와의 연결이 틀린 것은?

① 회충, 구충-채소 ② 간디스토마-민물고기
③ 무구조충-소 ④ 유구조충-돼지

31. 회충 · 구충 · 편충 · 요충은 중간숙주가 없다. 이들의 매개식품은 채소.

32. 다음 중 에틸 알코올(ethyl alcohol)을 소독용으로 사용할 경우 몇 %가 가장 적당한가?

① 30~40% ② 40~50%
③ 50~60% ④ 70~75%

32. 70% 알코올이 살균력이 가장 강하다. 알코올은 손, 기구 소독에 사용된다.

33. 식품의 부패에 영향을 미치는 인자 중에서 비교적 거리가 먼 것은?

① 수분 함량 ② 보관 온도
③ 식품의 빛깔 ④ 산소

33. 식품의 부패에 영향을 미치는 인자는 영양소, 온도, 수소이온 농도(pH), 산소, 수분함량 등이다.

34. 부패 미생물의 발육을 저지하는 정균작용(bacteriostatic action) 및 살균작용(bacteriocidal action)에 연관된 효소작용을 억제하는 물질은 다음 중 무엇인가?

① 방부제 ② 소독제
③ 살균제 ④ 유화제

34. 효소작용을 억제하는 물질은 방부제이다.

35. 광절열두조충의 감염경로는?

① 다슬기-가재-폐　　② 짚신벌레-연어-소장
③ 왜우렁이-붕어-간　　④ 다슬기-은어-소장

35. 광절열두조충(긴촌충) : 충란→제1중간 숙주(짚신벌레)→제2중간 숙주(송어, 연어)→종숙주(인간)

36. 다음 중 이타이이타이병의 원인이 되는 물질은?

① 폴리염화비페닐(PCB)　　② 수은(Hg)
③ 카드뮴(Cd)　　④ 디디티(DDT)

36. 이타이이타이병의 급성증상은 구토 · 설사 · 복통 · 의식장애이고, 만성증상은 신장장애 · 골연화증 등이다.

37. 병원성 대장균의 설명으로 맞는 것은?(기출문제)

① 특히 잉어를 먹었을 때 감염되기 쉽다.
② 동물의 분변을 통해 나온다.
③ 화농성질환을 가진 사람으로부터 감염되어 독소형 식중독을 유발한다.
④ 알레르기성 식중독을 유발하는유일한 균이다.

38. 다음 식품 첨가물 중 보존료에 해당하는 것은?

① 아질산나트륨　　② 글루탐산나트륨
③ 피로인산나트륨　　④ 소르브산나트륨

38. 아질산나트륨 : 육류 발색제/글루탐산나트륨 : 조미료/피로인산나트륨 : 품질개량제.
※대표적 보존료 : 벤존산, 프로피온산, 소르브산.

39. 다음 식중독 중 조리사의 곪은 상처와 관계있는 것은?

① 비브리오 식중독　　② 살모넬라 식중독
③ 포도상구균 식중독　　④ 보툴리누스 식중독

40. 상수도 시설이 잘되면 발생이 크게 감소할 수 있는 전염병은 무엇인가?

① 발진열, 이질　　② 뇌염, 홍역
③ 장티푸스, 이질　　④ 디프테리아, 백일해

41. 복어 중독에 대한 다음 설명 중 옳지 않은 것은?

① 복어의 난소 · 간에 독성분이 가장 많다.
② 테트로도톡신이 주요 독성분이다.
③ 유독성분이라도 100℃에서 가열하면 파괴된다.
④ 식사 후 30분~5시간 뒤면 호흡 곤란, 운동장애가 나타난다.

41. 복어독은 106℃에서 4시간 가열해도 파괴되지 않는다.

42. 집단 감염이 가장 잘 되며 항문 주위의 가려움증을 일으키는 기생충병은?

① 회충　　② 요충
③ 십이지장충　　④ 간디스토마

42. 요충증의 감염과정 : 성숙충란→불결한 손 · 음식물→입→맹장. 맹장에서 발육한 성충이 항문을 기어다니며 가려움과 불쾌감을 준다.

43. 다음 중 분변 소독에 적합한 것은?

① 크레졸 ② 생석회
③ 표백분 ④ 과산화수소

43. 생석회(CaO)는 분변(변소) 소독에 이용되며 장시간 공기에 노출되면 살균력이 저하하나 결핵균, 포자형성균에 유효하다.

44. 식품의 부패방지와 모두 관계가 있는 사항은?

① 외관, 탈수, 소금 첨가 ② 냉장, 가열, 중량
③ 방사선, 조미료 첨가, 농축 ④ 자외선, 보존료 첨가, 냉동

45. 부패(putrefaction)에 관한 다음 설명 중 옳은 것은?

① 단백질 식품이 혐기성 상태에서 분해되는 현상
② 단백질 식품이 호기성 상태에서 분해되는 현상
③ 유지식품이 혐기성 상태에서 분해되는 현상
④ 탄수화물 식품이 호기성 상태에서 분해되는 현상

46. 승홍액 사용시 적당치 않은 용기는?

① 사기 ② 유리
③ 금속 ④ 나무

46. 승홍액은 철제소독을 할수 없다.

47. 다음중 시신경과 밀접한 관계가 있는 중독성분은?

① 청산 ② 메틸 알코올
③ 수은 ④ 파라티온

48. 다음 중 포도상구균의 독소인 엔테로톡신의 성질에 속하는 것은?

① 열에 약하다. ② 낮은 온도에서 잘 자란다.
③ 열에 강하다. ④ 수분없는 식품에서 잘 자란다.

48. 포도상구균:균체는 열에 약해 80℃에서 30분이면 사멸하지만, 독소인 엔테로톡신은 내열성으로 120℃에서 20분간 가열해도 완전히 파괴되지 않으며 라드 등의 기름을 써서 218~248℃에서 30분간 가열할 때 비로소 활성을 잃는다. 즉 가열 이전에 이미 식품에 균이 증식해 엔테로톡신이 증식한 경우에는 보통의 조리법으로서 이 독소를 파괴시킬 수 없다.

49. 식품 첨가물 공전은 누가 작성하는가?

① 서울 특별시장 ② 내무부장관
③ 시 · 도지사 ④ 보건복지부장관

50. 수분 10% 이하의 건조식품에 잘 번식하는 미생물은?

① 효모(Yeast) ② 바이러스(Virus)
③ 세균(Bacteria) ④ 곰팡이(Mold)

50. 생육에 필요한 수분량의 순서:곰팡이〈 효모〈 세균51. 일반 비누와 같이 역성비누를 사용하면 살균력이 없어진다.

51. 다음은 역성 비누에 대한 설명이다. 틀린 것은?

① 보통 비누에 비하여 세척력은 약하나 살균력이 강하다.
② 냄새가 없고 부식성이 없으므로 손, 식기, 도마에 사용한다.

③ 단백질이 있으면 효력이 떨어지므로 세제로 씻고 사용한다.
④ 보통 비누와 함께 사용하면 효력이 상승한다.

52. 탄수화물 식품의 고유 성분이 변화되는 현상을 무엇이라 하나?
① 변패　　② 부패
③ 변질　　④ 산패

53. 채소류의 기생충 잎을 제거하는 방법으로 알맞은 것은?
① 중성세제 사용　　② 오존 소독
③ 자외선 소독　　④ 석탄산수 소독

54. 다음 첨가물의 종류와 용도가 알맞게 짝지어진 것은?
① 착향료—젖산
② 감미료—D-소르비톨
③ 보존료—벤질 알코올
④ 발색제—식용색소 황색 4호

55. 여름철에 음식을 먹고 4시간 후에 설사 · 구토증세를 나타냈다. 어떤 균에 의한 것인가?
① 살모넬라균　　② 웰치균
③ 포도상구균　　④ 보툴리누스균

56. 생유의 미생물 오염에 대한 변화가 잘못 된 것은?(기출문제)
① 대장균 오염이 있으면 거품을 일으키며 이상응고가 나타난다.
② 단백질 분해균 중 일부는 우유를 점질화시키거나 쓴맛을 주는 것도 있다.
③ 생유 중에 생성균은 산도 상승의 원인이 되며 신선도 저하를 시킨다.
④ 냉장 중에는 우유의 변패를 일으키는 미생물이 증식하지 못한다.

57. 식품 첨가물에 대한 설명 중 옳지 않은 것은?
① 화학 합성품은 허가 없이 사용할 수 없다.
② 천연물은 불순하나 위험성은 적다.
③ 화학적 합성품에 대한 규제가 더 엄중하다.
④ 천연물보다 화학 합성품이 안정하다.

58. 미생물 중 고온균이 활동하기에 가장 좋은 범위는?
① 50~60℃　　② 70~80℃
③ 82~89℃　　④ 90~105℃

52.단백질 성분 변화 : 부패
단백질 외 성분 변화 : 변패
유지류의 변화 : 산패

54. 젖산은 산미료, D-소르비톨은 감미료, 벤질 알코올은 착향료, 식용색소 황색 4호는 착색료이다.

55. 각 세균의 잠복기
- 살모넬라균 12~24시간
- 웰치균 8~20시간
- 포도상구균 1~6시간
- 보툴리누스균 12~18시간

59. 일반적으로 식품의 저온 살균온도로 적합한 것은?(기출문제)

① 60~65°C, 30분 ② 70~75°C, 30분

③ 80~90°C, 60분 ④ 120°C, 15초

60. 아플라톡신과 관계가 깊은 것은?(기출문제)

① 감자독 ② 효모독

③ 세균독 ④ 곰팡이독

61. 당장법에서 설탕의 농도는 얼마 이상이어야 하는가?

① 20% ② 30%

③ 40% ④ 50%

62. 다음 중 미생물이 존재하지 않아도 일어날 수 있는 현상은?

① 부패 ② 산패

③ 변패 ④ 발효

63. 식품 중에 자연적으로 생성되는 천연유독성분에 대한 설명이 잘못된 것은?(기출문제)

① 아몬드, 살구, 복숭아 등의 씨에는 아미그달린이라는 천연의 유독성분이 존재한다.

② 천연유독성분 중에는 사람에게 발암성, 돌연변이, 기형유발성, 알레르기성, 영양장애 및 급성 증 등을 일으키는 것이 있다.

③ 유독성분의 생성량은 동·식물체가 생육하는 계절과 환경 등에 따라 영향을 받는다.

④ 천연의 유독성분들은 모두 열에 불안정하여 100°C로 가열하면 독성이 분해되므로 인체에 무해하다.

64. 다음 중 바닷물에 들어 있는 미생물은 무엇인가?

① 보툴리누스 ② 비브리오

③ 바실루스 ④ 살모넬라

65. 폐 디스토마의 제1 중간숙주는?(기출문제)

① 돼지고기 ② 소고기

③ 참붕어 ④ 다슬기

66. 살모넬라균에 대한 설명으로 맞지 않는 것은?

① 그람 양성 간균 ② 60℃에서 20분만에 사멸

③ 최적 온도는 37℃ ④ 급성 위장염 일으킴

67. 다음 관계 중 틀린 것은?

① 글루탐산 나트륨-조미료 ② 찹쌀의 끈기-아밀로펙틴

③ 고구마의 황색-카로틴 ④ 소맥분의 제빵성-레시틴

68. 다음 중 식품첨가물의 사용목적이 아닌 것은?

① 외관을 좋게 한다. ② 향기와 풍미를 좋게한다.

③ 영양물질로 사용한다. ④ 저장성을 높인다.

69. 다음 중 경구전염병이 아닌 것은?

① 맥각중독 ② 이질

③ 장티푸스 ④ 콜레라

70. 다음 중 인 · 축 공동 전염병은?

① 이질 ② 장티푸스

③ 탄저병 ④ 콜레라

71. 대표적 독소형 세균성 식중독은?(기출문제)

① 살모넬라 ② 아리조나

③ 포도상구균 ④ 장염비브리오균

72. 면실유가 잘못 정제되었을 때 남아 중독을 일으키는 독성물질은?

① 맥각 ② 솔라닌

③ 고시풀 ④ 테트로도톡신

73. 핑크색 합성색소로서 유해 감미료는?

① 아우라민 ② P-니트로아닐린

③ 로라민B ④ 룰신

74. 다음 중 성질이 다른 세균형태는?(기출문제)

① 사상균 ② 간균

③ 구균 ④ 나선균

75. 과산화수소수의 사용 목적은?

① 표백제 ② 살충제

③ 살균제 ④ 방부제

76. 다음 중 세균 발육에 적당한 조건은?

① 수분, 영양소　　② 영양소, 온도

③ 수분, 영양소, 온도, 산소　　④ 수분, 영양소, 온도, 산소, pH

77. 발효와 부패의 구별은?

① 먹을 수 있다 / 없다.

② 향이 있다 / 없다.

③ 맛이 있다 / 없다.

④ 수분이 있다 / 없다.

78. 밀가루와 비슷하게 생겨 섭취시 화학성 식중독이 발생하는 것은?(기출문제)

① 납　　② 수은

③ 비소　　④ 구리

79. 포장 후 화학적 식중독이 감염되는 용기로 유해하지 않은 것은?

① 형광물질이 함유된 종이물질　　② 착색된 비닐 포장재

③ 페놀수지 제품　　④ 알루미늄박 제품

80. 다음 중 HACCP 적용의 7가지 원칙에 해당하지 않는 것은?

① 위해요소분석　　② HACCP 팀 구성

③ 한계 기준 설정　　④ 기록 유지 및 문서 관리

정답

1 ②	2 ②	3 ①	4 ③	5 ②	6 ③	7 ④	8 ①	9 ③	10 ②
11 ④	12 ④	13 ②	14 ①	15 ③	16 ③	17 ①	18 ②	19 ②	20 ④
21 ①	22 ④	23 ①	24 ①	25 ②	26 ③	27 ②	28 ③	29 ②	30 ④
31 ①	32 ④	33 ③	34 ①	35 ②	36 ③	37 ②	38 ④	39 ③	40 ③
41 ③	42 ②	43 ②	44 ④	45 ①	46 ③	47 ②	48 ③	49 ④	50 ④
51 ④	52 ①	53 ①	54 ②	55 ③	56 ④	57 ④	58 ①	59 ①	60 ④
61 ④	62 ②	63 ④	64 ②	65 ④	66 ①	67 ④	68 ③	69 ①	70 ③
71 ③	72 ③	73 ④	74 ①	75 ③	76 ④	77 ①	78 ③	79 ④	80 ②

제빵기능사 실기품목

1 식빵(비상스트레이트법) p.370

2 풀만 식빵 p.372

3 우유 식빵 p.374

4 옥수수 식빵 p.376

5 버터 톱 식빵 p.378

6 밤 식빵 p.380

7 단과자빵(트위스트형) p.382

8 단과자빵(크림빵) p.384

9 단과자빵(소보로빵) p.386

10 단팥빵(비상스트레이트법) p.388

11 소시지빵 p.390

12 스위트 롤 p.392

13 버터롤 p.394

14 호밀빵 p.396

15 통밀빵 p.398

16 더치빵 p.400

17 모카빵 p.402

18 베이글 p.404

19 빵도넛 p.406

20 그리시니 p.408

제과기능사 실기품목

1 버터 스펀지 케이크(공립법) p.412 2 버터 스펀지 케이크(별립법) p.414

3 시퐁 케이크(시퐁법) p.416

4 젤리 롤 케이크 p.418

5 소프트 롤 케이크 p.420

6 초코 롤 케이크 p.422

7 파운드 케이크 p.424

8 과일 케이크 p.426

9 치즈 케이크 p.428

10 타르트 p.430

11 호두 파이 p.432

12 사과 파이 p.434

13 초코 머핀(초코 컵케이크) p.436

14 마데라 컵케이크 p.438

15 슈 p.440

16 다쿠아즈 p.442

17 마들렌 p.444

18 브라우니 p.446

19 쇼트 브레드 쿠키 p.448

20 버터 쿠키 p.450

제7장
제과 · 제빵기능사 검정 실기 문제

제빵기능사 검정 실기

No.	품목	No.	품목
1	식빵(비상스트레이트법)	11	소시지빵
2	풀만 식빵	12	스위트 롤
3	우유 식빵	13	버터롤
4	옥수수 식빵	14	호밀빵
5	버터 톱 식빵	15	통밀빵
6	밤 식빵	16	더치빵
7	단과자빵(트위스트형)	17	모카빵
8	단과자빵(크림빵)	18	베이글
9	단과자빵(소보로빵)	19	빵도넛
10	단팥빵(비상스트레이트법)	20	그리시니

* 제빵 공정시 공통주의사항 → 410p 참고

1. 식빵(비상스트레이트법) _ White pan bread

자격종목과 등급	제빵기능사	작품명	식빵(비상스트레이트법)

수검번호 : 성명 :

◇ 시험 제한 시간 : 2시간 40분

◇ 다음 요구사항대로 식빵(비상스트레이트법)을 제조하여 제출하시오.

① 배합표의 각 재료를 계량하여 재료별로 진열하시오(8분).

② 비상스트레이트법 공정에 의해 제조하시오.
(반죽온도는 30℃로 한다.)

③ 표준분할무게는 170g으로 하고, 제시된 팬의 용량을 감안하여 결정하시오.
(단, 분할무게×3을 1개의 식빵으로 함)

④ 반죽은 전량을 사용하여 성형하시오.

구분/순서	재료	비상스트레이트	
		비율(%)	무게(g)
1	강력분	100	1,200
2	물	63	756
3	이스트	5	60
4	제빵개량제	2	24
5	설탕	5	60
6	쇼트닝	4	48
7	분유	3	36
8	소금	1.8	21.6(22)

◇ 제조 공정에 따른 주의사항

제조공정	공정별 주의사항
1. 재료 계량	▷ 공통주의사항 참고
2. 반죽 만들기	비상스트레이트법에 따라 반죽한다. ① 쇼트닝을 뺀 모든 재료를 믹서 볼에 넣고 1단으로 수화시킨다. ② 2단으로 옮겨 반죽하고 반죽 2단계(클린업 단계)에서 유지를 넣는다 ③ 보통의 식빵 보다 20~25% 더 반죽하여 4단계(최종단계) 후기의 반죽을 만든다. 반죽온도는 비상반죽법에서 30℃. 반죽물 온도=30×3-(실온+밀가루 온도+마찰계수)
3. 1차발효	온도 30℃, 습도 75~80%인 발효실에서 15~30분간 발효시킨다. (비상법이므로 발효시간 단축)
4. 분할	170g씩 분할한다.
5. 둥글리기	▷ 공통주의사항 참고
6. 중간발효	10~15분 ▷ 나머지 공통주의사항 참고
7. 성형	▷ 공통주의사항 참고
8. 팬닝	반죽 3덩이를 틀에 채우는 올바른 방법. ○ ○ ○ (○)　　○○ ○ (×)
9. 2차발효	온도 35~38℃, 습도 85%인 조건에서 40분간(반죽의 제일 높은 부분이 틀 높이와 같거나 틀 위로 0.5cm 정도 올라온 시점), 일반 식빵보다 짧게 발효시킨다. 왜냐하면 이스트 양이 늘어 오븐 팽창률이 높기 때문이다.
10. 굽기	윗불 175℃, 아랫불 180℃의 30~35분간 오븐에서 굽는다.
11. 뒷정리, 개인위생	▷ 공통주의사항 참고
12. 제품평가	평가항목:부피, 균형감, 껍질, 속결, 맛과 향 ▷ 나머지 공통주의사항 참고

2. 풀만 식빵 _ Pullman bread

자격종목과 등급	제빵기능사	작품명	풀만 식빵

수검번호 :　　　　　　　　　　　　　　　　성명 :

◇ 시험 제한 시간 : 3시간 40분

◇ 다음 요구사항대로 풀만 식빵을 제조하여 제출하시오.
① 배합표의 각 재료를 계량하여 재료별로 진열하시오(9분).
② 반죽은 스트레이트법으로 제조하시오.
(단, 유지는 클린업 단계에 첨가하시오.)
③ 반죽 온도는 27℃를 표준으로 하시오.
④ 표준분할무게는 250g으로 하고, 제시된 팬의 용량을 감안하여 결정하시오.
(단, 분할무게×2를 1개의 식빵으로 함)
⑤ 반죽은 전량을 사용하여 성형하시오.

구분 / 순서	재 료	비 율(%)	무 게(g)
1	강력분	100	1,400
2	물	58	812
3	이스트	4	56
4	제빵개량제	1	14
5	소금	2	28
6	설탕	6	84
7	쇼트닝	4	56
8	달걀	5	70
9	분유	3	42

◇ 제조 공정에 따른 주의사항

제조공정	공정별 주의사항
1. 재료 계량	▷ 공통주의사항 참고
2. 반죽 만들기	스트레이트법에 따라 반죽한다. ① 쇼트닝을 뺀 모든 재료를 믹서 볼에 넣고 1단(저속)으로 수화시킨다. ② 2단(중속)으로 옮겨 반죽하고, 반죽 2단계(클린업 단계)에서 쇼트닝을 넣는다. ③ 반죽 4단계(최종 단계), 유연하고 부드러운 반죽을 만든다.
3. 1차발효	온도 27℃, 상대습도 75~80%인 조건에서 60~70분간, 글루텐의 숙성이 최적인 상태에서 그친다.
4. 분할	반죽을 250g씩 분할한다.
5. 둥글리기	▷ 공통주의사항 참고
6. 중간발효	10~15분
7. 성형	▷ 공통주의사항 참고
8. 팬닝	▷ 공통주의사항 참고
9. 2차발효	온도 35~38℃, 습도 85%인 조건에서 40분간. 가스보유력이 최대인 상태에서 그친다. 발효한 반죽이 틀의 80~85% 정도까지 발효시켜서 뚜껑을 덮는다.
10. 굽기	윗불 180℃, 아랫불 180℃의 오븐에서 35~40분간 굽는다.
11. 뒷정리, 개인위생	▷ 공통주의사항 참고
12. 제품평가	① 부피:반죽의 부풀림이 작아 틀의 뚜껑에 못미쳐 모서리에 빈틈이 생기거나, 너무 많이 부풀어 윗면이 조밀하지 않아야 한다. ② 껍질:윗면, 아랫면, 옆면 각각에 맞게 색이 나야 한다. ▷ 나머지 공통주의사항 참고

3. 우유 식빵 _ Milk pan bread

자격종목과 등급	제빵기능사	작품명	우유 식빵

수검번호 : 성명 :

◇ 시험 제한 시간 : 3시간 40분

◇ 다음 요구사항대로 우유 식빵을 제조하여 제출하시오.

① 배합표의 각 재료를 계량하여 재료별로 진열하시오(7분).

② 반죽은 스트레이트법으로 제조하시오.
(단, 유지는 클린업 단계에 첨가하시오.)

③ 반죽 온도는 27℃를 표준으로 하시오.

④ 표준분할무게는 180g으로 하고, 제시된 팬의 용량을 감안하여 결정하시오.
(단, 분할무게×3을 1개의 식빵으로 함)

⑤ 반죽은 전량을 사용하여 성형하시오.

구분 / 순서	재 료	비 율(%)	무 게(g)
1	강력분	100	1,200
2	우유	40	480
3	물	29	348
4	이스트	4	48
5	제빵개량제	1	12
6	소금	2	24
7	설탕	5	60
8	쇼트닝	4	48

◇ 제조 공정에 따른 주의사항

제조공정	공정별 주의사항
1. 재료 계량	▷ 공통주의사항 참고
2. 반죽 만들기	스트레이트법에 따라 반죽한다('풀만식빵' 참고). 반죽의 글루텐을 완전히 발전시켜 유연하고 부드러운 상태를 만든다.
3. 1차발효	온도 27℃, 상대습도 75~80%인 조건에서 60~70분간. 글루텐의 숙성이 최적인 상태에서 발효를 멈춘다.
4. 분할	180g씩 분할한다.
5. 둥글리기	▷ 공통주의사항 참고
6. 중간발효	10~15분
7. 성형	▷ 공통주의사항 참고
8. 팬닝	▷ 공통주의사항 참고
9. 2차발효	온도 35~38℃, 습도 85%인 조건에서 45~50분간, 가스보유력이 최대인 시점에서 그친다.
10. 굽기	윗불 175℃, 아랫불 180℃의 오븐에서 30~35분간 굽는다. 일반 식빵보다 껍질색이 빨리 들므로 주의한다. 이스트의 먹이가 되지 않는 잔당(우유의 젖당)이 있어, 이것이 구운색에 작용한 것.
11. 뒷정리, 개인위생	▷ 공통주의사항 참고
12. 제품평가	▷ 공통주의사항 참고

4. 옥수수 식빵 _ Corn pan bread

자격종목과 등급	제빵기능사	작품명	옥수수 식빵

수검번호 : 성명 :

◇ 시험 제한 시간 : 3시간 40분

◇ 다음 요구사항대로 옥수수 식빵을 제조하여 제출하시오.

① 배합표의 각 재료를 계량하여 재료별로 진열하시오(11분).

② 반죽은 스트레이트법으로 제조하시오.
(단, 유지는 클린업 단계에서 첨가 하시오.)

③ 반죽 온도는 27℃를 표준으로 하시오.

④ 표준분할무게는 180g으로 하고, 제시된 팬의 용량을 감안하여 결정하시오.
(단, 분할무게×3을 1개의 식빵으로 함)

⑤ 반죽은 전량을 사용하여 성형하시오.

구분 / 순서	재 료	비 율(%)	무 게(g)
1	강력분	80	960
2	옥수수분말	20	240
3	물	60	780
4	이스트	3	36
5	제빵개량제	1	13
6	소금	2	24
7	설탕	8	96
8	쇼트닝	7	84
9	탈지 분유	3	36
10	달걀	5	60

◇ 제조 공정에 따른 주의사항

제조공정	공정별 주의사항
1. 재료 계량	▷ 공통주의사항 참고
2. 반죽 만들기	스트레이트법에 따라 반죽한다.('풀만식빵' 참고). 보통의 식빵 반죽의 90% 정도, 즉 반죽 4단계에서 그친다.
3. 1차발효	온도 27℃, 습도 75~80%인 조건에서 70~80분간, 글루텐의 숙성이 최적인 상태에서 그친다.
4. 분할	180g씩 분할한다. 보통의 식빵 반죽보다 10~15% 늘린다.
5. 둥글리기	▷ 공통주의사항 참고
6. 중간발효	10~20분
7. 성형	▷ 공통주의사항 참고
8. 팬닝	▷ 공통주의사항 참고
9. 2차발효	온도 35~38℃, 습도 85%인 조건에서 45~50분간, 가스보유력이 최대인 상태에서 그친다.
10. 굽기	윗불 180℃의, 아랫불 180℃ 오븐에서 30~35분간 굽는다.
11. 뒷정리, 개인위생	▷ 공통주의사항 참고
12. 제품평가	① 속결:옥수수의 색깔이 연하게 배어 있어야 한다. ② 맛과 향:옥수수의 구수한 맛과 향이 발효향과 잘 조화되어야 한다. ▷ 공통주의사항 참고

5. 버터 톱 식빵 _ Butter top bread

자격종목과 등급	제빵기능사	작품명	버터 톱 식빵

수검번호 : 성명 :

◇ 시험 제한 시간 : 3시간 30분

◇ 다음 요구사항대로 버터 톱 식빵을 제조하여 제출하시오.

① 배합표의 각 재료를 계량하여 재료별로 진열하시오(9분).
(충전용, 토핑용 재료는 계량시간에서 제외)

② 반죽은 스트레이트법으로 만드시오.
(단, 유지는 클린업 단계에서 첨가하시오.)

③ 반죽온도는 27℃를 표준으로 하시오.

④ 분할무게 460g 짜리 5개를 만드시오(한 덩이:one loaf).

⑤ 윗면을 길이로 자르고 버터를 짜 넣는 형태로 만드시오.

⑥ 반죽은 전량을 사용하여 성형하시오.

구분 순서	재 료	비 율(%)	무 게(g)
1	강력분	100	1,200
2	물	40	480
3	생이스트	4	48
4	제빵개량제	1	12
5	소금	1.8	21.6(22)
6	설탕	6	72
7	버터	20	240
8	탈지분유	3	36
9	달걀	20	240
10	버터(바르기용)	5	60

◇ 제조 공정에 따른 주의사항

제조공정	공정별 주의사항
1. 재료 계량	▷ 공통주의사항 참고
2. 반죽 만들기	① 유지를 제외한 모든 재료를 믹싱볼에 넣고 저속으로 2분 정도 믹싱하여 한 덩어리로 만든다. ② 중속으로 2분 정도 더 믹싱하여 믹싱볼이 깨끗해지면 유지를 넣어 저속으로 2분 정도 혼합한 후, 중속 또는 고속으로 믹싱하여 글루텐이 최적으로 발전하면 믹싱을 완료한다. 반죽온도 27℃
3. 1차발효	완료된 반죽은 발효실(온도 27℃, 상대습도 75%)에서 50~60분간 발효시킨다.
4. 분할 및 성형	① 460g씩 분할하여 둥글리기 한 후 15~20분간 중간 발효시킨다. ② 원로프형으로 정형하여 사각 팬에 1개씩 넣는다.
5. 2차발효	온도 38℃, 습도 85% 상태에서 30~35분 정도 발효시킨다.
6. 버터짜기	표면이 건조해지면 칼로 표면을 길이로 자른 후 버터를 30g 정도 짠다. 표면은 너무 깊게 자르지 않아야 하고 버터는 적당한 굵기로 일정하게 짠다.
7. 굽기	달걀물칠을 한 다음 윗불 180℃, 아랫불 180℃의 오븐에서 30분간 굽는다.
8. 뒷정리, 개인위생	▷ 공통주의사항 참고
9. 제품평가	① 부피 : 분할무게와 비교하여 부피가 알맞아야 한다. ② 외부균형 : 모양은 찌그러지지 않고 균형을 이루어야 한다. ③ 껍질 : 부드러우면서, 윗면의 터짐이 적절하여야 하고, 부위별로 황금갈색이 나야 한다. ④ 속결 : 기공의 크기가 일정하고, 조직이 부드러워야 하며, 밝은 색을 띠어야 한다. ⑤ 맛과 향 : 식감은 부드럽고, 버터 향과 발효 향이 조화를 잘 이루고, 끈적거림이나 탄 냄새, 생 재료 맛 등이 없어야 한다. ▷ 공통주의사항 참고

6. 밤 식빵 _ Chestnut pan bread

자격종목과 등급	제빵기능사	작품명	밤 식빵

수검번호 : 성명 :

◇ 시험 제한 시간 : 3시간 40분

◇ 다음 요구사항대로 밤 식빵을 제조하여 제출하시오.

① 반죽 재료를 계량하여 재료별로 진열하시오(10분).
(충전용, 토핑용 재료는 계량시간에서 제외)

② 반죽은 스트레이트법으로 제조하시오.

③ 반죽온도는 27℃를 표준으로 하시오.

④ 분할무게는 450g으로 하고, 성형시 450g의 반죽에 80g의 통조림 밤을 넣고 정형하시오(한 덩이 : one loaf).

⑤ 토핑물을 제조하여 굽기 전에 토핑하고 아몬드를 뿌리시오.

⑥ 반죽은 전량을 사용하여 성형하시오.

빵반죽

구분 / 순서	재 료	비 율(%)	무 게(g)
1	강력분	80	960
2	중력분	20	240
3	물	52	624
4	이스트	4.5	54
5	제빵개량제	1	12
6	소금	2	24
7	설탕	12	144
8	버터	8	96
9	분유	3	36
10	달걀	10	120
11	밤(다이스) (시럽 제외)	35	420

토핑용 반죽

순서 \ 구분	재 료	비 율(%)	무 게(g)
1	마가린	100	100
2	설탕	60	60
3	베이킹파우더	2	2
4	달걀	60	60
5	중력분	100	100
6	아몬드슬라이스	50	50

◇ 제조 공정에 따른 주의사항

제조공정	공정별 주의사항
1. 재료 계량	▷ 공통주의사항 참고
2. 반죽 만들기	① 유지와 조각밤을 제외한 모든 재료를 믹싱볼에 넣고 저속으로 2분간 믹싱하여 한 덩어리로 만든다. ② 중속으로 2분 정도 더 믹싱하여 믹싱볼이 깨끗해지면 유지를 넣어 혼합하고, 중속 또는 고속으로 믹싱하여 글루텐이 최적으로 발전하는 단계에서 믹싱을 완료한다. 반죽온도 27℃
3. 1차발효	완료된 반죽은 발효실(온도 27℃, 상대습도 75%)에서 60~70분간 발효시킨다.
4. 분할 및 성형	① 450g씩 분할하여 둥글리기하고 15분간 중간 발효시킨다. ② 타원형으로 밀어 펴서 조각밤 80g씩을 골고루 뿌린 다음, 원로프형으로 정형하여 사각 팬에 1개씩 넣는다.
5. 2차발효	온도 38℃, 습도 85% 상태에서 40~45분 정도 발효시킨다.
6. 토핑물 만들기	① 마가린과 설탕을 거품기를 사용하여 크림 상태로 만든다. ② 달걀을 서서히 넣으면서 부드러운 크림 상태로 만든다. ③ 가루 재료를 체 친 후 혼합한다.
7. 토핑물 짜기	발효가 완료되면 밤 식빵 토핑물을 짤주머니에 담아 짠 후, 슬라이스 된 아몬드를 뿌려 준다.
8. 굽기	윗불 170℃, 아랫불 175℃ 오븐에서 30분간 굽는다.
9. 뒷정리, 개인위생	▷ 공통주의사항 참고
10. 제품평가	① 부피 : 분할무게와 비교하여 부피가 알맞아야 한다. ② 외부균형 : 모양은 찌그러지지 않고 균형을 이루어야 한다. ③ 껍질 : 토핑물이 흘러넘치지 않고, 부위별로 황금 갈색이 나야하며, 슬라이스 된 아몬드가 고루 퍼져 있어야 한다. ④ 속결 : 기공의 크기가 일정하고, 조각밤이 고루 퍼져 있어야 한다. ⑤ 맛과 향 : 식감은 부드럽고 발효 향이 온화하며, 끈적거림이나 탄 냄새, 생 재료 맛이 없어야 한다. ▷ 공통주의사항 참고

7. 단과자빵(트위스트형) _ Sweet dough bread

자격종목과 등급	제빵기능사	작품명	단과자빵(트위스트형)

수검번호 : 성명 :

◇ 시험 제한 시간 : 3시간 30분

◇ 다음 요구사항대로 단과자빵(트위스트형)을 제조하여 제출하시오.

① 배합표의 각 재료를 계량하여 재료별로 진열하시오(9분).

② 반죽은 스트레이트법으로 제조하시오.
(단, 유지는 클린업 단계에 첨가하시오.)

③ 반죽 온도는 27℃를 표준으로 하시오.

④ 반죽분할 무게는 50g이 되도록 하시오.

⑤ 모양은 8자형, 달팽이형 2가지 모양으로 만드시오.

⑥ 완제품 24개를 성형하여 제출하고 남은 반죽은 감독위원의 지시에 따라 별도로 제출하시오.

구분 / 순서	재 료	비 율(%)	무 게(g)
1	강력분	100	900
2	물	47	422
3	생이스트	4	36
4	제빵개량제	1	8(9)
5	소금	2	18
6	설탕	12	108
7	쇼트닝	10	90
8	탈지분유	3	26(27)
9	달걀	20	180

◇ 제조 공정에 따른 주의사항

제조공정	공정별 주의사항
1. 재료 계량	▷ 공통주의사항 참고
2. 반죽 만들기	직접반죽법에 따라, 반죽의 탄력성과 신장성이 좋은 4단계(최종단계)까지 반죽한다('풀만식빵' 참고).
3. 1차발효	온도 27℃, 상대습도 75~80%인 조건에서 70~80분간, 글루텐의 숙성이 최적인 상태까지 발효시킨다.
4. 분할	50g씩 분할한다.
5. 둥글리기	▷ 공통주의사항 참고
6. 중간발효	10~15분
7. 성형	요구사항에 따라 모양을 만든다. 밀어펴기, 자르기, 꼬기, 모양 만들기를 능숙하게 하며 각각의 모양이 균형을 이루어야 한다.
8. 팬닝	▷ 공통주의사항 참고 시험 감독위원의 지시에 따라 달걀칠을 하기도 한다.
9. 2차발효	온도 35~38℃, 상대습도 85%인 조건에서 30~35분간, 가스보유력이 최대인 상태까지 발효시킨다.
10. 굽기	윗불 190℃, 아랫불 150℃의 오븐에서 10~12분간 굽는다. 전체가 고루 잘 익고, 윗껍질색이 황금갈색을 띠며 옆면과 바닥에도 구운색이 들어야 한다.
11. 뒷정리, 개인위생	▷ 공통주의사항 참고
12. 제품평가	① 부피:모양이 같은 제품의 부피가 일정하다. 굽는 동안 반죽이 옆으로 퍼지면 부풀림이 작다. ② 껍질:부드럽다. ③ 속결:기공과 조직이 부드럽고 너무 조밀하지 않으며, 밝고 여린 미색이 난다. ▷ 나머지 공통주의사항 참고

◇ 성형중 꼬기의 순서

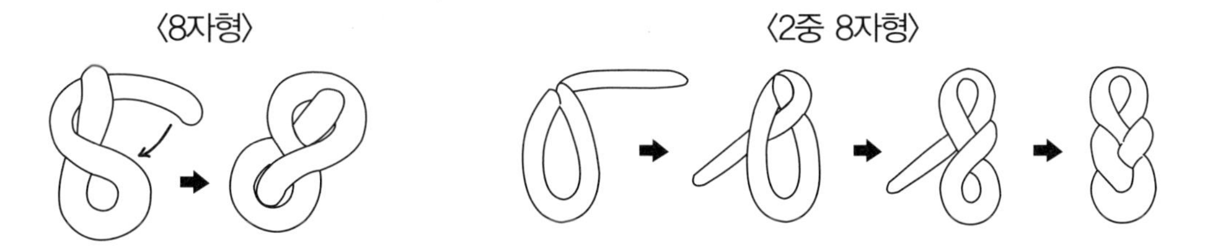

8. 단과자빵(크림빵) _ Cream bread

자격종목과 등급	제빵기능사	작품명	단과자빵(크림빵)

수검번호 : 성명 :

◇ 시험 제한 시간 : 3시간 30분

◇ 다음 요구사항대로 단과자빵(크림빵)을 제조하여 제출하시오.

① 배합표의 각 재료를 계량하여 재료별로 진열하시오(9분).
(충전용, 토핑용 재료는 계량시간에서 제외)

② 반죽은 스트레이트법으로 제조하시오.
(단, 유지는 클린업 단계에 첨가하시오.)

③ 반죽 온도는 27℃를 표준으로 하시오.

④ 반죽 1개의 분할무게는 45g, 1개당 크림 사용량은 30g으로 제조하시오.

⑤ 제품 중 12개는 크림을 넣은 후 굽고,
12개는 반달형으로 크림을 충전하지 말고 제조하시오.

⑥ 남은 반죽은 감독위원의 지시에 따라 별도로 제출하시오.

구분 / 순서	재 료	비 율(%)	무 게(g)
1	강력분	100	800
2	물	53	424
3	생이스트	4	32
4	제빵개량제	2	16
5	소금	2	16
6	설탕	16	128
7	쇼트닝	12	96
8	분유	2	16
9	달걀	10	80
10	커스터드 크림	65	360

◇ 제조 공정에 따른 주의사항

제조공정	공정별 주의사항
1. 재료 계량	▷ 공통주의사항 참고
2. 반죽 만들기	스트레이트법에 따라 반죽한다. ① 쇼트닝을 뺀 모든 재료를 믹서 볼에 넣고 1단 1분, 2단 4~5분간 믹싱한다. ② 클린업 단계에서 쇼트닝을 넣고 1단 1분, 3단 10분 동안 믹싱한다. 글루텐 막이 곱고, 탄성과 신장성이 좋은 상태에서 그친다.
3. 1차발효	온도 27℃ 전후, 상대습도 80% 전후에서 80~90분간.
4. 분할	45g씩 분할한다. 가급적 빠른 시간 내에 작업한다.
5. 둥글리기	▷ 공통주의사항 참고
6. 중간발효	10~15분
7. 성형	① 분할 반죽에 커스터드 크림을 넣고 싸되, 크림이 반죽 중앙에 자리잡아야 하고 그 양이 같아야 한다. ② 또는 타원형으로 밀어 펴 기름칠한 뒤 반달 모양으로 접는다. 구워 내서 크림을 충전한다.
8. 팬닝	▷ 공통주의사항 참고
9. 2차발효	온도 35~38℃ 전후, 습도 85% 전후에서 30~35분간. 가스보유력이 최대인 상태에서 그친다.
10. 굽기	윗불 190℃, 아랫불 150℃의 오븐에서 10~12분간 굽는다.
11. 뒷정리, 개인위생	▷ 공통주의사항 참고
12. 제품평가	① 껍질:질기지 않고 너무 두껍지 않아야 한다. 각 부위마다 색깔이 고루 들고, 얼룩이나 줄 무늬가 없어야 한다. ② 부드럽고, 크림과 빵의 풍미가 조화를 이루어야 한다. ▷ 나머지 공통주의사항 참고

9. 단과자빵(소보로빵) _Streusel bread

자격종목과 등급	제빵기능사	작품명	단과자빵(소보로빵)

수검번호 : 　　　　　　　　　　　　성명 :

◇ 시험 제한 시간 : 3시간 30분

◇ 다음 요구사항대로 단과자빵(소보로빵)을 제조하여 제출하시오.

① 빵반죽 재료를 계량하여 재료별로 진열하시오(9분)
(충전용, 토핑용 재료는 계량시간에서 제외)

② 반죽은 스트레이트법으로 제조하시오.
(단, 유지는 클린업 단계에 첨가하시오.)

③ 반죽 온도는 27℃를 표준으로 하시오.

④ 반죽 1개의 분할무게는 50g씩, 1개당 소보로 사용량은 약 30g 정도로 제조하시오.

⑤ 토핑용 소보로는 배합표에 의거 직접 제조하여 사용하시오.

⑥ 반죽은 25개를 성형하여 제조하고, 남은 반죽을 감독위원의 지시에 따라 별도로 제출하시오.

빵반죽

구분/순서	재 료	비 율(%)	무 게(g)
1	강력분	100	900
2	물	47	423(422)
3	생이스트	4	36
4	제빵개량제	1	9(8)
5	소금	2	18
6	마가린	18	162
7	분유	2	18
8	달걀	15	135(136)
9	설탕	16	144

토핑용 소보로

구분/순서	재 료	비 율(%)	무 게(g)
1	중력분	100	300
2	설탕	60	180
3	마가린	50	150
4	땅콩버터	15	45(46)
5	달걀	10	30
6	물엿	10	30
7	분유	3	9(10)
8	베이킹 파우더	2	6
9	소금	1	3

◇ 제조 공정에 따른 주의사항

제조공정	공정별 주의사항
1. 재료 계량	▷ 공통주의사항 참고
2. 반죽 만들기	스트레이트법에 따라 반죽 4단계(최종 단계)까지 반죽한다. ('풀만 식빵' 참고) 〈소보로 반죽〉 ① 마가린, 땅콩 버터, 설탕, 소금, 물엿을 섞어 크림 상태로 푼다 ② 달걀을 조금씩 넣어 섞는다 ③ 나머지 마른재료를 넣고 섞는다.
3. 1차발효	온도 27℃, 상대습도 75~80%인 조건에서 80~90분간, 글루텐의 숙성이 최적인 상태까지 발효시킨다.
4. 분할	50g씩 분할한다.
5. 둥글리기	▷ 공통주의사항 참고
6. 중간발효	10~15분
7. 성형	반죽 속의 가스를 빼고 동그랗게 모양을 만든 뒤, 윗면에 물칠을 하고 소보로 30g을 골고루 묻힌다. 이것이 뭉쳐지거나 한쪽이 치우치지 않도록.
8. 팬닝	▷ 공통주의사항 참고
9. 2차발효	온도 35~38℃, 상대습도 85%인 조건에서 30~35분간, 다른 과자빵보다 짧게 발효시킨다. 소보로를 토핑해서 오븐팽창률이 크고 그것이 무거워 주저앉기 쉽기 때문이다.
10. 굽기	윗불 190℃, 아랫불 150~160℃의 오븐에서 13~15분간 굽는다.
11. 뒷정리, 개인위생	▷ 공통주의사항 참고
12. 제품평가	① 부피:분할 무게와 부풀림의 균형이 알맞아야 한다. 토핑한 소보로의 양과 팽창도 빵의 부풀림에 영향을 준다. ② 균형감:지름과 비교해 부풀림이 알맞아야 한다. ③ 껍질:질기거나 두껍지 않다. 소보로가 전체적으로 고루 묻어 있고 밝은 갈색을 띠어야 한다. ④ 속결:부드럽다. 너무 조밀하지 않으며, 밝고 연한 노란빛이 난다. ⑤ 맛과 향:소보로와 빵의 향이 잘 어우러져야 한다.

10. 단팥빵(비상스트레이트법) _ Red bean bread

자격종목과 등급	제빵기능사	작품명	단팥빵(비상스트레이트법)

수검번호 : 성명 :

◇ 시험 제한 시간 : 3시간

◇ 다음 요구사항대로 단팥빵(비상스트레이트법)을 제조하여 제출하시오.

① 배합표의 각 재료를 계량하여 재료별로 진열하시오(10분).
(충전용, 토핑용 재료는 계량시간에서 제외)

② 반죽은 비상스트레이트법으로 제조하시오.
(단, 유지는 클린업 단계에 첨가하고, 반죽온도는 30℃로 한다.)

③ 반죽 1개의 분할 무게는 50g, 팥앙금 무게는 40g으로 제조하시오.

④ 반죽은 전량을 사용하여 성형하시오.

구분 / 순서	재 료	비상스트레이트법	
		비 율(%)	무 게(g)
1	강력분	100	900
2	물	48	432
3	이스트	7	63(64)
4	제빵개량제	1	9(8)
5	소금	2	18
6	설탕	16	144
7	마가린	12	108
8	분유	3	27(28)
9	달걀	15	135(136)
10	통팥앙금	160	1,440

◇ 제조 공정에 따른 주의사항

제조공정	공정별 주의사항
1. 재료 계량	▷ 공통주의사항 참고
2. 반죽 만들기	비상 스트레이트법에 따라 반죽한다. ① 마가린을 뺀 모든 재료를 믹서 볼에 넣고 1단에서 수화시키고, 2단에서 믹싱한다. ② 클린업 단계에서 유지를 넣고 일단 단과자빵보다 20% 가량 더 믹싱한다. 반죽온도는 30℃로 맞춘다.
3. 1차발효	온도 30℃ 전후, 상대습도 75~80% 전후에서 15~30분간. 일반 단과자빵보다 어린 상태에서 그친다.
4. 분할	50g씩 분할한다. 가급적 빠른 시간에 작업한다.
5. 둥글리기	▷ 공통주의사항 참고
6. 중간발효	10~15분
7. 성형	분할 반죽에 팥앙금 40g을 넣고 싼다. 단, 앙금은 반죽 중앙에 자리하고 그 양이 같으며, 윗면 중앙을 꾹 눌러 모양을 다듬었을 때 바닥에 비치지 않아야 한다.
8. 팬닝	▷ 공통주의사항 참고
9. 2차발효	온도 35~43℃ 전후, 상대습도 85% 전후에서 25~30분간. 가스보유력이 최대인 상태에서 그친다.
10. 굽기	윗불 190℃, 아랫불 160℃의 오븐에서 12~14분간 굽는다.
11. 뒷정리, 개인위생	▷ 공통주의사항 참고
12. 제품평가	① 속결:팥앙금이 제품 중앙에 위치해야 하고 밑바닥에 비치지 않아야 한다. ② 맛과 향:부드럽고, 앙금과 빵의 풍미가 조화를 이루어야 한다. ▷ 나머지 공통주의사항 참고

11. 소시지빵 _ Sausage bun

자격종목과 등급	제빵기능사	작품명	소시지빵

수검번호 : 성명 :

◇ 시험 제한 시간 : 3시간 30분

◇ 다음 요구사항대로 소시지빵을 제조하여 제출하시오.

① 반죽 재료를 계량하여 재료별로 진열하시오(10분).
(충전용, 토핑용 재료는 계량시간에서 제외)

② 반죽은 스트레이트법으로 제조하시오.

③ 반죽온도는 27℃를 표준으로 하시오.

④ 반죽 분할무게는 70g씩 분할하시오.

⑤ 반죽은 전량을 사용하여 분할하고, 완제품(토핑 및 충전물 완성)은
12개 제조하여 제출하고, 남은 반죽은 감독위원의 지시에 따르십시오.

⑥ 충전물은 발효시간을 활용하여 제조하시오.

⑦ 정형 모양은 낙엽모양과 꽃잎모양의 2가지로 만들어서 제출하시오.

소시지빵 반죽

구분 / 순서	재 료	비 율(%)	무 게(g)
1	강력분	80	560
2	중력분	20	140
3	이스트	4	28
4	제빵개량제	1	6
5	소금	2	14
6	설탕	11	76
7	마가린	9	62
8	탈지분유	5	34
9	달걀	5	34
10	물	52	364

토핑 및 충전물

구분 / 순서	재 료	비 율(%)	무 게(g)
1	프랑크소시지	100	(480)
2	양파	72	336
3	마요네즈	34	158
4	피자치즈	22	102
5	케찹	24	112

◇ 제조 공정에 따른 주의사항

제조공정	공정별 주의사항
1. 재료 계량	▷ 공통주의사항 참고
2. 반죽 만들기	① 마가린을 제외한 모든 재료를 믹서 볼에 넣고 믹싱한다. ② 클린업단계에서 마가린을 넣고 최종 단계까지 믹싱한다. 반죽온도는 27℃.
3. 1차발효	온도 27℃, 습도 75~80% 상태에서 50~60분 동안 발효시킨다.
4. 분할	70g씩 분할한다.
5. 둥글리기	▷ 공통주의사항 참고
6. 중간발효	10~20분 ▷ 나머지 공통주의사항 참고
7. 성형	반죽을 손으로 눌러 가스를 빼준다. 반죽 위에 프랑크소시지를 넣고 말아준다. 반죽을 6~8등분하여 꽃모양, 낙엽모양으로 성형한 다음 팬닝한다.
8. 2차발효	온도 35~38℃, 습도 80% 상태에서 30~35분 동안 발효시킨다.
9. 토핑	반죽 위에 다진 양파와 마요네즈를 섞어 올리고, 피자치즈를 올린 다음 케찹을 뿌린다.
10. 굽기	윗불 200℃, 아랫불 160℃ 오븐에서 약 10~12분 동안 굽는다.
11. 뒷정리, 개인위생	▷ 공통주의사항 참고
12. 제품평가	평가항목:부피, 균형감, 껍질, 속결, 맛과 향 ▷ 나머지 공통주의사항 참고

12. 스위트 롤 _ Sweet roll

자격종목과 등급	제빵기능사	작품명	스위트 롤

수검번호 : 성명 :

◇ 시험 제한 시간 : 3시간 30분

◇ 다음 요구사항대로 스위트 롤을 제조하여 제출하시오.

① 배합표의 각 재료를 계량하여 재료별로 진열하시오(9분).
(충전용, 토핑용 재료는 계량시간에서 제외)

② 반죽은 스트레이트법으로 제조하시오.
(단, 유지는 클린업 단계에 첨가 하시오.)

③ 반죽온도는 27℃를 표준으로 사용하시오.

④ 모양은 야자잎형 12개, 트리플리프(세잎새형) 9개를 만드시오.

⑤ 계피설탕은 각자가 제조하여 사용하시오.

⑥ 성형 후 남은 반죽은 감독위원의 지시에 따라 별도로 제출하시오.

구분 / 순서	재 료	비 율(%)	무 게(g)
1	강력분	100	900
2	물	46	414
3	이스트	5	45(46)
4	제빵개량제	1	9(10)
5	소금	2	18
6	설탕	20	180
7	쇼트닝	20	180
8	분유	3	27(28)
9	달걀	15	135(136)
10	충전용설탕	15	135(136)
11	충전용계피가루	1.5	13.5(14)

◇ 제조 공정에 따른 주의사항

제조공정	공정별 주의사항
1. 재료 계량	▷ 공통주의사항 참고
2. 반죽 만들기	스트레이트법에 따라 쇼트닝과 충전용 재료를 뺀 모든 재료를 믹서볼에 넣고 1단(저속)으로 수화시키고 2단(중속)에서 반죽한다. 반죽 2단계(클린업 단계)에서 유지를 넣고, 4단계(최종 단계) 초기까지 반죽한다.
3. 1차발효	온도 27℃, 상대습도 80%인 조건에서 60~70분간, 글루텐의 숙성이 최적인 상태까지 발효시킨다.
4. 성형	① 밀어펴기:반죽을 모서리가 직각인 직사각형으로 밀어편다. 성형할 모양에 따라 다르지만, 보통 사각형의 크기는 세로 30㎝에 두께는 0.5㎝로 균일해야 한다. ② 충전물 얹기:녹인 버터(또는 마가린)를 위의 반죽 위에 바르고 계피설탕을 고루 뿌린다. ③ 말기:원통형으로 돌돌만다. 이음매 부분에 물칠을 하여 꼭 붙인다. ④ 자르기:빵의 형태에 따라 모양, 두께, 무게를 동일하게 만든다.
5. 팬닝	같은 모양, 같은 크기의 반죽을 한 철판에 늘어놓는다. ▷ 나머지 공통주의사항 참고
6. 2차발효	온도 35~38℃, 상대습도 85%인 조건에서 25~30분간, 가스보유력이 최대인 상태까지 발효시킨다.
7. 굽기	윗불 190℃, 아랫불 150~160℃의 오븐에서 10~12분간 굽는다. ▷ '단과자빵' 주의사항 참고.
8. 뒷정리, 개인위생	▷ 공통주의사항 참고
9. 제품평가	① 부피:지친반죽을 사용하거나 낮은 온도에서 구우면 부풀림이 작다. ② 껍질:부드럽다. 충전물이 흘러나와 껍질에 묻지 않아야 한다. ③ 속결:충전물과 속결의 구분이 분명하고 규칙적이어야 한다. ④ 맛과 향:충전물의 맛과 발효향이 잘 어우러져야 한다. ▷ 나머지 공통주의사항 참고

13. 버터롤 _ Butter roll

자격종목과 등급	제빵기능사	작품명	버터롤

수검번호 : 성명 :

◇ 시험 제한 시간 : 3시간 30분

◇ 다음 요구사항대로 버터롤을 제조하여 제출하시오.

① 배합표의 각 재료를 계량하여 재료별로 진열하시오(9분).
② 반죽은 스트레이트법으로 제조하시오.
(단, 유지는 클린업 단계에 첨가하시오.)
③ 반죽온도는 27℃를 표준으로 하시오.
④ 반죽 1개의 분할무게는 50g으로 제조하시오.
⑤ 제품의 형태는 번데기 모양으로 제조하시오.
⑥ 24개를 성형하고, 남은 반죽은 감독위원의 지시에 따라 별도로 제출하시오.

구분 순서	재 료	비 율(%)	무 게(g)
1	강력분	100	900
2	설탕	10	90
3	소금	2	18
4	버터	15	135(134)
5	탈지분유	3	27(26)
6	달걀	8	72
7	이스트	4	36
8	제빵개량제	1	9(8)
9	물	53	477(476)

◇ 제조 공정에 따른 주의사항

제조공정	공정별 주의사항
1. 재료 계량	▷ 공통주의사항 참고
2. 반죽 만들기	스트레이트법에 따라 버터를 뺀 나머지 재료를 믹서볼에 넣어 믹싱한다. 클린업 단계에서 버터를 넣고 최종단계까지 믹싱한다(반죽온도 27℃).
3. 1차발효	온도 27℃ 습도 75~80%인 조건에서 60분간 발효시킨다.
4. 분할	50g씩 분할한다.
5. 둥글리기	▷ 공통주의사항 참고
6. 성형	올챙이처럼 한쪽 끝은 가늘고 다른 쪽은 둥글게 밀대로 밀어 긴 삼각형 모양으로 만들어서 버터롤 모양으로 만다.
7. 2차발효	온도 35~38℃, 습도 85% 상태에서 40분간 발효시킨다.
8. 굽기	윗불 190~195℃, 아랫불 150~160℃ 오븐에서 10~12분간 굽는다.

14. 호밀빵 _ Rye bread

자격종목과 등급	제빵기능사	작품명	호밀빵

수검번호 : 성명 :

◇ 시험 제한 시간 : 3시간 30분

◇ 다음 요구사항대로 호밀빵을 제조하여 제출하시오.

① 배합표의 각 재료를 계량하여 재료별로 진열하시오(10분).
② 반죽은 스트레이트법으로 제조하시오.
③ 반죽 온도는 25℃를 표준으로 하시오.
④ 표준분할무게는 330g으로 하시오.
⑤ 제품의 형태는 타원형(럭비공 모양)으로 제조하고, 칼집 모양을 가운데 일자로 내시오.
⑥ 반죽은 전량을 사용하여 성형하시오.

구분 / 순서	재 료	비 율(%)	무 게(g)
1	강력분	70	770
2	호밀가루	30	330
3	이스트	3	33
4	제빵개량제	1	11(12)
5	물	60~65	660~715
6	소금	2	22
7	황설탕	3	33(34)
8	쇼트닝	5	55(56)
9	분유	2	22
10	당밀	2	22

◇ 제조 공정에 따른 주의사항

제조공정	공정별 주의사항
1. 재료 계량	▷ 공통주의사항 참고
2. 반죽 만들기	스트레이트법에 따라 반죽한다('풀만식빵' 참고). 보통의 식빵 반죽의 80% 정도, 즉 반죽 3단계에서 그친다. 호밀가루의 사용량이 많을수록 반죽시간은 짧아야 한다.
3. 1차발효	온도 27℃, 상대습도 80%인 조건에서 70~80분간, 보통의 식빵 반죽보다 덜 발효시킨다.
4. 분할	330g씩 분할한다.
5. 둥글리기	▷ 공통주의사항 참고
6. 중간발효	15~20분
7. 성형	럭비공 모양으로 성형하고, 가운데에 일자로 칼집을 낸다.
8. 팬닝	▷ 공통주의사항 참고
9. 2차발효	온도 32~35℃, 습도 85%인 조건에서 50~60분간, 가스보유력이 최적인 상태에서 그친다. 오븐 팽창율이 작으므로 반죽이 틀 위로 1.5~2cm정도 부풀도록 발효시킨다.
10. 굽기	윗불 180~190℃, 아랫불 190~200℃의 오븐에서 30~35분간 굽는다.
11. 뒷정리, 개인위생	▷ 공통주의사항 참고
12. 제품평가	① 껍질:호밀가루 때문에 조금 거친 느낌이 난다. ② 속결:호밀가루의 색이 전체에 고르게 나타난다. 세포벽은 얇지만 너무 조밀하지 않아야 한다. ③ 맛과 향:씹는맛이 조금 거칠더라도 끈적거리지 않고, 호밀가루 특유의 향이 발효향과 잘 어울려야 한다. ▷ 나머지 공통주의사항 참고

15. 통밀빵 _ Whole wheat bread

자격종목과 등급	제빵기능사	작품명	통밀빵

수검번호 : 성명 :

◇ 시험 제한 시간 : 3시간 30분

◇ 다음 요구사항대로 통밀빵을 제조하여 제출하시오.

① 배합표의 각 재료를 계량하여 재료별로 진열하시오(10분).
(충전용, 토핑용 재료는 계량시간에서 제외)

② 반죽은 스트레이트법으로 제조하시오.

③ 반죽 온도는 25℃를 표준으로 하시오.

④ 표준분할무게는 200g으로 하시오.

⑤ 제품의 형태는 밀대(봉)형(22~23㎝)으로 제조하고
표면에 물을 발라 오트밀을 보기 좋게 묻히시오.

⑥ 8개를 성형하여 제출하고, 남은 반죽은 감독 위원의 지시에 따라 별도로 제출하시오.

구분 / 순서	재 료	비 율(%)	무 게(g)
1	강력분	80	800
2	통밀가루	20	200
3	생이스트	2.5	25
4	제빵개량제	1	10
5	물	63~65	630~650
6	소금	1.5	15(14)
7	설탕	3	30
8	버터	7	70
9	분유	3	30
10	몰트액	1.5	15(14)
11	토핑용 오트밀	–	200

◇ 제조 공정에 따른 주의사항

제조공정	공정별 주의사항
1. 재료 계량	▷ 공통주의사항 참고
2. 반죽 만들기	스트레이트법에 따라 반죽한다. ① 버터와 토핑용 오트밀을 제외한 모든 재료를 믹서 볼에 넣고 믹싱 한다. ② 클린업 단계에서 버터를 넣고 발전 단계까지 믹싱한다. 반죽온도는 25℃.
3. 1차 발효	온도 27℃, 습도 75~80% 상태에서 60~70분간 발효시킨다.
4. 분할	200g씩 분할한다.
5. 둥글리기	▷ 공통주의사항 참고
6. 중간 발효	10~15분
7. 성형	① 밀대로 반죽을 밀어 가스를 뺀다. ② 22~23㎝ 밀대형(봉형)으로 성형하고 표면에 물칠을 한 다음 오트밀을 충분히 묻힌다. 성형할 때 글루텐의 영향으로 반죽이 수축할 수 있으므로 조금 넉넉한 길이로 단단히 말아준다.
8. 팬닝	철판에 4~6개씩 간격을 맞춰 반죽의 이음매가 아래로 향하게 팬닝한다.
9. 2차 발효	온도 35~38℃, 습도 85% 상태에서 30~40분간 발효시킨다.
10. 굽기	윗불 180~190℃, 아랫불 160℃ 오븐에서 15~20분간 굽는다.
11. 뒷정리, 개인위생	▷ 공통주의사항 참고
12. 제품평가	▷ 공통주의사항 참고

16. 더치빵 _ Dutch bread

자격종목과 등급	제빵기능사	작품명	더치빵

수검번호 : 성명 :

◇ 시험 제한 시간 : 3시간 30분

◇ 다음 요구사항대로 더치빵을 제조하여 제출하시오.

① 더치빵 반죽 재료를 계량하여 재료별로 진열하시오(9분)
(충전용, 토핑용 재료는 계량시간에서 제외)

② 반죽은 스트레이트법으로 제조하시오.
(단, 유지는 클린업 단계에 첨가하시오.)

③ 반죽 온도는 27℃를 표준으로 하시오.

④ 빵반죽에 토핑할 시간을 맞추어 발효시키시오.

⑤ 빵 반죽은 1개당 300g씩 분할하시오.

⑥ 반죽은 전량을 사용하여 성형하시오.

더치빵 반죽

구분 / 순서	재 료	비 율(%)	무 게(g)
1	강력분	100	1,100
2	물	60~65	660~715
3	이스트	4	44
4	제빵개량제	1	11(12)
5	소금	1.8	20
6	설탕	2	22
7	쇼트닝	3	33(34)
8	탈지분유	4	44
9	흰자	3	33(34)

토핑

구분 / 순서	재 료	비 율(%)	무 게(g)
1	멥쌀가루	100	200
2	중력분	20	40
3	이스트	2	4
4	설탕	2	4
5	소금	2	4
6	물	(85)	(170)
7	마가린	30	60

◇ 제조 공정에 따른 주의사항

제조공정	공정별 주의사항
1. 재료 계량	▷ 공통주의사항 참고
2. 반죽 만들기	스트레이트법에 따라, 모든 재료를 믹서 볼에 넣고 저속으로 2~3분간 수화시킨다. 또, 중속에서 12~14분간, 반죽 4단계(최종단계)까지 반죽한다. 이때 유지를 2단계(클린업 단계)에서 섞어도 된다.
3. 토핑물 만들기	온도 27℃, 상대습도 80%인 조건에서 60~70분간, 글루텐의 숙성이 최적인 상태까지 반죽을 발효시킨다.
4. 1차발효	유지를 뺀 모든 재료를 한데 섞고, 1차발효 조건에서 1시간 동안 발효시킨 다음 유지를 넣어 섞는다. 27℃로 맞춘다.
5. 분할	300g씩 분할한다.
6. 둥글리기	▷ 공통주의사항 참고
7. 중간발효	10~15분
8. 성형	가스빼기를 하고 이음매를 꼭 붙인 뒤, 덧가루를 털어낸다. 타원형으로 모양을 만든다.
9. 팬닝	▷ 공통주의사항 참고
10. 2차발효	온도 35~38℃, 상대습도 80%인 조건에서 25~35분간, 가스보유력이 최대인 상태까지 발효시킨다.
11. 토핑	토핑용 반죽을 빵 반죽 윗면에 고루 묻힌다. 토핑하기 전, 5~6분간 건조발효 시킨다.
12. 굽기	윗불 180℃, 아랫불 180℃ 오븐에서 색깔을 낸 다음 윗불 180℃, 아랫불 150℃에서 온도를 낮춰 굽는다. 총 약 30분간 굽는다. 고루 잘 익고 껍질색과 토핑물의 색이 서로 다르다. 옆면과 바닥에도 구운색이 들어야 한다.
13. 뒷정리, 개인위생	▷ 공통주의사항 참고
14. 제품평가	① 부피:지친반죽은 옆으로 퍼져 부풀림이 작다. ② 껍질:토핑물이 고른 균열상태를 보이고 빵 표면에 잘 붙어 있어야 한다. ③ 맛과 향:토핑물의 바삭함, 쌀가루 맛과 더치빵 특유의 씹는맛, 발효향이 잘 어울려야 한다. ▷ 나머지 공통주의사항 참고

17. 모카빵 _ Mocha bread

자격종목과 등급	제빵기능사	작품명	모카빵

수검번호 : 성명 :

◇ 시험 제한 시간 : 3시간 30분

◇ 다음 요구사항대로 모카빵을 제조하여 제출하시오.

① 배합표의 빵반죽 재료를 계량하여 재료별로 진열하시오(11분).
(충전용, 토핑용 재료는 계량시간에서 제외)
② 반죽은 스트레이트법으로 제조하시오.
(단, 유지는 클린업 단계에서 첨가하시오.)
③ 반죽온도는 27℃를 표준으로 하시오.
④ 반죽 1개의 분할무게는 250g, 1개당 비스킷은 100g씩으로 제조하시오.
⑤ 제품의 형태는 타원형(럭비공 모양)으로 제조하시오.
⑥ 토핑용 비스킷은 주어진 배합표에 의거 직접 제조하시오.
⑦ 반죽은 전량을 사용하여 성형하시오.

빵반죽

구분 / 순서	재 료	비 율(%)	무 게(g)
1	강력분	100	850
2	물	45	382
3	이스트	5	42
4	제빵개량제	1	8
5	소금	2	17(16)
6	설탕	15	128
7	버터	12	102
8	탈지분유	3	26
9	달걀	10	85(86)
10	커피	1.5	13(12)
11	건포도	15	128

토핑용 비스킷

구분 / 순서	재 료	비 율(%)	무 게(g)
1	박력분	100	350
2	버터	20	70
3	설탕	40	140
4	달걀	24	84
5	베이킹파우더	1.5	5
6	우유	12	42
7	소금	0.6	2

◇ 제조 공정에 따른 주의사항

제조공정	공정별 주의사항
1. 재료 계량	▷ 공통주의사항 참고
2. 반죽 만들기	① 사용할 물의 일부에 커피를 녹인다. ② 버터와 건포도를 제외한 나머지 재료를 믹싱 볼에 넣고 믹싱한다. ③ 단계에서 버터를 넣고 최종 단계까지 믹싱한 다음 건포도를 넣고 섞는다. 반죽온도 27℃
3. 1차발효	온도는 27℃ 습도 75~80% 상태에서 45분간 발효시킨다.
4. 분할과 중간발효	250g씩 분할, 10~15분간 중간발효
5. 토핑물 만들기	① 버터와 설탕을 섞은 후 달걀을 조금씩 넣으면서 크림상태로 만든다. ② 미지근한 우유에 커피를 녹인 후 섞는다. ③ 박력분과 베이킹 파우더를 체친 후 가볍게 섞어 한 덩이로 만든다.
6. 성형	① 밀대로 밀어 가스를 뺀 후 타원형으로 만든다. ② 토핑물을 두께가 0.4cm 정도인 타원형으로 밀어편다. ③ 빵 반죽과 토핑물의 끝을 맞춰 싼 뒤 이음매를 일자로 잘 여민다.
7. 2차발효	온도 35~38℃, 습도 85% 상태에서 20~25분간 발효시킨다.
8. 굽기	윗불 180℃, 아랫불 150℃ 오븐에서 30~35분간 굽는다.

18. 베이글 _ Bagel

자격종목과 등급	제빵기능사	작품명	베이글

수검번호 : 성명 :

◇ 시험 제한 시간 : 3시간 30분

◇ 다음 요구사항대로 베이글을 제조하여 제출하시오.

① 배합표의 각 재료를 계량하여 재료별로 진열하시오(7분).
② 반죽은 스트레이트법으로 제조하시오.
③ 반죽 온도는 27℃를 표준으로 하시오.
④ 1개당 분할중량은 80g으로 하고 링모양으로 정형하시오.
⑤ 반죽은 전량을 사용하여 성형하시오.
⑥ 2차 발효 후 끓는물에 데쳐 팬닝 하시오.
⑦ 팬 2개에 완제품 16개를 구워 제출하시오.

구분 / 순서	재 료	비 율(%)	무 게(g)
1	강력분	100	800
2	물	55~60	440~480
3	이스트	3	24
4	제빵개량제	1	8
5	소금	2	16
6	설탕	2	16
7	식용유	3	24

◇ 제조 공정에 따른 주의사항

제조공정	공정별 주의사항
1. 재료 계량	▷ 공통주의사항 참고
2. 반죽 만들기	모든 재료를 믹서 볼에 넣고 발전단계까지 믹싱한다. 반죽온도는 27℃.
3. 1차발효	온도 27℃, 습도 75~80% 상태에서 40~50분간 발효시킨다.
4. 분할	반죽을 80g씩 분할한다.
5. 둥글리기	▷ 공통주의사항 참고
6. 중간발효	10~15분
7. 성형	반죽을 약 25~30㎝로 밀어준다. 동그란 링 모양으로 성형한 다음 이음매를 확실히 마무리한다.
8. 2차발효	온도 33℃, 습도 80% 상태에서 25~30분 동안 발효시킨다.
9. 팬닝	베이글의 양 면을 끓는 물에 데친 다음 철판 위에 팬닝한다.
10. 굽기	윗불 200℃, 아랫불 190℃ 오븐에서 약 15~20분 동안 굽는다.
11. 뒷정리, 개인위생	▷ 공통주의사항 참고
12. 제품평가	평가항목:부피, 균형감, 껍질, 속결, 맛과 향 ▷ 나머지 공통주의사항 참고

19. 빵도넛 _ Yeast doughnuts

자격종목과 등급	제빵기능사	작품명	빵도넛

수검번호 : 성명 :

◇ 시험 제한 시간 : 3시간

◇ 다음 요구사항대로 빵도넛을 제조하여 제출하시오.

① 배합표의 각 재료를 계량하여 재료별로 진열하시오(12분).

② 반죽을 스트레이트법으로 제조하시오.
(단, 유지는 클린업 단계에서 첨가하시오.)

③ 반죽온도는 27℃를 표준으로 하시오.

④ 분할무게는 46g씩으로 하시오.

⑤ 모양은 8자형 또는 트위스트형(꽈배기형)으로 만드시오.
(단, 감독위원이 지정하는 모양으로 변경할 수 있음)

⑥ 반죽은 전량을 사용하여 성형하시오.

구분 / 순서	재 료	비 율(%)	무 게(g)
1	강력분	80	880
2	박력분	20	220
3	설탕	10	110
4	쇼트닝	12	132
5	소금	1.5	18
6	분유	3	32
7	이스트	5	54
8	제빵개량제	1	10
9	바닐라향	0.2	2
10	달걀	15	164
11	물	46	506
12	넛메그	0.3	2(3)

◇ 제조 공정에 따른 주의사항

제조공정	공정별 주의사항
1. 재료 계량	▷ 공통주의사항 참고
2. 반죽 만들기	스트레이트법에 따라, 쇼트닝을 뺀 모든 재료를 믹서 볼에 넣어 저속으로 2분간 수화시킨다. 중속으로 10분간 반죽, 반죽 2단계(클린업단계)에서 쇼트닝을 넣고 4단계(최종단계) 초기까지 계속한다. 보통 식빵 반죽의 90% 시점이다.
3. 1차발효	온도 27℃, 상대습도 75~80%인 조건에서 40~50분간, 처음 부피의 3~3.5배로 부풀 때까지 발효시킨다.
4. 분할	46g씩 분할한다.
5. 둥글리기	10~15분
6. 중간발효	▷ 공통주의사항 참고
7. 성형	가스빼기를 하고 8자로 꼰다. 덧가루를 털어 낸다.
8. 팬닝	▷ 공통주의사항 참고
9. 2차발효	온도 30~32℃, 상대습도 75%인 조건에서 20~25분간. 일반 빵의 80~85%까지 발효시킨다. 손으로 들어 옮겨도 모양이 흐트러지지 않을 정도.
10. 튀기기	튀김기름의 온도를 180℃로 맞춘다. 1분 30초~2분간 튀겨내어 설탕을 묻힌다.
11. 뒷정리, 개인위생	▷ 공통주의사항 참고
12. 제품평가	① 부피:튀기는 동안 자주 뒤집으면 부피가 작고, 튀김온도가 낮으면 퍼지고 많이 부푼다. ② 균형감:튀기는 동안 모양이 흐트러지지 않도록 한다. ③ 껍질:옆면의 색은 양면의 황금갈색보다 연하여 앞 뒷면을 구분짓는다. ④ 속결:밝고 연한 미색을 띤다. 기름이 많이 흡수되지 않아야 한다. ⑤ 맛과 향:씹는맛이 부드럽고 탄력성이 있다. 느끼한 기름맛이 없고 발효향이 은은해야 한다.

20. 그리시니 _ Grissini

자격종목과 등급	제빵기능사	작품명	그리시니

수검번호 : 성명 :

◇ 시험 제한 시간 : 2시간 30분

◇ 다음 요구사항대로 그리시니를 제조하여 제출하시오.

① 배합표의 각 재료를 계량하여 재료별로 진열하시오(8분).
② 전 재료를 동시에 투입하여 믹싱하시오(스트레이트법).
③ 반죽온도는 27℃를 표준으로 하시오.
④ 분할무게는 30g, 길이는 35~40cm로 성형하시오.
⑤ 반죽은 전량을 사용하여 성형하시오.

구분 / 순서	재 료	비 율(%)	무 게(g)
1	강력분	100	700
2	설탕	1	7(6)
3	건조 로즈마리	0.14	1(2)
4	소금	2	14
5	이스트	3	21(22)
6	버터	12	84
7	올리브유	2	14
8	물	62	434

◇ 제조 공정에 따른 주의사항

제조공정	공정별 주의사항
1. 재료 계량	▷ 공통주의사항 참고
2. 반죽 만들기	모든 재료를 믹서 볼에 넣고 저속 2분, 중속 5분간 믹싱한다. 반죽온도는 27℃
3. 1차발효	온도 27℃, 습도 80% 상태에서 30분간 발효시킨다.
4. 분할	30g씩 분할한다.
5. 둥글리기	▷ 공통주의사항 참고
6. 중간발효	둥글리기한 반죽을 막대 모양으로 밀어 실온에서 약 15~20분 동안 발효시킨다. ▷ 나머지 공통주의사항 참고
7. 성형	반죽을 35~40㎝의 일정한 막대모양으로 밀어 편다.
8. 팬닝, 2차발효	철판에 팬닝하고 온도 35℃, 습도 85% 상태에서 5~10분 동안 발효시킨다.
9. 굽기	윗불 220℃, 아랫불 180℃ 오븐에서 7~8분 동안 굽는다.
10. 뒷정리, 개인위생	▷ 공통주의사항 참고
11. 제품평가	평가항목:부피, 균형감, 껍질, 속결, 맛과 향 ▷ 나머지 공통주의사항 참고

〈제빵 공정시 공통주의사항〉

1. 재료의 배합량 측정	▶ 제한 시간을 꼭 지킨다. 각 재료를 정확히 계량하여 진열대 위에 따로따로 늘어놓는다. 계량대, 재료대, 통로에 재료를 흘리지 않도록 조심한다. ▶ 재료계량(재료당 1분) → [감독위원 계량확인] → 작품제조 및 정리정돈(전체시험시간 – 재료계량시간) ▶ 재료계량 시간 내에 계량을 완료하지 못하여 시간이 초과된 경우 및 계량을 잘못한 경우는 추가의 시간 부여 없이 작품제조 및 정리정돈 시간을 활용하여 요구사항의 무게대로 계량 ▶ 달걀의 계량은 감독위원이 지정하는 개수로 계량
2. 반죽만들기	▶ 요구사항에 제시한 방법에 따라 반죽한다. (자세한 내용은 각 제품별 실기문제에 실었음.)
3. 1차발효	▶ 각 제품의 특성에 알맞은 조건에서 발효시킨다. (자세한 내용은 각 제품별 실기문제에 실었음.)
4. 분할하기	▶ 요구사항에서 제시한 만큼 분할한다. 가능한 한 빨리 분할하고, 대강의 무게를 어림하여 한두 번의 가감으로 마무리 짓는다.
5. 둥글리기	▶ 반죽 표면이 매끄럽도록 둥글린다.
6. 중간발효	▶ 10~20분간 발효시킨다. 그동안 표면이 마르지 않도록 한다.
7. 성형	▶ 반죽을 대칭으로 단단하게 말고, 표면을 매끄럽게 다듬는다. 덧가루를 털어낸다.
8. 팬닝	▶ 틀이나 철판에 기름을 칠한다. 성형 반죽의 이음매가 틀 바닥에 닿도록, 일정한 간격을 두고 늘어놓는다.
9. 2차발효	▶ 각 제품의 특성에 알맞는 조건에서 발효시킨다. 반죽의 가스보유력이 최대인 상태에서 그친다.
10. 굽기	▶ 오븐의 위치에 따라 온도차가 생기므로 제때에 팬의 자리를 바꾼다. 전체적으로 고루 잘 익고, 껍질색이 황금갈색을 띠도록 온도와 시간을 관리한다.
11. 뒷정리, 개인 위생	▶ 한번 쓴 기구와 작업대는 물론 주위를 깨끗이 치우고 청소한다. 깨끗한 위생복을 입고 위생모를 쓴다. 그리고 손톱과 머리를 단정하고 청결히 유지한다.
12. 제품평가	◎ 부피 : 분할 무게와 비교하여 부피가 알맞아야 한다. ◎ 균형 : 찌그러짐 없이 균형잡힌 모양이어야 한다. ◎ 껍질 : 부드럽고 색깔이 고르며, 반점과 줄무늬가 없어야 한다. ◎ 속결 : 기공과 조직의 크기가 고르고, 부드러우며 밝은색을 띠어야 한다. ◎ 맛과 향 : 부드러운 맛과 은은한 향이 나야 한다. 탄 냄새나 익지않은 생재료 맛이 나서는 안된다.

제과기능사 검정 실기

No.	품목	No.	품목
1	버터 스펀지 케이크(공립법)	12	호두 파이
2	버터 스펀지 케이크(별립법)	13	사과 파이
3	시퐁케이크(시퐁법)	14	초코 머핀
4	젤리 롤 케이크	15	마데라 컵케이크
5	소프트 롤 케이크	16	슈
6	초코 롤 케이크	17	다쿠아즈
7	파운드 케이크	18	마들렌
9	과일 케이크	19	브라우니
10	치즈 케이크	20	쇼트 브레드 쿠키
11	타르트	21	버터 쿠키

* 제과 공정시 공통주의사항 → 452p 참고

※ 재료 계량시 공통 사항

- ▶ 재료계량(재료당 1분) → [감독위원 계량확인] → 작품제조 및 정리정돈(전체시험시간 – 재료계량시간)
- ▶ 재료계량 시간 내에 계량을 완료하지 못하여 시간이 초과된 경우 및 계량을 잘못한 경우는 추가의 시간 부여 없이 작품제조 및 정리정돈 시간을 활용하여 요구사항의 무게대로 계량
- ▶ 달걀의 계량은 감독위원이 지정하는 개수로 계량

1. 버터 스펀지 케이크(공립법) _ Butter sponge cake

자격종목과 등급	제과기능사	작품명	버터 스펀지 케이크(공립법)

수검번호 : 성명 :

◇ 시험 제한 시간 : 1시간 50분

◇ 다음 요구사항대로 버터 스펀지 케이크(공립법)를 제조하여 제출하시오.

① 배합표의 각 재료를 계량하여 재료별로 진열하시오(6분).
② 반죽은 공립법으로 제조하시오.
③ 반죽온도는 25℃를 표준으로 하시오.
④ 반죽의 비중을 측정하시오.
⑤ 제시한 팬에 알맞도록 분할하시오.
⑥ 반죽은 전량을 사용하여 성형하시오.

구분 / 순서	재 료	비 율(%)	무 게(g)
1	박력분	100	500
2	설탕	120	600
3	달걀	180	900
4	소금	1	5(4)
5	바닐라향	0.5	2.5(2)
6	버터	20	100

◇ 제조 공정에 따른 주의사항

제조공정	공정별 주의사항
1. 재료 계량	▷ 공통주의사항 참고
2. 반죽 만들기	공립법에 따라 반죽을 만든다. ① 달걀을 풀고 설탕, 소금을 넣어 거품낸다 ② 향료, 체 친 밀가루를 넣고 살짝 섞는다 ③ 버터를 녹여서(60℃) 넣고 고루 섞는다. 반죽온도 25℃, 비중 0.55±0.05.
3. 팬닝	반죽하는 동안, 감독위원이 지시한 모양의 틀을 준비하여 기름칠을 하거나 깔개종이를 깔아 둔다. 틀의 60~65%만큼 반죽을 채워 넣는다.
4. 굽기	윗불 175℃,아랫불 170℃의 오븐에서 25~30분간 굽는다. 평철판을 쓸 때에는 200℃전후에서 굽는다. 속까지 잘 익고 껍질에 황금갈색이 난다. 옆면과 바닥에도 구운색이 들어야 한다. 윗면이 평평해지도록 조치한다.
5. 뒷정리, 개인위생	▷ 공통주의사항 참고
6. 제품평가	① 균형감:찌그러짐이 없고 좌우 상하가 대칭을 이루어야 한다. ② 속결:기공과 조직이 균일하되, 조밀하지 않아야 한다. ▷ 나머지 공통주의사항 참고

2. 버터 스펀지 케이크(별립법) _ Butter sponge cake

자격종목과 등급	제과기능사	작품명	버터 스펀지 케이크(별립법)

수검번호 : 성명 :

◇ 시험 제한 시간 : 1시간 50분

◇ 다음 요구사항대로 버터 스펀지 케이크(별립법)를 제조하여 제출하시오.

① 배합표의 각 재료를 계량하여 재료별로 진열하시오(8분).
② 반죽은 별립법으로 제조하시오.
③ 반죽온도는 23℃를 표준으로 하시오.
④ 반죽의 비중을 측정하시오.
⑤ 제시한 팬에 알맞도록 분할하시오.
⑥ 반죽은 전량을 사용하여 성형하시오.

구분 / 순서	재 료	비 율(%)	무 게(g)
1	박력분	100	600
2	설탕(A)	60	360
3	설탕(B)	60	360
4	달걀	150	900
5	소금	1.5	9(8)
6	베이킹파우더	1	6
7	바닐라향	0.5	3(2)
8	버터	25	150

◇ 제조 공정에 따른 주의사항

제조공정	공정별 주의사항
1. 재료 계량	▷ 공통주의사항 참고
2. 반죽 만들기	별립법에 따라 반죽을 만든다. ① 달걀을 노른자와 흰자로 나눈다. ※ 계량시간 내에는 달걀의 개수로 계량하며, 제조 시 흰자, 노른자를 분리한다. ② 노른자+설탕(A)+소금+유화제를 한데 넣고 섞는다. ③ 따로 흰자에 설탕(B)를 넣으면서 2단계(중간피크)까지 거품내어 머랭을 만든다. ④ ②에 머랭 1/3 분량, 밀가루, 녹인 버터를 각각 차례로 넣고 섞는다. ⑤ 나머지 머랭을 넣고 가볍게 혼합한다. 반죽온도 23℃, 비중 0.55±0.05.
3. 팬닝	반죽하는 감독위원이 지시하는 모양의 틀을 준비하여 기름칠을 하거나 깔개종이를 깔아 둔다. 틀의 50~60%만큼 반죽을 채워 넣는다.
4. 굽기	윗불 175℃,아랫불 170℃의 오븐에서 25~30분간 굽는다. 평철판을 쓸 때에는 200℃전후에서 굽는다. ▷ 나머지 '버터 스펀지 케이크(공립법)' 참고.
5. 뒷정리, 개인위생	▷ 공통주의사항 참고
6. 제품평가	▷ '버터 스펀지 케이크(공립법)' 참고.

3. 시퐁 케이크(시퐁법) _ Chiffon cake

자격종목과 등급	제과기능사	작품명	시퐁 케이크(시퐁법)

수검번호 : 성명 :

◇ 시험 제한 시간 : 1시간 40분

◇ 다음 요구사항대로 시퐁 케이크(시퐁법)를 제조하여 제출하시오.

① 배합표의 각 재료를 계량하여 재료별로 진열하시오(8분).
② 반죽은 시퐁법으로 제조하고 비중을 측정하시오.
③ 반죽온도는 23℃를 표준으로 하시오.
④ 시퐁팬을 사용하여 반죽을 분할하고 구우시오.
⑤ 반죽은 전량 사용하여 성형하시오.

구분 / 순서	재 료	비 율(%)	무 게(g)
1	박력분	100	400
2	설탕(A)	65	260
3	설탕(B)	65	260
4	달걀	150	600
5	소금	1.5	6
6	베이킹파우더	2.5	10
7	식용유	40	160
8	물	30	120

* 읽을거리

· 시퐁(Chiffon) : 프랑스의 시퐁(Chiffon)에서 온 '비단'을 뜻하는 용어로, 비단과 같이 우아하고 미묘한 맛이 난다 하여 붙여진 명칭이다.

◇ 제조 공정에 따른 주의사항

제조공정	공정별 주의사항
1. 재료 계량	▷ 공통주의사항 참고
2. 반죽 만들기	① 노른자를 잘 풀어준 후 설탕(A), 소금, 오렌지 향을 넣고 거품이 일지 않고 설탕이 녹을 정도로 잘 섞는다. ※ 계량시간 내에는 달걀의 개수로 계량하며, 제조 시 흰자, 노른자를 분리한다. ② 물을 조금씩 넣고 잘 섞어준다. ③ 체친 박력분과 베이킹 파우더를 넣고 나무주걱으로 가볍게 섞은 다음, 식용유를 넣고 잘 섞어준다. ④ 머랭 만들기 : 기름기가 없는 깨끗한 볼에 흰자를 넣고 60% 정도로 거품을 올린다. 설탕(B)를 2~3회 나누어 넣으면서 85% 정도(중간피크)의 머랭을 만든다. ⑤ 머랭 반죽을 ③노른자 반죽에 2~3회 나누어 넣으면서 균일하게 혼합한다. 반죽온도 23℃, 비중 0.45 ± 0.05
3. 팬닝	팬 기름을 바른 시퐁 팬에 공기층이 생기지 않도록 팬 부피의 70% 정도 채운다. 이때 작은 용기에 담아 부어서 팬닝하거나 짤주머니를 이용하여 팬닝한다. ▷ 팬 준비 : 시퐁 팬에 분무기로 물을 고르게 뿌려 엎어놓거나 팬 기름을 고르게 바른다. ▷ 팬 기름(Pan spread) : 쇼트닝 : 전분(밀가루) = 1 : 1의 비율로 섞은 것.
4. 굽기	윗불 170℃, 아랫불 170℃ 오븐에서 30~35분간 굽는다.
5. 식히기	① 구운 후 케이크를 팬에서 바로 꺼내지 말고 팬전체를 뒤집어 놓고 완전히 식힌 후 빼낸다. ② 손으로 조심스럽게 가장자리를 오므리고 스패튤러를 이용하여 옆면이 깨끗하도록 떼어 낸다. ③ 시퐁 팬을 뒤집어서 식히는 것은 윗면이 찌그러지는 것을 막기 위함이다.
6. 뒷정리, 개인위생	▷ 공통주의사항 참고
7. 제품평가	① 부피 : 틀 위로 반죽이 부풀어 넘쳐흐르거나 팬의 높이보다 낮지 않아야 한다. ② 외부균형 : 찌그러짐이 없어야 하고 전체적으로 대칭을 이루며 균형이 잘 잡혀야 한다. ③ 껍질 : 껍질은 너무 두껍지 않고 부드러워야 하며, 색상은 전체적으로 밝은 황색을 띠고 흠집이나 큰 기포 자국이 없어야 한다. ④ 내상 : 기공과 조직이 균일하며, 너무 조밀하지 않아야 하며, 밝은 노란색을 띠고 탄력성이 있어야 한다. 재료가 뭉쳐있거나 익지 않은 부위가 없어야 한다. ⑤ 맛과 향 : 씹는 촉감이 부드러우며, 끈적거리거나 탄 냄새, 익지 않은 생 재료 맛이 나서는 안된다. ▷ 공통주의사항 참고

4. 젤리 롤 케이크 _ Jelly roll cake

자격종목과 등급	제과기능사	작품명	젤리 롤 케이크

수검번호 : 성명 :

◇ 시험 제한 시간 : 1시간 30분

◇ 다음 요구사항대로 젤리 롤 케이크를 제조하여 제출하시오.

① 배합표의 각 재료를 계량하여 재료별로 진열하시오(8분).
(충전용 재료는 계량시간에서 제외)

② 반죽은 공립법으로 제조하시오.

③ 반죽온도는 23℃를 표준으로 하시오.

④ 반죽의 비중을 측정하시오.

⑤ 제시한 팬에 알맞도록 분할하시오.

⑥ 반죽은 전량을 사용하여 성형하시오.

⑦ 캐러멜 색소를 이용하여 무늬를 완성하시오.
(무늬를 완성하지 않으면 제품 껍질 평가 0점 처리)

구분 / 순서	재 료	비 율(%)	무 게(g)
1	박력분	100	400
2	설탕	130	520
3	달걀	170	680
4	소금	2	8
5	물엿	8	32
6	베이킹파우더	0.5	2
7	우유	20	80
8	바닐라향	1	4
9	잼(충전용)	50	200

◇ 제조 공정에 따른 주의사항

제조공정	공정별 주의사항
1. 재료 계량	▷ 공통주의사항 참고
2. 반죽 만들기	공립법에 따라 반죽을 만든다. ① 달걀을 푼다. ② 설탕, 소금, 물엿을 넣고 거품낸 뒤 향료를 첨가한다. ③ 반죽에 체친 박력분, 베이킹 파우더를 넣고 가볍게 섞는다. ④ 우유를 넣어 섞으면서 되기를 조절한다. 반죽온도 23℃, 비중 0.5±0.05.
3. 팬닝	평철판에 기름칠을 하거나 깔개종이를 깔고 반죽을 펴 넣는다. 윗면을 고무주걱으로 평평하게 정리하고 큰 공기방울은 제거한다.
4. 무늬뜨기	노른자 또는 남은 반죽에 캐러멜 색소로 색을 들여, 팬닝한 반죽 표면($\frac{2}{3}$ 부분)에 모양을 낸다. 2cm 간격을 두고 가늘게 짜내어 가는 꼬챙이로 무늬를 그린다.
5. 굽기	윗불 170~175℃,아랫불 170℃의 오븐에서 20~25분간 굽는다. 속이 잘 익고, 껍질에 황금갈색이 들며 무늬가 선명하게 나타난다.
6. 말기	구워낸 시트에 잼이나 크림을 바르고, 표면이 터지지 않고 주름지지 않게 만다. 무늬가 새겨진 부분이 겉면에 나타나도록 만다.
7. 뒷정리, 개인위생	▷ 공통주의사항 참고
8. 제품평가	① 균형감:말아올린 원기둥은 어느 한쪽이 굵거나 가늘지 않고 대칭을 이룬다. ② 껍질:구운색이 고르고, 터짐과 주름이 없다. ③ 속결:말아올린 상태가 너무 눌리거나 허술하지 않다. ▷ 나머지 공통주의사항 참고

5. 소프트 롤 케이크 _ Soft roll cake

자격종목과 등급	제과기능사	작품명	소프트 롤 케이크

수검번호 : 성명 :

◇ 시험 제한 시간 : 1시간 50분

◇ 다음 요구사항대로 소프트 롤 케이크를 제조하여 제출하시오.

① 배합표의 각 재료를 계량하여 재료별로 진열하시오(10분).
(충전용 재료는 계량시간에서 제외)

② 반죽은 별립법으로 제조하시오.

③ 반죽온도는 22℃를 표준으로 하시오.

④ 반죽의 비중을 측정하시오.

⑤ 제시한 팬에 알맞도록 분할하시오.

⑥ 반죽은 전량을 사용하여 성형하시오.

⑦ 캐러멜 색소를 이용하여 무늬를 완성하시오.

구분 / 순서	재 료	비 율(%)	무 게(g)
1	박력분	100	250
2	설탕(A)	70	175(176)
3	물엿	10	25(26)
4	소금	1	2.5(2)
5	물	20	50
6	향	1	2.5(2)
7	설탕(B)	60	150
8	달걀	280	700
9	베이킹파우더	1	2.5
10	식용유	50	125(126)
11	잼(충전용)	80	200

◇ 제조 공정에 따른 주의사항

제조공정	공정별 주의사항
1. 재료 계량	▷ 공통주의사항 참고
2. 반죽 만들기	'버터 스펀지 케이크(별립법)' 참고. ① 노른자, 설탕(A), 물엿, 소금을 섞어 거품낸 다음, 향료와 물을 넣고 저속으로 혼합한다(설탕 입자가 용해되도록). ※ 계량시간 내에는 달걀의 개수로 계량하며, 제조 시 흰자, 노른자를 분리한다. ② 따로 흰자를 1단계까지 거품낸 뒤 설탕(B)를 넣어 2단계까지 거품낸다. ③ ①에 ②의 머랭 $\frac{1}{3}$을 넣고 섞는다. ④ 밀가루, 베이킹 파우더, 식용유, 남은 머랭을 각각 차례로 넣고 섞는다. 반죽온도 22±1℃, 비중 0.45±0.05.
3. 팬닝	반죽하는 동안 주어진 평철판에 기름칠을 하거나 깔개종이를 깔아둔다.
4. 무늬뜨기	노른자 또는 남은 반죽에 캐러멜 색소로 색을 들여, 팬닝한 반죽 표면($\frac{2}{3}$ 부분)에 모양을 낸다. 2㎝ 간격을 두고 가늘게 짜내어 가는 꼬챙이로 무늬를 그린다.
5. 굽기	윗불 170~175℃,아랫불 170℃의 오븐에서 20~25분간 굽는다. 속이 잘 익고, 껍질에 황금갈색이 들며 무늬가 선명하게 나타난다.
6. 말기	구워낸 시트에 잼이나 크림을 바르고, 표면이 터지지 않고 주름지지 않게 만다. 무늬가 새겨진 부분이 겉면에 나타나도록 만다.
7. 뒷정리, 개인위생	▷ 공통주의사항 참고
8. 제품평가	① 균형감:말아올린 원기둥은 어느 한쪽이 굵거나 가늘지않고 대칭을 이룬다. ② 껍질:구운색이 고르고, 터짐과 주름이 없다. ③ 속결:말아올린 상태가 너무 눌리거나 허술하지 않다. ▷ 나머지 공통주의사항 참고

6. 초코 롤 케이크 _ Chocolate roll cake

자격종목과 등급	제과기능사	작품명	초코 롤 케이크

수검번호 : 성명 :

◇ 시험 제한 시간 : 1시간 50분

◇ 다음 요구사항대로 초코 롤 케이크를 제조하여 제출하시오.

① 배합표의 각 재료를 계량하여 재료별로 진열하시오(11분).
(충전용, 토핑용 재료는 계량시간에서 제외)

② 반죽은 공립법으로 제조하시오.

③ 반죽 온도는 24℃를 표준으로 하시오.

④ 반죽의 비중을 측정하시오.

⑤ 제시한 철판에 알맞도록 팬닝하시오.

⑥ 반죽은 전량을 사용하시오.

⑦ 충전용 재료는 가나슈를 만들어 전량 사용하시오.

⑧ 시트를 구운 윗면에 가나슈를 바르고, 원형이 잘 유지되도록 말아 제품을 완성하시오
(반대 방향으로 롤을 말면 성형 및 제품평가 해당항목 감점).

구분 / 순서	재 료	비 율(%)	무 게(g)
1	박력분	100	168
2	달걀	285	480
3	설탕	128	216
4	코코아파우더	21	36
5	베이킹소다	1	2
6	물	7	12
7	우유	17	30

충전용 가나슈

구분 / 순서	재 료	비 율(%)	무 게(g)
1	다크커버추어	119	200
2	생크림	119	200
3	럼	12	20

◇ 제조 공정에 따른 주의사항

제조공정	공정별 주의사항
1. 재료 계량	▷ 공통주의사항 참고
2. 반죽 만들기	① 달걀을 풀어준 후 설탕을 넣고 중탕한다. ※ 달걀을 중탕으로 따뜻하게 만들어 준 다음 믹싱을 하면 기포성이 좋은 반죽을 만들 수 있다. ② 고속으로 휘핑한 다음 연한 미색이 되면 중속으로 바꿔 단단한 거품을 올려 준다. ③ 반죽을 떨어뜨려 봤을 때 자국이 천천히 사라지는 정도까지 휘핑한 다음 함께 체 친 박력분, 코코아파우더, 베이킹소다를 넣으면서 주걱을 이용해 가볍게 뒤집으면서 섞는다. ④ 중탕으로 따뜻하게 데운 물과 우유를 넣고 섞는다. ※ 믹싱을 많이 하면 가벼워 구운 후 주저앉으므로 정확하게 맞춰야 한다. 반죽온도 24℃, 비중 0.45~0.50 ⑤ 충전용 가나슈 만들기 : 따뜻하게 중탕한 다크 커버추어에 생크림을 붓고 섞은 다음 완전히 유화되면 럼을 넣고 섞는다.
3. 팬닝	철판에 위생지를 깔고 반죽을 부은 후 스크레이퍼를 이용해 윗면을 고르게 편다. ※ 팬닝 후 큰 기포는 철판을 가볍게 내리쳐 제거한 후 오븐에 넣는다.
4. 굽기	윗불 168℃, 아랫불 175℃ 오븐에서 15~20분간 굽는다. ※ 소량의 밀가루를 사용하여 만들기 때문에 굽는 과정에서 수분이 너무 많이 남아있지 않도록 주의한다.
5. 말기	타공팬으로 옮겨 위생지를 떼어낸 다음 가나슈를 골고루 펴 바른 후 밀대를 이용해 말아준다. ※ 굽고 난 후 롤 케이크가 미지근할 때 말아야 가나슈가 굳지 않고 잘 말린다.
6. 뒷정리, 개인위생	▷ 공통주의사항 참고
7. 제품평가	① 균형감 : 말아 올린 원기둥은 어느 한쪽이 굵거나 가늘지 않고 대칭을 이룬다. ② 껍질 : 반죽 표면에 무늬는 넣지 않지만 기포를 잘 제거해 균일하게 만든다. ③ 속결 : 말아 올린 상태가 너무 눌리거나 허술하지 않다. ▷ 나머지 공통주의사항 참고

7. 파운드 케이크 _ Pound cake

자격종목과 등급	제과기능사	작품명	파운드 케이크

수검번호 :   성명 :

◇ 시험 제한 시간 : 2시간 30분

◇ 다음 요구사항대로 파운드 케이크를 제조하여 제출하시오.

① 배합표의 각 재료를 계량하여 재료별로 진열하시오(9분).
② 반죽은 크림법으로 제조하시오.
③ 반죽온도는 23℃를 표준으로 하시오.
④ 반죽의 비중을 측정하시오.
⑤ 윗면을 터뜨리는 제품을 만드시오.
⑥ 반죽은 전량을 사용하여 성형하시오.

구분 / 순서	재 료	비 율(%)	무 게(g)
1	박력분	100	800
2	설탕	80	640
3	버터	80	640
4	유화제	2	16
5	소금	1	8
6	탈지분유	2	16
7	바닐라향	0.5	4
8	베이킹파우더	2	16
9	달걀	80	640

◇ 제조 공정에 따른 주의사항

제조공정	공정별 주의사항
1. 재료 계량	▷ 공통주의사항 참고
2. 반죽 만들기	크림법에 따라 반죽을 만든다. ① 버터를 부드럽게 만든다. ② 소금, 설탕, 유화제를 넣고 크림 상태로 만든다. ③ 달걀을 조금씩 넣으면서 부드러운 크림으로 만든다. ④ 마른 재료(베이킹파우더, 밀가루, 탈지분유)를 넣고 가볍게 섞어 부드러운 반죽을 만든다. 반죽온도 23℃, 비중은 0.9까지 허용
3. 팬닝	기름기 없는 틀을 준비하여 깔개종이를 깔아둔다. 틀의 70%만큼 반죽을 채워 넣는다.
4. 굽기	윗불 230~240℃,아랫불 170℃의 오븐에서 35~40분간 굽는다. 윗면이 터지도록 구우려면, ① 처음에 윗불을 세게 틀어 굽다가, 윗면에 갈색이 들면, 기름을 묻힌 고무주걱으로 중앙을 길이로 자른다. ② 껍질색이 짙어지지 않도록 뚜껑을 덮어 굽는다.
5. 마무리	구워 낸 파운드 케이크의 윗면에 달걀(노른자+설탕)을 바른다. 이때 거품이 일지 않도록 주의. 터진 부분에 더 많이 칠한다.
6. 뒷정리, 개인위생	▷ 공통주의사항 참고
7. 제품평가	① 균형감:윗면 중앙이 조금 솟은 꼴로, 대칭을 이루어야 한다. ② 속결:밝은 노란 빛을 띠고 부드럽다.

8. 과일 케이크 _ Fruits cake

자격종목과 등급	제과기능사	작품명	과일 케이크

수검번호 : 성명 :

◇ 시험 제한 시간 : 2시간 30분

◇ 다음 요구사항대로 과일 케이크를 제조하여 제출하시오.

① 배합표의 각 재료를 계량하여 재료별로 진열하시오(13분).

② 반죽은 별립법으로 제조하시오.

③ 반죽온도는 23℃를 표준으로 하시오.

④ 제시한 파운드팬에 알맞도록 분할하시오.

⑤ 반죽은 전량을 사용하여 성형하시오.

구분 / 순서	재 료	비 율(%)	무 게(g)
1	박력분	100	500
2	설탕	90	450
3	마가린	55	275(276)
4	달걀	100	500
5	우유	18	90
6	베이킹파우더	1	5(4)
7	소금	1.5	7.5(8)
8	건포도	15	75(76)
9	체리	30	150
10	호두	20	100
11	오렌지필	13	65(66)
12	럼	16	80
13	바닐라향	0.4	2

◇ 제조 공정에 따른 주의사항

제조공정	공정별 주의사항
1. 재료 계량	▷ 공통주의사항 참고
2. 반죽 만들기	복합법에 따라 반죽을 만든다. ① 호두를 살짝 볶아 둔다. ② 과일에 술을 넣고 버무려 둔다. ③ 달걀을 노른자와 흰자로 나눈다. ※ 계량시간 내에는 달걀의 개수로 계량하며, 제조 시 흰자, 노른자를 분리한다. ④ 유지, 설탕 일부(전체에서 60%), 소금, 노른자를 풀어 크림 상태로 만들고 향을 첨가한다. ⑤ 따로 흰자를 거품낸다(1단계=60%). ⑥ 남은 설탕을 ⑤의 머랭에 넣으면서 2단계(중간피크)까지 거품낸다(60~90%). ⑦ ④의 크림에 ①과 ②의 과일을 넣고 고루 섞은 뒤 ⑥의 머랭 $\frac{1}{3}$분량을 넣어 섞고, 우유를 넣어 섞는다. ⑧ 남은 마른 재료(밀가루, 베이킹 파우더 등)와 머랭을 각각 차례로 넣어 섞는다. 반죽온도 23℃.
3. 팬닝	반죽을 만드는 동안 틀을 준비하여 기름칠을 하거나 깔개종이를 깔아 둔다. 틀의 80%만큼 반죽을 채워 넣는다. 윗불 180℃,아랫불 170℃의 오븐에서 35~40분간 굽는다.
4. 굽기	충전 과일이 잘 익고, 껍질색이 밝은 갈색을 띤다.
5. 뒷정리, 개인위생	▷ 공통주의사항 참고
6. 제품평가	① 균형감:중앙이 조금 솟는 꼴이고 대칭을 이룬다. ② 속결:과일이 한쪽에 몰리거나 아래로 가라앉지 않아야 한다. ▷ 나머지 공통주의사항 참고

9. 치즈 케이크 _ Cheese cake

자격종목과 등급	제과기능사	작품명	치즈 케이크

수검번호 : 　　　　　　　　　　　　　　　　　성명 :

◇ 시험 제한 시간 : 2시간 30분

◇ 다음 요구사항대로 치즈 케이크를 제조하여 제출하시오.

① 배합표의 각 재료를 계량하여 재료별로 진열하시오(9분).
② 반죽은 별립법으로 제조하시오.
③ 반죽 온도는 20℃를 표준으로 하시오.
④ 반죽의 비중을 측정하시오.
⑤ 제시한 팬에 알맞도록 분할하시오.
⑥ 굽기는 중탕으로 하시오.
⑦ 반죽은 전량을 사용하시오.

구분 / 순서	재　료	비 율(%)	무 게(g)
1	중력분	100	80
2	버터	100	80
3	설탕(A)	100	80
4	설탕(B)	100	80
5	달걀	300	240
6	크림치즈	500	400
7	우유	162.5	130
8	럼	12.5	10
9	레몬주스	25	20

◇ 제조 공정에 따른 주의사항

제조공정	공정별 주의사항
1. 재료 계량	▷ 공통주의사항 참고
2. 반죽 만들기	① 달걀을 노른자와 흰자로 분리한다. ※ 계량시간에는 달걀 개수로 계량하며 제조 시 노른자와 흰자로 분리한다. ② 버터와 설탕(A), 크림치즈, 노른자를 덩어리지지 않게 크림화한다. ※ 크림치즈를 충분히 풀어준 다음 나머지 재료를 넣고 크림화한다. ③ 우유, 럼, 레몬주스를 넣고 부드럽게 믹싱한다. ④ 흰자와 설탕(B)를 휘핑해 끝이 살짝 휘어지는 정도의 머랭을 만든다. ⑤ 크림치즈 반죽과 머랭 1/2을 넣고 가볍게 섞고 체 친 중력분을 넣고 섞은 다음 나머지 머랭을 넣고 섞는다. ※ 머랭을 넣고 반죽을 섞을 때 충분히 저어 비중을 맞춘다.
3. 팬닝	① 용기(비중컵)에 버터와 설탕을 바른다. ② 반죽을 80% 정도 팬닝한 다음 철판에 물을 붓는다. ※ 철판에 물을 부을 때 컵에 물이 들어가지 않게 주의한다.
4. 굽기	윗불 150℃, 아랫불 150℃ 오븐에서 중탕으로 50분간 굽는다.
5. 뒷정리, 개인위생	▷ 공통주의사항 참고
6. 제품평가	▷ 공통주의사항 참고

10. 타르트 _ Tarte

자격종목과 등급	제과기능사	작품명	타르트

수검번호 : 성명 :

◇ 시험 제한 시간 : 2시간 20분

◇ 다음 요구사항대로 타르트를 제조하여 제출하시오.
① 배합표의 반죽용 재료를 계량하여 재료별로 진열하시오(5분).
(충전용 재료는 계량시간에서 제외)
② 반죽은 크림법으로 제조하시오.
③ 반죽온도는 20℃를 표준으로 하시오.
④ 반죽은 냉장고에서 20~30분정도 휴지를 주시오.
(토핑 등의 재료는 휴지시간을 활용하시오.)
⑤ 반죽은 두께 3mm정도 밀어펴서 팬에 맞게 성형하시오.
⑥ 아몬드크림을 제조해서 팬(Ø 10~12cm) 용적에 60~70%정도 충전하시오.
⑦ 아몬드슬라이스를 윗면에 고르게 장식하시오.
⑧ 8개를 성형하시오.
⑨ 광택제로 제품을 완성하시오..

타르트 반죽

구분 / 순서	재 료	비 율(%)	무 게(g)
1	박력분	100	400
2	달걀	25	100
3	설탕	26	104
4	버터	40	160
5	소금	0.5	2

충전물(아몬드크림)

구분 / 순서	재 료	비 율(%)	무 게(g)
1	아몬드파우더	100	250
2	설탕	90	225
3	버터	100	250
4	달걀	65	162
5	브랜디	12	30
광택제 및 토핑			
1	애프리코트혼당	100	150
2	물	40	60
3	아몬드슬라이스	66.6	100

◇ 제조 공정에 따른 주의사항

제조공정	공정별 주의사항
1. 재료 계량	▷ 공통주의사항 참고
2. 반죽 만들기	① 버터를 부드럽게 풀고 설탕, 소금을 넣고 섞는다. ② 달걀을 조금씩 넣어가며 섞는다.
3. 휴지	체 친 박력분을 넣고 반죽을 한 덩어리로 뭉쳐 냉장고에서 20~30분 동안 휴지한다.
4. 팬닝	반죽을 3㎜ 두께로 밀어 펴서 팬에 맞게 재단하여 깐다.
5. 충전물(아몬드크림) 만들기	① 버터를 부드럽게 풀고 설탕을 넣어 크림 상태로 만든다. ② 달걀을 풀어 조금씩 넣으면서 부드러운 크림을 만들고 체 친 아몬드파우더를 넣어 섞은 다음 브랜디를 넣어 크림을 완성한다.
6. 크림 충전	충전물(아몬드크림)을 짤주머니에 넣어 팬의 60~70% 정도 충전한 다음 아몬드슬라이스를 골고루 뿌린다.
7. 굽기	윗불 190℃, 아랫불 180℃ 오븐에서 25~30분 동안 굽는다.
8. 마무리	애프리코트혼당과 물을 끓인 다음 타르트 윗면에 발라 제품을 완성한다.
9. 뒷정리, 개인위생	▷ 공통주의사항 참고
10. 제품평가	평가항목:부피, 균형감, 껍질, 속결, 맛과 향 ▷ 나머지 공통주의사항 참고

11. 호두 파이 _ Walnut pie

자격종목과 등급	제과기능사	작품명	호두 파이

수검번호 : 성명 :

◇ 시험 제한 시간 : 2시간 30분

◇ 다음 요구사항대로 호두 파이를 제조하여 제출하시오.

① 껍질 재료를 계량하여 재료별로 진열하시오(7분).
(충전용, 토핑용 재료는 계량시간에서 제외)
② 껍질에 결이 있는 제품으로 제조하시오. (손 반죽으로 하시오.)
③ 껍질 휴지는 냉장온도에서 실시하시오.
④ 충전물은 개인별로 각자 제조하시오.(호두는 구워서 사용)
⑤ 구운 후 충전물의 층이 선명하도록 제조하시오.
⑥ 제시한 팬에 맞는 껍질을 제조하시오.(팬 크기가 다를 경우 크기에 따라 가감)
⑦ 반죽은 전량을 사용하여 성형하시오.

껍질

구분 / 순서	재료	비율(%)	무게(g)
1	중력분	100	400
2	노른자	10	40
3	소금	1.5	6
4	설탕	3	12
5	생크림	2	48
6	버터	40	160
7	냉수	25	100

충전물

구분 / 순서	재료	비율(%)	무게(g)
1	호두	100	250
2	설탕	100	250
3	물엿	100	250
4	계피가루	1	2.5(2)
5	물	40	100
6	달걀	240	600

◇ 제조 공정에 따른 주의사항

제조공정	공정별 주의사항
1. 재료 계량	▷ 공통주의사항 참고
2. 반죽 만들기	**껍질** ① 냉수에 설탕, 소금을 넣고 녹인 다음 생크림, 노른자를 넣고 섞는다. ② 작업대 위에 체 친 중력분, 버터를 올리고 스크레이퍼를 이용해 콩알 크기로 자른다. ③ 손으로 비벼서 가루 상태로 만들고 ①의 액체 재료를 넣어 한 덩어리로 만든다. ④ 냉장 또는 냉동실에서 20분간 휴지시킨다. ※ 손가락으로 반죽을 살짝 눌렀을 때 손가락 자국이 그대로 남아있으면 휴지를 끝낸다. ⑤ 0.35㎝ 두께로 밀어 편다. **충전물** ① 설탕에 계피가루, 물엿을 넣고 중탕으로 녹인다. ② 달걀, 물을 넣고 알끈이 없어질 때까지 거품기로 잘 저어준다. ※ 거품기로 거품이 나지 않게 젓는다. ③ 위생지를 알맞게 잘라 덮고 냉탕으로 식힌다. ※ 식힌 후 위생지를 제거하면 기포도 제거된다.
3. 팬닝	① 껍질 반죽의 테두리를 지그재그 모양으로 팬닝한다. ※ 지그재그 모양을 만들 때는 윗면이 깨끗하고 무늬가 적당한 간격을 유지하며 전체적인 모양이 원형이 되야 한다. ② 바닥이 안보일 정도로 호두분태를 깔고 충전물을 채운다. ※ 분무기를 이용해 기포를 제거한다.
4. 굽기	윗불 170℃, 아랫불 160℃ 오븐에서 30~40분간 굽는다.
5. 뒷정리, 개인위생	▷ 공통주의사항 참고
6. 제품평가	▷ 공통주의사항 참고

12. 사과 파이 _ Apple pie

자격종목과 등급	제과기능사	작품명	사과 파이

수검번호 :　　　　　　　　　　　　　　　　성명 :

◇ 시험 제한 시간 : 2시간 30분

◇ 다음 요구사항대로 사과 파이를 제조하여 제출하시오.

① 껍질 재료를 계량하여 재료별로 진열하시오(6분).
(충전용 재료는 계량시간에서 제외)

② 껍질에 결이 있는 제품으로 제조하시오.

③ 충전물은 개인별로 각자 제조하시오.

④ 제시한 팬(지름 약 12~15cm)에 맞추어 총 4개를 만들고,
격자무늬(2개)와 뚜껑을 덮는 형태(2개)로 만드시오.

⑤ 반죽은 전량을 사용하여 성형하시오.

⑥ 충전물의 양은 팬의 크기에 따라 조정하여 사용하시오.

껍질

구분 / 순서	재 료	비 율(%)	무 게(g)
1	중력분	100	400
2	설탕	3	12
3	소금	1.5	6
4	쇼트닝	55	220
5	탈지분유	2	8
6	찬물	35	140

충전물

구분 / 순서	재 료	비 율(%)	무 게(g)
1	사과	100	700
2	설탕	18	126
3	소금	0.5	3.5(4)
4	계피가루	1	7(8)
5	옥수수전분	8	56
6	물	50	350
7	버터	2	14

◇ 제조 공정에 따른 주의사항

제조공정	공정별 주의사항
1. 재료 계량	▷ 공통주의사항 참고
2. 반죽 만들기	① 찬물에 소금, 설탕을 녹인다 ② 밀가루와 분유를 체 쳐 놓고, 그 위에 유지를 얹어 콩알만한 크기로 자르면서 섞는다 ③ ②의 가루를 우물처럼 둘레치고, 그 속에 ①의 물을 부어 고루 섞는다.
3. 휴지	냉장 온도에 20~30분간, 표면이 마르지 않도록 비닐에 싸둔다.
4. 충전물 만들기	① 사과의 껍질을 벗기고 씨를 뺀 뒤 틀의 크기에 맞춰 자른다. 색이 변하지 않도록 설탕물에 담가 둔다 ② 버터를 뺀 페이스트 재료를 가열한다. 원하는 만큼 되직해지면 버터를 넣고 섞는다 ③ ①의 사과를 ②에 넣고 버무린다. 파이 껍질에 담기까지 식힌다.
5. 성형	① 4의 휴지 반죽을 알맞은 두께로 밀어펴서 틀에 맞는 크기로 2장 자른다. 반죽 1장(두께 0.3㎝)을 틀에 깐다 ② 반죽 중앙에 충전물을 얹고 다듬는다 ③ 다른 반죽(두께 0.2㎝)을 격자무늬와 둥근 모양으로 만들어 뚜껑을 씌우고 위 아래 반죽을 꼭꼭 눌러 붙인다. 반죽끼리 맞닿은 부분의 아랫반죽에 물칠을 해서 끈기가 생기도록 하면 잘 붙는다 ④ 굽는 동안 수증기가 빠져나가도록 위 껍질에 구멍을 뚫거나, 미리 구멍을 내어 얹기도 한다. ※ 구멍을 뚫기 전에 노른자를 칠하면 구운색이 든다.
6. 굽기	윗불 200℃, 아랫불 240~270℃의 오븐에서 20~25분간 굽는다. 파이 틀을 평철판에 올려 굽는다.
7. 뒷정리, 개인위생	▷ 공통주의사항 참고
8. 제품평가	① 부피:껍질의 크기와 충전물의 양이 알맞아야 양감이 산다. 충전물이 적어 윗면이 주저앉거나, 많아서 볼록 솟지 않아야 한다. ② 균형감:원반 모양으로 대칭을 이루고, 위 아래 껍질의 이음매가 터지지 않아야 한다. ③ 껍질:결이 조금 나타나고, 노란 빛의 구운색이 든다. 충전물이 끓어넘쳐 껍질이 젖어 눅눅하면 안된다. ④ 속결:충전물의 되기와 양이 알맞아야 한다. ⑤ 맛과 향:덧가루를 많이 써 텁텁한 맛이 나거나 충전물을 태워 탄 맛이 나지 않아야 한다.

13. 초코 머핀(초코 컵케이크) _ Chocolate muffin

자격종목과 등급	제과기능사	작품명	초코 머핀(초코 컵케이크)

수검번호 : 성명 :

◇ 시험 제한 시간 : 1시간 50분

◇ 다음 요구사항대로 초코 머핀(초코 컵케이크)을 제조하여 제출하시오.
① 배합표의 각 재료를 계량하여 재료별로 진열하시오(11분).
② 반죽은 크림법으로 제조하시오.
③ 반죽온도는 24℃를 표준으로 하시오.
④ 초코칩은 제품의 내부에 골고루 분포되게 하시오.
⑤ 반죽분할은 주어진 팬에 알맞은 양으로 반죽을 팬닝 하시오.
⑥ 반죽은 전량을 사용하여 성형하시오.

구분 / 순서	재 료	비 율(%)	무 게(g)
1	박력분	100	500
2	설탕	60	300
3	버터	60	300
4	달걀	60	300
5	소금	1	5(4)
6	베이킹소다	0.4	2
7	베이킹파우더	1.6	8
8	코코아파우더	12	60
9	물	35	175(174)
10	탈지분유	6	30
11	초코칩	36	180

◇ 제조 공정에 따른 주의사항

제조공정	공정별 주의사항
1. 재료 계량	▷ 공통주의사항 참고
2. 반죽 만들기	① 믹서 볼에 버터를 넣고 거품기로 부드럽게 풀어준다. ② 설탕과 소금을 넣고 크림 상태로 만든다. ③ 달걀을 조금씩 넣으면서 부드러운 크림 상태로 만든다. ④ 반죽에 물을 조금씩 넣어가며 섞은 다음 함께 체 친 박력분, 베이킹소다, 베이킹파우더, 코코아파우더, 탈지분유를 넣고 반죽을 균일하게 섞는다. ⑤ 반죽에 초코칩을 넣고 가볍게 섞어 반죽을 완성한다. 반죽온도 24℃
3. 팬닝	주어진 틀에 머핀종이를 깔고 짤주머니에 반죽을 넣어 팬의 70% 정도 팬닝한다.
4. 굽기	윗불 180℃, 아랫불 160℃ 오븐에서 20~25분 동안 굽는다.
5. 뒷정리, 개인위생	▷ 공통주의사항 참고
6. 제품평가	평가항목:부피, 균형감, 껍질, 속결, 맛과 향 ▷ 나머지 공통주의사항 참고

14. 마데라 컵케이크 _ Madeira cup cake

자격종목과 등급	제과기능사	작품명	마데라 컵케이크

수검번호 : 성명 :

◇ 시험 제한 시간 : 2시간

◇ 다음 요구사항대로 마데라 컵케이크를 제조하여 제출하시오.

① 배합표의 각 재료를 계량하여 재료별로 진열하시오(9분).
(충전용 재료는 계량시간에서 제외)

② 반죽은 크림법으로 제조하시오.

③ 반죽온도는 24℃를 표준으로 하시오.

④ 반죽분할은 주어진 팬에 알맞은 양을 팬닝하시오.

⑤ 적포도주 퐁당을 1회 바르시오.

⑥ 반죽은 전량을 사용하여 성형하시오.

구분 / 순서	재 료	비 율(%)	무 게(g)
1	박력분	100	400
2	버터	85	340
3	설탕	80	320
4	소금	1	4
5	달걀	85	340
6	베이킹파우더	2.5	10
7	건포도	25	100
8	호두	10	40
9	적포도주❶	30	120
10	분당(충전용)	20	80
11	적포도주❷(충전용)	5	20

◇ 제조 공정에 따른 주의사항

제조공정	공정별 주의사항
1. 재료 계량	▷ 공통주의사항 참고
2. 반죽 만들기	① 믹서볼에 버터를 넣고 거품기를 사용하여 부드럽게 풀어준다. ② 설탕, 소금을 넣고 크림상태로 만든다. ③ 달걀을 1개씩 넣으면서 부드러운 크림상태로 만든다. ④ 건포도와 잘게 썬 호두에 약간의 덧가루를 뿌려 버무린 후 ③에 넣고 골고루 섞는다. ⑤ 체친 박력분과 베이킹 파우더를 넣고 골고루 섞어 준 후 동시에 적포도주❶을 넣고 가볍게 섞어준다.
3. 팬닝	원형 모양깍지를 끼운 짤주머니에 반죽을 적당량씩 넣고 준비한 컵팬에 종이를 깔고 팬 용적의 70% 정도로 반죽을 넣는다.
4. 굽기	윗불 180℃, 아랫불 160℃ 오븐에서 25~30분간 굽는다.
5. 식히기	① 제품이 구워져 나오면 제품 윗면에 즉시 적포도주 시럽을 발라 다시 오븐에 넣고 시럽을 건조시킨 후 꺼낸다. ② 포도주 시럽은 적포도주❷ 20g에 분당 80g을 혼합하여 걸죽한 상태로 만들어 사용한다.
6. 뒷정리, 개인위생	▷ 공통주의사항 참고
7. 제품평가	① 부피 : 틀 위로 반죽이 부풀어 넘쳐흐르지 않아야 하며, 찌그러지거나 윗면이 평평해서는 안된다. ② 외부균형 : 전체적으로 크기가 일정해야 한다. ③ 껍질 : 구운 색이 연하고 부드러우며 껍질색은 황금 갈색이어야 한다. ④ 내상 : 기공과 조직이 균일하고 건포도와 호두가 잘 익고 골고루 섞여 있어야 한다. ⑤ 맛과 향 : 포도주 맛과 부드러운 버터의 향이 잘 조화를 이루어야 한다. ▷ 공통주의사항 참고

15. 슈 _ Choux à la crème

자격종목과 등급	제과기능사	작품명	슈

수검번호 : 성명 :

◇ 시험 제한 시간 : 2시간

◇ 다음 요구사항대로 슈를 제조하여 제출하시오.

① 배합표의 껍질 재료를 계량하여 재료별로 진열하시오(5분).

② 껍질 반죽은 수작업으로 하시오.

③ 반죽은 직경 3cm 전후의 원형으로 짜시오.

④ 커스터드 크림을 껍질에 넣어 제품을 완성하시오.
(충전용 커스터드 크림을 지급재료로 제공하며, 수험생은 제조하지 않음)

⑤ 반죽은 전량을 사용하여 성형하시오.

슈 껍질

구분 / 순서	재 료	비 율(%)	무 게(g)
1	물	125	250
2	버터	100	200
3	소금	1	2
4	중력분	100	200
5	달걀	200	400
6	충전용 크림	500	1,000

◇ 제조 공정에 따른 주의사항

제조공정	공정별 주의사항
1. 재료 계량	▷ 공통주의사항 참고
2. 반죽 만들기	① 물+유지+소금을 끓이고 밀가루를 넣어 호화시킨다. ② 달걀을 조금씩 넣으며 반죽에 끈기가 생기도록 휘젓는다. 반죽의 표면이 마르지 않도록 젖은 헝겊을 씌우고, 식지 않도록 놔둔다. 탄산수소암모늄은 물에 녹여 쓴다.
3. 성형	평철판에 기름을 칠하고, 반죽을 짤주머니에 채워 짜낸다. 반죽 표면이 젖도록 물을 뿌린다. 또는, 틀에 미지근한 물을 부어 20분 동안 놓아두었다가 물을 따라버리고 반죽을 짜내어 굽는다. 달걀칠을 하기도 한다.
4. 굽기	윗불 170℃, 아랫불 180℃의 오븐에서 15분정도 팽창시킨후, 윗불 180℃, 아랫불 150℃로 줄이고 구워 색깔이 들면 온도를 낮춰 건조시킨다. (총 굽는 시간은 20~30분)
5. 크림 충전	밑면이나 옆면에 구멍을 뚫어준 후 제공된 크림을 충전한다.
6. 뒷정리, 개인위생	▷ 공통주의사항 참고
7. 제품평가	① 껍질:자연스럽게 터지고, 구운색이 고르게 나타난다. 껍질이 물렁물렁해서는 안된다. 속이 비어 있어야 한다. ② 맛과 향:바삭바삭한 껍질과, 부드러운 속의 크림이 잘 어울러져야 한다. ▷ 나머지 공통주의사항 참고

16. 다쿠아즈 _ Dacquoise

자격종목과 등급	제과기능사	작품명	다쿠아즈

수검번호 : 성명 :

◇ 시험 제한 시간 : 1시간 50분

◇ 다음 요구사항대로 다쿠아즈를 제조하여 완성하시오.

① 배합표의 각 재료를 계량하여 재료별로 진열하시오(5분).
(충전용 재료는 계량시간에서 제외)

② 머랭을 사용하는 반죽을 만드시오.

③ 표피가 갈라지는 다쿠아즈를 만드시오.

④ 다쿠아즈 2개를 크림으로 샌드하여 1조의 제품으로 완성하시오.

⑤ 반죽은 전량을 사용하여 성형하시오.

다쿠아즈

구분 / 순서	재 료	비 율(%)	무 게(g)
1	흰자	100	330
2	설탕	30	99(98)
3	아몬드파우더	60	198
4	분당	50	165(164)
5	박력분	16	53(54)
6	샌드용 크림	66	218

◇ 제조 공정에 따른 주의사항

제조공정	공정별 주의사항
1. 재료 계량	▷ 공통주의사항 참고
2. 반죽 만들기	**다쿠아즈** ① 흰자를 믹서볼에 버터를 넣고 거품기를 사용하여 약 60% 정도 거품이 형성되면 설탕을 넣고 거품 올리기를 한다. ② 100% 이상 거품 형성이 되면 반죽을 꺼낸다. ③ 아몬드파우더, 분당, 밀가루를 섞어 체친 후 나무주걱을 사용하여 ②의 머랭과 골고루 섞어준다.
3. 팬닝	① 평철판 위에 다쿠아즈 팬을 올려 놓는다. ② 짤주머니에 원형 모양 깍지를 끼고 반죽을 적당히 채운 후 다쿠아즈 팬에 짜 넣는다. ③ 스패튤러를 사용하여 전체 면을 수평으로 고른다. ④ 팬을 들어 올리고 고운 체를 사용하여 분당을 뿌려준다.
4. 굽기	윗불 200℃, 아랫불160℃의 오븐에서 10~12분간 굽는다.
5. 식히기	① 실온에서 냉각시킨다.
6. 마무리	① 짤주머니에 적당량의 캐러멜 크림을 넣는다. ② 다쿠아즈 밑면에 캐러멜 크림을 짜 얹고 다른 다쿠아즈를 붙여 2개를 1개조로 한다. ▷ 분당을 뿌리면 겉으로 보게 한다.
7. 뒷정리, 개인위생	▷ 공통주의사항 참고
8. 제품평가	① 부피 : 제품의 찌그러짐이 없고 대칭을 이루어야 한다. ② 외부균형 : 제품 표면에 분당이 균일하게 분포되어야 하고 샌드한 제품이 크기와 모양이 비슷하여야 한다. ③ 껍질 : 껍질색이 균일하고 밝은 황갈색이 나야하며 갈라지거나 터짐이 균일하게 보기 좋아야 한다. ④ 맛과 향 : 과자와 크림의 맛이 잘 어울려야 한다. ▷ 공통주의사항 참고

17. 마들렌 _ Madeleine

자격종목과 등급	제과기능사	작품명	마들렌

수검번호 : 성명 :

◇ 시험 제한 시간 : 1시간 50분

◇ 다음 요구사항대로 마들렌을 제조하여 완성하시오.

① 배합표의 각 재료를 계량하여 재료별로 진열하시오(7분).
② 마들렌은 수작업으로 하시오.
③ 버터를 녹여서 넣는 1단계법(변형) 반죽법을 사용하시오.
④ 반죽온도는 24℃를 표준으로 하시오.
⑤ 실온에서 휴지를 시키시오.
⑥ 제시된 팬에 알맞은 반죽량을 넣으시오.
⑦ 반죽은 전량을 사용하여 성형하시오.

구분 순서	재 료	비 율(%)	무 게(g)
1	박력분	100	400
2	베이킹파우더	2	8
3	설탕	100	400
4	달걀	100	400
5	레몬껍질	1	4
6	소금	0.5	2
7	버터	100	400

◇ 제조 공정에 따른 주의사항

제조공정	공정별 주의사항
1. 재료 계량	▷ 공통주의사항 참고
2. 반죽 만들기	① 달걀을 믹서볼에 버터를 넣고 거품기로 풀어준 다음 설탕과 소금을 넣은 후 거품기로 저어준다. ② 체친 밀가루, 베이킹 파우더를 넣고 골고루 섞어준다. ③ 강판에 갈아놓은 레몬껍질을 넣는다. ④ 용해한 버터를 넣고 골고루 섞어준다. ▷ 껍질이 마르지 않도록 비닐을 덮어 실온에서 약 30분간 휴지시킨다.
3. 팬닝	원형 모양깍지를 끼운 짤주머니에 반죽을 적당량씩 넣고 준비한 마들렌 팬에 80~90% 정도 짜준다.
4. 굽기	윗불 200℃, 아랫불 160℃의 오븐에서 20분 정도 굽는다.
5. 뒷정리, 개인위생	▷ 공통주의사항 참고
6. 제품평가	① 부피 : 틀 위로 반죽이 부풀어 넘쳐 흐르거나 팬 밑으로 내려가지 않아야 한다. ② 외부균형 : 전체적으로 크기가 일정해야 한다. ③ 껍질 : 구운 색이 연하고 부드러우며 껍질색은 황금 갈색이어야 한다. ④ 내상 : 기공과 조직이 균일하며, 밝은 노란색을 띠고 탄력성이 있어야 한다. ⑤ 맛과 향 : 끈적거리거나 탄 냄새, 익지 않은 생 재료 맛이 나서는 안된다. ▷ 공통주의사항 참고

18. 브라우니 _ Brownies

자격종목과 등급	제과기능사	작품명	브라우니

수검번호 : 성명 :

◇ 시험 제한 시간 : 1시간 50분

1. 다음 요구사항대로 브라우니를 제조하여 제출하시오.
   ① 배합표의 각 재료를 계량하여 재료별로 진열하시오(9분).
   ② 브라우니는 수작업으로 반죽하시오.
   ③ 버터와 초콜릿을 함께 녹여서 넣는 1단계 변형반죽법으로 하시오.
   ④ 반죽온도는 27℃를 표준으로 하시오.
   ⑤ 반죽은 전량을 사용하여 성형하시오.
   ⑥ 3호 원형팬 2개에 팬닝 하시오.
   ⑦ 호두의 반은 반죽에 사용하고 나머지 반은 토핑하며,
   반죽속과 윗면에 골고루 분포되게 하시오(호두는 구워서 사용).

구분 / 순서	재　료	비 율(%)	무 게(g)
1	중력분	100	300
2	달걀	120	360
3	설탕	130	390
4	소금	2	6
5	버터	50	150
6	다크초콜릿(커버추어)	150	450
7	코코아파우더	10	30
8	바닐라향	2	6
9	호두	50	150

◇ 제조 공정에 따른 주의사항

제조공정	공정별 주의사항
1. 재료 계량	▷ 공통주의사항 참고
2. 준비	① 다크초콜릿은 잘게 자른 다음 중탕으로 녹인다. ② 버터는 약 60℃ 정도로 따뜻하게 녹인다.
3. 반죽 만들기	① 다크초콜릿과 버터를 같이 섞는다. ② 볼에 달걀을 넣고 가볍게 풀어준다. ③ 설탕, 소금을 넣고 섞는다. ④ 섞어놓은 다크초콜릿과 버터를 반죽에 넣고 골고루 섞는다. ⑤ 함께 체 친 중력분, 코코아파우더, 바닐라향을 넣고 골고루 섞는다. ⑥ 호두를 구워 반죽에 1/2을 넣고 섞어 반죽을 완성한다(반죽온도 27℃).
4. 팬닝	팬에 유산지를 재단하여 깔고 반죽의 윗면을 평평하게 정리한 다음 나머지 호두를 골고루 뿌린다.
5. 굽기	윗불 170℃, 아랫불 160℃ 오븐에서 40~45분 동안 굽는다.
6. 뒷정리, 개인위생	▷ 공통주의사항 참고
7. 제품평가	평가항목:부피, 균형감, 껍질, 속결, 맛과 향 ▷ 나머지 공통주의사항 참고

19. 쇼트 브레드 쿠키 _ Short bread cookie

자격종목과 등급	제과기능사	작품명	쇼트 브레드 쿠키

수검번호 : 성명 :

◇ 시험 제한 시간 : 2시간

◇ 다음 요구사항대로 쇼트 브레드 쿠키를 제조하여 제출하시오.

① 배합표의 각 재료를 계량하여 재료별로 진열하시오(9분).

② 반죽은 크림법으로 제조하시오.

③ 반죽온도는 20℃를 표준으로 하시오.

④ 제시한 정형기를 사용하여 두께 0.7~0.8㎝, 지름 5~6㎝(정형기에 따라 가감)정도로 정형하시오.

⑤ 반죽은 전량을 사용하여 성형하시오.

⑥ 달걀 노른자칠을 하여 무늬를 만드시오.

구분 / 순서	재 료	비 율(%)	무 게(g)
1	박력분	100	600
2	버터	33	198
3	쇼트닝	33	198
4	설탕	35	210
5	소금	1	6
6	물엿	5	30
7	달걀	10	60
8	노른자	10	60
9	바닐라향	0.5	3(2)

◇ 제조 공정에 따른 주의사항

제조공정	공정별 주의사항
1. 재료 계량	▷ 공통주의사항 참고
2. 반죽 만들기	크림법에 따라 만든다. ① 버터와 쇼트닝을 부드럽게 섞는다. ② 설탕, 물엿, 소금을 넣고 크림 상태로 만든다. ③ 노른자와 달걀을 조금씩 넣으면서 믹싱하여 부드럽고 매끈한 크림을 만든다. 향을 첨가한다. ④ 체 친 밀가루를 넣고 살짝 혼합한다.
3. 휴지	냉장온도에서 20~30분간 휴지시킨다. 반죽 거죽이 마르지 않도록 비닐에 싸고, 손가락으로 살짝 눌러 자국이 그대로 남으면 휴지를 끝낸다.
4. 밀어펴기	한 작업 단위에 맞춰 분할하고, 0.5~0.7㎝ 두께로 균일하게 밀어편다.
5. 성형	시험장에서 제시한 정형기를 사용하여 반죽을 찍어낸다.
6. 팬닝	철판에 기름을 얇게 칠한다. 정형한 모양이 변형되지 않도록 하여 반죽을 2.5㎝ 간격으로 놓는다.
7. 굽기	윗불 210℃, 아랫불 150℃의 오븐에서 15~18분간 굽는다.
	완전히 익어 밝은 황색이 나야 한다. 밑면에도 구운색이 들어야 한다. 위치에 따라 온도 차이가 생기면 때맞춰 철판의 위치를 바꾸어 굽는다.
8. 뒷정리, 개인위생	▷ 공통주의사항 참고
9. 제품평가	① 부피:퍼짐이 일정해야 한다. ② 균형:대칭을 이루어야 하고, 찌그러짐이 없어야 한다. ③ 껍질:황금 갈색으로 먹음직스러워야 한다. ④ 맛과 향:전체적으로 부드러우면서도 파삭파삭한 맛이 있어야 한다. 유지의 맛과 향이 전체 쿠키 맛과 어울려야 한다. 끈적거림, 탄 냄새, 설익은 맛이 없어야 한다.

20. 버터 쿠키 _ Butter cookie

자격종목과 등급	제과기능사	작품명	버터 쿠키

수검번호 : 성명 :

◇ 시험 제한 시간 : 2시간

◇ 다음 요구사항대로 버터 쿠키를 제조하여 제출하시오.

① 배합표의 각 재료를 계량하여 재료별로 진열하시오(6분).

② 반죽은 크림법으로 수작업 하시오.

③ 반죽온도는 22℃를 표준으로 하시오.

④ 별모양깍지를 끼운 짤주머니를 사용하여 2가지 이상의 모양짜기를 하시오.
(8자, 장미모양)

⑤ 반죽은 전량을 사용하여 성형하시오.

구분 / 순서	재 료	비 율(%)	무 게(g)
1	박력분	100	400
2	버터	70	280
3	설탕	50	200
4	소금	1	4
5	달걀	30	120
6	바닐라향	0.5	2

◇ 제조 공정에 따른 주의사항

제조공정	공정별 주의사항
1. 재료 계량	▷ 공통주의사항 참고
2. 반죽 만들기	① 믹서볼에 버터를 넣고 거품기를 사용하여 부드럽게 풀어준다. ② 설탕, 소금을 넣고 크림상태로 만든다. ③ 달걀을 1개씩 넣으면서 부드러운 크림상태로 만든 후 향을 첨가한다. ④ 체친 박력분을 넣고 나무주걱으로 가볍게 섞어준다. 반죽온도 22℃
3. 팬닝	① 평철판에 기름칠을 살짝 하고 짤주머니에 별 모양 깍지를 끼운 후 반죽을 1/3 정도 넣는다. ② 상하좌우 간격을 3㎝를 띄우고 '에스(S)' 자 모양으로 짜기를 한다.
4. 굽기	윗불 190~200℃, 아랫불 150℃의 오븐에서 10~12분간 굽는다.
5. 뒷정리, 개인위생	▷ 공통주의사항 참고
6. 제품평가	① 부피 : 쿠키의 모양이 같은 크기로 퍼져야 한다. ② 외부균형 : 굽는 동안 너무 옆으로 퍼지지 않아야 한다. ③ 껍질 : 딱딱하지 않고 부드러우며, 모양 깍지를 통과해 나온 물결무늬가 선명해야 한다. ④ 내상 : 기공이 너무 크지 않아야 한다. ⑤ 맛과 향 : 버터 향이 나며, 씹는 맛이 부드럽고 끈적거리거나 탄 냄새, 익지 않은 생 재료 맛이 나서는 안된다. ▷ 공통주의사항 참고

〈제과 공정시 공통주의사항〉

1. 재료 계량

▶ 제한 시간을 꼭 지킨다.
각 재료를 정확히 계량하여 진열대 위에 따로따로 늘어놓는다.
계량대, 재료대, 통로에 재료를 흘리지 않도록 조심한다.

2. 반죽만들기

▶ 요구사항에 제시한 방법에 따라 반죽한다.
(자세한 내용은 각 제품별 실기문제에 실었음)

3. 성형, 팬닝

▶ 틀에 채우기 : 반죽을 만드는 동안, 즉 믹서 돌아가는 시간에 미리 틀에 기름칠을 하거나 기름종이를 깔아 둔다. 제품의 특성상 기름기 없는 틀에 갱지를 깔기도 한다. 주어진 틀의 부피에 알맞은 반죽량을 조절하여 틀에 채워 넣는다. 이때 반죽의 손실을 최소로 하며, 가능한 한 반죽의 윗면을 평평하게 고르고 기포를 꺼뜨린다.

▶ 짜내기 : 짤주머니에 반죽을 채우고, 철판에 기름종이를 깔거나 기름칠을 한 뒤 지름, 두께, 간격을 일정하게 맞추어 짜낸다.
이때 반죽의 손실을 최소로 하는 데 주의한다.

▶ 찍어내기 : 원하는 모양과 크기에 알맞은 두께로, 모서리가 직각을 이루도록 밀어편다. 형틀이나 칼을 이용, 모양을 뜬다. 자투리 반죽이 많이 생기지 않게 하고 덧가루를 털어낸다.

▶ 접어밀기 : 반죽을 충전용 유지의 1.5배(3겹 접기) 만큼의 크기로 밀어편다. 두께가 고르고 모서리가 직각을 이루어야 한다.
이 반죽 위에 유지를 얹고 접어서 원래의 크기로 밀어편다.
덧가루를 털어내고, 접어 밀 때마다 냉장 휴지시킨다.
이때 비닐에 싸두어야 표면이 마르지 않는다.

4. 굽기

▶ 각 제품의 특성에 알맞은 조건에서 굽는다.
오븐의 앞쪽과 뒤쪽, 가장자리와 중앙이 온도차를 보이면 제때에 꺼내어 틀의 위치를 바꾸고 나서 굽는다. 완전히 굽는다.
너무 오래 구워 건조해지거나, 타고 설익은 부분이 있어서는 안된다.

5. 뒷정리, 개인위생

▶ 한번 쓴 기구와 작업대, 그 주위를 깨끗이 치우고 청소한다.
깨끗한 위생복을 입고 위생모를 쓴다. 손톱과 머리를 단정하고 청결히 유지한다.

6. 제품평가

◎ 부피 : 전체 크기와 부풀림이 알맞은 비율이다.
◎ 균형감 : 어느 한쪽이 찌그러지거나 솟지 않고, 대칭을 이루어야 한다.
◎ 껍질 : 위 껍질은 먹음직스러운 색을 띠고, 옆면과 바닥에도 구운색이 들어야 한다.
◎ 속결 : 기공과 조직이 균일하다. 기공이 크거나 조밀하지 않아야 한다.
◎ 맛과 향 : 각 제품 특유의 맛과 향이 난다. 끈적거리거나 탄 냄새, 익지 않은 생재료 맛이 나서는 안된다.

한국산업인력관리공단

부록 : 제과·제빵기능사 필기 기출문제

2006년도 필기문제

제과필기 (4월 2일 시행) ———— 455

제과필기 (10월 1일 시행) ———— 459

제빵필기 (1월 22일 시행) ———— 463

제빵필기 (7월 16일 시행) ———— 467

2007년도 필기문제

제과필기 (4월 1일 시행) ———— 471

제과필기 (9월 16일 시행) ———— 475

제빵필기 (1월 28일 시행) ———— 479

제빵필기 (7월 15일 시행) ———— 483

2008년도 필기문제

제과필기 (3월 30일 시행) ———— 487

제과필기 (10월 5일 시행) ———— 491

제빵필기 (2월 3일 시행) ———— 495

제빵필기 (7월 13일 시행) ———— 499

제빵필기 (10월 5일 시행) ———— 503

2009년도 필기문제

제과필기 (1월 18일 시행) ———— 507

제과필기 (3월 29일 시행) ———— 511

제빵필기 (3월 29일 시행) ———— 515

제빵필기 (7월 12일 시행) ———— 519

2011년도 필기문제

제과필기 (10월 9일 시행) ———— 523

제빵필기 (7월 31일 시행) ———— 527

※ 2012년도 이후는 필기문제를 공개하지 않음

1. 다음 중 익히는 방법이 다른 것은?
가. 찐빵 나. 엔젤푸드케이크
다. 스펀지케이크 라. 파운드케이크

2. 주방설계에 있어 주의할 점이 아닌 것은?
가. 가스를 사용하는 장소에는 환기 닥트를 설치한다.
나. 주방내의 여유 공간을 될 수 있으면 많게 한다.
다. 종업원의 출입구와 손님용 출입구는 별도로 하여 재료의 반입을 종업원 출입구로 한다.
라. 주방의 환기는 소형의 것을 여러 개 설치하는 것보다 대형의 환기장치 1개를 설치하는 것이 좋다.

3. 어떤 한 종류의 케이크를 만들기 위하여 믹싱을 끝내고 비중을 측정한 결과가 다음과 같을 때 구운 후 기공이 조밀하고 부피가 가장 작아지는 것은?
가. 0.40 나. 0.50
다. 0.60 라. 0.70

4. 과자의 반죽 방법 중 시퐁형 반죽이란?
가. 생물학 팽창제를 사용한다.
나. 유지와 설탕을 믹싱한다.
다. 모든 재료를 한꺼번에 넣고 믹싱한다.
라. 계란을 흰자와 노른자를 분리하여 믹싱한다.

5. 젤리 롤(Jelly roll)을 마는데 터지는 경우를 감소시키기 위한 다음의 조치 중 부적당한 것은?
가. 설탕 일부를 물엿으로 대체한다.
나. 팽창제 사용을 증가시킨다.
다. 덱스트린의 점착성을 이용한
라. 노른자를 감소하고 전란을 증가시킨다.

6. 쿠키 포장지로서 적당하지 못한 것은?
가. 내용물의 색, 향이 변하지 않아야 한다.
나. 독성 물질이 생성되지 않아야 한다.
다. 통기성이 있어야 한다.
라. 방습성이 있어야 한다.

7. 파운드케이크 반죽을 팬에 넣을 때 적당한 팬닝비(%)는?
가. 50% 나. 55%
다. 70% 라. 100%

8. 스펀지케이크에 사용되는 필수 재료라 할 수 없는 것은?
가. 계란 나. 박력분
다. 설탕 라. 베이킹파우더

9. 고율배합과 저율배합 케이크의 물성적 차이점을 비교했을 때 옳지 않은 것은?
가. 혼합 중 공기 혼입 정도는 고율 배합이 크다.
나. 반죽의 비중은 고율 배합이 낮다.
다. 제품의 저장성은 고율 배합이 짧다.
라. 저율배합은 화학적 팽창제의 사용량이 더 많다.

10. 쿠키에 있어 퍼짐율은 제품의 균일성과 포장에 중요한 의미를 가진다. 다음 설명 중 퍼짐이 작아지는 원인으로 틀린 것은?
가. 반죽에 아주 미세한 입자의 설탕을 사용한다.
나. 믹싱을 많이 하여 글루텐 발달을 많이 시킨다.
다. 오븐 온도를 낮게 하여 굽는다.
라. 반죽은 유지 함량이 적고 산성이다.

11. 과일 파이의 충전물이 끓어 넘치는 이유가 아닌 것은?
가. 충전물의 온도가 낮다.
나. 껍질에 구멍을 뚫지 않았다.
다. 충전물에 설탕양이 너무 많다.
라. 오븐 온도가 낮다.

12. 다음 제품 중 반죽 희망온도가 가장 낮은 것은?
가. 슈 나. 퍼프 페이스트리
다. 카스테라 라. 파운드 케이크

13. 케이크 도넛은 일반적으로 실온에서 10~15분의 휴지시간(floor time)을 갖는 휴지를 잘못하였을 때 발생하는 현상이 아닌 것은?
가. 부피의 감소 나. 제품모양의 불균형
다. 과도한 지방흡수 라. 진한 껍질색

14. 퍼프 페이스트리를 정형하는 방법으로 틀린 것은?
가. 정형 후 제품의 표면을 건조시킨다.
나. 유지를 배합한 반죽을 30분 이상 냉장고에서 휴지시킨다.
다. 전체적으로 균일한 두께로 밀어 편다.
라. 굽기 전에 30~60분 동안 휴지시킨다.

15. 제품의 유연감 즉 부드러움을 목적으로 할 때 가장 좋은 믹싱 방법은?
가. 크림법(creaming method)
나. 블랜딩법(blending method)
다. 설탕/물법(sugar/sater method)

라. 1단계법(single stage method)

16. 페이스트리 성형 자동밀대(파이롤러)에 대한 설명 중 맞는 것은?
   가. 기계를 사용하므로 밀어 펴기의 반죽과 유지와의 경도는 가급적 다른 것이 좋다.
   나. 기계에 반죽이 달라붙는 것을 막기 위해 덧가루를 많이 사용한다.
   다. 기계를 사용하여 반죽과 유지는 따로 따로 밀어서 편뒤 감싸서 밀어 펴기를 한다.
   라. 냉동 휴지 후 밀어 펴면 유지가 굳어 갈라지므로 냉장 휴지를 하는 것이 좋다.

17. 총원가는 어떻게 구성되는가?
   가. 제조원가 + 판매비 + 일반관리비
   나. 직접재료비 + 직접노무비 + 판매비
   다. 제조원가 + 이익
   라. 직접원가 + 일반관리비

18. 일반적으로 적절한 2차 발효점은 완제품 용적의 몇 %가 적당한가?
   가. 40-45%　　나. 50-55%
   다. 70-80%　　라. 90-95%

19. 발효 손실의 원인이 아닌 것은?
   가. 수분 증발
   나. 탄수화물이 탄산가스로 전환
   다. 탄수화물이 알콜로 전환
   라. 재료 계량의 오차

20. 2차 발효에서 3가지 기본적 요인이 아닌 것은?
   가. 온도　　나. pH
   다. 습도　　라. 시간

21. 프랑스빵에서 스팀을 사용하는 이유로 부적당한 것은?
   가. 거칠고 불규칙하게 터지는 것을 방지한다.
   나. 겉껍질에 광택을 내 준다.
   다. 얇고 바삭거리는 껍질이 형성되도록 한다.
   라. 반죽의 흐름성을 크게 증가시킨다.

22. 오븐에서 열에 대한 표면적을 증가시키기 위하여 빵틀을 파형으로 만든다. 이 때 파형으로 만든 틀과 직접적인 관계를 갖는 오븐 열의 종류는?
   가. 복사열　　나. 대류열
   다. 전도열　　라. 적외선열

23. 다음 제품 중 반죽이 가장 질어야 하는 것은?
   가. 잉글리쉬 머핀　　나. 블란서빵
   다. 스위트롤　　라. 데니쉬 페이스트리

24. 제빵에서의 냉동, 해동에 대한 설명 중 맞지 않는 것은?
   가. 고율 배합은 냉동에 시간이 걸리나 해동은 빠르다.
   나. 성형 냉동 반죽은 유화제를 사용하여 반죽의 유리수를 줄인다.
   다. 냉동 반죽의 해동은 냉동고→실온→발효실의 순서대로 하는 것이 이상적이다.
   라. 냉동 반죽으로 구운 빵은 표피가 다소 딱딱하고 두꺼워진다.

25. 포장전 빵의 온도가 너무 낮을 때는 다음의 어떤 현상이 일어나는가?
   가. 노화가 빨라진다.
   나. 썰기(slice)가 나쁘다.
   다. 포장지에 수분이 응축된다.
   라. 곰팡이, 박테리아의 번식이 용이하다.

26. 스펀지도법으로 제빵시 본반죽을 만들 대의 온도로 가장 적합한 것은?
   가. 22℃　　나. 27℃
   다. 33℃　　라. 40℃

27. 식빵 제조시 너무 높은 부피의 제품이 되는 원인은?
   가. 소금량의 부족　　나. 오븐 온도가 높음
   다. 배합수의 부족　　라. 미숙성 소맥분

28. 표준 식빵의 재료 사용 범위로 가장 부적절한 것은?
   가. 설탕 0~8%　　나. 생이스트 1.5~5%
   다. 소금 5~10%　　라. 유지 0~5%

29. 다음 중 계량한 활성건조이스트(Active dry yeast)를 용해시키기에 적합한 물의 온도는?
   가. 0℃　　나. 15℃
   다. 27℃　　라. 40℃

30. 제빵에서 물의 양이 적량보다 적을 경우 나타나는 결과와 거리가 먼 것은?
   가. 수율이 낮　　나. 향이 강하
   다. 부피가 크　　라. 노화가 빠르

31. 다음 혼성주 중 오렌지 껍질이나 향이 들어 있지 않는 것은?
   가. 그랑 마르니에(Grand Marnier)
   나. 마라스키노(Maraschino)

다. 쿠앵트로(Cointreau)
라. 큐라소(Curacao)

32. 동물의 가죽이나 뼈 등에서 추출하여 안정제나 제과 원료로 사용되는 것은?
가. 젤라틴 나. 한천
다. 펙틴 라. 칼라기난

33. 환원당과 아미노화합물의 축합이 이루어질 때 생기는 갈색 반응은?
가. 마이야르(Maillard) 반응
나. 캐러멜(Caramel)화 반응
다. 효소적 갈변
라. 아스코르빈산(Ascorbic acid)의 산화에 의한 갈변

34. 제빵에서 탈지분유를 밀가루 대비 4-6% 정도를 사용할 때의 영향이 아닌 것은?
가. 믹싱 내구성을 높인다.
나. 발효 내구성을 높인다.
다. 흡수율을 증가시킨다.
라. 껍질색을 여리게 한다.

35. 전분의 종류에 따라 중요한 물리적 성질과 가장 거리가 먼 것은?
가. 냄새 나. 호화온도
다. 팽윤 라. 반죽의 점도

36. 밀가루 반죽의 점탄성을 측정하는 기구는?
가. 페네트로 미터
나. 유니버설 미터
다. 오스왈드 비스코 미터
라. 패리노그래프

37. 제방에 가장 적합한 물의 경도는?
가. 0-60ppm 나. 120-180ppm
다. 180-360ppm 라. 360ppm 이상

38. 신선한 달걀의 외관법으로 옳은 것은?
가. 난각 표면이 거칠고 광택이 없고 선명하다.
나. 난각 표면이 매끈하다.
다. 난각에 광택이 있다.
라. 난각 표면에 기름기가 있다.

39. 쵸콜릿을 템퍼링한 효과에 대한 설명 중 틀린 것은?
가. 입안에서의 용해성은 나쁘다.
나. 광택이 좋고 내부 조직이 조밀하다.
다. 팻 브룸(fat bloom)이 일어나지 않는다.
라. 안정한 결정이 많고 결정형이 일정하다.

40. 밀가루를 체로 쳐서 사용하는 이유와 가장 거리가 먼 것은?
가. 불순물 제거 나. 공기의 혼입
다. 재료 분산 라. 표피색 개선

41. 용해도가 가장 좋아 냉음료에 사용되는 설탕은?
가. 그레뉴레이트당(granulated sugar)
나. 정백당(white sugar)
다. 황설탕(brown sugar)
라. 과립상당(frost sugar)

42. 유당(lactose)에 관한 설명 중 옳은 것은?
가. 유당의 감미도는 포도당보다 높다.
나. 이스트에 의해 분해된다.
다. 곰팡이에 의해 분해되어 젖산이 된다.
라. 포도당과 갈락토오스로 구성되어 있다.

43. 버터의 독특한 향미와 관계가 있는 물질은?
가. 모노글리세라이드(monoglyceride)
나. 지방산(fatty acid)
다. 디아세틸(diacetyl)
라. 캡사이신(capsaicin)

44. 이스트에 함유된 효소가 아닌 것은?
가. 프로테아제(protease)
나. 아밀라아제(amylase)
다. 리파아제(lipase)
라. 찌마아제(zymase)

45. 달걀노른자 속에 들어 있는 유화제는?
가. 레시틴
나. 지방산 에스테르
다. 모노글리세라이드
라. 소르비탄지방산 에스테르

46. 필수지방산의 기능이 아닌 것은?
가. 머리카락, 손톱의 구성 성분이다.
나. 세포막의 구조적 성분이다.
다. 혈청 콜레스테롤을 감소시킨다.
라. 뇌와 신경조직, 시각기능을 유지시킨다.

47. 흰쥐의 사료에 제인(zein)을 쓰면 체중이 감소한다. 어떤 아미노산을 첨가하면 체중저하를 방지할 수 있는가?
가. 발린(valine)

나. 트립토판(tryptophan)
다. 글루타민산(glutamic acid)
라. 알라닌(alanine)

48. 다당류에 속하지 않는 것은?
가. 섬유소 나. 전분
다. 글리코겐 라. 맥아당

49. 혈당을 조절하는 호르몬이 아닌 것은?
가. 인슐린(insulin)
나. 아드레날린(adrenalin)
다. 안드로겐(androgen)
라. 글루카곤(glucagon)

50. 철분대사에 관한 설명으로 옳은 것은?
가. 수용성이기 때문에 체내에 저장되지 않는다.
나. 철분은 Fe++보다 Fe+++이 흡수가 잘 된다.
다. 흡수된 철분은 간에서 헤모글로빈을 만든다.
라. 체내에서 사용된 철은 되풀이하여 사용된다.

51. 복어 중독의 원인독소는?
가. 테트로도톡신(tetrodotoxin)
나. 삭시톡신(saxitoxin)
다. 베네루핀(venerupin)
라. 안드로메도톡신(andromedotoxin)

52. 대장균에 대하여 가장 올바르게 설명한 것은?
가. 분변 세균의 오염지표가 된다.
나. 전염병을 일으킨다.
다. 독소형 식중독을 일으킨다.
라. 발효식품 제조에 유용한 세균이다.

53. 식품의 부패 요인과 가장 거리가 먼 것은?
가. 습도 나. 온도
다. 가열 라. pH

54. 뉴로톡신(neurotoxin)이란 균체의 독소를 생산하는 식중독균은?
가. 포도상구균
나. 클로스트리디움 보툴리늄균
다. 장염 비브리오균
라. 병원성 대장균

55. 일명 점착제로서 식품의 점착성을 증가시켜 교질상의 미각을 증진시키는 효과를 갖는 첨가물은?
가. 팽창제 나. 호료
다. 용제 라. 유화제

56. 원인균은 바실러스 안트라시스(Bacillus anthracis)이며, 수육을 조리하지 않고 섭취하였거나 피부상처 부위로 감염되기 쉬운 인축공통전염병은?
가. 야토병 나. 탄저
다. 브루세랄병 라. 돈단독

57. 페디스토마의 제1중간 숙주는?
가. 돼지고기 나. 쇠고기
다. 참붕어 라. 다슬기

58. 빵 반죽을 분할시 또는 구울 때 달라 붙지 않게 하고, 모양을 유지하는데 사용되는 것은?
가. 가소제 나. 보존제
다. 이형제 라. 용제

59. 미나마타(Minamata)병을 발생시키는 것은?
가. 카드뮴(Cd) 나. 구리(Cu)
다. 수은(Hg) 라. 납(Pb)

60. 다음 세균성 식중독 중 잠복기가 가장 짧은 것은?
가. 살모넬라 식중독
나. 포도상구균 식중독
다. 장염 비브리오 식중독
라. 클로스트리디움 보툴리늄 식중독

정답 (2006년 4월 2일 제과기능사)

1 가	2 라	3 라	4 라	5 나	6 다	7 다	8 라	9 다	10 다
11 가	12 나	13 라	14 가	15 나	16 라	17 가	18 다	19 라	20 나
21 라	22 다	23 가	24 다	25 가	26 나	27 가	28 다	29 라	30 다
31 나	32 가	33 가	34 라	35 가	36 라	37 나	38 가	39 가	40 라
41 라	42 라	43 다	44 나	45 가	46 가	47 나	48 라	49 다	50 라
51 가	52 가	53 다	54 나	55 나	56 나	57 라	58 다	59 다	60 나

1. 소금이 제과에 미치는 영향이 아닌 것은?
   가. 향을 좋게 한다.
   나. 잡균의 번식을 억제한다.
   다. 반죽의 물성을 좋게한다.
   라. pH를 조절한다.

2. 공장설비구성의 설명으로 적합하지 않은 것은?
   가. 공장시설설비는 인간을 대상으로 하는 공학이다.
   나. 공장시설은 식품조리과정의 다양한 작업을 여러 조건에 따라 합리적으로 수행하기 위한 시설이다.
   다. 설계디자인은 공간의 할당, 물리적 시설, 구조의 생김새, 설비가 갖춰진 작업장을 나타내 준다.
   라. 각 시설은 그 시설이 제공하는 서비스의 형태에 기본적인 어떤 기능을 지니고 있지 않다.

3. 젤리 롤 케이크를 말 때 표면이 터지는 결점을 방지하는 방법으로 잘못된 것은?
   가. 덱스트린의 점착성을 이용한다.
   나. 고형질 설탕 일부를 물엿으로 대치한다.
   다. 팽창제를 다소 감소시킨다.
   라. 계란 중 노른자 비율을 증가시킨다.

4. 엔젤 푸드 케이크(angel food cake)에서 안정된 상태로 거품을 만들 수 있는 가장 적당한 흰자의 온도는?
   가. 15~18℃ 나. 20~24℃
   다. 27~31℃ 라. 32~36℃

5. 완제품 440g인 스펀지케이크 500개를 주문받았다. 굽기 손실이 12% 라면 전체 반죽은 얼마나 준비하여야 하는가?
   가. 125kg 나. 250kg
   다. 300kg 라. 600kg

6. 케이크를 굽는 도중 수축하는 경우가 있다. 그 원인으로 틀린 것은?
   가. 베이킹파우더의 사용이 과다한 경우
   나. 반죽에 과도한 공기 혼입이 된 경우
   다. 소맥분의 글루텐(gluten)의 함량이 표준치보다 적은 경우
   라. 오븐의 온도가 너무 낮은 경우

7. 푸딩 표면에 기포 자국이 많이 생기는 이유로 알맞은 것은?
   가. 가열이 지나친 경우
   나. 계란의 양이 많은 경우
   다. 계란이 오래된 경우
   라. 오븐 온도가 낮은 경우

8. 거품형 케이크(foam-type cake)를 만들 때 녹인 버터는 언제 넣은 것이 가장 좋은가?
   가. 처음부터 다른 재료와 함께 넣는다.
   나. 밀가루와 섞어 넣는다.
   다. 설탕과 섞어 넣는다.
   라. 반죽의 최종단계에 넣는다.

9. 반죽무게를 이용하여 반죽이 비중 측정시 필요한 것은?
   가. 밀가루 무게 나. 물 무게
   다. 용기 무게 라. 설탕 무게

10. 아이싱(icing)이란 설탕 제품이 주요 재료인 피복물로 빵/과자 제품을 덮거나 피복하는 것을 말한다. 다음 중 크림아이싱(creamed icing)이 아닌 것은?
   가. 퍼지아이싱(fudge icing)
   나. 퐁당아이싱(fondant icing)
   다. 단순아이싱(flat icing)
   라. 마시멜로아이싱(marshmallow icing)

11. 거품을 올린 흰자에 뜨거운 시럽을 첨가하면서 고속으로 믹싱하여 만드는 아이싱은?
   가. 마시멜로 아이싱
   나. 콤비네이션 아이싱
   다. 초콜릿 아이싱
   라. 로얄 아이싱

12. 케이크에서 설탕의 역할과 거리가 먼 것은?
   가. 감미를 준다.
   나. 껍질색을 진하게 한다.
   다. 수분 보유력이 있어 노화가 지연된다.
   라. 제품의 형태를 유지시킨다.

13. 케이크 도넛을 튀긴 후 과도한 흡유 현상이 일어난 이유가 아닌 것은?
   가. 반죽시간이 김
   나. 과다한 팽창제 사용
   다. 튀김 온도가 낮음
   라. 반죽의 수분이 과다

14. 젤리롤 케이크 반죽을 만들어 팬닝하려고 한다. 옳지 않은 것은?
   가. 넘치는 것을 방지하기 위하여 팬 종이는 팬 높이

보다 2cm 정도 높게 한다.
나. 평평하게 팬닝하기 위해 고무주걱 등으로 윗부분을 마무리 한다.
다. 기포가 꺼지므로 팬닝은 가능한 한 빨리 한다.
라. 철판에 팬닝하고 보울에 남은 반죽으로 무늬반죽을 만든다.

15. 케이크 도넛 반죽에 휴지를 주는 이유로 틀린 것은?
가. 이산화탄소 가스를 발생시킨다.
나. 도넛 제품이 적절한 부피를 갖도록 한다.
다. 생재료가 제품에 남지 않게 한다.
라. 껍질형성을 빠르게 한다.

16. 반죽을 발효시키는 목적이 아닌 것은?
가. 향 생성　　나. 반죽의 숙성 작용
다. 반죽의 팽창 작용　　라. 글루텐 응고

17. 둥글리기의 목적이 아닌 것은?
가. 글루텐의 구조와 방향정돈
나. 수분 흡수력 증가
다. 반죽의 기공을 고르게 유지
라. 반죽 표면에 얇은 막 형성

18. 빵을 포장하려 할 때 가장 적합한 빵의 중심온도와 수분함량은?
가. 30℃, 30%　　나. 35℃, 38%
다. 42℃, 45%　　라. 48℃, 55%

19. 다음 중 제빵용 팬기름으로 가장 적합하지 않은 것은?
가. 아마인유　　나. 면실유
다. 땅콩기름　　라. 대두유

20. 식빵 제조시 정상보다 많은 양의 설탕을 사용했을 경우의 껍질색은 어떻게 나타나는가?
가. 여리다.　　나. 진하다.
다. 회색을 띤다.　　라. 설탕양과 무관하다.

21. 다음 중 건조이스트 사용시 균주활력배양을 위한 물의 최적온도는?
가. 0℃　　나. 10℃
다. 40℃　　라. 60℃

22. 냉동반죽에서 반죽의 가스보유력을 증가시키기 위하여 사용하는 재료의 설명으로 틀린 것은?
가. 단백질함량이 11.75~13.5%로 비교적 높은 밀가루를 사용한다.
나. L-시스테인(L-cysteine)과 같은 환원제를 사용한다.
다. 스테아릴젖산나트륨(S.S.L)과 같은 반죽 건조제를 사용한다.
라. 비타민C(ascorbic acid)와 같은 산화제를 사용한다.

23. 다음 중 감가상각의 계산요소가 아닌 것은?
가. 구입가격　　나. 사용년수
다. 잔존가격　　라. 생산효율

24. 빵의 노화현상과 거리가 먼 것은?
가. 빵 껍질의 변화
나. 빵의 풍미저하
다. 빵 내부조직의 변화
라. 곰팡이 번식에 의한 변화

25. 내부에 팬이 부착되어 열풍을 강제 순환시키면서 굽는 타입으로 굽기의 편차가 극히 적은 오븐은?
가. 터널오븐　　나. 컨벡션오븐
다. 밴드오븐　　라. 래크오븐

26. 제빵용 계량기구로 부적당한 것은?
가. 부동비 저울　　나. 선별 저울
다. 접시 저울　　라. 전자 저울

27. 건포도에 식빵을 구울 때 건포도에 함유된 당의 영향을 고려하여 주의할 점은?
가. 윗불을 약간 약하게 한다.
나. 굽는 시간을 늘린다.
다. 굽는 시간을 줄인다.
라. 오븐 온도를 높게 한다.

28. 제빵과정에서 2차 발효가 덜 된 경우는?
가. 기공이 거칠다.
나. 부피가 작아진다.
다. 브레이크와 슈레이드가 부족하다.
라. 빵속 색깔이 회색같이 어둡다.

29. 아래와 같은 조건일 때 스펀지 법에서 사용할 도우의 적당한 물 온도는?

실내온도: 29℃	스펀지온도: 24℃	마찰계수: 22℃
밀가루온도: 28℃	희망온도: 30℃	수돗물온도: 20℃

가. 13℃　　나. 17℃
다. 25℃　　라. 0℃

30. 제빵에 사용되는 압착생효모의 수분함량으로 가장 적당한 것은?

가. 약 70% 나. 약 50%
다. 약 30% 라. 약 10%

31. 밀가루 전분의 아밀로펙틴 함량은 약 몇 %인가?
가. 50~55% 나. 60~65%
다. 75~80% 라. 95~100%

32. 이스트푸드의 구성성분이 아닌 것은?
가. 암모늄염 나. 질산염
다. 칼슘염 라. 전분

33. 버터에는 우유지방이 약 얼마나 들어 있는가?
가. 20% 나. 40%
다. 60% 라. 80%

34. 계란 흰자의 약 13%를 차지하여 철과의 결합 능력이 강해서 미생물이 이용하지 못하는 항세균 물질은?
가. 오브알부민(ovalbumin)
나. 콘알부민(conalbumin)
다. 오보뮤코이드(ovomucoid)
라. 아비딘(avidin)

35. 시유에 들어 있는 탄수화물 중 가장 많은 것은?
가. 포도당 나. 과당
다. 맥아당 라. 유당

36. 유지에 알칼리를 가할 때 일어나는 반응은?
가. 가수분해 나. 비누화
다. 에스테르화 라. 산화

37. 반죽에 사용하는 물이 연수일 때 무엇을 더 첨가하여야 하는가?
가. 효소 나. 알칼리제
다. 이스트푸드 라. 산

38. 소금의 함량이 1.3%인 반죽 20kg과 1.5%인 반죽 40kg을 혼합했다. 혼합한 반죽의 소금 함량은?
가. 1.39% 나. 1.41%
다. 1.43% 라. 1.46%

39. 압착 효모의 가장 일반적인 저장 온도는?
가. −18℃ 나. 24℃
다. 18℃ 라. −1℃

40. 아밀로그래프에 관한 설명 중 틀린 것은?
가. 반죽의 신장성 측정
나. 맥아의 맥화효과 측정
다. 알파 아밀라아제의 활성 측정
라. 보통 제빵용 밀가루는 약 400~600 B.U.

41. 다음의 당류 중 상대적 감미도가 가장 높은 것은?
가. 과당 나. 설탕
다. 전화당 라. 유당

42. 맥아당을 분해하는 효소는?
가. 말타아제 나. 락타아제
다. 리파아제 라. 프로테아제

43. 밀가루의 흡수율을 알 수 있는 기계는?
가. 아밀로그래프 나. 패리노그래프
다. 익스텐소그래프 라. 믹소그래프

44. 제빵에서 글루텐을 강하게 하는 것은?
가. 전분 나. 우유
다. 맥아 라. 산화제

45. 환원당이 아닌 것은?
가. 설탕 나. 유당
다. 과당 라. 맥아당

46. 나이아신(niacin)의 결핍증으로 대표적인 질병은?
가. 야맹증 나. 신장병
다. 펠라그라 라. 괴혈병

47. 하루 섭취한 2700kcal 중 지방은 20%, 탄수화물은 65%, 단백질은 15% 비율이었다. 지방, 탄수화물, 단백질은 각각 약 몇 g을 섭취하였는가?
가. 지방: 135g, 탄수화물: 438.8g, 단백질: 45g
나. 지방: 540g, 탄수화물: 1755.2g, 단백질: 405.2g
다. 지방: 60g, 탄수화물: 438.8g, 단백질: 101.3g
라. 지방: 135g, 탄수화물: 195g, 단백질: 101.3g

48. 다당류에 대한 설명 중 옳지 않은 것은?
가. 일반적으로 전분은 amylose와 amylopectin으로 이루어져 있다.
나. 전분은 소화효소에 의해 가수분해 될 수 있다.
다. 섬유소는 사람의 소화액으로는 소화되지 않는다.
라. 펙틴은 단순다당류에 속한다.

49. 일부 야채류의 어떤 물질이 칼슘의 흡수를 방해하는가?
가. 옥살산(oxalic acid) 나. 초산(acetic acid)
다. 구연산(citric acid) 라. 말산(malic acid)

50. 달걀 노른자 속에 있으면서 유화제 역할을 하는 물

질은?
가. 덱스트린 나. 레시틴
다. 칼슘 라. 펙틴

51. 산양, 양, 돼지, 소에게 감염되면 유산을 일으키고 주 증상은 발열로 고열이 2~3주 주기적으로 일어나는 인축공통전염병은?
가. 광우병 나. 공수병
다. 파상열 라. 신증후군출혈열

52. 병원성 대장균 식중독의 가장 적당한 예방책은?
가. 곡류의 수분을 10% 이하로 조정한다.
나. 어류의 내장을 제거하고 충분히 세척한다.
다. 어패류는 민물로 깨끗이 씻는다.
라. 건강보균자나 환자의 분변 오염을 방지한다.

53. 식품 중의 미생물 수를 줄이기 위한 방법으로 가장 부적합한 것은?
가. 방사선 조사 나. 냉장
다. 열탕 라. 자외선 처리

54. 비교적 내열성이 강하여 100℃에서 6시간 정도의 가열시 겨우 살균될 수 있는 식중독 원인균으로 불충분하게 살균된 통조림 식품에서 발생될 수 있는 것은?
가. 병원성 대장균
나. 살모넬라균
다. 장염 비브리오균
라. 클로스트리디움 보툴리늄

55. 보존료의 조건으로 가장 적당하지 못한 것은?
가. 독성이 없거나 장기적으로 사용해도 인체에 해를 주지 않아야 한다.
나. 무미, 무취로 식품에 변화를 주지 않아야 한다.
다. 사용방법이 용이하고 값이 싸야한다.
라. 단기간 동안만 강력한 효력을 나타내야 한다.

56. 아플라톡신을 생산하는 미생물은?
가. 효모 나. 세균
다. 바이러스 라. 곰팡이

57. 부패의 진행에 수반하여 생기는 부패산물이 아닌 것은?
가. 암모니아 나. 황화수소
다. 메르캅탄 라. 일산화탄소

58. 다음 중감염형 식중독을 일으키는 것은?
가. 보투리누스균 나. 살모넬라균
다. 포도상구균 라. 고초균

59. 질병 발생의 3대 요소가 아닌 것은?
가. 병인 나. 환경
다. 숙주 라. 항생제

60. 미생물에 의한 부패나 변질을 방지하고 화학적인 변화를 억제하며 보존성을 높이고 영양가 및 신선도를 유지하는 목적으로 첨가하는 것은?
가. 감미료 나. 보존료
다. 산미료 라. 조미료

정답 (2006년 10월 1일 제과기능사)

1 라	2 라	3 라	4 나	5 나	6 다	7 가	8 라	9 나	10 다
11 가	12 라	13 가	14 가	15 라	16 라	17 나	18 나	19 가	20 나
21 다	22 나	23 라	24 라	25 나	26 나	27 가	28 나	29 나	30 가
31 다	32 나	33 라	34 나	35 라	36 나	37 다	38 다	39 라	40 가
41 가	42 가	43 나	44 라	45 가	46 다	47 다	48 라	49 가	50 나
51 다	52 라	53 나	54 라	55 라	56 라	57 라	58 나	59 라	60 나

1. 아이싱에 사용하여 수분을 흡수하므로 아이싱이 젖거나 묻어나는 것을 방지하는 흡수제로 부적당한 것은?
   가. 밀가루 나. 옥수수 전분
   다. 설탕 라. 타피오카 전분

2. 퍼프 페이스트리(puff pastry) 제조시 밀어펴기 잘못으로 인한 문제점이 아닌 것은?
   가. 구운 뒤 수축한다.
   나. 굽는 동안 유지가 흘러나온다.
   다. 팽창 부족으로 부피가 작다.
   라. 수포가 생기고 결이 거칠다.

3. 다음 중 굽기 도주 오븐문을 열어서는 안되는 제품은?
   가. 퍼프 페이스트리 나. 드롭 쿠키
   다. 쇼트브레드 쿠키 라. 애플 파이

4. 도넛에 기름이 많이 흡수되는 이유에 대한 설명으로 틀린 항목은?
   가. 믹싱이 부족하다.
   나. 반죽에 수분이 많다.
   다. 배합에 설탕과 팽창제가 많다.
   라. 튀김온도가 높다.

5. 반죽온도가 정상보다 낮을 때 나타나는 제품의 결과 중 틀린 것은?
   가. 부피가 적다. 나. 큰 기포가 형성된다.
   다. 기공이 조밀하다. 라. 오븐 통과시간이 약간 길다.

6. 도넛의 튀김온도로 가장 적당한 것은?
   가. 140~156℃ 나. 160~176℃
   다. 180~196℃ 라. 220~236℃

7. 과일 케이크 제조시 과일이 가라앉는 것을 방지하는 방법으로 알맞지 않은 것은?
   가. 밀가루 투입 후 충분히 혼합한다.
   나. 팽창제 사용량을 증가한다.
   다. 과일에 일부 밀가루를 버무려 사용한다.
   라. 단백질 함량이 높은 밀가루를 사용한다.

8. 롤 케이크에서 표면이 터질 때 조치사항으로 중 잘못된 것은?
   가. 설탕의 일부를 물엿으로 대치한다.
   나. 덱스트린의 점착성을 이용한다.
   다. 노른자 비율을 증가시킨다.
   라. 전란의 양을 증가시킨다.

9. 다음 중 아이싱에 사용되는 재료 중 조성이 다른 것은?
   가. 이탈리안 머랭 나. 퐁당
   다. 버터크림 라. 스위스 머랭

10. 푸딩을 제조할 때 경도의 조절은 어떤 재료에 의하여 결정되는가?
    가. 우유 나. 설탕
    다. 계란 라. 소금

11. 제과, 제빵 공정상 작업 내용에 따라 조도 기준을 달리한다면 표준조도를 가장 높게 하여야 할 작업내용은?
    가. 마무리 작업 나. 계량, 반죽작업
    다. 굽기, 포장작업 라. 발효 작업

12. 계란의 흰자를 사용하여 만드는 케이크는?
    가. 데블스 푸드 케이크
    나. 옐로 레이어 케이크
    다. 엔젤푸드 케이크
    라. 쵸콜릿 케이크

13. 커스터드 푸딩은 틀에 몇 % 정도 채우는가?
    가. 55% 나. 75%
    다. 95% 라. 115%

14. 가압하지 않은 찜기의 내부 온도로 가장 적당한 것은?
    가. 65℃ 나. 97℃
    다. 150℃ 라. 200℃

15. 다음 제품 중 나무틀을 사용하여 굽기를 하는 제품으로 알맞은 것은?
    가. 슈 나. 밀푀유
    다. 카스텔라 라. 퍼프페이스트리

16. 스트레이트법으로 일반 식빵을 만들 때 사용하는 생이스트의 양으로 가장 적당한 것은?
    가. 2% 나. 8%
    다. 14% 라. 20%

17. 수평믹서의 반죽량은 전체 반죽통 용적의 몇 % 정도인가?
    가. 5-20% 나. 30-60%
    다. 70-90% 라. 95-110%

18. 빵 제조시 발효시키는 직접적인 목적이 아닌 것은?
가. 탄산가스의 발생으로 팽창작용을 한다.
나. 유기산, 알콜 등을 생성시켜 빵 고유의 향을 발달시킨다.
다. 글루텐을 발전 숙성시켜 가스의 포집과 보유능력을 증대시킨다.
라. 발효성 탄수화물의 공급으로 이스트 세포수를 증가시킨다.

19. 정형한 식빵 반죽을 팬에 넣을 때 이음매의 위치는 다음 어느 쪽이 가장 좋은가?
가. 위　　나. 아래
다. 좌측　　라. 우측

20. 반죽 제조시 유지(油脂)는 어느 단계에 투입하는 것이 가장 이상적인가?
가. 픽업 단계(Pick up stage)
나. 클린업 단계(Clean up stage)
다. 최종 단계(Final stage)
라. 렛다운 단계(Let down stage)

21. 블란서빵의 2차 발효실 습도로 가장 적당한 것은?
가. 65~70%　　나. 75~80%
다. 80~85%　　라. 85~90%

22. 빵의 굽기에 대한 설명 중 올바른 것은?
가. 고배합의 경우 낮은 온도에서 짧은 시간으로 굽기
나. 고배합의 경우 높은 온도에서 긴 시간으로 굽기
다. 저배합의 경우 낮은 온도에서 긴 시간으로 굽기
라. 저배합의 경우 높은 온도에서 짧은 시간으로 굽기

23. 분할을 할 때 반죽의 손상을 줄일 수 있는 방법이 아닌 것은?
가. 스트레이트법 보다 스펀지법으로 반죽한다.
나. 반죽온도를 높인다.
다. 단백질 양이 많은 질 좋은 밀가루로 만든다.
라. 가수량이 최적인 상태의 반죽을 만든다.

24. 냉동 반죽 저장에 관한 내용 중 틀린 것은?
가. 냉동 제품은 건조를 방지할 수 있는 필름으로 포장하여 저장한다.
나. 냉동제품 저장고에 냉동되지 않은 제품을 넣거나, 문을 자주 개폐하면 안된다.
다. 냉동제품의 저장고는 온도변화가 적고 냉각 기능이 뛰어난 것을 사용해야 한다.
라. 냉동제품 저장고의 온도가 올라가면 얼음 결정이 점점 작게 된다.

25. 스펀지법에서 가장 적당한 스펀지 반죽 온도는?
가. 10-20℃　　나. 22-26℃
다. 34-38℃　　라. 42-46℃

26. 제품의 판매가격은 어떻게 결정하는가?
가. 총원가+이익
나. 제조원가+이익
다. 직접재료비+직접경비
라. 직접경비+이익

27. 밀가루를 체질하는 목적으로 맞지 않는 것은?
가. 건조 재료의 고른 분산
나. 밀가루에 공기 혼입, 이스트 활성 촉진
다. 이물질 제거
라. 밀가루의 온도 상승 위함

28. 제빵용 포장지의 구비조건이 아닌 것은?
가. 탄력성　　나. 작업성
다. 위생성　　라. 보호성

29. 데니시 페이스트리 제조시 유의점 중 잘못된 것은?
가. 소량의 덧가루를 사용한다.
나. 발효실 온도는 유지의 융점보다 낮게 한다.
다. 고배합 제품은 저온에서 구우면 유지가 흘러나온다.
라. 2차 발효시간은 길게 하고, 습도는 비교적 높게 한다.

30. 식빵 배합에서 소맥분 대비 6%의 탈지분유를 사용시 다음 중 틀린 것은?
가. 발효를 촉진시킨다.
나. 믹싱 내구성을 높인다.
다. 표피색을 진하게 한다.
라. 흡수율을 증가시킨다.

31. 이당류가 아닌 것은?
가. 설탕(sucrose)
나. 유당(lactose)
다. 셀룰로오스(cellulose)
라. 맥아당(maltose)

32. 효모에 함유된 성분으로 특히 오래된 효모에 많고 환원제로 작용하여 반죽을 약화시키고 빵의 맛과 품질을 떨어뜨린다. 이것은 무엇인가?
가. 글루타치온　　나. 글리세린
다. 글리아딘　　라. 글리코겐

33. 모노, 디 글리세라이드(mono-diglyceride)는 어느 반응에서 생성되는가?
가. 비타민의 산화
나. 전분의 노화
다. 지방의 가수분해
라. 단백질의 변성

34. 다음 마가린 중에서 가소성이 가장 적은 것은?
가. 식탁용 마가린
나. 케이크용 마가린
다. 롤-인용 마가린
라. 퍼프 페이스트리용 마가린

35. 밀알의 구조를 설명한 것 중 가장 맞는 것은?
가. 배아(2-3%), 내배유(70%), 껍질(27~28%)
나. 배아(10%), 내배유(60%), 껍질(30%)
다. 배아(6%), 내배유(80%), 껍질(14%)
라. 배아(3%), 내배유(83%), 껍질(14%)

36. 건조 이스트는 같은 중량을 사용할 때 생 이스트 보다 활성이 약 몇 배 더 강한가?
가. 2배 나. 5배
다. 7배 라. 10배

37. 식빵 제조용 밀가루의 원료로서 가장 좋은 것은?
가. 분상질 나. 중간질
다. 초자질 라. 분상 중간질

38. 탈지분유를 빵에 넣으면 영양강화, 맛, 색을 좋게 한다. 이 밖에 영향을 주는 측면은 다음 중 어느 것인가?
가. 이스트의 영양원이 된다.
나. 항산화 효과를 낸다.
다. 발효시 완충역할을 한다.
라. 호화를 빠르게 한다.

39. 반죽개량제에 대한 설명 중 틀린 것은?
가. 반죽개량제는 빵의 품질과 기계성을 증가시킬 목적으로 첨가한다.
나. 반죽개량제는 산화제, 환원제, 반죽강화제, 노화지연제, 효소 등이 있다.
다. 산화제는 반죽의 구조를 강화시켜 제품의 부피를 증가시킨다.
라. 환원제도 반죽의 구조를 강화시켜 반죽시간을 증가시킨다.

40. 지방을 분해하는 효소는?
가. 인버타아제(invertase)
나. 리파아제(lipase)
다. 펩티다아제(peptidase)
라. 아밀라아제9amylase)

41. 제빵용 이스트 푸드의 성분 중 이스트의 영양소로 사용되는 것은?
가. 전분 나. 암모늄염
다. 비타민C 라. 과산화칼슘

42. 우유의 성분 중 제품의 껍질색을 개선시켜 주는 것은?
가. 수분 나. 유지방
다. 유당 라. 칼슘

43. 제빵용 배합수로 가장 적합한 물은?
가. 연수 나. 아경수
다. 일시적 경수 라. 영구적 경수

44. 제빵 중 설탕을 사용하는 주목적과 가장 거리가 먼 것은?
가. 노화방지
나. 빵표피의 착색
다. 유해균의 발효억제
라. 효모의 번식

45. 밀가루의 제분수율(%)에 따른 설명 중 잘못된 것은?
가. 제분수율이 증가하면 일반적으로 소화율(%)은 감소한다.
나. 제분수율이 증가하면 일반저그로 비타민B1, B2 함량이 증가한다.
다. 목적에 따라 제분수율이 조정되기도 한다.
라. 제분수율이 증가하면 일반적으로 무기질 함량이 감소한다.

46. 무기질의 기능과 가장 거리가 먼 것은?
가. 경조직의 구성성분
나. 에너지 생산
다. 체액의 완충작용
라. 효소작용의 조절

47. 포화 지방산을 가장 많이 함유하고 있는 식품은?
가. 올리브유 나. 버터
다. 콩기름 라. 홍화유

48. 쇠고기 뼈와 고기로 국물을 끓였을 때 국물에 들어 있지 않는 영양소는?
가. 칼슘 나. 비타민C
다. 무기질 라. 단백질

49. 담즙산의 설명으로 틀린 것은?
가. 콜레스테롤(cholesterol)의 최종 대사산물
나. 간장에서 합성
다. 지방의 유화작용
라. 수용성 비타민의 흡수에 관계

50. 단백질과 같은 열량을 갖으며 단백질 절약작용을 하는 영양소는?
가. 지방　　나. 당질
다. 비타민　　라. 칼슘

51. 복어 중독을 일으키는 성분은?
가. 아코니틴　　나. 테트로도톡신
다. 솔리닌　　라. 무스카린

52. 화학적 식중독과 관련된 설명이 잘못된 것은?
가. 유해색소의 경우 급성독성은 문제되나 소량씩 연속적으로 섭취할 경우 만성독성의 문제는 없다.
나. 인공감미료 중 싸이클라메이트는 발암성이 문제되어 사용 금지되어 있다.
다. 유해성 보존료인 포르말린은 식품에 첨가할 수 없으며 플라스틱 용기로부터 식품 중에 용출되는 것도 규제하고 있다.
라. 유해성 표백제인 롱갈릿을 사용시 포르말린이 오래도록 식품에 잔류할 가능성이 있으므로 위험하다.

53. 다음 첨가물의 관계가 맞지 않는 것은?
가. 소포제 – 규소수지
나. 껌기초제 – 초산비닐수지
다. 용제 – 핵산
라. 피막제 – 모르폴린지방산염

54. 제1군 전염병으로 소화기계 전염병은?
가. 결핵　　나. 화농성 피부염
다. 장티푸스　　라. 독감

55. 다음 중 대표적인 독소형 세균성 식중독은?
가. 살모넬라(Salmonella) 식중독
나. 아리조나(Arizona) 식중독
다. 포도상구균(Staphylococcus) 식중독
라. 장염비브리오(Vibrio) 식중독

56. 감자에 들어 있는 독소는?
가. 엔테로톡신　　나. 사카린
다. 솔라닌　　라. 오라닌

57. 어패류의 비린내 원인이 되기도 하며, 부패시 그 양이 증가하는 성분은?
가. 암모니아　　나. 트리메틸아민
다. 요소　　라. 탄소

58. 식품에 손실된 영양분의 보충이나 함유되어 있지 않은 영양분을 첨가하는데 사용되는 식품 첨가물은?
가. 산미료　　나. 착향료
다. 감미료　　라. 강화제

59. 전염병의 병원소가 아닌 것은?
가. 감염된 가축　　나. 오염된 음식물
다. 건강보균자　　라. 토양

60. 일반적으로 식품의 저온 살균온도로 가장 적합한 것은?
가. 20~30℃　　나. 60~70℃
다. 100~110℃　　라. 130~140℃

정답 (2006년 1월 22일 제빵기능사)

1 다	2 라	3 가	4 라	5 나	6 다	7 나	8 다	9 다	10 다
11 가	12 다	13 다	14 나	15 다	16 가	17 나	18 라	19 나	20 나
21 나	22 라	23 나	24 라	25 나	26 가	27 라	28 가	29 라	30 가
31 다	32 가	33 다	34 가	35 라	36 가	37 다	38 다	39 라	40 나
41 나	42 다	43 나	44 다	45 라	46 나	47 나	48 나	49 라	50 나
51 나	52 가	53 다	54 다	55 다	56 다	57 나	58 라	59 나	60 나

1. 다음 제품 중 찜류 제품이 아닌 것은?
가. 만쥬 나. 계란흰자
다. 푸딩 라. 치즈케이크

2. 스펀지 케이크 제조시 더운 믹싱방법을 사용할 때 계란과 설탕의 중량 온도로 가장 적당한 것은?
가. 23℃ 나. 43℃
다. 63℃ 라. 83℃

3. 반죽형 케이크의 특성에 해당되지 않는 것은?
가. 일반적으로 밀가루가 계란보다 많이 사용된다.
나. 많은 양의 유지를 사용한다.
다. 화학 팽창제에 의해 부피를 형성한다.
라. 해면같은 조직으로 입에서의 감촉이 좋다.

4. 제과공장 설계시 환경에 대한 조건으로 알맞지 않은 것은?
가. 바다 가까운 곳에 위치하여야 한다.
나. 환경 및 주위가 깨끗한 곳이어야 한다.
다. 양질의 물을 충분히 얻을 수 있다.
라. 폐수 및 폐기물 처리에 편리한 곳이어야 한다.

5. 다음 제품 중 굽기시 팬에 반죽을 채우는 팬닝 높이를 가장 높게 하는 것은?
가. 파운드 케이크
나. 스펀지 케이크
다. 엔젤 푸드 케이크
라. 커스터드 푸딩

6. 반죽형 케이크 제조시 분리현상이 일어나는 원인이 아닌 것은?
가. 반죽온도가 낮다.
나. 노른자 사용비율이 높다.
다. 반죽 중 수분량이 많다.
라. 일시에 투입하는 계란의 양이 많다

7. 겨울철(실온 18℃) 오물렛을 제조할 때 가장 적당한 계란의 온도는?
가. 4℃ 나. 24℃
다. 43℃ 라. 70℃

8. 소프트롤을 말 때 겉면이 터질 때 해야 할 조치사항이 아닌 것은?
가. 팽창이 과도한 경우 팽창제 사용량을 감소한다.
나. 설탕의 일부를 물엿으로 대치한다.
다. 반죽의 비중을 낮추어준다.
라. 덱스트린의 점착성을 이용한다.

9. 제품의 중앙부가 오목하게 생산되었다. 이 때 조치하여야 할 사항이 아닌 것은?
가. 단백질 함량이 높은 밀가루를 사용한다.
나. 수분의 양을 줄인다.
다. 오븐의 온도를 낮추어 굽는다.
라. 우유를 증가시킨다.

10. 반죽의 비중에 대한 설명이 틀린 것은?
가. 비중이 낮을수록 공기 함유량이 많아서 제품이 가볍고 조직이 거칠다.
나. 비중이 높을수록 공기 함유량이 적어서 제품의 기공이 조밀하다.
다. 비중이 같아도 제품의 식감은 다를 수 있다.
라. 비중은 같은 부피의 반죽모게를 같은 부피의 계란 무게로 나눈 것이다.

11. 도넛 튀김용 유지로 가장 적당한 것은?
가. 라드 나. 유화쇼트닝
다. 면실유 라. 버터

12. 데커레이션 케이크와 공예과자의 가장 뚜렷한 차이점으로 알맞은 것은?
가. 미각 효과
나. 시각적 효과
다. 다양한 장식 효과
라. 먹을 수 없는 재료의 사용

13. 과일 파이에서 과일 충전물이 끓어 넘치는 이유가 아닌 것은?
가. 과일 충전물 배합이 부정확하다.
나. 오븐 온도가 높아 굽는 시간이 너무 짧다.
다. 파이껍질의 수분이 너무 많다.
라. 파이껍질에 구멍을 뚫지 않았다.

14. 스펀지 케이크와 필수 재료가 아닌 것은?
가. 밀가루 나. 우유
다. 계란 라. 소금

15. 마지팬에서 설탕과 아몬드의 혼합비율은 어느 정도가 가장 적당한가?
가. 1:1 나. 2:1
다. 3:1 라. 4:1

16. 이스트를 다소 감소하여 사용하는 경우는?
가. 우유 사용량이 많을 때
나. 수작업 공정과 작업량이 많을 때
다. 물이 알칼리성일 때
라. 미숙한 밀가루를 사용할 때

17. 반죽시 렛다운 단계(Let down stage)를 바르게 설명한 것은?
가. 최종단계를 지나 반죽이 탄력성을 잃으며 신장성이 최대인 상태
나. 반죽이 처지며 글루텐은 완전히 파괴된 상태
다. 글루텐이 발전하는 단계로서 최고로의 탄력성을 가지는 상태
라. 수화는 완료되고 글루텐 일부가 결합된 상태

18. 펀치의 효과와 가장 거리가 먼 것은?
가. 반죽의 온도를 균일하게 한다.
나. 이스트의 활성을 돕는다.
다. 반죽에 산소공급으로 산화, 숙성을 진전시킨다.
라. 성형을 용이하게 한다.

19. 굽기 손실(bake loss)에 영향을 주는 요인으로 가장 거리가 먼 것은?
가. 배합표
나. 굽기온도
다. 제품의 크기와 형태
라. 발효시간

20. 빵 굽기에 사용되는 오븐에 대한 설명 중 틀린 것은?
가. 데크오븐의 열원은 열풍이며 색을 곱게 구울 수 있는 장점이 있다.
나. 컨벡션오븐은 제품의 껍질을 바삭바삭하게 구울 수 있으며 스팀을 사용한다.
다. 데크오븐에 프랑스빵을 구울 때 캔버스를 사용하여 직접 화덕에 올려 구울 수 있다.
라. 컨벡션오븐은 윗불 아랫불의 조절이 불가능하다.

21. 굽기 후 빵을 열어 포장하기에 가장 좋은 온도는?
가. 17℃ 나. 27℃
다. 37℃ 라. 47℃

22. 바게트(baguette)의 통상적인 분할 무게는?
가. 50g 나. 200g
다. 350g 라. 600g

23. 냉동반죽법에서 반죽의 냉동온도가 저장온도로 가장 적합한 것은?
가. −5℃, 0~4℃
나. −20℃, −18~0℃
다. −40℃, −25~−18℃
라. −80℃, −18℃~0℃

24. 다음 중 제품의 가치에 속하지 않는 것은?
가. 교환가치 나. 귀중가치
다. 사용가치 라. 재고가치

25. 같은 크기의 틀에 넣어 같은 체적의 제품을 얻으려고 할 때 가장 반죽의 분할량이 적은 제품은?
가. 밀가루 식빵
나. 호밀 식빵
다. 옥수수 식빵
라. 건포도 식빵

26. 제빵시 정량보다 설탕을 적게 사용하였을 때의 결과 중 잘못된 것은?
가. 부피가 적다.
나. 색상이 검다.
다. 모서리가 둥글다.
라. 속결이 거칠다.

27. 정통 블란서 빵을 제조할 때 2차 발효실의 상대습도로 가장 적합한 것은?
가. 75~80% 나. 85~88%
다. 90~94% 라. 95~99%

28. 데니시 페이스트리의 일반적인 반죽 온도는?
가. 0℃ 나. 8-12℃
다. 18-22℃ 라. 27-30℃

29. 제빵시 성형(make-up)의 범위에 들어가지 않는 것은?
가. 둥글리기 나. 분할
다. 정형 라. 2차 발효

30. 반죽 제조시 유지는 어느 단계에서 투입하는가?
가. 픽업 단계 나. 클린업 단계
다. 발전 단계 라. 최종 단계

31. 다음 설명 중 제빵에 분유를 사용하여야 하는 경우로 가장 적당한 것은?
가. 라이신과 칼슘이 부족할 때
나. 표피색깔이 너무 빨리 날 때
다. 디아스타제 대신 사용하고자 할 때
라. 이스트푸드 대신 사용하고자 할 때

32. 튀김용 기름(frying oil)이 발연점 이상이 되면 눈을 쓰고 악취를 내게 하는 물질은?
가. 아크롤레인 및 저급지방산
나. 글리세린
다. 고급지방산
라. 모노글리세라이드

33. 단백질의 분해 효소로 췌액에 존재하는 것은?
가. 포르테아제　　나. 펩신
다. 트립신　　라. 레닌

34. 제빵 제조시 물의 기능이 아닌 것은?
가. 글루텐 형성을 돕는다.
나. 반죽온도를 조절한다.
다. 이스트 먹이 역할을 한다.
라. 효소활성화에 도움을 준다.

35. 어느 성분이 계란 흰자에 있어 계란 제품을 은제품에 담았을 때 검은색으로 변하는가?
가. 요오드　　나. 아연
다. 유황　　라. 인

36. 글루텐의 구성 물질 중 반죽을 질기고 탄력성 있게 하는 물질은?
가. 글리아딘　　나. 글루테닌
다. 메스닌　　라. 알부민

37. 피자 제조시 많이 사용하는 향신료는?
가. 넛메그　　나. 오레가노
다. 박하　　라. 계피

38. 믹서내에서 일어나는 물리적 성질을 파동 곡선 기록기로 기록하여 밀가루의 흡수율, 믹싱 시간, 믹싱 내구성 등을 측정하는 기계는?
가. 패리노그래프(Farinograph)
나. 익스텐소그래프(Extensograph)
다. 아밀로그래프(Amylograph)
라. 분광분석기(Spectrophometer)

39. 식염이 반죽의 물성 및 발효에 미치는 영향을 설명한 것 중 틀린 것은?
가. 흡수율이 감소한다.
나. 반죽시간이 길어진다.
다. 껍질 색상을 더 진하게 한다.
라. 포르테아제의 활성을 증가시켜 저항력을 감소시킨다.

40. 이스트푸드의 성분 중 산화제로 작용하는 것은?
가. 아즈디카본아마이드
나. 염화암모늄
다. 황산칼슘
라. 전분

41. 설탕의 감미도를 100으로 할 때 포도당의 상대 감미도는?
가. 100　　나. 75
다. 50　　라. 25

42. 제빵용 이스트에 이해 분해되지 않는 것은?
가. 과당(frustose)　　나. 포도당(gluoose)
다. 유당(lactose)　　라. 맥아당(maltose)

43. 제과에 많이 쓰이는 럼주는 무엇을 원료로 하여 만드는 술인가?
가. 옥수수 전분　　나. 포도당
다. 당밀　　라. 타피오카

44. 다음의 탄수화물 중에서 분자량이 가장 큰 것은?
가. 포도당　　나. 과당
다. 맥아당　　라. 전분

45. 지방분해효소와 관계없는 것은?
가. 리파아제　　나. 스테압신
다. 포스포리파아제　　라. 말타아제

46. 다음 중 지용성 비타민은?
가. 비타민 K　　나. 비타민 C
다. 비타민 B1　　라. 엽산

47. 음식물을 통해서만 얻어야 하는 아미노산과 거리가 먼 것은?
가. 메티오닌(methionine)
나. 라이신(lysine)
다. 트립토판(tryptophan)
라. 글루타민(glutamine)

48. 불편성유에 속하는 것은?
가. 피마자유　　나. 대두유
다. 참기름　　라. 어유

49. 글리코겐이 가장 많이 저장된 기관은 어디인가?
가. 근육　　나. 간
다. 뼈　　라. 머리카락

50. 뇌신경계와 적혈구의 주 에너지원인 것은?
가. 유당　　나. 포도당
다. 맥아당　　라. 과당

51. 빵의 제조과정에서 빵 반죽을 분할기에서 분할할 때나 구울 때 달라붙지 않게 하고 모양을 그대로 유지하기 위하여 사용되는 첨가물은?
가. 카제인
나. 유동파라핀
다. 프로필렌 글리콜
라. 대두인지질

52. 포도상구균이 내는 독소물질은?
가. 뉴로톡신　　나. 솔라닌
다. 엔테로톡신　　라. 데트로도톡신

53. 대장균의 특성과 관계가 없는 것은?
가. 유당을 발효한다.
나. 그램(Gram) 양성이다.
다. 호기성 또는 통성 혐기성이다.
라. 무아포 간균이다.

54. 세균성 식중독 증가 원인이 아닌 것은?
가. 식품의 수출입 자유화로 전파속도 증가
나. 면역기능이 저하된 만성질환자 및 노인인구 증가
다. 집단 급식의 냉장, 냉동식품의 이용 증가
라. 환경오염과 공업화

55. 제품의 포장용기에 의한 화학적 식중독에 대한 주의를 특히 요하는 것과 가장 거리가 먼 것은?
가. 형광 염료를 사용한 종이 제품
나. 착색된 셀로판 제품
다. 페놀수지 제품
라. 알루미늄박 제품

56. 다음 전염병 중 잠복기가 가장 짧은 것은?
가. 후천성 면역결핍증
나. 광견병
다. 콜레라
라. 매독

57. 식중독이 원인이 될 수 있는 것과 거리가 먼 것은?
가. Pb(납)　　나. Ca(칼슘)
다. Hg(수은)　　라. Cd(카드뮴)

58. 미생물이 성장하는데 필수적으로 필요한 요인이 아닌 것은?
가. 적당한 온도　　나. 적당한 햇빛
다. 적당한 수분　　라. 적당한 영양소

59. 육류에 주로 기생하는 O-157은 다음 어느 세균류에 속하는가?
가. 대장균
나. 살모넬라균
다. 리스테리아균
라. 장염비브리오균

60. 영구전염병의 예방대책이 아닌 것은?
가. 환자 및 보균자의 발견과 격리
나. 음료수의 위생 유지
다. 식품취급자의 개인위생
라. 숙주 감수성 유지

정답 (2006년 7월 16일 제빵기능사)

1 나	2 나	3 라	4 가	5 라	6 나	7 나	8 다	9 라	10 라
11 다	12 라	13 나	14 나	15 가	16 나	17 가	18 라	19 라	20 가
21 다	22 다	23 다	24 라	25 가	26 나	27 가	28 다	29 라	30 나
31 가	32 가	33 다	34 다	35 다	36 나	37 나	38 가	39 라	40 가
41 나	42 다	43 다	44 라	45 라	46 가	47 라	48 가	49 가	50 나
51 나	52 다	53 나	54 라	55 라	56 다	57 나	58 나	59 가	60 라

1. 다음 중 화학적 팽창 제품이 아닌 것은?
   가. 과일케이크　　나. 팬케이크
   다. 파운드케이크　　라. 시퐁케이크

2. 도넛을 튀길 때 사용하는 기름에 대한 설명으로 틀린 것은?
   가. 기름이 적으면 뒤집기가 쉽다.
   나. 발연점이 높은 기름이 좋다.
   다. 기름이 너무 많으면 온도를 올리는 시간이 길어진다.
   라. 튀김 기름의 평균 깊이는 12~15cm 정도가 좋다.

3. 파운드케이크를 구울 때 윗면이 자연적으로 터지는 경우가 아닌 것은?
   가. 굽기 시작 전에 증기를 분무할 때
   나. 설탕 입자가 용해되지 않고 남아 있을 때
   다. 반죽내 수분이 불충분할 때
   라. 오븐 온도가 높아 껍질 형성이 너무 빠를 때

4. 데블스푸드 케이크에서 전체 액체량을 구하는 식은?
   가. 설탕+30+(코코아×1.5)
   나. 설탕-30-(코코아×1.5)
   다. 설탕+30-(코코아×1.5)
   라. 설탕-30+(코코아×1.5)

5. 푸딩 제조공정에 관한 설명으로 틀린 것은?
   가. 모둔 재료를 섞어서 체에 거른다.
   나. 푸딩컵에 반죽을 부어 중탕으로 굽는다.
   다. 우유와 설탕을 섞어 설탕이 캐러멜화될 때까지 끓인다.
   라. 다른 그릇에 계란 , 소금 및 나머지 설탕을 넣고 혼합한 후 우유를 섞는다.

6. 물엿을 계량할 때 바람직하지 않은 방법은?
   가. 설탕 계량 후 그 위에 계량한다.
   나. 스테인리스 그릇 혹은 플라스틱 그릇을 사용하는 것이 좋다.
   다. 살짝 데워서 계량하면 수월할 수 있다.
   라. 일반 갱지를 잘 잘라서 그 위에 계량하는 것이 좋다.

7. 머랭 제조에 대한 설명으로 옳은 것은?
   가. 기름기나 노른자가 없어야 튼튼한 거품이 나온다.
   나. 일반적으로 흰자 100에 대하여 설탕 50의 비율로 만든다.
   다. 고속으로 거품을 올린다.
   라. 설탕을 믹싱 초기에 첨가하여야 부피가 커진다.

8. 옐로 레이어 케이크의 비중이 낮을 경우에 나타나는 현상은?
   가. 부피가 작아진다.
   나. 상품적 가치가 높다.
   다. 조직이 무겁게 된다.
   라. 구조력이 약화되어 중앙 부분이 함몰한다.

9. 다음 중 쿠키의 퍼짐성이 작은 이유가 아닌 것은?
   가. 믹싱이 지나침
   나. 높은 온도의 오븐
   다. 너무 진 반죽
   라. 너무 고운 입자의 설탕 사용

10. 다음 중 비용적이 가장 큰 제품은?
   가. 파운드 케이크　　나. 레이어 케이크
   다. 스펀지 케이크　　라. 식빵

11. 포장된 제과 제품의 품질 변화 현상이 아닌 것은?
   가. 전분의 호화　　나. 향의 변화
   다. 촉감의 변화　　라. 수분의 이동

12. 스펀지케이크를 부풀리는 주요 방법은?
   가. 계란의 기포성에 의한 법
   나. 이스트에 의한 법 넣어 휴지시킨 후 사용한다.
   다. 화학팽창제에 의한 법
   라. 수증기 팽창에 의한 법

13. 파이를 만들 때 충전물이 흘러 나왔을 경우 그 원인이 아닌 것은?
   가. 충전물 양이 너무 많다.
   나. 충전물에 설탕이 부족하다.
   다. 껍질에 구멍을 뚫어 놓지 않았다.
   라. 오븐 온도가 낮다.

14. 다음 중 버터크림 당액 제조시 설탕에 대한 물 사용량으로 가장
   알맞은 것은?
   가. 25%　　나. 80%
   다. 100%　　라. 125%

15. 롤 케이크를 말 때 표면이 터질 경우의 조치사항으로 바람직하지 않은 것은?
   가. 팽창제 사용량을 감소시킨다.

나. 노른자 사용량을 높인다.
다. 덱스트린을 사용하여 점착성을 높인다.
라. 설탕의 일부를 물엿으로 대체한다.

16. 소규모 제과점용으로 가장 많이 사용되며 반죽을 넣는 입구와 제품을 꺼내는 출구가 같은 오븐은?
가. 컨벡션오븐 나. 터널오븐
다. 릴오븐 라. 데크오븐

17. 2차 발효에 대한 설명으로 틀린 것은?
가. 이산화탄소를 생성시켜 최대한의 부피를 얻고 글루텐을 신장시키는 과정이다.
나. 2차 발효실의 온도는 반죽의 온도보다 같거나 높아야 한다.
다. 2차 발효실의 습도는 평균 75~90% 정도이다.
라. 2차 발효실의 습도가 높을 경우 겉껍질이 형성되고 터짐 현상이 발생한다.

18. 다음 중 표준 스트레이트법에서 믹싱 후 반죽온도로 가장 적합한 것은?
가. 21 ° C 나. 27 ° C
다. 33 ° C 라. 39℃

19. 우유 2000g을 사용하는 식빵 반죽에 전지분유를 사용할 때 분유와
물의 사용량은?
가. 분유 100g, 물 1900g
나. 분유 200g, 물 1800g
다. 분유 400g, 물 1600g
라. 분유 600g, 물 1400g

20. 냉동 페이스트리를 구운 후 옆면이 주저앉는 원인으로 틀린 것은?
가. 토핑물이 많은 경우
나. 잘 구워지지 않은 경우
다. 2차 발효가 과다한 경우
라. 해동온도가 2~5℃로 낮은 경우

21. 일반 제빵 제품의 성형과정 중 작업실의 온도 및 습도로 가장 바람직한 것은?
가. 온도 25~28℃, 습도 70~75%
나. 온도 10~18℃, 습도 65~70%
다. 온도 25~28℃, 습도 90~95%
라. 온도 10~18℃, 습도 80~85%

22. 제품을 포장하는 목적이 아닌 것은?
가. 미생물에 의한 오염방지
나. 빵의 노화 지연
다. 수분 증발 촉진
라. 상품 가치 향상

23. 노타임법에 의한 빵 제조에 관한 설명으로 잘못된 것은?
가. 믹싱시간을 20~25% 길게 한다.
나. 산화제와 환원제를 사용한다.
다. 물의 양을 1%정도 줄인다.
라. 설탕의 사용량을 다소 감소시킨다.

24. 일반적인 1차 발효실의 가장 이상적인 습도는?
가. 45~50% 나. 55~60%
다. 65~70% 라. 75~80%

25. 빵 제품의 노화(Staling)에 관한 설명으로 틀린 것은?
가. 제품이 오븐에서 나온 후부터 서서히 진행된다.
나. 소화흡수에 영향을 준다.
다. 내부 조직이 단단해진다.
라. 지연시키기 위하여 냉장고에 보관하는 것이 좋다.

26. 다음 중 총원가에 포함되지 않는 것은?
가. 제조설비의 감가상각비
나. 매출원가
다. 직원의 급료
라. 판매이익

27. 팬에 바르는 기름은 다음 중 무엇이 높은 것을 선택해야 하는가?
가. 산가 나. 크림성
다. 가소 라. 발연점

28. 식빵의 밑이 움푹 패이는 원인이 아닌 것은?
가. 2차 발효실의 습도가 높을 때
나. 팬의 바닥에 수분이 있을 때
다. 오븐 바닥열이 약할 때
라. 팬에 기름칠을 하지 않을 때

29. 반죽할 때 반죽의 온도가 높아지는 주된 이유는?
가. 마찰열이 발생하므로
나. 이스트가 번식하므로
다. 원료가 용해되므로
라. 글루텐이 발달되므로

30. 같은 조건의 반죽에 설탕, 포도당, 과당을 같은 농도로 첨가했다고 가정할 때 마이야르 방응속도를 촉진시키는 순서대로 나열된 것은?

가. 설탕-포도당-과당
나. 과당-설탕-포도당
다. 과당-포도당-설탕
라. 포도당-과당-설탕

31. 이스트에 질소 등의 영양을 공급하는 제빵용 이스트 푸드의 성분은?
가. 칼슘염 나. 암모늄염
다. 브롬염 라. 요오드염

32. 제빵에서 설탕의 기능으로 틀린 것은?
가. 이스트의 영양분이 됨
나. 껍질색을 나게 함
다. 향을 향상시킴
라. 노화를 촉진시킴

33. 계면활성제의 친수성-친유성 균형(HLB)이 다음과 같을 때 친수성인 것은?
가. 5 나. 7
다. 9 라. 11

34. 다음 탄수화물 중 요오드 용액에 의하여 청색반응을 보이면 B-아밀라아제에 의해 맥아당으로 바뀌는 것은?
가. 아밀로오스 나. 아밀로펙틴
다. 포도당 라. 유당

35. 제빵에서 밀가루 , 이스트 , 물과 함께 기본적인 필수재료는?
가. 분유 나. 유지
다. 소금 라. 설탕

36. 안정제를 사용하는 목적으로 적합하지 않은 것은?
가. 아이싱의 끈적거림 방지
나. 크림 토핑의 거품 안정
다. 머랭의 수분 배출 촉진
라. 포장성 개선

37. 젖은 글루텐 중의 단백질 함량이 12%일 때 건조 글루텐의 단백질
함량은?
가. 12% 나. 24%
다. 36% 라. 48%

38. 다음 중 물의 경도를 잘못 나타낸 것은?
가. 10ppm – 연수 나. 70ppm – 아연수
다. 100ppm – 아연수 라. 190ppm – 아경수

39. 다음 효소 중 과당을 분해하여 CO2와 알코올을 만드는 효소는?
가. 리파아제(lipase)
나. 프로테아제(protease)
다. 찌마아제(zymase)
라. 말타아제(maltase)

40. 밀가루 반죽을 끊어질 때까지 늘려서 반죽의 신장성을 알아보는 기계는?
가. 아밀로그래프 나. 패리노그래프
다. 익스텐소그래프 라. 믹소그래프

41. 글루텐을 형성하는 단백질 중 수용성 단백질은?
가. 글리아딘 나. 글루테닌
다. 메소닌 라. 글로불린

42. 유지의 산패 정도를 나타내는 값이 아닌 것은?
가. 산가 나. 요오드가
다. 아세틸가 라. 과산화물가

43. 우유 성분으로 제품의 껍질색을 빨리 일어나게 하는 것은?
가. 젖산 나. 카제인
다. 무기질 라. 유당

44. 수소이온농도(pH)가 5인 경우의 액성은?
가. 산성 나. 중성
다. 알칼리성 라. 무성

45. 다음 중 신선한 계란의 특징은?
가. 8% 식염수에 뜬다.
나. 흔들었을 때 소리가 난다.
다. 난황계수가 0.1 이하이다.
라. 껍질에 광택이 없고 거칠다.

46. 췌장에서 생성되는 지방 분해효소는?
가. 트립신 나. 아밀라아제
다. 펩신 라. 리파아제

47. 비타민의 일반적인 결핍증이 잘못 연결된 것은?
가. 비타민 B12-부종
나. 비타민 D-구루병
다. 나이아신-펠라그라
라. 리보플라빈-구내염

48. 유당분해효소결핍증(유당불내증)의 일반적인 증세가 아닌 것은?

가. 복부경련　　나. 설사
다. 발진　　라. 메스꺼움

49. 아미노산과 아미노산간의 결합은?
가. 글리코사이드 결합　　나. 펩타이드 결합
다. a-1,4 결합　　라. 에스테르 결합

50. 건조된 아모든 100g 탄수화물 16g, 단백질 18g, 지방 54g, 무기질 3g, 수분 6g, 기타성분 등을 함유하고 있다면 이 건조된 아모든 100g의 열량은?
가. 약 200kcal　　나. 약 364kcal
다. 약 622kcal　　라. 약 751kcal

51. 정제가 불충분한 기름 중에 남아 식중독을 일으키는 고시폴(gossypol)은 어느 기름에서 유래하는가?
가. 피마자유　　나. 콩기름
다. 면실유　　라. 미강유

52. 클로스트리디움 보툴리늄 식중독과 관련 있는 것은?
가. 화농성 질환의 대표균
나. 저온살균 처리로 예방
다. 내열성 포자 형성
라. 감염형 식중독

53. 장염 비브리오균에 감염되었을 때 나타나는 주요 증상은?
가. 급성위장염 질환　　나. 피부농포
다. 신경마비 증상　　라. 간경변 증상

54. 세균성식중독과 비교하여 경구전염병의 특징이 아닌 것은?
가. 적은 양의 균으로도 질병을 일으킬 수 있다.
나. 2차 감염이 된다.
다. 잠복기가 비교적 짧다.
라. 감염 후 면역형성이 잘 된다.

55. 다음 중 세균에 의한 경구전염병은?
가. 콜레라　　나. 유행성 간염
다. 폴리오　　라. 살모넬라증

56. 식품첨가물의 사용 조건으로 바람직하지 않은 것은?
가. 식품의 영양가를 유지할 것
나. 다량으로 충분한 효과를 낼 것
다. 이미 , 이취 등의 영향이 없을 것
라. 인체에 유해한 영향을 끼치지 않을 것

57. 다음 중 우리나라에서 허용되어 있지 않는 감미료는?
가. 시클라민산나트륨　　나. 사카린나트륨
다. 아세설팜 K　　라 .스테비아 추출물

58. 미생물에 의해 주로 단백질이 변화되어 악취, 유해물질을 생성하는 현상은?
가. 발효(Fermentation)
나. 부패(Puterifaction)
다. 변패(Deterioration)
라. 산패(Rancidity)

59. 식중독에 관한 설명 중 잘못된 것은?
가. 세균성 식중독에는 감염형과 독소형이 있다.
나. 자연독 식중독에는 동물성과 식물성이 있다.
다. 곰팡이독 식중독은 맥각 , 황변미 독소 등에 의하여 발생한다.
라. 식이성 알레르기는 식이로 들어온 특정 탄수화물 성분에 면역계가 반응하지 못하여 생긴다.

60. 다음 중 저온 장시간 살균법으로 가장 일반적인 조건은?
가. 72~75℃ 15초간 가열
나. 60~65℃ 30분간 가열
다. 130~150℃ 1초 이하 가열
라. 95~120℃ 30~60분간 가열

정답 (2007년 4월 1일 제과기능사)

1 라	2 가	3 가	4 가	5 다	6 라	7 가	8 라	9 다	10 다
11 가	12 가	13 나	14 가	15 나	16 라	17 라	18 나	19 나	20 라
21 가	22 다	23 가	24 라	25 라	26 라	27 라	28 다	29 가	30 다
31 나	32 라	33 라	34 가	35 다	36 다	37 다	38 라	39 다	40 다
41 라	42 나	43 라	44 가	45 라	46 라	47 가	48 다	49 나	50 다
51 다	52 다	53 가	54 다	55 가	56 나	57 가	58 나	59 라	60 나

1. 1000ml의 생크림 원료로 거품을 올려 2000ml의 생크림을 만들었다면 증량율(over run)은 얼마인가?
   가. 50%　　나. 100%
   다. 150%　　라. 200%

2. 다음 중 파이롤러를 사용하지 않은 제품은?
   가. 데니시 페이스트리　　나. 케이크 도넛
   다. 퍼프 페이스트리　　라. 롤 케이크

3. 파이나 퍼프 페이스트리는 무엇에 의하여 팽창되는가?
   가. 화학적인 팽창　　나. 중조에 의한 팽창
   다. 유지에 의한 팽창　　라. 이스트에 의한 팽창

4. 도넛에 기름이 많이 흡수되는 이유에 대한 설명으로 틀린 것은?
   가. 믹싱이 부족하다.
   나. 반죽에 수분이 많다.
   다. 배합에 설탕과 팽창제가 많다.
   라. 튀김온도가 높다.

5. 아래의 조건에서 물 온도를 계산하면?

- 반죽희망 온도 : 23℃	- 밀가루 온도 : 25℃
- 실내 온도 : 25℃	- 설탕 온도 : 25℃
- 쇼트닝 온도 : 20℃	- 계란 온도 : 20℃
- 수돗물 온도 : 23℃	- 마찰계수 : 20℃

   가. 0℃　　나. 3℃
   다. 8℃　　라. 12℃

6. 쇼트도우쿠키의 제조상 유의사항으로 틀린 것은?
   가. 밀어 펼 때 많은 양의 덧가루를 사용한다.
   나. 덧가루를 뿌린 면포 위에서 밀어 편다.
   다. 전면의 두께가 균일하도록 밀어 편다.
   라. 성형하기 위하여 밀어 펴기 전에 휴지를 통해 냉각 시킨다.

7. 옐로 레이어 케이크를 제조할 때 달걀을 50% 사용했다면 같은 배합비율로 화이트 레이어 케이크를 제조할 경우 달걀 흰자는 몇 %를 사용해야 하는가?
   가. 45%　　나. 55%
   다. 65%　　라. 75%

8. 겨울철 굳어버린 버터크림의 농도를 조절하기 위한 첨가물은?
   가. 분당　　나. 초콜릿
   다. 식용유　　라. 캐러멜색소

9. 초콜릿 템퍼링의 방법으로 올바르지 않은 것은?
   가. 중탕 그릇이 초콜릿 그릇보다 넓어야 한다.
   나. 중탕시 물의 온도는 60℃로 맞춘다.
   다. 용해된 초콜릿의 온도는 40~45℃로 맞춘다.
   라. 용해된 초콜릿에 물이 들어가지 않도록 주의한다.

10. 일반적으로 슈 반죽에 사용되지 않는 재료는?
   가. 밀가루　　나. 계란
   다. 설탕　　라. 이스트

11. 도넛과 케이크의 글레이즈(glaze) 사용 온도로 가장 적합한 것은?
   가. 23℃　　나. 34℃
   다. 49℃　　라. 68℃

12. 도넛의 설탕이 수분을 흡수하여 녹는 현상을 방지하기 위한 방법으로 잘못된 것은?
   가. 도넛에 묻는 설탕량을 증가시킨다.
   나. 튀김시간을 증가시킨다.
   다. 포장용 도넛의 수분은 38% 전후로 한다.
   라. 냉각 중 환기를 더 많이 시키면서 충분히 냉각한다.

13. 반죽형 케이크의 결점과 원인의 연결이 잘못된 것은?
   가. 고율배합 케이크의 부피가 작음 - 설탕과 액체재료의 사용량이 적었다.
   나. 굽는 동안 부풀어 올랐다가 가라앉음 - 설탕과 팽창제 사용량이 많았다.
   다. 케이크 껍질에 반점이 생김 - 입자가 굵고 크기가 서로 다르나 설탕을 사용했다.
   라. 케이크가 단단하고 질김 - 고율배합 케이크에 맞지 않은 밀가루를 사용했다.

14. 좋은 튀김기름의 조건이 아닌 것은?
   가. 천연의 항산화제가 있다.
   나. 발연점이 높다.
   다. 수분이 10% 정도이다.
   라. 저장성과 안정성이 높다.

15. 다른 조건이 모두 동일할 때 케이크 반죽의 비중에 관한 설명으로 맞는 것은?
   가. 비중이 높으면 제품의 부피가 크다.
   나. 비중이 낮으면 공기가 적게 포함되어 있음을 의미한다.

다. 비중이 낮을수록 제품의 기공이 조밀하고 조직이 묵직하다.
라. 일정한 온도에서 반죽의 무게를 같은 부피의 물의 무게로 나눈 값이다.

16. 오버 베이킹(over baking)에 대한 설명으로 옳은 것은?
가. 낮은 온도의 오븐에서 굽는다.
나. 윗면 가운데가 올라오기 쉽다.
다. 제품에 남는 수분이 많아진다.
라. 중심 부분이 익지 않을 경우 주저앉기 쉽다.

17. 파이롤러의 사용에 가장 적합한 제품은?
가. 식빵 나. 앙금빵
다. 크로와상 라. 모카빵

18. 스펀지법에서 스펀지 발효점으로 적합한 것은?
가. 처음 부피의 8배로 될 때
나. 발효된 생지가 최대로 팽창했을 때
다. 핀홀(pinhole)이 생길 때
라. 겉 표면의 탄성이 가장 클 때

19. 빵 제품의 모서리가 예리하게 된 것은 다음 중 어떤 반죽에서 오는 결과인가?
가. 발효가 지난친 반죽
나. 과다하게 이형유를 사용한 반죽
다. 어린 반죽
라. 2차 발효가 지나친 반죽

20. 다음 중 후염법의 가장 큰 장점은?
가. 반죽 시간이 단축된다.
나. 발효가 빨리 된다.
다. 밀가루의 수분흡수가 방지된다.
라. 빵이 더욱 부드럽게 된다.

21. 오븐에서 구운 빵을 냉각할 때 평균 몇 %의 수분 손실이 추가적으로 발생하는가?
가. 2% 나. 4%
다. 6% 라. 8%

22. 빵을 구웠을 때 갈변이 되는 것은 어떤 반응에 의한 것인가?
가. 비타민 C의 산화에 의하여
나. 효모에 의한 갈색반응에 의하여
다. 마이야르(Maillard) 반응과 캐러멜화 반응이 동시에 일어나서
라. 클로로필(chlorophyll)이 열에 의해 변성되어서

23. 직접반죽법으로 식빵을 제조하려고 한다. 실내온도 23℃, 밀가루 온도 23℃, 수돗물온도 20℃, 마찰계수 20℃일 때 희망하는 반죽온도를 28℃로 만들려면 사용해야 될 물의 온도는?
가. 16℃ 나. 18℃
다. 20℃ 라. 23℃

24. 다음 중 빵의 노화로 인한 현상이 아닌 것은?
가. 곰팡이 발생 나. 탄력성 상실
다. 껍질이 질겨짐 라. 풍미의 변화

25. 스펀지법으로 만든 제품의 특징은?
가. 노화가 빠르다.
나. 내상막이 얇다.
다. 발효향이 적다.
라. 부피가 감소한다.

26. 빵 반죽을 정형기(moulder)에 통과시켰을 때 아령 모양으로 되었다면 정형기의 압력상태는?
가. 압력이 강하다.
나. 압력이 약하다.
다. 압력이 적당하다.
라. 압력과는 관계없다.

27. 중간발효를 시킬 때 가장 적합한 습도는?
가. 62~67% 나. 72~77%
다. 82~87% 라. 89~94%

28. 냉동반죽법의 장점이 아닌 것은?
가. 소비자에게 신선한 빵을 제공할 수 있다.
나. 운송, 배달이 용이하다.
다. 가스 발생력이 향상된다.
라. 다품종 소량생산이 가능하다.

29. 이형유에 관한 설명 중 틀린 것은?
가. 틀을 실리콘으로 코팅하면 이형유 사용을 줄일 수 있다.
나. 이형유는 발연점이 높은 기름을 사용한다.
다. 이형유 사용량은 반죽무게에 대하여 0.1~0.2% 정도이다.
라. 이형유 사용량이 많으면 밑껍질이 얇아지고 색상이 밝아진다.

30. 완제품 중량이 400g인 빵 200개를 만들고자 한다. 발효 손실이 2%이고 굽기 및 냉각손실이 12%라고 할 때 밀가루 중량은?
(총 배합율은 180%이며, g 이하는 반올림한다.)

가. 51536g　　나. 54725g
다. 61320g　　라. 61940g

31. 밀가루 중 밀기울 혼입율의 확정 기준이 되는 것은?
가. 지방 함량　　나. 섬유질 함량
다. 회분 함량　　라. 비타민 함량

32. 식염이 반죽의 물성 및 발효에 미치는 영향에 대한 설명으로 틀린 것은?
가. 흡수율이 감소한다.
나. 반죽시간이 길어진다.
다. 껍질 색상을 더 진하게 한다.
라. 프로테아제의 활성을 증가시킨다.

33. 케이크 제품에서 계란의 기능이 아닌 것은?
가. 영양가 증대　　나. 결합제 역할
다. 유화작용 저해　　라. 수분 증발 감소

34. 빵에서 탈지분유의 역할이 아닌 것은?
가. 흡수율 감소　　나. 조직 개선
다. 완충제 역할　　라. 껍질색 개선

35. 물엿의 포도당당량 기준은?
가. 40.0 이상　　나. 30.0 이상
다. 20.0 이상　　라. 10.0 이상

36. 유지의 기능 중 크림성의 기능은?
가. 제품을 부드럽게 한다.
나. 산패를 방지한다.
다. 밀어 펴지는 성질을 부여한다.
라. 공기를 포집하여 부피를 좋게 한다.

37. 글리세린(glycerin, glycerol)에 대한 설명으로 틀린 것은?
가. 무색투명하다.
나. 3개의 수산기(-OH)를 가지고 있다.
다. 지당의 1/3 정도의 감미가 있다.
라. 탄수화물의 가수분해로 얻는다.

38. 일반적으로 반죽을 강화시키는 재료는?
가. 유지, 탈지분유, 계란
나. 소금, 산화제, 탈지분유
다. 유지, 환원제, 설탕
라. 소금, 산화제, 설탕

39. 제빵에 가장 적합한 물의 광물질 함량은?
가. 1~60ppm　　나. 60~120ppm
3k. 120~180ppm　　라. 180ppm 이상

40. 반추위 동물의 위액에 존재하는 우유 응유효소는?
가. 펩신　　나. 트립신
다. 레닌　　라. 펩티다아제

41. 베이킹파우더가 반응을 일으키면 주로 어떤 가스가 발생하는가?
가. 질소가스　　나. 암모니아가스
다. 탄산가스　　라. 산소가스

42. 유지의 산패 정도를 나타내는 값이 아닌 것은?
가. 과산화물값　　나. 산값
다. 카보닐값　　라. 유화값

43. 당과 산에 의해서 젤을 형성하며 젤화제, 증점제, 안정제, 유화제 등으로 사용되는 것은?
가. 펙틴　　나. 한천
다. 젤라틴　　라. 씨엠씨(C.M.C)

44. 다음 중 단백질 분해효소가 아닌 것은?
가. 리파아제(Lipase)
나. 브로멜린(bromelin)
다. 파파인(papain)
라. 피신(ficin)

45. 지방의 불포화도를 측정하는 요오드값이 다음과 같을 때 불포화도가 가장 큰 건성유는?
가. 50 미만　　나. 50~100 미만
다. 100~130 미만　　라. 130 이상

46. 20대 한남성의 하루 열량 섭취량을 2500kcal로 했을 때 가장 이상적인 1일 지방 섭취량은?
가. 약 10~40g　　나. 약 40~70g
다. 약 70~100g　　라. 약 100~130g

47. 당대사의 중심물질로 두뇌와 신경, 적혈구의 에너지원으로 이용되는 단당류는?
가. 과당　　나. 포도당
다. 맥아당　　라. 유당

48. 식품을 태웠을 때 재로 남는 성분은?
가. 유기질　　나. 무기질
다. 단백질　　라. 비타민

49. 다음 중 단백질의 함량이 가장 많은 것은?
가. 버터　　나. 밀가루

다. 당근　　　　　　　　라. 설탕

50. 다음 중 불포화지방산과 포화지방산에 대한 설명으로 옳은 것은?
가. 불포화지방산은 포화지방산에 비하여 녹는점이 높다.
나. 쇼트닝은 포화지방산에 수로를 첨가하여 가공한다.
다. 필수지방산은 모두 불포화지방산이다.
라. 포화지방산은 이중결합구조를 갖는다.

51. 팽창제에 대한 설명으로 틀린 것은?
가. 반죽 중에서 가스가 발생하여 제품에 독특한 다공성의 세포구조를 부여한다.
나. 팽창제로 암모늄명반이 지정되어 있다.
다. 화학적 팽창제는 가열에 의해서 발생되는 유리탄산가스나 암모니아 가스만으로 팽창하는 것이다.
라. 천연팽창제로는 효모가 대표적이다.

52. 장티푸스 질환을 가장 올바르게 설명한 것은?
가. 급성 전신성 열성질환
나. 급성 이완성 마비질환
다. 급성 간염 질환
라. 만성 간염 질환

53. 대장균에 대한 설명으로 틀린 것은?
가. 유당을 분해한다.
나. 그램(Gram) 양성이다.
다. 호기성 또는 통성 혐기성이다.
라. 무아포 간균이다.

54. 식품의 부패를 판정할 때 화학적 판정방법이 아닌 것은?
가. TMA 측정　　　　　　나. ATP 측정
다. LD50 측정　　　　　　라. VBN 측정

55. 다음 중 야채를 통해 감염되는 기생충은?
가. 광절열두조충　　　　　나. 선모충
다. 회충　　　　　　　　라. 폐흡충

56. 다음 중 HACCP 적용의 7가지 원칙에 해당하지 않는 것은?
가. 위해요소 분석
나. HACCP 팀구성
다. 한계기준설정
라. 기록유지 및 문서관리

57. 다음 중 병원체가 바이러스(Virus)인 질병은?
가. 유행성 간염　　　　　나. 결핵
다. 발진티푸스　　　　　라. 말라리아

58. 어패류의 생식과 가장 관계 깊은 식중독 세균은?
가. 프로테우스균
나. 장염 비브리오균
다. 살모넬라균
라. 비실러스균

59. 미나마타병(Minamata disease)의 원인물질은?
가. 카드뮴　　　　　　　나. 납
다. 수은　　　　　　　　라. 비소

60. 보존료의 이상적인 조건과 거리가 먼 것은?
가. 독성이 없거나 매우 적을 것
나. 저렴한 가격일 것
다. 사용방법이 간편할 것
라. 다량으로 효력이 있을 것

정답 (2007년 9월 16일 제과기능사)

1 나	2 라	3 다	4 라	5 나	6 가	7 다	8 다	9 가	10 라
11 다	12 다	13 가	14 다	15 라	16 가	17 다	18 다	19 다	20 가
21 가	22 다	23 나	24 가	25 나	26 가	27 나	28 다	29 라	30 가
31 다	32 라	33 다	34 가	35 다	36 라	37 라	38 나	39 다	40 다
41 다	42 라	43 가	44 가	45 라	46 나	47 나	48 나	49 나	50 다
51 나	52 가	53 나	54 다	55 다	56 나	57 가	58 나	59 다	60 라

제빵기능사 2007년 1월 28일 시행

1. 아이싱의 안정제로 사용되는 것 중 동물성은?
   가. 한천 케이크 나. 젤라틴
   다. 로커스트 빈 검 라. 카라야 검

2. 설탕에 물을 넣고 114~118℃까지 가열시켜 시럽을 만든 후 냉각시켜서 교반하여 새하얗게 만든 제품은?
   가. 머랭 나. 캔디
   다. 퐁당 라. 휘핑크림

3. 스펀지 젤리롤을 만들 때 겉면이 터지는 결점에 대한 조치 사항으로
   틀린 것은?
   가. 설탕의 일부를 물엿으로 대치한다.
   나. 팽창제 사용량을 감소시킨다.
   다. 계란 노른자를 감소시킨다.
   라. 반죽의 비중을 증가시킨다.

4. 도넛에 묻힌 설탕이 녹는 현상(발한)을 감소시키기 위한 조치로 틀린 것은?
   가. 도넛에 묻히는 설탕의 양을 증가시킨다.
   나. 충분히 냉각시킨다.
   다. 냉각 중 환기를 많이 시킨다.
   라. 가급적 짧은 시간 동안 튀긴다.

5. 시퐁케이크 제조 시 냉각 전에 팬에서 분리되는 결점이 나타났을 때의 원인과 거리가 먼 것은?
   가. 굽기 시간이 짧다.
   나. 밀가루 양이 많다.
   다. 반죽에 수분이 많다.
   라. 오븐 온도가 낮다.

6. 쿠키의 퍼짐성을 좋게 하기 위한 조치와 거리가 먼 것은?
   가. 팽창제를 사용한다.
   나. 입상형 설탕을 사용한다.
   다. 적정한 양의 아모늄염을 사용한다.
   라. 오븐 온도를 높인다.

7. 다음 중 파운드 케이크를 제조할 때 유지의 품온으로 가장 알맞은 것은?
   가. -5℃ ~ 3℃ 나. 0℃ ~ 2℃
   다. 18℃ ~ 20℃ 라. 35℃ ~ 37℃

8. 다음 중 비중이 높은 제품의 특징이 아닌 것은?
   가. 기공이 조밀하다.
   나. 부피가 작다.
   다. 껍질색이 진하다.
   라. 제품이 단단하다.

9. 튀김 기름의 산패를 일으키는 원인 요소와 가장 거리가 먼 것은?
   가. 산소 나. 금속
   다. 열 라. 수소

10. 고율배합의 제품을 굽는 방법으로 알맞은 것은?
    가. 저온 단시간 나. 고온 단시간
    다. 저온 장시간 라. 고온 장시간

11. 파이 껍질이 질기고 단단하였다. 그 원인이 아닌 것은?
    가. 강력분을 사용하였다.
    나. 반죽시간이 길었다.
    다. 밀어 펴기를 덜하였다.
    라. 자투리 반죽을 많이 썼다.

12. 푸딩에 관한 설명 중 맞는 것은?
    가. 우유와 설탕은 120℃로 데운 후 계란과 소금을 넣어 혼합한다.
    나. 우유와 소금의 혼합 비율은 100 : 10 이다.
    다. 계란의 열변성에 의한 농후화 작용을 이용한 제품이다.
    라. 육류 , 과일 , 야채 , 빵을 섞어 만들지는 않는다.

13. 틀의 안치수 지름이 12cm, 높이가 4cm인 둥근 틀에 케이크 반죽을 채우려고 한다. 반죽이 1g당 2.40cm 3의 부피를 가진다면 이 틀에 약 몇 g의 반죽을 넣어야 알맞은가?
    가. 63g 나. 95g
    다. 130g 라. 188g

14. 반죽형 케이크를 구웠더니 너무 가볍고 부서지는 현상이 나타났다. 그 원인이 아닌 것은?
    가. 반죽에 밀가루 양이 많았다.
    나. 반죽의 크림화가 지나쳤다.
    다. 팽창제 사용량이 많았다.
    라. 쇼트닝 사용량이 많았다.

15. 커스터드 크림의 재료에 속하지 않는 것은?
    가. 우유 나. 계란
    다. 설탕 라. 생크림

16. 데니시 페이스트리 제조에 가장 적절한 반죽 온도는?
가. 12 ~ 16℃ 나. 18 ~ 22℃
다. 26 ~ 30℃ 라. 32 ~ 34℃

17. 어린 반죽으로 제조를 할 경우 중간발효시간은 어떻게 조절되는가?
가. 길어진다. 나. 짧아진다.
다. 같다. 라. 일정하다.

18. 발효에 직접적으로 영향을 주는 요소와 가장 거리가 먼 것은?
가. 반죽온도 나. 계란의 신선도
다. 이스트의 양 라. ph

19. 어떤 빵의 굽기 손실이 12%일 때 완제품의 중량을 600g으로 만들려면 분할무게는 약 몇 g인가?
가. 612g 나. 682g
다. 702g 라. 712g

20. 오랜 시간 발효 과정을 거치지 않고 배합 후 정형하여 2차 발효를
하는 제빵법은?
가. 재반죽법 나. 스트레이트법
다. 노타임법 라. 스펀지법

21. 일반적으로 빵의 노화현상에 따른 변화(staling)와 거리가 먼 것은?
가. 수분 손실 나. 전분의 경화
다. 향의 손실 라. 곰팡이 발생

22. 다음은 어떤 공정의 목적인가?

자른면의 점착성을 감소시키고 표피를 형성하여 탄력을 유지시킨다.

가. 분할 나. 둥굴리기
다. 중간 발효 라. 정형

23. 빵반죽의 글루텐을 구성하는 단백질은 약 몇 도에서 열변성이 시작되는가?
가. 20 ~ 30℃ 나. 40 ~ 50℃
다. 60 ~ 70℃ 라. 90 ~ 100℃

24. 빵의 노화를 지연시키는 경우가 아닌 것은?
가. 저장온도를 -18℃ 이하로 유지한다.
나. 21~35℃에서 보관한다.
다. 고율배합으로 한다.
라. 냉장고에서 보관한다.

25. 이스트 푸드에 대한 설명으로 틀린 것은?
가. 발효를 조절한다.
나. 밀가루 중량대비 1 ~ 5%를 사용한다.
다. 이스트의 영양을 보급한다.
라. 반죽 조절제로 사용한다.

26. 냉동반죽법에서 동결방식으로 적합한 것은?
가. 완만동결
나. 지연동결
다. 오버나이트(over night)법
라. 급속동결

27. 원가의 절감방법이 아닌 것은?
가. 구매 관리를 엄격히 한다.
나. 제조 공정 설계를 최적으로 한다.
다. 창고의 재고를 최대로 한다.
라. 불량률을 최소화한다.

28. 일정한 굳기를 가진 반죽의 시장도 및 신장 저항력을 측정하여 자동 기록함으로써 반죽의 점탄성을 파악하고 , 밀가루 중의 효소나 산화제 환원제의 영향을 자세히 알 수 있는 그래프는?
가. 익스텐소그래프(Extensogr aph)
나. 알베오그래프(Alveo-gr aph)
다. 스트럭토그래프(Structogr aph)
라. 믹서트론(Mixotron)

29. 다음 제빵 냉각법 중 적합하지 않은 것은?
가. 급속냉각
나. 자연냉각
다. 터널식 냉각
라. 에어콘디션식 냉각

30. 반죽을 팬에 넣기 전에 팬에서 제품이 잘 떨어지게 하기 위하여 이형유를 사용하는데 그 설명으로 틀린 것은?
가. 이형유는 발연점이 높은 것을 사용해야 한다.
나. 이형유는 고온이나 산패에 안정해야 한다.
다. 이형유의 사용량은 반죽 무게의 5% 정도이다.
라. 이형유의 사용량이 많으면 튀김현상이 나타난다.

31. 비스킷을 구울 때 갈변이 되는 현상은 어떤 반응에 의한 것인가?
가. 마이야르 반응 단독으로
나. 마이야르 반응과 캐러멜화 반응이 동시에 일어나서
다. 효소에 의한 갈색화 반응으로
라. 아스코르빈산의 산화반응에 의하여

32. 다음 중 우유가공품과 거리가 먼 것은?
가. 치즈 나. 마요네즈
다. 연유 라. 생크림

33. 제과제빵에서 설탕의 주요 기능이 아닌 것은?
가. 감미제의 역할을 한다.
나. 껍질색을 좋게 한다.
다. 수분 보유제로 노화를 지연시킨다.
라. 밀가루 단백질을 강하게 만든다.

34. 유지의 발연점에 영향을 주는 요인과 거리가 먼 것은?
가. 유리지방산의 함량
나. 외부에서 들어온 미세한 입자상의 물질들
다. 노출된 유지의 표면적
라. 이중 결합의 위치

35. 과당이나 포도당을 분해하여 CO2가스와 알코올을 만드는 효소는?
가. 말타아제(maltase)
나. 인버타아제(invertase)
다. 프로테아제(protease)
라. 찌마아제(zymase)

36. 다음 중 강력분의 특성이 아닌 것은?
가. 중력분, 박력분에 비해서 단백질 함량이 많다.
나. 비스킷과 튀김옷의 용도로 사용된다.
다. 박력분에 비해서 점탄성이 크다.
라. 경질소맥을 원료로 하여 만든다.

37. 제빵에서 쇼트닝의 가장 중요한 기능은?
가. 자당, 포도당 분해
나. 유단백질의 완충 작용
다. 윤활 작용
라. 글루텐 강화

38. 계란 성분 중 마요네즈 제조에 이용되는 것은?
가. 글루텐(gluten)
나. 레시틴(lecithin)
다. 카제인(casein)
라. 모노글리세라이드(monoglyceride)

39. 이스트의 기능이 아닌 것은?
가. 팽창 역할 나. 향 형성
다. 윤활 역할 라. 반죽 숙성

40. 어떤 물속에 녹아있는 칼슘(Ca)과 마그네슘(Mg)염을 탄산칼슘(CaCO3)으로 환산한 경도가 200ppm일 때, 이 물은 다음 중 어디에 속하는가?
가. 경수 나. 아경수
다. 연수 라. 아연수

41. 빈컵의 무게가 120g이었다. 여기에 물을 가득 넣었더니 250g이 되었다.물을 빼고 우유를 넣었더니 254g이 되었다. 이 때 우유의 비중은 약 얼마인가?
가. 1.03 나. 1.07
다. 2.15 라. 3.05

42. 다음 중 일반 식염을 구성하는 대표적인 원소는?
가. 나트륨, 염소 나. 칼슘, 탄소
다. 마그네슘, 염소 라. 칼슘, 탄소

43. 패리노그래프에 관한 설명 중 틀린 것은?
가. 흡수율 측정
나. 믹싱시간 측정
다. 믹싱내구성 측정
라. 전분의 점도 측정

44. 다음 중 4대 기본 맛이 아닌 것은?
가. 단맛 나. 떫은 맛
다. 짠맛 라. 신맛

45. 밀가루의 아밀라아제의 활성 정도를 측정하는 기계는?
가. 아밀로그래프 나. 패리노그래프
다. 익스텐소그래프 라. 믹소그래프

46. 다음 중 필수지방산의 결핍으로 인해 발생할 수 있는 것은?
가. 신경통 나. 결막염
다. 안질 라. 피부염

47. 성장촉진 작용을 하며 피부나 점막을 보호하고 부족하면 구각염이나 설명을 유발시키는 비타민은?
가. 비타민 A
나. 비타민 B1
다. 비타민 B2
라. 비타민 B12

48. 어떤 밀가루 100g의 조성이 수분 11%, 단백질 12%, 탄수화물 72%,지방질 1.5%, 기타 4%일 때, 이 밀가루의 g당 열량은?
가. 약 1.0kcal 나. 약 3.5kcal
나. 약 6.8kcal 라. 약 8.1kcal

49. 다음 중 단백질의 소화효소가 아닌 것은?
가. 리파아제(lipase)
나. 키모트립신(chymotrypsin)
다. 아미노펩티다아제(amino peptidase)
라. 펩신(pepsin)

50. 다음 중 단당류가 아닌 것은?
가. 포도당(glucose)
나. 과당(fructose)
다. 유당(lactose)
라. 갈락토스(galactose)

51. 우유를 살균할 때 많이 이용되는 저온장시간살균법으로 가장 적합한 온도는?
가. 18 ~ 20℃ 나. 38 ~ 40℃
다. 63 ~ 65℃ 라. 78 ~ 80℃

52. 부패의 화학적 판정 시 이용되는 지표물질은?
가. 대장균군 나. 곰팡이독
다. 휘발성 염기질소 라. 휘발성 유

53. 해수(海水)세균의 일종으로 식염농도 3%에서 잘 생육하며 어패류를
생식할 경우 중독 발생이 쉬운 균은?
가. 보툴리누스(Botulinus)균
나. 장염 비브리오(Vibrio)균
다. 웰치(Welchii)균
라. 살모넬라(Salmonella)균

54. 밀가루의 표백과 숙성을 위하여 사용하는 첨가물은?
가. 개량제 나. 유화제
다. 점착제 라. 팽창제

55. 식기나 기구의 오용으로 구토, 경련, 설사, 골연화증의 증상을 일으키며 '이타이이타이병'의 원인이 되는 유해성 금속 물질은?
가. 비소(As) 나. 아연(Zn)
다. 카드뮴(Cd) 라. 수은(Hg)

56. 법정전염병 중 제1군 전염병에 해당 되는 것은?
가. 결핵 나. 한센병
다. 콜레라 라. 백일해

57. 오염된 우유를 먹었을 때 발생할 수 있는 인수공통 전염병이 아닌 것은?
가. 파상열 나. 결핵
다. Q-열 라. 야토병

58. 다음 전염병 중 바이러스가 원인인 것은?
가. 간염 나. 장티푸스
다. 파라티푸스 라. 콜레라

59. 중독 시 두통 , 현기증 , 구토 , 설사 등과 시신경 염증을 유발시켜 실명의 원인이 되는 화학물질은?
가. 카드뮴(Cd)
나. P.C.B
다. 메탄올
라. 유기수은제

60. 다음 중 허가된 천연유화제에 해당되는 것은?
가. 구연산 나. 고시폴
다. 레시틴 라. 세사몰

정답 (2007년 1월 28일 제빵기능사)

1 나	2 다	3 라	4 라	5 나	6 라	7 다	8 다	9 라	10 다
11 다	12 다	13 라	14 가	15 라	16 나	17 가	18 나	19 나	20 다
21 라	22 나	23 다	24 라	25 나	26 라	27 다	28 가	29 가	30 다
31 나	32 나	33 라	34 라	35 나	36 나	37 다	38 나	39 다	40 가
41 가	42 가	43 라	44 나	45 가	46 라	47 다	48 나	49 가	50 다
51 다	52 다	53 나	54 가	55 다	56 다	57 라	58 가	59 다	60 다

1. 다음 제품 중 반죽 희망온도가 가장 낮 은것은?
가. 슈 나. 퍼프 페이스트리
다. 카스텔라(카스테라) 라. 파운드 케이크

2. 도넛의 흡유량이 높았을 때 그 원인은?
가. 고율배합 제품이다. 나. 튀김시간이 짧다.
다. 튀김온도가 높다. 라. 휴지시간이 짧다.

3. 퍼프 페이스트리를 정형할 때 수축하는 경우는?
가. 반죽이 질었을 경우
나. 휴지시간이 길었을 경우
다. 반죽 중 유지 사용량이 많았을 경우
라. 밀어펴기 중 무리한 힘을 가했을 경우

4. 원형팬의 용적 2.4cm3 당 1g의 반죽을 넣으려 한다.k 안치수로 팬의 직겨이 10cm 높이가 4cm라면 약 얼마의 반죽을 분할해 넣는가?
가. 100g 나. 130g
다. 170g 라. 200g

5. 비스킷을 제조할 때 유지보다 설탕을 많이 사용하면 어떤 결과가 일어나는가?
가. 제품의 촉감이 단단해 진다.
나. 제품이 부드러워진다.
다. 제품의 퍼짐이 작아진다.
라. 제품의 색깔이 엷어진다.

6. 과자 제품의 평가 시 내부적 평가 요인이 아닌 것은?
가. 맛 나. 속색
다. 기공 라. 부피

7. 꽃을 짜거나 조형물을 만들 머랭을 제조하려 할 때 흰자에 대한 설탕의 사용 비율로 가장 알맞은 것은?
가. 50% 나.100%
다.200% 라.400%

8. 젤리 롤 케이크 반죽 굽기에 대한 설명으로 틀린 것은?
가. 두껍게 편 반죽은 낮은 온도에서 굽는다.
나. 구운 후 철판에서 꺼내지 않고 냉각시킨다.
다. 양은 적은 반죽은 높은 온도에서 굽는다.
라. 열이 식으면 압력을 가해 수평을 맞춘다.

9. 슈 재료의 계량시 같이 계량하여서는 안될 재료로 짝지어진 것은?
가. 버터 + 물
나. 물 + 소금
다. 버터 + 소금
라. 밀가루+베이킹파우더

10. 케이크 반죽의 비중이 정상보다 높을 때의 현상은? (단, 분할 무게는 같다.)
가. 부피가 커진다.
나. 내부에 큰 기포가 생긴다.
다. 부피에 비해 가벼운 제품이 된다.
라. 기공이 조밀해진다.

11. 먼저 밀가루와 유지를 넣고 믹싱하여 유지에 의해 밀가루가 피복되도록 한 후 나머니 재료를 투입하는 방법으로 유연감을 우선으로 하는 제품에 사용되는 반죽법은?
가. 1단계법 나. 별립법
다. 블렌딩법 라. 크림법

12. 초콜릿 제품을 생산하는데 필요한 기구는?
가. 디핑 포크(dipping forks)
나. 파리샨 나이프(parisienne knife)
다. 파이 롤러(pie roller)
라. 워터 스프레이(water spray)

13. 포장시 일반적인 빵, 과자 제품의 냉각온도로 가장 적합한 것은?
가. 22℃ 나.30℃
다.37℃ 라.47℃

14. 다음 중 익히는 방법이 다른 것은?
가. 찐빵 나. 엔젤푸드 케이크
다. 스펀지 케이크 라. 파운드 케이크

15. 퐁당아이싱이 끈적거리거나 포장지에 붙는 경향을 감소시키는 방법으로 옳지 않은 것은?
가. 아이싱을 다소 덥게(40℃)하여 사용한다.
나. 아이싱에 최대의 액체를 사용한다.
다. 굳은 것은 설탕시럽을 첨가하거나 데워서 사용한다.
라. 젤라틴, 한천 등과 같은 안정제를 적절하게 사용한다.

16. 일반적인 스펀지법에 의한 식빵 제조에 있어 스펀지 배합 후의 반죽온도로 가장 적합한 것은?
가. 18℃ 나.24℃

다.30℃ 라.35℃

17. 일반적으로 2차 발효시 완제품 용적의 몇 %까지 팽창시키는가?
가. 30~40% 나.50~60%
다. 70~80% 라.90~100%

18. 빵의 생산 시 고려해야 할 원가요소와 가장 거리가 먼 것은?
가. 재료비 나. 노무비
다. 경비 라. 학술비

19. 정형한 식빵 반죽을 팬에 넣을 때 이음매의 위치는?
가. 위 나. 아래
다. 좌측 라. 우측

20. 빵의 노화를 지연시키는 방법 중 잘못된 것은?
가. -18℃에서 밀봉 보관한다.
나. 2~10℃에서 보관한다.
다. 당류를 첨가한다.
라. 방습 포장지로 포장한다.

21. 액체 발효법에서 가장 정확한 발효점 측정법은?
가. 부피의 증가도 측정
나. 거품의 상태 측정
다. 산도 측정
라. 액의 색 변화 측정

22. 빵을 구울 때 글루텐이 응고되기 시작하는 온도는?
가. 37℃ 나.54℃
다.74℃ 라.97℃

23. 스트레이트법에서 반죽시간에 영향을 주는 요인과 거리가 먼 것은?
가. 밀가루 종류 나. 이스트 양
다. 물의 양 라. 쇼트닝 양

24. 주로 소매점에서 자주 사용하는 믹서로써 거품형 케이크 및 빵 반죽이 모두 가능한 믹서는?
가. 수직 믹서 (vertical mixer)
나. 스파이럴 믹서 (spiral mixer)
다. 수평 믹서 (horizontal mixer)
라. 핀 믹서 (pin mixer)

25. 500g의 완제품 식빵 200개를 제조하려 할 때 발효 손실이 1%, 굽기 냉각손실이 12%, 총 배 율 이 180%라면 밀가루의 무게는?
가. 47kg 나.55kg
다. 64kg 라. 71kg

26. 식빵의 굽기 후 포장온도로 가장 적합한 것은?
가. 25~30℃ 나. 35~40℃
다. 42~47℃ 라. 50~55℃

27. 냉동반죽 제품의 장점이 아닌 것은?
가. 계획생산이 가능하다.
나. 인당 생산량이 증가한다.
다. 이스트의 사용량이 감소한다.
라. 반죽의 저장성이 향상된다.

28. 둥글리기 하는 동안 반죽의 끈적거림을 없애는 방법으로 잘못된 것은?
가. 반죽의 최적 발효상태를 유지한다.
나. 덧가루를 사용한다.
다. 반죽에 유화제를 사용한다.
라. 반죽에 피라핀 용약을 10% 첨가한다.

29. 다음 중 빵의 노화속도가 가장 빠른 온도는?
가. -1~ · 18℃ 나. 0~10℃
다. 20~30℃ 라. 35~45℃

30. 오븐에서 빵이 갑자기 팽창하는 현상인 오븐 스프링이 발생하는 이유와 거리가 먼 것은?
가. 가스압의 증가
나. 알코올의 증발
다. 탄산가스의 증발
라. 단백질의 변성

31. 맥아당을 2분자의 포도당으로 분해하는 효소는?
가. 알파 아밀라아제
나. 베타 아밀라아제
다. 디아스타아제
라. 말타아제

32. 전분에 물을 가하고 가열하면 팽윤되고 전분 입자의 미세구조가 파괴되는데 이 현상을 무엇이라 하는가?
가. 노화 나. 호정화
다. 호화 라. 당화

33. 믹싱시간, 믹싱내구성, 흡수율 등 반죽의 배합이나 혼합을 위한 기초 자료를 제공하는 것은?
가. 아밀로그래프 나. 익스텐소그래프
다. 패리노그래프 라. 알베오그래프

34. 케이크 제조에 사용되는 계란의 역할이 아닌 것은?
가. 결합제 역할　　나. 글루텐 형성 작용
다. 유화력 보유　　라. 팽창 작용

35. 비터 초콜릿(Bitter chocolate) 32% 중에는 코코아가 약 얼마 정도 함유되어 있는가?
가. 8%　　나. 12%
다.20%　　라.24%

36. 다음 중 감미도가 가장 높은 당은?
가. 유당　　나. 포도당
다. 설탕　　라. 과당

37. 일시적 경수에 대하여 바르게 설명한 것은?
가. 탄산염에 기인한다.
나. 황산염에 기인한다.
다. 끓여도 제거되지 않는다.
라. 연수로 변화시킬 수 없다.

38. 우유 단백질 중 함량이 가장 많은 것은?
가. 락토알부민　　나. 락토글로불린
다. 글루테닌　　라. 카제인

39. 산화제를 사용하면 -SH 기가 S-S결합으로 바뀌게 되는데 다음 중 이 반응과 관계가 깊은 것은?
가. 밀가루의 단백질　　나. 밀가루의 전분
다. 고구마의 수분　　라. 감자의 지방

40. 가소성이 크다는 것의 의미는?
가. 저온에서 너무 단단하지 않으면서도 고온에서 너무 무르지 않다.
나. 저온에서는 너무 무르지 않으면서도 고온에서 너무 단단하지 않다.
다. 저온에서는 무르고 고온에서는 단단하다.
라. 저온에서는 단단하고 고온에서는 무르다.

41. 글루텐의 탄력성을 부여하는 것은?
가. 글루테닌　　나. 글리아딘
다. 글로불린　　라. 알부민

42. 동물의 가죽이나 뼈 등에서 추출하며 안정제로 사용되는 것은?
가. 젤라틴　　나. 한천
다. 펙틴　　라. 카라기난

43. 술에 대한 설명으로 틀린 것은?
가. 제과, 제빵에서 술을 사용하는 이유 중의 하나는 바람직하지 못한 냄새를 없애주는 것이다.
나. 양조주란 곡물이나 과실을 원료로 하여 효모로 발효시킨 것이다.
다. 증류주란 발효시킨 양조주를 증류한 것이다.
라. 혼성주란 증류주를 기본으로 하여 정제당을 넣고 과실등의 추출물로 향미를 낸 것으로 대부분 알코올 농도가 낮다.

44. 이스트에 거의 들어있지 않은 효소로 디아스타아제라고도 불리는 것은?
가. 인버타아제　　나. 아밀라아제
다. 프로테아제　　라. 말타아제

45. 반죽의 pH가 가장 낮아야 좋은 제품은
가. 레이어 케이크　　나. 스펀지 케이크
다. 파운드 케이크　　다. 과일 케이크

46. 지방 1g이 생산하는 에너지의 양은?
가. 4kcal　　나. 9kcal
다. 14kcal　　라. 12Kcal

47. 뼈를 구성하는 무기질 중 그 비율이 가장 중요한 것은?
가. P : Cu　　나. Fe : Mg
다. Ca : P　　라. K : Mg

48. 체내에서 사용한 단백질은 주로 어떤 경로를 통해 배설되는가?
가. 호흡　　나. 소변
다. 대변　　라. 피부

49. 펩티드(peptide) 사슬이 이중 나선구조를 이루고 있는 것은?
가. 비타민 A의 구조
나. 글리세롤과 지방산의 에스테르 결합구조
다. 아밀로펙틴의 가지구조
라. 단백질의 2차 구조

50. 1일 2000kcal를 섭취하는 성인의 경우 탄수화물의 적절한 섭취량은?
가. 1100~1400g　　나. 850~1050g
다. 500~735g　　라. 275~350g

51. 독소형 식중독에 해당하는 것은?
가. 포도상구균　　나. 장염 비브리오균
다. 병원성 대장균　　라. 살모넬라균

52. 경구전염병의 예방대책에 대한 설명으로 틀린 것은?
가. 건강유지와 저항력의 향상에 노력한다.
나. 의식전환운동, 계몽활동, 위생교육 등을 정기적으로 실시한다.
다. 오염이 의심되는 식품은 폐끼한다.
라. 모든 예방접종은 1회만 실시한다.

53. 식품첨가물 중 보존료의 구비조건과 거리가 먼 것은?
가. 사용법이 간단해야 한다.
나. 미생물의 발육저지력이 약해야 한다.
다. 오염이 의심되는 식품은 폐기한다.
라. 모든 예방접종은 1회만 실시한다.

54. 세균성 식중독 중 일반적으로 잠복기가 가장 짧은 것은?
가. 사모넬라 식중독
나. 포도상구균 식중독
다. 장염 비브리오 식중독
라. 클로스트리디움 보툴리늄 식중독

55. 소독력이 강한 양이온계면활성제로서 종업원의 손을 소독할 때나 용기 및 기구의 소독제로 알맞은 것은?
가. 석탄산　　나. 과산화수소
다. 역성비누　　라. 크레졸

56. 원인균은 바실러스안트라시스이며 수육을 조리하지 않고 섭취할 때 발생하는 전염병은?
가. 야토병　　나. 탄저
다. 브루셀라병　　라. 돈단독

57. 식품첨가물의 규격과 사용기준을 정하는 자는?
가. 식품의약품안전청장
나. 국립보건원장
다. 시, 도 보건연구소장
라. 시, 군 보건소장

58. 살균이 불충분한 육류 통조림으로 인해 식중독이 발생했을 경우 가장 관련이 깊은 식중독균은?
가. 사모넬라균　　나. 시겔라균
다. 황색포도상구균　　라. 보튤리누스균

59. 인수공통전염병의 예방조치로 바람직하지 않은 것은?
가. 우유의 멸균처리를 철저히 한다.
나. 이환된 동물의 고기는 익혀서 먹는다.
다. 가축의 예방접종을 한다.
라. 외국으로부터 유입되는 가축은 항구나 공항 등에서 검역을 철저히 한다.

60. 장염 비브리오균에 의한 식중독이 가장 일어나기 쉬운 식품은?
가. 식육류　　나. 우유제품
다. 야채류　　라. 어패류

정답 (2007년 7월 15일 제빵기능사)

1 나	2 가	3 라	4 나	5 가	6 라	7 다	8 나	9 라	10 라
11 다	12 가	13 다	14 가	15 나	16 나	17 다	18 라	19 나	20 나
21 다	22 다	23 나	24 가	25 다	26 나	27 다	28 라	29 나	30 라
31 라	32 다	33 다	34 나	35 다	36 라	37 가	38 라	39 가	40 가
41 가	42 가	43 라	44 나	45 라	46 나	47 다	48 나	49 라	50 라
51 가	52 라	53 나	54 나	55 다	56 나	57 가	58 라	59 나	60 라

제과기능사 2008년 3월 30일 시행

1. 공장 설비 중 제품의 생산능력은 어떤 설비가 가장 중요한 기준이 되는가?
   가. 오븐 나. 발효기
   다. 믹서 라. 작업 테이블

2. 스펀지 케이크 제조 시 더운 믹싱방법(hot method)을 사용할 때 계란과 설탕의 중탕 온도로 가장 적합한 것은?
   가. 23°C 나. 43°C
   다. 63°C 라. 83°C

3. 퍼프 페이스트리 제조 시 휴지의 목적이 아닌 것은?
   가. 밀가루가 수화를 완전히 하여 글루텐을 안정시킨다.
   나. 밀어펴기를 쉽게 한다.
   다. 저온처리를 하여 향이 좋아진다.
   라. 반죽과 유지의 되기를 같게 한다.

4. 굳어진 설탕 아이싱 크림을 여리게 하는 방법으로 부적합한 것은?
   가. 설탕 시럽을 더 넣는다.
   나. 중탕으로 가열한다.
   다. 전분이나 밀가루를 넣는다.
   라. 소량의 물을 넣고 중탕으로 가온한다.

5. 다음 중 반중의 pH가 가장 낮아야 좋은 제품은?
   가. 화이트 레이어 케이크
   나. 스펀지 케이크
   다. 엔젤 푸드 케이크
   라. 파운드 케이크

6. 생크림 원료를 가열하거나 냉동시키지 않고 직접 사용할 수 있게 보존하는 적합한 온도는?
   가. -18°C 이하 나. 3~5°C
   다. 15~18°C 라. 21°C 이상

7. 고율배합에 대한 설명으로 틀린 것은?
   가. 화학팽창제를 적게 쓴다.
   나. 굽는 온도를 낮춘다.
   다. 반죽 시 공기 혼입이 많다.
   라. 비중이 높다.

8. 스펀지 케이크 400g 짜리 완제품을 만들 때 굽기 손실이 20%라면 분할 반죽이 무게는?
   가. 팽창이 부족하다.
   나. 혹이 튀어나온다.
   다. 형태가 일정하지 않
   다.라.표면이 갈라진다.

9. 도넛 제조 시 수분이 적을 때 나타나는 결점이 아닌 것은?
   가. 팽창이 부족하다.
   나. 혹이 튀어나온다.
   다. 형태가 일정하지 않다.
   라. 표면이 갈라진다.

10. 화이트 레이어 케이크의 반죽 비중으로 가장 적합한 것은?
   가. 0.90~1.0 나. 0.45~0.55
   다. 0.60~0.70 라. 0.75~0.85

11. 당분이 있는 슈 껍질을 구울 때의 현상이 아닌 것은?
   가. 껍질의 팽창이 좋아진다.
   나. 상부가 둥글게 된다.
   다. 내부에 구멍형성이 좋지 않다.
   라. 표면에 균열이 생기지 않는다.

12. 무스(mousse)의 원 뜻은?
   가. 생크림 나. 젤리
   다. 거품 라. 광택제

13. 시퐁케이크 제조 시 냉각 전에 팬에서 분리되는 결점이 나타났을 때의 원인과 거리가 먼 것은?
   가. 굽기 시간이 짧다.
   나. 밀가루 양이 많다.
   다. 반죽에 수분이 많다.
   라. 오븐 온도가 낮다.

14. 푸딩에 대한 설명 중 맞는 것은?
   가. 우유와 설탕은 120°C로 데운 후 계란과 소금을 넣어 혼합한다.
   나. 우유와 소금의 혼합 비율은 100:10 이다.
   다. 계란의 열변성에 의한 농후화 작용을 이용한 제품이다.
   라. 육류, 과일, 야채, 빵을 섞어 만들지는 않는다.

15. 도넛을 글레이즈 할 때 글레이즈의 적정한 품온은?
   가. 24~27°C 나. 28~32°C
   다. 33~36°C 라. 43~49°C

16. 다음 중 25분 동안 동일한 분할량의 식빵 반죽을 구웠을 때 수분함량이 가장 많은 굽기 온도는?
가. 190°C 나. 200°C
다. 210°C 라. 220°C

17. 제빵에서 물의 양이 적량보다 적을 경우 나타나는 결과와 거리가 먼 것은?
가. 수율이 낮다. 나. 향이 강하다.
다. 부피가 크다. 라. 노화가 빠르다.

18. 냉동제품에 대한 설명 중 틀린 것은?
가. 저장기간이 길수록 품질저하가 일어난다.
나. 상대습도를 100%로 하여 해동한다.
다. 냉동반죽의 분할량이 크면 좋지 않다.
라. 수분이 결빙할 때 다량의 잠열을 요구한다.

19. 중간 발효가 필요한 주된 이유는?
가. 탄력성을 약화시키기 위하여
나. 모양을 일정하게 하기 위하여
다. 반죽 온도를 낮게 하기 위하여
라. 반죽에 유연성을 부여하기 위하여

20. 오버헤드 프루퍼(overhead proofer)는 어떤 공정을 행하기 위해 사용하는 것인가?
가. 분할 나. 둥글리기
다. 중간발효 라. 정형

21. 식빵 밑바닥이 움푹 패이는 결점에 대한 원인이 아닌 것은?
가. 굽는 처음 단계에서 오븐열이 너무 낮았을 경우
나. 바닥 양면에 구멍이 없는 팬을 사용한 경우
다. 반죽기의 회전속도가 느려 반죽이 언더믹스 된 경우
라. 2차 발효를 너무 초과했을 경우

22. 제빵에서 중간발효의 목적이 아닌 것은?
가. 반죽을 하나의 표피로 만든다.
나. 분할공정으로 잃었던 가스의 일부를 다시 보완시킨다.
다. 반죽의 글루텐을 회복시킨다.
라. 정형 과정 중 찢어지거나 터지는 현상을 방지한다.

23. ppm을 나타낸 것으로 옳은 것은?
가. g당 중량 백분율
나. g당 중량 만분율
다. g당 중량 십만분율
라. g당 중량 백만분율

24. 발효 손실에 관한 설명으로 틀린 것은?
가. 반죽온도가 높으면 발효 손실이 크다.
나. 발효시간이 길면 발효 손실이 크다.
다. 고배합율 일수록 발효 손실이 크다.
라. 발효습도가 낮으면 발효 손실이 크다.

25. 빵을 포장할 때 가장 적합한 빵의 온도와 수분함량은?
가.30°C, 30% 나. 35°C, 38%
다.42°C, 45% 라. 48°C, 55%

26. 생산관리의 3대 요소에 해당하지 않는 것은?
가. 시장(market) 나. 사람(man)
다. 재료(material)라 라. 자금(money)

27. 제빵용 팬기름에 대한 설명으로 틀린 것은?
가. 종류에 상관없이 발연점이 낮아야 한다.
나. 백색 광유(mineral oil)도 사용된다.
다. 정제라드, 식물유, 혼합유도 사용된다.
라. 과다하게 칠하면 밑껍질이 두껍고 어둡게 된다.

28. 제빵에 있어 2차 발효실이 습도가 너무 높을 때 일어날 수 있는 결점은?
가. 겉껍질 형성이 빠르다.
나. 오븐 팽창이 적어진다.
다. 껍질색이 불균일해진다.
라. 수포가 생성되고 질긴 껍질이 되기 쉽다.

29. 최종제품의 부피가 정상보다 클 경우의 원인이 아닌 것은?
가. 2차 발효의 효과
나. 소금 사용량 과다
다. 분할량 과다
라. 낮은 오븐온도

30. 식빵 제조시 물 사용량 1000g, 계산된 물 온도 −7°C 수돗물 온도 20°C의 조건이라면 얼음 사용량은?
가. 50g 나. 130g
다. 270g 라. 410g

31. 밀가루 반죽에 관여하는 단백질은?
가. 라이소자임 나. 글루텐
다. 알부민 라. 글로불린

32. 다음 중 단당류는?
가. 포도당 나. 자당
다. 맥아당 라. 유당

33. 베이킹파우더 성분 중 이산화탄소를 발생시키는 것은?
가. 전분 나. 탄산수소나트륨
다. 주석산 라. 인산칼슘

34. 다음 중 일반적인 제빵 조합으로 틀린 것은?
가. 소맥분+중조 → 밤만두피
나. 소맥분+유지 → 파운드케이크
다. 소맥분+분유 → 건포도 식빵
라. 소맥분+계란 → 카스테라

35. 밀가루의 아밀라아제 활성 정도를 측정하는 그래프는?
가. 아밀로그래프 나. 패리노그래프
다. 익스텐소그래프 라. 익소그래프

36. 글루텐의 구성 물질 중 반죽을 질기고 탄력성 있게 하는 물질은?
가. 글리아딘 나. 글루테닌
다. 메소닌 라. 알부민

37. 연수의 광물질 함량 범위는?
가. 280~340ppm 나. 200~260ppm
다. 120~180ppm 라. 0~60ppm

38. 다음 중 캐러멜화가 가장 높은 온도에서 일어나는 일은?
가. 과당 나. 벌꿀
다. 설탕 라. 전화당

39. 알파 아밀라아제(α-amlylase)에 대한 설명으로 틀린 것은?
가. 베타 아밀라아제(β-amlylase)에 비하여 열 안정성이 크다.
나. 당화효소라고도 한다.
다. 전분의 내부 결합을 가수분해할 수 있어 내부 아밀라아제라고도 한다.
라. 액화효소라고도 한다.

40. 패리노그래프에 관한 설명 중 틀린 것은?
가. 흡수율 측정
나. 믹싱시간 측정
다. 믹싱내구성 측정
라. 전분의 점도 측정

41. 우유의 성분 중 치즈를 만드는 원료는?
가. 유지방 나. 카제인
다. 유당 라. 비타민

42. 소금이 함량이 1.3%인 반죽 20Kg과 1.5%인 반죽 40Kg을 혼합할 때 혼합한 반죽의 소금 함량은?
가. 1.30% 나. 1.38%
다. 1.43% 라. 1.56%

43. 계란의 특징적 성분으로 지방의 유화력이 강한 성분은?
가. 레시틴(lecithin)
나. 스테롤(sterol)
다. 세팔린(cephalin)
라. 아비딘(avidin)

44. 다음 중 4대 기본 맛이 아닌 것은?
가. 단맛 나. 떫은맛
다. 짠맛 라. 신맛

45. 유지의 기능이 아닌 것은?
가. 감미제 나. 안정화
다. 가소성 라. 유화성

46. 탄수화물은 체내에서 주로 어떤 작용을 하는가?
가. 골격을 형성한다.
나. 혈액을 구성한다.
다. 체작용을 조절한다.
라. 열량을 공급한다.

47. 비타민 B1의 특징으로 옳은 것은?
가. 단백질의 연소에 필요하다.
나. 탄수화물 대사에서 조효소로 작용한다.
다. 결핍증은 펠라그라(pellagra)이다.
라. 인체의 성장인자이며 항빈혈작용을 한다.

48. 단순단백질이 아닌 것은?
가. 프롤라민 나. 헤모글로빈
다. 글로불린 라. 알부민

49. 유당불내증의 원인은?
가. 대사과정 중 비타민 B군의 부족
나. 변질된 유당의 섭취
다. 우유 섭취량의 절대적인 부족
라. 소화액 중 락타아제의 결여

50. 생체 내에서의 지방의 기능으로 틀린 것은?
가. 생체기관을 보호한다.
나. 체온을 유지한다.
다. 효소의 주요 구성 성분이다.
라. 주요한 에너지원이다.

51. 다음 중 소화기계 전염병은?
가. 세균성 이질 나. 디프테리아
다. 홍역 라. 인플루엔자

52. 대장균군이 식품위생학적으로 중요한 이유는?
가. 식중독균을 일으키는 원인균이기 때문
나. 분변오염의 지표세균이기 때문
다. 부패균이기 때문
라. 대장염을 일으키기 때문

53. 감자 조리 시 아크릴아마이드를 줄일 수 있는 방법이 아닌 것은?
가. 냉장고에 보관하지 않는다.
나. 튀기거나 굽기 직전에 감자의 껍질을 벗긴다.
다. 물에 침지 시켰을 때 경우는 건조 후 조리한다.
라. 튀길 때 180°C 이상의 고온에서 조리한다.

54. 다음 중 허가된 천연유화제는?
가. 구연산 나. 고시폴
다. 레시틴 라. 세사몰

55. 보존료의 조건으로 적합하지 않은 것은?
가. 독성이 없거나 장기적으로 사용해도 인체에 해를 주지 않아야 한다.
나. 무미, 무취로 식품에 변화를 주지 않아야 한다.
다. 사용방법이 용이하고 값이 싸야 한다.
라. 단기간 동안만 강력한 효력을 나타내야한다.

56. 다음 중 경구전염병이 아닌 것은?
가. 콜레라 나. 이질
다. 발진티푸스 라. 유행성 간염

57. 중독 시 두통, 현기증, 구토, 설사등과 시신경 염증을 유발시켜 실명의 원인이 되는 화학물질은?
가. 카드뮴(cd) 나. P.C.B
다. 파라티푸스 라. 유기수은제

58. 다음 전염병 중 바이러스가 원인인 것은?
가. 간염 나. 장티푸스
다. 파라티푸스 라. 콜레라

59. 일반 세균이 잘 자라는 pH 범위는?
가. 2.0이하 나. 2.5~3.5
다. 4.5~5.5 라. 6.5~7.5

60. 해수세균 일종으로 식염농도 3%에서 잘 생육하며 어패류를 생식할 경우 중독 될 수 있는 균은?
가. 보톨리누스균
나. 장염 비브리오균
다. 웰치균
라. 살모넬라균

정답 (2008년 3월 30일 제과기능사)

1 가	2 나	3 다	4 다	5 다	6 나	7 라	8 나	9 나	10 나
11 가	12 다	13 나	14 다	15 라	16 가	17 다	18 나	19 라	20 다
21 가	22 가	23 라	24 다	25 나	26 가	27 가	28 라	29 나	30 다
31 나	32 가	33 나	34 다	35 가	36 나	37 라	38 다	39 나	40 라
41 나	42 다	43 가	44 나	45 가	46 라	47 나	48 나	49 라	50 다
51 가	52 나	53 라	54 다	55 라	56 다	57 다	58 가	59 라	60 나

1. 찜류 또는 찜만쥬 등에 사용하는 이스트파우더의 특성이 아닌 것은?
   가. 팽창력이 강하다.
   나. 제품의 색을 희게 한다.
   다. 암모니아 냄새가 날 수 있다.
   라. 중조와 산제를 이용한 팽창제이다.

2. 젤리 롤 케이크를 말 때 표면이 터지는 결점을 방지하는 방법으로 잘못된 것은?
   가. 덱스트린의 점착성을 이용한다.
   나. 고형질 설탕 일부를 물엿으로 대치한다.
   다. 팽창제를 다소 감소시킨다.
   라. 계란 중 노른자 비율을 증가한다.

3. 다음 중 고온에서 빨리 구워야 하는 제품은?
   가. 파운드케이크　나. 고율배합 제품
   다. 저율배합 제품　라. 패닝량이 많은 제품

4. 쿠키 포장지의 특성으로써 적합하지 않은 것은?
   가. 내용물의 색, 향이 변하지 않아야 한다.
   나. 독성 물질이 생성되지 않아야 한다,
   다. 통기성이 있어야 한다.
   라. 계란 중 노른자 비율을 증가시킨다.

5. 스펀지 케이크에서 계란사용량을 감소시킬 때의 조치사항으로 잘못된 것은?
   가. 베이킹 파우더를 사용한다.
   나. 물 사용량을 추가한가.
   다. 쇼트닝을 첨가한다.
   라. 양질의 유화제를 병용한다.

6. 밀가루 A, B ,C ,D 네 가지 제품의 수분함량과 가격이 아래 표와 같을 때 고형분에 대한 단가를 고려하여 어떤 밀가루를 사용하는 것이 가장 경제적인가?

	수분함량	가격
밀가루A	11%	14,000원
밀가루B	12%	13,500원
밀가루C	13%	13,000원
밀가루D	14%	12,800원

   가. A　나. B
   다. C　라. D

7. 다음 제품 중 반죽의 비중이 가장 낮은 것은?
   가. 파운드 케이크
   나. 옐로 레이어 케이크
   다. 초코렛 케이크
   라. 버터 스펀지 케이크

8. 1000mL의 생크림 원료로 거품을 올려 2000mL의 생크림을 만들었다면 증량율(overrun)은 얼마인가?
   가. 50%　나. 100%
   다. 150%　라. 200%

9. 초코렛의 보관온도 및 습도로 가장 알맞은 것은?
   가. 온도 18℃, 습도 45%
   나. 온도 24℃, 습도 60%
   다. 온도 30℃, 습도 70%
   라. 온도 36℃, 습도 80%

10. 파이 제조에 대한 설명으로 틀린 것은?
   가. 아래 껍질을 윗껍질 보다 얇게 한다.
   나. 껍질 가장자리에 물 칠을 한 뒤 윗 껍질을 얹는다.
   다. 위, 아래의 껍질을 잘 붙인 뒤 남은반죽을 잘라낸다.
   라. 덧가루 뿌린 면포위에서 반죽을 밀어 편 뒤 크기에 맞게 자른다.

11. 도넛 글레이즈의 사용온도로 가장 적합한 것은?
   가. 49℃　나. 70%
   다. 90%　라. 19℃

12. 튀김 횟수의 증가시 튀김기름의 변화가 아닌 것은?
   가. 중합도 증가　나. 점도의 감소
   다. 산가 증가　라. 과산화물가 증가

13. 파운드케이크의 패닝은 틀 높이의 몇 % 정도까지 반죽을 채우는 것이 가장 적당한가?
   가. 50%　나. 70%
   다. 90%　라. 100%

14. 쿠키 반죽의 퍼짐성에 기여하여 표면을 크게 하는 재료는?
   가. 소금　나. 밀가루
   다. 설탕　라. 계란

15. 엔젤 푸드 케이크 반죽의 온도 변화에 따른 설명이 틀린 것은?
   가. 반죽 온도가 낮으면 제품의 기공이 조밀하다.

나. 반죽 온도가 낮으면 색상이 진하다.
다. 반죽온도가 높으면 기공이 열리고 조직이 거칠어 진다.
라. 반죽 온도가 높으면 부피가 작다.

16. 굽기 후 빵을 썰어 포장하기에 가장 좋은 온도는?
가. 17℃ 나. 27℃
다. 37℃ 라. 47℃

17. 중간발효에 대한 설명으로 틀린 것은?
가. 중간발효는 온도 32℃ 이내, 상대습도 75% 전후에서 실시한다.
나. 반죽의 온도, 크기에 따라 시간이 달라진다.
다. 반죽의 상처회복과 성형을 용이하게 하기 위함이다
라. 상대습도가 낮으며 덧가루 사용량이 증가한다.

18. 식빵을 패닝할 때 일반적으로 권상되는 팬의 온도는?
가. 22℃ 나. 27℃
다. 32℃ 라. 32℃

19. 소금을 늦게 넣어 믹싱 시간을 단축하는 방법은?
가. 염장법 나. 후염법
다. 염지법 라. 훈제법

20. 빵제품의 껍질색이 여리고, 부스러지기 쉬운 껍질이 되는 경우에는 가장 크게 영향을 미치는 요인은?
가. 지나친 발효 나. 발효 부족
다. 지나친 발죽 라. 반죽 부족

21. 500g 의 오나제품 식빵 200개를 제조하려 할 때, 발효 손실이 1%, 굽기 냉각손실이 12%, 총 배합율이 180%라면 밀가루의 무게는 약 얼마인가?
가. 47kg 나. 55kg
다. 64kg 라. 71kg

22. 데니시 페이스트리 반죽의 적정 온도는?
가. 18 ~ 22℃ 나. 26 ~ 31℃
다. 35 ~ 39℃ 라. 45 ~ 49℃

23. 픽업(pick up) 단계에서 믹싱을 완료해도 좋은 제품은?
가. 스트레이트법 식빵
나. 스펀지/도법 식빵
다. 햄버거빵
라. 데니시 페이스트리

24. 오븐 온도가 높을 때 식빵 · 제품에 미치는 영향이 아닌 것은?
가. 부피가 적다.
나. 껍질색이 진하다.
다. 언더베이킹이 되기 쉽다.
라. 질긴 껍질이 된다.

25. 식빵 제조시 정상보다 많은 양이 설탕을 사용했을 경우 껍질색은 어떻게 나타나는가?
가. 여리다.
나. 진하다.
다. 회색이 띤다.
라. 설탕량과 무관하다.

26. 냉장, 냉동, 해동, 2차 발효를 프로그래밍에 의하 여, 자동적으로 조절하는 기계는?
가. 도우 컨디셔너(Dough conditioner)
나. 믹서 (Mixer)
다. 라운더(Rounder)
라. 오버헤드 프루퍼(Overhead proofer)

27. 발효 손실의 원인이 아닌 것은?
가. 수분이 증발하여
나. 탄수화물이 탄산가스로 전환되어
다. 탄수화물이 알코올로 전환되어
라. 재료 계량의 오차로 인해

28. 냉동 반죽법에서 반죽의 냉동온도와 저장온도의범위로 가장 적합한 것은?
가. -5℃, 0~ 4℃
나. -20℃, -18~0℃
다. -40℃, -25~18℃
라. -80℃, -18~0℃

29. 다음 제품 제조시 2차 발효실의 습도를 가장 낮게 유지 하는 것은?
가. 풀먼 식빵 나. 햄버거빵
다. 과자빵 라. 빵 도넛

30. 다음 중 총원가에 포함되지 않는 것은?
가. 제조설비의 감가상각비
나. 매출원가
다. 직원의 급료
라. 판매이익

31. 제빵용 이스트에 의해 발효가 이루어지지 않는 당은?
가. 포도당 나. 유당

다. 과당　　　　　　　　라. 맥아당

32. 우유 성분 중 산에 의해 응고되는 물질은?
가. 단백질　　　　　　　나. 유당
다. 유지방　　　　　　　라. 회분

33. 밀가루의 등급은 무엇을 기준으로 하는가?
가. 회분　　　　　　　　나. 단백질
다. 유지방　　　　　　　라. 탄수화물

34. 패리노그래프 커브의 윗부분이 500B.U.에 닿는 시간을 무엇이라 하는가?
가. 반죽시간(peak time)
나. 도달시간(arrivail time)
다. 반죽형성시간(dough development time)
라. 이탈시간(departure time)

35. 패리노그래프에 의한 측정으로 알 수 있는 반죽 특성과 거리가 먼 것은?
가. 반죽 형성시간　　　　나. 반죽의 흡수
다. 반죽의 내구성　　　　라. 반죽의 효소력

36. 빈 컵의 무게가 120g 이었고 , 이 컵에 물을 가득 넣었더니 250g이 되었다. 물을 빼고 우유를 넣었더니 254g 이 되었을 때 우유의 비중은 약 얼마인가?
가. 1.03　　　　　　　　나. 1.07
다. 2.15　　　　　　　　라.3.05

37. 다음 중 아미노산을 구성하는 주된 원소가 아닌 것은?
가. 탄소(C)　　　　　　　나. 수소(H)
다. 질소(N)　　　　　　　라. 규소(Si)

38. 케이크의 제조에서 쇼트닝의 기본적인 3가지 기능에 해당하지 않는 것은?
가. 팽창기능　　　　　　나. 윤활기능
다. 유화기능　　　　　　라. 안정기능

39. 제과/제빵시 당의 기능과 가장 거리가 먼 것은?
가. 구조 형성　　　　　　나. 알칼리제
다. 수분 보유　　　　　　라. 단맛 부여

40. 반죽에 사용하는 물이 연수일 때 무엇을 더 증가시켜 넣어야 하는가?
가. 과당　　　　　　　　나. 유당
다. 포도당　　　　　　　라. 맥아당

41. 다음 당류 중 물에 잘 녹지 않는 것은?
가. 과당　　　　　　　　나. 유당
다. 포도당　　　　　　　라. 맥아당

42. 유지 1g을 검화하는데 소용되는 수신화칼륨(KOH)의 밀리그램(mg) 수를 무엇이라고 하는가?
가 .검화가　　　　　　　나. 요오드가
다. 산가　　　　　　　　라. 과산화물가

43. 밀가루 반죽의 탄성을 강하게 하는 재료가 아닌 것은?
가. 비타민A　　　　　　　나.레몬즙
다. 칼슘염　　　　　　　라. 식염

44. 계란 흰자가 360g 필요하다고 할때 전란 60g 짜리 계란은 몇 개정도 필요한가? (단, 계란 중 난백의 함량은 60%)
가. 6개　　　　　　　　나. 8개
다. 10개　　　　　　　　라. 13개

45. 젤리 형성의 3요소가 아닌 것은?
가. 당분　　　　　　　　나. 유기산
다. 펙틴　　　　　　　　라. 염

46. 무기질의 기능이 아닌 것은?
가. 우리 몸의 경조직 구성성분이다 .
나. 열량을 내는 열량 급원이다.
다. 효소의 기능을 촉진시킨다.
라. 세포의 삼투압 평형유지 작용을 한다.

47. 하루에 섭취하는 총에너지 중 식품이용을 위한 에너지 소모량은 평균얼마인가?
가. 10%　　　　　　　　나. 30%
다. 60%　　　　　　　　라. 20%

48. 단백질 식품을 섭취한 결과, 음식물 중의 질소량 이 0.7g,소변중의 질소량이 4g 으로 나타났을 때 이 식품의 생물가 (B.V)는 약 얼마인가?
가. 25%　　　　　　　　나. 36%
다. 67%　　　　　　　　라. 92%

49. 정상적인건강유지를 위해 반드시 필요한 지방산으로 체내에서 합성되지 않아 식사로 공급해야하는 것은?
가. 포화지방산
나. 불포화지방산
다. 필수지방산
라. 고급지방산

50. 유용한 장내세균의 빌육을 도와 정장작용을 하는
가. 설탕 나. 유당
다. 맥아당 라. 셀로비오스

51. 밀가루의 표백과 숙성을 위하여 사용하는 첨가물은?
가. 개량제 나. 유화제
다. 점착제 라. 팽창제

52.다음 전염병 중 잠복기가 가장 짧은 것은?
가. 후천성 면역결핍증
나. 광견병
다. 콜레라
라. 매독

53. 결핵균의 병원체를 보유하는 주된 동물은?
가. 쥐 나. 소
다. 말 라. 돼지

54. 식품의 부패를 판정하는 화학적 방법은?
가. 관능시험 나. 생균수 측정
다. 온도측정 라. TMA 측정

55. 다음 중 미생물의 증식에 대한 설명으로 틀린 것은?
가. 한 종류의 미생물이 많이 번식하면 다른 미생물의 번식이 억제될 수 있다.
나. 수분 함량이 낮은 저장 곡류에서도 미생물은 증식할 수 있다.
다. 냉장온도에서는 유해미생물이 전혀 증식할 수 없다.
라. 70℃에서도 생육이 가능한 미생물이 있다.

56. 팥앙금류, 잼, 케첩, 식품 가공품에 사용하는 보존료는?
가. 소르빈산
나. 데히드로초산
다. 프로피온산
라. 파라옥시 안식향산 부틸

57. 미나마타병은 어떤 중금속에 오염된 어패류의 섭취 시 발생되는가?
가. 수은 나. 카드뮴
다. 납 라. 아연

58. 알레르기성 식중독의 원인이 될 수 있는 가능성이 가장 높은 식품은?
가. 오징어 나. 꽁치
다. 갈치 라. 광어

59. 식중독과 관련된 내용의 연결이 옳은 것은?
가. 포도상구균 식중독 : 심한 고열을 수반
나. 살모넬라 식중독 : 높은 치사율
다. 클로스트리디움 보툴리늄 식중독 : 독소형 식중독
라. 장염비브리오 식중독 : 주요 원인은 민물고기생식

60. 노로바이러스 식중독에 대한 설명으로 틀린 것은?
가. 완치되면 바이러스를 방출하지 않으므로 임상증상이 나타나지 않으면 바로 일상생활로 복귀한다.
나. 주요증상은 설사, 복통, 구토 등이다.
다. 양성환자의 분변으로 오염된 물로 씻은 채소류에 의해 발생할 수 있다.
라. 바이러스는 물리/화학적으로 안정하며 일반 환경에서 생존이 가능하다.

정답 (2008년 10월 5일 제과기능사)

1 라	2 라	3 다	4 다	5 다	6 라	7 라	8 나	9 가	10 가
11 가	12 나	13 나	14 다	15 라	16 다	17 라	18 다	19 나	20 가
21 다	22 가	23 라	24 라	25 나	26 가	27 라	28 다	29 라	30 라
31 나	32 가	33 가	34 나	35 라	36 가	37 라	38 라	39 가	40 다
41 나	42 가	43 나	44 다	45 라	46 나	47 가	48 다	49 다	50 나
51 가	52 다	53 나	54 라	55 다	56 가	57 가	58 나	59 다	60 가

1. 일반적인 제과작업장의 시설 설명으로 잘못된 것은?
   가. 조명은 50룩스(lux) 이하가 좋다.
   나. 방충, 방서용 금속망은 30매쉬(mesh)가 적당하다.
   다. 벽면은 매끄럽고 청소하기 편리하여야 한다.
   라. 창의 면적은 바닥면적을 기준하여 30% 정도가 좋다.

2. 슈 제조시 반죽표면을 분무 또는 침지시키는 이유가 아닌 것은?
   가. 껍질을 얇게 한다.
   나. 팽창을 크게 한다.
   다. 기형을 방지 한다.
   라. 제품의 구조를 강하게 한다.

3. 케이크에서 설탕의 역할과 거리가 먼 것은?
   가. 감미를 준다.
   나. 껍질색을 진하게 한다.
   다. 수분 보유력이 있어 노화가 지연된다.
   라. 제품의 형태를 유지시킨다.

4. 밀가루:계란:설탕:소금 = 100:166:166:2를 기본 배합으로 하여 적정 범위 내에서 각 재료를 가감하여 만드는 제품은?
   가. 파운드케이크　　나. 엔젤푸드케이크
   다. 스펀지케이크　　라. 머랭쿠키

5. 비중컵의 무게 40g, 물을 담은 비중컵의 무게 240g, 반죽을 담은 비중컵의 무게 180g일 때 반죽의 비용은?
   가. 0.2　　나. 0.4
   다. 0.6　　라. 0.7

6. 엔젤푸드케이크 제조시 팬에 사용하는 이형제로 가장 적합한 것은?
   가. 쇼트닝　　나. 밀가루
   다. 라드　　라. 물

7. 카스테라의 굽기 온도로 가장 적합한 것은?
   가. 140~150℃　　나. 180~190℃
   다. 220~240℃　　라. 250~270℃

8. 케이크도넛 제품에서 반죽 온도의 영향으로 나타나는 현상이 아닌 것은?
   가. 팽창과잉이 일어난다.
   나. 모양이 일정하지 않다.
   다. 흡유량이 많다.
   라. 표면이 꺼칠하다.

9. 커스터드푸딩을 컵에 채워 몇 ℃의 오븐에서 중탕으로 굽는 것이 가장 적당한가?
   가. 160~170℃　　나. 190~200℃
   다. 210~220℃　　라. 230~240℃

10. 설탕 공예용 당맥 제조시 설탕의 재결정을 막기 위해 첨가하는 재료는?
   가. 중조　　나. 주석산
   다. 포도당　　라. 베이킹파우더

11. 다음 제품 중 일반적으로 유지를 사용하지 않는 제품은?
   가. 마블케이크　　나. 파운드케이크
   다. 코코아케이크　　라. 엔젤푸드케이크

13. 흰자 100에 대하여 설탕 180의 비율로 만든 머랭으로서 구웠을 때 표면에 광택이 나고 하루쯤 두었다가 사용해도 무방한 머랭은?
   가. 냉제 머랭(cold meringue)
   나. 온제 머랭(hot meringue)
   다. 이탈리안 머랭(italian meringue)
   라. 스위스 머랭(swiss meringue)

13. 튀김기름의 품질을 저하시키는 요인으로만 나열된 것은?
   가. 수분, 탄소, 질소
   나. 수분, 공기, 반복 가열
   다. 공기, 금속, 토코페롤
   라. 공기, 탄소, 사사몰

14. 머랭(meringue)을 만드는 주요 재료는?
   가. 달걀 흰자　　나. 전란
   다. 달걀 노른자　　라. 박력분

15. 다음 중 쿠키의 퍼짐이 작아지는 원인이 아닌 것은?
   가. 반죽에 아주 미세한 입자의 설탕을 사용한다.
   나. 믹싱을 많이 하여 글루텐이 많아졌다.
   다. 오븐 온도를 낮게 하여 굽는다.
   라. 반죽의 유지 함량이 적고 산성이다.

16. 데니시페이스트리에서 롤인 유지함량이 및 접수 횟수에 대한 내용 중 틀린 것은?
   가. 롤인 유지함량이 증가할수록 제품 부피는 증가

한다.

나. 롤인 유지함량이 적어지면 같은 접기 횟수에서 제품의 부피가 감소한다.

다. 같은 롤인 유지함량에서는 접기 횟수가 증가할수록 부피는 증가하다 최고점을 지나면 감소한다.

라. 롤인 유지함량이 많은 것이 롤인 유지함량이 적은 것보다 접기 횟수가 증가함에 따라 부피가 증가하다가 최고점을 지나면 감소하는 현상이 현저하다.

17. 빵 반죽의 흡수에 대한 설명으로 잘못된 것은?

가. 반죽 온도가 높아지면 흡수율이 감소된다.
나. 연수는 경수보다 흡수율이 증가한다.
다. 설탕 사용량이 많아지면 흡수율이 감소된다.
라. 손상전분이 적량 이상이면 흡수율이 증가한다.

18. 빵류의 2차 발효실 상대습도가 표준습도보다 낮을 때 나타나는 현상이 아닌 것은?

가. 반죽에 껍질 형성이 빠르게 일어난다.
나. 오븐에 넣었을 때 팽창이 저해된다.
다. 껍질색이 불균일하게 되기 쉽다.
라. 수포가 생기거나 질긴 껍질이 되기 쉽다.

19. 다음 중 빵의 노화가 가장 빨리 발생하는 온도는?

가. -18℃ 나. 0℃
다. 20℃ 라. 35℃

20. 스펀지/도법에서 스펀지의 표준온도로 가장 적합한 것은?

가. 18~20℃ 나. 23~25℃
다. 27~29℃ 라. 30~32℃

21. 냉동반죽법의 단점이 아닌 것은?

가. 휴일작업에 미리 대처할 수 없다.
나. 이스트가 죽어 가스 발생력이 떨어진다.
다. 가스 보유력이 떨어진다.
라. 반죽이 퍼지기 쉽다.

22. 오븐 온도가 낮을 때 제품에 미치는 영향은?

가. 2차 발효가 지나친 것과 같은 현상이 나타난다.
나. 껍질이 급격히 형성된다.
다. 제품의 옆면이 터지는 현상이다.
라. 제품의 부피가 작아진다.

23. 페이스트리 성형 자동밀대(파이롤러)에 대한 설명 중 맞는 것은?

가. 기계를 사용하므로 밀어 펴기의 반죽과 유지와의 경도는 가급적 다른 것이 좋다.
나. 기계에 반죽이 달라붙는 것을 막기 위해 덧가루를 많이 사용한다.
다. 기계를 사용하여 반죽과 유지는 따로 따로 밀어서 편뒤 감싸서 밀어 펴기를 한다.
라. 냉동휴지 후 밀어 펴면 유지가 굳어 갈라지므로 냉장휴지를 하는 것이 좋다.

24. 팬닝시 주의할 사항으로 적합하지 않은 것은?

가. 팬닝전 온도를 적정하고 고르게 한다.
나. 틀이나 철판의 온도를 25℃로 맞춘다.
다. 반죽의 이음매가 틀의 바닥에 놓이도록 팬닝한다.
라. 반죽의 무게와 상태를 정하여 비용적에 맞추어 적당한 반죽량을 넣는다.

25. 생산액이 2000000원, 외부가치가 1000000원, 생산가치가 500000원, 인건비가 800000원일 때 생산가치율은?

가. 20% 나. 25%
다. 35% 라. 40%

26. 발효에 미치는 영향이 가장 적은 것은?

가. 이스트양 나. 온도
다. 소금 라. 유지

27. 반죽법에 대한 설명 중 틀린 것은?

가. 스펀지법은 반죽을 2번에 나누어 믹싱하는 방법으로 중종법이라고 한다.
나. 직접법은 스트레이트법이라고 하며, 전재료를 한번에 넣고 반죽하는 방법이다.
다. 비상반죽법은 제조시간을 단출할 목적으로 사용하는 반죽법이다.
라. 재반죽법은 직접법의 변형으로 스트레이트법 장점을 이용한 방법이다.

28. 냉동 반죽법의 냉동과 해동 방법으로 옳은 것은?

가. 급속냉동, 급속해동 나. 급속냉동, 완만해동
다. 완만냉동, 급속해동 라. 완만냉동, 완만해동

29. 포장 전 빵의 온도가 너무 낮을 때는 어떤 현상이 일어나는가?

가. 노화가 빨라진다.
나. 썰기(slice)가 나쁘다.
다. 포장지에 수분이 응축된다.
라. 곰팡이, 박테리아의 번식이 용이하다.

30. 빵의 부피가 가장 크게 되는 경우는?

가. 숙성이 안된 밀가루를 사용할 때
나. 물을 적게 사용할 때
다. 반죽이 지나치게 믹싱 되었을 때
라. 발효가 더 되었을 때

31. 생란의 수분함량이 72%이고, 분말계란의 수분함량이 4%라면, 생란 200kg으로 만들어지는 분말계란 중량은?
가. 52.8kg 나. 54.3kg
다. 56.8kg 라. 58.3kg

32. 단백질을 분해하는 효소는?
가. 아밀라아제(amylase) 나. 리파아제(lipase)
다. 프로테아제(protease) 라. 찌마아제(zymase)

33. 우유에 함유된 질소화합물 중 가장 많은 양을 차지하는 것은?
가. 시스테인 나. 글리아딘
다. 카제인 라. 락토알부민

34. 지방은 지방산과 무엇이 결합하여 이루어지는가?
가. 아미노산 나. 나트륨
다. 글리세롤 라. 리보오스

35. 강력분의 특성으로 틀린 것은?
가. 중력분에 비해 단백질 함량이 많다.
나. 박력분에 비해 글루텐 함량이 적다.
다. 박력분에 비해 점탄성이 크다.
라. 겨질 소맥을 원료로 한다.

36. 생이스트(fresh yeast)에 대한 설명으로 틀린 것은?
가. 중량의 65~70%가 수분이다.
나. 20℃ 정도의 상온에서 보관해야 한다.
다. 자기소화를 일으키기 쉽다.
라. 곰팡이 등의 배지 역할을 할 수 있다.

37. 다음 중 찬물에 잘 녹는 것은?
가. 한천(agar) 나. 씨엠시(CMC)
다. 젤라틴(gelatin) 라. 일반 펙틴(pectin)

38. 다음과 같은 조건에서 나타나는 현상과 밑줄 친 물질을 바르게 연결한 것은?

초콜릿의 보관방법이 적절치 않아 공기 중의 수분이 표면에 부착한 뒤 그 수분이 증발해 버려 어떤 물질이 결정형태로 남아 흰색이 나타났다.

가. 펫브룸(fat bloom)-카카오메스
나. 펫브룸(fat bloom)-글리세린
다. 슈가브룸(sugar bloom)-카카오버터
라. 슈가브룸(sugar bloom)-설탕

39. 패리노그래프(Farinograph)의 기능 및 특징이 아닌 것은?
가. 흡수율 측정
나. 믹싱 시간 측정
다. 500 B.U.를 중심으로 그래프 작성
라. 전분 호화력 측정

40. 일반적으로 양질의 빵속을 만들기 위한 아밀로그래피의 범위는?
가. 0~150 B.U. 나. 200~300 B.U.
다. 400~600 B.U. 라. 800~1000 B.U.

41. 다음 중 유지의 경화 공정과 관계가 없는 물질은?
가. 불포화지방산 나. 수소
다. 콜레스테롤 라. 촉매제

42. 다음 중 전분당이 아닌 것은?
가. 물엿 나. 설탕
다. 포도당 라. 이성화당

43. 영구적 경수(센물)를 사용할 때의 조치로 잘못된 것은?
가. 소금 증가 나. 효소 강화
다. 이스트 증가 라. 광물질 감소

44. 다음 중 글레이즈(glaze) 사용시 가장 적합한 온도는?
가. 15℃ 나. 25℃
다. 35℃ 라. 45℃

45. 다음 중 이당류가 아닌 것은?
가. 포도당 나. 맥아당
다. 설탕 라. 유당

46. 비타민과 생체에서의 주요 기능이 잘못 연결된 것은?
가. 비타민 B1-당질대사의 보조 효소
나. 나이아신-항 펠라그리(Pellagra)인자
다. 비타민K-항 혈액응고 인자
라. 비타민A-항 빈혈인자

47. 유당불내증이 있을 경우 소장 내에서 분해가 되어 생성되지 못하는 단당류는?
가. 설탕(sucrose)
나. 맥아당(maltose)
다. 과당(fructose)
라. 갈락토오스(galactose)

48. 한 개의 무게가 50g인 과자가 있다. 이 과자 100g 중에 탄수화물 70g, 단백질 5g, 지방 15g, 무기질 4g, 물 6g이 들어 있다면 이 과자 10개를 먹을 때 얼마의 열량을 낼 수 있는가?
가. 1230 kcal 나. 2175 kcal
다. 2750 kcal 라. 1800 kcal

49. 다음 중 효소와 활성물질이 잘못 짝지어진 것은?
가. 펩신-염산
나. 트립신-트립신활성효소
다. 트립시노겐-지방산
라. 키모트립신-트립신

50. 다음 중 인체 내에서 합성할 수 없으므로 식품으로 섭취해야 하는 지방산이 아닌 것은?
가. 리놀레산(linoleic acid)
나. 리놀렌산(linolenic acid)
다. 올레산(oleic acid)
라. 아라키돈산(arachidonic acid)

51. 다음에서 설명하는 균은?

- 식품 중에 증식하여 엔테로톡신(enterotoxin) 생선
- 잠복기는 평균 3시간, 감염원은 화농소
- 주요증상은 구토, 복통, 설사

가. 살모넬라균
나. 포도상구균
다. 클로로스트리디움 보툴리늄
라. 장염 비브리오균

52. 밀가루 등으로 오인되어 식중독이 유발된 사례가 있으며 습진성 피부질환 등의 증상을 보이는 것은?
가. 수은 나. 비소
다. 납 라. 아연

53. 다음 중 곰팡이 독이 아닌 것은?
가. 아플라톡신 나. 시트라닌
다. 삭시톡신 라. 파툴린

54. 단백질 식품이 미생물의 분해 작용에 의하여 형태, 색택, 경도, 맛 등의 본래의 성질을 잃고 악취를 발생하거나 유해물질을 생성하여 먹을 수 없게 되는 현상은?
가. 변패 나. 산패
다. 부패 라. 발효

55. 저장미에 발생한 곰팡이가 원인이 되는 황변미 현상을 방지하기 위한 수분 함량은?
가. 13 이하 나. 14~15%
다. 15~17% 라. 17% 이상

56. 미생물에 의한 부패나 변질을 방지하고 화학적인 변화를 억제하며 보존성을 높이고 영양가 및 신선도를 유지하는 목적으로 첨가하는 것은?
가. 감미료 나. 보존료
다. 산미료 라. 조미료

57. 인수공통전염병 중 오염된 우유나 유제품을 통해 사람에게 감염되는 것은?
가. 탄저 나. 결핵
다. 야토병 라. 구제역

58. 다음 중 일반적으로 잠복기가 가장 긴 것은?
가. 유행성 간염 나. 디프테리아
다. 페스트 라. 세균성 이질

59. 다음 중 감염형 식중독을 일으키는 것은?
가. 보툴리누스균 나. 살모넬라균
다. 포도상구균 라. 고초균

60. 빵 및 케이크류에 사용이 허가된 보존료는?
가. 탄산수소나트륨 나. 포름알데히드
다. 탄산암모늄 라. 프로피온산

정답 (2008년 2월 3일 제빵기능사)

1 가	2 라	3 라	4 다	5 라	6 라	7 나	8 나	9 가	10 나
11 라	12 라	13 나	14 가	15 다	16 라	17 나	18 라	19 나	20 나
21 가	22 가	23 라	24 나	25 나	26 라	27 라	28 나	29 가	30 라
31 라	32 다	33 다	34 다	35 나	36 나	37 나	38 라	39 라	40 다
41 다	42 나	43 가	44 라	45 가	46 라	47 라	48 나	49 다	50 다
51 나	52 나	53 다	54 다	55 가	56 나	57 나	58 가	59 나	60 라

1. 다음 중 크림법에서 가장 먼저 배합하는 재료의 조합은?
가. 유지와 설탕 나. 계란과 설탕
다. 밀가루와 설탕 라. 밀가루와 계란

2. 스펀지케이크를 제조하기 위한 필수적인 재료들만으로 짝지어진 것은?
가. 전분, 유지, 물엿, 계란
나. 설탕, 계란, 소맥분, 소금
다. 소맥분, 면실유, 전분, 물
라. 계란, 유지, 설탕, 우유

3. 쿠키가 잘 퍼지지(spread) 않는 이유가 아닌 것은?
가. 고운 입자의 설탕 사용 나. 과도한 믹싱
다. 알칼리 반죽 사용 라. 너무 높은 굽기 온도

4. 계란의 기포성과 포집성이 가장 좋은 온도는?
가. 0℃ 나. 5℃
다. 30℃ 라. 50℃

5. 파운드케이크 제조시 윗면이 터지는 경우가 아닌 것은?
가. 굽기 중 껍질 형성이 느릴 때
나. 반죽 내의 수분이 불충분할 때
다. 설탕 입자가 용해되지 않고 남아 있을 때
라. 반죽을 팬에 넣은 후 굽기까지 장시간 방치할 때

6. 유화 쇼트닝을 60% 사용해야 할 옐로우 레이어 케이크 배합에 32%의 초콜릿을 넣어 초콜릿 케이크를 만든다면 원래의 쇼트닝 60%는 얼마로 조절해야 하는가?
가. 48% 나. 54%
다. 60% 라. 72%

7. 비중이 높은 제품의 특징이 아닌 것은?
가. 기공이 조밀하다. 나. 부피가 작다.
다. 껍질색이 진하다. 라. 제품이 단단하다.

8. 다음 제품 중 굽기 전 충분히 휴지를 한 후 굽는 제품은?
가. 오믈렛 나. 버터스펀지 케이크
다. 오렌지 쿠키 라. 퍼프 페이스트리

9. 도넛의 글레이즈 사용온도로 가장 적합한 것은?
가. 20℃ 나. 30℃
다. 50℃ 라. 70℃

10. 커스터드푸딩은 틀에 몇 % 정도 채우는가?
가. 55% 나. 75%
다. 95% 라. 115%

11. 데커레이션케이크 재료인 생크림에 대한 설명으로 틀린 것은?
가. 크림 100에 대하여 1.0~1.5%의 분설탕을 사용하여 단맛을 낸다.
나. 유지방 함량 35~45%정도의 진한 생크림을 휘핑하여 사용한다.
다. 휘핑 시간이 적정시간보다 짧으면 기포의 안정성이 약해진다.
라. 생크림의 보과이나 작업 시 제품온도는 3~7℃가 좋다.

12. 완성된 반죽형 케이크가 단단하고 질길 때 그 원인이 아닌 것은?
가. 부적절한 밀가루의 사용
나. 달걀의 과다 사용
다. 높은 굽기 온도
라. 팽창제의 과다 사용

13. 다음 제품 중 성형하여 패닝 할 때 반죽의 간격을 가장 충분히 유지하여야 하는 제품은?
가. 오믈렛 나. 쇼트 브레드 쿠키
다. 핑거 쿠키 라. 슈

14. 케이크 제품의 기공이 조밀하고 속이 축축한 결점의 원인이 아닌 것은?
가. 액체 재료 사용량 과다
나. 과도한 액체당 사용
다. 너무 높은 오븐 온도
라. 계란 함량의 부족

15. 데커레이션케이크 100개를 1명이 아이싱 할 때 5시간이 필요 하다면, 1400개를 7시간 안에 아이싱 하는데 필요한 인원수는? (단, 작업의 능률은 동일하다.)
가.10명 나. 12명
다. 14명 라. 16명

16. 이스트를 2% 사용했을 때 최적 발효시간이 120분이라면 발효시간을 90분으로 단축할 때 이스트를 약 몇 % 사용해야 하는가?
가. 1.5 % 나. 2.7%
다. 3.5% 라. 4.0

17. 수돗물 온도 18℃, 사용할 물 온도 9℃, 사용물량 10kg일 때 얼음 사용량은 약 얼마인가?

가. 0.81kg 나. 0.92kg
다. 1.11kg 라. 1.21kg

18. 성형공정의 방법이 순서대로 옳게 나열된 것은?

가. 반죽→중간 발효→분할→둥글리기→정형
나. 분할→둥글리기→중간 발효→정형→팬닝
다. 둥글리기→중간 발효→정형→팬닝→2차 발효
라. 중간 발효→정형→팬닝→2차 발효→굽기

19. 제빵시 적량보다 설탕을 적게 사용하였을 때의 결과가 아닌 것은?

가. 부피가 작다. 나. 색상이 검다.
다. 모서리가 둥글다. 라. 속결이 거칠다.

20. 다음 중 빵 제품이 가장 빨리 노화되는 온도는?

가. -18℃ 나. 3℃
다. 27℃ 라. 40℃

21. 빵 반죽(믹싱)시 반죽 온도가 높아지는 주 이유는?

가. 이스트가 번식하기 때문에
나. 원료가 용해되기 때문에
다. 글루텐이 발전하기 때문에
라. 마찰열이 생기기 때문에

22. 식빵의 가장 일반적인 포장 적온은?

가. 15℃ 나. 25℃
다. 35℃ 라. 45℃

23. 다음은 어떤 공정의 목적인가?

자른 면의 점착성을 감소시키고 표피를 형성하여 탄력을 유지시킨다.

가. 분할 나. 둥글리기
다. 중간발효 라. 정형

24. 제빵 제조공정의 4대 중요 관리항목에 속하지 않는 것은?

가. 시간 관리 나. 온도 관리
다. 공정 관리 라. 영양 관리

25. 반죽의 내부 온도가 60℃에 도달하지 않은 상태에서 온도상승에 따른 이스트의 활동으로 부피의 점진적인 증가가 진행되는 현상은?

가. 호화(gelatinization)
나. 오븐스프링(oven spring)
다. 오븐라이즈(oven rise)
라. 캐러멜화(caramelization)

26. 냉동제법에서 믹싱 다음 단계의 공정은?

가. 1차 발효 나. 분할
다. 해동 라. 2차 발효

27. 가스 발생력에 영향을 주는 요소에 대한 설명으로 틀린 것은?

가. 포도당, 자당, 과당, 맥아당 등 당의 양과 가스 발생력 사이의 관계는 당량 3~5%까지 비례하다가 그 이상이 되면 가스 발생력이 약해져 발효시간이 길어진다.
나. 반죽온도가 높을수록 가스 발생력은 커지고 발효시간은 짧아진다.
다. 반죽이 산성을 띨수록 가스 발생력이 커진다.
라. 이스트양과 가스 발생력은 반비례하고, 이스트양과 발효시간은 비례한다.

28. 식빵 50개, 파운드케이크 300개, 앙금빵 200개를 제조하는데 5명이 10시간 동안 작업하였다. 1인 1시간 기준의 노무비가 1000원일 때 개당 노무비는 약 얼마인가?

가. 81원 나. 91원
다. 100원 라. 105원

29. 우유식빵 완제품 500g짜리 5개를 만들 때 분할손실이 4%이라면 분할 전 총 반죽무게는 약 얼마인가?

가. 2604g 나. 2505g
다. 2518g 라. 2700g

30. 하스브레드의 종류에 속하지 않는 것은?

가. 불란서빵 나. 베이글빵
다. 비엔나빵 라. 아이리시빵

31. 물을 결합수와 유리수로 나눌 때 다음 그래프에서 유리수의 영역에 속하는 부분은?

가. A 나. B
다. C 라. A, B, C

32. 다음 중 식물계에는 존재하지 않는 당은?

가. 과당 나. 유당
다. 설탕 라. 맥아당

33. 모노글리세리드(monoglyceride)와 디글리세리드(diglyceride)는 제과에 있어 주로 어떤 역할을 하는가?

가. 유화제 나. 항산화제

다. 감미제　　　　　　라. 필수영양제

34. 다음 중 쇼트닝을 몇 % 정도 사용했을 때 빵 제품의 최대부피를 얻을 수 있는가?
가. 2%　　　　　　나. 4%
다. 8%　　　　　　라. 12%

35. 탈지분유 20g을 물 80g에 넣어 녹여 탈지분유액을 만들었을 때 탈지분유액 중 단백질의 함량은 몇 %인가? (단, 탈지분유 조성은 수분4%, 유당 57%, 단백질35%, 지방4%이다.)
가. 5.1%　　　　　　나. 6%
다. 7%　　　　　　라. 8.75%

36. 계란 중에서 껍질을 제외한 고형질은 약 몇 %인가?
가. 15%　　　　　　나. 25%
다. 35%　　　　　　라. 45%

37. 제빵용 효모에 의하여 발효되지 않는 당은?
가. 포도당　　　　　　나. 과당
다. 맥아당　　　　　　라. 유당

38. 제빵에서 소금의 역할이 아닌 것은?
가. 글루텐을 강화시킨다.
나. 유해균의 번식을 억제 시킨다.
다. 빵의 내상을 희게 한다.
라. 맛을 조절한다.

39. 이스트에 질소 등의 영양을 공급하는 제빵용 이스트 푸드의 성분은?
가. 칼슘염　　　　　　나. 암모늄염
다. 브롬염　　　　　　라. 요오드염

40. 밀가루 25g에서 젖은 글루텐을 9g 얻었다면 건조 글루텐의 함량은?
가. 3%　　　　　　나. 5%
다. 7%　　　　　　라. 12%

41. 안정제를 사용하는 목적으로 적합하지 않은 것은?
가. 아이싱의 끈적거림 방지
나. 크림 토핑의 거품 안정
다. 머랭의 수분 배출 촉진
라. 포장성 개선

42. 아미노산에 대한 설명으로 틀린 것은?
가. 식품 단백질을 구성하는 아미노산은 20여 가지이다.
나. 단백질을 구성하는 아미노산은 거의 L-형이다.
다. 아미노산은 물에 녹아 양이온과 음이온의 양전하를 갖는다.
라. 아미노기(-NH2)는 산성을, 카르복실기(-COOH)는 염기성을 나타낸다.

43. 세계보건기구(WHO)는 성인의 경우 하루 섭취열량 중 트랜스 지방의 섭취를 몇% 이하로 권고하고 있는가?
가. 0.5%　　　　　　나. 1%
다. 2%　　　　　　라. 3%

44. 아밀로그래프의 최고점도(maximum viscosity)가 너무 높을 때 생기는 결과가 아닌 것은?
가. 효소의 활성이 약하다.
나. 반죽의 발효상태가 나쁘다.
다. 효소에 대한 전분, 단백질 등의 분해가 적다.
라. 가스 발생력이 강하다.

45. 전분을 가수분해 할 때 처음 생성되는 덱스트린은?
가. 에리트로덱스트린 (erythrodextrin)
나. 아밀로덱스트린 (anylodextrin)
다. 아크로덱스트린 (ackrodextrin)
라. 말토덱스트린 (maltodextrin)

46. 섬유소(cellulose)를 완전하게 가수분해하면 어떤 물질로 분해되는가?
가. 포도당(glucose)　　　　　　나. 설탕(sucrose)
다. 아밀로오스(amylose)　　　　　　라. 맥아당 (maltose)

47. 소화기관에 대한 설명으로 틀린 것은?
가. 위는 강알칼리의 위액을 분비한다.
나. 이자(췌장)는 당대사호르몬의 내분비선이다.
다. 소장은 영양분을 소화 · 흡수한다.
라. 대장은 수분을 흡수하는 역할을 한다.

48. 1일 섭취 열량이 2000kcal 인 성인의 경우 지방에 의한 섭취 열량으로 가장 적합한 것은?
가. 700~900kcal　　　　　　나. 500~700kcal
다. 300~500kcal　　　　　　라. 100~300kcal

49. 무기질의 일반적인 기능이 아닌 것은?
가. 단백질의 절약 작용
나. 체액의 산, 염기 평형유지
다. 체조직의 구성 성분
라. 생리적 작용에 대한 촉매 작용

50. 음식 100g 중 질소 함량이 4g이라면 음식에는 몇 g의 단백질이 함유된 것인가? (단, 단백질 1g에 는 16%의 질소가 함유되어 있다.)
가. 25g　　나. 35g
다. 50g　　라. 64g

51. 부패의 진행에 수반하여 생기는 부패산물이 아닌 것은?
가. 암모니아　　나. 황화수소
다. 메르캅탄　　라. 일산화탄소

52. 다음 중 치명율이 가장 높은 것은?
가. 보툴리누스균에 의한 식중독
나. 살모넬라 식중독
다. 황색포도상구균 식중독
라. 장염비브리오 식중독

53. 미나마타(minamata)병의 원인 물질은?
가. 카드뮴(cd)　　나. 구리(cu)
다. 수은(hg)　　라. 납(pb)

54. 식품 등을 통해 전염되는 경구전염병의 특징이 아닌 것은?
가. 원인 미생물은 세균, 바이러스 등이다.
나. 미량의 균량에서도 감염을 일으킨다.
다. 2차 감염이 빈번하게 일어난다.
라. 화학물질이 주요 원인이 된다.

55. 식품의 변질에 관여하는 요인과 거리가 먼 것은?
가. pH　　나. 압력
다. 수분　　라. 산소

56. 밀가루의 표백과 숙성기간을 단축시키는 밀가루 개량제로 적합하지 않은 것은?
가. 과산화벤조일　　나. 과황산암모늄
다. 아질산나트륨　　라. 이산화염소

57. 노로바이러스에 대한 설명으로 틀린 것은?
가. 이중나선구조 RNA 바이러스이다.
나. 사람에게 급성장염을 일으킨다.
다. 오염음식물을 섭취하거나 감염자와 접촉하면 전염된다.
라. 환자가 접촉한 타월이나 구토물 등은 바로 세탁하거나 제거하여야 한다.

58. 다음 중 동종간의 접촉에 의한 전염성이 없는 것은?
가. 세균성 이질　　나. 조류독감
다. 광우병　　라. 구제역

59. 식중독균 등 미생물의 성장을 조절하기 위해 사용하는 저장방법과 그 예의 연결이 틀린 것은?
가. 산소제거 – 진공포장 햄
나. PH조절 – 오이피클
다. 온도 조절 – 냉동 생선
라. 수분활성도 저하 – 상온 보관 우유

60. 탄수화물이 많이 든 식품을 고온에서 가열하거나 튀길 때 생성되는 발암성 물질은?
가. 니트로사민(nitrosamine)
나. 다이옥신(dioxins)
다. 벤조피렌(benzopyrene)
라. 아크릴 아마이드(acrylamide)

정답 (2008년 7월 13일 제빵기능사)

1 가	2 나	3 다	4 다	5 가	6 나	7 다	8 라	9 다	10 다
11 가	12 라	13 라	14 라	15 가	16 나	17 나	18 나	19 나	20 나
21 라	22 다	23 나	24 라	25 다	26 나	27 라	28 나	29 가	30 나
31 다	32 나	33 가	34 나	35 다	36 나	37 라	38 다	39 나	40 라
41 다	42 라	43 나	44 라	45 나	46 가	47 가	48 다	49 가	50 가
51 라	52 가	53 다	54 라	55 나	56 다	57 가	58 다	59 라	60 라

1. 케이크 반죽의 팬닝에 대한 설명으로 틀린 것은?
   가. 케이크의 종류에 따라 반죽량을 다르게 패닝한다.
   나. 새로운 팬은 비용적을 구하여 패닝한다.
   다. 팬용적을 구하기 힘든 경우는 유채씨를 사용하여 측정할 수 있다.
   라. 비중이 무거운 반죽은 분할량을 작게 한다.

2. 푸딩 제조공정에 관한 설명으로 틀린 것은?
   가. 모든 재료를 섞어서 체에 거른다.
   나. 푸딩컵에 반죽을 부어 중탕으로 굽는다.
   다. 우유와 설탕을 섞어 설탕이 캐러멜화될 때까지 끓인다.
   라. 다른 그릇에 계란, 소금 및 나머지 설탕을 넣고 혼합한 후 우유를 섞는다.

3. 무스크림을 만들 때 가장 많이 이용되는 머랭의 종류는?
   가. 이탈리안 머랭　　나. 스위스 머랭
   다. 온제 머랭　　라. 냉제 머랭

4. 고율배합에 대한 설명으로 틀린 것은?
   가. 믹싱 중 공기 혼입이 많다.
   나. 설탕 사용량이 밀가루 사용량보다 많다.
   다. 화학 팽창제를 많이 쓴다.
   라. 촉촉한 상태를 오랫동안 유지시켜 신선도를 높이고 부드러움이 지속되는 특징이 있다.

5. 케이크 반죽의 ph 가 적정 범위를 벗어나 알칼리일 경우 제품에서 나타나는 현상은?
   가. 부피가 작다　　나. 향이 약하다
   다. 껍질색이 여리다.　　라. 기공이 거칠다

6. 언더베이킹(under baking)에 대한 설명 중 틀린 것은?
   가. 제품의 윗부분이 올라간다.
   나. 제품의 중앙부분이 터지기 쉽다.
   다. 케이크 속이 익지 않을 경우도 있다.
   라. 제품의 윗부분이 평평하다.

7. 다음 제품 중 정형하여 패닝 할 경우 제품의 간격을 가장 충분히 유지하여야 하는 제품은?
   가. 슈　　나. 오믈렛
   다. 애플파이　　라. 쇼트브레드쿠키

8. 다음 중 화학적 팽창 제품이 아닌 것은?
   가. 과일 케이크　　나. 팬 케이크
   다. 파운드 케이크　　라. 시퐁 케이크

9. 도넛의 흡유량이 높았을 때 그 원인은?
   가. 고율배합 제품이다.　　나. 튀김시간이 짧다.
   다. 튀김온도가 높다.　　라. 휴지시간이 짧다.

10. 아이싱에 많이 쓰이는 퐁당(fondant)을 만들 때 끓이는 온도로 가장 적당한 것은?
   가. 106~110℃　　나. 114~118℃
   다. 120~124℃　　라. 130~134℃

11. 다음 제품 중 냉과류에 속하는 제품은?
   가. 무스 케이크　　나. 젤리 롤 케이크
   다. 양갱　　라. 시퐁 케이크

12. 다음 기계 설비 중 대량 생산업체에서 주로 사용하는 설비로 가장 알맞은 것은?
   가. 터널오븐　　나. 데크오븐
   다. 전자렌지　　라. 생크림용 탁상믹서

13. 스펀지 케이크를 부풀리는 주요 방법은?
   가. 계란의 기포성에 의한 방법
   나. 이스트에 의한 방법
   다. 화확팽창제에 의한 방법
   라. 수증기 팽창에 의한 방법

14. 데블스 푸드 케이크 제조시 반죽의 비중을 측정하기 위해 필요한 무게가 아닌 것은?
   가. 비중컵의 무게
   나. 코코아를 담은 비중컵의 무게
   다. 물을 담은 비중컵의 무게
   라. 반죽을 담은 비중컵의 무게

15. 다음 중 쿠키의 퍼짐성이 작은 이유가 아닌 것은?
   가. 믹싱이 지나침
   나. 높은 온도의 오븐
   다. 너무 진 반죽
   라. 너무 고운 입자의 설탕 사용

16. 2차 발효시 발효실 의 평균 온도와 습도는?
   가. 28~30℃, 60~65%
   나. 30~35℃, 65~95%
   다. 35~38℃, 75~90%
   라. 40~45℃, 80~95%

17. 냉동반죽 법에서 1차 발효 시간이 길어질 경우 일어나는 현상은?
가. 냉동 저장성이 짧아진다.
나. 제품의 부피가 커진다.
다. 이스트의 손상이 작아진다.
라. 반죽온도가 낮아진다.

18. 팬 기름칠을 다른 제품 보다 더 많이 하는 제품은?
가. 베이글 나. 바게트
다. 단팥빵 라. 건포도 식빵

19. 냉동반죽의 가스 보유력 저하요인이 아닌 것은?
가. 냉동반죽의 빙결정
나. 해동시 탄산가스 확산에 기포수의 감소
다. 냉동시 탄산가스 용해도증가에 의한 기포수의 감소
라. 냉동과 해동 및 냉동저장에 따른 냉동반죽 물성의 강화

20. 발효에 영향을 주는 요소로 볼 수 없는 것은?
가. 이스트의 양 나. 쇼트닝의 양
다. 온도 라. ph

21. 다음 중 표준 스트레이트법 에서 믹싱 후 반죽 온도로 가장 적합한 것은?
가. 21℃ 나. 27℃
다. 33℃ 라. 39℃

22. 식빵의 굽기 후 포장온도로 가장 적합한 것은?
가. 25~30℃, 60~65%
나. 30~35℃, 65~95%
다. 35~38℃, 75~90%
라. 40~45℃, 80~95%

23.굽기를 할 때 일어나는 반죽의 변화가 아닌 것은?
가. 오븐팽창 나. 단백질 열변성
다. 전분의 호화 라. 전분의 노화

24. 소규모 제과점용으로 가장 많이 사용되며 반죽을 넣는 입구와 제품을 꺼내는 출구가 같은 오븐은?
가. 컨벡션오븐 나. 터널오븐
다. 릴 오븐 라. 데크오븐

25. 베이커스 퍼센트(bakers percent)에 대한 설명으로 맞는 것은?
가. 전체 재료의 양을 100%로 하는 것이다.
나. 물의 양을 100%로 하는 것이다.
다. 밀가루의 양을 100%로 하는 것이다.
라. 물과 밀가루의 양의 합을 100%로 하는 것이다.

26. 식빵의 표피에 작은 물방울이 생기는 원인과 거리가 먼 것은?
가. 수분 과다 보유
나. 발효부족 (under proofing)
다. 오븐의 윗불 온도가 높음
라. 지나친 믹싱

27. 원가의 구성에서 직접원가에 해당되지 않는 것은?
가. 직접재료비 나. 직접노무비
다. 직접경비 라. 직접판매비

28. 반죽의 혼합과정중 유지를 첨가하는 방법으로 옳은 것은?
가. 밀가루 및 기타재료와 함께 계량하여 혼합하기 전에 첨가한다.
나. 반죽이 수화되어 덩어리를 형성하는 클린업 단계에서 첨가한다.
다. 반죽의 글루텐 형성 중간 단계에서 첨가한다!
라. 반죽의 글루텐 형성 최종 단계에서 첨가한다.

29. 빵제품에서 볼 수 있는 노화현상이 아닌 것은?
가. 맛과 향의증진 나. 조직의 경화
다. 전분의 결정화 라. 소화율의 저하

30. 분할기에 의한 기계식 분할시 분할의 기준이 되는 것은?
가. 무게 나. 모양
다. 배합율 라. 부피

31. 탈지분유를 빵에 넣으면 발효시 ph 변화에 어떤 영향을 미치는가?
가. ph 저하를 촉진 시킨다.
나. ph 상승을 촉진 시킨다.
다. ph 변화에 대한 완충 역할을 한다.
라. ph가 중성을 유지하게 된다.

32. 일반 식염을 구성하는 대표적인 원소는?
가. 나트륨 ,염소 나. 칼슘 ,탄소
다. 마그네슘, 염소 라. 칼륨, 탄소

33. 제빵에서 밀가루, 이스트, 물과 함께 기본적인 필수 재료는?
가. 분유 나. 유지
다. 소금 라. 설탕

34. 패리노그래프(farinograph)의 기능이 아닌 것은?
가. 산화제 첨가 필요한 측정
나. 밀가루의 흡수율 측정
다. 믹싱시간 측정
라. 믹싱내구성 측정

35. 일시적 경수에 대하여 바르게 설명한 것은?
가. 탄산염에 기인한다.
나. 모든 염이 황산염의 형태로만 존재한다.
다. 끓여도 제거되지 않는다.
라. 연수로 변화시킬 수 없다.

36. 베이킹파우더의 일반적인 구성 물질이 아닌 것은?
가. 탄산수소나트륨　　나. 전분
다. 주석산크림　　라. 암모늄

37. 다음 중 동물성 단백질은?
가. 덱스트린　　나. 아밀로오스
다. 글루텐　　라. 젤라틴

38. 자당을 인버타아제로 가수분해하여 10.52%의 전화당을 얻었다면 포도당과 과당의 비율은?
가. 포도당 5.26%, 과당 5.26%
나. 포도당 7.0%, 과당 3.52%
다. 포도당 3.52%, 과당 7.0%
라. 포도당 2.63%, 과당 7.89%

39. 제과/제빵에서 유지의 기능이 아닌 것은?
가. 흡수율 증가　　나. 연화 작용
다. 공기포집　　라. 보존성 향상

40. 제빵용 밀가루에 함유된 손상전분 함량은 얼마 정도가 적합한가?
가. 0%　　나. 6%
다. 10%　　라. 11%

41. 코코아(cocoa)에 대한 설명 중 옳은 것은?
가. 초코렛 리쿠어(chocolate liquor)를 압착. 건조한 것이다.
나. 코코아 버터(cocoa butter)를 만들고 남은 박(press cake)을 분쇄한 것이다.
다. 카카오 니브스 (cacao nibs)를 건조한 것이다.
라. 비터초코렛(bitter chocolate)을 건조, 분쇄한 것이다.

42. 건조 글루텐에 가장 많이 들어있는 성분은?
가. 단백질　　나. 전분
다. 지방　　라. 회분

43. 퐁당 크림을 부드럽게 하고 수분 보유력을 높이기 위해 일반적으로 첨가하는 것은?
가. 한천, 젤라틴　　나. 물, 레몬
다. 소금, 크림　　라. 물엿, 전화당 시럽

44. 캐러멜화를 일으키는 것은?
가. 비타민　　나. 지방
다. 단백질　　라. 당류

45. 계란 흰자에 소금을 넣었을 때 기포성에 미치는 영향은?
가. 거품 표면의 변성을 방지한다.
나. 거품 표면의 변성을 촉진시킨다.
다. 거품이 모두 제거된다.
라. 거품의 부피 및 양이 많이 증가한다.

46. 건조된 아몬드 100g에 탄수화물 16g, 단백질 18g, 지방54g, 무기질 3g, 수분 6g, 기타성분 등을 함유하고 있다면 이 아몬드 100g의 열량은?
가. 약 200kcal　　나. 약 364kcal
다. 약 622kcal　　다. 약 751kcal

47. 다음 중 2가지 식품을 섞어서 음식을 만들 때 단백질의 상호보조 효력이 가장 큰 것은?
가. 밀가루와 현미가루　　나. 쌀과 보리
다. 시리얼과 우유　　다. 밀가루와 건포도

48. 글리세롤 1분자에 지방산, 인산, 콜린이 결합한 지질은?
가. 레시틴　　나. 에르고스테롤
다. 콜레스테롤　　라. 세파

49. 산과 알칼리 및 열에서 비교적 안정하고 칼슘의 흡수를 도우며 골격 발육과 관계 깊은 비타민은?
가. 비타민 A　　나. 비타민 B1
다. 비타민 D　　라. 비타민 E

50. 혈당의 저하와 가장 관계가 깊은 것은?
가. 인슐린　　나. 리파아제
다. 프로테아제　　라. 펩신

51. 식품첨가물 중 보존료의 조건이 아닌 것은?
가. 변패를 일으키는 각종 미생물의 증식을 억제할 것
나. 무미, 무취하고 자극성이 없을 것
다. 식품의 성분과 반응을 잘하여 성분을 변화시킬 것
라. 장기간 효력을 나타낼 것

52. 냉장의 목적과 가장 관계가 먼 것은?
가. 식품의 보존기간 연장
나. 미생물의 멸균
다. 세균의 증식 억제
라. 식품의 자기호흡 지연

53. 일반적으로 화농성 질환 또는 식중독의 원인이 되는 병원성 포도상구균은?
가. 백색포도상구균 나. 적색포도상구균
다. 황색포도상구균 라. 표피포도상구균

54. 대장균 O-157 이 내는 독성물질은?
가. 베로톡신 나. 테트로도톡신
다. 삭시톡신 라. 베네루핀

55. 탄저, 브루셀라증과 같이 사람과 가축의 양쪽에 이환되는 전염병은?
가. 법정전염병 나. 경구전염병
다. 인수공통전염병 라. 급성전염병

56. 가생충과 숙주와의 연결이 틀린 것은?
가. 유구조충(갈고리촌충) - 돼지
나. 아니사키스 - 해산어류
다. 간흡충 - 소
라. 폐디스토마 - 다슬기

57. 팽창제에 대한 설명으로 틀린 것은?
가. 반죽 중에서 가스가 발생하여 제품에 독특한 다공성의 세포 구조를 부여한다.
나. 식품첨가물 공전상 팽창제로 암모늄명반이 지정되어있다.
다. 화학적 팽창제는 가열에 의해서 발생되는 유리탄산가스나 암모니아가스만으로 팽창하는 것은 아니다.
라. 천연팽창제로는 효모가 대표적이다.

58. 세균성 식중독의 일반적인 특성으로 틀린 것은?
가. 1차 감염만 된다.
나. 많은 양의 균 또는 독소에 의해 발생한다.
다. 소화기계 전염병보다 잠복기가 짧다.
라. 발병 후 면역이 획득된다.

59. 유지의 산패요인과 거리가 먼 것은?
가. 광선 나. 수분
다. 금속 라. 질소

60. 세균이 분비한 독소에 의해 감염을 일으키는 것은?
가. 감염형 세균성식중독
나. 독소형 세균성식중독
다. 화학성식중독
라. 진균독식중독

정답 (2008년 10월 5일 제빵기능사)

1 라	2 다	3 가	4 다	5 라	6 라	7 가	8 라	9 가	10 나
11 가	12 가	13 가	14 나	15 다	16 다	17 가	18 라	19 라	20 나
21 나	22 나	23 라	24 라	25 다	26 라	27 라	28 나	29 가	30 라
31 다	32 가	33 다	34 가	35 가	36 라	37 라	38 가	39 가	40 나
41 나	42 가	43 라	44 라	45 나	46 다	47 다	48 가	49 다	50 가
51 다	52 나	53 다	54 가	55 다	56 다	57 나	58 라	59 라	60 나

제과기능사 2009년 1월 18일 시행

1. 거품형케이크 반죽을 믹싱 할 때 가장 적당한 믹싱법은?
   가. 중속→저속→고속
   나. 저속→고속→중속
   다. 저속→중속→고속→저속
   라. 고속→중속→저속→고속

2. 40g의 계량컵에 물을 가득 채웠더니 240g이었다. 과자 반죽을 넣고 달아보니 220g 이 되었다면 이 반죽의 비중은 얼마인가?
   가. 0.85　　나. 0.9
   다. 0.92　　라. 0.95

3. 고율배합 케이크와 비교하여 저율배합 케이크의 특징은?
   가. 믹싱 중 공기 혼입량이 많다.
   나. 굽는 온도가 높다.
   다. 반죽의 비중이 낮다.
   라. 화학팽창제 사용량이 적다.

4. 가수분해나 산화에 의하여 튀김기름을 나쁘게 만드는 요인이 아닌 것은?
   가. 온도　　나. 물
   다. 산소　　라. 비타민 E(토코페롤)

5. 과일케이크를 만들 때 과일이 가라앉는 이유가 아닌 것은?
   가. 강도가 약한 밀가루를 사용한 경우
   나. 믹싱이 지나치고 큰 공기방울이 반죽에 남는 경우
   다. 진한 속색을 위한 탄산수소나트륨을 과다로 사용한 경우
   라. 시럽에 담근 과일의 시럽을 배수시켜 사용한 경우

6. 가압하지 않은 찜기의 내부 온도로 가장 적합한 것은?
   가. 65℃　　나. 99℃
   다. 150℃　　라. 200℃

7. 계란의 일반적인 수분함량은?
   가. 50%　　나. 75%
   다. 88%　　라. 90%

8. 고율배합의 제품을 굽는 방법으로 알맞은 것은?
   가. 저온 단시간　　나. 고온 단시간
   다. 저온 장시간　　라. 고온 장시간

9. 거품을 올린 흰자에 뜨거운 시럽을 첨가하면서 고속으로 믹싱하여 만드는 아이싱은?
   가. 마시멜로 아이싱　　나. 콤비네이션 아이싱
   다. 초콜릿 아이싱　　라. 로얄 아이싱

10. 다음 중 케이크의 아이싱에 주로 사용되는 것은?
    가. 마지팬　　나. 프랄린
    다. 글레이즈　　라. 휘핑크림

11. 다음 중 반죽 온도가 가장 낮은 것은?
    가. 퍼프 페이스트리　　나. 레이어 케이크
    다. 파운드 케이크　　라. 스펀지 케이크

12. 같은 용적의 팬에 같은 무게의 반 죽을 패닝하였을 경우 부피가 가장 작은 제품은?
    가. 시퐁 케이크　　나. 레이어 케이크
    다. 파운드 케이크　　라 .스펀지 케이크

13. 공장설비구성의 설명으로 적합하지 않은 것은?
    가. 공장시설설비는 인간을 대상으로 하는 공학이다.
    나. 공장시설은 식품조리과정의 다양한 작업을 여러 조건에 따라 합리적으로 수행하기 위한 시설이다.
    다. 설계디자인은 공간의 할당. 물리적 시설. 구조의 생김새, 설비가 갖춰진 작업장을 나타내 준다.
    라. 각 시설은 그 시설이 제공하는 서비스의 형태에 기본적인 어떤 기능을 지니고 있지 않다.

14. 거품형 제품 제조시 가온법의 장점이 아닌 것은?
    가. 껍질색이 균일하다.
    나. 기포시간이 단축된다.
    다. 기공이 조밀하다.
    라. 계란의 비린내가 감소된다.

15. 과자 반죽의 온도 조절에 대한 설명으로 틀린 것은?
    가. 반죽 온도가 낮으면 기공이 조밀하다.
    나. 반죽온도가 낮으면 부피가 작아지고 식감이 나쁘다.
    다. 반죽 온도가 높으면 기공이 열리고 큰 구멍이 생긴다.
    라. 반죽 온도가 높은 제품은 노화가 느리다.

16. 같은 밀가루로 식빵 불란서빵을 만들 경우, 식빵의 가수율이 63%였다면 불란서빵의 가수율을 얼마나 하는 것이 가장 좋은가?
    가. 61%　　나. 63%
    다. 65%　　라. 67%

17. 1차 발효 중에 펀치를 하는 이유는?
가. 반죽의 온도를 높이기 위해
나. 이스트를 활성화시키기 위해
다. 효소를 불활성화시키기 위해
라. 탄산가스 축적을 증가시키기 위해

18. 건포도 식빵을 만들 때 건포도를 전처리하는 목적이 아닌 것은?
가. 수분을 제거하여 건포도의 보존성을 높인다.
나. 제품내에서의 수분 이동을 억제한다.
다. 건포도의 풍미를 되살린다.
라. 씹는 촉감을 개선한다.

19. 제빵시 팬오일로 유지를 사용할 때 다음 중 무엇이 높은 것을 선택하는 것이 좋은가?
가. 가소성 나. 크림성
다. 발연점 라. 비등점

20. 비상스트레이법 반죽의 가장 적합한 온도는?
가. 15℃ 나. 20℃
다. 30℃ 라. 40℃

21. 2번 굽기를 하는 제품은?
가. 스위트 롤 나. 브리오슈
다. 빵도넛 라. 브라운 앤 서브 롤

22. 2차 발효가 과다할 때 일어나는 현상이 아닌 것은?
가. 옆면이 터진다.
나. 색상이 여리다.
다. 신 냄새가 난다.
라. 오븐에서 주저앉기 쉽다.

23. 노화를 지연시키는 방법으로 올바르지 않은 것은?
가. 방습포장재를 사용한다.
나. 다량의 설탕을 첨가한다.
다. 냉장 보관시킨다.
라. 유화제를 사용한다.

24. 같은 조건의 반죽에 설탕, 포도당, 과당을 같은 농도로첨가했다고 가정할 때 마이야르 반응속도를 촉진시키는 순서대로 나열된 것은?
가. 설탕>포도당>과당
나. 과당>설탕>포도당
다. 과당>포도당>설탕
라. 포도당>과당>설탕

25. 10명의 인원이 50초당 70개의 과자를 만들 때 7시간에는 몇 개를 생산하는가?
가. 3528개나. 35280개
다. 24500개 라. 245000개

26. 다음 중 냉동, 냉장, 해동, 2차 발효를 프로그래밍에 의해 자동적으로 조절하는 기계는?
가. 스파이럴 믹서
나. 도 컨디셔너
다. 로타리 래크오븐
라. 모레르식 락크 발효실

27. 1인당 생산가치는 생산가치를 무엇으로 나누어 계산하는가?
가. 인원수 나. 시간
다. 임금 라. 원재료비

28. 갓 구워낸 빵을 식혀 상온으로 낮추는 냉각에 관한 설명으로 틀린 것은?
가. 빵 속의 온도를 35~40℃로 낮추는 것이다.
나. 곰팡이 및 기타 균의 피해를 막는다.
다. 절단. 포장을 용이하게 한다.
라. 수분함량을 25%로 낮추는 것이다.

29. 냉동 페이스트리를 구운 후 옆면이 주저앉는 원인으로 틀린 것은?
가. 토핑물이 많은 경우
나. 잘 구어지지 않은 경우
다. 2차 발효가 과다한 경우
라. 해동온도가 2 ~5℃로 낮은 경우

30. 둥글리기 (Rounding) 공정에 대한 설명으로 틀린 것은?
가. 덧가루, 분할기 기름을 최대로 사용한다.
나. 손분할, 기계 분할이 있다.
다. 분할기의 종류는 제품에 적합한 기종을 선택한다.
라. 둥글리기가 과정 중 큰 기포는 제거되고 반죽온도가 균일화된다.

31. 지방은 무엇이 축합되어 만들어지는가?
가. 지방산과 글리세롤
나. 지방산과 올레인산
다. 지방산과 리놀레인산
라. 지방산과 팔미틴산

32. 거친 설탕 입자를 마쇄하여 고운 눈금을 가진 체로 통과 시킨 후 덩어리 방지제를 첨가한 제품은?
가. 액당 나. 분당

다. 전화당　　　　　　　라. 포도당

33. 장기간의 저장성을 지녀야 하는 건과자용 쇼트닝에서 가장 중요한 제품 특성은?
가. 가소성　　　　　　　나. 안정성
다. 신장성　　　　　　　라. 크림가

34. 젤리를 제조하는데 당분 60~65%, 펙틴 1.0~1.5% 일 때 가장 적합한 pH는?
가. pH1.0　　　　　　　나. pH3.2
다. pH7.8　　　　　　　라. pH10.0

35. 가공하지 않은 초콜릿(비터 초콜릿:Bitter Chocolate)40% 에 포함되어 있는 가장 적합한 코코아의 양은?
가.20%　　　　　　　나. 25%
다. 30%　　　　　　　라. 35%

36. 강력분과 박력분의 성상에서 가장 중요한 차이점은?
가. 단백질 함량이 차이　　나. 비타민 함량의 차이
다. 지방 함량의 차이　　라. 전분 함량의 차이

37. 다음 유제품 중 일반적으로 100g당 열량을 가장 많이 내는 것은?
가. 요구르트　　　　　　나. 탈지분유
다. 가공치즈　　　　　　라. 시유

38. 계란에 대한 설명 중 옳은 것은?
가. 계란 노른자에 가장 많은 것은 단백질이다.
나. 계란 흰자는 대부분이 물이고 그 다음 많은 성분은 지방질이다.
다. 계란 껍질은 대부분 탄산칼슘으로 이루어져 있다.
라. 계란은 흰자보다 노른자 중량이 더 크다.

39. 건조이스트는 같은 중량을 사용할 생이스트 보다 활성이 약 몇 배 더 강한가?
가.2배　　　　　　　나. 5배
다. 7배　　　　　　　라. 10배

40. 다음 중 발효시간을 단축시키는 물은?
가. 연수　　　　　　　나. 경수
다. 염수　　　　　　　라. 알카리수

41. 믹싱시간, 믹싱내구성, 흡수율 등 반죽의 배합이나 혼합을 위한 기초 자료를 제공하는 것은?
가. 아밀로그래프(Amy logr aph)
나. 익스텐소그래프(Extensogr aph)
다. 패리노그래프(Far inogr aph)
라. 알베오그래프(Alveogr aph)

42. β-아밀라아제의설명으로 틀린 것은?
가. 전분이나 덱스트린을 맥아당으로 만든다.
나. 아밀로오스의 말단에서 시작하여 포도당 2분자씩을 끊어가면서 분해한다.
다. 전분의 구조가 아밀로펙틴인 경우 약 52%까지만 가수분해 한다.
라. 액화효소 또는 내부 아밀라아제라고도 한다.

43. 다음 중 발효할 때 유산(젖산)을 생성하는 당은?
가. 유당　　　　　　　나. 설탕
다. 과당　　　　　　　라. 포도당

44. 다음 혼성주 중 오렌지 성분을 원료로 하여 만들지 않는 것은?
가. 그랑 마르니에(Grand Marnier)
나. 마라스키노(Mar aschino)
다. 쿠앵트로(Cointreau)
라. 큐라소(Curacao)

45. 과실이 익어감에 따라 어떤 효소의 작용에 의해 수용성펙틴이 생성되는가?
가. 펙틴리가아제
나. 아밀라아제
다. 프로토펙틴가수분해효소
라. 브로멜린

46. 비타민의 결핍 증상이 잘못 짝지어진 것은?
가. 비타빈 B_1 – 각기병
나. 비타민 C – 괴혈병
다. 비타민 B_2 – 야맹증
라. 나이아신 – 펠라그라

47. 글리세롤 1분자와 지방산 1분자가 결합한 것은?
가. 트리글리세라이드(triglyceride)
나. 디글리세라이드(diglyceride)
다. 모노글리세라이드(monoglyceride)
라. 펜토스(pentose)

48. 지방의 연소와 합성이 이루어지는 장기는?
가. 췌장　　　　　　　나. 간
다. 위장　　　　　　　라. 소장

49. D-glucose와 D-mannose의 관계는?
가. anomer　　　　　　나. epimer

다. 동소체　　　　라. 라세믹체

50. 성인의 에너지적정비율의 연결이 옳은 것은?
가. 탄수화물: 30~55%　　나. 단백질: 7~20%
다. 지질: 5~10%　　라. 비타민: 30~40%

51. 미생물에 의해 주로 단백질이 변화되어 악취. 유해 물질을 생성하는 현상은?
가. 발효(Fermentation)
나. 부패(Puterifaction)
다. 변패(Deterioration)
라. 산패(Rancidity)

52. 다음 중 채소를 통해 감염되는 기생충은?
가. 광절열두조충　　나. 선모충
다. 회충　　라. 폐흡충

53. 감영형 식중독에 해당되지 않는 것은?
가. 살모넬라균 식중독
나. 포도상구균 식중독
다. 병원성대장균 식중독
라. 장염비브리오균 식중독

54. 경구전염병과 비교할 때 세균성식중독의 특징은?
가. 2차 감염이 잘 일어난다.
나. 경구전염병보다 잠복기가 길다.
다. 발병 후 면역이 매우 잘 생긴다.
라. 많은 양이 균ㅇ으로 발병한다.

55. 산화방지제로 쓰이는 물질이 아닌 것은?
가. 중조　　나 BHT
다. BHA　　라 세사몰

56. 과산화 수소의 사용 목적으로 알맞은 것은?
가. 보존료　　나. 발색제
다. 살균료　　라. 산화방지제

57. 경구전염병의 예방대책에 대한 설명으로 틀린 것은?
가. 건강유지와 저항력의 향상에 노력한다.
나. 의식전환 운동, 계몽활동. 위생교육 등을 정기적으로 실시한다.
다. 오염이 의심되는 식품은 폐기한다.
라. 모든 예방접종은 1회만 실시한다

58. 동물에게 유산을 일으키며 사람에게는 열병을 나타내는 인수공통전염병은?
가. 탄저병　　나. 리스테리아증
다. 돈단독　　라. 브루셀라증

59. 단백질을 많이 함유한 식품의 주된 변질현상은?
가. 부패　　나. 발효
다. 산패　　라. 갈변

60. 식중독 발생의 주요 경료인 배설물-구강-오염경로(fecal-oral route)를 차단하기 위한 방법으로 가장 적합한 것은?
가. 손 씻기 등 개인위생 지키기
나. 음식물 철저히 가열하기
다. 조리 후 빨리 섭취하기
라. 남은 음식물 냉장 보관하기

정답 (2009년 1월 18일 제과기능사)

1 다	2 나	3 나	4 라	5 라	6 나	7 나	8 다	9 가	10 라
11 가	12 다	13 라	14 다	15 라	16 가	17 나	18 가	19 다	20 다
21 라	22 가	23 다	24 다	25 나	26 나	27 가	28 라	29 라	30 가
31 가	32 나	33 나	34 나	35 나	36 가	37 다	38 다	39 가	40 가
41 다	42 라	43 가	44 나	45 다	46 다	47 다	48 나	49 나	50 나
51 나	52 다	53 나	54 라	55 가	56 다	57 라	58 라	59 가	60 가

1. 파이 껍질이 질기고 단단하였다, 그 원인이 아닌 것은?
가. 강력분을 사용하였다.
나. 반죽시간이 길었다.
다. 밀어 펴기를 덜하였다.
라. 자투리 반죽을 많이 썼다.

2. 다음 쿠키 중 반죽형이 아닌 것은?
가. 드롭 쿠키 나. 스냅 쿠키
다. 쇼트브레드 쿠키 라. 스펀지 쿠키

3. 도넛에 묻힌 설탕이 녹는 현상(발한)을 감소시키기 위한 조치로 틀린 것은?
가. 도넛에 묻히는 설탕의 양을 증가시킨다.
나. 충분히 냉각시킨다.
다. 냉각 중 환기를 많이 시킨다.
라. 가급적 짧은 시간 동안 튀긴다.

4. 총 사용물량 500g, 수돗물 온도 20℃, 사용할 물 온도 14℃일 때, 얼음사용량은?
가. 30g 나. 32g
다. 34g 라. 36g

5. 퍼프 페이스트리 제조 시 팽창이 부족하여 부피가 빈약해지는 결점의 원인에 해당하지 않는 것은?
가. 반죽의 휴지가 길었다.
나. 밀어 펴기가 부적절하였다.
다. 부적절한 유지를 사용하였다.
라. 오븐의 온도가 너무 높았다

6. 다음 중 제과 생산관리에서 제1차 관리 3대 요소가 아닌 것은?
가. 사람(Man) 나. 재료(Material)
다. 방법(Method) 라. 자금(Money)

7. 데커레이션(decoration) 케이크의 장식에 사용되는 분당의 성분은?
가. 포도당 나 . 설탕
다. 과당 라. 전화당

8. 반죽의 비중과 관계가 가장 적은 것은?
가. 제품의 부피 나. 제품의 기공
다. 제품의 조직 라. 제품의 점도

9. 다음 중 비용적이 가장 큰 제품은?
가. 파운드케이크 나. 레이어 케이크
다. 스펀지케이크 라. 식빵

10. 젤리 롤 케이크 반죽 굽기에 대한 설명으로 틀린 것은?
가. 두껍게 편 반죽은 낮은 온도에서 굽는다.
나. 구운 후 철판에서 꺼내지 않고 냉각시킨다.
다. 양이 적은 반죽은 높은 온도에서 굽는다.
라. 열이 식으면 압력을 가해 수평을 맞춘다.

11. 다음의 머랭(meringue) 중에서 설탕을 끓여서 시럽으로 만들어 제조하는 것은?
가. 이탈리안 머랭 나. 스위스 머랭
다. 냉제 머랭 라. 온제 머랭

12. 튀김기름의 품질을 저하시키는 요인으로만 나열된 것은?
가. 수분, 탄소, 질소
나. 수분, 공기, 반복가열
다. 공기, 금속, 토코페롤
라. 공기, 탄소, 세사몰

13. 머랭 (meringue) 을 만드는 주요 재료는?
가. 달걀흰자 나. 전란
다. 달걀노른자 라. 박력분

14. 완제품 440g인 스펀지케이크 500개를 주문 받았다. 굽기 손실이 12%라면, 준비해야 할 전체 반죽량은?
가. 125kg 나. 250kg
다. 300kg 라. 600kg

15. 푸딩을 제조할 때 경도의 조절은 어떤 재료에 의하여 결정되는가?
가. 우유 나. 설탕
다. 겨란 라. 소금

16. 빵의 포장재에 대한 설명으로 틀린 것은?
가. 방수성이 있고 통기성이 있어야 한다.
나. 포장을 하였을 때 상품의 가치를 높여야 한다.
다. 값이 저렴해야 한다.
라. 포장 기계에 쉽게 적용할 수 있어야 한다.

17. 식빵 제조시 부피를 가장 크게 하는 쇼트닝의 적정한 비율은?
가. 4~6% 나.8~11%
다. 13~16% 라. 18~20%

18. 스트레이트법에 의한 제빵 반죽시 보통 유지를 첨가하는 단계는?
가. 픽업 단계 나. 클린업 단계
다. 발전 단계 라. 렛 다운 단계

19. 정형기(Moulder)의 작동 공정이 아닌 것은?
가. 둥글리기 나. 밀어펴기
다. 말기 라. 봉하기

20. 제빵시 적량보다 많은 분유를 사용했을 때의 결과 중 잘못된 것은?
가. 양옆면과 바닥이 움푹 들어가는 현상이 생김
나. 껍질색은 캐러멜화에 의하여 검어짐
다. 모서리가 예리하고 터지거나 슈레드가 적음
라. 세포벽이 두꺼우므로 황갈색을 나타냄

21. 냉동 반죽법의 장점이 아닌 것은?
가. 소비자에게 신선한 빵을 제공할 수 있다.
나. 운동, 배달이 용이하다.
다. 가스 발생력이 향상된다.
라. 다품종 소량생산이 가능하다.

22. 다음 중 생산관리의 목표는?
가. 재고, 출고, 판매의 관리
나. 재고, 납기, 출고의 관리
다. 납기, 재고, 품질의 관리
라. 납기, 원가, 품질의 관리

23. 둥글리기의 목적이 아닌 것은?
가. 글루텐의 구조와 방향정돈
나. 수분 흡수력 증가
다. 반죽의 기공을 고르게 유지
라. 반죽 표면에 얇은 막 형성

24. 표준 스펀지/ 도법에서 스펀지 발효시간은?
가. 1시간~2시간 30분
나. 3시간~4시간 30분
다. 5시간~6시간
라. 7시간~8시간

25. 단백질 함량이 2% 증가된 강력밀가루 사용시 흡수율의 변화의 가장 적당한 것은?
가. 2% 감소 나. 1.5% 증가
다. 3% 증가 라. 4.5% 증가

26. 정형하여 철판에 반죽을 놓을 때 , 일반적 사용시 흡수율의 변화로 가장 적당한 것은?
가. 약10℃ 나. 25℃
다. 32℃ 라. 55℃

27. 2% 이스트를 사용했을 때 최적 발효시간이 120분이라면 2.2%의 이스트를 사용했을 때의 예상발효시간은?
가. 130분 나.109분
다. 100분 라. 90분

28. 빵굽기 과정에서 오븐스프링(oven spring)에 의한 반죽부피의 팽창 정도로 가장 적당한 것은?
가. 본래 크기의 약 1/2 까지
나. 본래 크기의 약 1/3 까지
다. 본래 크기의 약 1/5 까지
라. 본래 크기의 약 1/6 까지

29. 스펀지법에서 스펀지 반죽의 가장 적합한 반죽 온도는?
가. 13~15 ℃ 나. 18~20 ℃
다. 23~25 ℃ 라. 30~32℃

30. 일반적인 빵 제조시 2차 발효실의 가장 적합한 온도는?
가. 25~30 ℃ 나. 30~35 ℃
다. 35~40 ℃ 라. 45~50 ℃

31. 제빵에 가장 적합한 물의 경도는?
가. 0~60 ppm
나. 120~180 ppm
다. 180~360 ppm
라. 360 ppm 이상

32. 전분의 호화 현상에 대한 설명으로 틀린 것은?
가. 전분의 종류에 따라 호화 특성이 달라진다.
나. 전분현탁액에 적당량의 수산화나트륨(NaOH)을 가하면 가열하지 않아도 호화 돌 수 있다.
다. 수분이 적을수록 호화가 촉진된다.
라. 알칼리성일 때 호화가 촉진된다.

33. 다음 중 신선한 달걀의 특징은?
가. 난각 표면에 광택이 없고 선명하다.
나. 난각 표면이 매끈하다.
다. 난각에 광택이 있다.
라. 난각 표면에 기름기가 있다.

34. 밀가루의 단백질 함량이 증가하면 패리노그래프 흡수율은 증가하는 경향을 보인다. 밀가루의 등급이 낮을수록 패리노그래프에 나타나는 현상은?

가. 흡수율은 증가하나 반죽시간과 안정도는 감소한다.
나. 흡수율은 감소하고 반죽시간과 안정도는 감소한다.
다. 흡수율은 증가하나 반죽시간과 안정도는 변화가 없다.
라. 흡수율은 감소하나 반죽시간과 안정도는 변화가 없다.

35. 물 100g 에 설탕 25g을 녹이면 당도는?
가. 20% 나. 30%
다. 40% 라. 50%

36. 밀가루의 일반적인 자연숙성 기간은?
가. 1~2주 나. 2~3개월
다. 4~5개월 라. 5~6개월

37. 식품향료에 대한 설명 중 틀린 것은?
가. 자연향료는 자연에서 채취한 후 추출, 정제, 농축, 분리 과정을 거쳐 얻는다.
나. 합성향료는 석유 및 석탄류에 포함되어 있는 방향성유기물질로부터 합성하여 만든다.
다. 조합향료는 천연향료와 합성향료를 조합하여 양자 간의 문제점을 보완한 것이다.
라. 식품에 사용하는 향료는 첨가물이지만, 품질, 규격 및 사용법을 준수하지 않아도 된다.

38. 유지에 알칼리를 가할 때 일어나는 반응은?
가. 가수분해 나. 비누화
다. 에스테르화 라. 산화

39. 압착효모(생이스트)의 일반적인 고형분 함량은?
가. 10% 나. 30%
다. 50% 라. 60%

40. 초콜릿을 탬퍼링한 효과에 에 대한 설명중 틀린 것은?
가. 입안에서의 용해성이 나쁘다.
나. 광택이 좋고 내부 조직이 조밀하다.
다. 팻 브롬(fat bloom)이 일어나지 않는다.
라. 안정한 결정이 않고 결정형이 일정하다.

41. 분유의 종류에 대한 설명으로 틀린 것은?
가. 혼합분유 : 연유에 유청을 가하여 분말화 한 것
나. 전지분유 : 원유에서 수분을 제거 하여 분말화 한 것
다. 탈지분유 : 탈지유에서 수분을 제거하여 분말화 한 것
라. 가당분유 : 원유에 당류를 가하여 분말화 한 것

42. 밀가루를 체로 쳐서 사용하는 이유와 가장 거리가 먼 것은?
가. 불순물 제거 나. 공기의 혼입
다. 재료 분산 라. 표피색 개선

43. 제빵에 사용되는 효모와 가장 거리가 먼 효소는?
가. 프로테아제 나. 셀룰라아제
다. 인버타아제 라. 말타아제

44. 튀김기름을 해치는 4대 적이 아닌 것은?
가. 온도 나. 포도당
다. 공기 라. 항산화제

45. 제과에 많이 쓰이는 "럼주"의 원료는?
가. 옥수수 전분 나. 포도당
다. 당밀 라. 타피오카

46. 아래의 쌀과 콩에 대한 설명 중 ( )에 알맞은 것은?

쌀에는 라이신(lysine)이 부족하고 콩에는 메티오닌(methionine)이 부족하다. 이것을 쌀과 콩단백질의 ( )이라 한다.

가. 제한아미노산 나. 필수 아미노산
다. 불필수아미노산 라. 아미노산 불균형

47. 이당류에 속하는 것은?
가. 유당 나. 갈락토오스
다. 과당 라. 포도당

48. 제과, 제빵제조시 사용되는 버터에 포함된 지방의 기능이 아닌 것은?
가. 에너지의 급원식품이다.
나. 체온유지에 관여한다.
다. 항체를 생성하고 효소를 만든다.
라. 음식에 막아 향미를 준다.

49. 체내에서 사용한 단백질은 주로 어떤 경로를 통해 배설되는가?
가. 호흡 나. 소변
다. 대변 라. 피부

50. 순수한 지방 20g이 내는 열량은?
가. 80kcal 나. 140kcal
다. 180kcal 라. 200kcal

51. 어떤 첨가물의 LD50의 값이 작을 때의 의미로 옳은 것은?
가. 독성이 크다. 나. 독성이 적다.

다. 저장성이 나쁘다.　　라. 저장성이 좋다.

52. 식품위생 검사의 종류로 틀린 것은?
가. 화학적 검사　　나. 관능 검사
다. 혈청학적 검사　　라. 물리학적 검사

53. 인수공통 전염병의 예방조치로 바람직하지 않은 것은?
가. 우유의 멸균처리를 철저히 한다.
나. 이환된 동물의 고기는 익혀서 먹는다.
다. 가축의 예방접종을 한다.
라. 외국으로부터 유입되는 가축은 항구나 공항 등에서 검역을 철저히 한다.

54. 테트로도톡신(tetrodotoxin)은 어떤 식중독의 원인 물질인가?
가. 조개 식중독　　나. 버섯 식중독
다. 복어 식중독　　라. 감자 식중독

55. 산양, 양, 돼지, 소에게 감염되면 유산을 일으키고, 인체 감염시 고열이 주기적으로 일어나는 인수 공통 전염병은?
가. 광우병　　나. 공수병
다. 파상열　　라. 신증후군출혈열

56. 식품의 관능을 만족시키기 위해 첨가하는 물질은?
가. 강화제　　나. 보존제
다. 발색제　　라. 이형제

57. 경구전염병에 속하지 않는 것은?
가. 장티푸스　　나. 말라리아
다. 세균성 이질　　라. 콜레라

58. 다음 중 곰팡이독과 관계가 없는 것은?
가. 파툴린(patulin)
나. 아플라톡신(aflatoxin)
다. 시트리닌(citrinin)
라. 고시풀(gossypol)

59. 대장균의 일반적인 특성에 대한 설명으로 옳은 것은?
가. 분변오염의 지표가 된다.
나. 경피전염병을 일으킨다.
다. 독소형 식중독을 일으킨다.
라. 발효식품 제조에 유용한 세균이다.

60. 다음 중 감염형 식중독을 일으키는 것은?
가. 보톨리누스균　　나. 살모넬라균
다. 포도상구균　　라. 고초균

정답 (2009년 3월 29일 제과기능사)

1 다	2 라	3 라	4 가	5 가	6 다	7 나	8 라	9 다	10 나
11 가	12 나	13 가	14 나	15 다	16 가	17 가	18 나	19 가	20 가
21 다	22 라	23 나	24 나	25 다	26 다	27 나	28 나	29 다	30 다
31 나	32 다	33 가	34 가	35 가	36 나	37 라	38 나	39 나	40 가
41 가	42 라	43 나	44 라	45 다	46 가	47 가	48 다	49 나	50 다
51 가	52 다	53 나	54 다	55 다	56 다	57 나	58 라	59 가	60 나

1. 오븐의 생산능력은 무엇으로 계산하는가?
가. 소모되는 전력량 나. 오븐의 높이
다. 오븐의 단열 정도 라. 오븐 내 매입 철판 수

2. 밤과자 제조공정에 대한 설명으로 틀린 것은?
가. 반죽을 한 덩어리로 만들어 즉시 분할한다.
나. 반죽과 내용물의 되기를 동일하게 한다.
다. 성형 후 물을 뿌려 덧가루를 제거한다.
라. 껍질의 두께가 일정하도록 내용물을 싼다.

3. 반죽형 케이크의 반죽 믹싱법에 대한 설명으로 틀린 것은?
가. 크림법은 유지, 설탕, 계란으로 크림을 만든다.
나. 블랜딩법은 유지와 밀가루를 먼저 혼합한다.
다. 단단계법은 모든 재료를 한 번에 넣고 혼합한다.
라. 설탕물법은 설탕 1을 물 2의 비율로 용해하여 액당을 만든다.

4. 도넛의 발한 현상을 방지라는 방법으로 틀린 것은?
가. 튀김시간을 늘인다.
나. 점착력이 낮은 기름을 사용한다.
다. 충분히 식히고 나서 설탕을 묻힌다.
라. 도넛 위에 뿌리는 설탕 사용량을 늘인다.

5. 다음 제품 중 건조방기를 목적으로 나무틀을 사용하여 굽기를 하는 제품은?
가. 슈 나. 밀퓌유
다. 카스테라 라. 퍼프 페이스트리

6. 케이크의 부피가 작아지는 원인에 해당하는 것은?
가. 강력분을 사용한 경우
나. 오버베이킹된 경우
다. 크림성이 좋은 유지를 사용한 경우
라. 신선한 달걀을 사용한 경우

7. 가나슈 크림에 대한 설명으로 옳은 것은?
가. 생크림은 절대 끓여서 사용하지 않는다.
나. 초콜릿과 생크림의 배합비율은 10:1이 원칙이다.
다. 초콜릿 종류는 달라도 카카오 성분은 같다.
라. 끓인 생크림에 초콜릿을 더한 크림이다.

8. 퍼프페이스트리 굽기 후결점과 원인으로 틀린 것은?
가. 수축 : 밀어펴기 과다, 너무 높은 오븐 온도
나. 수포 생성 : 단백질 함량이 높은 밀가루로 반죽을 함
다. 충전물 흘러 나옴 : 출전물량 과다 , 봉합 부적절
라. 작은 부피 : 수분이 없는 경화 쇼트닝을 충전용 유지로 사용

9. 비중과 관련이 없는 것은?
가. 완제품의 조직 나. 기공의 크기
다. 완제품의 크기 라. 팬 용적

10. 머랭 (meringue)을 제조할 때 주석산 크림의 사용 목적이 아닌 것은?
가. 흰자를 강하게 한다. 나. 머랭의 ph를 낮춘다
다. 맛을 좋게한다. 라. 색을 희게 한다.

11. 다음 중 익히는 방법이 나머지 셋과 다른 것은?
가. 찐빵 나. 엔젤푸드 케이크
다. 스펀지 케이크 라. 파운드 케이크

12. 데블스푸드 케이크 제조시 중조를 8g 사용했을 경우 가스 발생량으로 비교했을 때 베이킹파우더 몇 g과 효과가 같은가?
가. 8 g 나. 16g
다. 24g 라. 32g

13. 파운드케이크를 구운 직후 계란 노른자에 설탕을 넣어 칠할 때 설탕의 역할이 아닌 것은?
가. 광택제 효과 나. 보존기간 개선
다. 탈색 효과 라. 맛의 개선

14. 젤리 롤 케이크는 말 때 터지는 경우의 조치 사항이 아닌 것은?
가. 계란에 노른자를 추가시켜 사용한다.
나. 설탕(자당)의 일부를 물엿으로 대처한다.
다. 덱스트린의 점착성을 이용한다.
라. 팽창이 과도한 경우에는 팽창제 사용량을 감소시킨다.

15. 다음 중 반죽의 얼음사용량 계산공식으로 옳은 것은?

가. $\text{얼음} = \dfrac{\text{물사용량}(\text{수돗물온도} - \text{사용수온도})}{80+\text{수돗물온도}}$

나. $\text{얼음} = \dfrac{\text{물사용량}(\text{수돗물온도} + \text{사용수온도})}{80+\text{수돗물온도}}$

다. $\text{얼음} = \dfrac{\text{물사용량}(\text{수돗물온도} \times \text{사용수온도})}{80+\text{수돗물온도}}$

라. $\text{얼음} = \dfrac{\text{물사용량}(\text{수돗물온도} \div \text{사용수온도})}{80+\text{수돗물온도}}$

16. 성형과정을 거치는 동안에 반죽이 거친 취급을 받아 상처받은 상태이므로 이를 회복시키기 위해 글루텐 숙성과 팽창을 도모하는 과정은?
가. 1차 발효 나. 중간 발효
다. 펀치 라. 2차 발효

17. 일반적으로 작은 규모의 제과점에서 사용하는 믹서는?
가. 수직형 믹서 나. 수평형 믹서
다. 초고속 믹서 라. 커터 믹서

18. 식빵배합률 합계가 180%, 밀가루 총 사용량이 3000g일 때 총반죽의 무게는? (단. 기타손실은 없음)
가. 1620g 나. 3780g
다. 5400g 라. 5800g

19. 빵의 굽기에 대한 설명 중 옳은 것은?
가. 고배합의 경우 낮은 온도에서 짧은 시간으로 굽기
나. 고배합의 경우 높은 온도에서 긴 시간으로 굽기
다. 저배합의 경우 낮은 온도에서 긴 시간으로 굽기
라. 저배합의 경우 높은 온도에서 짧은 시간으로 굽기

20. 반죽을 발효시키는 목적이 아닌 것은?
가. 향 생성 나. 반죽의 숙성 작용
다. 반죽의 팽창작용 라. 글루텐 응고

21. 과자빵의 껍질에 흰 반점이 생긴 경우 그 원인에 해당되지 않는 것은?
가. 반죽온도가 높았다.
나. 발효하는 동안 반죽이 식었다.
다. 숙성이 덜 된 반죽을 그대로 정형하였다.
라. 2차 발효 후 찬 공기를 오래 쐬었다.

22. 생산관리의 기능과 거리가 먼 것은?
가. 품질보증기간 나. 적시?적량기능
다. 원가조절기능 라. 글루텐 응고

23. 다음 중 주로 유화제로 사용되는 식품첨가물은?
가. 글리세린지방산에스테르
나. 탄산암모늄
다. 프로피온산칼슘
라. 탄산나트륨

24. 제빵 냉각법 중 적합하지 않은 것은?
가. 급속냉각 나. 자연냉각
다. 터널식냉각 라. 에어콘디션식 냉각

25. 다음 중 제품 특성상 일반적으로 노화가 가장 빠른 것은?
가. 단과자빵 나. 카스테라
다. 식빵 라. 도넛

26. 빵의 팬닝(팬넣기)에 있어 팬의 온도로 가장 적합한 것은?
가. 냉장온도(0~5℃) 나. 20~24℃
다. 30~35℃ 라. 60℃ 이상

27. 제빵시 유지를 투입하는 반죽의 단계는?
가. 픽업단계 나. 클린업단계
다. 발전단계 라. 최종단계

28. 식빵 제조시 결과 온도 33℃, 밀가루온도 23℃, 실내온도 26℃, 수돗물온도 22℃,희망온도 27℃,사용 물량 5kg일 때 마찰계수는?
가. 19 나. 22
다. 24 라. 28

29. 반죽을 팬에 넣기 전에 팬에서 제품이 잘 떨어지게 하기 위하여 이형유를 사용하는데 그 설명으로 틀린 것은?
가. 이형유는 발연점이 높은 것을 사용해야 한다.
나. 이형유는 고온이나 산패에 안정해야 한다.
다. 이형유의 사용량은 반죽 무게의 5%정도이다.
라. 이형유의 사용량이 많으면 튀김현상이 나타난다.

30. 다음 중 일반적인 산형 식빵의 비용적은(cc/g)은?
가. 1.0 ~ 1.3 나. 1.4 ~ 1.7
다. 2.3 ~ 2.7 라. 3.2 ~ 3.4

31. 이스트푸드의 구성 성분이 아닌 것은?
가. 암모늄염 나. 질산염
다. 칼슘염 라. 전분

32. 다음과 같은 조건에서 나타나는 현상과 그와 관련한 물질을 바르게 연결한 것은?

초코렛의 보관방법이 적절치 않아 공기 중의 수분이 표면에 부착한 뒤 그 수분이 증발해 버려 어떤 물질이 결정현태로 남아 흰색이 나타났다.

가. 팻브룸(fat bloom) – 카카오매스
나. 팻브룸(fat bloom) – 글리세린
다. 슈가브룸(sugar bloom) – 카카오버터
라. 슈가브룸(sugar bloom) – 설탕

33. 마요네즈를 만드는데 노른자가 500g 필요하가. 껍

질 포함 60g짜리 계란을 몇 개 준비해야 하는가?
가. 10개　　나. 14개
다. 28개　　라. 56개

34. 패리노그래프(Farinograph)위 기능 및 특징이 아닌 것은?
가. 흡수율 측정
나. 믹싱 시간 측정
다. 500 B.U.를 중심으로 그래프 작성
라. 전분 호화력 측정

35. 물과 반죽의 관계에 대한 설명 중 옳은 것은?
가. 경수로 배합할 경우 발효 속도가 빠르다.
나. 연수로 배합할 경우 글루텐을 더욱 단단하게 한다.
다. 연수 배합시이스트푸드를 약간 늘이는 게 좋다
라. 경수로 배합을 하면 글루텐이 부드럽게 되고 기계에 잘 붙는 반죽이 된다.

36. 다음 중 반죽에 산화제를 사용하였을 때의 결과에 대한 설명으로 잘못된 것은?
가. 반죽강도가 증가된다.
나. 가스 포집력이 증가한다.
다. 기계성이 개선된다.
라. 믹싱시간이 짧아진다.

37. 가장 광범위하게 사용되는 베이킹파우더(baking powder)의 주성분은?
가. $CaHpO_4$　　나.$NaHCO_3$
다. $Na2CO_3$　　라. NH4CI

38. 다음 중 제빵에 맥아를 사용하는 목적이 아닌 것은?
가. 이산화탄소 생산을 증가시킨다.
나. 제품에 독특한 향미를 부여한다.
다. 노화지연 효과가 있다.
라. 구조형성에 도움을 준다.

39. 마가린에 대한 설명 중 틀린 것은?
가. 지방함량이 80% 이상이다.
나. 유지원료는 동물성과 식물성이 있다.
다. 버터 대용품으로 사용된다.
라. 순수 유지방(乳脂肪)만을 사용했다.

40. 지방에 대한 설명 중 잘못된 것은?
가. 지방은 글리세린과 지방산으로 되어 있다.
나. 지방 중 유리지방산 함량이 많으면 발연점이 높아진다.
다. 불포화지방산은 식물성유에 많다.
라. 지방산에 이중결합의 수가 많으면 융점이 낮아진다.

41. 제빵용 밀가루에서 빵 발효에 많은 영향을 주는 손상전분의 적정한 함량은?
가. 0%　　나. 1 ~ 3.5%
다. 4.5 ~ 8%　　라. 9~ 12.5%

42. 제과제빵에 사용하는 분유의 기능이 아닌 것은?
가. 갈변 방지　　나. 영양소 공급
다. 글루텐 강화　　라. 맛과 향 개선

43. 맥아당은 이스트의 발효과정 중에 효소에 의해 어떻게 분해되는가?
가. 포도당 + 포도당　　나. 포도당 + 과당
다. 포도당 + 유당　　라. 과당 + 과당

44. 효소를 구성하는 주성분에 대한 설명으로 틀린 것은?
가. 탄소, 수소, 산소, 질소 등의 원소로 구성되어 있다.
나. 아미노산이 펩티드 결합을 하고 있는 구조이다.
다. 열에 안정하여 가열하여도 변성되지 않는다.
라. 섭취 시 4Kcal의 열량을 낸다.

45. 정상 조건하의 베이킹파우더 100g에서 얼마 이상의 유효이산화탄소 가스가 발생되어야 하는가?
가.6%　　나.12%
다.18%　　라.24%

46. 콜레스테롤 흡수와 가장 관계 깊은 것은?
가. 타액　　나. 위액
다.담즙　　라.장액

47. 다음 중 단당류가 아닌 것은?
가.갈락토오즈　　나. 포도당
다.과당　　라. 맥아당

48. 성인의 1일 단백질 섭취량이 체중 kg당 1.13g일 때 66kg의 성인이 섭취하는 단백질의 열량은?
가. 74.6kcal　　나. 298.3kcal
다. 671.2kcal　　라.264kcal

49. 지방의 주요 기능이 아닌 것은?
가. 비타민 A, D, E, K의 운반, 흡수작용
나. 체온의 손실방지
다. 티아민(thiamine)의 절약작용
라. 정상적인 삼투압 조절에 관여

50. 식품을 태웠을 때 재로 남는 성분은?

가. 유기질　　　　나. 무기질
다. 단백질　　　　라. 비타민

51. 식품의 부패를 판정할 때 화학적 판정 방법이 아닌 것은?
가. TMA 측정　　　　나. ATP 측정
다. LD50 측정　　　　라. VBN 측정

52. 다음 중 제 1군 법정 전염병은?
가. 결핵　　　　나. 디프테리아
다. 장티푸스　　　　라. 말라리아

53. 과자류, 빵류를 제조할 때 가스를 발생시켜 연하고 맛이 좋고 소화되기 쉬운 상태로 만들 목적으로 사용하는 식품첨가물은?
가. 유화제　　　　나. 식품제조용제
다. 피막제　　　　라. 팽창제

54. 식품을 제조, 가공 또는 보존시 식품에 첨가, 혼합, 침윤 기다의 방법으로 사용되는 물질은?
가. 식품첨가물　　　　나. 식품
다. 화학적 합성품　　　　라. 기구

55. 살모넬라균으로 인한 식중독의 잠복기와 증상으로 옳은 것은?
가. 오염식품 섭취 10~24시간 후 발열(38~40℃)이 나타나며 1주 이내 회복이 된다.
나. 오염식품 섭취 10~20시간 후 오한과 혈액이 섞인 설사가 나타나며 이질로 의심되기도 한다.
다. 오염식품 섭취 10~30시간 후 점액성 대변을 배설하고 신경증상을 보여 곧 사망한다.
라. 오염식품 섭취 8~20시간 후 복통이 있고 홀씨 A, F형의 독소에 의한 발병이 특징이다.

56. 포도상구균이 생산하는 독소는?
가. 솔라닌　　　　나. 테트로도톡신
다. 엔테로톡신　　　　라. 뉴로톡신

57. 다음 중 병원체가 바이러스인 질병은?
가. 폴리오　　　　나. 결핵
다. 디프테리아　　　　라. 성홍열

58. 쥐나 곤충류에 의해서 발생될 수 있는 식중독은?
가. 살모넬라 식중독
나. 클로스트리디움 보톨리늄 식중독
다. 포도상구균 식중독
라. 장염비브리오 식중독

59. 식자재의 교차오염을 예방하기 위한 보관방법으로 잘못된 것은?
가. 원재료와 완성품 구분하여 보관
나. 바닥과 벽으로부터 일정거리를 띄워 보관
다. 뚜껑이 있는 청결한 용기에 덮개를 덮어서 보관
라. 식자재와 비식자재를 함께 식품창고에 보관

60. 클로스트리디움 보톨리늄 식중독과 관련 있는 것은?
가. 화농성 질환의 대표균
나. 저온살균 처리로 예방
다. 내열성 포자 형성
라. 감염형 식중독

정답 (2009년 3월 29일 제빵기능사)

1 라	2 가	3 라	4 나	5 다	6 가	7 라	8 나	9 라	10 다
11 가	12 다	13 다	14 가	15 가	16 라	17 가	18 다	19 라	20 라
21 가	22 라	23 가	24 가	25 다	26 다	27 나	28 라	29 다	30 라
31 나	32 라	33 다	34 라	35 다	36 라	37 나	38 라	39 라	40 나
41 다	42 가	43 가	44 다	45 나	46 다	47 라	48 나	49 라	50 나
51 다	52 다	53 라	54 가	55 가	56 다	57 가	58 가	59 라	60 다

1. 불란서빵의 2차 발효실 습도로 가장 적합한 것은?
가. 65~70% 나. 75~80%
다. 80~85% 라. 85~90%

2. 일반적으로 이스트 도넛의 가장 적당한 튀김온도는?
가. 100~115℃ 나. 150~165℃
다. 180~195℃ 라. 230~245℃

3. 다음 중 팬닝에 대한 설명으로 틀린 것은?
가. 반죽의 이음매가 틀의 바닥으로 놓이게 한다.
가. 철판의 온도를 60℃로 맞춘다.
다. 반죽은 적정 분할량을 넣는다.
라. 비용적의 단위는 cm^3/g 이다.

4. 액체발효법 (액종법)에 대한 설명으로 옳은 것은?
가. 균일한 제품생산이 어렵다.
가. 발효손실에 따른 생산손실을 줄일 수 있다.
다. 공간확보와 설비비가 많이 든다.
라. 한 번에 많은 양을 발효시킬 수 없다.

5. 다음 중 반죽 발효에 영향을 주지 않는 재료는?
가. 쇼트닝 나. 설탕
다. 이스트 라. 이스트푸드

6. 제빵시 성형(make-up)의 범위에 들어가지 않는 것은?
가. 둥글리기 나. 분할
다. 정형 라. 2차 발효

7. 스펀지 도우법으로 반죽을 만들 대 스폰지 반죽온도로 적정한 것은?
가. 24℃ 나. 27℃
다. 26℃ 라.28℃

8. 반죽의 신장성에 대한 저항을 측정하는 방법은?
가. 믹소그래프 나. 익스텐소그래프
다. 레오그래프 라. 패리노그래프

9. 완제품 50g 짜리 식방 100개를 만들려고 한다. 발효손실 2%, 굽기손실 12%, 총배합률 180%일 때 이 반죽의 분할 당시 반죽 무게는?
가. 4.68kg 나. 5.68kg
다. 6.68kg 라. 7.68kg

10. 믹싱의 효과로 거리가 먼 것은?
가. 원료의 균일한 분산
나. 반죽의 글루텐 형성
다. 이물질 제거
라. 반죽에 공기 혼입

11. 제품을 생산하는데 생산 원가요소는?
가. 재료비, 노무비, 경비
나. 재료비, 용역비, 감가상각비
다. 판매비, 노동비, 월급
라. 광열비, 월급, 생산비

12. 빵의 제품평가에서 브레이크와 슈레드 부족현상의 이유가 아닌 것은?
가. 발효시간이 짧거나 길었다.
나. 21~35℃에서 보관한다.
다. 고율배합으로 한다.
라. 냉장고에서 보관한다.

13. 빵의 노화를 지연시키는 경우가 아닌 것은?
가. 저장온도를 -18℃ 이하로 유지한다.
나. 21~35℃에서 보관한다.
다. 고율배합으로 한다.
라. 냉장고에서 보관한다.

14. 냉동반죽 제품의 장점이 아닌 것은?
가. 계획생산이 가능하다.
나. 인당 생산량이 증가한다.
다. 이스트의 사용량이 감소된다.
라. 반죽의 저장성이 향상된다.

15. 식빵의 포장에 가장 적합한 온도는?
가. 20 ~ 24℃ 나. 25 ~ 29℃
다. 30 ~ 34℃ 라. 35 ~ 40℃

16. 팽창제에 대한 설명 중 틀린 것은?
가. 가스를 발생시키는 물질이다.
나. 반죽을 부풀게 한다.
다. 제품에 부드러운 조직을 부여해 준다.
라. 제품에 질긴 성질을 준다.

17. 일반적으로 유화 쇼트닝은 모노-디-글리세리드가 얼마나 함유된 것이 좋은가?
가. 1~3% 나. 4~5%
다. 6~9% 라. 9~11%

18. 글루텐을 형성하는 단백질은?

가. 알부민, 글리아딘　　나. 알부민, 글로불린
다. 글로테닌, 글리아딘　　라. 글루테닌, 글로불린

19. 밀가루와 밀의 현탁액을 일정한 온도로 균일하게 상승시킬 때 일어나는 점도의 변화를 계속적으로 자동 기록하는 장치는?
가. 아밀로그래프(Amylograph)
나. 모세관 점도계(Capillary viscometer)
다. 피셔 점도계(Fisher viscometer)
라. 브룩필드 점도계(Brookfield viscometer)

20. 유당에 대한 설명으로 틀린 것은?
가. 우유에 함유된 당으로 입상형, 분말형, 미분말형 등이 있다.
나. 감미도는 설탕 100에 대하여 16정도이다.
다. 환원당으로 아미노산의 존재시 갈변반응을 일으킨다.
라. 포도당이나 자당에 비하여 용해도가 높고 결정화가 느리다.

21. 다음의 당류 중에서 상대적 감미도가 두 번째로 큰 것은?
가. 과당　　나. 설탕
다. 포도당　　라. 맥아당

22. 초콜릿의 코코아와 코코아버터 함량으로 옳은 것은?
가. 코코아 3/8, 코코아버터 5/8
나. 코코아 2/8, 코코아버터 6/8
다. 코코아 5/8, 코코아버터 3/8
라. 코코아 4/8, 코코아버터 4/8

23. 계란 흰자의 약 13%를 차지하며 철과의 결합 능력이 강해서 미생물이 이용하지 못하는 항세균 물질은?
가. 오브알부민(ovalbumin)
나. 콘알부민(conalbumin)
다. 오보뮤코이드(ovomucoid)
라. 아비딘(avidin)

24. 이스트에 대한 설명 중 옳지 않은 것은?
가. 제빵용 이스트는 온도 20~25℃에서 발효력이 최대가 된다.
나. 주로 출아법에 의해 증식한다.
다. 생이스트의 수분 함유율은 70~75%이다.
라. 엽록소가 없는 단세포 생물이다.

25. 감미만을 고려할 때 설탕 100g을 포도당으로 대치한다면 약 얼마를 사용하는 것이 좋은가?
가. 75g　　나. 100g
다. 130g　　라. 170g

26. 빵 제조시 설탕의 사용효과와 거리가 가장 먼 것은?
가. 효모의 영양원　　나. 빵의 노화지연
다. 글루텐 강화　　라. 빵의 색택 부여

27. 제빵에 적합한 물의 경도는?
가. 0~60ppm　　나.60~120ppm
다. 120~180ppm　　라. 180ppm이상

28. 전분의 종류에 다른 중요한 물리적 성질과 가장 거리가 먼 것은?
가. 냄새　　나. 호화온도
다. 팽윤　　라. 반죽의 정도

29. 생크림 보존 온도로 가장 적합한 것은?
가. -18℃ 이하　　나. -5 ~ -1℃이하
다. 0 ~ 10℃　　라. 15 ~ 18℃

30. 우유 중에 함유되어 있는 유당의 평균 함량은?
가. 0.8%　　나. 4.8%
다. 10.8%　　라. 15.8%

31. 다당류에 속하지 않는 것은?
가. 섬유소　　나. 전분
다. 글리코겐　　라. 맥아당

32. 생리기능의 조절작용을 하는 영양소는?
가. 탄수화물, 지방질　　나. 탄수화물, 단백질
다. 지방질, 단백질　　라. 무기질, 비타민

33. 다음 중 단일불포화지방산은?
가. 올레산　　나. 팔미트산
다. 리놀렌산　　라. 아라키돈산

34. 하루 2400kcal를 섭취하는 사람의 이상적인 탄수화물의 섭취량은 약 얼마인가?
가. 140 ~ 150g　　나.200 ~ 230g
다. 260 ~ 320g　　라.330 ~ 420g

35. 다음 중 단백질의 소화효소가 아닌 것은?
가. 리파아제(lipase)
나. 카이모트립신(chymotrypsin)
다. 아미노펩티다아제(amino peptidase)
라. 펩신(pepsin)

36. 식품첨가물 사용시 유의할 사항 중 잘못된 것은?
가. 사용 대상 식품의 종류를 잘 파악한다.
나. 첨가물의 종류에 따라 사용량을 지킨다.
다. 첨가물의 종류에 따라 사용 조건은 제한하지 않는다.
라. 보존방법이 명시된 것은 보존기준을 지킨다.

37. 살균이 불충분한 육류 통조림으로 인해 식중독이 발생했을 경우, 가장 관련이 깊은 식중독균은?
가. 살모넬라균 나. 시겔라균
다. 황색 포도상구균 라. 보툴리누스균

38. 인수공통전염병에 대한 설명으로 틀린 것은?
가. 인간과 척추동물 사이에 전파되는 질병이다.
나. 인간과 척추동물이 같은 병원체에 의하여 발생되는 전염병이다.
다. 바이러스성 질병으로 발진열, Q열 등이 있다.
라. 세균성 질병으로 탄저, 브루셀라증, 살모넬라증 등이 있다.

39. 인수공통전염병으로만 짝지어진 것은?
가. 폴리오, 장티푸스
나. 탄저, 리스테리아증
다. 결핵, 유행성 간염
라. 홍역, 브루셀라증

40. 다음 중 부패세균이 아닌 것은?
가. 어위니아균(Erwinia)
나. 슈도모나스균(Pseudomonas)
다. 고초균(Bacillus subtilis)
라. 티포이드균(Sallmonella typhi)

41. 사람과 동물이 같은 병원체에 의하여 발생되는 전염병과 거리가 먼 것은?
가. 탄저병 나. 결핵
다. 동양모양선충 라. 브루셀라증

42. 부패에 영향을 미치는 요인에 대한 설명으로 맞는 것은?
가. 중온균의 발육적온은 46 ~^60℃
나. 효모의 생육최적 ph는 10이상
다. 결합수의 함량이 많을수록 부패가 촉진
라. 식품성분의 조직상태 및 식품의 저장환경

43. 빵을 제조하는 과정에서 반죽 후 분할기로부터 분할할 때나 구울 때 달라붙지 않게 할 목적으로 허용되어 있는 첨가물은?
가. 글리세린 나. 프로필렌 글리콜
다. 초산 비닐수지 라. 유동 파라핀

44. 복어의 독소 성분은?
가. 엔테로톡신(enterotoxin)
나. 테트로도톡신(tetrodotoxin)
다. 무스카린(muscarine)
라. 솔라닌(solanine)

45. 다음 중 독소형 세균성 식중독의 원인균은?
가. 황색 포도상구균 나. 살모넬라균
다. 장염비브리오균 라. 대장균

46. 쿠키에 사용하는 재료로서 퍼짐에 중요한 영향을 주는 당류는?
가. 분당 나. 설탕
다. 포도당 라.물엿

47. 아이싱에 사용하여 수분을 흡수하므로, 아이싱이 젖거나 묻어나는 것을 방지하는 흡수제로 적당하지 않은 것은?
가. 밀 전분 나. 옥수수전분
다. 설탕 라. 타피오카 전분

48. 케이크 굽기시의 캐러멜화 반응은 어느 성분의 변화로 일어나는가?
가. 당류 나. 단백질
다. 지방 라. 비타민

49. 케이크 제조시 제품의 부피가 크게 팽창했다가 가라앉는 원인이 아는 것은?
가. 물 사용량의 증가 나. 밀가루 사용의 부족
다. 분유 사용량의 증가 라. 베이킹 파우더 증가

50. 생산공장시설의 효율적 배치에 대한 설명 중 적합하지 않은 것은?
가. 작업용 바닥면적은 그 장소를 이용하는 사람들의 수에 따라 달라진다.
나. 판매장소와 공장의 면적배분(판매 3 : 공장 1)의 비율로 구성되는 것이 바람직하다.
다. 공장의 소요면적은 주방설비의 설치면적과 기술자의 작업을 위한 공간면적으로 이루어진다.
라. 공장의 모든 업무가 효과적으로 진행되기 위한 기본은 주방의 위치와 규모에 대한 설계이다.

51. 파운드 케이크 제조시 이중팬을 사용하는 목적이 아닌 것은?

가. 제품 바닥의 두꺼운 껍질형성을 방지하기 위하여
나. 제품 옆면의 두꺼운 껍질형성을 방지하기 위하여
다. 제품의 조직과 맛을 좋게 하기 위하여
라. 오븐에서의 열전도 효율을 높이기 위하여

52. 판 젤라틴을 전처리하기 위한 물의 온도로 알맞은 것은?
가.10 ~ 20℃ 나. 30 ~ 10℃
다.60 ~ 70℃ 라. 80 ~ 90℃

53. 아이싱이나 토핑에 사용하는 재료의 설명으로 틀린 것은?
가. 중성쇼트닝은 첨가하는 재료에 따라 향과 맛을 살릴 수 있다.
나. 분당은 아이싱 제조시 끓이지 않고 사용할 수 있는 장점이 있다.
다. 생우유는 우유의 향을 살릴 수 있어 바람직하다.
라. 안정제는 수분을 흡수하여 끈적거림을 방지한다.

54. 퍼프 페이스트리 반죽의 휴지 효과에 대한 설명으로 틀린 것은?
가. 글루텐을 재 정돈 시킨다.
나. 밀어 펴기가 용이해 진다.
다. CO_2가스를 최대한 발생시킨다.
라. 절단 시 수축을 방지한다.

55. 다음 제품의 반죽 중에서 비중이 가장 낮은 것은?
가. 레이어 케이크 나. 파운드 케이크
다. 데블스 푸드 케이크 라. 스펀지 케이크

56. 밀가루와 유지를 믹싱한 후 다른 건조재료와 액체재료 일부를 투입하여 믹싱하는 것으로, 유연감을 우선으로 하는 제품에 많이 사용하는 믹싱법은?
가. 크림법 나. 블렌딩법
다. 설탕/물법 라. 1단계법

57. 파이나 퍼프 페이스트리는 무엇에 의하여 팽창되는가?
가. 화학적인 팽창 나. 중조에 의한 팽창
다. 유지에 의한 팽창 라. 이스트에 의한 팽창

58. 파이 반죽을 냉장고에 넣어 휴지시키는 이유가 아닌 것은?
가. 밀가루의 수분흡수를 함
나. 유지를 적당하게 굳힘
다. 퍼짐을 좋게 함
라. 끈적거림을 방지함

59. 설탕공예용 당액 제조시 설탕의 재결정을 막기 위해 첨가하는 재료는?
가. 중조 나. 주석산
다 포도당 라. 베이킹 파우더

60. 화이트 레이어 케이크에서 설탕 130%, 유화쇼트닝 60%를 사용한 경우 흰자 사용량은?
가. 약 60% 나. 약 66%
다. 약 78% 라. 약 86%

정답 (2009년 7월 12일 제빵기능사)

1 나	2 다	3 나	4 나	5 가	6 라	7 가	8 나	9 나	10 다
11 가	12 라	13 라	14 다	15 라	16 라	17 다	18 다	19 가	20 라
21 나	22 다	23 나	24 가	25 다	26 다	27 다	28 가	29 다	30 나
31 라	32 라	33 가	34 라	35 가	36 다	37 라	38 다	39 나	40 라
41 다	42 라	43 라	44 나	45 가	46 나	47 다	48 가	49 다	50 나
51 라	52 가	53 다	54 다	55 라	56 나	57 다	58 다	59 나	60 라

1. 머랭 제조에 대한 설명으로 옳은 것은?
   가. 기름기나 노른자가 없어야 튼튼한 거품이 나온다.
   나. 일반적으로 흰자 100에 대하여 설탕 50의 비율로 만든다.
   다. 저속으로 거품을 올린다.
   라. 설탕을 믹싱 초기에 첨가하여야 부피가 커진다.

2. 다음 중 쿠키의 과도한 퍼짐 원인이 아닌 것은?
   가. 반죽의 되기가 너무 묽을 때
   나. 유지함량이 적을 때
   다. 설탕 사용량이 많을 때
   라. 굽는 온도가 너무 낮을 때

3. 반죽형 케이크의 반죽 제조법에 대한 설명이 틀린 것은?
   가. 크림법 : 유지와 설탕을 넣어 가벼운 크림상태로 만든 후 계란을 넣는다.
   나. 블렌딩법 : 밀가루와 유지를 넣고 유지에 의해 밀가루가 가볍게 피복되도록 한 후 건조, 액체 재료를 넣는다.
   다. 설탕물법 : 건조 재료를 혼합한 후 설탕 전체를 넣어 포화용액을 만드는 방법이다.
   라. 1단계법 : 모든 재료를 한꺼번에 넣고 믹싱하는 방법이다.

4. 일반적으로 초콜릿은 코코아와 카카오 버터로 나누어져 있다. 초콜릿 56%를 사용할 때 코코아의 양은 얼마인가?
   가. 35%　　나. 37%　　다. 38%　　라. 41%

5. 반죽온도 조절을 위한 고려사항으로 적절하지 않은 것은?
   가. 마찰계수를 구하기 위한 필수적인 요소는 반죽결과 온도, 원재료온도, 작업장 온도, 사용되는 물 온도, 작업장 상대습도이다.
   나. 기준되는 반죽온도보다 결과온도가 높다면 사용하는 물(배합수) 일부를 얼음으로 사용하여 희망하는 반죽온도를 맞춘다.
   다. 마찰계수란 일정량의 반죽을 일정한 방법으로 믹싱할 때 반죽온도에 영향을 미치는 마찰열을 실질적인 수치로 환산한 것이다.
   라. 계산된 사용수 온도가 56℃ 이상일 때는 뜨거운 물을 사용할 수 없으며, 영하로 나오더라도 절대치의 차이라는 개념에서 얼음계산법을 적용한다.

6. 파운드 케이크를 팬닝할 때 밑면의 껍질 형성을 방지하기 위한 팬으로 가장 적합한 것은?
   가. 일반팬　　나. 이중팬
   다. 은박팬　　라. 종이팬

7. 유화제를 사용하는 목적이 아닌 것은?
   가. 물과 기름이 잘 혼합되게 한다.
   나. 빵이나 케이크를 부드럽게 한다.
   다. 빵이나 케이크가 노화되는 것을 지연시킬 수 있다.
   라. 달콤한 맛이 나게 하는데 사용한다.

8. 케이크 제품의 굽기 후 제품 부피가 기준보다 작은 경우의 원인이 아닌 것은?
   가. 틀의 바닥에 공기나 물이 들어갔다.
   나. 반죽의 비중이 높았다.
   다. 오븐의 굽기 온도가 높았다.
   라. 반죽을 팬닝한 후 오래 방치했다.

9. 도넛 글레이즈가 끈적이는 원인과 대응방안으로 틀린 것은?
   가. 유지 성분과 수분의 유화 평형 불안정 – 원재료 중 유화제 함량을 높임
   나. 온도, 습도가 높은 환경 – 냉장 진열장 사용 또는 통풍이 잘되는 장소 선택
   다. 안정제, 농후화제 부족 – 글레이즈 제조시 첨가된 검류의 함량을 높임
   라. 도넛 제조 시 지친 반죽, 2차 발효가 지나친 반죽 사용 – 표준 제조 공정 준수

10. 도넛 튀김용 유지로 가장 적당한 것은?
   가. 라드　　나. 유화쇼트닝　　다. 면실유　　라. 버터

11. 초콜릿 제품을 생산하는데 필요한 도구는?
   가. 디핑 포크(Dipping forks)
   나. 오븐(oven)
   다. 파이 롤러(pie roller)
   라. 워터 스프레이(water spray)

12. 화이트 레이어 케이크의 반죽 비중으로 가장 적합한 것은?
   가. 0.90~1.0　　나. 0.45~0.55
   다. 0.60~0.70　　라. 0.75~0.85

13. 케이크 반죽이 30ℓ 용량의 그릇 10개에 가득 차 있다. 이것으로 분할 반죽 300g짜리 600개를 만들었다. 이 반죽의 비중은?
   가. 0.8　　나. 0.7　　다. 0.6　　라. 0.5

14. 퍼프 페이스트리의 휴지가 종료되었을 때 손으로 살짝 누르게 되면 다음 중 어떤 현상이 나타나는가?
가. 누른 자국이 남아 있다.
나. 누른 자국이 원상태로 올라온다.
다. 누른 자국이 유동성 있게 움직인다.
라. 내부의 유지가 흘러나온다.

15. 다음 중 제과제빵 재료로 사용되는 쇼트닝(shortening)에 대한 설명으로 틀린 것은?
가. 쇼트닝을 경화유라고 말한다.
나. 쇼트닝은 불포화 지방산의 이중결합에 촉매 존재하에 수소를 첨가하여 제조한다.
다. 쇼트닝성과 공기포집 능력을 갖는다.
라. 쇼트닝은 융점(melting point)이 매우 낮다.

16. 다음 중 발효시간을 연장시켜야 하는 경우는?
가. 식빵 반죽온도가 27℃이다.
나. 발효실 온도가 24℃이다.
다. 이스트푸드가 충분하다.
라. 1차 발효실 상대 습도가 80%이다.

17. 제빵 시 굽기 단계에서 일어나는 반응에 대한 설명으로 틀린 것은?
가. 반죽온도가 60℃로 오르기 까지 효소의 작용이 활발해지고 휘발성 물질이 증가한다.
나. 글루텐은 90℃부터 굳기 시작하여 빵이 다 구워질 때까지 천천히 계속 된다.
다. 반죽온도가 60℃에 가까워지면 이스트가 죽기 시작한다. 그와 함께 전분이 호화하기 시작한다.
라. 표피부분이 160℃를 넘어서면 당과 아미노산이 마이야르 반응을 일으켜 멜라노이드를 만들고, 당의 캐러멜화 반응이 일어나고 전분이 덱스트린으로 분해된다.

18. 어느 제과점의 이번 달 생산예상 총액이 1000만원인 경우, 목표 노동 생산성은 5000원/시/인, 생산가동 일수가 20일, 1일 작업시간 10시간인 경우 소요인원은?
가. 4명　　나. 6명　　다. 8명　　라. 10명

19. 냉각으로 인한 빵 속의 수분 함량으로 적당한 것은?
가. 약 5%　　나. 약 15%　　다. 약 25%　　라. 약 38%

20. 다음 제품 중 2차 발효실의 습도를 가장 높게 설정해야 되는 것은?
가. 호밀빵　　나. 햄버거빵
다. 불란서빵　　라. 빵 도넛

21. 노타임 반죽법에 사용되는 산화, 환원제의 종류가 아닌 것은?
가. ADA(azodicarbonamide)
나. L-시스테인
다. 소르브산
라. 요오드칼슘

22. 80% 스펀지에서 전체 밀가루가 2000g, 전체 가수율이 63%인 경우, 스펀지에 55%의 물을 사용하였다면 본반죽에 사용할 물량은?
가. 380g　　나. 760g　　다. 1140g　　라. 1260g

23. 어린 반죽(발효가 덜 된 반죽)으로 제조를 할 경우 중간발효시간은 어떻게 조절되는가?
가. 길어진다.　　나. 짧아진다.
다. 같다.　　라. 판단할 수 없다.

24. 다음 중 식빵에서 설탕이 과다할 경우 대응책으로 가장 적합한 것은?
가. 소금 양을 늘린다.　　나. 이스트 양을 늘린다.
다. 반죽온도를 낮춘다.　　라. 발효시간을 줄인다.

25. 둥글리기의 목적과 거리가 먼 것은?
가. 공 모양의 일정한 모양을 만든다.
나. 큰 가스는 제거하고 작은 가스는 고르게 분산시킨다.
다. 흐트러진 글루텐을 재정렬한다.
라. 방향성 물질을 생성하여 맛과 향을 좋게 한다.

26. 냉동반죽의 해동을 높은 온도에서 빨리 할 경우 반죽의 표면에서 물이 나오는 드립(drip)현상이 발생하는데 그 원인이 아닌 것은?
가. 얼음결정이 반죽의 세포를 파괴 손상
나. 반죽내 수분의 빙결분리
다. 단백질의 변성
라. 급속냉동

27. 제빵 생산의 원가를 계산하는 목적으로만 연결된 것은?
가. 순이익과 총매출의 계산
나. 이익계산, 가격결정, 원가관리
다. 노무비, 재료비, 경비산출
라. 생산량관리, 재고관리, 판매관리

28. 다음 중 빵의 냉각방법으로 가장 적합한 것은?
가. 바람이 없는 실내에서 냉각
나. 강한 송풍을 이용한 급냉
다. 냉동실에서 냉각
라. 수분분사 방식

29. 식빵 제조 시 수돗물 온도 20℃, 사용할 물 온도 10℃, 사용물 양 4kg일 때 사용할 얼음 양은?
가. 100g 나. 200g 다. 300g 라. 400g

30. 건포도식빵 제조 시 2차 발효에 대한 설명으로 틀린 것은?
가. 최적의 품질을 위해 2차 발효를 짧게 한다.
나. 식감이 가볍고 잘 끊어지는 제품을 만들 때는 2차 발효를 약간 길게 한다.
다. 밀가루의 단백질의 질이 좋은 것일수록 오븐 스프링이 크다.
라. 100% 중종법보다 70% 중종법이 오븐스프링이 좋다.

31. 밀가루 중에 손상전분이 제빵 시에 미치는 영향으로 옳은 것은?
가. 반죽 시 흡수가 늦고 흡수량이 많다.
나. 반죽 시 흡수가 빠르고 흡수량이 적다.
다. 발효가 빠르게 진행된다.
라. 제빵과 아무 관계가 없다.

32. 다음 중 밀가루에 함유되어 있지 않은 색소는?
가. 카로틴 나. 멜라닌
다. 크산토필 라. 플라본

33. 일반적으로 신선한 우유의 ph는?
가. 4.0~4.5 나. 3.0~4.
다. 5.5~6.0 라. 6.5~6.7

34. 글리세린(glycerin, glycerol)에 대한 설명으로 틀린 것은?
가. 무색, 무취한 액체이다.
나. 3개의 수산기(-OH)를 가지고 있다.
다. 색과 향의 보존을 도와준다.
라. 탄수화물의 가수분해로 얻는다.

35. 제빵에 있어 일반적으로 껍질을 부드럽게 하는 재료는?
가. 소금 나. 밀가루
다. 마가린 라. 이스트푸드

36. 전분을 효소나 산에 의해 가수분해시켜 얻은 포도당액을 효소나 알칼리 처리로 포도당과 과당으로 만들어 놓은 당의 명칭은?
가. 전화당 나. 맥아당
다. 이성화당 라. 전분당

37. 빵 반죽의 이스트 발효 시 주로 생성되는 물질은?
가. 물 + 이산화탄소 나. 알코올 + 이산화탄소
다. 알코올 + 물 라. 알코올 + 글루텐

38. 직접반죽법에 의한 발효 시 가장 먼저 발효되는 당은?
가. 맥아당 (maltose) 나. 포도당 (glucose)
다. 과당 (fructose) 라. 갈락토오스(galactose)

39. 제빵 시 경수를 사용할 때 조치사항이 아닌 것은?
가. 이스트 사용량 증가 나. 맥아 첨가
다. 이스트푸드양 감소 라. 급수량 감소

40. 달걀의 특징적 성분으로 지방의 유화력이 강한 성분은?
가. 레시틴(lecithin) 나. 스테롤(sterol)
다. 세팔린(cephalin) 라. 아비딘(avidin)

41. 다음 당류 중 감미도가 가장 낮은 것은?
가. 유당 나. 전화당 다. 맥아당 라. 포도당

42. 다음 중 밀가루 제품의 품질에 가장 크게 영향을 주는 것은?
가. 글루텐의 함유량 나. 빛깔, 맛, 향기
다. 비타민 함유량 라. 원산지

43. 유화제에 대한 설명으로 틀린 것은?
가. 계면활성제라고도 한다.
나. 친유성기와 친수성기를 각 50%씩 갖고 있어 물과 기름의 분리를 막아준다.
다. 레시틴, 모노글리세라이드, 난황 등이 유화제로 쓰인다.
라. 빵에서는 글루텐과 전분사이로 이동하는 자유수의 분포를 조절하여 노화를 방지한다.

44. 비터 초콜릿(Bitter Chocolate) 32% 중에서 코코아가 약 얼마 정도 함유되어 있는가?
가. 8% 나. 16% 다. 20% 라. 24%

45. 검류에 대한 설명으로 틀린 것은?
가. 유화제, 안정제, 점착제 등으로 사용된다.
나. 낮은 온도에서도 높은 점성을 나타낸다.
다. 무기질과 단백질로 구성되어 있다.
라. 친수성 물질이다.

46. 아미노산의 성질에 대한 설명 중 옳은 것은?
가. 모든 아미노산은 선광성을 갖는다.
나. 아미노산은 융점이 낮아서 액상이 많다.
다. 아미노산은 종류에 따라 등전점이 다르다.
라. 천연단백질을 구성하는 아미노산은 주로 D형이다.

47. 무기질에 대한 설명으로 틀린 것은?
가. 나트륨은 결핍증이 없으며 소금, 육류 등에 많다.

나. 마그네슘 결핍증은 근육약화, 경련 등이며 생선, 견과류 등에 많다.
다. 철은 결핍 시 빈혈증상이 있으며 시금치, 두류 등에 많다.
라. 요오드 결핍 시에는 갑상선종이 생기며 유제품, 해조류 등에 많다.

48. 단백질의 소화, 흡수에 대한 설명으로 틀린 것은?
가. 단백질은 위에서 소화되기 시작한다.
나. 펩신은 육류 속 단백질일부를 폴리펩티드로 만든다.
다. 십이지장에서 췌장에서 분비된 트립신에 의해 더 작게 분해된다.
라. 소장에서 단백질이 완전히 분해되지는 않는다.

49. 우유 1컵 (200mL)에 지방이 6g이라면 지방으로부터 얻을 수 있는 열량은?
가. 6kcal 나. 24kcal 다. 54kcal 라. 120kcal

50. 혈당의 저하와 가장 관계가 깊은 것은?
가. 인슐린 나. 리파아제
다. 프로테아제 라. 펩신

51. 식자재의 교차오염을 예방하기 위한 보관방법으로 잘못된 것은?
가. 원재료와 완성품을 구분하여 보관
나. 바닥과 벽으로부터 일정거리를 띄워 보관
다. 뚜껑이 있는 청결한 용기에 덮개를 덮어서 보관
라. 식자재와 비식자재를 함께 식품 창고에 보관

52. 경구감염병과 거리가 먼 것은?
가. 유행성 간염 나. 콜레라
다. 세균성이질 라. 일본뇌염

53. 마시는 물 또는 식품을 매개로 발생하고 집단 발생의 우려가 커서 발생 또는 유행 즉시 방역대책을 수립하여야 하는 감염병은?
가. 제1군 감염병 나. 제2군 감염병
다. 제3군 감염병 라. 제4군 감염병

54. 세균이 분비한 독소에 의해 감염을 일으키는 것은?
가. 감염형 세균성 식중독 나. 독소형 세균성 식중독
다. 화학성 식중독 라. 진균독 식중독

55. 식품첨가물의 사용에 대한 설명 중 틀린 것은?
가. 식품첨가물 공전에서 식품첨가물의 규격 및 사용기준을 제한하고 있다.
나. 식품첨가물은 안전성이 입증된 것으로 최대사용량의 원칙을 적용한다.
다. GRAS란 역사적으로 인체에 해가 없는 것이 인정된 화합물을 의미한다.
라. ADI란 일일섭취허용량을 의미한다.

56. 위해요소중점관리기준(HACCP)을 식품별로 정하여 고시하는 자는?
가. 보건복지부장관 나. 식품의약품안전청장
다. 시장, 군수, 또는 구청장 라. 환경부장관

57. 경구감염병에 관한 설명 중 틀린 것은?
가. 미량의 균으로 감염이 가능하다.
나. 식품은 증식매체이다.
다. 감염환이 성립된다.
라. 잠복기가 길다.

58. 주기적으로 열이 반복되어 나타나므로 파상열이라고 불리는 인수공통감염병은?
가. Q열 나. 결핵 다. 브루셀라병 라. 돈단독

59. 메틸알코올의 중독 증상과 거리가 먼 것은?
가. 두통 나. 구토 다. 실명 라. 환각

60. 보툴리누스 식중독에서 나타날 수 있는 주요 증상 및 증후가 아닌 것은?
가. 구토 및 설사 나. 호흡곤란
다. 출혈 라. 사망

정답 (2011년 10월 9일 제과기능사)

1 가	7 라	13 다	19 라	25 라	31 다	37 나	43 나	49 다	55 나
2 나	8 가	14 가	20 나	26 라	32 나	38 나	44 다	50 가	56 나
3 다	9 가	15 라	21 라	27 나	33 라	39 라	45 다	51 라	57 나
4 가	10 다	16 나	22 가	28 가	34 라	40 가	46 다	52 라	58 다
5 가	11 가	17 나	23 가	29 라	35 다	41 가	47 가	53 가	59 라
6 나	12 라	18 라	24 나	30 라	36 다	42 가	48 라	54 나	60 다

1. 도넛 제조 시 수분이 적을 때 나타나는 결점이 아닌 것은?
   가. 팽창이 부족하다. 나. 혹이 튀어 나온다.
   다. 형태가 일정하지 않다. 라. 표면이 갈라진다.

2. 파운드케이크의 팬닝은 틀 높이의 몇 % 정도까지 반죽을 채우는 것이 가장 적당한가?
   가. 50% 나. 70% 다. 90% 라. 100%

3. 쿠키의 제조 방법에 따른 분류 중 계란흰자와 설탕으로 만든 머랭 쿠키는?
   가. 짜서 성형하는 쿠키
   나. 밀어 펴서 성형하는 쿠키
   다. 프랑스식 쿠키
   라. 마카롱 쿠키

4. 구워낸 케이크 제품이 너무 딱딱한 경우 그 원인으로 틀린 것은?
   가. 배합비에서 설탕의 비율이 높을 때
   나. 밀가루의 단백질 함량이 너무 많을 때
   다. 높은 오븐 온도에서 구웠을 때
   라. 장시간 굽기 했을 때

5. 다음 재료들을 동일한 크기의 그릇에 측정하여 중량이 가장 높은 것은?
   가. 우유 나. 분유 다. 쇼트닝 라. 분당

6. 생산공장시설의 효율적 배치에 대한 설명 중 적합하지 않은 것은?
   가. 작업용 바닥면적은 그 장소를 이용하는 사람들의 수에 따라 달라진다.
   나. 판매장소와 공장의 면적배분(판매 3 : 공장 1)의 비율로 구성되는 것이 바람직하다.
   다. 공장의 소요면적은 주방설비의 설치면적과 기술자의 작업을 위한 공간면적으로 이루어진다.
   라. 공장의 모든 업무가 효과적으로 진행되기 위한 기본은 주방의 위치와 규모에 대한 설계이다.

7. 열원으로 찜(수증기)을 이용했을 때의 주 열전달 방식은?
   가. 대류 나. 전도 다. 초음파 라. 복사

8. 반죽의 온도가 정상보다 높을 때, 예상되는 결과는?
   가. 기공이 밀착된다. 나. 노화가 촉진된다.
   다. 표면이 터진다. 라. 부피가 작다.

9. 다음 중 비중이 제일 작은 케이크는?
   가. 레이어케이크 나. 파운드케이크
   다. 시퐁케이크 라. 버터 스펀지케이크

10. 다음 중 반죽형 케이크에 대한 설명으로 틀린 것은?
   가. 밀가루, 계란, 분유 등과 같은 재료에 의해 케이크의 구조가 형성된다.
   나. 유지의 공기 포집력, 화학적 팽창제에 의해 부피가 팽창하기 때문에 부드럽다.
   다. 레이어 케이크, 파운드케이크, 마들렌 등이 반죽형 케이크에 해당된다.
   라. 제품의 특징은 해면성(海面性)이 크고 가볍다.

11. 베이킹파우더(baking powder)에 대한 설명으로 틀린 것은?
   가. 소다가 기본이 되고 여기에 산을 첨가하여 중화가를 맞추어 놓은 것이다.
   나. 베이킹파우더의 팽창력은 이산화탄소에 의한 것이다.
   다. 케이크나 쿠키를 만드는 데 많이 사용된다.
   라. 과량의 산은 반죽의 ph를 높게, 과량의 중조는 ph를 낮게 만든다.

12. 젤리 롤 케이크 반죽을 만들어 팬닝하는 방법으로 틀린 것은?
   가. 넘치는 것을 방지하기 위하여 팬 종이는 팬 높이보다 2cm 정도 높게 한다.
   나. 평평하게 팬닝하기 위해 고무주걱 등으로 윗부분을 마무리한다.
   다. 기포가 꺼지므로 팬닝은 가능한 빨리 한다.
   라. 철판에 팬닝하고 보울에 남은 반죽으로 무늬반죽을 만든다.

13. 젤리 롤 케이크 반죽 굽기에 대한 설명으로 틀린 것은?
   가. 두껍게 편 반죽은 낮은 온도에서 굽는다.
   나. 구운 후 철판에서 꺼내지 않고 냉각시킨다.
   다. 양이 적은 반죽은 높은 온도에서 굽는다.
   라. 열이 식으면 압력을 가해 수평을 맞춘다.

14. 도넛을 글레이즈 할 때 글레이즈의 적정한 품온은?
   가. 24~27℃ 나. 28~32℃
   다. 33~36℃ 라. 43~49℃

15. 다음 중 케이크 제품의 부피 변화에 대한 설명이 틀린 것은?

가. 계란은 혼합 중 공기를 보유하는 능력을 가지고 있으므로 계란이 부족한 반죽은 부피가 줄어든다.
나. 크림법으로 만드는 반죽에 사용하는 유지의 크림성이 나쁘면 부피가 작아진다.
다. 오븐 온도가 높으면 껍질 형성이 빨라 팽창에 제한을 받아 부피가 작아진다.
라. 오븐 온도가 높으면 지나친 수분의 손실로 최종 부피가 커진다.

16. 다음 무게에 관한 것 중 옳은 것은?
가. 1kg은 10g이다. 나. 1kg은 100g이다.
다. 1kg은 1000g이다. 라. 1kg은 10000g이다.

17. 빵과자 배합표의 자료 활용법으로 적당하지 않은 것은?
가. 빵의 생산기준 자료
나. 재료 사용량 파악 자료
다. 원가 산출
라. 국가별 빵의 종류 파악 자료

18. 빵을 구웠을 때 갈변이 되는 것은 어떤 반응에 의한 것인가?
가. 비타민 C의 산화에 의하여
나. 효모에 의한 갈색반응에 의하여
다. 마이야르(maillard) 반응과 캐러멜화 반응이 동시에 일어나서
라. 클로로필(chlorophyll)이 열에 의해 변성되어서

19. 제빵 시 적절한 2차 발효점은 완제품 용적의 몇 %가 가장 적당한가?
가. 40~45% 나. 50~55%
다. 70~80% 라. 90~95%

20. 냉동 반죽법에서 혼합 후 반죽의 결과온도로 가장 적합한 것은?
가. 0℃ 나. 10℃ 다. 20℃ 라. 30℃

21. 다음 발효 중 일어나는 생화학적 생성 물질이 아닌 것은?
가. 덱스트린 나. 맥아당
다. 포도당 라. 이성화당

22. 오븐에서 구운 빵을 냉각할 때 평균 몇 %의 수분 손실이 추가적으로 발생하는가?
가. 2% 나. 4% 다. 6% 라. 8%

23. 스펀지/도법에서 스펀지 밀가루 사용량을 증가시킬 때 나타나는 결과가 아닌 것은?
가. 도 제조시 반죽시간이 길어짐
나. 완제품의 부피가 커짐
다. 도 발효시간이 짧아짐
라. 반죽의 신장성이 좋아짐

24. 단과자빵의 껍질에 흰 반점이 생긴 경우 그 원인에 해당되지 않는 것은?
가. 반죽온도가 높았다.
나. 발효하는 동안 반죽이 식었다.
다. 숙성이 덜 된 반죽을 그대로 정형하였다.
라. 2차 발효 후 찬 공기를 오래 쐬었다.

25. 다음 중 중간발효에 대한 설명으로 옳은 것은?
가. 상대습도 85% 후로 시행한다.
나. 중간발효 중 습도가 높으면 껍질이 형성되어 빵 속에 단단한 소용돌이가 생성된다.
다. 중간발효 온도는 27~29℃가 적당하다.
라. 중간발효가 잘되면 글루텐이 잘 발달된다.

26. 2% 이스트로 4시간 발효했을 때 가장 좋은 결과를 얻는다고 가정할 때, 발효시간을 3시간으로 감소시키려면 이스트의 양은 얼마로 해야 하는가? (단, 소수 첫째 자리에서 반올림하시오)
가. 2.16% 나. 2.67% 다. 3.16% 라. 3.67%

27. 안치수가 그림과 같은 식빵 철판의 용적은?

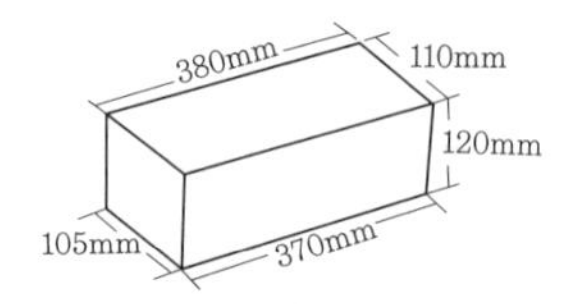

가. 4662㎤ 나. 4837.5㎤
다. 5018.5㎤ 라. 5218.5㎤

28. 반죽제조 단계 중 렛다운(Let Down) 상태까지 믹싱하는 제품으로 적당한 것은?
가. 옥수수식빵, 밤식빵
나. 크림빵, 앙금빵
다. 바게트, 프랑스빵
라. 잉글리시 머핀, 햄버거빵

29. 다음 중 분할에 대한 설명으로 옳은 것은?
가. 1배합당 식빵류는 30분 내에 하도록 한다.
나. 기계분할은 발효과정의 진행과는 무관하여 분할시간에 제한을 받지 않는다.
다. 기계분할은 손 분할에 비해 약한 밀가루로 만든

반죽분할에 유리하다.
라. 손 분할은 오븐스프링이 좋아 부피가 양호한 제품을 만들 수 있다.

30. 실내온도 23℃, 밀가루 온도 23℃, 수돗물온도 20℃, 마찰계수 20℃일 때 희망하는 반죽온도를 28℃로 만들려면 사용해야 될 물의 온도는?
가. 16℃ 나. 18℃ 다. 20℃ 라. 23℃

31. 유지의 기능 중 크림성의 기능은?
가. 제품을 부드럽게 한다.
나. 산패를 방지한다.
다. 밀어 펴지는 성질을 부여한다.
라. 공기를 포집하여 부피를 좋게 한다.

32. 일반적으로 시유의 수분 함량은?
가. 58% 정도 나. 65% 정도
다. 88% 정도 라. 98% 정도

33. 우유를 ph4.6으로 유지하였을 때, 응고되는 단백질은?
가. 카세인(casein)
나. α-락트알부민(lactalbumin)
다. β-락토글로불린(lactoglobulin)
라. 혈청알부민(serum albumin)

34. 유지에 유리 지방산이 많을수록 어떠한 변화가 나타나는가?
가. 발연점이 높아진다. 나. 발연점이 낮아진다.
다. 융점이 높아진다. 라. 산가가 낮아진다.

35. 바게트 배합률에서 비타민 C를 30ppm 사용하려고 할 때 이 용량을 %로 올바르게 나타낸 것은?
가. 0.3% 나. 0.03%
다. 0.003% 라. 0.0003%

36. 물의 경도를 높여주는 작용을 하는 재료는?
가. 이스트푸드 나. 이스트
다. 설탕 라. 밀가루

37. 밀가루의 호화가 시작되는 온도를 측정하기에 가장 적합한 것은?
가. 레오그래프 나. 아밀로그래프
다. 믹사트론 라. 패리노그래프

38. 퐁당 크림을 부드럽게 하고 수분 보유력을 높이기 위해 일반적으로 첨가하는 것은?
가. 한천, 젤라틴 나. 물, 레몬
다. 소금, 크림 라. 물엿, 전화당 시럽

39. 달걀껍질을 제외한 전란의 고형질 함량은 일반적으로 약 몇 %인가?
가. 7% 나. 12% 다. 25% 라. 50%

40. 빈 컵의 무게가 120g이었고, 이 컵에 물을 가득 넣었더니 250g이 되었다. 물을 빼고 우유를 넣었더니 254g이 되었을 때 우유의 비중은 약 얼마인가?
가. 1.03 나. 1.07 다. 2.15 라. 3.05

41. 이스트에 존재하는 효소로 포도당을 분해하여 알코올과 이산화탄소를 발생시키는 것은?
가. 말타아제(maltase)
나. 리파아제(lipase)
다. 지마아제(zymase)
라. 인버타아제(invertase)

42. 다음 중 글리세린(glycerin)에 대한 설명으로 틀린 것은?
가. 무색, 무취로 시럽과 같은 액체이다.
나. 지방의 가수분해 과정을 통해 얻어진다.
다. 식품의 보습제로 이용된다.
라. 물보다 비중이 가벼우며, 물에 녹지 않는다.

43. 다음 중 설탕을 포도당과 과당으로 분해하여 만든 당으로 감미도와 수분 보유력이 높은 당은?
가. 정백당 나. 빙당 다. 전화당 라. 황설탕

44. 유지 산패와 관계없는 것은?
가. 금속 이온(철, 구리 등) 나. 산소
다. 빛 라. 항산화제

45. 다음 중 숙성한 밀가루에 대한 설명으로 틀린 것은?
가. 밀가루의 황색색소가 공기 중의 산소에 의해 더욱 진해진다.
나. 환원성 물질이 산화되어 반죽의 글루텐 파괴가 줄어든다.
다. 밀가루의 ph가 낮아져 발효가 촉진된다.
라. 글루텐의 질이 개선되고 흡수성을 좋게 한다.

46. 빵, 과자 중에 많이 함유된 탄수화물이 소화, 흡수되어 수행하는 기능이 아닌 것은?
가. 에너지를 공급한다.
나. 단백질 절약 작용을 한다.
다. 뼈를 자라게 한다.
라. 분해되면 포도당이 생성된다.

47. 단당류의 성질에 대한 설명 중 틀린 것은?
가. 선광성이 있다.
나. 물에 용해되어 단맛을 가진다.
다. 산화되어 다양한 알코올을 생성한다.
라. 분자내의 카르보닐기에 의하여 환원성을 가진다.

48. 생체 내에서 지방의 기능으로 틀린 것은?
가. 생체기관을 보호한다.
나. 체온을 유지한다.
다. 효소의 주요 구성 성분이다.
라. 주요한 에너지원이다.

49. 트립토판 360mg은 체내에서 니아신 몇 mg으로 전환 되는가?
가. 0.6mg 나. 6mg 다. 36mg 라. 60mg

50. 다음 중 체중 1kg당 단백질 권장량이 가장 많은 대상으로 옳은 것은?
가. 1~2세 유아 나. 9~11세 여자
다. 15~19세 남자 라. 65세 이상 노인

51. 원인균이 내열성포자를 형성하기 때문에 병든 가축의 사체를 처리할 경우 반드시 소각처리 하여야 하는 인수공통감염병은?
가. 돈단독 나. 결핵 다. 파상열 라. 탄저병

52. 해수세균의 일종으로 식염농도 3%에서 잘 생육하며 어패류를 생식할 경우 중독될 수 있는 균은?
가. 보툴리누스균 나. 장염 비브리오균
다. 웰치균 라. 살모넬라균

53. 다음 중 유지의 산화방지를 목적으로 사용되는 산화방지제는?
가. Vitamin B 나. Vitamin D
다. Vitamin E 라. Vitamin K

54. 다음 중 사용이 허가되지 않은 유해감미료는?
가. 사카린(Saccharin)
나. 아스파탐(Aspartame)
다. 소프비톨(Sorbitol)
라. 둘신(Dulcin)

55. 화농성 질병이 있는 사람이 만든 제품을 먹고 식중독을 일으켰다면 가장 관계가 깊은 원인균은?
가. 장염비브리오균 나. 살모넬라균
다. 보툴리누스균 라. 황색포도상구균

56. 미나마타병은 어떤 중금속에 오염된 어패류의 섭취 시 발생되는가?
가. 수은 나. 카드뮴 다. 납 라. 아연

57. 세균의 대표적인 3가지 형태분류에 포함되지 않는 것은?
가. 구균(coccus)
나. 나선균(spirillum)
다. 간균(bacillus)
라. 페니실린균(penicillium)

58. 경구감염병의 예방법으로 부적합한 것은?
가. 모든 식품을 일광 소독한다.
나. 감염원이나 오염물을 소독한다.
다. 보균자의 식품취급을 금한다.
라. 주위환경을 청결히 한다.

59. 질병 발생의 3대 요소가 아닌 것은?
가. 병인 나. 환경 다. 숙주 라. 항생제

60. 다음 중 조리사의 직무가 아닌 것은?
가. 집단급식소에서의 식단에 따른 조리 업무
나. 구매식품의 검수 지원
다. 집단급식소의 운영일지 작성
라. 급식설비 및 기구의 위생, 안전 실무

정답 (2011년 7월 31일 제빵기능사)

1 나	7 가	13 나	19 다	25 다	31 라	37 나	43 다	49 나	55 라
2 나	8 나	14 라	20 다	26 나	32 다	38 라	44 라	50 가	56 가
3 라	9 다	15 라	21 라	27 나	33 가	39 다	45 가	51 라	57 라
4 가	10 라	16 다	22 가	28 라	34 나	40 가	46 다	52 나	58 가
5 가	11 라	17 라	23 가	29 라	35 다	41 다	47 다	53 다	59 라
6 나	12 가	18 다	24 가	30 나	36 가	42 라	48 다	54 라	60 다

제과제빵
기능검정

14판 1쇄 발행 2021년 2월 15일

편저	월간 파티시에
발행인	장상원
발행처	(주)비앤씨월드
출판등록	1994. 1. 21. 제16-818호
주소	서울시 강남구 선릉로 132길 3-6 서원빌딩 3층
전화	(02)547-5233
Fax	(02)549-5235
ISBN	978-89-88274-47-7 93590
정가	20,000원

http://www.bncworld.co.kr